新工科暨卓越工程师教育培养计划集成电路科学与工程学科系列教材

电子器件基础

主　编 ◎ 傅邱云　董文

副主编 ◎ 罗为　梁飞　叶镭　王韬　张光祖

Fundamentals of Electronic Devices

华中科技大学出版社
http://press.hust.edu.cn
中国·武汉

图书在版编目（CIP）数据

电子器件基础 / 傅邱云，董文主编. — 武汉 ：华中科技大学出版社，2024.8
ISBN 978-7-5772-0421-5

Ⅰ. ①电… Ⅱ. ①傅… ②董… Ⅲ. ①电子器件-教材 Ⅳ. ①TN6

中国国家版本馆 CIP 数据核字（2024）第 016360 号

电子器件基础
Dianzi Qijian Jichu

傅邱云 董 文 主编

策划编辑：杜 雄 汪 粲
责任编辑：李 露
封面设计：廖亚萍
责任校对：李 弋
责任监印：周治超
出版发行：华中科技大学出版社（中国·武汉）　　电话：(027)81321913
　　　　　武汉市东湖新技术开发区华工科技园　　邮编：430223
录　排：武汉市洪山区佳年华文印部
印　刷：武汉科源印刷设计有限公司
开　本：787mm×1092mm　1/16
印　张：30.75
字　数：760 千字
版　次：2024 年 8 月第 1 版第 1 次印刷
定　价：79.80 元

序

电子器件是电子信息技术的基础和先导。近百年来,随着量子力学、固体物理、半导体物理等理论的逐步建立,电子信息技术得到了飞速发展。以硅基集成电路为代表的有源器件加速了电子设备的小型化与集成化。与此同时,与有源器件有着同样重要地位的无源器件也在不断演变,各类新型电子器件层出不穷。

无源器件是以具备特殊功能的电介质材料、磁性材料、敏感材料等为核心材料,构建出的种类繁多、功能强大的各类电子器件。这类电子器件与硅基集成电路芯片一起构成了各种各样的电子产品与装备,在航空航天、国防装备、日用家电、通信设备等各个领域起着关键的作用。

这本教材聚焦于无源器件,包括电介质器件、半导体敏感器件、磁性器件、光电子器件等在电子信息技术产业中占据主导地位的核心电子器件。本书主要介绍了电子器件的主要类型、工作原理、应用领域、发展前景等,并引导读者思考其发展过程中面临的困难和挑战。电子器件本身涉及的物理化学效应与现象众多,其涉及的知识涵盖物理电子学、微电子学与固体电子学、电路与系统、集成电路设计和电磁场与微波技术等,具有理工融合的特点。相关知识的学习和创新研究挑战性强、独具魅力。

本书特色明显、知识点明确且逻辑性强,有利于读者学习参考。以本书作为教材学习电子器件相关课程,有助于学生成为电子信息器件、电子材料、集成电路、电子系统、计算机、电子信息工程和通信工程等领域的高端人才。

本书由华中科技大学长期在一线教学的教师们编写而成,我非常高兴看到本教材的出版。相信该书的出版对我国高校、科研院所乃至企业相关专业人才的培养,以及电子器件行业的发展都具有重要推动作用。

中国工程院院士
清华大学材料科学与工程系教授
2024 年 6 月

前　言

自 20 世纪 90 年代起,我国电子信息产业发展迅速,对工业化和信息化发展贡献巨大。电子器件作为信息技术的重要基石,对于由物联网、大数据、量子信息等技术变革所驱动的第四次工业革命有着不言而喻的重要性,得到了全世界的广泛关注。

本书面向我国高等工科教育学科发展需求,旨在为电子科学与技术、集成电路科学与工程、电子信息工程等专业的本科生和研究生的人才培养贡献力量。本教材根据"电子器件基础"课程的教学大纲要求编写而成,全面地介绍了电介质器件、半导体敏感器件、磁性器件、光电子器件和新型电子器件的工作原理、结构设计和应用领域等,目的是让电子科学与技术、集成电路科学与工程和电子信息工程等工科专业的本科生和研究生将所学的固体物理、半导体物理、半导体器件物理等理论知识结合实际,掌握这些理论知识在电子器件设计与制造过程中的应用。同时,本教材也可供电工、电子、仪表等方面的科研与工程技术人员参考。

在本书编写的过程中,我们深刻感受到电子器件领域的迅速发展,特别是为近年来我国在电子器件领域取得的成就而感到骄傲。但同时我们也更加清楚地看到,电子器件及其技术的不断创新对科技前沿、国家重大需求、国民经济和人民生命健康等众多领域的发展举足轻重,研究与技术突破任重道远。我们期待能与更多的有志青年一起投身到电子器件的理论研究与技术开发中,为电子器件领域的发展、为祖国科技的创新突破贡献力量,与祖国的伟大复兴同频共振。

本书由华中科技大学傅邱云和董文担任主编,罗为、梁飞、叶镭、王韬、张光祖担任副主编。电子器件是涉及物理、化学、材料和电子信息等领域的交叉学科,编写此书的参考资料众多,在此向参考资料作者致敬。

鉴于编者水平有限,书中难免有疏漏和不妥之处,恳请读者批评指正。

编　者
2024 年 6 月于武汉华中科技大学

目　　录

第 1 章 | 绪 论

◀ 1.1 电子器件及其分类 ▶

电子器件是构成电子设备的基础。任何一种电子设备都是按照一定的电路、结构及工艺进行设计,并结合选用合适的电子器件来构建的。电子设备的性能及质量,不仅取决于电路设计、结构设计、工艺设计的水平,还取决于是否正确合理地选用了电子器件。根据工作时是否需要外加电源,可以将电子器件分为无源器件和有源器件。工作时,在不需要外加电源的条件下,就可以显示其特性的电子元件称为无源器件,包括电容类、电阻类、电感类等。有源器件工作时,其输出除了需要输入信号外,还需要专门的电源提供能量来实现特定功能,包括电子管、晶体管、集成电路等。

◀ 1.2 电子器件的发展 ▶

便携式消费电子设备向小尺寸、轻重量、多功能、数字化方向发展,带动了电子元件向小型、片式、低厚度、低功耗、高频、高性能的深入发展和不断改进,对无源电子器件也提出了更高的要求。

首先,无源电子器件向片式化、小型化发展。电子信息产品追求小型化和轻量化,这就要求无源器件向片式化、小型化的方向发展。无源电子元件制造工艺在材料和技术上差异很大,很长时间以来其一直以分立元件的形式使用。目前各种无源元件已采用流延成型等技术实现了片式化。微机电系统(MEMS)技术也逐步应用于射频元件,使其尺寸更小、成本更低、功能更为强大,并且更利于集成。片式化、小型化是无源电子元件发展的主要方向,已成为衡量电子元件发展水平的重要标志之一。

其次,无源电子器件向集成化、模块化发展。尽管人们一直在无源元件片式化方面进行着一系列努力,但与半导体器件的高度集成化相比,其发展相对缓慢得多。近年来,低温共烧陶瓷(LTCC)等技术的突破才使无源集成技术进入了实用化和产业化阶段,并使其成为备受关注的技术制高点。当前,由于 LTCC 工艺技术的迅速发展,片式集成无源模块已在手机、无线网络、蓝牙等领域获得应用。

再次,无源电子器件向多功能化方向发展。随着电子新型产品功能的不断增加,对电子元件功能的要求也越来越多样化。尽管从数量上看,电子元件的片式化率已高达 70%,但发展很不均衡,一些元件由于工艺、结构及材料等原因,片式化的难度较大。如具有电感结构的磁珠元件,其功能不在于作为一个电感器,而是抗电磁干扰,目前片式化的磁珠元件已成为用量最大的一类片式电感类元件。这些新元件的设计和材料都是电子元件所面临的新问题。为了实现微波陶瓷元件、过流保护元件、敏感陶瓷元件、磁性变压器等多种元件的集成,开发具有低温烧结特性的多功能电子陶瓷材料及共烧技术,是实现多功能化的必要手段。

有源电子器件是 19 世纪末、20 世纪初开始发展起来的新兴技术,在 20 世纪发展最迅猛,应用最广泛,是近代科学技术发展的一个重要标志。有源电子器件的发展有一些重要的历史节点。

1906 年,美国物理学家,电子管之父——Lee De Forest 发明了真空三极管,利用这种新的元件,电路能够实现放大、振荡和开关等功能。真空三极管的发明,使电子管成为实用的器件,其照片如图 1.1(a)所示。1946 年诞生了第一台电子计算机 ENIAC,如图 1.1(b)所示,其中采用了大约 18000 只电子管,占地面积为 170 多平方米,重量约为 30 t,功率为 25 kW。然而,这台机器每隔两天就会发生一次故障。

（a）真空三极管　　　　　　　　　（b）第一台电子计算机ENIAC

图 1.1　真空三极管及第一台电子计算机 ENIAC

1947 年 12 月 16 日,William Shockley、John Bardeen 和 Walter Brattain 成功地在贝尔实验室制造出第一个晶体管。1950 年,William Shockley 发明出双极型晶体管。1954 年 5 月 24 日,贝尔实验室使用 800 只晶体管组装了世界上第一台晶体管计算机 TRADIC,功率为 100 W。晶体管发明者及 TRADIC 的照片如图 1.2 所示。

1958 年 9 月 12 日,基尔比研制出世界上第一块集成电路,其被誉为"集成电路之父"。第一块集成电路是具有五个集成元件的简单振荡电路,电路中的元器件,包括二极管、晶体管、电阻和电容等,全部制造在了同一个晶片上,如图 1.3 所示。

1959 年 7 月,仙童半导体的诺伊斯(Robert Noyce)研究出一种二氧化硅的扩散技术和 PN 结的隔离技术,并创造性地在氧化膜上制作出铝条连线,使元件和导线合为一体,从而为

（a）晶体管的三位发明者

（b）第一台晶体管计算机TRADIC

图 1.2　晶体管的三位发明者及第一台晶体管计算机 TRADIC

（a）集成电路之父——基尔比

（b）世界上第一块集成电路

图 1.3　集成电路之父——基尔比及世界上第一块集成电路

半导体集成电路的平面制作工艺的发展,以及集成电路的工业大批量生产奠定了坚实的基础。1961 年,仙童半导体公司和德州仪器公司共同推出了第一块商用集成电路。

1965 年,Intel 公司创始人之一 Gordon E. Moore 博士总结出了集成电路的发展规律,他提出集成电路芯片的集成度每 3 年提高 4 倍,而加工特征尺寸缩小为原来的 1/4,这被称为摩尔定律。

然而,随着集成电路的继续发展,摩尔定律逐渐失效。半导体制造巨头台积电已经开始筹备 3 nm 工艺工厂建设。3 nm 工艺被认为是传统硅芯片制造工艺的极限。我们即将进入超越摩尔定律时代。目前来说,电子器件技术处于快速发展阶段,摩尔定律已不再满足要求,并且随着对器件性能、物理尺寸等要求的进一步提高,电子器件进入纳电子器件阶段。

◀ 1.3 本文涉及的主要电子器件类型 ▶

1. 电介质器件

一般将电阻率超过 $10\ \Omega\cdot cm$ 的物质称为电介质。电介质器件是一种基于不同电介质的独特性质制备的电子元器件。其种类繁多,下面针对各种元件进行介绍。

介质电容器是一种可以容纳电荷的器件。符号为 C,国际单位是法拉,记为 F。电容在电路中起隔直通交作用,主要应用于耦合、旁路、滤波、调谐回路、能量转换、控制等方面。

微波介质器件是用微波介质材料制作的电子器件。微波介质材料是近 30 年来迅速发展起来的新型功能电子陶瓷,它具有损耗低、频率温度系数小、介电常数高等特点,主要用于介质谐振器、微波介质天线、介质稳频振荡器、介质波导传输线等。

压电器件是一种基于压电效应的元件。压电效应包括正压电效应和逆压电效应。晶体受到机械力的作用时,表面产生束缚电荷,其电荷密度大小与施加外力大小成线性关系,这种由机械效应转换成电效应的过程称为正压电效应。晶体在受到外电场激励时产生形变,且两者之间呈线性关系,这种由电效应转换成机械效应的过程称为逆压电效应。

铁电器件是由具有铁电效应的材料制作的电子器件。由于铁电材料可以在某温度范围内具有自发极化且极化强度可以在外电场作用下改变方向,因此铁电器件同时具有压电性和热释电性。此外一些铁电器件还具有非线性光学效应、电光效应、声光效应、光折变效应等。铁电材料一般具有 ABO_3 型的钙钛矿结构。

热释电红外探测器主要利用热电效应原理来完成对红外辐射的感应。热电效应是受热物体中的电子由高温处向低温处移动时产生电流或者电荷堆积的一种现象。

2. 半导体传感元器件

传感元器件是在材料科学和固体物理效应的基础上发展起来的。随着材料科学的发展和固体物理效应的不断出现,新型的半导体传感器件已发展为有热敏、压敏、力敏、气敏、湿敏、磁敏、离子电极、放射线敏等多种类型。下面针对各种传感元器件进行介绍。

热敏陶瓷是一类电阻率、磁性、介电性等性质随温度发生明显变化的材料,主要用于制造温度传感器、用于线路温度补偿及稳频的元件——热敏电阻。热敏电阻可以分为三类:负温度系数热敏电阻陶瓷,电阻率随温度升高指数减少,主要用于温度测量和温度补偿;正温度系数热敏电阻陶瓷,电阻率随温度升高指数升高,主要用于制作开关型和缓变型热敏陶瓷电阻、电流限制器;临界温度热敏陶瓷,具有负电阻突变特性,即在某个温度下,电阻随温度的增加急剧减小,具有很大的负温度系数,主要用于固态无触点开关。

压敏陶瓷器件主要指由具有压敏特性的半导体陶瓷材料制作的电子元器件。压敏材料是一种在某一特定电压范围内具有优异非线性欧姆定律的半导体陶瓷材料,主要应用于抑制电压浪涌及过电压保护。

力敏元件是利用金属或半导体材料的压阻效应制成的,可以将受力试件上的压力变化转变成应变片的阻值变化。压阻效应是指单晶硅材料在受到应力作用后,其电阻率发生明显变化。

气敏陶瓷器件是指利用气敏陶瓷半导体吸收某种气体后电阻率发生变化,实现所需的电学功能的电子元器件,主要应用于气敏检漏仪等装置的自动报警。其利用气体在半导体表面的氧化还原反应导致敏感元件阻值变化而制成。半导体气敏材料吸附气体的能力很强。当半导体器件被加热到稳定状态,在气体接触半导体表面而被吸附时,被吸附的分子首先在表面物性自由扩散,失去运动能量,一部分分子被蒸发掉,另一部分残留分子产生热分解而固定在吸附处(化学吸附)。

湿敏陶瓷器件是用对湿度敏感的陶瓷半导体制作的电子器件,其导电性能会随着环境湿度的变化而改变,主要应用于空气及环境湿度测试,特点是测湿范围宽、工作温度高。

磁敏元件是基于霍尔效应的半导体磁电转换传感器。磁敏元件分为霍尔元件、磁阻元件、磁敏二极管、磁敏三极管等。霍尔效应是指在半导体霍尔片的长度方向通入控制电流 I,在平面法线方向外加磁场 B,于是电子在磁场中受洛伦兹力,而向宽度方向偏移,因此在霍尔片两侧分别积累正负电荷并沿宽度方向产生霍尔电场。这一电场对电子产生的力阻止电子偏移。当电场力 f_E 与洛伦兹力 f_L 相平衡时,霍尔输出端电荷积累达到平衡。

3. 磁性器件

磁性器件是研究比较早的器件,包括电感器、变压器、微波磁性器件、磁存储器件。磁性器件的本质在于磁电转换和磁能存储。磁性器件在功率电子器件和微电子器件领域具有重要的应用。

电感器是一种能够把电能转化为磁能而存储起来的电子元器件。电感器在电路中起阻交流通直流、阻高频通低频的作用,主要用于对交流信号进行隔离,与电容器、电阻器组成谐振电路或滤波电路等方面。电感器的主要参数包括标称电感量及允许误差,感抗 X_L,品质因素 Q,额定电流等。

变压器是利用电磁感应来改变交流电压的装置,是输配电的基础设备,主要构件是初级线圈、次级线圈和铁芯。主要功能有电压变换、电流变换、阻抗变换、隔离、稳压(磁饱和与变压器)等,广泛应用于工业、农业、交通、城市社区等领域。

微波磁性器件是指利用磁性材料(如铁氧材料等)的旋磁效应制成的微波器件。器件工作原理是利用铁氧体的旋磁性和磁电控特性,在外加直流磁场作用下铁氧体对正、负旋圆极化波具有不同磁导率的特性,实现有效地控制微波信号的相位、幅度和极化状态。器件在微波电路中对微波信号或能量起隔离、环行、方向变换、相位控制、幅度调制或频率调谐等作用,主要应用于雷达、通信、无线电导航、电子对抗、遥控、遥测等微波系统及微波测量仪器中。

磁存储器件是指是利用磁性材料具有两种不同的磁化状态来表示二进制信息的"0"和"1",实现对信息的存储。器件工作原理为利用磁头来实现磁存储器件中电与磁的转换。通常,磁头一般由铁磁性材料(铁氧体或玻莫合金)制成,上面绕有读写线圈。

4. 光电子器件

半导体激光器通过一定的激励方式,在半导体物质的能带(导带与价带)之间,或者半导体物质的能带与杂质(受主或施主)能级之间,实现非平衡载流子的粒子数反转,当处于粒子数反转状态的大量电子与空穴复合时,便产生受激发射作用,产生激光。

光电探测器的原理是:通过器件的半导体材料被光辐射后,器件中载流子浓度改变,从而实现器件电流的改变。根据器件原理不同,光电探测器可分为光子探测器和热探测器。光子探测器的原理是:探测器中半导体材料吸收光子能量后,产生光生的电子空穴对,在外场作用下,电子空穴对分离为空穴和电子,导入器件电流,从而对光子能量进行探测。光子探测器的特点是探测速度快。热探测器的原理是:器件中半导体材料吸收光辐射能量后温度升高,从而使电学性能改变,实现对光子能量的探测。热探测器的特点是对光辐射的波长无选择性。

光显示器件是一种将电能转化为光能的半导体器件,主要包括发光二极管、液晶显示器等。发光二极管:由一个 PN 结构成,利用 PN 结正向偏置下,注入 N 区和 P 区的载流子被复合时会发出可见光和不可见光的原理制成。根据使用材料不同,可发出红、黄、绿、蓝、紫等颜色的可见光。有的发光二极管还能根据所加电压高低发出不同颜色的光,称为变色发光二极管。液晶显示器:液晶显示器中液晶的有机分子在电场作用下会产生电光效应,实现光电显示。其特点是工作电压低、功耗小、易于和 CMOS 数字集成电路配合使用。这种显示器不能用直流驱动,因为直流电场会使液晶发生电化学分解反应,工作寿命短,因此必须采用交流驱动。

太阳能电池是通过光电效应或者光化学效应直接把光能转化成电能的装置。太阳能电池有两种发电方式:光—热—电转换方式和光—电直接转换方式。光—热—电转换方式:由太阳能集热器将所吸收的热能转换成工质的蒸汽,再驱动汽轮机发电,前一个过程是光—热转换过程,后一个过程是热—电转换过程,特点是效率很低而成本很高。光—电直接转换方式:半导体 p-n 结结构吸收太阳光后形成空穴-电子对,在 p-n 结内建电场的作用下,光生空穴流向 p 区,光生电子流向 n 区,接通电路后就产生电流,其特点是绿色环保、效率接近 30%。

5. 新型电子器件

近几年,科学技术的进步伴随着人们对事物的认识的维度和对事物使用的舒适度的需求变化。在维度上,最先进的半导体工艺已经达到了 2 nm 制程,器件有小型化趋势;在舒适度上,部分电子器件的柔性化,不断推动着可穿戴柔性电子器件的发展。随着科学技术特别是微观探测技术的进步,人们对于微观的认识越来越深,当传统器件尺寸下降到纳米尺度的时候,微电子器件赖以工作的基本条件发生了根本的变化,微电子学的统计输运规律也不再很好地成立。在这样的尺度下会产生对微电子器件不利的新因素。第一,强电场问题,电极距离小,小电压产生强电场,器件易击穿;第二,薄氧化层问题,氧化层薄,不均匀性显著,导致电场非均匀,使得氧化层击穿,薄氧化层不能阻挡电子遂穿,形成漏电流,增加功耗,破坏性能;第三,短沟道效应,沟道有效长度缩短,关断时耗尽区太窄,电子遂穿形成沟道电流,器件不能关断;第四,非均匀性掺杂问题,单个器件中杂质原子少,掺杂不均匀,器件个体差异大,不能保证聚成的成品率和一致性;第五,热功耗问题,器件集成密度大,且具有隧道电流效应,使得单位体积的电路功耗过大,散热问题成为一个重要问题;第六,器件输运机理问题,当器件尺寸小到可以和电子的平均自由程比较时,传统的载流子扩散漂移模型不再适用。这时会涉及弹道输运或者是更复杂的相干输运。对这些问题的不断研究带来了纳米电子学。与此同时,电子器件的柔性化引发了电子器件设计的变革,特别是能够让人们有机会可以随时随地检测自己的身体信息,这引发了娱乐和医疗等行业电子器件的变革。

传统器件的基本极限问题的根源在于器件的尺寸小。当前存在两种可用于解决器件小尺寸问题的方法。① 从材料、工艺技术、结构设计等多方面改进入手,以 MOSFET 为基础寻求突破。② 积极发展新型的器件,来突破尺寸限制,以期有朝一日能够替代 MOSFET。当前正在研究的器件包括:各种量子器件、单电子器件、分子器件、自旋器件等纳米电子器件。因此,纳米电子学应运而生。纳米电子学的研究对象是纳米尺度,信号处理时间是纳秒,信号功率是纳焦。纳米电子学以纳米物理学、纳米化学、纳米力学为理论基础,以纳米材料学为支柱,发展出纳米电子学、纳米生物学、纳米加工学。

第 2 章 | 电介质器件

◀ 2.1 绪 论 ▶

电介质是一种可被电极化的绝缘体。电介质器件与半导体器件、磁性器件一起构成了现代电子器件的基础。从材料种类及功能分,电介质器件主要包括压电器件、铁电器件、热释电器件、微波介质器件等。由于压电材料、铁电材料、热释电材料其概念本身存在重叠,因此我们主要从材料使用时发挥的效应到底是属于压电效应、铁电效应还是热释电效应来区分这几种材料。

电介质材料因为其不同效应的存在,拥有很多功能,其应用在各种器件上,例如高介电常数的电介质、热释电传感器、压电器件、电光器件、正温度系数电阻器等。然而,由于其他竞争材料的存在,铁电器件在很多应用领域并没有被商业化。例如,光传感器大多数由半导体材料组成,这种材料在反应速度和敏感性方面比铁电材料更具有优势。因此,从商业逻辑上来讲,部分铁电器件虽然能够实现相关功能,但是其性能如果不及其他类型的器件,或者价格不占优势,就会慢慢被市场淘汰。

一方面,随着技术的发展,很多电介质器件的用量已经非常小,逐步被市场淘汰,另一方面,声表面波滤波器、体声波滤波器等器件逐步占据了市场主流,因此本章将首先介绍电介质器件的基本原理。由于射频微波器件这一类电介质器件目前具有很好的市场应用前景,而且一些新型器件还在不断发展进步中。因此在本章章节中,有很大一部分的应用是频率器件。对于频率器件,其基础部分是谐振子单元。掌握了谐振子的概念,并掌握对谐振子通过级联组成各种滤波器的基本原理和方法以后,对于理解后续不同种类的滤波器原理就有了很好的基础。

◀ 2.2 介质电容器 ▶

2.2.1 概述

电容器是三大无源元件(电阻、电容、电感)之一,在电子电器装置中几乎无处不在。电容器看起来非常简单,就是由两个极板构成,两个极板之间是电容器介质,包括有机和无机介质。陶瓷介质电容器(即陶瓷电容器)是制作工艺相对简单,价格相对便宜的电容器。陶瓷电容器又称瓷介电容器,其原材料丰富、结构简单、价格低廉、电容量范围较宽,损耗较小。陶瓷电容器品种繁多,外形尺寸相差甚大。按使用的介质材料特性分为Ⅰ类、Ⅱ类和半导体陶瓷电容器,按功率大小分为低功率和高功率陶瓷电容器。

在实际应用中,如果对电容器没有比较深刻的理解,对电容器选择不当,会造成电子线路、电器装置出现问题和故障。因此,需要根据应用的要求来选择电容器,比如,用电容器做振荡器或定时电路时,要求在较宽温度范围内具有比较好的精度,需要选择零温度系数和低温度系数的电容器,如复合薄膜电容器或低温度系数的Ⅰ类陶瓷介质电容器。Ⅱ类陶瓷介质电容器虽然可以获得很大的电容量,但是其温度系数比较大。电力电子电路中的缓冲电容和谐振电容不仅需要电容器具有耐压性,还需要其能够承受高的有效值电流和电流变化速率。

本章主要讲述介质电容器的工作原理、介质电容器的典型应用。

2.2.2　介质电容器的工作原理

1. 电容

对任何孤立的不受外界影响的导体来说,当导体带电时,其电量 q 与相应的电位 U(无穷远处为电势零点)的比值 C,是一个与导体所带的电量无关的物理量,只由导体的形状、大小及周围的环境所决定,称为“孤立”导体的电容,即

$$C = \frac{q}{U} \tag{2.1}$$

导体的电容表征特有的性质,单位为法[拉](F),在量值上等于这个导体的电位为一单位时导体所带的电量。如果导体所带的电量为 1 C,相应的电位为 1 V,则这个导体的电容为 1 法[拉],可以用大写英文字母 F 表示,其他更小的单位有 mF、μF、nF、pF 等。它们之间的关系如下:

$$1\ \text{F} = 10^3\ \text{mF} = 10^6\ \mu\text{F} = 10^9\ \text{nF} = 10^{12}\ \text{pF} \tag{2.2}$$

2. 电容器

电容器是容纳电荷的器件。当导体的周围存在其他物体时,导体的电容会受到影响。因此,有必要设计一种导体组合,其电容量值较大,而几何尺寸并不过大,且不受其他物体的影响,这样的组合就是电容器。在物理学中,电容器的概念可表述为:“在周围没有其他带电导体影响时,由两个导体组成的导体体系”。电容器的电容(或称电容量)定义为:当电容器的两极板分别带有等值异电荷 q 时,电量 q 与两极板间相应的电位差 $U_A - U_B$ 的比值,即

$$C = \frac{q}{U_A - U_B} \tag{2.3}$$

独立导体实际上仍可以认为是电容器,但另一导体在无限远处,且电位为零。因此,可以看到,所谓“孤立导体”的电容实际上还是两个导体间的电容,与一般电容不同的是,另一个导体在无限远处而已。孤立导体的电容实际上是不存在的。

电容器最基本的物理性质可以用式(2.3)表示,即电容、电荷、电势差的关系。由这个关系及电荷与电流的关系还可以得到电路与电子学中最常见的电容上的电压与电流的关系,即

$$q = I \cdot t \tag{2.4}$$

当电流变化时,上式应为

$$q = \int i \mathrm{d}t \tag{2.5}$$

在一般的应用中,电容器的两极极板间电势差称为电容器上的电压,用 V_C 表示。这样由式(2.4)和式(2.5)可得到电容器的电压与电流的关系:

$$V_C = \frac{1}{C} \int i \mathrm{d}t \tag{2.6}$$

电容器的储能为

$$E = \frac{1}{2} C V^2 \tag{2.7}$$

单位是 J,这是表示电容器所具有的储能的公式。

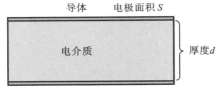

图 2.1　典型平行板电容器示意图

平行板电容器是由两块相互平行的金属导体极板构成的,中间被电介质材料隔开,如图 2.1 所示。

平行板电容器的电容值 C 与电容器电极面积 S,电介质的厚度或极板间的距离 d、真空介电常数 ε_0 和电介质的相对真空介电常数 ε_r 有关,满足下式:

$$C = \frac{\varepsilon_r \cdot \varepsilon_0 \cdot S}{d} C V^2 \tag{2.8}$$

从上式可以看出,平行板电容器的电容与电极面积成正比,与电介质厚度成反比,并且与电介质的相对真空介电常数成正比。因此,增大电极面积、减小电介质厚度和提高电介质的相对真空介电常数是获得大点容量的有效方法,也是制造电容器的准则之一。

3. 电容器的基本特性

在时域中,电流与电压的关系为

$$u_C = \frac{1}{C} \int i \mathrm{d}t \quad 或 \quad i = C \cdot \frac{\mathrm{d}v}{\mathrm{d}t} \tag{2.9}$$

在外加正弦波电压 $V_m \sin\omega t$ 下的电流为

$$i = C \cdot \frac{\mathrm{d}v}{\mathrm{d}t} = \omega C \cdot V_m \cdot \cos\omega t = \omega C \cdot V_m \cdot \cos\left(\omega t + \frac{\pi}{2}\right) = I_m \cdot \sin\left(\omega t + \frac{\pi}{2}\right) \tag{2.10}$$

在正弦波电压作用下,电容器上的电流超前电压信号 $\frac{\pi}{2}$ 弧度(即 $90°$),式(2.10)可以进一步整理为

$$I_m = \omega C \cdot V_m \tag{2.11}$$

$$\frac{V_m}{I_m} = \frac{V}{I} = \frac{1}{\omega C} = \frac{1}{2\pi f_C} = X_C \tag{2.12}$$

式中,X_C 具有与电阻相同的量纲,被称为电抗或容抗。频率越高,容抗越小;电容量越大,容抗越小。式(2.11)也表明了电容器在滤波、旁路、隔离直流信号同时耦合交流信号的作用。

在复频域(S 域)中,电容器各参数间的关系为

$$\frac{V(S)}{I(S)} = \frac{1}{SC} \tag{2.13}$$

4. 电容器的连接

电容器的符号如图 2.2 所示。

图 2.2　电容器的符号

电容器在使用过程中往往需要并联或者是串联。并联电容器的电容为

$$C = C_1 + C_2 + \cdots + C_n \tag{2.14}$$

其相应阻抗为

$$X_C = \cfrac{1}{\cfrac{1}{X_{C1}} + \cfrac{1}{X_{C2}} + \cdots + \cfrac{1}{X_{Cn}}} \tag{2.15}$$

串联电容器的电容为

$$\frac{1}{C} = \frac{1}{C_1} + \frac{1}{C_2} + \cdots + \frac{1}{C_n} \tag{2.16}$$

其相应容抗为

$$X_C = X_{C1} + X_{C2} + \cdots + X_{Cn} \tag{2.17}$$

5. 电容器的主要参数

电容器的主要参数是选择使用电容器的基本依据,电容器的主要参数如下。

(1) 额定电压与介电强度。

额定电压是电容器两端可以持续施加的电压,一般电容器用的是直流电压,专用于交流电的则用的是交流有效值电压。介电强度代表电容器的击穿电压,额定电压低于介电强度。

按照国家标准 GB2472-81 的规定,电容器的额定工作电压序列如表 2.1 所示。电容制作工艺不同,击穿电压与电容器的额定电压的差值也会有所不同。一般的物理电容的击穿电压是其额定电压的 1.75～2 倍以上,抑制电源电磁干扰用电容器需要更高的比值,以确保电气安全,电解电容器的击穿电压为额定电压的 1.1～1.3 倍。

表 2.1　电容器的额定工作电压序列

类　　　型	额定工作电压序列
电解电容器	4.0,6.3,10,16,25,35,50,63,80,100,125,160,200,250,300,350,450,500,630
无极性电容器	40,50,63,100,160,250,400,630,800,1000,1250,1600,2500

(2) 电容量及容量误差。

电容器的电容量由测量交流容量时所呈现的容抗决定。通常交流电容量随频率、电压及测量方法的变化而变化。一般电容器的电容量随频率的变化量低于电容量的容差精度。如表 2.2 所示,电容器的电容标称值通常分为 E6 系列、E12 系列和 E24 系列。电容器的容

表 2.2　E6、E12 和 E24 系列的优选值

系　　　列	优选值/μF
E6 系列	1.0,1.5,2.2,3.3,4.7,6.8
E12 系列	1.0,1.2,1.5,1.8,2.2,2.7,3.3,3.9,4.7,5.6,6.8,8.2
E24 系列	1.0,1.1,1.2,1.3,1.5,1.6,1.8,2.0,2.2,2.4,2.7,3.0,3.3,3.6,3.9, 4.3,4.7,5.1,5.6,6.2,6.8,7.5,8.2,9.1

量误差来源于电容器制造过程中的工艺参数与实际参数的偏差。电容器的容量误差多以百分数的形式表示。电容器的容量误差级别一般有：J 级（±5%）、K 级（±10%）、M 级（±20%）、S 级（±50%）、Z 级（±80%/−20%）。

（3）损耗因数。

由漏电流、介质吸收、等效串联电阻等产生的损耗与工作频率有关。对于介质吸收，通常介电系数的变化在损耗足够低的情况下可以忽略。介质在电场下的极化过程使分子间碰撞而消耗，因而也造成了介电系数的下降。在电解电容器中，等效电阻是造成损耗的主要原因，而漏电流、介质吸收造成的损耗则可以忽略。因此，电解电容器的损耗因数（dissipation factor）则用串联等效电阻 ESR 同容抗 $1/\omega C$ 之比表示，也称为损耗角正切 $\tan\delta$，随频率上升而增加。损耗因数标志着电容器本身在工作时的自身损耗的大小，可以定义为：电容器被施加交流电时，每个周期电容器产生的损耗与每个周期电容器存储的功率之比：

$$损耗因数 = \frac{每个周期消耗的功率}{每个周期存储的功率} \tag{2.18}$$

（4）等效串联电阻。

电容器电极到引出端的电阻，一般箔式电容器的等效串联电阻（ESR）比金属化电容器的 ESR 小，双金属化和加重金属化的 ESR 比一般金属化的 ESR 小，平面电极板的 ESR 比粗糙电极板的 ESR 小，等等。

（5）温度系数（temperature coefficient，τ）。

电容量随温度变化的程度用下式所示：

$$\tau = \frac{\Delta C}{C \cdot \Delta T} \tag{2.19}$$

大多数介质的介电系数随温度的升高而变大，其变化范围小于容差范围，部分介质的变化相反，比如高分子聚丙烯；部分介质可能在不同的温度范围内有不同的变化，比如 Ⅱ 类铁电陶瓷。

（6）工作温度范围。

任何介质都有适合的工作温度范围，超过这个温度范围会使介质发生明显的物理变化（如熔化、介电性能下降）和化学变化（如化学分解）从而失去作用。电解电容器则要避免电解液的蒸发而造成电容器的永久损坏。美国、中国的电容器产品都标明了温度系数，各国都指定了相应的标准，见表 2.3 至表 2.5。

表 2.3　中国国家标准的温度特性的表示方式

温度范围/(℃)	后 缀 数 字	整个温度范围的最大容差变化	后 缀 符 号
−55～+125	1	±10%	22 mm±1.0 mm
−55～+85	2	±15%	50 mm±2.0 mm
−40～+85	3	±20%	1000 μF±20%(100 Hz, 20 ℃)
−25～+85	4	±20%，−30%	200 V
−10～+85	5	±20%，−56%	230 V
−10～+70	6	+30%，−80%	3.32 A(100 Hz, T_a＝85 ℃)

表 2.4　美国标准的温度特性的表示方式

最低温度范围	后缀符号	最高温度范围/(℃)	后缀数字	整个温度范围的最大容差变化	后缀符号
+10	Z	45	2	±1%	A
−30	Y	65	4	±1.5%	B
−55	X	85	5	±2.2%	C
		105	6	±3.3%	D
		125	7	±4.7%	E
				±7.5%	F
				±10.0%	P
				±15.0%	R
				±22.0%	S
				±22.0%，−33.0%	T
				±22.0%，−56.0%	U
				±22.0%，−82.0%	V

表 2.5　日本标准的温度特性的表示方式

符　　　号	温度范围/(℃)	后　缀　数　字	整个温度范围的最大容差变化
YA	−25～+85	2	±5%
YB	−25～+85	3	±10%
YD	−25～+85	4	+20%，−30%
YE	−25～+85	5	+20%，−55%
YF	−25～+85	6	+20%，−80%
ZF	+10～+70		+30%，−80%

（7）漏电流。

由于电容器没有理想的绝缘性，电阻不是无限大或存在缺陷，因此会产生漏电流（leakage current）。不同介质的漏电流不一样，如陶瓷介质电容器的漏电流往往来源于缺陷，电解电容器的漏电流主要是由于化学反应破坏了电解机制以及微型原电池效应造成的。

（8）寿命。

多数电容器没有寿命问题，只有液态电容器在施加电压后，由于介质的介电系数下降而会出现寿命问题。最明显的是铝电解电容器，由于负电极是电解液，当电解液干涸后，铝电解电容器的负电极面积大大缩小，使电容量快速下降，直到下降到寿命终了值。因此，通常，铝电解电容器均会标明最高工作温度和相应的使用寿命，比如 100 ℃/3000 h。

6. 叠片电容

增加电容量的基本方法是设法增加极板面积，采用多个"电容器"叠加起来并联在一起以增加电容量是一个有效的方法。如图 2.3 所示，从横截面上可以比较清晰地看出，多层叠

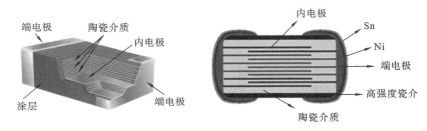

图 2.3　多层叠片陶瓷电容器的结构示意图和剖面图

片陶瓷电容器是通过叠片的方式将多个单层电容器叠在一起制成的。

根据电容器电容量为 $C=\varepsilon_0\varepsilon_r(n-1)A/d$，可以看到，如果电极间的间距做得很薄（$d$ 值很小，只要介质满足耐压要求就行），在耐压仅为 6.3 V 或更低时，介质仅需 1 μm。现在的 Ⅱ 类瓷介质已经可以做到这一厚度。多层叠片电容器可以看作由整个带梳状烧结电极的陶瓷块组成。这些电极在陶瓷块的末端表面通过在金属层烧结实现电器连接。贴片电容器的封装形式主要有引线式和贴片式，其中，引线式电容器在过去称为独石电容器，其名称的来源大概是，陶瓷叠片电容器经过烧结工艺后成为一体，就像石头一样。独石电容器的引线去掉就是贴片式封装形式电容器，贴片电容器的封装形式与电阻的相同，采用标准化尺寸，如 0402、0603、0805、1206、1210、1812 等。表 2.6 所示的为陶瓷贴片电容器的封装尺寸数据。

表 2.6　陶瓷贴片电容器的封装尺寸数据

项目	0402	0603	0805	1206	1210	1812
L/mm	1.0±0.1	1.6±0.15	2.0±0.20	3.2±0.20	3.2±0.30	4.5±0.30
B/mm	0.5±0.05	0.8±0.10	1.25±0.15	1.6±0.15	2.5±0.30	3.2±0.30
S/mm	0.5±0.05	0.8±0.10	1.35(max)	1.8(max)	2.7(max)	2.7(max)
K/mm	0.1~0.4	0.1~0.4	0.13~0.75	0.25~0.75	0.25~0.75	0.25~1.0

2.2.3　介质电容的典型应用

电容器是电子设备中大量使用的主要元件之一，它具有隔直流和分离各种频率的功能，广泛用在隔直流、耦合、旁路、滤波、谐振回路调谐、能量转换、控制等电路中的时间常数元件等。电容器按照介质一般可以分为有机电容器、电解电容器、无机电容器。

1. 有机电容器

有机电容器一般分为纸介/金属化纸介电容器、有机合成薄膜电容器、复合有机电容器、漆膜电容器。其特点是电容量范围较宽，金属化聚酯电容器最大可达 200 μF，最小可达 1 μF，金属化纸介电容器可做到 0.01~500 μF；工作电压高，可达 30 kV；绝缘电阻高；$\tan\delta$ 较小；工作温度范围较大，非极性介质的在 85 ℃ 以下，极性的在 100~120 ℃，最高可达 200~260 ℃；有机介质薄膜强度高，可做成卷绕型结构，体积小。当前新发展的有机介质电容器为聚砜电容器、聚酰亚胺薄膜电容器、填料-聚合物薄膜电容器。

图 2.4 所示的为日本 TDK 的 B3277xH 系列的薄膜电容器示意图,该电容器适用于耐湿负荷环境实验条件,适用于 450 V DC 至 1100 V DC 直流电压范围,适用于 1.5 μF 至 120 μF 的静电容量范围。这种薄膜电容器允许纹波电流较大,因此适用于稳定电压,在逆变器电路中可以协助输入需要稳定的 DC 电压。

2. 电解电容器

电解电容器的工作介质是一层极薄的金属氧化膜,它生成在某种金属上,而这个生长有氧化膜的金属为电容器的阳极,它与电路的正极相连接。电解电容器的阴极是电介质(包括液体、半液体和固体等类型)。电解电容器中的金属与电解质相接触,起到引出阴极的作用。电解电容器的工作介质很薄,极板面积可以扩大,所以其比率电容较其他电容器大,在工作电压低时尤为突出。电解电容器有极性,使用时必须将其阳极接电源正极,阴极接电源负极,否则会造成漏电流大,致使电容器损坏。按生长氧化膜的金属不同,可分为铝电解电容器、钽电解电容器、铌电解电容器、钛电解电容器等;按电解质类型不同,要分为湿式电解电容器、干式电解电容器、固体电解电容器等。电容器的工作电压有上限值,目前单片铝电解电容器工作电压最高为 500 V,国外可达 700 V。

以 TDK 的电解电容器为例,TDK 的电解电容器分为嵌入式的和螺钉式的,图 2.5 所示的为 TDK 的 B43630 系列嵌入式电容示意图。该型号电容器的具体参数见表 2.7。

图 2.4 日本 TDK 的 B3277xH 系列的薄膜电容器示意图

图 2.5 TDK 发布的 B43630 系列嵌入式电容器示意图

表 2.7 TDK 发布的 B43630 系列嵌入式电容器具体参数

参　　数	数　　值
直径	22 mm±1.0 mm
长度	50 mm±2.0 mm
额定电容	1000 μF±20%(100 Hz, 20 ℃)
额定电压 V_R(DC)	200 V
浪涌电压 V_S(DC)	230 V
额定纹波电流 $I_{AC, R}$	3.32 A(100 Hz,Ta=85 ℃)
最大波纹电流 $I_{AC, max}$	5.79 A(100 Hz, Ta=60 ℃)

续表

参　　数	数　　值
ESR_{typ}	100 mΩ(100 Hz, 20 ℃)
	36 mΩ (100 Hz, 20 ℃)
Z_{max}	170 mΩ (100 Hz, 20 ℃)
耗散因数 $\tan\delta$	0.15(120 Hz, 20 ℃)
漏电流	1500 μA (200 V, 20 ℃, 5 min)
ESL(自身电感)	20 nH
最低温度	−40 ℃
上限工作温度	85 ℃
额定使用寿命	>2000 h
包装形式	硬纸板包装
参考标准	分规范 IEC 60384-4

3. 无机电容器

　　无机介质电容器一般分为瓷介电容器、云母电容器、玻璃电容器。云母电容器是性能优良的高频电容器之一,广泛应用在对电容器的稳定性和可靠性要求很高的场合。

　　云母电容器基本上都呈迭片状,其电极有箔式电极和金属化电极,一般分为高功率的和低功率的两大类。常用的云母电容器有微带云母电容器、小型号密封石云母电容器、高稳定型云母电容器。

　　玻璃电容器是以玻璃为介质的电容器,它与云母电容器和瓷介电容器相比原料来源丰富,制造工艺简单,成本较低。玻璃电容器的稳定性低于云母电容器的,但独石型玻璃电容器和玻璃釉电容器在潮湿环境中的稳定性很好。目前,一部分中小电容量的电容器也采用玻璃来制造。

　　瓷介电容器是以陶瓷作为介质的电容器,如表 2.8 所示,常用的瓷料有低介瓷、高介瓷(Ⅰ型瓷料)、铁电瓷(Ⅱ类瓷料)、半导体瓷(Ⅲ型瓷料)、独石电容器瓷料等。

表 2.8　几种瓷介电容器的比较

种类	介质材料	特　　性	主 要 应 用
低介瓷	莫来石、滑石、氧化铝	介电常数较小,$\tan\delta$ 也很小	小容量高频电容器及高功率瓷介电容器
高介瓷	金红石、钛酸钙、钛酸镁、锡酸钙、镁镧钛、氧化镧	介电常数高,一般为 12～200,介质损耗小,要求 $\tan\delta<6\times10^{-4}$,介电常数和温度系数的范围广	高频电路、热补偿电容器、热稳定电容器
铁电瓷	钛酸钡、钛酸铅	介电常数随外加电场的变化而变化,即非线性,根据非线性强弱可分为强非线性和弱非线性	弱非线性主要用作电容器介质,强非线性主要用于电压敏感电容器

续表

种类	介质材料	特性	主要应用
独石电容器瓷料	低温烧结体系主要有：铌铋锌系、铌铋镁系、钨镁铅系；中温烧结体系主要有 $BaO\text{-}TiO_2\text{-}La_2O_3$、$CaO\text{-}TiO_2\text{-}SiO_2$、钛酸钡基	独石电容器将瓷料直接与电极烧结成一个整体，介电常数是普通陶瓷电容器的三倍，高温烧结型烧结温度高于 1300 ℃，中温烧结型烧结温度为 $1000\sim1250$ ℃，低温烧结型烧结温度低于 900 ℃	低温烧结型高频混合集成电路的外贴元件和其他小型化、可靠性要求高的电子设备
半导体瓷	通过掺杂或气氛烧结进行半导化的 $BaTiO_3$ 基陶瓷	还原氧化型半导体瓷主要有高介电常数基体（如 $BaTiO_3$）、$(Sr,Ba)(Ti,Sn)O_3$ 等在还原气氛中还原成半导体，然后在空气中烧银，陶瓷表面被氧化形成薄绝缘层。晶界层半导体瓷是将高介电常数基体 $(Ba,Sr)TiO_3$ 进行施主掺杂改性并在还原或中性气氛中还原，再在还原的基体上涂敷金属氧化物并在空气中进行热处理	正温度系数（PTC）陶瓷体、温度传感器
高压电容器陶瓷	$SrTiO_3$ 陶瓷	绝缘性能很好，介电常数随电压变化为 $-20\%\sim-10\%$（kV/mm）	电视机、雷达高压电路及避雷器、断路器、脉冲气体激光装置的电源

近年来，电容器的生产已经实现机械化和自动化，使得其生产方式、外观形貌和性能质量都有了飞跃的发展，成本和质量得到了显著改进。电容器发展向小型化、微型化和片式化发展。

4. 电容器的应用发展趋势

近年来，随着电子器件的小型化、高性能化发展趋势，电容器在生产方式、外观形貌和性能等方面得到了快速发展。

一方面，传统瓷介电容器不断向小型化、高容量、高可靠和高频化方向发展。首先，在小型化方面，小尺寸 MLCC 中最典型的是 01005 尺寸（英制，下同），在智能手机、芯片封装内、穿戴产品和高集成模块等产品中大量使用，其长宽仅 0.04 mm×0.02 mm，肉眼已经看不清。此外，还有更小一代的 008004 尺寸，长宽仅为 0.02 mm×0.01 mm，主要粉体的粒径已经进入亚微米级甚至纳米级水平。其次，高容量化，由于 MLCC 具备稳定的电性能、无极性、高可靠性的优点，在替代电解电容趋势的推动下，其高容量化发展已实现更大范围，并且对于同一个 MLCC 尺寸，容量也不断提升。目前 MLCC 的 0805 以上的尺寸已达到 100 μF，小尺寸的 0201 尺寸也覆盖了 4.7 μF 和 2.2 μF。再次是高可靠性，随着 MLCC 的应用场景扩展，对 MLCC 的可靠性要求越来越高，其中最具代表性的就是车规系列。汽车的智能化及新能源汽车的兴起和发展，大大增加了车规 MLCC 的需求，使得车规产品成为 MLCC 行业的重要方向。最后是高频化，无线通信技术应用越来越丰富，特别是 4G、5G 技术的发展，使射频元器件的需求大增，且对射频性能的要求越来越高。射频 MLCC 通过设计改良元件内部结构、优化微波陶瓷介质材料及低损耗特性的铜电极材料，实现了低等效串联电阻（ESR）。

另一方面,出现了一种电容量密度为 $100 \sim 2000 F/g$ 的超大容量电容器。这是一种介于电容器与电池之间的新概念器件。与电池一样,它能长时间保持充电点位,被称为电位记忆管的元件即属于此类。同时它又与电容器一样,可以并善于在瞬间短路的特大放电电流状态下工作,用于点火、闪光或驱动、制动装置中需要释放电流的场景,比如强功率微波及激光武器或电动车辆的高功率电源与超大容量电容器构成"电容器库体系"(capacitor bank system)或被称为"混合电池电容器"(battery capacitor hybrid)。该类电容器已不存在传统静电电容器中的电介质,而是通过液体或固体电介质(快离子导体)的离子导电过程在电介质/电极界面形成比表面积(S_r)特大的双电层($S_r > 1000$ m²/g)而层间距只为原子尺寸(约 1 nm),从而获得特大电容量值。最近,又有一种"赝电容"(pseudo-capacitor)概念提出,在外加电压后,在电极表面或体相的二维或准二维空间中,电活性物质进行欠电位沉积,同时发生高度可逆的化学吸附/脱附或氧化/还原反应,产生和电极充电电位相关的"法拉第电容"即为"赝电容"现象。这类电容器的容量密度又较上述双电层电容器高 $10^2 \sim 10^3$ 倍,极具发展前途,由于这类电容器不存在传统电容器的电介质,本书不作详细叙述。

◀ 2.3 微波介质器件 ▶

2.3.1 概述

在电磁辐射的全频谱中,通常将甚高频($30 \sim 300$ MHz)至近红外(750 GHz)波段标为微波。一般常将微波波段定义为 300 MHz ~ 3000 GHz,其波长范围为 1 m ~ 0.1 mm,即分米波至亚毫米波,其可进一步划分为四个波段。

分米波段:$\lambda = 1$ m ~ 10 cm,$f = 300$ MHz ~ 3GHz,甚高频段(VHF);

厘米波段:$\lambda = 10$ cm ~ 1 cm,$f = 3$ GHz ~ 30 GHz,超高频段(SHF);

毫米波段:$\lambda = 1$ cm ~ 1 mm,$f = 30$ GHz ~ 300GHz,极高频段(EHF);

亚毫米波段:$\lambda = 1$ mm ~ 0.1 mm,$f = 300$ GHz ~ 3000 GHz,极超高频段(SEHF)。

由于微波信号频率极高,波长极短,其具有如下特点。

(1) 由于频率高,信息容量大,所以十分有利于在通信技术领域中应用。

(2) 可进行直线传播,具有很强的传播方向性,具有高能量和对于金属目标的强反射能力。因此,在雷达、导航等方面有利于提高发射和跟踪目标的准确性。

(3) 对不同介质具有强穿进和强吸收能力。从而可实现穿透高空中电离层的卫星通信。可用于进行微波医疗诊断、微波探伤,以及作为微波吸收材料和发热体。

(4) 微波设备的数字化可实现通信的保密性。

微波通信产业的迅猛发展极大地促进了微波材料及其器件的研究,微波频率器件的高度集成化及其工作频率的提高已经成为微波通信器件的发展趋势。微波介质材料是微波器件里面最重要的核心部分,微波材料的微波性能决定其在微波器件中的具体应用。电磁波谱如图 2.6 所示。

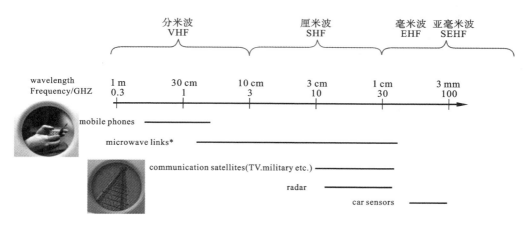

图 2.6　电磁波谱

2.3.2　微波介质器件原理

1. 微波介质材料

早在 1939 年,Richtmyer 首次通过理论论证将金属作为主要材料替换成将介质作为主要材料用以设计谐振器的可行性,但由于无法找到恰当的介质,因而发展缓慢。微波介质陶瓷的探索阶段是在 20 世纪 60 年代到来的,1960 年,开始了 TiO_2 的介电性能的研究,在对于滤波器的尝试制作进程,由于无法解决温度系数的问题失败了。在 60 年代末期,提出了微波介质陶瓷的测量方式和其性能评判标准。70 年代,微波介质陶瓷实现了从理论到实用的重要一步,无论是美国研发的 K38 系列陶瓷还是由日本研发的 $Ba_2Ti_9O_{20}$ 陶瓷,都拥有优异的性能,从而为微波谐振器小型化的实现提供了材料基础。80 年代,日本继续研发出了 BMT、BZT 等性能优异的介电陶瓷系列,从而引导了微波陶瓷新材料的潮流。随后,欧洲的各个国家相继开展了针对微波介质陶瓷的科研进程。

为了满足人们对电子产品轻型化、体积更小、集成化的需求,在无线通信技术高速进步的如今,我们有必要开发出高性能、高可靠性、低成本新型材料,这对微波介质材料而言,也是难度更大的挑战。而决定介电陶瓷是否实用的三个最重要的要素就是介电常数、谐振频率温度系数、品质因数,它们相互制约,同时也有一定联系。

(1) 介质谐振器性能对材料参数的要求。

高的 ε_r(一般 $\varepsilon_r = 30 \sim 100$),有利于介质器件与整体小型化,使电磁能量尽可能集中于介质体内。

在微波频率下介质损耗很小,高 $Q = (\tan\delta)^{-1} > 103$ 可保证最佳的选频特性。

要求近零的谐振频率温度系数 $T_{\mathrm{Cf}}(\tau f)$,一般在 $-50 \sim 100$ ℃,α_ε 很小或近于零,$\tau_f = \pm 20 \times 10^{-6}/$℃,保证器件的中心频率不随温度漂移。

(2) 介电常数 ε。

介质的极化强弱是由相对介电常数进行表征的,其本质是微观上的极化程度的宏观表现。表 2.9 为不同极化机制下的极化转向时间。由于微波陶瓷介质工作在微波频率下,对

ε_r 而言,由于时间常数大的电极化形式在微波条件下来不及产生,而电子位移式极化在介电常数中所占比例极小,所以起主要作用的是金属离子位移式极化。

表 2.9　常见极化方式建立时间

极 化 形 式	极 化 建 立 时 间
电子位移极化	$10^{-15} \sim 10^{-16}$ s
离子位移极化	$10^{-12} \sim 10^{-13}$ s
取向极化	$10^{-2} \sim 10^{-6}$ s
松弛极化	$10^{-2} \sim 10^{-6}$ s
空间电荷极化	时间较长

在一定的频率下,谐振器的尺寸与介电常数的平方成反比,因此为使介质器件与整体小型化,必须使介电常数最大化。

$$D \approx \lambda_0 \frac{1}{\sqrt{\varepsilon}} \qquad (2.20)$$

在微波频段,ε_r 基本上为定值,不随频率而变化。

要使微波介质陶瓷具有高 ε_r 值,除需考虑微观晶相类型及其组合外,还应在工艺上保证晶粒生长充分,结构致密。

(3) 谐振频率温度系数(TCF-temperature coefficient of resonance frequency)。

陶瓷的温度系数是利用微波介电陶瓷材料在不同温度条件下测试获得的谐振频率计算得到的,表现谐振器在不同温度环境下的稳定程度。

$$\frac{1}{f_r}\frac{\partial f_r}{\partial T} = -\frac{1}{D}\frac{\partial D}{\partial T} - \frac{1}{2}\frac{1}{\varepsilon_r}\frac{\partial \varepsilon_r}{\partial T} \qquad (2.21)$$

$$\tau_f = -\alpha_L - \frac{\tau_\varepsilon}{2} \qquad (2.22)$$

其中,α_L 是膨胀系数。

近零的频率温度系数:

$$\tau_f \to 0$$

表示谐振频率稳定性好。介质谐振器一般都是以介质陶瓷的某种振动模式的频率作为其中心频率的,为了消除谐振器的谐振频率特性的温度漂移,必须使 $\tau_f \to 0$。

一般介质陶瓷体的热膨胀系数 α_L 为正,故介电常数温度系数 τ_ε 必须为负,才能使 τ_f 接近零,因此应找出介电常数温度系数为负的陶瓷材料。

(4) 品质因数 Q。

在微波介质陶瓷的三种最重要的介电性能指标中,品质因数是体现介电材料损耗的指标。在仅考虑电介质的能量损失而不计其辐射损失或表面导电的条件下,$Q = (\tan\delta)^{-1}$。

在工程上,根据微波谐振器的频率特性曲线。品质因数 Q 被定义为谐振频率(f_r)除以距峰顶 3 dB 处的峰宽(Δf),即 $Q = f_r / \Delta f$。

Q 值越高,谐振器的频率选择性越好。对于给定材料,Q 值随着频率的升高而减小,理论上 Q_f 在微波范围内近似为一常数,所以通常用 Q_f 值来表征材料介电损耗的大小。

在微波频段,品质因数 Q 值与微波频率 f 有关,因此微波介质陶瓷材料的介电损耗与品

质因数可表示为

$$\tan\delta = \frac{\varepsilon_{r1}}{\varepsilon_{r2}} \approx \frac{\gamma}{\omega_r^2}\omega \qquad (2.23)$$

$$Q \times f = \frac{f}{\tan\delta} = \frac{2\pi\omega_r^2}{\gamma} = 常数 \qquad (2.24)$$

其中，ε_{r1}、ε_{r2}、ω_r、γ、ω 分别代表有功介电常数、无功介电常数、材料固有角频率（rad/s）、衰减因子、频率为 f 时的角频率。

可以看出，在微波频率下，介电材料的介质损耗 $\tan\delta$ 随 ω 的增大而增大，材料的品质因数 Q 则随着频率 f 的增大而减小。但是对于同一材料来说，$Q \times f$ 是基本保持不变，因此，在微波频段下，可以用 $Q \times f$ 来表征材料的品质因数。典型微波介质器件谐振频率特性曲线如图 2.7 所示。

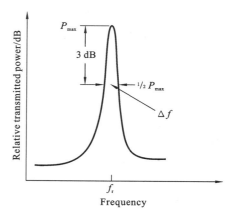

图 2.7　典型微波介质器件
谐振频率特性曲线

此外，气孔、缺位、杂相等缺陷也是影响陶瓷材料损耗的重要因素。因此，为了从材料本身提高 $Q \times f$ 值，对于离子替换的离子种类和离子掺杂量需要进行大量的实验。为了减少气孔、缺位、杂相等缺陷，需要研究更加合理的工艺流程，采用高纯度的药品原料，从而控制这些外在影响的产生，提高 $Q \times f$ 值。表 2.10 所示的为典型微波介质材料的性能对比。

表 2.10　典型微波介质材料的性能对比

材　　料	ε_r	$Q \times f(GHz)$	$f(GHz)$	$\tau_f(\times 10^{-6}/℃)$
$2MgO \cdot SiO_2$	6.8	241500	23	-60
Al_2O_3	9.8	360000	9	-55
$0.95MgTiO_3\text{-}0.05CaTiO_3$	20-21	56000	7	~ 0
$Ba(Mg_{1/3}Ta_{2/3})O_3$	25	350000	10	0
$Ba(Zn_{1/3}Ta_{2/3})O_3$	30	168000	12	-4
$BaTi_4O_9$	38	36000	4	15
$Ba_2Ti_9O_{20}$	40	36000	4	5
$(Zr_{0.8}Sn_{0.2})TiO_4$	38	49000	7	~ 0
$BiNbO_4$	41.5	4400	4.8	-2.4
$Li_2O\text{-}Nb_2O_5\text{-}TiO_2$	64.79	6385	5.66	8
$BaO\text{-}Nd_2O_3\text{-}Bi_2O_3\text{-}TiO_2$	90	5600	—	17
$BaO\text{-}(Sm,La)_2O_3\text{-}TiO_2$	90.7	8900	—	4.2
$(Pb,Ca)\{(Fe_{1/2}Nb_{1/2}),Sn\}O_3$	85.9-89.9	7510-8600	—	$0\sim 9$
$ZnNb_2O_6$	25	83700	—	-56
$Ba_5Nb_4O_{15}$	40	53000	16	78
$CaO\text{-}Li_2O\text{-}Sm_2O_3\text{-}TiO_2$	114	3700	5	0

2. 微波介质陶瓷材料分类(按介电常数分类)

(1) 低 ε_r(高 Q)。

$\varepsilon_r=25\sim30$，$Q=(1\sim3)\times104$，$\tau_f\approx0$，$f\geqslant8$ GHz，在卫星直播等微波通信机中作为介质谐振器件。

(2) 中 ε_r(中 Q)。

$\varepsilon_r\approx40$，$Q=(6\sim9)\times10^3$，$\tau_f\leqslant5\times10^{-6}/℃$，$f=4\sim8$ GHz，主要在卫星基站、微波军用雷达及微波通信系统中作为介质谐振器件。

(3) 高 ε_r(低 Q)。

$\varepsilon_r=80\sim90$，$Q=(2\sim5)\times10^3$，$\tau_f\leqslant5\times10^{-6}/℃$，$f=0.84\sim4$ GHz，主要在工作在低微波频段的民用移动通信机中作为介质谐振器件。

(4) 低 ε_r(高 Q)。

复合钙钛矿 $A(B_xB'_{1-x})O_3$ 系，A 为 Ca、Sr、Ba；B 为 Zr、Sn、Nb、Ta 等；B′ 为 Ni、Co、Mg、Zn、Ca 等；$Ba(B'_{1/3}Ta_{2/3})O_3$($B'=Mg$，Zn)，BMT or BZT。

(5) 中 ε_r(中 Q)。

$BaTi_4O_9$，$Ba_2Ti_9O_{20}$，$(Zr,Sn)TiO_4$。

(6) 高 ε_r(低 Q)。

$BaO-Ln_2O_3-TiO_2$(钨青铜型)，$CaO-Li_2O-Ln_2O_3-TiO_2$，铅系钙钛矿系$(Pb_{1-x}Ca_x)$ $(Mg_{1/3}Nb_{2/3})O_3$。

主要的钙钛矿(Perovskite)和乌青铜型(Tungstenbronze-type)结构微波陶瓷材料的品质因数和介电常数分布见图 2.8。

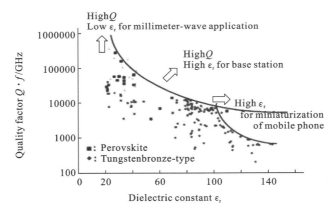

图 2.8 主要的钙钛矿(Perovskite)和乌青铜型(Tungstenbronze-type)结构微波陶瓷材料的品质因数和介电常数分布

3. 微波介质陶瓷低温烧结(LTCC)

低温共烧陶瓷技术是于 1982 年休斯公司开发的新型材料技术，它采用厚膜材料，根据预先设计的结构，将电极材料、基板、电子器件等一次性烧成，是一种用于实现高集成度、高性能电路封装的技术，普遍应用于多层芯片电路模块化设计中。

近年来，电子技术快速更新对电子元器件的空间占用更少、集成程度更高和性能稳定提出了越来越迫切的需求。LTCC 技术则因为其成本低、散热性能良好、封装密度高等优点为实现器件的小型化、提高器件的稳定性提供了一条非常热门的研究方向。LTCC 技术近年来在全球已经进入蓬勃发展的阶段，从图 2.9 可以看出，LTCC 元件的产量在一直增加，LTCC 技术的使用领域也变得更加宽广。

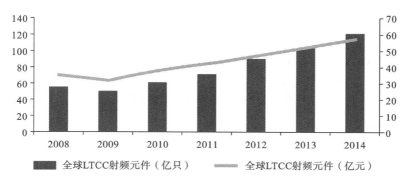

图 2.9　LTCC 射频元件产值

经过多年的发展，LTCC 技术的工艺流程已经比较成熟，工艺流程如图 2.10 所示。

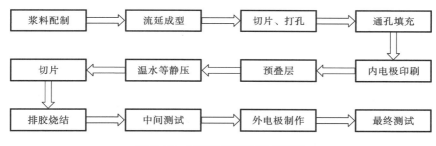

图 2.10　LTCC 工艺流程示意图

（1）浆料配制：由有机成分和无机成分按照一定的比例混合得到的混合物，经过浆化形成浆料。有机成分由聚合物黏结剂和溶解于溶液的增塑剂组成，无机成分为介质材料。

（2）流延成型：将浆料浇注在移动的载带上，通过干燥区，去除所有的溶剂后，将膜带卷在轴上备用。

（3）流延膜带切片、打孔：将膜带按要求切成一定尺寸的膜片。打孔包括打定位孔和打层间通孔。

（4）通孔填充：通孔填充是制造基板的关键工艺之一，其方法有厚膜印刷、丝网印刷和导体生片填充。

（5）内电极印刷：即内层设置电路，通常采用丝网印刷，也可直接描绘。

（6）叠层、热压和切片：将印制好的导体和形成互连通孔的生瓷片，按预先设计的层数和次序依次叠放，在一定的温度和压力下粘接在一起，形成一个完整的多层基板坯体。切片工艺是将多层生瓷坯体切成更小的部件或其他形状。

（7）排胶、共烧：按照既定的排胶和烧结曲线加热烧制。

（8）中间测试：烧结后的芯片须进行外观检验和电学测试，以验证芯片的平整性和布线的连接性。

（9）外电极印刷、烧结：在烧结好的多层芯片外端制作外电极，并在 750 ℃左右快速烧结电极材料。

（10）最终检验：与前面测试类似，只是增加与外电极有关的测试内容。

LTCC 技术除了在成本和集成封装方面的优势外，在布线线宽和线间距、低阻抗金属化、设计的多样性、器件可靠性及优良的高频性能等方面都具备许多其他基板技术所没有的优点。

4. 微波介质陶瓷测量方法

由于微波波段已经达到了 GHz，传统的 MHz 频谱范围内的有线测试方法已经无法使用。目前微波介质材料的测试方法主要如表 2.11 所示。

表 2.11　微波介质材料的测试方法

微波介电性能测试方法		频 率 范 围	适 用 范 围
传输线法	同轴线	0.2 Hz～110 GHz	高损耗材料，对样品的形状和表面状况要求较高
	波导管		
	传输线		
谐振法	微扰法	2.0 Hz～18 GHz	$\varepsilon_r=2\sim10$，$\tan\delta=1\times10^{-4}\sim5\times10^{-3}$
	开式腔法	2.0 Hz～30 GHz	$\varepsilon_r=5\sim100$，$\tan\delta=2\times10^{-4}\sim6\times10^{-3}$
	屏蔽腔法	1.0 Hz～30 GHz	$\varepsilon_r=2\sim120$，$\tan\delta=1\times10^{-4}\sim6\times10^{-3}$
自由空间法	反射法	2.0～110 GHz	样品表面平整，表面积大于波束横截面面积的 3 倍
	透射法		
	干涉法		

对微波介质陶瓷材料而言，由于介电常数跨度大、介质损耗低，使用谐振法比较合适。在谐振法中，开式腔法比较容易实现，同时其测试范围也较宽，在国际上最常用。

（1）平行板谐振法（The parallel plate resonator method）。

① 系统硬件。

矢量网络分析仪、接口卡、平行板测试夹具、带耦合环的半刚性电缆、高低温箱和安装自动测试软件的计算机。

② 介电常数的测试。

对所测试样品，其 D 和 L 已知，f_r 可以通过该方法精确地测试出来，则可以通过公式计算出介电常数。介电常数的测试样品示意图如图 2.11 所示。介电常数测试系统示意图如图 2.12 所示。

③ Q 值的测量。

样品 Q 值可以通过测量 TE_{011}（谐振峰的宽度）计算出来。

$$Q=\frac{f_r}{\Delta f} \tag{2.25}$$

其中，Δf 为 3 dB 频带宽度（BW）。

④ τ_f 值的测量。

$$\tau_f=\frac{f_2-f_1}{f_1(T_2-T_1)} \tag{2.26}$$

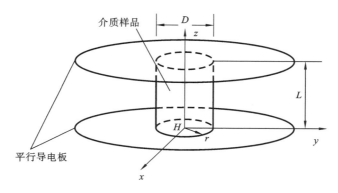

图 2.11　介电常数的测试样品示意图

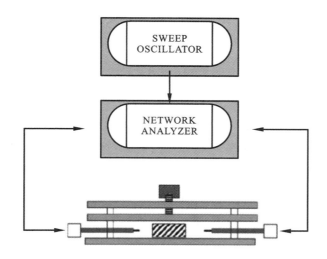

图 2.12　介电常数测试系统示意图

其中，f_1 和 f_2 分别是温度为 T_1 和 T_2 时的谐振频率。

平行板谐振法具有测量简单、快速、准确的优点，平行板测试夹具较易制备，比较适用于介电常数适中、介质损耗较小（即高 Q 值）的微波介质陶瓷的测量，但不适用于介质损耗大的微波介质陶瓷的测量。

该方法对介电常数的测量误差一般小于 0.5%，对 Q 值的测量误差一般小于 15%。

对 Q 值及谐振频率温度系数的精确测量则需要用屏蔽腔谐振法来测量。

（2）屏蔽腔谐振法。

谐振腔体通常具有很高的 Q 因子，并且在特定的频率发生谐振。如果将一材料样品放入腔体中，将会改变腔体的谐振频率和品质因子 Q 值。通过这两个参数值的变化，可以得到材料样品的介电常数。

这种方法目前具有最高的测量精度，尤其适合于低损耗物质的测量，缺点是无法支持宽带的材料测量。电磁波频谱如图 2.13 所示。谐振性能测试如图 2.14 所示。

5. 典型微波介质器件

微波介质器件主要是在微波陶瓷材料的基础上演化而来的，主要分为两种，一种是微波

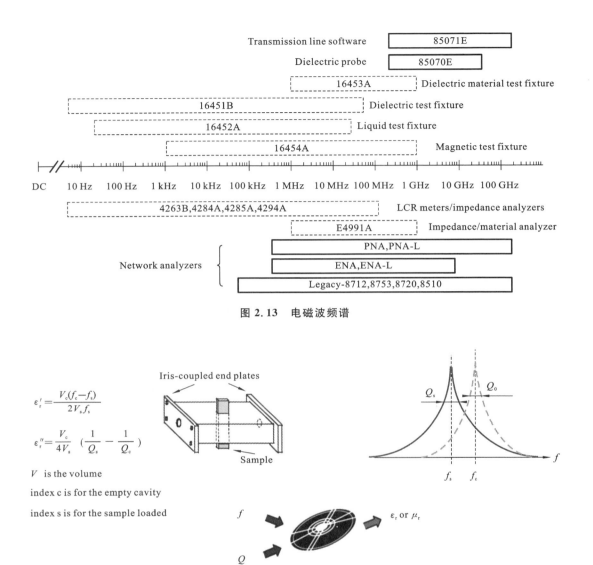

图 2.13　电磁波频谱

图 2.14　谐振性能测试

介质谐振器,另一种是用于微波电路中的介质陶瓷。用于微波电路中的介质陶瓷元件主要包括用于微波集成电路(MIC)的介质基片、介质波导、微波天线(Antennae)及微波电容器等。介质谐振器(dielectric resonator,DR)的功能陶瓷包括带通(阻)滤波器(filters)、分频器、耿氏二极管、双工器和多工器、调制解调器(modem)等固体振荡器(oscillators)中的稳频元件。

典型的微波介质器件如图 2.15 所示。

微波谐振器是微波滤波器的主要核心部件,微波谐振器是产生振荡的电路单元。无源滤波器则是由若干个谐振单元组成的,其以不同的电路形式提供具有一定带宽的滤波电路。

(1) 微波谐振器件及滤波器。

在低频电路中,谐振回路是一种基本元件,它是由电感和电容串联或并联而成的,在振

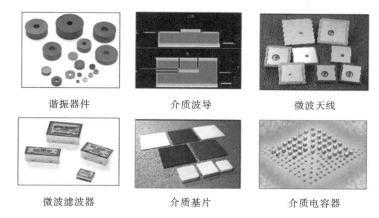

谐振器件　　　　　　介质波导　　　　　　微波天线

微波滤波器　　　　　　介质基片　　　　　　介质电容器

图 2.15　典型的微波介质器件

荡器中作为振荡回路,用以控制振荡器的频率;在放大器中用作谐振回路;在带通或带阻滤波器中作为选频元件等。在微波频率上,也有上述功能的器件,就是微波谐振器件,它的结构是根据微波频率的特点从 LC 回路演变而成的。微波谐振器一般有传输线型谐振器和非传输线谐振器两大类,传输线型谐振器是一段由两端短路或开路的微波导行系统构成的,如金属空腔谐振器、同轴线谐振器和微带谐振器等,如图 2.16 所示。在实际应用中,大部分采用此类谐振器。

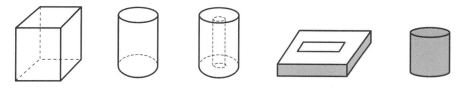

图 2.16　微波谐振器类型

① 微波谐振器件的演化过程及其基本参量。

低频电路中的 LC 回路是由平行板电容 C 和电感 L 并联构成的,如图 2.17(a)所示,谐振频率为

$$f_0 = \frac{1}{2\pi\sqrt{LC}} \tag{2.27}$$

当要求谐振频率越来越高时,必须减小 L 和 C。减小电容就要增大平行板的距离,而减小电感就要减少电感线圈的匝数,直到仅有一匝,如图 2.17(b)所示。

如果频率进一步提高,可以将多个单匝线圈并联以减小电感 L,如图 2.17(c)所示。

进一步增加线圈数目,以致相连成片,形成一个封闭的中间凹进去的导体空腔,如图 2.17(d)所示,这就成了重入式空腔谐振器。

继续把构成电容的两极拉开,则谐振频率进一步提高,这样就形成了一个圆盒子和方盒子,如图 2.17(e)所示,这也是微波空腔谐振器的常用形式。

集总参数谐振回路的基本参量是电感 L、电容 C 和电阻 R,由此可导出谐振频率品质因数和谐振阻抗或导纳。但是在微波谐振器中,集总参数 L、R、C 已失去具体意义,所以通常

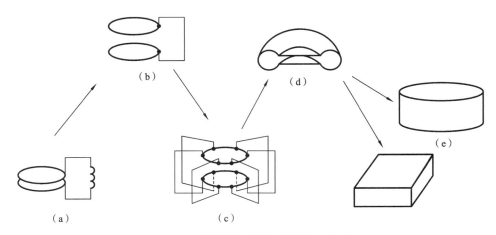

图 2.17 微波空腔谐振器的常用类型

将谐振器频率 f_0、品质因数 Q_0 和等效电导 G_0 作为微波谐振器的三个基本参量。

a. 谐振频率。

谐振频率 f_0 是微波谐振器最主要的参数。对于金属空腔谐振器，可以看作一段金属波导两端短路，因此腔中的波不仅在横向呈驻波分布，而且沿纵向也呈驻波分布，所以为了满足金属波导两端短路的边界条件，腔体的长度 l 和波导波长 λ_g 应满足

$$l = p\frac{\lambda_g}{2}\,(p=1,2,\cdots) \tag{2.28}$$

谐振频率为

$$f_0 = \frac{v}{2\pi}\left[\left(\frac{p\pi}{l}\right)^2 + \left(\frac{2\pi}{\lambda_c}\right)^2\right]^{\frac{1}{2}} \tag{2.29}$$

式中，v 为媒质中波速，λ_c 为对应模式的截止波长。

可见谐振频率由振荡模式、腔体尺寸及腔中填充介质 (μ,ε) 确定，而且在谐振器尺寸一定的情况下，振荡模式对应有无穷多个谐振频率。

b. 品质因数。

品质因数 Q_0 是表征微波谐振器频率选择性的重要参量。

$$Q_0 \propto \frac{V}{S}$$

式中，S、V 分别表示谐振器的内表面积和体积。应选择谐振器形状使其 $\frac{V}{S}$ 尽量大。

因谐振器线尺寸与工作波长成正比，即

$$V \propto \lambda_0^3,\quad S \propto \lambda_0^2$$

故有

$$Q \propto \frac{\lambda_0}{\delta}$$

由于 δ 仅为几微米，对于厘米波段的谐振器，其 Q_0 值将在 $10^4 \sim 10^5$ 量级。

上述讨论的品质因数 Q_0 未考虑外接激励与耦合的情况，因此称之为无载品质因数或固有品质因数。

c. 等效电导。

G_0 是表征谐振器功率损耗特性的参量,若在谐振器上某等效参考面的边界上取两点 a, b,并已知谐振器内场分布,则等效电导 G_0 可表示为

$$G_0 = R_S \frac{\oint_S |H_t|^2 dS}{\left(\int_a^b E \cdot dl\right)^2} \tag{2.30}$$

可见,等效电导 G_0 具有多值性,与所选择的点 a 和 b 有关。

② 微波谐振器的分类。

a. 传输线谐振器。

传输线谐振器是利用不同长度和端接(通常为开路或短路)的 TEM 传输线构成的,包括同轴线谐振器、带状线谐振器、微带线谐振器等。同轴型谐振器的优点是振荡模式简单,具有稳定的场结构,工作可靠,频带宽,但 Q 值比较低。

b. 金属波导谐振器。

金属波导谐振器是由两端短路的金属波导段构成的,常用的是矩形波导谐振腔和圆形波导谐振腔。因为波导内可能存在的模式为 TE 型和 TM 型两大类纵波,谐振腔中也应存在这两类波,但由于波在两端面间来回反射叠加,沿 Z 方向不再是行波而是驻波状态了。而圆柱形结构简单,Q 值较高,在微波技术中用得较多。

c. 介质谐振器。

介质谐振器利用电磁波在高介电常数介质的界面形成全反射,从而形成电磁谐振。传输波在界面处遭受来回反射使场局限于这一段介质波导内,这就构成了介质谐振器。介质谐振器是由高介电常数、低损耗的介质材料制成的微波谐振器。与其他谐振器相比,其优点如下。

Ⅰ. Q 值高。构成介质谐振器的材料 ε_r 大,电磁场能量基本上集中在谐振腔内,辐射损耗很小,谐振器的 Q 值主要取决于介质本身的损耗,即 $Q = 1/\tan\delta$,常用材料的损耗角正切约为 $0.0001 \sim 0.0002$,所以 Q 可达 $5000 \sim 10000$。

Ⅱ. 体积小、重量轻。由于材料的 ε_r 高,如 TiO_2 陶瓷的 $\varepsilon_r = 100$,$\lambda = 0.1\lambda_0$,所以工作于同一波段的介质谐振器的尺寸将比金属谐振器的小得多。

Ⅲ. 谐振频率的温度稳定性好。用特定材料制成的介质谐振器,其谐振频率的稳定性可与金属媲美。

③ 介质谐振器的设计原理。

微波介质滤波器是由谐振器构成的,因而首先要设计合适的谐振器。当前广泛使用的微波介质谐振器主要有 $TE_{01\delta}$ 模和 TEM 模的两大类。

a. $TE_{01\delta}$ 模微波介质谐振器。

一般用圆柱形、高 Q 值的微波介质陶瓷来制造,故其也叫圆柱形介质谐振器。为了避免其他波模的干扰,一般要求圆柱体的直径 D 与高度 H 之比 $D/H = 0.4 \sim 0.5$。为了制成介质谐振器,可以将圆柱形微波介质陶瓷置于薄的介质基片上,通过两条金属带输入输出电磁波,如图 2.18(a)所示。或者将圆柱形微波介质陶瓷置于金属小盒中,通过同轴电缆的尖端——微型天线引入与取出电磁能,如图 2.18(b)所示。$TE_{01\delta}$ 模的圆柱形介质谐振器大多使用于 10 GHz 以上的频段。

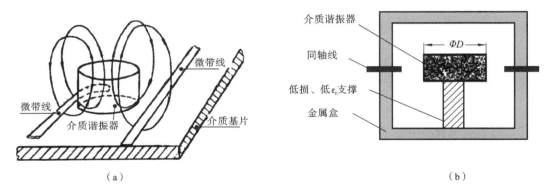

（a）   （b）

图 2.18   圆柱形介质谐振器结构示意图和剖面图

b. TEM 模的介质谐振器。

一般用中心有孔的圆棒形微波介质陶瓷来制造，所以其也叫同轴介质谐振器。如图 2.19 所示，其内外圆表面均需涂覆金属（Ag）导电层。如圆棒的上下两端面不金属化，则在谐振频率 f_0 下产生 $\lambda/2$ 的驻波，故称其为半波同轴介质谐振器。如一个端面金属化，即一端短路，另一端开路，则为 $\lambda/4$ 同轴介质谐振器。当同轴线内导体的开路端与腔体端面之间形成集中电容，该电容作为同轴线的末端负载，则称之为电容负载同轴谐振器。由于有金属损耗加入，这类介质谐振器的 Q 值远比圆柱形介质谐振器的低。它们一般只用于工作频率较低（<3 GHz）的场合，如民用微波移动通信机。电磁能是通过内外电极（导电层）引入取出的。为尽可能地减小器件尺寸，一般选用高 ε_r 的微波介质材料（如 BLT 系材料）。

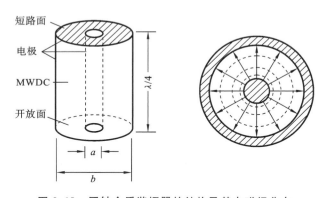

图 2.19   同轴介质谐振器的结构及其电磁场分布

还有一类称为带状线介质谐振器的平面型介质谐振器，如图 2.20 所示。它们是在微波介质陶瓷基片上形成金属带状线而构成的。如将带状线的终端短路，则成为 $\lambda/4$ 的介质谐振器。带状线介质谐振器使用高 ε_r 的微波介质陶瓷可以实现小型化，但由于传输损耗和辐射损耗较大，该类介质谐振器的 Q 值低，故较少使用。

滤波器是由若干个谐振器通过耦合系统级联而成的，关键是如何把各孤立的谐振器连接起来形成耦合系统，使整个结构简单方便。常用的耦合机构有直接耦合、探针或环耦合、孔耦合。微波滤波器中最常见的是直接耦合，可以通过缝隙、膜片等耦合机构起变换作用，将电磁波耦合至谐振器。谐振器采用通孔耦合结构，将大大缩小体积，得到一个陶瓷独石

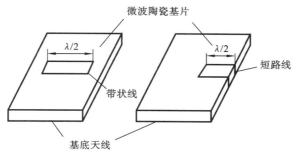

图 2.20　平面型介质谐振器

体。在工艺制作上也比较方便。谐振器要通过一个或几个端口与外电路相连,才能将电磁波耦合过来,完成滤波的功能,形成滤波器。谐振器与外电路相连的端口部分叫激励机构。一般激励方式和耦合方式一样,有直接耦合、探针或环耦合、孔耦合。探针和环耦合都不适合连接在外部 PCB 电路上。

微波介质滤波器外形图如图 2.21 所示。

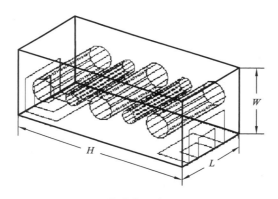

图 2.21　微波介质滤波器外形图

(2) 其他微波介质器件。

基片也是主要的微波介质器件,介质波导、微波天线、微波电容是最简单的微波无源元器件。

微波天线通信、广播、电视、雷达、导航等无线电技术设备中,都需要有无线电波的辐射和接收,用以完成这个作用的装置称为天线。微波天线一般分为两类,一类是由半径远小于波长的金属导线或金属棒所构成的线状天线,称为线天线;另一类是由物理尺寸大于波长的金属或介质面构成的面状天线,称为面天线。线天线主要用于长波、中波及短波波段,面天线主要用于微波波段。微波天线作为无线电技术设备电磁能量的"出口"和"入口",其性能对系统的整体性起着至关重要的作用。面天线的辐射口面可以看作是由许多面元所组成的,因此其辐射场是面源的辐射场沿整个口面积分的结果。所谓面元就是一个微分面积单元 $\mathrm{d}S$,其上面的电磁场为均匀分布。设该单元位于 xOy 平面上,如图 2.22 所示。$\mathrm{d}S=\mathrm{d}x\cdot\mathrm{d}y$,在 $\mathrm{d}S$ 上的电磁场为 E_s,H_s,例如令

$$E_x=E_y,\quad H_a=-H_x \text{且} E_y=-\eta H_x \tag{2.31}$$

根据等效原理,面上的电场和磁场可分别用磁流 $\boldsymbol{J}_{\mathrm{m}}$ 和电流 $\boldsymbol{J}_{\mathrm{c}}$ 作为其等效场源,其间的

关系为

$$J_c = n \times H_s \tag{2.32}$$

$$J_m = -n \times E_s \tag{2.33}$$

式中, n 为面元的外法向单位矢量。

对于图 2.22(a)所示的面元的辐射,可以用图 2.22(b)所示的电流元与磁流元来等效,其等效关系可表示为

$$J_c = n \times H_s = a_z \times (-a_x H_x) = a_y H_x \tag{2.34}$$

$$J_m = -n \times E_s = -a_z \times (-a_y H_y) = a_x H_y \tag{2.35}$$

因此

$$I_e = J_e dx \ 和 \ I_m = J_m dy \tag{2.36}$$

流过 I_e 和 I_m 的长度分别为 dy 和 dx,所以对应的电流元和磁流元分别为

$$I_e dy = J_e dx dy = H_x dx dy, 沿 -a_y 方向$$

$$I_m dx = J_m dx dy = E_y dx dy, 沿 a_x 方向$$

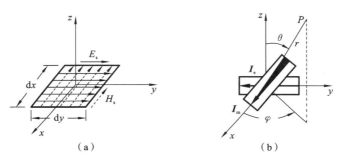

图 2.22　面元的辐射和电流源和磁流源分量

进一步得出面元辐射场为

$$dE_\theta = -j \frac{E_y}{2\lambda}(1+\cos\theta)\sin\varphi dx dy \frac{e^{-j\beta r}}{r} \tag{2.37}$$

在空间任一点的总场为两个分量的矢量和,即

$$dE = dE_\theta + dE_{\theta\varphi} \tag{2.38}$$

合成场的量值为

$$|dE| = \frac{E_y}{2\lambda r}(1+\cos\theta)dx dy \tag{2.39}$$

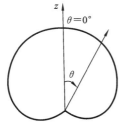

图 2.23　面元的 E 面和
　　　　 H 面的方向性

可见,总长的大小与 φ 无关,只与 θ 有关。面元的方向性如图 2.23 所示。

微波介质基片需要相应微波材料具有低介电常数和高的损耗来减少对微波电路的影响。目前的主要微波介质基片有陶瓷(比如锂铌钛系列)和聚合物复合材料(聚四氟乙烯基复合材料等),其中,聚合物复合材料在综合力学方面比较有优势。

介质波导往往需要高的介电常数和低的损耗来传输微波信号并减小传输损耗。前面在微波材料中讲到过,微波介电常数越大,微波波导可以做得越小,这有利于器件小型化。

2.3.3　微波介质器件典型应用

微波介质器件主要有谐振器、滤波器、介质基片、介质天线、介质波导等,在便携式电话、汽车电话、微波基站、无绳电话、电视卫星接收器、无线接入、WLAN 和军事雷达等方面正发挥着越来越大的作用,应用前景十分广阔。

微波介质谐振器是一种基于稳态振荡器的装置,其主要用于卫星的高频无线部分,它可以做得很小,而且频率稳定。微波介质谐振器也可以作为其他设备的微波信号源,具有体积小、重量轻和价格便宜等特点,使其适合于在微波集成电路中使用。

微波介质天线主要是基于微波介质陶瓷所制备的微带贴片天线,主要用于全球定位系统,具有尺寸小、频带窄、温度稳定性好等特点。微波介质天线也可以作为手机中的内置天线,用于局域网系统。

实现微波设备的小型化、高稳定性和经济的途径是实现微波电路的集成化。金属谐振腔和金属波导的体积和重量过大,大大限制了微波集成电路的发展,而微波介质陶瓷制作的谐振器与微波管、微带线等构成的微波混合集成电路,可使器件尺寸达到毫米量级。这就使微波陶瓷成为实现微波控制功能的基础和关键材料。它的应用大致分为两个方面,从而对性能也有两种不同要求。其在微波电路中的应用主要有以下几方面:用作微波电路的介质基片,起着电路元器件及线路的承载、支撑和绝缘作用;用作微波电路的电容器,起着电路或元件之间的耦合及储能作用;用作微波电路的介质天线,起着集中吸收储存电磁波能量的作用;用作微波电路的介质波导,起着导引电磁波沿一定方向传播的作用;用作微波电路的介质谐振器件(最主要应用),起着类似于一般电子线路中 LC 谐振电路的作用。

◀ 2.4　压 电 器 件 ▶

2.4.1　概述

1. 压电效应的概念

当电介质材料受到机械压力作用而发生形变时,在其两端表面间会出现电势差,这种现象称为压电效应。压电效应的原理及分类如图 2.24 所示。同时,压电效应按照功能效应的转换形式可分为正压电效应和逆压电效应,其定义如下。

(1)正压电效应:晶体受到机械力的作用时,表面产生束缚电荷,其电荷密度大小与施加外力大小呈线性关系,是由机械效应转换成电效应的过程。

(2)逆压电效应:晶体在受到外电场激励时产生形变,且两者之间呈线性关系,是由电效应转换成机械效应的过程。

压电材料可实现机械能与电能的相互转换。因此,压电效应是一种机械能与电能相互转换的功能效应。各种压电电子元器件的特性,就是通过设计适当的电能与机械能之间的转换方式来实现的。在同一器件中,这种转换可能要进行多次。转换方式的具体描述,则需

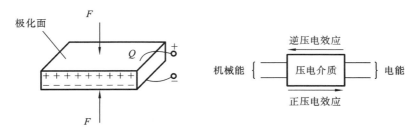

图 2.24 压电效应的原理及分类

同时引入机械(力学)参量(应变 S 或应力 T)及电学参量(电位移 D 或电场强度 E)。

2. 几类压电方程组

根据压电材料所处的边界条件,可导出四类压电方程组。

(1)第一类压电方程组。

取一压电陶瓷长条片,设其长度 l 沿直角坐标系 1 方向,宽度 l_w 沿 2 方向,厚度 l_t 沿 3

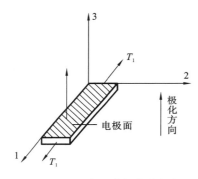

图 2.25 压电陶瓷长条片极化方向和边界条件

方向,且 $l>l_w$,$l>l_t$。压电陶瓷的电极面与 3 方向垂直,极化方向沿 3 方向,如图 2.25 所示。

只考虑沿 1 方向的伸缩应力的作用,而将另外两个伸缩应力分量 T_1,T_3 和切应力分量 T_4,T_5,T_6 规定为零。同时,只考虑沿 3 方向电场 E_3 的作用,而将电场分量 E_1 和 E_2 规定为零。在应力 T_1 和电场 E_3 的作用下,压电陶瓷片会发生形变。

当电场 $E_3=0$,应力 $T_1 \neq 0$ 时,压电陶瓷片在 T_1 的作用下产生弹性应变,即:

$$S_1^{(1)}=s_{11}^E T_1 \tag{2.40}$$

式中,s_{11}^E 为弹性柔顺常数;上标 E 表示电场 $E=0$ 或 $E=$ 常数。式(2.40)就是描述固体弹性形变的虎克定律。

当电场 $E_3 \neq 0$,应力 $T_1=0$ 时,在压电陶瓷片的作用下,通过逆压电效应产生的压电应变为

$$S_1^{(2)}=d_{31}E_3 \tag{2.41}$$

式中,d_{31} 为压电应变常数。

当应力 $T_1 \neq 0$,电场 $E_3 \neq 0$ 时,压电陶瓷片在 T_1 和 T_3 的共同作用下产生的应变为弹性应变与压电应变之和,即

$$S_1=S_1^{(1)}+S_1^{(2)}=s_{11}^E T_1+d_{31}E_3 \tag{2.42}$$

在电场 E_3 和应力 T_1 的作用下,压电陶瓷片也会产生电位移。当电场 $E_3 \neq 0$,应力 $T_1=0$ 时,压电陶瓷片在电场 E_3 的作用下产生的介电电位移为

$$D_3^{(1)}=\varepsilon_{33}^T E_3 \tag{2.43}$$

式中,介电常数 ε_{33}^T 的上标 T 表示应力 $T=0$ 或 $T=$ 常数。

当电场 $E_3=0$,应力 $T_1 \neq 0$ 时,压电陶瓷片在应力 T_1 的作用下,通过正压电效应产生的压电电位移为

$$D_3^{(2)} = d_{31} T_1 \tag{2.44}$$

当电场 $E_3 \neq 0$,应力 $T_1 \neq 0$,压电陶瓷片在 E_3 与 T_1 的共同作用下产生的电位移为介电电位移与压电电位移之和,即

$$D_3 = D_3^{(1)} + D_2^{(2)} = \varepsilon_{33}^T E_3 + d_{31} T_1 \tag{2.45}$$

因此,完整地描述极化方向为 3 方向、电极面与 3 方向垂直、仅受应力 T_1 和电场 E_3 作用的长条片中电学量与力学量间关系的方程组为

$$\begin{cases} S_1 = s_{11}^E T_1 + d_{31} E_3 \\ D_3 = \varepsilon_{33}^T E_3 + d_{31} T_1 \end{cases} \tag{2.46}$$

式(2.46)即为第一类压电方程组的一个特例。该类方程组以 T、E 为自变量,S、D 为因变量。其边界条件为机械自由和电学短路。所谓机械自由,指用夹具把压电陶瓷片的中间夹住,边界上的应力为零,压电陶瓷片可以自由形变。在机械自由的条件下,E_3(自变量)作用所产生的应变(逆压电效应)不受阻碍,这样,就不会产生附加的应力,所给定的 T_1(另一自变量)才保持不变。所谓电学短路,指两电极间外电路的电阻比压电陶瓷片的内阻小得多,可以认为外电路处于短路状态,这时,电极面所积累的电荷由于短路而流走。在电学短路条例下,T_1 作用产生的电荷(正压电效应)被短路,不会积累电荷,电场强度 E_3 才能保持不变。因此,第一类压电方程组的边界条件为机械自由和电学短路。在第一类压电方程组中出现的弹性柔顺常数为短路弹性柔顺常数 s_{11}^E;在第一类压电方程组中出现的介电常数为自由介电常数 ε_{33}^T。上标 E、T 分别表示机械自由和电学短路边界条件。

第一类压电方程组的一般形式可用矩阵表示为

$$\begin{cases} \boldsymbol{S} = \boldsymbol{s}^E \boldsymbol{T} - \boldsymbol{d}^t \boldsymbol{E} \\ \boldsymbol{D} = \boldsymbol{d} \boldsymbol{T} - \boldsymbol{\varepsilon}^T \boldsymbol{E} \end{cases} \tag{2.47}$$

$$\boldsymbol{S} = \begin{bmatrix} S_1 \\ S_2 \\ S_3 \\ S_4 \\ S_5 \\ S_6 \end{bmatrix} \quad \boldsymbol{T} = \begin{bmatrix} T_1 \\ T_2 \\ T_3 \\ T_4 \\ T_5 \\ T_6 \end{bmatrix}$$

$$\boldsymbol{E} = \begin{bmatrix} E_1 \\ E_2 \\ E_3 \end{bmatrix} \quad \boldsymbol{D} = \begin{bmatrix} D_1 \\ D_2 \\ D_3 \end{bmatrix}$$

$$\boldsymbol{s}^E = \begin{bmatrix} s_{11}^E & s_{12}^E & s_{13}^E & s_{14}^E & s_{15}^E & s_{16}^E \\ s_{21}^E & s_{22}^E & s_{23}^E & s_{24}^E & s_{25}^E & s_{26}^E \\ s_{31}^E & s_{32}^E & s_{33}^E & s_{34}^E & s_{35}^E & s_{36}^E \\ s_{41}^E & s_{42}^E & s_{43}^E & s_{44}^E & s_{45}^E & s_{46}^E \\ s_{51}^E & s_{52}^E & s_{53}^E & s_{54}^E & s_{55}^E & s_{56}^E \\ s_{61}^E & s_{62}^E & s_{63}^E & s_{64}^E & s_{65}^E & s_{66}^E \end{bmatrix}$$

$$\boldsymbol{d} = \begin{bmatrix} d_{11} & d_{12} & d_{13} & d_{14} & d_{15} & d_{16} \\ d_{21} & d_{22} & d_{23} & d_{24} & d_{25} & d_{26} \\ d_{31} & d_{32} & d_{33} & d_{34} & d_{35} & d_{36} \end{bmatrix}$$

$$\boldsymbol{\varepsilon}^T = \begin{bmatrix} \varepsilon_{11}^T & \varepsilon_{12}^T & \varepsilon_{13}^T \\ \varepsilon_{21}^T & \varepsilon_{22}^T & \varepsilon_{23}^T \\ \varepsilon_{31}^T & \varepsilon_{32}^T & \varepsilon_{33}^T \end{bmatrix}$$

式中，s^E 为短路弹性柔顺常数矩阵；$\boldsymbol{\varepsilon}^T$ 为自由介电常数矩阵；$\boldsymbol{d}$ 为压电应变常数矩阵；$\boldsymbol{d}^t$ 为 $\boldsymbol{d}$ 的转置矩阵。

（2）其他压电方程组。

类似地，选取应变 S 和电场强度 E 为自变量，应力 T 和电位移 D 为因变量，可导出第二类压电方程组：

$$\begin{cases} \boldsymbol{T} = \boldsymbol{c}^E \boldsymbol{S} - \boldsymbol{e}^t \boldsymbol{E} \\ \boldsymbol{D} = \boldsymbol{e}\boldsymbol{S} - \boldsymbol{\varepsilon}^s \boldsymbol{E} \end{cases} \tag{2.48}$$

第二类压电方程组的边界条件为机械夹持和电学短路。所谓机械夹持，指用刚性夹具将压电材料的边缘固定，边界上的应变 S 为零，$\boldsymbol{c}^E$ 为短路弹性刚度矩阵，$\boldsymbol{\varepsilon}^s$ 为夹持介电常数矩阵，$\boldsymbol{e}$ 为压电应力常数矩阵，$\boldsymbol{e}^t$ 为 $\boldsymbol{e}$ 的转置矩阵。

第三类压电方程组以应力 T 和电位移 D 为自变量，应变 S 和电场强度 E 为因变量：

$$\begin{cases} \boldsymbol{S} = \boldsymbol{s}^D \boldsymbol{T} + \boldsymbol{g}^t \boldsymbol{D} \\ \boldsymbol{E} = -\boldsymbol{g}\boldsymbol{T} + \boldsymbol{\beta}^T \boldsymbol{D} \end{cases} \tag{2.49}$$

该类方程组的边界条件为机械自由和电学开路。所谓电学开路，指两电极间的外电路电阻远大于压电材料内阻，可以认为外电路处于开路状态，电极上的自由电荷保持不变，电位移保持不变。$\boldsymbol{s}^D$ 为开路弹性柔顺常数矩阵，$\boldsymbol{\beta}^T$ 为自由介电隔离率矩阵，$\boldsymbol{g}$ 为压电电压常数矩阵，$\boldsymbol{g}^t$ 为 $\boldsymbol{g}$ 的转置矩阵。

第四类压电方程组以应变 S 和电位移 D 为自变量，应力 T 和电场强度 E 为因变量，其边界条件为机械夹持和电学开路。该类方程组的一般形式为

$$\begin{cases} \boldsymbol{T} = \boldsymbol{c}^D \boldsymbol{S} - \boldsymbol{h}^t \boldsymbol{D} \\ \boldsymbol{E} = -\boldsymbol{h}\boldsymbol{S} + \boldsymbol{\beta}^s \boldsymbol{D} \end{cases} \tag{2.50}$$

式中，$\boldsymbol{c}^D$ 为开路弹性刚度矩阵；$\boldsymbol{h}$ 为压电刚度常数矩阵；$\boldsymbol{\beta}^s$ 为夹持介电隔离率矩阵；$\boldsymbol{h}^t$ 为 $\boldsymbol{h}$ 的转置矩阵。

3. 压电材料性能参数

压电效应是由于晶体在机械力的作用下发生形变，从而引起带电粒子的相对位移，使晶体的总电矩发生改变而造成的。如果在晶体结构中存在对称中心，由于正负离子荷电中心不会因外力而发生相对位移，所以不会产生压电效应。而无对称中心的晶体，由于存在极轴，机械力引起的形变可引起总电矩的变化，故有可能存在压电效应。

根据晶体学，晶体的对称性可根据其结构中具有的对称元素的组合分为 32 种点群。在这 32 种点群中，有 11 种具有对称中心，该类结构的晶体不可能具有压电性；其他 21 种点群不具有对称中心，除 432 点群外，该类晶体有可能具有压电性。

其次，上述描写材料压电性能的 $\boldsymbol{d}$、$\boldsymbol{e}$、$\boldsymbol{h}$、$\boldsymbol{g}$ 矩阵中元素的独立分量数目及形式也取决于晶体的对称性。一般地，对称性越高，独立元素的数目越少，在适当的坐标系下，高对称性晶体的压电常数矩阵中零元素的数目也较多。432 点群晶体就是因为各元素均为零而不表现出压电性。

压电陶瓷在极化前是各向同性的,只有在极化后才表现出宏观压电性。此时压电陶瓷具有 ∞ mm 对称性,它的压电常数矩阵与 6 mm 点群晶体的压电常数矩阵具有相同的形式。

除上述出现在压电方程组中的各类常数外,还经常使用以下参数描述压电材料的性能。

(1) 机电耦合系数。

当对压电体施加机械力时,外力使压电体发生形变,并通过正压电效应产生束缚电荷。上述过程也可从能量转换角度来理解。外力所做的机械功,一部分因压电体的形变而以弹性能的形式储存在压电体中;另一部分则转换为电能,可以输出给压电体的电学负载。反之,若对压电体施加外电场,外电场所做的电功,将有一部分用来使压电体极化,以电能的形式储存在压电体中,另一部分将由于逆压电效应而转换为机械能,并输出给压电体的机械负载。

机电耦合系数 k 就是用来描述压电体中机电耦合有效程度的参数,k 由下式定义:

$$k^2 = \frac{\text{转换获得的能量}}{\text{输入的总能量}} \tag{2.51}$$

这里,转换获得的能量和输入的总能量分别为转换获得的电能(或机械能)和输入的机械能(或电能)。

机电耦合系数与压电材料常受外力(外电场)的作用方式有关,也就是说,与压电振子的振动模式有关。常用的机电耦合系数有对应于圆片径向振动的 k_p,对应于厚度振动的 k_t,对应于圆柱体轴向伸缩振动的 k_{33},对应于长方形薄片长度伸缩振动的 k_{31} 和对应于厚度剪切振动的 k_{15} 等。可以证明:

$$k_{31}^2 = \frac{d_{31}^2}{s_{11}^E \varepsilon_{33}^T} \tag{2.52}$$

$$k_{33}^2 = \frac{d_{33}^2}{s_{33}^E \varepsilon_{33}^T} \tag{2.53}$$

$$k_{15}^2 = \frac{d_{15}^2}{s_{55}^E \varepsilon_{11}^T} \tag{2.54}$$

$$k_p^2 = \left[\frac{2}{1-\sigma}\right] k_{31}^2 \tag{2.55}$$

$$k_t^2 = \frac{e_{33}^2}{\varepsilon_{33}^S c_{33}^D} \tag{2.56}$$

式中,σ 是泊松比。

(2) 机械品质因数。

在交变电场下,压电体将产生机械振动。由于材料的内摩擦,将在压电体的内部产生能量损耗。机械品质因数 Q_m 就是衡量压电体(压电振子)在谐振时机械内耗大小的参数,其定义为

$$Q_m = \frac{2\pi W_m}{W_k} \tag{2.57}$$

式中,W_m 为谐振时振子内储存的最大机械能量;W_k 为谐振时每周期内振子消耗的机械能。

Q_m 也是与压电振子振动模式有关的量,Q_m 和 k 均可通过压电振子谐振时的频率特性来获得。

2.4.2 压电振子与滤波器的工作原理及典型应用

1. 压电振子的工作原理

压电振子也称为压电谐振体,它是各种压电器件的基本组成单位,这里通过振动模式、基本特性和主要参数来进行介绍。

(1)压电振子的振动模式。

压电振子在电场作用下,由于内部产生应力而形变,从而产生机械振动。压电体的电能与机械能之间的转换(耦合)是就一定大小和形状的振子在特定条件下,借助于振动来完成的。振子的振动方式即称为振动模式。

压电体的机械振动非常复杂,我们仅讨论几种较简单的振动模式。

压电体的振动模式有多种,经常采用的是伸缩振动、弯曲振动、厚度切变振动和面切变振动、能陷振动等,部分示意图如图 2.26 所示。

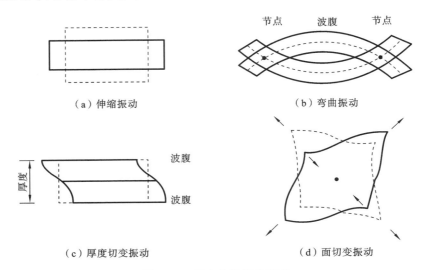

（a）伸缩振动   （b）弯曲振动

（c）厚度切变振动   （d）面切变振动

图 2.26 压电体的振动模式

① 伸缩振动模式。

长度伸缩振动模式如图 2-27 所示。

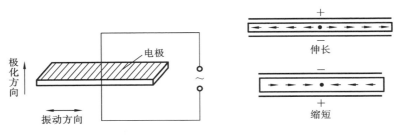

图 2.27 长度伸缩振动模式

$f_r = \dfrac{1}{2l}\sqrt{\dfrac{Y}{\rho}}$ 或者 $f_r = N_1\dfrac{1}{l}$，式中，Y 为杨氏模量，它与弹性柔顺常数 s_{11}^E 的关系为 $Y = \dfrac{1}{s_{11}^E}$；ρ 为密度；N_1 为频率常数。相对带宽 $W = 0.41\,k_{31}^2$ 或 $W = \dfrac{0.41(1-\sigma)}{2}k_p^2$。

从上述可知，长度伸缩振动模式的谐振频率与其长度成反比，即片子越长，谐振频率就越低；片子越短，谐振频率就越高。但是片子不能太长，太长时其制造会产生困难。也不能太短，太短时将失去长条片的特点。长度振动模式适用的频率范围为 $15 \sim 200$ kHz。

薄圆片的径向振动模式如图 2.28 所示，该振动模式是沿圆片的径向作伸缩振动的。其频率的适用范围为 200 kHz ~ 1 MHz。

厚度伸缩振动模式如图 2.29 所示，其谐振频率与厚度成反比。振子的厚度可以做得很薄，从而可以得到较高的频率。这种振动模式适用的频率范围为 $3 \sim 10$ MHz 或更高。

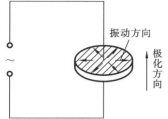
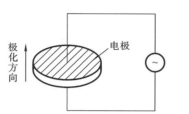
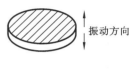

图 2.28　薄圆片的径向振动模式　　　　图 2.29　厚度伸缩振动模式

② 弯曲振动模式。

示意图如图 2.30 所示。

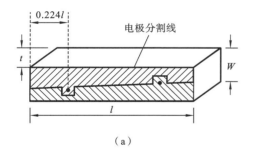
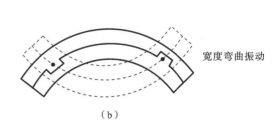

（a）　　　　　　　　　　　　　　　（b）

图 2.30　弯曲振动模式

对于压电陶瓷材料做成的长条弯曲振动模式的振子，其谐振频率可以写成如下形式：

$$f_r = N_{lw}\dfrac{W}{l^2}$$

式中，l 为振子的长度；W 为宽度；N_{lw} 为陶瓷振子的频率常数。

陶瓷振子的尺寸关系一般为

$$l \geqslant 3.5W$$
$$W = (4 \sim 10)t$$

式中，W 为宽度；t 为厚度。

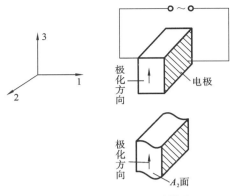

图 2.31　厚度切变振动模式

③ 厚度切变振动模式。

示意图如图 2.31 所示。

谐振频率 f_r 与厚度 t 的关系为

$$f_r = N_{15} \frac{1}{t}$$

式中，N_{15} 为压电陶瓷振子的频率常数。

④ 能陷振动模式。

示意图如图 2.32 所示。

当片状压电振子的电极面积相对于片状振子的面积很小时，采用适当的电极面积及金属质量负荷就可以产生所谓的能陷现象。能陷发生后，振动能量被局限在点电极之下，并向四周呈指数衰减，这时点电极区域和附近边缘形成一个独立的振动系统。其振动能量在电极外部能很快损耗掉，因为不会出现与轮廓振动的高次泛音，以及与轮廓振动相耦合而产生的假响应，从而使振子得到良好的厚度振动响应。

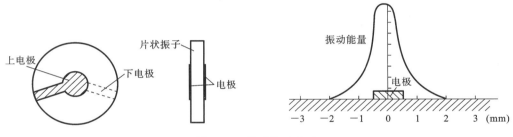

图 2.32　能陷振动模式

（2）压电振子的基本特性和主要参数。

① 压电振子的谐振特性。

不管从机械的观点还是从电的观点来看，压电振子都会发生谐振，即压电振子既是机械谐振体，又是电的谐振体，并且有一系列的谐振频率。频率由低到高，第一次出现的谐振频率称为基波频率（简称基波），以后出现的谐振频率称为泛音频率（简称泛音），等效阻抗与频率的关系如图 2.33 所示。

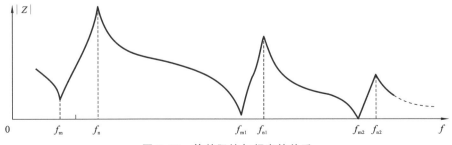

图 2.33　等效阻抗与频率的关系

在讨论压电振子谐振频率时，常用到三对频率（6 个特征频率），分别是谐振角频率 $\omega_r(2\pi f_r)$ 和反谐振频率 $\omega_a(=2\pi f_a)$；最小阻抗角频率 $\omega_m(=2\pi f_m)$ 和最大阻抗角频率 ω_n

$(=2\pi f_n)$；串联谐振角频率 $\omega_s(=2\pi f_s)$ 和并联谐振角频率 $\omega_p(=2\pi f_p)$。其中，f_s 是等效电路中 $R=0$ 时的 LC 串联谐振频率，即 $f_s=\dfrac{1}{2\pi\sqrt{LC}}$；$f_p$ 是等效电路中 $R=0$ 时的 LC 串联电路和 C_0（静态电容）并联电路的并联谐振频率，即 $f_p=\dfrac{1}{2\pi\sqrt{L\dfrac{CC_0}{C+C_0}}}$。

在压电振子的等效电路中，若等效阻抗为纯电阻性，即电纳 $B=0$，电路产生谐振，此时频率为 $f_r=f_s\sqrt{1+\dfrac{R^2C_0}{L}}$，$f_a=\sqrt{1-\dfrac{R^2C_0}{L}}$。其中，$f_r$ 为谐振频率，f_a 为反谐振频率。

f_a、f_p、f_n 彼此不相等，f_r、f_s、f_m 彼此也不相等。关系为 $f_r>f_s>f_m$，$f_a<f_p<f_n$。

② 压电振子的主要参数。

机械品质因数为

$$Q_m=2\pi\frac{W_0}{W_a}$$

式中，W_0 表示谐振时振子内储存的机械能；W_a 表示谐振时每周期内振子消耗的机械能。经推导，得

$$Q_m=\frac{1}{4\pi c_0R\Delta f}=\frac{f_a}{2\Delta f}\sqrt{\frac{Z_a}{Z_r}}$$

式中，Z_r 为谐振阻抗；Z_a 为反谐振阻抗。

机电耦合系数为

$$k=\frac{U_I}{\sqrt{U_MU_E}}$$

式中，$U_I=\dfrac{1}{2}d_{ii}T_\lambda E_i$ 为压电能密度；$U_M=\dfrac{1}{2}S^E_{ij}T_iT_j$ 为弹性能密度；$U_E=\dfrac{1}{2}S^E_{ij}E_iE_j$ 为介电能密度。

k 是压电振子的重要参数之一，它是决定带宽的重要因素。虽然 k 是无量纲参数，但由于压电振子的机械能取决于振子的形状和振动模式，所以不同的振动模式具有不同的机电耦合系数。

压电振子的谐振频率不仅与材料性质有关，还与外形、尺寸有关，但频率常数却只与材料性质和振动模式有关。

介质损耗通常用损耗的正切值 $\tan\delta$ 来表示，并有两种等效电路和计算方法，如图 2.34 所示。

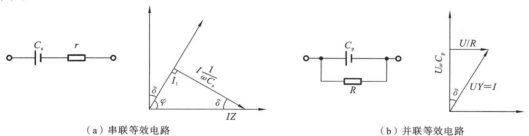

（a）串联等效电路　　　　　　　　　（b）并联等效电路

图 2.34　串联和并联等效电路电路简易图及相应损耗计算

介质损耗 $\tan\delta$ 的倒数为 Q_e，即电学品质因数，两者皆为无量纲的物理量。

静电容 C_0 反应压电振子材料介电系数的大小，它是影响振子阻抗值的重要参数。它与材料性能和振子几何尺寸有关。

③ 压电振子的假响应。

我们希望压电振子在谐振时，其频率响应是一平滑的曲线，但是往往振子的频率响应除了有主要谐振峰外，还有小的谐振峰，使振子的响应特性出现波动，这些波动称为假响应，或称杂波，如图 2.35 所示。

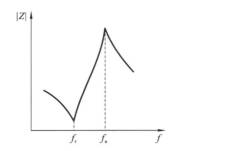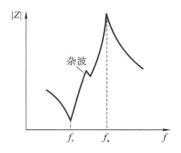

图 2.35 典型压电振子阻抗谐振频率曲线和还有杂波的阻抗谐振频率曲线

振子外形不平整、内部不均匀，振子便成为一个不均匀的分布参数系统，振动时振子各截面上的应力不均匀。这种不均匀的分布参数系统将会导致振子的固有振动频率发生偏差，从而产生假响应的杂波。

在外电场的激励下，压电振子会在各个方向上产生形变，当外电场的频率等于某个方向上的固有谐振频率时，在该方向上发生谐振，其振动的幅度最大。其他方向上的振动仍然存在，但幅度较小。

通常，根据需要，都是利用振子的某一个方向上的振动，将沿该方向上的振动称为主振动，而其他方向上的振动是不需要的，我们称之为寄生振动（或称为副振动）。

当几何尺寸不合适时，寄生振动和其振动模式的高次泛音就会干扰主振动模式，这种对主振动模式的耦合和干扰就会导致杂波产生。所以，压电振子的几何尺寸选择不恰当是产生杂波的重要原因之一。

一般说来，寄生振动是随电极尺寸的减小而减小的，所以常采用能陷振子来抑制寄生振动，但要精心设计能陷振子的电极。如果能陷振子的电极尺寸设计、调整得不合适，也会产生模式干扰而出现杂波。

④ 夹持状态。

压电振子处于自由振动状态时，振子上的某些点的位移总是等于零，这些点称为节点。在支撑振子时，应该夹持在节点上，因为夹持在节点上才不影响振子的振动状态。

如果夹持偏离了节点，则相当于给振子施加一个外力，阻碍振子的自由振动，增大了损耗并且迫使振子的谐振频率改变，夹持的位置不同，振子的谐振频率就不同。当支架和振子电极面的两个接触点对不齐时，每个接触点的影响不同，其谐振频率就会有差异，从而产生假响应的杂波。若采用焊接法支撑振子，如果焊点偏离节点且不对称，也会产生杂波。

⑤ 激励电平。

压电振子的谐振频率和激励电平有关,随激励电平升高,谐振频率下降。过高的激励电平还可能使振子衰老,性能变坏。强烈振动产生的超声辐射,也会给压电振子的应用带来一些不利影响。

2. 滤波器的工作原理

(1)晶体滤波器。

晶体滤波器有分立式和单片式两种。由石英谐振器与电感、电容元件组成的滤波器称为分立式晶体滤波器,它有设计灵活、品种多、调整方便等优点。L 型结构是其基本结构,实用结构主要有梯型、桥型、差接桥型等。

① L 型晶体滤波器。

L 型晶体滤波器电路图和电压频率关系图如图 2.36 所示。

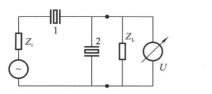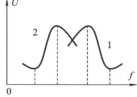

图 2.36　L 型晶体滤波器电路图和电压频率关系图

② 梯形晶体滤波器。

梯型晶体滤波器的带宽小于单个石英谐振器并、串联谐振频率间隔。它有 T 型和 ∏ 型两种电路,如图 2.37 所示,Z_1 和 Z_2 为串臂和并臂晶体阻抗。

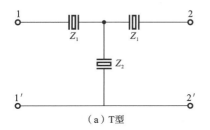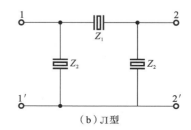

(a)T 型　　　　　　　　　　　　(b)∏ 型

图 2.37　梯形晶体滤波器电路示意图

③ 桥型晶体滤波器。

图 2.38 所示的为桥型晶体滤波器,其中两个串臂晶体、两个斜臂晶体的电抗分别为 X_1 和 X_2,在滤波器中两臂晶体的谐振点安装如图所示。

(2)陶瓷滤波器。

压电陶瓷滤波器的两面用银作为电极,当我们在电极上加以交变电压时,由于压电效应,陶瓷片即随交变信号的变化而产生机械振动,这种机械振动能够转换成电信号输出。

其压电常数大,成本低,但居里温度低,稳定性不如石英晶体。

① 二端压电陶瓷器件。

对于谐振频率 f_0 与并联谐振频率 f_∞,当 $f = f_0$ 时,等效阻抗最小,振子产生串联谐振;

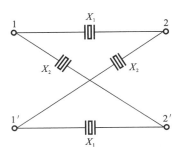
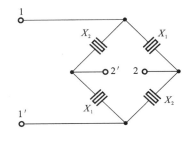

图 2.38 桥型晶体滤波器示意图

当 $f = f_\infty$ 时,等效阻抗达到最大值,产生并联谐振。二端压电陶瓷器件及等效电路图如图 2.39 所示。

二端陶瓷滤波器的谐振曲线尖锐,谐振电阻小,通带窄,矩形系数差,类似于单调谐回路,常用于中放的发射极电路(代替其旁路电容),有助于提高对中频的选择性。二端压电陶瓷器件的阻抗频谱如图 2.40 所示。

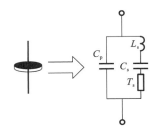

图 2.39 二端压电陶瓷器件及等效电路图   图 2.40 二端压电陶瓷器件的阻抗频谱

② 三端压电陶瓷器件。

将二端压电陶瓷器件的单面电极分割成互相绝缘的两部分,即可构成一个三端陶瓷滤波器。

三端陶瓷滤波器相当于一个双调谐回路,其调谐曲线呈现双峰,与二端陶瓷滤波器相比,其通带宽,矩形系数好,因而具有较好的选择性,可用于代替中频变压器。三端压电陶瓷器件的符号、电路示意图和谐振频率图谱如图 2.41 所示。

(3) 梯型带通滤波器。

由梯型滤波器的电路结构可知,当串臂阻抗为无穷大,并臂阻抗为零时,滤波器衰减(损耗)为无穷大;当串臂阻抗为零,并臂阻抗无穷大时,滤波器的衰减(损耗)为零。陶瓷振子在谐振时阻抗最小,在反谐振时阻抗最大。因此,当陶瓷滤波器串臂振子的谐振频率和并臂振子的反谐振频率重合时,在频率 f_0 附近的信号最容易通过滤波电器。其固有衰减特性如图 2.42 所示。

几种滤波器的定义如下。

① 低通滤波器:低于截止频率的一侧为通带,高于截止频率的一侧为阻带的滤波器。

② 高通滤波器:高于截止频率的一侧为通带,低于截止频率的一侧为阻带的滤波器。

③ 带通滤波器:在两个有限截止频率之间为通带,在这两个频率外侧为阻带的滤波器。

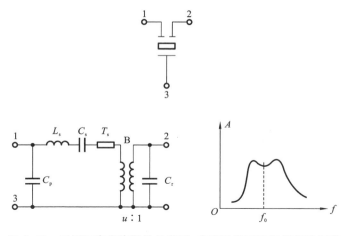

图 2.41 三端压电陶瓷器件的符号、电路示意图和谐振频率图谱

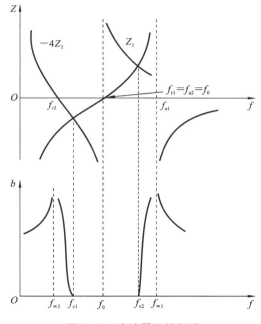

图 2.42 滤波器阻抗频谱

④ 带阻滤波器:在两个有限截止频率之间为阻带,在这两个频率外侧为通带的滤波器。
滤波器的术语如下。

最大输出频率 f_m:通带内衰耗最小的频率。

截止频率 f_m:通带边界上相对衰耗达到某一规定值(如 3 dB)时通带边缘的频率。

中心频率 f_0:通带和阻带滤波器两个截止频率的几何平均值 $f_0 = \sqrt{f_{c1} f_{c2}}$。

标称频率:产品目录中规定的频率,在带通、带阻滤波器中规定为标称中心频率,在边带滤波器中规定为标称截止频率,在低通、高通滤波器中规定为上、下标称截止频率。

相对衰耗:某一给定频率的衰耗与通带内规定参考频率的衰耗之差。

通(阻)带:通(阻)带两个截止频率之间的频率间隔,即 $\Delta f = f_{c2} - f_{c1}$。

通带波动:通带内波峰与波谷衰耗差的最大值。

插入衰耗(介入损耗):

$$\text{介入损耗} = \frac{1}{2}\ln\left(\frac{p_0}{p_1}\right)(\text{nep}) \quad 1 \text{ nep} = 8.686 \text{ dB} = 20 \lg\left(\frac{v_0}{v_1}\right)(\text{dB})$$

式中,p_0 为负载直接接到信号源上所获得的功率;p_1 为插入滤波器后负载所获得的功率;v_0、v_1 分别是插入滤波器前、后负载上的电压。

3. 压电振子及滤波器的典型应用

1880 年,居里兄弟发现了 α 石英晶体具有的压电效应,自此以来各种新型压电材料不断出现,由此制出的各种压电器件广泛应用于电子工业、信息传输、医学诊断等诸多领域。压电效应的应用大致分为压电振子和压电换能器两种类型,其中压电振子利用了振子本身的谐振特性,要求其压电、介电、弹性等性能稳定,机械品质因数高。如今,大多数电子仪器使用石英晶体作为器件材料。当对石英晶体、PZT 和 LiNbO₃ 等压电材料施加应力时,会产生极化现象。1880 年,居里兄弟使用垂直于 X 轴的板(称为 X 切割)进行压电实验。他们发现,当他们压缩或拉动这块板时,会在其厚度方向上产生极化,这称为直接压电。与此相反,他们发现,当向 X 方向添加电场时,在 X 轴或 Y 轴方向上要么膨胀,要么收缩,这种现象称为逆压电现象。

图 2.43 中展示了最基本的石英晶体振动电路,称为皮尔斯电路。图中用振荡电路替代电场,可以提供更稳定的频率。压电振子就是这样一块夹在两个电极之间的压电晶片。把压电振子接在交流电路中,由于逆压电效应,振子两极的交变电压使压电片产生机械振动。由于压电效应,这个机械振动反过来又在两极产生交变电压,从而影响电路中的交变电流。因为压电片的机械振动有一个确定的固有频率,所以它对电流的影响密切依赖于电流的频率。或者说,压电振子是对频率非常敏感的电路元件。

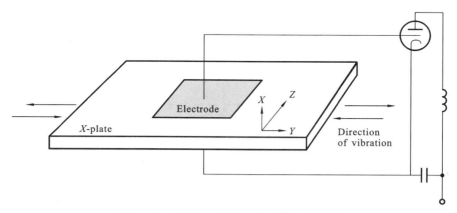

图 2.43　使用真空管的石英晶体振动电路

通过选择合适的切割角度(例如 AT 切割石英晶体谐振器),可以获得具有零温度系数的器件,因此在很宽的温度范围内,石英晶体谐振器都具有很强的频率稳定性;同时,石英相比于其他压电材料,不论是在化学层面还是物理层面,都十分稳定,因此石英晶体谐振器具有优异的老化稳定性;最后,石英晶体谐振器的 Q 值非常高,振荡稳定性不受电路元件特性的特别影响。这导致石英晶体振荡器具有出色的频率稳定性。由以上因素可以看出,石英晶体可以满足大部分典型压电器件的性能需求,包括驱动器、蜂鸣器、超声波清洗器、超声波电机、加速度传感器、麦克风、声呐、探伤仪、陶瓷过滤器等。

当制造压电器件时,所使用的石英晶体都是人造石英晶体,这种人造石英晶体具有更少的杂质和更少的位错,并且生产效率更高。它们通过水热过程产生并在高压灭菌器中生长。图 2.44 所示的是人造石英晶体生长的形状。

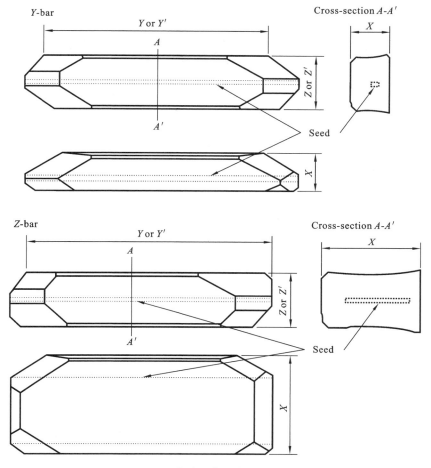

图 2.44　人造石英晶体生长的形状

2.4.3　声表面波器件

1. 声表面波器件的工作原理

根据质点的振动方向,在无边界各向异性晶体中存在三类声波:一类准纵波,其偏振方向近似平行于传播方向;两类准横波,其偏振方向近似垂直于传播方向。受边界条件的约束,这三类波在有界晶体中相互耦合,出现各种类型的声表面波(SAW)。

声表面波是沿晶体表面传播的一类弹性波,其特征是声波振幅随传播深度急剧减小,声表面波的传播模式如图 2.45 所示。声表面波的能量主要集中在晶体表面,传播过程中的能量损耗较小。

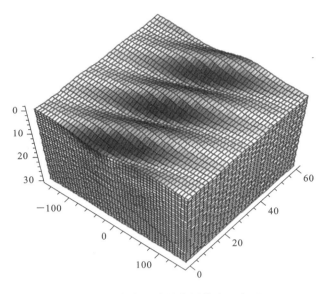

图 2.45　声表面波的传播模式示意图

　　一般来说,沿介质表面传播的声波均可以广义称为声表面波。在压电晶体表面传播的声表面波主要有三类模式:瑞利声表面波、漏声表面波和纵漏声表面波。

　　瑞利声表面波(简称瑞利波)是当前声表面波器件中最常用的声波模式之一。瑞利波可以分解为相位差为 90° 的纵波和横波。瑞利声表面波质点运动的轨迹为椭圆,其振幅沿传播深度方向迅速衰减。瑞利波能量集中在表面以下约一个波长的深度内,与声体波相比,瑞利波更容易获得高声强。瑞利波的速度与频率无关,其属于非色散波。

　　漏声表面波又称为伪声表面波,其传播速度在准慢切变体波和准快切变体波之间。漏声表面波也称为漏波,在传播时会不断向晶体内辐射体声波。目前,商用高频声表面波器件中广泛使用漏声表面波。

　　纵漏声表面波与准纵体声波传播速度接近。传播过程中,质点做纵向振动,并向晶体内辐射部分能量。

　　声表面波单端对谐振器的典型结构如图 2.46(a)所示。中间的叉指换能器及其两端反射栅构成声表面波单端对谐振器的主体结构。两端的反射栅组成了类似于光学 Fabry-Perot 谐振器的声学谐振腔。反射栅之间的区域构成了声学谐振腔。

　　单端对谐振器在谐振频率附近的等效电路模型如图 2.46(b)所示,C_0 是叉指换能器的静电容,L_m 为动态电感,C_m 为动态电容,R_m 为动态电阻。C_0、L_m、C_m 和 R_m 的大小与谐振器的结构参数和材料参数密切相关,这四个参数反映了谐振器的谐振特性。

　　衡量谐振器的另一个重要参数是品质因数 Q,它分为有载 Q_L 和无载 Q_U,表面波传播损耗、电极的电阻、模式转换损耗等参数会影响 Q 值的大小。一般说来,谐振器的腔长越长,其 Q 值越大。无载品质因数 Q_U 由式(2.58)决定:

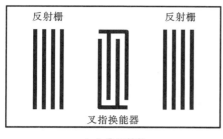

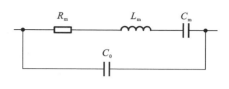

（a）典型结构　　　　　　　　　　　　　（b）等效电路模型

图 2.46　声表面波单端对谐振器的典型结构及其等效电路模型

$$Q_{\mathrm{U}} = \frac{2\pi f_{\mathrm{r}} L_{\mathrm{m}}}{R_{\mathrm{m}}} = \frac{1}{2\pi f_{\mathrm{r}} C_{\mathrm{m}} R_{\mathrm{m}}} \tag{2.58}$$

式中，f_{r} 为谐振器的谐振频率。

有载 Q_{L} 的定义是，在外加电感与静电容 C_0 谐振状态下，声表面波谐振器的传输响应的中心频率与 3 dB 带宽之比。

声表面波双端对谐振器的典型结构如图 2.47(a)所示。输入叉指换能器、输出叉指换能器和位于叉指换能器两端的两组反射栅构成了它的主体结构。在谐振频率附近，双端对谐振器的等效电路模型如图 2.47(b)所示，其为双端对网络。L_{m} 为动态电感，C_{m} 为动态电容，R_{m} 为动态电阻。并联电容(输入/输出 IDT 的静电容)用 C_{IN} 和 C_{OUT} 表示。标准变压器的电压比可根据输入和输出换能器结构导出，有同相和反相两种不同连接方法。双端对谐振器可以得到高 Q 值。

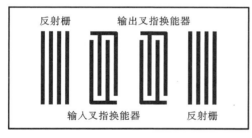

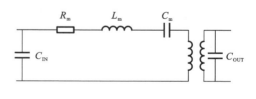

（a）典型结构　　　　　　　　　　　　　（b）等效电路模型

图 2.47　声表面波双端对谐振器的典型结构及其等效电路模型

2. 声表面波器件的基本结构

声表面波器件的基本结构如图 2.48 所示，其基本结构是由压电基片上的两个叉指换能器(IDT)组成的。IDT 是由交替连接在两个汇流条上的多条金属电极组成的，当在输入 IDT 上加上电信号时，在基片表面将形成交变的电场，由于逆压电效应，当电信号频率对应的声波长与 IDT 周期相等时，激发的声表面波最强，当电信号频率对应的声波长与 IDT 周期不相等时，激发的声表面波相位相消，总幅度减小。因此，IDT 具有频率选择性。在声表面波器件的输出端有一个类似的 IDT，当声表面波信号传输至输出端时，由于压电效应，IDT 感应到声表面波并对外输出电信号。SAW 器件通过两个 IDT 的电-声-电转换实现信

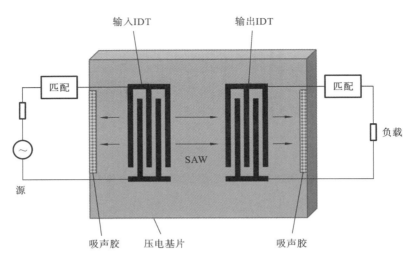

图 2.48　声表面波器件的基本结构

号滤波、延时、编码等功能。

（1）叉指换能器。

叉指换能器是由交替连接在两个汇流条上的多条金属电极组成的，它是构成 SAW 器件最基本的单元，其广泛用于 SAW 的激励和检测。只有对 IDT 准确分析才能预计 SAW 器件的响应，才能进一步优化其性能。

在压电基片表面通过光刻蒸发工艺制作如图 2.49 所示的金属 IDT，在 IDT 的两个汇流条处输入交变电信号，由于逆压电效应，基片表面产生与输入电信号同步的压缩或拉伸现象，激励出向 IDT 两边传播的 SAW。反之，当有 SAW 进入 IDT，由于压电效应，将在 IDT 交替连接的指条上出现和接收与 SAW 同步的交变电荷，在汇流条上输出交变电信号。上面提到的同步就意味着 IDT 具有频率选择性，IDT 的交替连接指条的周期（即波长）就决定了激励的 SAW 的频率，这就是 IDT 的中心频率。当偏离这个频率的电信号输入 IDT 时，激励对应频率的 SAW 就弱。我们最常用的 SAW 是瑞利波，它的大部分能量集中在表面一个波长的深度范围内，在基片内部，它的能量迅速衰减。

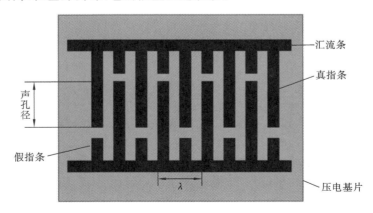

图 2.49　IDT 基本结构

假设叉指换能器具有 $n+1$ 条长度相同的叉指电极,由于其极性正负相间排列,当加上交变电压时,IDT 中每一对叉指电极都会在压电衬底内激发起声表面波,而整个换能器激发的声表面波则是它们的叠加。假定每一对叉指电极都激发一个等幅度正弦声表面波,而这些波在换能器下面传播无衰减。因为换能器中的金属电极周期排列,所以相邻叉指电极对激发的声表面波存在相位差,有

$$\Delta\theta = \omega\tau = \omega\frac{L/2}{v_s} \tag{2.59}$$

式中,L 是两对叉指电极中心的距离;v_s 是声表面波在衬底中传播的速度;ω 是激励电信号的频率。整个叉指换能器的总输出是全部叉指电极对输出的矢量和:

$$E_t = E_0 e^{j\omega t}\left[1 - e^{j\Delta\theta} + e^{j2\Delta\theta} - \cdots(-1)^{n-1}e^{j(n-1)\Delta\theta}\right] \tag{2.60}$$

正负号交替出现是因为电压极性相反,E_0 是每一对叉指电极激发的声表面波的振幅。

由式(2.60),当相邻叉指电极对之间的相位差等于 180° 时,此时有 $\Delta\theta = \omega L/2v_s = \pi$,即 $\omega = 2\pi v_s/L$。此时方括号中每一项都变为 +1,总输出变为

$$E_t = \frac{n}{2}E_0 e^{j\omega t} \tag{2.61}$$

式中,n 为叉指电极对数,此时 IDT 激发的声波最强。

当外加频率不等于声同步频率,但接近时,此时相邻叉指电极对的相位差为

$$\Delta\theta = \omega\tau = (\omega_0 + \Delta\omega)\frac{L/2}{v_s} = \pi + \frac{\Delta\omega}{\omega_0}\pi \tag{2.62}$$

代入式(2.61),有

$$E_t = NE_0\frac{\sin\left[N\pi\frac{\Delta\omega}{\omega_0}\right]}{N\pi\frac{\Delta\omega}{\omega_0}}e^{j\left(\omega t + N\pi\frac{\Delta\omega}{\omega_0}\right)} \tag{2.63}$$

式中,$N = n/2$ 为叉指换能器的周期数。可以得出基本特性如下。

首先,叉指换能器的输出是频率的函数,并且呈 $\sin X/X$ 的规律变化(见图 2.50)。

当 $X = N\pi\frac{\Delta\omega}{\omega_0} = 0$ 时,此时处于声同步频率,$\sin X/X = 1$,此时输出最大,总输出为

$$E_t = NE_0 e^{j\omega_0 t} \tag{2.64}$$

当 $X = N\pi\delta\Delta\omega/\omega_0 = \pm\pi$,$\sin X/X = 0$ 时,此时换能器的输出 $E_t = 0$ 时,此处对应叉指换能器频响的第一对零值点。第一对零值点的频率间隔为

$$2\frac{\Delta\omega}{\omega_0} = \frac{2}{N} \tag{2.65}$$

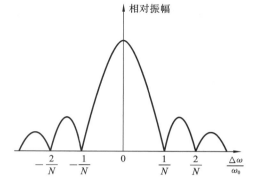

图 2.50　IDT 输出与频率的关系

其次,叉指换能器激发的声表面波的强度与它包含的叉指电极周期数 N 成正比,N 越大,声表面波振幅越强。

最后,叉指换能器激发波的相位随频率呈线性变化。

由此可见,IDT 的基本特性与其结构参数密切相关。周期、叉指对数均会影响其性能。

　　用脉冲响应模型描述、分析和设计 IDT 最直观,因为 IDT 的脉冲响应的形状和它的几何结构之间有着特别简单的关系,即知道了 IDT 的脉冲响应就可以决定 IDT 的结构参数。由于脉冲响应和频率响应是一对傅里叶变换对的关系,所以 IDT 的脉冲响应和频率响应是一一对应的。因此,理论上要获得所需的任何频率响应,只需简单地取所需频率响应的反傅里叶变换得出脉冲响应,然后根据脉冲响应即可得到 IDT 结构。

　　IDT 脉冲响应与几何结构之间的关系如图 2.51 所示。设 IDT 的脉冲响应为 $h(t)$,频率响应为 $H(\omega)$,两者的关系为

$$H(\omega)=\int_{-\infty}^{\infty} h(t)\exp(-j\omega t)\mathrm{d}t \tag{2.66}$$

$$h(t)=\frac{1}{2\pi}\int_{-\infty}^{\infty} H(\omega)\exp(j\omega t)\mathrm{d}\omega \tag{2.67}$$

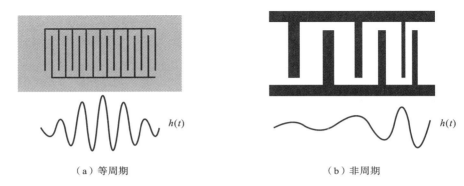

（a）等周期　　　　　　　　　　　（b）非周期

图 2.51　IDT 脉冲响应与几何结构之间的关系

　　当一个单位冲击函数电压加到 IDT 上时,换能器将产生一个相应的声信号,显然,此声信号是 IDT 中每对叉指电极所产生波的叠加。由于叉指电极在空间上是按先后周期排列的,所以它们所激发的波也是按电极位置先后排列的。因此,在单位冲击函数电压的作用下,IDT 所激发的声信号的波形必然是周期变化的,它的空间周期与叉指电极排列的空间周期相等。为了数学处理简化起见,通常都采用正弦波来描述单个电极对所产生的波形形状,用正弦波串来描述整个 IDT 所激发的波形。又因为每对叉指电极所激发声波的强度与其重叠长度(称为声孔径)成正比,所以声孔径长的叉指电极激发的波的振幅大,重叠短的叉指电极激发的波的振幅小。这就是 IDT 的脉冲响应和它的几何结构之间的简单关系。

　　指间反射对 IDT 的特性影响很大,可根据需求抑制或利用它。因此,准确分析 IDT 的指间反射是非常重要的。指间反射是指由于金属化指条的声阻抗和基片自由表面的声阻抗不同,造成声波在指条边缘形成反射。声阻抗不匹配一方面是由金属膜的质量负载引起的,另一方面是由金属电极的表面电场短路引起的。对于机电耦合弱的基片,指间反射主要是由质量负载引起的;对于机电耦合强的基片,指间反射主要是由电反射引起的。对于低损耗滤波器、谐振器,需要利用单指结构 IDT 的反射,以达到降低损耗、提高 Q 值的目的。

　　以上介绍的关于 IDT 的各种分析模型都包含一个共同的假设,即把 IDT 看成理想的横向激励 SAW。按照这个假设,IDT 所发射的 SAW 是各叉指电极对激励声波的叠加。然而,实际上存在着各种因素影响 IDT 的特性,从而与这一假设发生偏离,所有这些因素统称为 IDT 的二阶效应。对 IDT 性能影响最大的是 SAW 的衍射、声电再生、体波效应。

SAW 的衍射分析和补偿是一个比较复杂的问题,当 IDT 的孔径比较大时,衍射效应相对较弱,可以忽略它的作用。SAW 衍射是由于 IDT 电极激励的 SAW 沿很多角度发散引起的,发散的强弱与基片的切向和 IDT 的孔径大小有关。为了抑制衍射,一是建立模型准确分析衍射效应再加以补偿,二是把切指加权的小包络尽量减少。

IDT 的声电再生效应是叉指电极和声波通过压电效应发生相互作用的结果。入射的声波通过正压电效应在换能器叉指电极上产生电势差,而这个电势差又通过逆压电效应激发声波沿垂直于叉指电极的两个方向传播,此声波通过其余的叉指电极时又在它们上面产生电势差,如此往复循环。声电再生效应的强弱与换能器基片材料的机电耦合系数有关,因为耦合系数越大,声电耦合越强,叉指电极和通过它的声波的相互作用也越大。另外,声电再生还与换能器的电负载阻抗有关。负载阻抗越大,声电再生越强;负载阻抗越小,声电再生越弱。

IDT 除了能激发 SAW 以外,同时还能激发声体波,其激发机理和激发 SAW 的相似(见图 2.52)。此外,当 SAW 在传播过程中遇到阻抗不连续时,还会通过模式转换产生声体波。由于固体中声体波的速度都比 SAW 的大,所以 IDT 激发的声体波频率总是高于该换能器的声同步频率,即高于所激发的 SAW 频率。克服 IDT 的声体波效应,一般是将

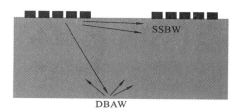

图 2.52　IDT 激发体波示意图

基片背面做粗糙处理,使激发的深体波(DBAW)发散;二是将基片背面开槽,阻断体波的传播路径。但没有办法去掉 IDT 激发的浅体波(SSBW)。

(2)反射栅。

① 基本结构。

根据声表面波传输机理,认为声表面波以椭圆波的形式在压电衬底中传输,即可将声表面波分为与声波传播方向平行和垂直两个方向传播的波。在实际应用中,自然边界无法使到达边界的声表面波全部反射,常利用反射栅结构使声表面波几乎全部反射,沿与传输方向相反的方向传输。

反射栅结构分为短路反射栅和开路反射栅两种形式,也可在压电衬底直接刻蚀凹槽形成反射栅结构,如图 2.53 所示,常通过在凹槽中填充金属材料可提高反射率。反射栅结构必须周期性排列,以达到将特定频率声表面波反射的目的,反射的声表面波的频率与反射栅的周期相关。对于不同衬底材料,达到全反射所需的反射栅的周期数目不同。

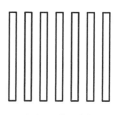 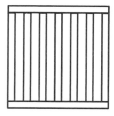 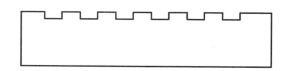

　（a）开路反射栅　　　　　（b）短路反射栅　　　　　（c）凹槽结构做反射栅

图 2.53　三种反射栅结构

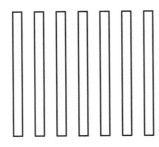

图 2.54　周期栅阵

② 周期栅阵中声波的特性。

假设声波在图 2.54 所示的周期为 p 的周期栅阵中传播，栅阵无限长，且各个周期栅等效。

此时对于在周期栅阵中传播的声波模式，它们在任一个周期内的场分布 $u(x)$ 与在其他周期内的场分布相同，此时场分布 $u(x)$ 满足 Floquet 原理：

$$u(x+p)=u(x)\exp(-\mathrm{j}\beta p) \qquad (2.68)$$

定义 $U(x)=u(x)\exp(+\mathrm{j}\beta x)$，由 Floquet 原理可知，$U$ 必须是周期 p 的周期性函数，用傅里叶级数展开表示为

$$U(x)=\sum_{n=-\infty}^{+\infty} A_n \exp\left(-\frac{2\pi\mathrm{j}nx}{p}\right) \qquad (2.69)$$

于是有

$$u(x)=\sum_{n=-\infty}^{+\infty} A_n \exp\left\{-\mathrm{j}\left(\beta+\frac{2n\pi}{p}\right)x\right\} \qquad (2.70)$$

说明在周期栅阵中传播的声波模式的场分布可以用分立波数 $\beta_n=2n\pi/p+\beta$ 的正弦之和来表示。换句话说，空间频率为 $2\pi n/p+\beta$ 的反射波是由波数为 β 的入射波经空间调制产生的，$2\pi/p$ 称为栅矢。

每一周期栅都会反射波场，这些波场相互干扰。通常，在较宽的整个波段内，这些干扰相互抵消，总的反射场可以不计，这时声波模式的场分布可以由 $n=0$ 的单项式精确描述。但是，在一定的波段范围内，每一周期栅散射的波是同相位的，它们叠加成很强的反射波，这时必须用多项式才能精确描述声场，这种反射称为布拉格反射。

用 λ_s 表示栅阵中 SAW 的波长，此时相位匹配条件为

$$2p=n\lambda_s \qquad (2.71)$$

或

$$\frac{4\pi p}{\lambda_s}=2n\pi \qquad (2.72)$$

这个条件称为布拉格反射条件，波数 $\beta_s=2\pi/\lambda_s$。以上两式可以解释为：波数为 β_s 的入射 SAW，经过空间调制后，产生波数为 $\beta_s+2n\pi/p$ 的各个反射波分量，然后发生了布拉格反射。在这些反射波中，只有波数为 $\beta_s-2\pi/p$ 的反射波分量（且与入射 SAW 相速相同）才会增强。

3. 声表面波器件的制备工艺

（1）声表面波器件的基片材料。

声表面波器件常用的芯片是压电单晶材料，它是各向异性的。与非压电材料中传播的声波不同，对于压电体，声波的传播还伴随有电场和电势。器件特性不仅与切向角有关，而且与声表面波的传播方向有关。一般我们用欧拉角 (α,β,γ) 来确定晶片的切向角和声表面波的传播方向，也有用单晶轴旋转切型和传播方向表示的，如 $128°Y\text{-}X$ 指切割面是 Y 轴绕 X 轴旋转 $128°$ 后与 X 轴构成的平面，SAW 沿 X 轴传播。

基片材料的参数包括：弹性常数、压电常数、介电常数、密度、温度系数、阻尼系数。这些参数将直接影响 SAW 器件的性能。

基片材料的弹性常数和密度影响生声表面波的传播速度，该速度决定了特定频率下起

见的叉指换能器线宽。高频声表面波器件的基片速度应大，以便工艺能实现。低频 SAW 器件的基片速度应小，以便实现小体积器件。

材料的温度系数有频率温度系数（TCF）和延时温度系数（TCD），其定义分别如下：

$$\text{TCF} = f_r^{-1} \frac{\partial f_r}{\partial t} \tag{2.73}$$

$$\text{TCD} = \tau^{-1} \frac{\partial \tau}{\partial t} \tag{2.74}$$

式中，f_r 为器件的工作频率；τ 为器件的输入输出间的信号延迟时间。

一般情况下，温度系数并不是线性的，即使在某个温度下一阶温度系数为零，其二阶温度系数也不等于零。例如：ST-X（42.75°Y-X）水晶就是这种情况，其延时和温度的关系为

$$\tau(t) = \tau(t_0) \times [1 + c(t - t_0)^2] \tag{2.75}$$

式中，$t_0 = 25 \ ^\circ\text{C}$；$c = 32 \times 10^{-9} (^\circ\text{C})^{-2}$。

当频散很小，且相速与群速几乎相等时，$\text{TCD} \approx -\text{TCF}$。通常机电耦合系数 k^2 越大，材料的 TCD 越差。因为 k^2 越大，说明材料的机械特性对于外界干扰越敏感。基片材料的介电常数 ε 也很重要，它决定着叉指换能器的阻抗，通过调整叉指换能器的孔径及其指条的电连接方式可以调整其阻抗值，孔径大则阻抗小，器件尺寸会增加，孔径小则阻抗大，衍射会变得严重。

声表面波传播中，能流方向一般与波传播方向并不一致，这种现象称为波束偏向。波束偏向会导致衍射发生、损耗增加、器件性能恶化。因此，我们设计器件时，应选择衍射小的基片。

目前使用最成熟的基片材料有水晶（QZ）、铌酸锂（LiNbO$_3$）、钽酸锂（LiTaO$_3$）。20 世纪 80 年代后发现的新的压电材料有：四硼酸锂（Li$_2$B$_4$O$_7$）、硅酸镓镧（La$_3$Ga$_5$SiO$_{14}$）、铌酸钾（KNbO$_3$），其他压电材料有 ZnO、AlN 等压电薄膜基片。目前金刚石上生长 ZnO 压电薄膜已能成功用于制作 3 GHz 以下的高频 SAW 器件。

（2）声表面波器件的加工工艺。

声表面波器件的制作工艺类似于半导体 IC 器件制作工艺，但又不同于一般的 IC 制作。首先两者用的基片不同，声表面波器件必须用压电基片、IC 用硅片。相对来说，声表面波器件的工艺要简单些，它一般用单层平面工艺，不像 IC 器件需要多层套刻和扩散，但声表面波器件对指条的光刻质量和芯片的表面质量要求比 IC 的高。图 2.55 所示的是两种常用的声表面波器件光刻镀膜工艺。其中，紫外线通过掩模板曝光到基片上，这其中有接触式曝光和分步重复的 stepper 曝光方式两种，前者的光刻分辨力不高，后者分辨力高但设备昂贵。另一种方式是使用电子束曝光，以直写的形式将目标图案直接转移到基片上，无掩膜版，但耗时很长。光刻后的基片上面就是多个需要的叉指换能器阵列，将基片划片分成多个独立的小芯片，再用胶粘在器件的基座里面，通过超声键合将叉指换能器连接到基座的输入输出管脚上，再用管帽密封上就得到一个完整的声表面波器件。图 2.56 所示的是一般声表面波器件的工艺流程。由此看出：声表面波器件可以大批量重复性生产，器件的性能很大程度上取决于掩模板图形的设计，其生产过程不像 LC 滤波器制作过程一样可以调整。

（3）声表面波器件的特点。

根据器件功能和用途，声表面波器件主要分为以下三类。

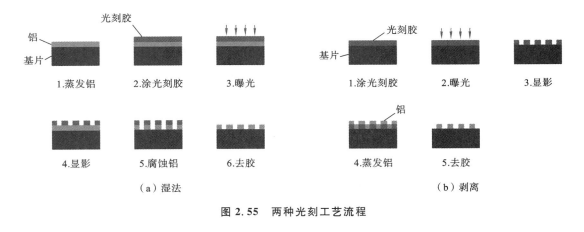

图 2.55　两种光刻工艺流程

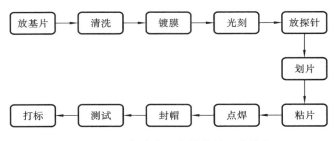

图 2.56　一般声表面波器件的工艺流程

① 信号处理器件:滤波器、延迟线、振荡器、混频器、放大器、卷积器、相关器、编码器。

② 传感器:气体传感器、磁场传感器、压力传感器、识别标签。

③ 其他器件:声光调制器、声光偏转器、声光开关、超声马达。

特别是其可以作为一种快速、超小型的频率控制、选择和信号处理器件,对电子和通信系统的发展起着极为重要的作用。目前,声表面波器件正朝着超高频化(1~10 GHz 频段)发展。可以预测它将在信号检测、信号处理中发挥越来越重要的作用。

声表面波器件以声波作为信号载体,其具有以下特点。

相对于电磁波,声表面波具有较低的传播速度和较短的波长。

声表面波沿固体表面传播,对固体表面物理性质和状态的变化极为敏感,能迅速地将固体表面变化的信息转换为电信号输出,具有实时信息检测的特性。

声表面波在晶体表面传播时,不涉及晶体内部电子的迁移过程。

声表面波器件输出声表面波的频率和相位参数,是准数字输出。

声表面波器件主要工作在射频波段,抗电磁干扰能力强。

声表面波器件的叉指换能器结构可以与天线进行简单匹配,便于实现无线、无源化。

声表面波器件采用单晶材料和平面工艺制造,重复性和一致性好,易于大批量生产。

4. 声体波器件的工作原理

(1) 声体波与声体波器件。

声体波是指在无限大弹性固体内部传播的声波,根据质点的振动方向和声体波的传播方向不同可以分为纵波(见图 2.57(a))和横波(见图 2.57(b))。如图 2.57(a)所示,质点振动方向与声体波传播方向平行,是纵波,也叫膨胀波;如图 2.57(b)所示,质点振动方向与声体波传播方向垂直,是横波,也叫剪切波。通常纵波的传播速度高于横波的。

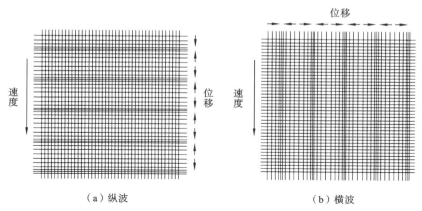

（a）纵波　　　　　　　　　　　（b）横波

图 2.57　纵波和横波示意图

声体波器件的核心是压电振子,其典型结构是由两个电极和中间的压电材料构成的。如图 2.58 所示,上下两个电极连接外界电路,通过电极施加电学负载。由于逆压电效应,压电材料中激发出声体波。声体波频率 f 为

$$f = C/h$$

式中,C 与压电材料的密度和弹性常数相关,h 是压电材料的厚度。

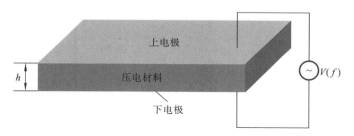

图 2.58　压电振子结构示意图

每一个压电振子都可以画出对应的等效电路模型,如图 2.59 所示。R_0 和 C_0 分别是静态电阻和静态电容,R_m、C_m 和 L_m 分别是动态电阻、动态电容和动态电感,另外引入 R_s 表示电极的电阻。由等效电路模型得到的频率响应曲线,就是压电振子的频率响应。在进行声

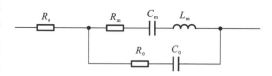

图 2.59　压电振子等效电路模型

体波器件的设计和使用时,分析频率响应曲线是至关重要的。

（2）声体波谐振器。

① 薄膜声体波谐振器。

基于声体波原理工作的薄膜谐振器称为薄膜声体波谐振器(FBAR),它是随着集成电路的发展而发展起来的。目前几乎所有的有源及无源器件都可以用集成电路进行集成。但力学振动元件,如谐振器与滤波器,尚不能在硅片上集成。即使是声表面波技术的发展使声表

面波谐振器的尺寸已做得比较小,但和集成电路的要求相比还是太大。为了满足便携式通信系统的要求,需要有微型化的力学谐振器,薄膜谐振器正好能满足这一要求。

一般地,薄膜谐振器腔体由基体支撑的非压电性薄片、薄片上的压电薄膜及两端面的电极构成,如图 2.60 所示。在一定频率下,薄膜谐振器腔体的压电薄膜在逆压电效应驱动下振动并产生谐振。

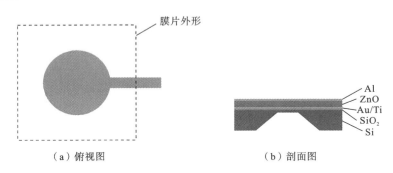

（a）俯视图　　　　　　　　　　（b）剖面图

图 2.60　薄膜谐振器腔体结构

压电薄膜材料一般为 ZnO 或 AlN 薄膜材料,但因为 ZnO 的机电耦合系数比 AlN 大,所以用 ZnO 的时候多;而使用 GaAs 作为基底时,则用 AlN 的时候多。

实际应用中,都希望谐振器具有高的机电耦合系数、高的串联 Q 值和低的温度系数(TCF),高 k^2 可以通过基模工作方式获得,高 Q 值可以通过使用高 Q 值的薄膜片材料(如 Si)获得,低的 TCF 可以通过 Si、ZnO、SiO$_2$ 之间温度系数的相互补偿获得。ZnO、Si 的弹性常数的温度系数分别为 $-1.12\times10^{-4}/℃$ 和 $-0.68\times10^{-4}/℃$。因此,基本的 ZnO/Si 薄膜谐振器的温度系数为 $-50\times10^{-6}/℃\sim-30\times10^{-6}/℃$。而 SiO$_2$ 的温度系数为正,故可以用其对 ZnO/Si 结构进行补偿,补偿形式有两种,如图 2.61 所示。

这两种方式中,适当选取各层的厚度,可获得零温度系数和足够大的 k^2。但由于工艺方面的原因,对于图 2.61(a)所示的结构,SiO$_2$ 采用溅射方式生长,会引起电极的再结晶,其应力会引起谐振腔形变,所以一般不采用这一补偿方式,大多采用图 2.61(b)所示的方式。

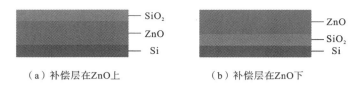

（a）补偿层在ZnO上　　　　　　　（b）补偿层在ZnO下

图 2.61　带补偿的薄膜谐振器

② 高次谐波声体波谐振器。

高次谐波声体波谐振器(HBAR)可以为先进的电子系统提供低相位噪声源。它工作在较高的频率上(从 VHF 到 L 波段),具有很高的 Q 值。

传统的谐振器,如石英谐振器,其工作频率受最低的可加工厚度限制,且材料必须选择适当的方向才具有压电性。而图 2.62 所示的 HBAR 则可以工作在非常高的谐波频率上。

HBAR 利用 ZnO 压电薄膜作换能器,将其制作在低损耗谐振腔的端面上形成传输式的谐振器。这种结构不受谐波工作的任何限制,且腔体材料可使用非压电材料,选择范围大。

基体（谐振腔）的选择可根据 Q 值、温度稳定性和损耗等要求进行。目前最低的声学损耗材料是钇铝石榴石（YAG），所以利用 YAG 可获得最大 Q 值（其他条件相同）。为获得最大 Q 值，基体表面粗糙度要求很低，基体端面应具有高的平行度，晶体材料要进行 X 射线检测以保证材料无气泡等晶体缺陷。

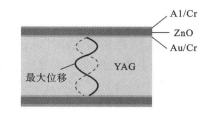

图 2.62　高次谐波声体波谐振器结构

HBAR 的声学效应等效于法布里-珀罗（Fabry-Perot）干涉仪。它有宽的谐振频谱，其谐振频率间隔为沿腔体一个来回所传输时间的倒数。如腔体中一个来回的传输时间为 0.4 μs，则其频率间隔等于 2.5 MHz。基体的最大长度取决于用于选择谐振频谱的外部滤波器的带宽。一般而言，希望 HBAR 具有较长的腔体与较薄的换能器，这样可增大在腔体内的储能，减小在换能器上每周的损耗。而减小换能器厚度会增加工作频率，在极端条件下会降低机电耦合系数，影响电信号的转换，导致插损的增加。HBAR 有载和无载 Q 值的关系满足下列方程：

$$\frac{Q}{Q_L} = \frac{1}{1-10^{-IL/20}} \tag{2.76}$$

式中，IL 为 HBAR 插损，Q 为无载 Q 值，Q_L 为有载 Q 值。表 2.12 列出了几种材料所获得的 HBAR 的性能。其中，以 YAG 为基体的 HBAR 具有最大的 Q 值（用 ZnO 薄膜作换能器）；蓝宝石（Z 切）、AlN 薄膜作换能器的 HBAR 具有最高的 fQ 积。基于 YAG 的 HBAR 的频率温度系数为 $-30\times10^{-6}/℃$，当不要求温稳时可以使用。当对振子温度稳定性有要求时，须进行温度补偿，或选择温度稳定性好的材料为基体，如四硼酸锂或 AT 切石英，但这都以牺牲 Q 值为代价。

表 2.12　典型 HBAR 的性能

基　体	换 能 器	Q	f/GHz	fQ/Hz	阶　数
YAG	ZnO	110130	0.64	7.05×10^{13}	
Z 切蓝宝石	AlN	68440	1.60	1.10×10^{14}	185
Z 切蓝宝石	AlN	44332	2.46	1.09×10^{14}	285
Z 切蓝宝石	AlN	25869	4.02	1.04×10^{14}	190
Z 切蓝宝石	AlN	14584	5.23	7.60×10^{13}	247
Z 切 LiNbO₃	AlN	53695	1.61	8.64×10^{13}	147
Z 切 LiNbO₃	AlN	27600	2.42	6.68×10^{13}	240
Z 切 Li₂B₄O₇	AlN	17472	1.83	3.20×10^{13}	223
AT 切石英	AlN	9523	1.52	1.45×10^{13}	93

③ 声体波器件的特点。

声体波主要用于谐振器、振荡器、滤波器和传感器。与声表面波器件相比，声体波器件具有更高的频率和更高的 Q 值。

声表面波器件受到光刻工艺的限制（叉指电极的制备），器件频率通常在 3 GHz 以下。且随着声表面波器件频率的增加，叉指电极越来越窄，电极带来的欧姆损耗越来越大。声体波器件频率则很容易超过 3 GHz,基于横向激励的声体波谐振器的频率甚至可以超过 10 GHz,这是目前声表面波器件所达不到的频率。

在结构上,声表面波器件以压电块材为能量载体,压电块材厚度远大于声表面波波长,部分声表面波能量向压电块材底部泄漏。声体波器件以整个工作区域的压电基底材料作为腔体,在腔体以外是空气或者多层膜构成的布拉格反射栅结构,由于腔体与外部的阻抗不匹配,声体波能量被很好地约束在腔体中。因此,声体波器件通常比声表面波器件有更高的能量存储效率。

④ 声体波器件的发展趋势。

基于压电晶体和压电陶瓷的声体波器件频率在 60 MHz 以下,频率较低。基于压电薄膜的声体波器件频率主要在 GHz 频段,是现在研究的主要方向。除了频率,可集成性和大带宽(滤波器)也是声体波器件的发展趋势。

以 AlN 压电薄膜为核心材料的薄膜声体波滤波器较好地解决了 1~10 GHz 窄带滤波器的性能与体积难以兼顾的问题,但受限于 AlN 较低的机电耦合系数(约 6.5%),宽带滤波器的问题仍有待解决。

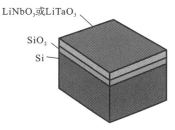

新型压电单晶铌酸锂/钽酸锂薄膜的使用,使得机电耦合系数超过 20%,很好地解决了宽带滤波器的问题,其基本结构如图 2.63 所示。新型压电单晶薄膜使用单晶硅作为衬底,具有很好的可集成性。

目前对基于压电单晶薄膜的声体波器件研究十分热门,并且不断取得新的突破,在理论上机电耦合系数可达 55%,在实验上频率可达 29.9 GHz。压电单晶薄膜有望成为未来声体波器件的核心材料。

图 2.63 压电单晶薄膜结构

5. 声波器件的典型应用

(1) 声表面波滤波器。

下面以横向声表面波滤波器为例介绍声表面波滤波器的一般工作原理。横向声表面波滤波器由输入输出两个叉指换能器构成,这两个叉指换能器决定了滤波器的主要特性。横向声表面波(带通)滤波器的主体结构如图 2.64 所示,滤波器输入端施加输入信号 $U_1(f)$,滤波器中的输入叉指换能器通过逆压电效应将电信号转换成声表面波信号。声表面波信号传播至输出叉指换能器,输出叉指换能器通过压电效应将接收到的声表面波转换成电信号 $U_2(f)$,在滤波器的输出负载 R_L 上可以检测到电信号 $U_2(f)$。滤波器传递函数为

$$H(f) = \frac{U_2(f)}{U_1(f)} \tag{2.77}$$

设计不同的叉指换能器结构,可得到不同的传递函数 $H(f)$。

按损耗高低来分类,横向声表面波滤波器可以分为两类:一类是高损耗横向滤波器;另一类是低损耗横向滤波器。按频率高低来分类,横向声表面波滤波器可以分为射频(RF)滤波器和中频(IF)滤波器。按封装外壳来分类,横向声表面波滤波器可以分为双列直插(DIP)金属器件、陶瓷表贴器件(SMD),以及塑封外壳器件。

除了横向声表面波滤波器,随着声表面波低插入损耗滤波器在移动通信领域的发展,声表面波谐振型滤波器迅速被人们所接受。声表面波谐振型滤波器能够很容易地实现低插入

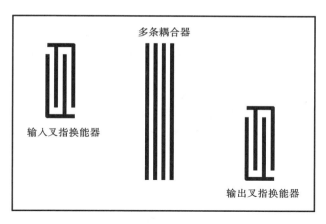

图 2.64　横向声表面波滤波器的主体结构

损耗,同时在相同带宽条件下,声表面波谐振滤波器的体积比横向声表面波滤波器的体积更小。

　　按照原理不同,声表面波谐振滤波器可以分为两类。第一类为梯型阻抗元滤波器(IEF)或桥型滤波器,这类滤波器与等效电路的每一个串并联谐振支路相对应,采用梯形连接或桥形连接的多个单端对声表面波谐振器构成。第二类为耦合谐振滤波器或采用交叉对叉指换能器(IIDT)的谐振滤波器。这些滤波器利用了在一个单一的谐振腔同时发生作用的多个模式,因而能使滤波器结构得到简化。

　　横向声表面波滤波器采用的是双向叉指换能器,在声表面波滤波器中,其损耗比较大,但其他指标优秀。在原有结构的基础上,横向低损耗滤波器采用了单相单向叉指换能器(SPUDT),进一步降低了损耗。谐振型滤波器损耗很低,但矩形系数和通带特性比横向滤波器差。

　　各种整机系统的需求在近几年不断增加,推动着声表面波滤波器的研制和生产。声表面波滤波器在电视、卫星通信和移动通信等领域都有着广泛的应用。滤波器的频率和相对带宽适用范围如图 2.65 所示。

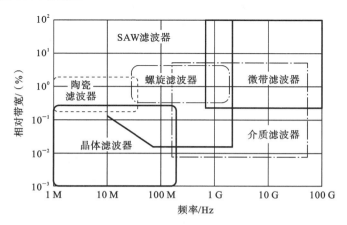

图 2.65　滤波器的频率和相对带宽适用范围

常见 LC 滤波器的工作频段为 0.1 Hz～1 GHz。基于分布参数电路或传输线的滤波器的工作频段通常大于 100 MHz。压电石英滤波器的工作频段一般为 1 Hz～100 MHz。声表面波滤波器的工作频段受基片尺寸和叉指换能器制造能力的限制。工作频段越低,所需基片尺寸越大;工作频段越高,叉指换能器指条间距越小。目前已存在中心频率在 10 GHz 附近的声表面波滤波器,但仍处于实验室研究阶段,少有相关产品。

相较于 LC 多层介质滤波器,声表面波滤波器损耗大,远端带外抑制差。但是,声表面波滤波器近端带外抑制最好,体积小。图 2.66 所示的为常见的声表面波滤波器的内部结构和外壳。

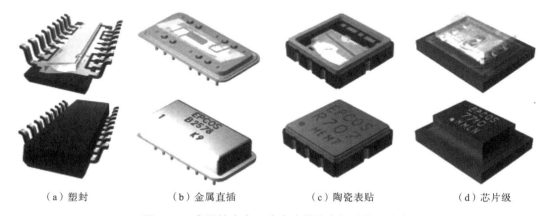

（a）塑封　　　　　　（b）金属直插　　　　　　（c）陶瓷表贴　　　　　　（d）芯片级

图 2.66　常见的声表面波滤波器的内部结构和外壳

声表面波滤波器具备如下优点:① 易于设计器件的频率响应,理论上,频率响应的振幅和相位都能分别控制;② 与其他滤波器相比,声表面波滤波器的尺寸和重量都比较小,具备高稳定性和可靠性;③ 声表面波滤波器采用芯片生产工艺,产品重复性高,适合批量生产。但是,另一方面,声表面波滤波器还存在损耗较大、远端带外抑制较差等缺点。

（2）声表面波传感器。

无线无源声表面波传感器系统的工作原理如图 2.67 所示。读写器天线发射射频问询电磁波信号,声表面波传感器天线接收电磁波信号,并传播到叉指换能器。叉指换能器利用压电晶体的逆压电效应,将电磁波转换为声表面波,声表面波在晶体表面传播。在传播过程中,受到待传感量的信息的影响,声表面波的波速发生变化。载有传感信息的声表面波经过反射栅反射,返回到叉指换能器,通过压电效应转换成载有传感信息的电磁波信号。电磁波信号由传感器天线发射回读写器的天线,获得传感信息。

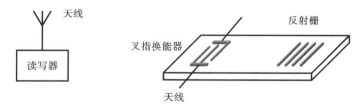

图 2.67　无线无源声表面波传感器系统的工作原理

根据传感器的结构不同,声表面波传感器可以分为延迟线型和谐振型两种结构,延迟线型和谐振型声表面波传感器结构示意图如图 2.68 所示。

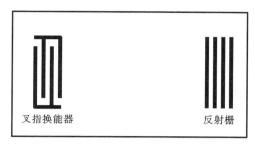

　　　　　　（a）延迟线型

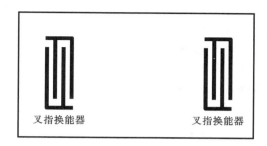

　　　　　　（b）谐振型

图 2.68　延迟线型和谐振型声表面波传感器结构示意图

　　延迟线型声表面波传感器通过检测访问信号与应答信号之间的时间延迟差(简称延迟差,或延时差)τ 获得外界物理量的信息。声表面波由叉指换能器激发,传播至反射栅并由反射栅反射回 IDT,延迟时间由式(2.78)决定:

$$\tau = \frac{l}{v} \tag{2.78}$$

式中,l 为声表面波的传播距离,v 为声表面波的波速。

　　当外界环境发生改变(例如温度发生变化、受到外界压力)时,基底的物理性质或几何尺寸改变,波速 v 与传播距离 l 发生变化,这导致不同外界环境下,延迟差 τ 是不同的。测量延迟差 τ,可以获得外界物理量的值。

　　谐振型声表面波传感器通过检测谐振频率 f 来获得外界物理量的信息。谐振频率 f 由式(2.79)决定:

$$f = \frac{v}{\lambda} \tag{2.79}$$

式中,λ 为叉指换能器的周期长度。当外界环境发生变化时,谐振频率 f 随之改变。通过检测谐振频率 f 可以获得外界参数的信息。

　　(3) 温度传感器与应变传感器。

　　声表面波温度传感器与应变传感器都利用了压电材料参数随环境变化的特性。当外界温度改变时,基板的材料参数(弹性常数、压电常数和介电常数)改变,声表面波的传播速度发生变化。与此同时,压电基片的尺寸会受外界温度的影响,这使得声表面波的传播路径发生改变。受这两者因素的共同影响,延时差 τ 和谐振频率 f 会发生改变。通过测量延时差 τ (延迟线型)或谐振频率 f (谐振型)的变化值,可以获得外界温度值。

　　声表面波应变传感器的基本原理与声表面波温度传感器的类似,只是探测的物理量不同。当传感器的压电基片受到外界应力变化时,电极结构的几何形状(叉指换能器和反射栅)改变,基板的材料参数(弹性常数、压电常数和介电常数)改变,延时差 τ 和谐振频率 f 同样随之改变。

　　(4) 气体传感器与生物传感器。

　　区别于声表面波温度传感器或应变传感器,声表面波气体传感器与生物传感器通过在声表面波压电基片上覆盖一层选择性吸附膜来实现测量。该膜只对特定气体或者微生物有吸附作用。气体或者微生物的吸附作用会转变为吸附膜的密度变化。密度变化带来的质量负载效应使得声表面波速发生变化,最终引起延时差 τ(延迟线型)或谐振频率 f(谐振型)的变化。吸附膜的吸附量取决于外界气体或微生物的浓度,通过测量延时差 τ(延迟线型)或谐振频率 f(谐振型)可以计算外界气体或微生物浓度。

声表面波气体或生物传感器的典型结构如图 2.69 所示。通常传感器有两条声学传播路径,一条路径上覆盖选择性吸附膜,用于吸附气体或者微生物。另外一条路径上没有吸附膜,作为参考端,消除温度、应变等影响。

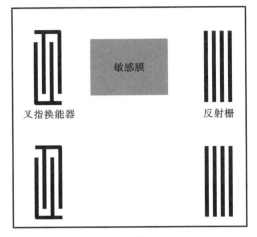
（a）延迟线型

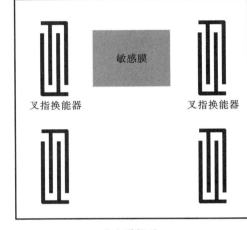
（b）谐振型

图 2.69　声表面波气体或生物传感器结构示意图

（5）其他压电器件及应用。

① 压电俘能器。

能从环境中俘获能量的装置称为俘能器。常见的俘能器有电磁、静电和压电俘能器。利用压电结构从环境中提取能量的装置叫压电俘能器。压电俘能器通常有三个主要组成部分:a. 压电俘能结构,在周围环境的激励下产生振动,压电结构的力电耦合将机械能转换成电能,从而输出交流电流;b. 调节电路,将交流电整流为直流电,使之能有效地为电池充电,并能通过调节电路参数而使得俘能端工作在最优状态,并且储能电池能高效平稳充电;c. 储能元件,如电容器或电化学电池。比如压电发电地板、压电发电鞋和压电发电机。

压电发电地板:日本某公司开始在东京车站小规模试验压电地板,如图 2.70 所示,通过吸收乘客走动时产生的动能来发电,为电子检票机提供电能。这种地板铺有石板,使受力均衡,提高发电效率,并且让下面的压电陶瓷材料经久耐用。

压电发电鞋:日本电信公司已经发明出的发电鞋可以让人们一边走路一边为 ipod 充电,如图 2.71 所示。国内现在也开发出了压电发光鞋。压电发电鞋的原理就是把发电装置植入鞋底,通过走路时脚对鞋底的冲击使压电陶瓷形变而产生电荷。

压电发电机:在 Arlington 的德州大学,ShashankPriya 教授和其他材料科学与工程的研

图 2.70　压电发电地板

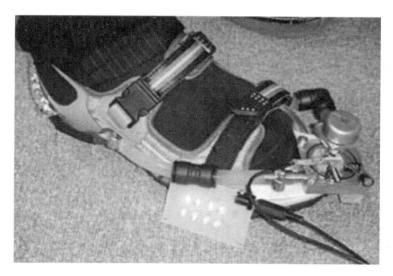

图 2.71　ipod 充电的发电鞋

究人员采用压电器件制造出了一种小型发电机。这种发电机可由时速 8～16 km 的风力驱动,能够为无线传感器网络中的独立节点提供最多 50 mW 的功率。发电机的桨叶连到凸轮上,使围绕轴排成圆形的一串双压电晶片产生振荡。一个采用 APC855 陶瓷制造的双压电晶片可输出 0.935 mW 的功率,由 11 个压电晶片组成的单元可输出 10.2 mW 的功率。

　　同时,纳米发电机是一种基于规则的氧化锌纳米线的世界上最小型的压电发电机,在纳米范围内可将机械能转化为电能。2006 年,王中林博士首次发表他设计的适应性广、生产成本低的原创性纳米发电机,它能收集周围环境中微小振动的机械能并将其转变为电能,为其他纳米器件,如传感器、探测器等提供能量。2007 年,王中林博士以前瞻性的发展观首创了纳米压电电子学(Nanopiezotronics)的全新研究领域和学科,有机地把压电效应和半导体效应在纳米尺度结合起来。

　　② 压电换能器。

　　1880 年,居里兄弟发现了某些晶体的压电现象,即某些晶体在结构上具有一定的不对称性,当它在一定的方向上受到电压的作用时,便可产生形变;反过来,若将晶体在同样方向上使其产生机械形变时,则在对应的方向上产生一个电压。反转所加的应力方向,则产生的电荷符号也相反。这即是所谓的"正压电效应"(机械能转换为电能)和"逆压电效应"(电能转换成机械能)。利用这些效应,制成了压电换能器。首先由一系列的电路产生高频电脉冲,去激发压电晶体,使之产生机械波,从而推动模型介质向外辐射超声波。接收换能器与此相反,在模型介质中的超声波的推动下,换能器产生机械振动并转换成电磁信号,经放大处理后进行显示或记录。

压电换能器的应用十分广泛,它按应用的行业可分为工业、农业、交通运输、生活、医疗及军事换能器等;按实现的功能可分为超声加工、超声清洗、超声探测、检测、监测、遥测、遥控换能器等;按工作环境可分为液体、固体、气体、生物体换能器等;按性质可分为功率超声、检测超声、超声成像换能器等。

压电陶瓷变压器:压电变压器是利用极化后压电体的压电效应来实现电压输出的。其输入部分用正弦电压信号驱动,通过逆压电效应使其产生振动,振动波通过输入和输出部分的机械耦合到输出部分,输出部分再通过正压电效应产生电荷,实现压电体的电能-机械能-电能的两次变换,在压电变压器的谐振频率下获得最高输出电压。与电磁变压器相比,其具有体积小、质量轻、功率密度高、效率高、耐击穿、耐高温、不怕燃烧、无电磁干扰和电磁噪声,且结构简单、便于制作、易批量生产,在某些领域可成为电磁变压器的理想替代元件等优点。此类变压器用于开关转换器、笔记本电脑、氖灯驱动器等。

超声马达:超声马达把定子作为换能器,利用压电晶体的逆压电效应让马达定子处于超声频率的振动,然后靠定子和转子间的摩擦力来传递能量,带动转子转动。超声马达体积小、力矩大、分辨率高、结构简单、可直接驱动、无制动机构、无轴承机构,这些优点有益于装置的小型化。其广泛应用于光学仪器、激光、半导体微电子工艺、精密机械与仪器、机器人、医学与生物工程领域。

超声波清洗:超声清洗的机理是利用超声波在清洗液中传播时的辐射压、声流等物理效应,对清洗件上的污物产生的机械起剥落作用,同时能促进清洗液与污物发生化学反应,达到清洗物件的目的。根据清洗物的大小和清洗目的,清洗所用的频率可为 10～500 kHz,一般多为 20～50 kHz。随着频率的增加,可采用郎之万振子、纵向振子、厚度振子等。在小型化方面,也有采用圆片振子的径向振动和弯曲振动的。超声清洗在工业、农业、家用设备、电子、汽车、橡胶、印刷、飞机、食品、医院和医学研究等行业得到了越来越广泛的应用。

超声焊接:超声焊接有超声金属焊接和超声塑料焊接两大类。其中,超声塑料焊接技术已获得较为普遍的应用。它利用换能器产生的超声振动,通过上焊件把超声振动能量传送到焊区。由于焊区(即两焊件交界处)声阻大,所以会产生局部高温使塑料熔化,在接触压力的作用下可完成焊接工作。超声塑料焊接可方便焊接其他焊接法无法焊接的部位,另外,还节约了塑料制品昂贵的模具费,缩短了加工时间,提高了生产效率,有经济、快速和可靠等特点。

超声加工:把微细磨料随超声加工工具一起以一定静压力加在工件上,就能加工出与工具相同的形状。加工时需在 15～40 kHz 的频率下,产生 15～40 m 的振幅。超声工具使工件表面的磨料以相当大的冲击力连续冲击,破坏超声辐射部位,使材料破碎而达到去除材料的目的。超声加工主要应用于宝石、玉器、大理石、玛瑙、硬质合金等脆硬材料的加工及异型孔和细深孔的加工。此外,在普通切削工具上加超声波振动时,也可起到提高精度和效率的作用。

超声减肥:利用超声波的空化效应和微机械振动,将人体表皮下多余的脂肪细胞破碎、乳化后排出体外,达到减肥、塑形的目的。这是国际上 20 世纪 90 年代发展起来的一项新技术。意大利的 Zocchi 首次将超声去脂用于临床,并获得成功,为整形、美容开创了先河。近 10 年来,超声去脂技术在国内外得以迅速发展。

超声育种:对植物种子进行适当频率和强度的超声波照射,可提高种子的发芽率,降低霉烂率,促进种子的生长,提高植物生长速度。据资料介绍,超声波可使某些植物种子生长速度提高 2～3 倍。

电子血压计:利用压电换能器接收血管的压力,当气囊加压紧压血管时,因外加压力高于血管舒张压力,压电换能器感受不到血管的压力;而当气囊逐渐泄气,压电换能器对血管的压力随之减小到某一数值时,二者的压力达到平衡,此时压电换能器就能感受到血管的压力,该压力即为心脏的收缩压,通过放大器发出指示信号,给出血压值。电子血压计取消了听诊器,可减轻医务人员的劳动强度。

遥测遥控:在有毒、放射性等恶劣环境中,人们不能接近工作,需要远地控制;电视机、电风扇及电灯等电器开关需要遥控,都可给它们装上压电超声换能器。远处发射的超声波由装在被控制的系统上的接收换能器所接收,声信号转变成电信号使开关动作。

测距装置:测距装置又叫声尺,它通过收发两用的换能器测量脉冲时间间隔。目前的声尺可测 10 m 以内的距离,精度可达千分之几。

检漏及气体流量检测:对于压力系统,在泄漏处,压力容器的内外压差造成射流噪声,这种噪声频谱极宽。对于非压力系统,可在密闭系统内安放一个超声源,然后从密闭系统外部接收。一般未泄漏时测到的信号幅度极小或没有,在泄漏处信号幅度有突然增大的趋势。气体流量检测也是化工中的重要手段之一。流量检测目前有多种方法,如用浮子流量计检测等。超声法的主要优点是不妨碍流体的流动。

机器人成像信息采集:智能机器人要实现在空间自由行走、辨认物体等功能,不仅要用超声换能器测距导盲,而且要成像辨识。所以,需要小型的超声换能器阵,以实现多种功能,这方面将成为一项重要的研究课题,吸引众多科学家为之奋斗。

压电换能器在各个领域的应用如表 2.13 所示。

表 2.13　压电换能器的应用

应用环境	性　　质	实　　例
液体	检测功率	测深、鱼群探测、清洗、脱色、电镀、萃取、催化、雾化、水中电话、潜艇、声呐浮标、标靶
固体	检测功率	探伤、探矿、加工、焊接、农产品检测、厚度计、硬度计、马达、压力机
气体	检测功率	遥控、涂装、风向风速测量、气体检验、警报器、扬声器、蜂鸣器、点火器、燃烧机
生物	检测功率	洁齿、手术、结石破碎、杀菌、美容、减肥、B 超机、血流机、心音计

◀ **2.5 铁 电 器 件** ▶

2.5.1 概述

1. 铁电效应

晶体自发极化强度随外电场方向而重新取向,称为晶体的铁电性。为了解释这种自发极化,我们假定电偶极矩是 A 离子相对于晶格的位移引起的。在这种情况下,晶体的极化是晶格中所有的 A 离子有同等的位移所引起的。这种离子位移是由在一定温度下晶格的振动产生的。图 2.72 表示了在钙钛矿类晶体中,一些可能的本征晶格振动。图 2.72(a)显示了初始立方(对称)结构,图 2.72(b)是一个对称地拉伸了的结构,图 2.72(c)表示晶体的阳离子中心共同移动,图 2.72(d)为中心阳离子交替反向移动。如果某种特殊的晶格振动可以降低晶体的能量,那么离子将会按照该种方式移动并且稳定在该种状态,以致晶体的能量最低。从初始的立方结构出发,如果图 2.72(b)是稳定状态,那么只有氧八面体形变但不产生偶极矩(声学模式)。另一方面,当图 2.72(c)或者图 2.72(d)是稳定状态的时候,可以产生电偶极矩(光学模式)。最后的稳定状态,图 2.72(c)或者图 2.72(d)就分别对应铁电和反铁电状态。如果这种特殊的模式是稳定状态的话,随着温度的降低,振动模式的频率也会降低(软声子模),最后达到某个相变温度时,振动频率会减为零。在这种情况下,即使没有外加电场,在任何一个 A 离子位置都会存在一个由极化 P 产生的局部电场。

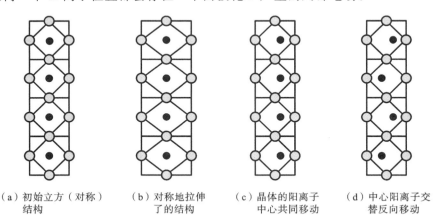

| (a)初始立方(对称)
结构 | (b)对称地拉伸
了的结构 | (c)晶体的阳离子
中心共同移动 | (d)中心阳离子交
替反向移动 |

图 2.72　本征晶体振动模式

局部电场(局域场)的概念如图 2.73 所示,它可以用下式表示:

$$E^{loc} = E_0 + \sum_i [3(p_i \cdot r_i)r_i - r_i^2 p_i]/(4\pi\varepsilon_0 r_i^5) = \frac{\gamma}{3\varepsilon_0}P \qquad (2.80)$$

这个局部电场就是离子位移的驱动力。式(2.80)中,γ 为洛伦兹力,对于一个各向同性立方体系,$\gamma = 1$;ε_0 是真空介电常数,其值为 8.854×10^{-12} F/m。如果 A 离子的离子极化率为 α,则该晶体中晶胞的偶极矩为

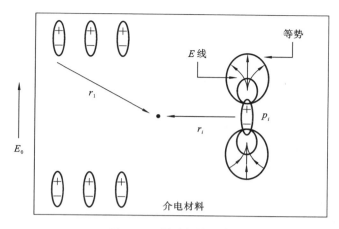

图 2.73 局域场的概念

$$\mu = \frac{\alpha\gamma}{3\varepsilon_0} P \qquad (2.81)$$

该偶极矩的能量（偶极子-偶极子耦合）为

$$w_{dip} = -\mu \cdot E^{loc} = -\frac{\alpha\gamma^2}{9\varepsilon_0^2} P^2 \qquad (2.82)$$

设 N 为单位体积的原子数，则晶体中总的偶极矩能量为

$$W_{dip} = N w_{dip} = -\frac{N\alpha\gamma^2}{9\varepsilon_0^2} P^2 \qquad (2.83)$$

另外，当 A 离子从其非极化平衡位置发生位移时，弹性能也会增加。如果位移大小是 u，力常数为 k 和 k'，那么晶体单位体积增加的弹性能为

$$W_{elas} = N[(k/2)u^2 + (k'/4)u^4] \qquad (2.84)$$

这里，$k'(>0)$ 为高阶力常数。应注意，在热释电材料中，k' 在决定偶极距大小上起一个重要的作用。利用下式重写上式：

$$P = Nqu \qquad (2.85)$$

式中，q 为电荷，结合晶体中总的偶极矩能量的表达式，晶体中总的能量可以表示成

$$W_{tot} = W_{dip} + W_{elas} = \left(\frac{k}{2Nq^2} - \frac{N\alpha\gamma^2}{9\varepsilon_0^2} \right) P^2 + \frac{k'}{4N^3 q^4} P^4 \qquad (2.86)$$

从式（2.86）中我们可以看出，当弹性能简谐项的系数大于等于偶极子-偶极子耦合项的系数时，$P=0$；在这种情况下，A 离子会稳定地停留在非极化的平衡位置。反之，A 离子则从其非极化的平衡位置移动到新的稳定态，此时 $P \neq 0$，产生了自发极化 $\left(P^2 = \left(\frac{2N\alpha\gamma^2}{9\varepsilon_0^2} - \frac{k}{Nq^2} \right) \Big/ \left(\frac{k'}{N^3 q^4} \right) \right)$。因钙钛矿型晶体具有更高的洛伦兹因子 $\gamma(=10)$，自发极化现象更容易在钙钛矿型晶体结构中发生（例如：钛酸钡，BT）。另外，因为晶体的极化率对温度很敏感，因而导致了相变。假设 A 离子的极化率 α 随着温度的降低而增加，在高温时为 $\frac{k}{2Nq^2} - \frac{N\alpha\gamma^2}{9\varepsilon_0^2}$，晶体为顺电相。随着温度的降低，这一差值可能为负，导致晶体过渡为铁电相。考虑一级近似，可以得到关于 α 和温度的线性关系，这便是著名的居里-外斯定律（Curie-Weiss law）：

$$\frac{k}{2Nq^2}-\frac{N\alpha\gamma^2}{9\varepsilon_0^2}\propto\frac{T-T_0}{C} \qquad (2.87)$$

电滞回线可以用电畴来阐明,其表明了材料极化强度随外加电场变化滞后的现象,其是铁电材料最主要的特征。若外加电场(外电场)改变,铁电体的极化就会改变,且这种改变是非线性的。当外电场发生转向时,铁电材料内部新的铁电畴开始成核长大,畴壁发生移动,最终发生极化转向。铁电体的自发极化并非与整个晶体同方向,而是包括各个不同方向的自发极化区域,在每一个区域内,极化是均匀的,方向相同且存在一固有电矩,这个小区域称为电畴,铁电体的电畴排列状态称为电畴结构。

铁电体中的反平行 c 畴、a 畴和 c 畴结构如图 2.74 所示。

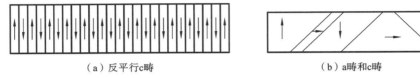

（a）反平行c畴　　　　　　　　　　　　　（b）a畴和c畴

图 2.74　铁电体中的反平行 c 畴、a 畴和 c 畴结构

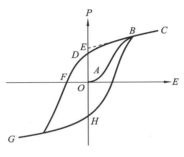

图 2.75　铁电电滞回线

当未加外电场时,整个晶体呈电中性。

当外加电场于铁电晶体时,只有彼此成 $180°$ 畴的铁电体沿电场方向电畴扩大,而逆电场方向的电畴逐渐消失,或者说逆电场方向的畴反转为顺电场方向。如图 2.75 所示,极化强度按 OA 曲线随电场强度 E 的增大而增大,直到整个晶体成为一个单一的极化畴(B 点)为止,这时所有的畴都沿外电场的方向排列并达到饱和。

当电场继续增加时,就只有电子及粒子的极化效应,这时与普通电介质一样,P 与 E 成直线关系,如图 2.75 中的 BC 段所示。

如果减小外电场,晶体的极化量也就减小,但即使撤去外电场,极化量一般不回到零,而按路径 BD 下降,仍保留一定的极化量 P_r,称为剩余极化强度,且 P_r 是对整个晶体而言的。

线性部分 BC 的延长线与极化轴的截距 P_s 值(OE)表示自发极化强度,这是对每个电畴而言的,相当于每个电畴固有的饱和极化强度。

要把剩余极化去掉,必须再加反向电场,以达到晶体中顺电场与逆电场方向的畴相等,极化相消。这个使极化强度重新为零而要求的电场强度 E_c(OF)称为铁电体的矫顽电场强度。

如果电场在负方向继续增加,显然所有的畴将完全负向定向,而至 FG。要是电场再返回正向,便按 GHC 的顺序完成电滞回线。

由于 $D=\varepsilon_0 E+P$,所以 D、E 间呈现与 P、E 间类似的电滞关系。

由于极化的非线性,铁电体的介电常数是依赖于外加电场的变量。通常所说的"介电常数"是指图 2.75 中 OA 曲线在原点附近的斜率。

2. 相变与临界现象

通常,对某种晶体而言,铁电性只在某一温度范围内存在。在高温时,晶体的对称性较高,不具有自发极化和铁电性。当温度降低,到达某一温度 T_c 时,晶体经历一个结构相变,对称性降低,产生自发极化和铁电性。高温相称为顺电相,T_c 称为居里点。如图 2.76 所示,$BaTiO_3$ 在 120 ℃附近时发生顺电-铁电相变;晶体结构由高温顺电相的立方晶系转变为四方晶系。在 0 ℃和−80 ℃附近,还分别发生一次相变,分别由四方相转变为正交铁电相和由正交铁电相转变为三方铁电相,这两个温度对应不同铁电相间的相变,但不是顺电-铁电相变,因为 0 ℃和−80 ℃不是居里点。

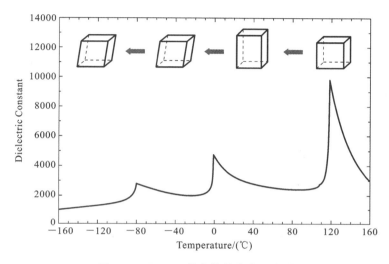

图 2.76　$BaTiO_3$ 铁电体的介电温度谱

晶体的顺电-铁电相变伴随着一系列物理性质的反常变化。例如,晶体的介电性质、弹性、压电性、热力学性质和光学性质大都出现剧烈变化。晶体在相变点附近发生的各种反常变化,称为临界现象。铁电体临界现象中,最突出的是介电性能的变化,在居里点附近,介电常数发生突变;在居里点以上,介电常数有很高的数值,并遵循居里-外斯定律:

$$\varepsilon_r = \frac{C}{T - T_0}$$

式中,C 为居里常数,T_0 为居里-外斯温度。

2.5.2　铁电陶瓷致动器的原理及典型应用

1. 铁电陶瓷致动器的原理

除了压电效应之外,电致伸缩也是一种功能效应。一般来说,"电致伸缩"一词是用来一般性地描述场致应变的,也常常用来指代"逆压电效应"。然而,在固体理论中,逆压电效应被定义为一级机电耦合效应,也就是说,应变与外加电场成正比;然而电致伸缩是一个二级耦合效应,应变与电场强度的平方成正比。因此,严格说来,这两个效应是不同的。然而,铁电材料在高温时是一个具有中心对称结构的原型相,因此铁电材料的压电性被认为是来自于电致伸缩的相互作用,因此这两种效应有一定的关联性。当目标材料是单畴单晶并且在外加电场下其结构相不发生改变时,上述假设才成立。在实际的铁电陶瓷中,伴随铁电畴重新取向而产生的应变也是重要的。

现在来解释一下为什么电场会引起应变。为了简化,我们考虑一个离子晶体,如 NaCl。图 2.77(a)和图 2.77(b)显示了晶格中一维的刚性离子-弹簧模型。晶体中的弹簧代表因静电库仑能和量子力学排斥能所产生的等价的结合力。图 2.77(b)表示中心对称的情况,而图 2.77(a)显示的是更普遍存在的非中心对称的情况。在图 2.77(b)中,连接离子的所有弹簧都是相同的;而在图 2.77(a)中,连接离子的是两种不同的弹簧,即在外力作用下一个可产生较大的位移,而另一个产生的位移较小。换句话说,图 2.77(a)中的弹簧软、硬交替地连接着离子,而且这种软、硬弹性的存在对压电效应的起源至关重要。接下来考虑图 2.77(a)中晶格在外加电场作用下的状态。在外电场下,阳离子被推着沿着电场方向运动,而阴离子被拉着沿相反方向运动,这导致了内部离子间距的相对变化。在外电场下,软弹簧的伸长或收缩(取决于电场的方向)量较硬弹簧的大,这样就产生了一个净的(宏观)应变 x(晶胞长度变化),并与电场强度 E 成比例。这就是逆压电效应。用下式表示:

$$x = dE \qquad\qquad (2.88)$$

式中,比例常数 d 称作压电常数。

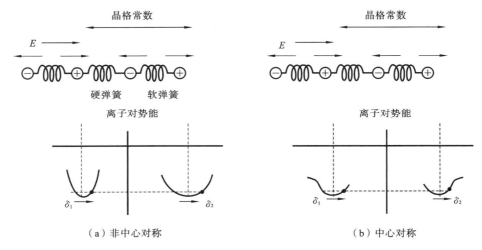

图 2.77　微观解释压电性起源

另一方面,在图 2.77(b)中,晶体中所有弹簧在外力下的伸长量和压缩量几乎相同,两个阳离子间的距离(晶格参数)也几乎相同。因此,在外电场下,晶体不应该产生(宏观上的)形变。

但是,更精确地,离子之间并不是这样的理想弹簧(称作谐和弹簧,满足关系:弹性力(F)=弹性系数(k)×形变量(Δ))。大多数的情况,弹簧包含了一个非谐和项($F = k_1\Delta - k_2\Delta^2$)。这就是说,因非谐和项的存在,在外力下弹簧较难压缩,但较易伸长。正是压缩与伸长距离上的微小不同,导致了晶格常数的改变,产生了与外加电场方向($+E$ 或 $-E$)无关的一个应变。因此应变是电场强度的偶函数。这被称为电致伸缩效应,可以表示为

$$x = ME^2 \qquad\qquad (2.89)$$

式中,M 是电致伸缩常数。

图 2.77(a)中,一维晶体拥有一个电荷的自发偏置,或一个自发的电偶极矩。单位体积

内电偶极矩的总数称为自发极化。当一个大的反偏置电场施加到在特定方向具有自发极化的晶体上时,晶体会形成一个过渡"相"。这是一种离子相对位置被反转的另一个稳定晶体状态。用非李晶术语来说,这等同于将晶体绕垂直于极化轴方向旋转$180°$,这种转变即我们所提到的极化反转,也会相应地引起一个很大的应变。一般来说,实际观察到的场诱导应变正是我们所描述的这三个基本效应的复杂结合。

虽然电致伸缩效应是介质材料的一般性质,不论是晶态还是非晶态,中心对称还是非中心对称,电致伸缩效应在恰处于居里点以上温度的铁电材料中最显著。在居里点以上,根据热力学理论,在不施加外电场的情况下,铁电相的能量高于顺电相的能量,从而是不稳定的。若此时施加外电场,则会诱导出铁电相。

最适宜应用的电致伸缩材料是弛豫铁电体,如铌镁酸铅(PMN)、铌锌酸铅(PZN)和锆钛酸铅镧(PLZT)。这些材料不存在明显的铁电-顺电相变,其 T_c 可以认为是一个具有一定宽度的温区。因而,该温区即成为由弛豫铁电材料制备的器件的工作温区。电致伸缩材料既可在电致伸缩模式下工作(原理如上述),也可在电场偏置压电模式下工作。在后一种情形下,在材料上施加一直流电场偏压,从而诱导出铁电性的极化,这时即可像一般的压电材料那样工作。如此产生的压电系数 d 与介电常数和电场诱导极化强度间的关系为

$$d_{33} = 2Q_{11}P_3\varepsilon_{33} \tag{2.90}$$

$$d_{31} = 2Q_{12}P_3\varepsilon_{33} \tag{2.91}$$

式中,Q_{11} 和 Q_{12} 分别为纵向和横向电致伸缩系数。由以上公式可以看出,为了诱导出大的压电系数,要求材料具有大的介电常数和极化强度。

与通常的压电材料相比,电致伸缩材料具有一些优势。首先,一定温度范围内,形变与电场强度关系间的滞后很小或可忽略。其次,可实现的形变输出更稳定且形变量与最好的压电陶瓷也是相当的。而且,电致伸缩陶瓷不需要极化,而这是压电陶瓷的必需工艺过程。

电致伸缩材料也存在不足。首先,电致伸缩系数与温度的强依赖关系使得材料的工作温区相对较窄。其次,在低电场下,形变量很小,因为电致伸缩形变量与场强间的关系为平方型,为达到足够的形变,电致伸缩器件通常需要较高的工作电压。在 PMN 陶瓷中,已实现了 0.1% 的纵向电致伸缩应变,而在 PLZT 中,该值高达 0.3%。最近在 PZN 基单晶中实现了高达 2500 PC/N 的 d_{33} 值,应变可达 17%,可应用于要求较高的军工领域。

铁电致动器种类繁多,大致可分为微致动器和宏致动器。微致动器仅输出压电或电致伸缩材料本身的应变,其值在微米量级。宏致动器则通过特殊的结构设计来实现位移放大,其值可达毫米量级。

2. 铁电陶瓷致动器的典型应用

铁电致动器是铁电材料的一个重要应用,在电场作用下可以发生精密的移动,可以输出几千牛顿的力,可以用于精密工作台或其他震动敏感设备的主动减震。以日本春田制作所的铁电致动器应用为例,主要用于位置控制设备、控制液体喷射设备和角度控制设备(见图2.78至图2.80)。其中,位置控制设备包括光学变焦设备、光学拾波器、自动对焦设备、头部微小位置控制设备;控制液体喷射设备包括喷墨设备、燃料喷射设备和雾化装置;角度控制设备包括微镜。

图 2.78　位置控制设备,依次为光学变焦设备、光学拾波器、自动对焦设备、头部微小位置控制设备

图 2.79　控制液体喷射设备,依次为喷墨设备、燃料喷射设备、雾化装置　　　　**图 2.80　角度控制设备,微镜**

2.5.3　铁电电光器件的原理及典型应用

1. 铁电电光器件的原理

透明物体的折射率等于光在真空中的速度 c 与光在该物体中的速度 v 之比: $n=c/v$。

晶体的折射率呈各向异性,并可用光率体来形象地表示。根据麦克斯韦方程组,在各向异性晶体中,对应于同一个波前法线方向有两个不同偏振方向的波。这两个波的传播速度各不相同,因而有各自的折射率,该现象称为双折射。双折射用这两个波的折射率之差 Δn 来表示。

外电场造成晶体折射率的变化称为电光效应。电场对折射率的作用可用幂级数表示为

$$n=n_0+aE+bE^2+\cdots \tag{2.92}$$

式中, n_0 是外电场 $E=0$ 时晶体的折射率; a 和 b 为常数。上式中,由电场的一次项 aE 造成的折射率变化称为一次电光效应、线性电光效应或普克尔效应。由二次项造成的折射率变化称为二次电光效应或克尔效应。线性电光效应同压电效应一样,只能出现在不具有对称中心的晶体中。

半波电压是电光效应中的一个常用参数,用 $V_{\lambda/2}$ 表示。当光通过晶体时,外加偏置电压将使通过晶体的两种光的折射率发生变化,从而改变两种光的相位差。相位差的改变取决于所加偏置电场的强度 E 和晶体在光传播方向上的厚度 L_0,使电光晶体寻常光和异常光的相位差为半波(π 弧度),所需要的电场强度和厚度的乘积 EL 称为半波电压。半波电压越低,晶体的电光效应越强。

线性电光调制器可分为纵场调制器和横场调制器两类。纵场调制器中,光的传播方向

与加于调制晶体的电场方向平行,常用 KDP 类晶体;横场调制器中,光的传播方向与调制电场垂直,常用 LiNbO$_3$ 类晶体。

纵场电光调制器的结构原理:与晶体 c 轴(光轴)垂直的两个断面被研磨成光学平面,然后附加电场。在电极中央开孔使之透光。在晶体前后放置正交的偏振器。当电压 $V=0$ 时,光沿晶体的 X_3 轴传播,不产生双折射。当 $V\neq0$ 时,晶体的折射率椭球发生变化,X_3 轴不再是晶体的光轴,导致光沿 X_3 轴传播时将产生双折射。其折射率为 $\Delta n=n_0^3\gamma_{63}E_3$,故两偏振光在晶体出射面产生了相对延迟。

$$\Gamma=\frac{2\pi}{\lambda}\Delta nL=\frac{2\pi}{\lambda}n_0^3\gamma_{63}E_3L \tag{2.93}$$

从而输出光强为

$$I=I_0\sin^2\frac{\Gamma}{2}=I_0\sin^2\left(\frac{\pi}{2}\frac{V}{C_\pi}\right) \tag{2.94}$$

式中,n_0 是晶体中正常光的折射率;γ_{63} 是晶体的线性电光系数;λ 是光的真空波长;L 是光传播方向晶片长度;$V=EL$;I_0 是入射光强;C_π 是调制晶体中的光速。

由式(2.94)可知,输出光强随调制电压 V 连续变化,这就是电光调制的基本工作原理。KDP 晶体电光调制过程示意图如图 2.81 所示。

根据图 2.82,如果工作点选择在偏置电压 $V_0=0$ 处,则输出的光强很小,且有严重畸变;若 $V_0=V_\pi/2$,则输出光强随调制信号线性变化。于是,加上偏置电压 $V_0=V_\pi/2$,就可得到对光强的线性调制。

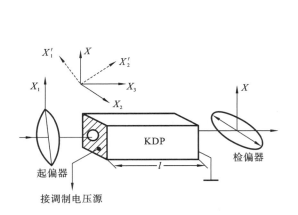

图 2.81　KDP 晶体电光调制过程示意图

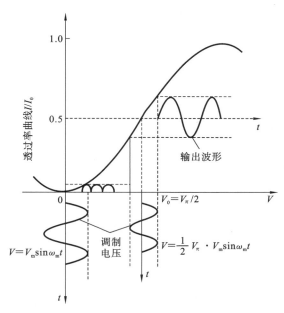

图 2.82　电光调制器对光强的调制示意图

在上述使用 KDP 晶体的线性电光强度调制中,常选择输入光的振动方向与晶体的折射率椭球主轴(X_1' 轴或 X_2' 轴)成 45°角,此时光进入晶体后分成相互正交的两偏振光。调制电压控制两偏振光间的相对相位延迟,从而控制输出光强的大小。而在线性电光相位调制器中,输入光的振动方向是沿晶体折射率椭球的某一主轴方向的,这时光波进入晶体后不分解,故调制电场不改变输入光的振动方向,仅改变光的输出相位。

相位调制器也有纵场调制器和横场调制器两类。

图 2.83 表示了利用 LiNbO₃ 晶体制作的横场相位调制器的结构原理,其中外加电场平行于 X_3 轴。

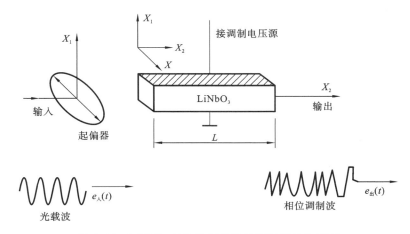

图 2.83 LiNbO₃ 晶体的横场相位调制器结构原理

在晶体入射面,设光场为

$$e_入(t) = A\cos\omega t$$

则经历晶体(长度为 L)后,在出射面的相位改变为

$$\Gamma = \frac{2\pi}{\lambda}(n_0 + \Delta n)L = \frac{2\pi}{\lambda}\left(n_0 - \frac{1}{2}n_0^3\gamma_{13}E_3\right)L \tag{2.95}$$

式中,n_0 是晶体 o 光的折射率;γ_{13} 是晶体的线性电光系数。调制电场为

$$E_3 = E_m\sin\omega_m t \tag{2.96}$$

故输出光场为

$$e_出(t) = A\cos\left[\omega t - \frac{2\pi}{\lambda}\left(n_0 - \frac{1}{2}n_0^3\gamma_{13}E_3\right)L\right] \tag{2.97}$$

$$e_出(t) = A\cos\left[\omega t + \delta\sin\omega t\right] \tag{2.98}$$

式中,$\delta = \frac{1}{\lambda}(\pi n_0^3\gamma_{13}E_m L)$,称为相位调制系数。调制电场按调制系数对输出光场进行相位调制。

利用晶体的电光效应还可以制造灵敏度极高的电光开关。电光开关由两互相正交的偏振器和插于两偏振器之间的电光晶体组成,其基本结构与电光强度调制器的类似。电光开关的工作原理与电光强度调制器的相同,只是在电光开关中调制电压 V 不是连续的,而是取 $V=0$ 或 $V=V_\pi$ 这两种值。

当 $V=0$ 时,光进入晶体后不发生折射,出射光被检偏器阻挡,输出光强度为零,电光开关处于"关闭"状态;当 $V=V_\pi$ 时,光在晶体中发生折射,由双折射产生的两偏振光在晶体出射面的相对相位延迟为 π,出射光的振动方向较入射光旋转了 90°,电光开关立即处于全通状态,输出光强最大。就压电晶体中的电光效应而言,这个过程所需要的时间 t 由电光晶体结构决定。

2. 铁电电光器件的典型应用

(1)相位调制器。

传统的硅光子相位调制器的调制速度都在 ms 级别,它们大部分是基于等离子体效应的,调制电压和功耗较大,无法进一步减小。铁电电光调制器电光效应强,具有在低电压情况下可以将调制速度提高到 ns 级以上的能力。图 2.84 所示的是基于铌酸锂波导的高速铁电电光调制器简易示意图,其中,入射光(Input light)在铌酸锂波导中传输。在铌酸锂波导的某一段通过平行电极(Electrodes)施加电压,能够对光的相位产生调制效果。

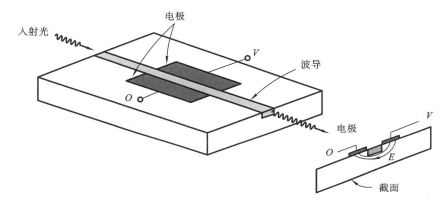

图 2.84 基于铌酸锂波导的高速铁电电光调制器简易示意图

(2)光开关/光强调制器。

光开关是铁电电光调制器的另一个重要应用,光强调制电路如图 2.85 所示,电场作用下的光透过率 $T(V)$ 变化曲线如图 2.86 所示。当调制电压在 B 点附近变化时,可起到调制光强的作用,当电压在 ABC 三点变化时,可起到光开关的作用。在实际的调制过程中,一般会采取 Mach-Zehnder 干涉仪模式来实现光开关的作用(见图 2.87)。通过调制其中一个光路的相位,让其与另外一路产生相位差,利用光的相干干涉作用,当干涉加强时光通过,当干涉相消时光断开。

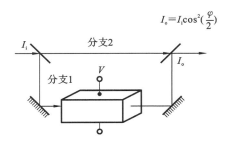

图 2.85 光强调制光路

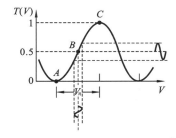

图 2.86 电场作用下的光透过率 $T(V)$ 变化曲线

图 2.88 所示的是 EpiPhotonics 公司推出的基于 PLZT 铁电薄膜的电光调制器的模型,其主要是由 Mach-Zehnder 型 PLZT 光开关模块和一个可编程阵列逻辑控制器(FPGA)构

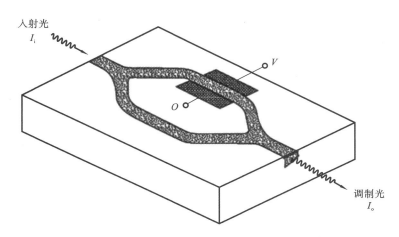

图 2.87 典型的 Mach-Zehnder 型光开关简易示意图

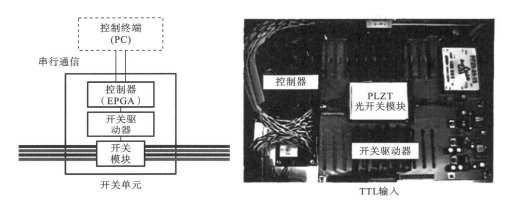

图 2.88 EpiPhotonics 公司推出的基于 PLZT 铁电薄膜的电光调制器的模型

成的。FPGA 与电脑端进行通信来将串口通信指令(TTLs)传输给光开关驱动器。使用者可以通过它们自己的 FPGA 端口发送指令。

该器件具有很多特点,包括具有超快的开关时间(～10 ns 级);可扩展,可以形成 1×1～1×16 和 2×2～2×8 开关规模;可双向工作(1×2 或 2×1);TTL 信号控制;功耗低;具有高可靠性和环境稳定性。

这种高速光开关可在光分组交换、光突发交换、按需交叉连接、交换光接入网、光学互联、高速保护和延迟线切换(相控阵天线,光学缓冲)等方面应用。

2.5.4 铁电存储器的原理及典型应用

1. 铁电存储器的原理

非挥发性铁电随机存取存储器(NvFeRAM)和铁电动态随机存取存储器(DRAM)是近十年来发展最快的存储器之二。

铁电薄膜存储器具有体积小、重量轻、耐辐射、使用电压低、易与硅集成等优点,是当前与半导体、磁存储器并列的重要的存储器之一。低密度的存储器已大量在 IC 卡、Smart 卡中使用。

（1）铁电动态随机存取存储器。

对于传统的 SiO_2 薄膜平面结构，随着器件微型化和器件面积减小，SiO_2 薄膜已不足以维持一个充足的电容量。因此，又开发了一个多层的沟型结构电容（在 Si 基体上的直孔结构）。但是这些复杂三维空间的结构有各自的限制。铁电材料因其具有高介电常数成为 DRAM 的有力候选者。本节重点利用铁电材料的顺电相，即需要铁电材料的居里温度低于室温。

因为铁电材料的介电常数一般都超过 1000，远远大于 SiO_2 的介电常数 3.9，当我们使用与 SiO_2 薄膜厚度相同的铁电薄膜时，获得的 30 fF 电容器的尺寸明显减小，面积减为原来的 1/250，或在线性尺度上减为原来的 1/16。这样，铁电动态随机存取存储器就可能达到非常高的集成度。当然，实际情形并不是如此简单，因为足够高介电常数的铁电薄膜必须要有一定的厚度，有时需要比在传统的 MOS 结构中用到的典型 SiO_2 薄膜还要厚。

为这一目的而最先研究的材料是钛酸锶（$SrTiO_3$），从它的极化和电场关系曲线可以得知其不存在电滞现象，而它的温度特性中也不存在介电常数峰值，这种材料在室温时的介电常数为 300 左右。注意在动态随机存取存储器应用中，高介电常数是必要的，但是典型的电滞现象一定是要避免的，这可以通过选择低居里温度（居里温度低于室温）的顺电相材料来实现。

$SrTiO_3$ 薄膜从制造工艺上看优于传统的铁电薄膜。对于传统的铁电薄膜，在 200 nm 以下，随薄膜厚度的减少，介电常数呈减少趋势，$SrTiO_3$ 薄膜在 50 nm 厚度下，具有大约 220 的相对介电常数（540 ℃），如图 2.89 所示。因此，50 nm 厚的 $SrTiO_3$（$\varepsilon = 220$）薄膜等同于 0.88 nm 厚的 SiO_2 薄膜（$\varepsilon = 3.9$）。

介于 $SrTiO_3$ 和 $BaTiO_3$ 之间的固溶体 $Ba_xSr_{1-x}TiO_3$［BST］因在室温下有高介电常数而被广泛研究，这可以进一步改善电容器的集成。与 0.47 nm SiO_2 等效的 BST 薄膜已被研究。

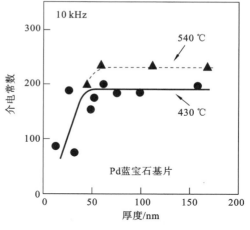

图 2.89　$SrTiO_3$ 薄膜的介电常数随厚度的变化，Pd 蓝宝石为基片

DRAM 电容薄膜必须具有高的电阻率，以保证在读写过程中不会泄漏积累的电荷。目前 $SrTiO_3$ 和 $Ba_xSr_{1-x}TiO_3$ 薄膜可以获得低于 10^{-7} A/cm^2 的漏电流，这满足了 256 Mb 水平的器件的电容要求。DRAM 电容薄膜的一般要求如下。

① 薄膜结构中具有高的介电常数；

② 具有低的漏导电流；

③ 具有可微机械加工性；

④ 在半导体基底中的扩散率低；

⑤ 制造过程中污染低。

干法刻蚀技术被成功地应用于铁电薄膜的微机械加工中,扩散和污染问题可以通过降低薄膜制造温度和在所有的制造工艺中尽量晚地实施铁电材料的制备解决。目前,和半导体制造工艺相兼容的 DRAM 工艺已经建立,256 Mb 水平的 DRAM 原型已经制造出来并且其功能也已得到验证。

(2)非挥发性铁电随机存储器。

即使在电源中断的情况,存储的信息也不会丢失。铁电体不仅仅作为电容,其也是存储器的一部分。

如图 2.90 所示,当外加电场退到零时,在铁电体上仍然保留剩余极化电荷。

如果施加一系列脉冲,可以看到电流如图 2.91 所示情况变化。所观察的第一个正脉冲产生的电流大小可以显示初始极化状态。但是这种存储结构的数据读取过程是破坏性的,读取完毕需要一个重新写入过程。

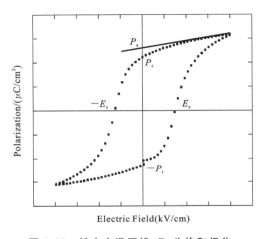

图 2.90　铁电电滞回线,P_s 为饱和极化,
E_c 为矫顽场,P_r 为剩余极化

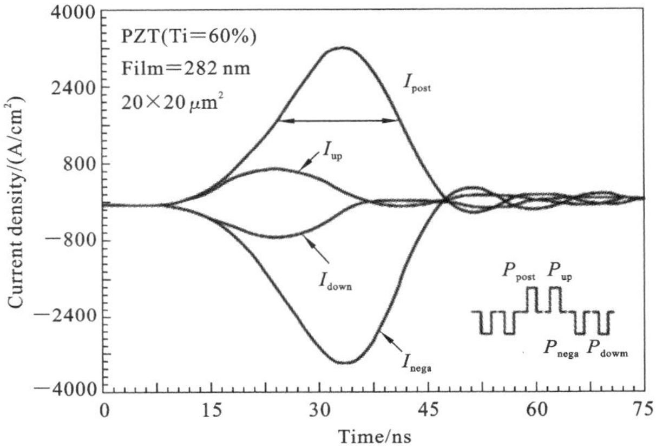

图 2.91　施加脉冲电压下的电流示意图

1T/1C 式结构如图 2.92 所示。

1 个晶体管(场效应管)和 1 个电容(铁电体为介质)组成一存储单元。当电容中有不同电荷时,场效应管输出不同信息。

2T/2C 结构如图 2.93 所示。

由 2 个场效应管和 2 个电容构成一存储器单元,通过比较两边的输出而得出存储的信息。

2T/2C 与 1T/1C 的比较如图 2.94 所示。

FeRAM 器件结构如图 2.95 所示。

铁电存储器早期的原型器件是在一块铁电材料块材上制备出来的,在块材表面蒸锁上一层半导体薄膜并制备一个 FET。该结构不断被修正至类似现在的类型,即在硅晶体上制造 FET 之后再蒸锁铁电薄膜。图 2.96 所示的是一个在 SiO_2/Si 基上制备的 $PbTiO_3$ 薄膜 MFSFET 的漏极电流与门电压的关系曲线。由于极化滞回现象,漏极电流具有两个状态:开和断。注意:在一个 n 型的半导体上产生一个 p 通道,一个负的门电压提供漏极电流(在导通态上)。

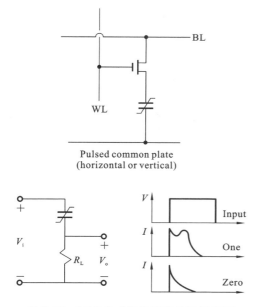

图 2.92　1T/1C 式结构存储单元示意图

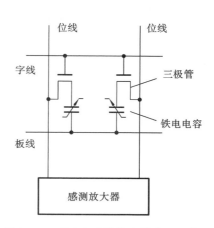

图 2.93　2T/2C 式结构存储单元示意图

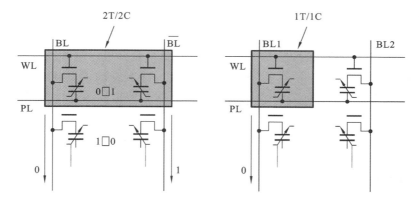

图 2.94　2T/2C 与 1T/1C 的比较

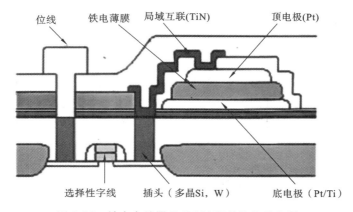

图 2.95　铁电存储器 FeRAM 器件结构示意图

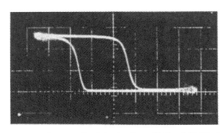

图 2.96 $PbTiO_3$ 薄膜 MFSFET 的漏极电流与门电压的关系曲线,该器件制备在 SiO_2/Si 基上

虽然原始器件在疲劳和双稳定性上有问题,但这一 MFSFET 结构是理想类型之一。与 FeRAM 相反,在读取过程中没有大的电场加在铁电薄膜上,在读取之后也不需要重写过程。除此之外,控制 Si 表面势所需的极化密度相对较小。因此,在这一设计中通常对铁电薄膜的要求大为减少。

然而,为了在半导体 Si 薄膜上制造质量高、极化取向良好的铁电薄膜,人们需要进行进一步的探索研究。最近的研究包括 $PbTiO_3$ 和 PZT 薄膜的应用,利用激光脉冲沉积或 MOCVD 的方法在 Si 基上制备 CaF_2、SrF_2 或 CeO_2 等薄膜,以及在 SiO_2/Si 上的 Ir 膜上蒸锁铁电薄膜的金属-铁电-MOS(MFMOS)结构。

写入逻辑“1”时,在栅极上外加一个大于铁电薄膜矫顽电压的写入操作电压,使铁电薄膜的极化向下,吸引足够多的负补偿电荷——电子到衬底上表面,当补偿电荷的浓度大于衬底的掺杂浓度时,表面耗尽至反型,在源漏之间形成电流的通道,即衬底表面导电沟道处于“导通”状态。当写入操作完成以后,撤去写操作电压,由铁电剩余极化继续吸引补偿电荷,沟道“导通”状态便得以保存。读出逻辑“1”时,在漏极加上一个合适的读出电压,由于沟道导通,源漏极之间便有较大的电流流过,从而沟道“导通”的状态便可以通过较大的漏极电流得以识别。

如图 2.97 所示,铁电薄膜正向或负向极化状态调制源漏极电流的大小,使得器件呈开、关两种状态,可以用来代表二进制中的“1”和“0”两种状态,以达到存储信息的目的。撤除外加栅压后,极化电荷仍会保持,源漏极之间的开/关状态同样存在,读取信息时,直接测量漏极电流或用晶体管再放大,可以读出极化状态,对应原来所加极化电压极性即可以读出“1”或者“0”,在对所存储的信息进行读取的过程中不需要使栅极的极化状态反转,无须刷新,这

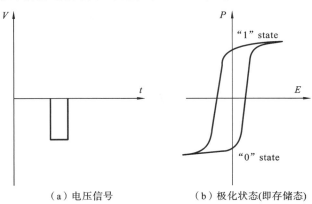

（a）电压信号　　　　（b）极化状态(即存储态)

图 2.97 铁电薄膜作为栅极存储介质时的铁电信息存储机制

属于非破坏性读出,在数据读出后不必重新编程返回原状态。这不易疲劳,读写操作次数多;不需要增加回写电路,器件结构简单、体积小,所以集成度高。

铁电存储器的发展始于 20 世纪 80 年代末。1991 年,NASA 喷气推进实验室在改进读取方式方面进行了相关研究,包括一种新颖的利用紫外线脉冲进行无损读取的方法。1999 年,富士通公司开始了铁电存储器的批量生产。2006 年,富士通公司和瑞创公司开发的铁电存储器的存储密度已经可以达到 1 M。德州仪器公司与瑞创公司合作开发铁电存储器芯片,采用的是一种改进的 130 nm 的铁电存储器芯片工艺。富士通公司和爱普生公司在 2005 年联合研制了 180 nm 的铁电存储器芯片工艺。

2. 铁电存储器的典型应用

(1) 铁电存储器在电表存储中的应用。

新型电表层出不穷,电能表中存储器的选择也很多,存储器的质量直接关系到电表的正常使用和测量精度。目前应用最多的方案仍是 SRAM 加后备电池、EEPROM、NVRAM 这三种。但这三种方案均存在缺陷。其中,SRAM 加后备电池的方法增加了硬件设计的复杂性,同时也降低了可靠性。EEPROM 的可擦写次数较少(约 100 万次),且擦写时间长达约 10 ms。EPROM、EEPROM 和 FLASH 能在断电后保存数据,但由于所有这些记忆体均起源于 ROM 技术,存在写入缓慢、读写次数低、写入时功耗大等特点。相对于 SRAM 和 EEPROM,非易失性铁电存储器 FRAM 具有读写速度快、擦写次数多、功耗低等特点。串口 FRAM 的时钟速度可达 20 MHz,并口 FRAM 的访问速度达 70 ns,几乎无须任何的写入等待时间,可认为是实时写入,所以不用担心掉电后数据会丢失。FRAM 的擦写次数为 100 亿次,而最新的铁电存储器的写入次数可达 1 亿亿次,几乎是无限次。FRAM 的静态工作电流小于 10 μA,读写电流小于 150 μA。

以 FM25640 电表为例,图 2.98 所示的是一款适用于电表设计的方块图,其微控单元(MCU)还具有一个带红外功能的串行通信接口 SCI,一个高速 SPI,八个键盘输入终端,以及内部 LCD 驱动模块,因而节省了外挂液晶驱动芯片,系统中的电能计量芯片使用 ADI 公司的三相电能计算芯片 ADE7755/8,该芯片精确度高,可以提供有功功率、无功功率、视在功率、电压有效值和电流有效值等多项数据,具有两路脉冲输出,同时也带有 SPI 接口。由于 SPI 接口可支持多个器件挂在同一个总线上,并可通过片选信号区分每一个器件,因此,将 FM25640 和 ADE7755/8 都通过 SPI 接口与单片机相连,并将 MCU 的两个 I/O 口分别与 FM25640 和 ADE7755/8 的片选端 CS 相连接,就可以实现片选。在工作中,电表系统在上电复位后,首先将进行一系列的初始化操作,包括单片机的时钟发生模块的寄存器设置、系统时钟的选择、I/O 口输入输出的设置、SPI 的控制寄存器的初始化,以及开中断允许等。然后再进行 ADE7755/8 的模式设置。在这些初始化工作完成后,ADE7755/8 便开始将检测到的各个电能数据存放在相应的内部寄存器中。单片机通过 I/O 口给 ADE7755/8 的 CS 端一个低电平,即可选中 ADE7755/8,之后再由 ADE7755/8 把电能数据通过 SPI 接口传输到单片机的 RAM 中。单片机在进行数据处理后,再通过 I/O 口给 FM25640 的 CS 端一个低电平,以选中 FM25640,同时调用写数据的子程序,重复上述操作过程。由于每隔一分钟,单片机便更新一次数据,按照一年 365 天擦写 525600 次,FM25640 可以工作 19025 年,因此擦写性能完全可以满足要求,且实时写入表明传输过程无数据的丢失,无需任何等待时间,保证了系统的实时性和可靠性。

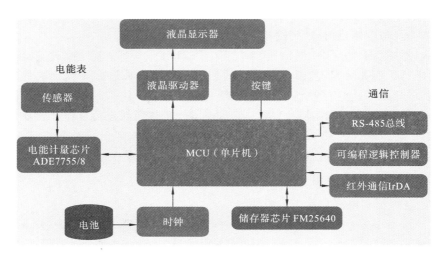

图 2.98 FM25640 与 MCU 的连接图

（2）铁电存储器在税控机上的应用。

税控机系统的实时数据保持方式、存取方式、使用寿命及篡改功能是非常重要的。税控机就是在原有电子收款机上加上税控功能,其税控功能和咨询存储是整个系统的关键所在。铁电存储器因其读写速度快,可无限次擦写及功耗低的特点成为开发人员的首选存储器。

图 2.99 所示的是一典型的税控机方块图,数据采集系统利用铁电存储器的随采随存特点,对每次的数据进行处理。图中的 MCU 为单片机主控器,用于控制与作业装置的通信和数据采集,以及保存、显示、键盘扫描等。ID 卡读卡器模块用于身份识别,每台税控机需要两张卡,分别是税控卡和用户卡,税控卡在出厂时已经在税控机内,用户持有用户卡,系统会提示用户在适当的时候将卡插入税控机以读取操作员的工作号码,以便于责任管理;数据采集通道用的是工业上最常见的 RS232 总线,包含了作业设备的通信和单片机程序的下载两个功能;液晶模块可实时显示工作状态信息;键盘可方便工作人员设置系统参数并发布指令;打印机可以打印发票。

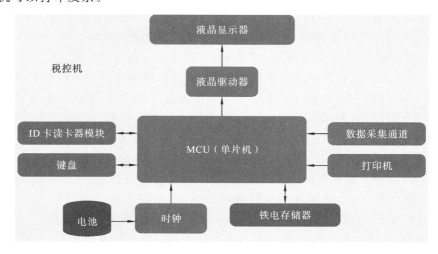

图 2.99 典型的税控机方块图

（3）铁电存储器在电子道路收费中的应用。

电子道路收费系统（ETC）是一种自动收费系统，通常被用于高速公路或收费的桥梁与隧道。如图 2.100 所示，现行电子道路收费系统使用于行驶中的车辆，所以一般都采用射频识别（RFID）的无线传输方式进行资料收发，由于现行 RFID 的读写距离非对称，所以典型的ETC 均采用有源应答器在系统应用中进行资料读写，这使得系统成本增加且需要更换电池。铁电存储器产品具有更低功耗，且能快速写入，在非接触式记忆体应用中具有相等读写距离，可提供更好的解决方案，应用在 ETC 中，可以在相同功耗环境下，实现 15 m 以上的读写距离。因而，将有源应答器变为无源应答器，不仅可节省系统成本，还可以提高产品可靠性和收集资料的速度。

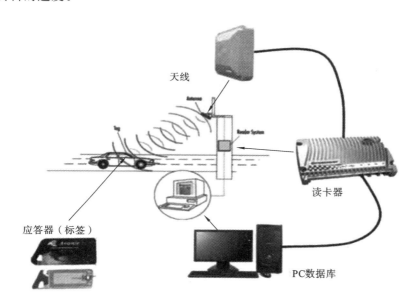

图 2.100　典型电子道路收费系统

PC 数据库为后台管理资料库，用于车辆管理及收费记录管控，可保存采集数据和采集时间；应答器（标签）置于车辆前挡风玻璃处用来进行车辆识别，储值卡内含铁电存储器FRAM；天线安装于车道上方作为数据采集的收发天线。

◀ **2.6　热释电红外器件** ▶

2.6.1　概述

与压电效应类似，热释电效应也是晶体的一种自然物理效应。对于自发式极化的晶体，当晶体受热或冷却后，由于温度的变化（ΔT）而导致自发式极化强度变化（ΔP_s），从而在晶体某一方向产生表面极化电荷的现象，称为"热释电效应"。

$$\Delta P_s = p \Delta T$$

(2.99)

式中，ΔP_s 为自发式极化强度变化；ΔT 为温度变化；p 为热释电系数。热释电红外探测器是基于热释电效应的光热电转换器，属于热敏探测器。

在热释电红外探测器中，热电转换在灵敏元中应经过三个步骤。首先，热释电材料表面辐射功率 W 引起晶体温度的变化 ΔT；其次，热释电材料温度的变化 ΔT 引起热释电晶体表面电极的电荷变化 ΔQ，在这一过程中，会由热释电效应产生或由热应力引起压电效应、电解质的极化，介电常数会随温度变化而变化；最后，电荷变化产生的电压降和热释电传感芯片的电容值及接在探测器后面的前置放大器的负载阻抗有关。

当吸收红外辐射使热释电晶体的温度发生变化时，热释电效应晶体的自发极化强度会随温度的增加而减少，大部分铁电体都属于这种情况。图 2.101 所示的是自发极化强度和热释电系数随温度变化的曲线，热释电电流正比于晶体的温度变化率。图 2.102 所示的是晶体电极上的电荷随温度的变化情况示意图。图 2.102(a) 表示温度增加时自发极化强度减小，也就是说晶体表面电荷减少，而本来电荷数与表面电荷数相同的电极上的自由电荷过量，可以流经外电路；当晶体温度下降时，电荷分布情况如图 2.102(b) 所示。当晶体温度变化时，有交变的热释电电流流经外电路。

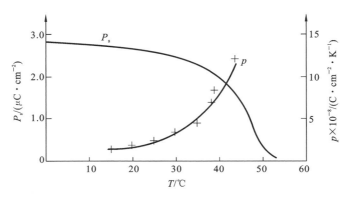

图 2.101　自发极化强度和热释电系数随温度变化的曲线

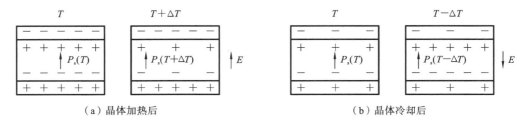

（a）晶体加热后　　　　　　　　　　　　　（b）晶体冷却后

图 2.102　晶体电极上的电荷随温度的变化情况

热释电探测器根据结构形式来分类可以分为三类。第一类是单元探测器，或称点探测器，这类探测器还包括补偿型探测器，即把两个探测器并联或串联使用，每个探测原电极的极性相反，这样可以使环境温度变化或振动引起的电学性能起伏互相抵消，被检测的辐射在某一时刻只照在一个探测元上。第二类是用热释电材料作为靶面的热释电摄像管。第三类是多元热释电探测器组成的线列或面阵，可把热释电探测器列阵安装在热成像光学系统的焦平面上，所以又称其为热释电焦平面列阵。后两类器件都用于红外辐射的热成像检测。

2.6.2 热释电红外传感器的工作原理

1. 理想型热释电红外传感器

大部分实用的热释电探测器是用热释电晶体薄片做成的,晶体极化轴方向垂直于两个电极平面,分为面电极结构和边电极结构,可视为平行极电容器形式的电路元件。探测器不仅传输信号,也传输噪声。在理想情况下,探测器除了辐射之外不存在其他的热损耗,而噪声也只有由温度起伏产生的噪声。这种理想探测器的性能是辐射探测器的极限性能。

设 $W_0 + W_1 \exp(j\omega t)$ 正旋调制辐射照在探测器芯片上,重新写出理想探测器的热学性能的测辐射热计方程为

$$c_v a A \frac{\mathrm{d}\Delta T}{\mathrm{d}t} + g_R A (\Delta T) = \eta [W_0 + W_1 \exp(j\omega t)] \tag{2.100}$$

式中,$c_v = \rho c_p$ 是体积比热容,而 ρ 为密度,c_p 为定压比热容。由于 $H = c_v a A$ 是探测器的比热容,$G = g_R A$ 是传感器与周围环境的热导,方程(2.100)可改写为

$$H \cdot \frac{\mathrm{d}\Delta T}{\mathrm{d}t} + G(\Delta T) = \eta [W_0 + W_1 \exp(j\omega t)] \tag{2.101}$$

方程(2.101)的解为

$$\Delta T(\omega, t) = \frac{\eta W_1}{H} \frac{\tau_t}{1 + j\omega\tau_t} \cdot \exp(j\omega t) \tag{2.102}$$

式中,$\tau_t = G/H$ 是热释电传感器的热时间常数。

由于热释电效应,由入射辐射产生的温差给出传感器电极上的热释电电荷为

$$\Delta Q(\omega, t) = A \cdot \Delta P = pA \cdot \Delta T(\omega, t) \tag{2.103}$$

为了简化,设热释电系数 p 可以作为标量来处理,表面热释电电荷经过一个无损耗电容器产生的开路电压为

$$\Delta V(\omega, t) = \frac{\Delta Q(\omega', t)}{C_d} = \frac{p}{\varepsilon\varepsilon_t} a\Delta T(\omega, t) \tag{2.104}$$

式中,$C_d = \varepsilon\varepsilon_0 A/a$ 是传感器的电容值。变换成电压的均方根(rms)值为

$$V_{0,\mathrm{rms}} = R_v W_1' \tag{2.105}$$

另外,

$$R_i = \frac{\eta p}{c_v \alpha} \cdot \frac{\omega\tau_t}{(1 + \omega^2 \tau_t^2)^{\frac{1}{2}}} \tag{2.106}$$

式中,R_i 是热释电传感器的电流响应率。电流响应率也可以用 $\eta p/(c_v \alpha)$ 和 τ_t 两个参数来确定,并定义 $M_i = p/c_v$ 为热释电材料的电流响应率优值。

2. 实际热释电红外传感器

实际热释电(红外)传感器与理想探测器相比主要有三个方面的差别。首先是晶片吸收的电磁辐射的损失不仅是热辐射,而且还有热传导和热对流。辐射吸收系数 η 与传感器晶片的浅表面电极的性质有关,同时与所用的热释电材料有关,在某些情况下,当半透明电极只有几百埃厚度时,材料的体吸收起主要作用,黑化的浅表面电极起到吸收的作用。其次是吸收辐射引起的温度变化是不均匀的。例如,表面吸收为主的晶片内存在着一定的温度梯

度,而且具体工艺条件和器件结构不同,就有不同的边界条件,求解热扩散方程的过程也是不同的。最后是传感器与前置放大器连接后,不仅影响电压和电流响应率的频率关系,而且还会引入与电路有关的噪声。

热释电红外传感器和前置放大器连接后,前置放大器的输入阻抗可以用电容 C_A 和电阻 R_A 来表示。加到放大器的电压可通过计算组合阻抗的等效电阻上的电压得到,即

$$V = i |Z| = iR(1 + \omega^2 \tau_E^2)^{-\frac{1}{2}} \tag{2.107}$$

式中,$\tau_E = RC$,称为热释电传感器的电时间常数。把热释电电流 $i = \omega p A \Delta T(\omega)$ 代入,得

$$V = \omega p A \Delta T(\omega) R (1 + \omega^2 \tau_E^2)^{-\frac{1}{2}} \tag{2.108}$$

再把 $\Delta T(\omega) = \eta R/G \cdot (1 + \omega^2 \tau_E^2)^{-1/2}$ 代入,得

$$R_v = \eta \left(\frac{\omega p A}{G} \right) \cdot \frac{1}{(1 + \omega^2 \tau_E^2)^{\frac{1}{2}}} \cdot \frac{1}{(1 + \omega^2 \tau_t^2)^{\frac{1}{2}}} \tag{2.109}$$

图 2.103 所示的是热释电传感器温度变化 ΔT、电压响应率 R_v 和电流响应率 R_i 与频率的关系。传感器的温度变化 ΔT 在低频时是常数,当 $f \gg (2\pi\tau_t)^{-1}$ 时,ΔT 与 f 成反比。对 R_v 来说,当 $f = 0$ 时,R_v 为零;当 $f \ll (2\pi\tau_t)^{-1}$ 或 $f \ll (2\pi\tau_E)^{-1}$ 时,R_v 正比于 f;当 $f \gg (2\pi\tau_t)^{-1}$ 或 $f \gg (2\pi\tau_E)^{-1}$ 时,R_v 与 f 成反比。τ_t 可以大于或小于 τ_E,这取决于实际材料参数、传感器结构和放大器电路参数。一般要求在得到大的电压响应率的情况下,热时间常数较大($\tau_t > \tau_E$)。在中间频率范围,即 $(2\pi\tau_{max})^{-1} < f < (2\pi\tau_{min})^{-1}$,$R_v$ 与 f 无关。这就是说,这时的 p、H、G、C 和 R 不随频率变化。在实际应用中,材料的部分参数通常是与频率有关的,但变化较小。图 2.104 所示的是实际的 TGS 热释电传感器的 R_v 和 D^* 与频率的依赖关系。

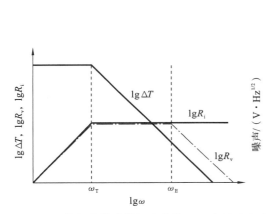

图 2.103 热释电传感器温度变化 ΔT、电压响应率 R_v 和电流响应率 R_i 与频率的关系

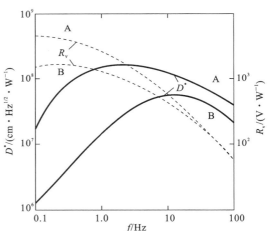

图 2.104 A、B 两个 TGS 传感器的 R_v 和 D^* 的实验数据

面电极型热释电传感器的前表面电极一般采用金黑、铂黑等材料,这样表面吸收为主的晶片内部存在着温度梯度,这时需要采用热扩散理论来处理温度变化引起的热释电效应。晶体薄片是放在基底上的两层结构,实际传感器的金属电极面积小于晶体薄片的表面积。实际热释电传感器电极结构如图 2.105 所示。

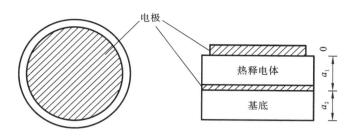

图 2.105　实际热释电传感器电极结构

图 2.106 所示的是一种典型的聚合物热释电红外辐射(IR)传感器的结构。聚偏二氟乙烯(PVDF)铁电薄膜悬浮在一个金属环内以促进温度的变化,并且被密封在一个开有硅窗的金属壳内。硅对于红外辐射光是透明的。为了在吸收红外辐射光后立即使薄膜中产生的微弱电信号得到放大,FET 放大器被放置得很靠近薄膜。

在实际应用中,热释电传感器需要一个红外光(热射线)斩波器,因为电信号只有在光照射或关断的瞬态阶段才能被探测到。传统上用电磁(EM)马达来驱动光斩波机制,但电磁马达体积大、效率低,而且会增大电磁噪声。桑野(Kuwano)等人开发了一种压电双晶片斩波器,把热释电传感器和光斩波器封装在一起达到小型化,同时使电磁噪声减到最小,如图 2.107 所示,两个光学缝隙随着一对压电双晶片摆动。

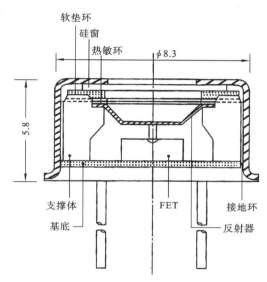

图 2.106　典型的聚合物热释电红外辐射(IR)传感器的结构

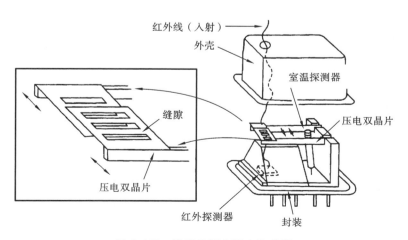

图 2.107　翼型热释电温度传感器

图 2.108(a)给出了热释电摄像管的结构,它能形象地呈现热分布(即红外光)图像。物体发出比外界环境温度较高的光,透过锗镜过滤掉比红外光束波长短的信号,通过光学斩波器聚焦到热释电靶上。这样,物体的温度分布就以一个缩小图像的形式呈现在靶上,进而导致了电压的分布。传统的 TV 管可以通过对晶片背面电子束进行扫描来实现调节。图 2.108(b)给出了热释电摄像管的等效电路。热释电摄像管的一个不足之处是,长时间使用后,靶的热扩散会导致图像质量下降。

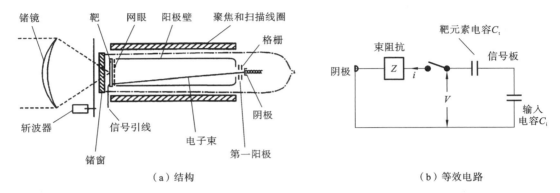

（a）结构　　　　　　　　　　　　　　　　　（b）等效电路

图 2.108　热释电摄像管的结构和它的等效电路

热释电性能受纵向扩散的影响。假设径向温度分布是均匀的,辐射引起的温度变化为 $\Delta T = \Delta T(x)\exp(j\omega t)$,单位面积吸收的辐射功率为 $\eta W_1 \exp(j\omega t)$,列出热扩散方程为

$$R_v = \eta\left(\frac{\omega p A}{G}\right) \cdot \frac{1}{(1+\omega^2 \tau_E^2)^{\frac{1}{2}}} \cdot \frac{1}{(1+\omega^2 \tau_t^2)^{\frac{1}{2}}} \tag{2.110}$$

$$\begin{cases} \dfrac{\partial(\Delta T)}{\partial t} = \dfrac{\delta_H}{c_p \cdot \rho} \dfrac{\partial^2(\Delta T)}{\partial t^2} & 0 < x \leqslant a_1 \\[3mm] \dfrac{\partial(\Delta T)}{\partial t} = \dfrac{\delta'_H}{c'_p \cdot \rho'} \dfrac{\partial^2(\Delta T)}{\partial t^2} & a_1 < x < a_2 \end{cases} \tag{2.111}$$

式中,δ_H 和 δ'_H 分别是热释电材料和基底的热导率,c_p 和 c'_p 是比热容,ρ 和 ρ' 是密度。若 a_1 是材料的厚度,a_2 是基底的厚度,由式(2.110)可得到热释电电压为

$$V_0 = \frac{p}{\varepsilon\varepsilon_0}\eta W_1 L_H \cdot \left[\tanh\left(\frac{a_1}{L_H}\right) + \frac{\frac{\delta'_H}{L'_H}}{\frac{\delta_H}{L_H}}\tanh\left(\frac{a_2}{L'_H}\right) \cdot \frac{\cosh\left(\frac{a_1}{L_H}\right) - 1}{\cosh\left(\frac{a_1}{L_H}\right)}\right]$$

$$\times\left\{g_R\left[1 + \frac{\frac{\delta'_H}{L'_H}}{\frac{\delta_H}{L_H}}\tanh\left(\frac{a_1}{L_H}\right)\tanh\left(\frac{a_2}{L'_H}\right)\right] + \left[\frac{\delta_H}{L_H}\tanh\left(\frac{a_1}{L_H}\right) + \frac{\delta'_H}{L'_H}\tanh\left(\frac{a_2}{L'_H}\right)\right]\right\}^{-1} \tag{2.112}$$

式中,$L_H = \left[\dfrac{\delta_H}{j\omega c_p\rho}\right]^{1/2}$,$L'_H = [\delta'_H/(j\omega c'_p\rho')]^{1/2}$。无基底时,$a_2 = 0$,仍考虑纵向温度分布的影响,这时热释电电压为

$$V_0 = \frac{p\eta W_1}{\varepsilon\varepsilon_0}L_H \frac{\tanh\left(\frac{a_1}{L_H}\right)}{g_R + \left(\frac{\delta_H}{L_H}\right)\tanh\left(\frac{a_1}{L_H}\right)} = \frac{p\eta W_1}{\varepsilon\varepsilon_0}\delta_H\left[\left(\frac{\delta_H}{L_H}\right)^2 + g_R\frac{\frac{\delta_H}{L_H}}{\tanh\left(\frac{a_1}{L_H}\right)}\right]^{-1} \tag{2.113}$$

当边界条件一定时,由式(2.113)可知热释电电压与热释电材料和基底材料热导率有关。

除了纵向温度分布,原始芯片的径向热导损耗对传感器的响应率也有影响(会导致响应率降低)。当工作频率较低和光敏面积较小时,这种影响可以忽略不计。

实际热释电传感器连接前置放大器时,需要考虑以下各种噪声。

(1)温度噪声。

热传导和热辐射与环境进行热交换时,将产生传感器温度的无规律起伏,引入温度噪声。当这种热交换主要以热辐射方式进行时,温度噪声就等于光子辐射噪声。温度噪声电压为

$$V_{\mathrm{T}} = \frac{R_{\mathrm{v}}}{\eta} \cdot (4kT^2 g_{\mathrm{R}})^{\frac{1}{2}} \tag{2.114}$$

式中,g_{R} 为传感器单位面积辐射传导率。

(2)输入电阻热噪声。

传感器的直流电阻、前置放大器的输入电阻,以及前置放大器的偏置电阻三者并联的等效输入电阻 R 产生的热噪声,其电压值为

$$V_{\mathrm{R}} = \left(\frac{4kTR}{1 + \omega^2 \tau_{\mathrm{E}}^2} \right)^{\frac{1}{2}} \tag{2.115}$$

(3)介电损耗噪声。

热释电材料的电畴壁运动、极化弛豫,以及空间电荷移动所引起的噪声,属于热噪声,噪声电压为

$$V_{\delta} = \left(\frac{4kT\omega R^2 C \tan\delta}{1 + \omega^2 \tau_{\mathrm{E}}^2} \right)^{\frac{1}{2}} \tag{2.116}$$

(4)场效应晶体管(FET)栅极漏电流噪声。

热释电传感器与 FET 直接耦合时,FET 的栅极漏电流起伏会引入噪声,噪声电压为

$$V_{\mathrm{i}} = \frac{(2qI_{\mathrm{GSS}})^{\frac{1}{2}} R}{(1 + \omega^2 \tau_{\mathrm{E}}^2)^{\frac{1}{2}}} \tag{2.117}$$

式中,q 是电子电荷,I_{GSS} 是 FET 的栅极漏电流。

(5)FET 短路噪声。

FET 短路噪声电压 V_{v} 随频率增加而缓慢下降,达到某一频率后不再有明显变化,可认为是常数。

以上五种噪声总电压可表示为

$$V_{\mathrm{n}} = (V_{\mathrm{T}}^2 + V_{\mathrm{R}}^2 + V_{\delta}^2 + V_{\mathrm{i}}^2 + V_{\mathrm{v}}^2)^{\frac{1}{2}} \tag{2.118}$$

图 2.109 显示了各种噪声电压分量的相对大小及它们随频率的变化关系。在低频区,FET 栅极漏电流噪声为主要噪声;在中频区,传感器所用材料的介电损耗噪声为主要噪声。

当热释电传感器以介电损耗噪声为主要噪声时,可得到噪声等效功率(NEP)为

$$\mathrm{NEP} = (4kT\varepsilon_0 \omega Aa)^{\frac{1}{2}} (\eta M_{\mathrm{D}})^{-1} \cdot \frac{(1 + \omega^2 \tau_{\mathrm{E}}^2)^{\frac{1}{2}}}{\omega \tau_{\mathrm{t}}} \tag{2.119}$$

式中,$M_{\mathrm{D}} = \dfrac{p}{c\sqrt{\varepsilon \tan\delta}}$ 为材料的优值。由式(2.119)可算出探测率 D^* 为

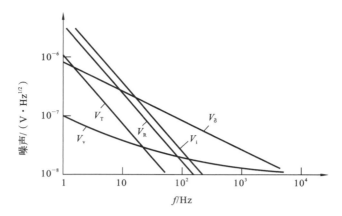

图 2.109　典型热释电传感器噪声电压分量的频谱曲线

$$D^* = (4kT\varepsilon_0)^{\frac{1}{2}}(\omega a)^{-\frac{1}{2}} \cdot \frac{\omega\tau_t}{(1+\omega^2\tau_E^2)^{\frac{1}{2}}} \cdot \eta \cdot M_D \tag{2.120}$$

由于 D^* 与 M_D 成正比,所以称 M_D 为热释电材料的探测率优值。

图 2.110 显示了早期研制的 TGS 晶体热释电传感器的探测率与频率的关系,图中也给出了噪声与频率关系的实验结果。

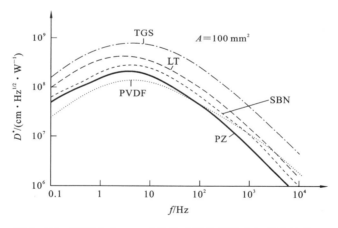

图 2.110　面积为 $100\ mm^2$ 的传感器的探测率与频率的关系

热释电传感器可以在三种情况下应用:① 探测一个恒定调制频率的交变信号;② 红外传感器的固定电容很小时,与前置放大器组合可以制成快速红外探测器,可以用于检测激光脉冲这类瞬时信号;③ 可以用来探测连续激光总功率或脉冲激光总能量产生的总电荷。

热释电传感器的品质因数(FOM)或灵敏度可以用不同的指标来评估,如用 p, p/c_p 或 $p/(c_p\varepsilon)$ 等,这些都是有用的特征量,因为对于常温下比热容(c_p)较小的材料,样品的温度变化较大;对于介电常数(ε)较小的材料,一定数量的热释电电荷产生的电压比较大。表 2.14 总结了几种品质因数的应用场合。表 2.15 列出了几种热释电材料的品质因数。

表 2.14　不同热释电材料品质因数的应用场合

品质因数（特征量）	应　　用
p/c_p	低阻抗放大器
$p/(c_p\varepsilon)$	高阻抗放大器
$p/(c_p\alpha\varepsilon)$	热成像仪（成像管）
$p/[c_p(\varepsilon\tan\delta)^{1/2}]$	高阻抗放大器（当热释电元件是主要噪声源）

注：p，热释电系数；c_p，比热容；ε，绝对介电常数；α，热扩散率；$\tan\delta$，介电损耗。

表 2.15　各种热释电探测器材料室温下的性能及一些探测器使用的品质因数

材　　料	p /(nC/(cm²·K))	$\varepsilon'/\varepsilon_0$	c_p /(J/(cm³·K))	p/c_p /(nA·cm/W)	$p/(c_p\varepsilon')$ /(V/(cm²·J))	$p/(c_p\varepsilon'')$ /(cm³/J)$^{1/2}$
TGS	30	50	1.7	17.8	4000	0.149
LiTaO₃	19	46	3.19	6.0	1470	0.050
Sr₁/₂Ba₁/₂Nb₂O₆	60	400	2.34	25.6	720	0.030
PLZT(6/80/20)	76	1000	2.57	29.9	340	0.034
PVDF	3	11	2.4	1.3	1290	0.009

人们曾尝试使用高温陶瓷和聚合物的复合物来改进材料的传感特性。这种复合物拥有很多的优点，除了主要的热释电效应之外，其二级效应还可以增强传感特性。陶瓷和聚合物中的热扩散不同会产生力，通过压电效应可以产生附加的电荷，进而提高器件灵敏度。

下面有一些通过驱动条件增强特征量的例子。例如，美国德州仪器公司（Texas Instruments）报道探测过程中在热释电(Ba,Sr)TiO₃陶瓷上加上偏置电压，其特征量 $p/(c_p\varepsilon)$ 明显增强。图 2.111 给出了 (Ba,Sr)TiO₃ 陶瓷的品质因数随温度和偏置电场强度的变化。极化电压与偏置电压相等。在图 2.111(a)中可注意到偏置电场极大地稳定了温度特性。实验测得了在斩波频率为 40 Hz 下一个 50 μm 厚的 BST 样品的最大的黑体(490 ℃)响应。

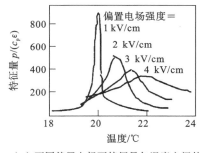

（a）不同偏置电场下特征量与温度之间的关系

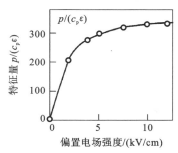

（b）特征量与偏置电场强度的关系

图 2.111　不同偏置电场下特征量与温度之间的关系及特征量与偏置电场强度的关系

选用适宜的热释电材料是制作性能优良的热释电探测器的关键之一。通常采用以下两个参数评价热释电材料的性能。

（1）电压响应优值。

$$\text{FOM}_v = \frac{p}{c_v\varepsilon_r} \tag{2.121}$$

式中，p 为热释电系数；c_v 为材料的体积比热容；ε_r 为材料相对介电常数。

（2）探测度优值。

$$\text{FOM}_m = \frac{p}{c_v(\varepsilon_r \tan\delta)^{\frac{1}{2}}}$$ （2.122）

式中，$\tan\delta$ 为材料介电损耗。

从上面的优值表达式可以看出，在选择热释电红外探测器材料时，要求材料具有较大的热释电系数，较低的介电常数、介电损耗和体积比热容。

2.6.3 热释电红外传感器的典型应用

热释电效应在温度传感器和红外辐射光探测器中的实际应用，推动了铁电陶瓷的商业市场。与半导体红外辐射传感器相比，热释电传感器的优点可归纳如下。

（1）响应频率范围宽，从 X 射线至微波波段均可适用（频率从几十赫兹到数万赫兹），可测出脉冲激光器的脉冲信号，被测像元极小，可达 $1~\mu m^2$。

（2）可以在室温下使用。

（3）信号响应快，时间常数可达纳秒甚至皮秒级。

（4）对材料要求不高，不需要高质量的材料。

1. 薄膜型热释电红外探测器

理论分析表明，热释电敏感元厚度对探测器的灵敏度有显著影响，敏感元越薄，其探测灵敏度越高。然而，将热释电单晶或陶瓷减薄是有其技术限制的。因此，近年来采用各种物理或化学方法制备热释电薄膜，以此为基础制作薄膜型热释电红外探测器。

薄膜型热释电红外探测器的技术优势表现在：不仅是单个探测器敏感元性能有提高，而且因其采用了薄膜技术，可以较容易地做成二维敏感元阵列。其次，热释电薄膜制备技术较易与半导体工艺兼容。

近年来，制备焦平面热成像器件是热释电红外探测器研究的主要方向之一，为了小型化，每个敏感元件的面积必须在 $80~\mu m \times 80~\mu m$ 左右。具有垂直集成信号处理电路、通过表面微加工工艺制备的 PT 薄膜热释电 64×64 元红外图像探测阵列已经制备出原型器件。

2. 薄膜型热释电红外探测器的材料

热释电薄膜大体可分为无机薄膜和有机薄膜两类。无机薄膜的材料主要是钙钛矿型氧化物。

$PbTiO_3$ 系热释电薄膜是使用和研究最多的无机薄膜材料，它主要包括 $PbTiO_3$ 及其掺杂改性材料。近年来，用钕（Nd）或铌（Nb）掺杂的锆钛酸铅（PZT）材料也应用于热释电器件制备。此外，弛豫铁电体铌镁酸铅（PMN）也引起人们广泛注意。钛酸锶钡（BST）则是一种非铅系钙钛矿型热释电材料。钨青铜结构的铌酸锶钡（SBN）也是性能优良的无机热释电薄膜材料。

有机薄膜材料是近年来大力研究开发的新材料。典型的就是聚偏二氟乙烯（PVDF）。

有机薄膜材料的主要优点是容易制备成任意大小和形状的薄膜,薄膜热应力小,无脆性,且工艺简单、成本低。虽然 PVDF 的热释电系数较无机材料低一个数量级,但由于其介电常数小,电压响应优值并不低,而由于损耗较大,有机薄膜的探测度优值较低。解决这一问题的一种方法是将有机材料和无机材料制成有机无机复合热释电薄膜。通过调整配比,使制成的薄膜既具有较高的热释电系数,又具有较低的介电常数和介电损耗。

如图 2.112 所示,这种热释电传感器广泛应用于家电、无接触开关、电脑显示器等中。

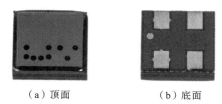

（a）顶面　　　　　　　　　（b）底面

图 2.112　KEMET 生产的型号为 PL-N823-01 的热释电传感器

◀ 2.7　电 卡 器 件 ▶

2.7.1　概述

制冷技术被广泛应用于军事、工业及日常生活等领域,是现代生产生活中不可缺少的一项技术。据统计,在 2019 年,美国和中国家庭用电中,制冷所消耗的电能占比分别为 22% 和 14%。当前,制冷仍主要依赖于传统的蒸汽压缩制冷技术。然而,该制冷方式制冷效率低(效能比约为 3%),导致了严重的能源浪费。另一方面,蒸汽压缩制冷系统中使用的氢氟烃制冷剂具有大于 1000 的 GWP 值(GWP 指温室效应潜能,是用来衡量温室气体对全球变暖影响的一个指标),该值高出二氧化碳 GWP 三个数量级。含氟制冷剂在生产、使用、废弃过程中的泄漏会导致不可逆的温室气体排放,加剧全球变暖,带来严重的环境问题。此外,微电子技术领域的快速发展对制冷技术提出了新的要求,如芯片精准热管理、动力电池原位热管理、可穿戴热管理等。而蒸汽压缩制冷系统体积庞大,无法满足上述需求。因此,开发高效能比、低 GWP、易集成的新型制冷技术迫在眉睫。

目前处在研发阶段的零 GWP 新型制冷技术包括半导体制冷、磁热效应、电卡效应和机械热效应等。其中,半导体制冷技术比较成熟并已实现产业化,但其制冷效率很低,仅为理想卡诺循环效率的 10% 左右,不到空调压缩制冷效率的 1/4。磁热效应、电卡效应和机械热效应统称为卡路里效应,这三种卡路里效应的激励场分别为磁场、电场和机械力,凝聚态物质在这些外场的作用下发生相变从而引起温变。在这三种制冷技术中,电卡效应直接使用电力驱动,加场方式比操纵磁场和机械力简单。此外,电卡制冷还具有噪声小及制冷效率高等优势,因而受到全世界学术研究者的广泛关注。电卡效应机理的深入研究及电卡器件制冷性能的显著提升有望革新制冷技术,实现高效环保的制冷。

2.7.2 电卡器件工作原理

1. 电卡效应

电卡效应通过电场来控制铁电材料的偶极熵变和吸热/放热,进而实现热搬运和制冷。其具体过程如图 2.113 所示:在外电场的作用下,铁电材料中的偶极子由零电场时的无序状态转变为有序状态,偶极熵减小,由于绝热条件下总熵不变,因此与温度相关的晶格振动熵增大,导致温度升高(对应(a)→(b));此时维持电场不变,并将器件与散热器接触,电卡材料的温度恢复(对应(b)→(c));接着将电卡器件与散热器断开,撤去外加电场,偶极子由有序状态转变为无序状态,偶极熵增大,晶格振动熵减小,电卡材料温度降低(对应(c)→(d));将器件与热的负载接触,吸收负载的热量,电卡材料的温度恢复至初始温度(对应(d)→(a)),完成一个循环并实现对负载的降温。这种加电压放热、撤电压吸热的过程被称为正电卡效应。与之相对应的,一些反铁电和铁电材料中还存在负电卡效应。在加压时,这类材料中的偶极子会由有序状态转变为无序状态,此时熵增大,材料吸热。在撤压时,偶极子由无序状态转变为有序状态,熵减小,材料放热。

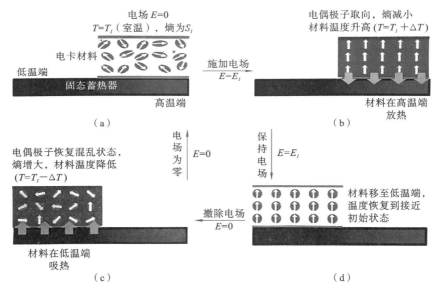

图 2.113 电卡制冷示意图

通过循环,电卡材料可不断将热量从蓄热器的冷端搬运到热端,实现热搬运和制冷

衡量电卡效应强弱的主要指标包括熵变(ΔS)、温变(ΔT)和电卡强度(ΔS/ΔE 和 ΔT/ΔE,其中,E 为电场强度)。电场诱导的 ΔS 和 ΔT 越大,驱动电场越小,表明电卡效应越强。电卡材料中大于 10 K 的电致温变一般被称为"巨电卡效应"。电卡材料的电-熵耦合关系可通过 Maxwell 关系得到。在极性材料中,Gibbs 自由能可以展开为

$$G = U - TS - X_i x_i - E_j D_j \tag{2.123}$$

其中,U、T、S、X、x、E 和 D 分别表示系统内能、温度、熵、应力、应变、电场强度和电位移。i、j 分别为从 1 到 6 和从 1 到 3 的爱因斯坦符号。将公式(2.123)微分得

$$dG = -SdT - x_i dX_i - D_j dE_j \tag{2.124}$$

根据式(2.124)可得

$$S = -\left(\frac{\partial G}{\partial T}\right)_{E,X}, \quad x_i = -\left(\frac{\partial G}{\partial X_i}\right)_{E,T}, \quad D_j = -\left(\frac{\partial G}{\partial E_j}\right)_{X,T} \tag{2.125}$$

对于大多数电卡材料,电位移 D 约等于极化强度 P,因而从式(2.125)可推导出 Maxwell 关系式:

$$\left(\frac{\partial S}{\partial E_j}\right)_{X,T} = \left(\frac{\partial P}{\partial T}\right)_{X,E} \tag{2.126}$$

式(2.126)还可写为

$$-\left(\frac{\partial T}{\partial E}\right)_{X,S} = \frac{T}{c_E}\left(\frac{\partial P}{\partial T}\right)_{X,E} = -p_E \frac{T}{c_E} \tag{2.127}$$

其中,c_E 为材料热容(比热容),p_E 为热释电系数。根据式(2.126)和式(2.127),在应力 X 为常数,电场强度从 E_1 变为 E_2 时,等温熵变 ΔS 及绝热温变 ΔT 可通过下列公式计算:

$$\Delta S = \int_{E_1}^{E_2} \frac{\partial P}{\partial T} dE \tag{2.128}$$

$$\Delta T = -\int_{E_1}^{E_2} \frac{T(E)}{c_E(T)} \frac{\partial P}{\partial T} dE \tag{2.129}$$

需要注意的是,式(2.128)和式(2.129)是基于热力学可逆推导出来的,只适用于热力学可逆的连续相变,对于具有相变潜热的一级相变并不适用。在一级相变温度 T_C 处,极化强度随温度的变化不连续,式(2.128)可修改为

$$\Delta S = \int_{E_1}^{E_2} \frac{\partial P}{\partial T} dE - \Delta P \left(\frac{\partial E}{\partial T}\right) \tag{2.130}$$

对于热力学可逆的体系,Maxwell 关系构建了热参数与介电参数之间的桥梁,将电卡效应与热释电效应联系了起来。从前文可以看出,大的热释电系数和高的击穿电场有利于获得大的熵变和温变。铁电材料的热释电系数在铁电-顺电相变温度附近最大,因而在相变温度附近能够获得大的温变和熵变。材料热容 c_E 也会影响温变的大小,小的热容更有利于获得大的温变。在利用式(2.129)计算温变时,热容 c_E 往往被认定为一个常数不参与积分计算。然而,热容 c_E 既与温度有关,也与电场有关。与零场电容 $C(0)$ 相比,实际热容 c_E 在高电场下会产生显著的变化。将 c_E 认定为常数可能会引起巨大误差。因此,式(2.129)一般用来粗略地估算电卡效应。

铁电材料的电卡效应还可以用 Landau-Devonshire (L-D)唯象理论来进行估算。在铁电材料中,Gibbs 自由能可以表示为以极化强度为序参量的展开式:

$$G = G_0 + \frac{1}{2}\alpha P^2 + \frac{1}{4}\xi P^4 + \frac{1}{6}\zeta P^6 + \cdots - EP \tag{2.131}$$

式中,P 为极化强度,$\alpha = \beta(T - T_0)$,ξ、ζ 是与温度无关的唯象系数。结合式(2.125)中 $S = -\left(\frac{\partial G}{\partial T}\right)_{E,X}$,等温熵变 ΔS 及绝热温变 ΔT 可通过以下公式计算获得:

$$\Delta S = -\frac{1}{2}\beta P^2 \tag{2.132}$$

$$\Delta T = \frac{1}{2c_E}\beta T P^2 \tag{2.133}$$

式中,系数 β 可以通过表征介电材料的居里常数获得,极化强度 P 可通过铁电测试仪测得。可以看出,等温熵变 ΔS 及绝热温变 ΔT 的大小与唯象系数 β 及极化强度 P 的平方成正比,同时具有大的唯象系数 β 及大的极化强度 P 的铁电材料将会产生大的温变及熵变。当前测量电卡温变或通过测量热量变化来计算温变的更直接方法是利用温度传感器(如热敏电阻或热电偶、红外温度传感器)、热流传感器、差式扫描量热仪及测温计等传感器或仪器进行直接测量。对于直接法测温变来说,要想获得更加准确的温变结果,所使用的流量计或温度传感器要十分灵敏且精确。

2. 电卡材料

电卡材料是电卡器件的核心,电卡性能强弱决定了电卡器件的制冷能力。电卡效应的首次发现可以追溯到 1930 年,两位德国科学家 Kurtschatov 和 Kobeko 在罗谢耳盐(酒石酸钾钠)中发现了电卡效应,但没有具体的数值报道。直到 1963 年,Wiseman 等才在罗谢耳盐中测得了具体温变,在 1.4 kV/cm、295 K 的条件下获得了 0.0036 K 的绝热温变。随后,许多铁电、反铁电及弛豫铁电陶瓷的电卡效应被报道。然而,受当时制备工艺的限制,制备的块体陶瓷耐击穿电场强度低,使得绝热温变值普遍低于 1 K。直到 1981 年才在 $Pb_{0.99}Nb_{0.02}(Zr_{0.75}Sn_{0.20}Ti_{0.05})O_3$ 陶瓷中获得了约 2.5 K 的温变,2002 年,在 $PbSc_{0.5}Ta_{0.5}O_3$ 陶瓷中获得了相近的温变(2.4 K)。较低的温变使得电卡效应没有受到太大的关注,直至 21 世纪初期,研究者分别在 $PbZr_{0.95}Ti_{0.05}O_3$ 铁电陶瓷薄膜及铁电聚合物 P(VDF-TrFE)(聚偏氟乙烯-三氟乙烯)中获得了 12 K 的温变,才再次掀起了对电卡材料的研究热潮。为了进一步提升电卡效应并推动电卡制冷走向实际应用,不同种类的电卡材料被广泛研究,包括无机铁电陶瓷电卡材料、有机铁电聚合物电卡材料、有机-无机复合电卡材料、有机-无机杂化分子铁电体电卡材料等。这些电卡材料具有不同的极化机制,其电卡性能及调控方法也有所不同。基于良好性能的电卡材料,研究者开展了一系列电卡器件制冷样机的研发和优化工作。

(1)铁电陶瓷中的电卡效应。

由于铁电陶瓷的极化源自阴阳离子的相对位移,较小的电场即可引起偶极子的变化,因此大多数铁电陶瓷具有较高的电卡强度。自 Mischenko 等在 $PbZr_{0.95}Ti_{0.05}O_3$ 陶瓷薄膜中发现巨电卡效应以来(在 780 kV/cm 的电场下获得了 12 K 的温变),$BaTiO_3$、$KNbO_3$、$BiNaTiO_3$、$PbTiO_3$ 基陶瓷固溶体等受到广泛研究。根据厚度可将陶瓷电卡材料分为薄膜(纳米级)、厚膜(微米级)和块体,组分设计和应力工程通常被用来进一步提升铁电陶瓷的电卡效应。

① 陶瓷薄膜中的电卡效应。

电卡材料的击穿场强(E_b)是决定电卡效应强度的关键因素之一。由 E_b 与材料厚度(h)的关系 $E_b \propto h^{-0.39}$(kV/cm)可知,材料越薄,其击穿场强越大。因此,几百纳米厚的陶瓷薄膜能够在更高的电场下激发出更强的电卡性能。此外,通过组分设计来调控薄膜的相结构能够进一步提升陶瓷薄膜的电卡效应。Peng 等设计并制备了 $Pb_{0.80}Ba_{0.20}ZrO_3$(PBZ)薄膜,微观结构分析表明,该组分薄膜在室温下具有纳米尺度的反铁电相和铁电相共存。室温下的两相共存降低了反铁电相到铁电相的翻转势垒,经间接法计算,PBZ 薄膜在 598 kV/cm 的电场下产生了 45.3 K 的温变和 46.9 J/(kg·K)的熵变。Guo 等发现 $BaZr_{0.2}Ti_{0.8}O_3$(BZT)薄膜同时具有正电卡效应和负电卡效应。在 366.5 K 温度和 1010 kV/cm 的电场下,BZT

薄膜的温变为 43.6 K；在 305 K 附近，BZT 薄膜展现出 -5.2 K 的温变。BZT 薄膜的巨电卡效应归因于多相共存的组分设计及高的击穿场强。类似的，研究者通过组分调控设计了具有多相共存结构的 PZT 等陶瓷薄膜，这些陶瓷薄膜均表现出良好的电卡性能。

② 陶瓷厚膜中的电卡效应。

尽管在陶瓷薄膜中能够观测到巨电卡效应（温变大于 10 K），但纳米薄膜材料体积小、制冷工质总量少、衬底厚度高且缺乏多层电容器制备工艺，难以集成，不能很好满足实际应用需求。从实际应用角度出发，开发具有巨电卡效应的陶瓷厚膜、多层膜及块体材料仍是无机电卡制冷材料的研究重点。研究者在氧化铝基板上制备了 28 μm 厚的 PLZT 厚膜，通过直接法在 68 kV/cm 的电场和相转变温度附近测得了 2 K 的温变。Ye 等成功制备了 12 μm 厚的 BZT 厚膜，并用直接法在 195 kV/cm 的电场下测得了 7 K 的温变。大的电卡温变归因于多相共存组分设计及薄膜和衬底之间的应力作用。相较于单层厚膜，具有多层结构的厚膜陶瓷（multilayer ceramic capacitors，MLCC）电卡材料不仅具有更高的击穿场强（大于 500 kV/cm），有望产生更大的电卡效应，且其实际吸热量高出陶瓷薄膜几个数量级，因而具有很大的实用潜力。

陶瓷厚膜经堆叠和内外电极的印刷可形成如图 2.114（a）所示的 MLCC 结构。叉指电极将多层厚膜并联在一起，使 MLCC（见图 2.114（b））不仅具有大的活性体积，同时也能耐受高的击穿电场。影响 MLCC 电卡效应的因素包括厚膜组分、单层膜厚度、单层膜活跃面积占比及活跃层层数等。厚膜组分通常选择室温附近具有大电卡效应的 PbSc$_{0.5}$Ta$_{0.5}$O$_3$（PST）、BZT，以及 0.9Pb(Mg$_{1/3}$Nb$_{2/3}$)O$_3$-0.1PbTiO$_3$（PMN-PT）等。研究者对组分相同但单层膜厚度不同的 PST MLCC 进行研究后发现，当单层膜厚度从 128 μm 降低至 37.9 μm 时，PST MLCC 击穿场强从 138 kV/cm 提升至 290 kV/cm，电卡温变从 3.5 K 提升至 5.5 K。Bai 等制备了可耐受 800 kV/cm 电场的 3 μm 厚 BaTiO$_3$ MLCC，在 353 K 处能够获得 7.1 K 的最大温变。除单层膜厚度外，活跃层的层数对 MLCC 电卡效应也有较大影响。研究者发现，单层膜厚度一致的 49 层和 19 层 PMN-PT MLCC 表现出明显的电卡性能差异，49 层 PMN-PT MLCC 内部大的电致应变导致其击穿场强与温变（103 kV/cm，1.2 K）远小于 19 层 PMN-PT MLCC 的击穿场强与温变（240 kV/cm，2.2 K）。虽然 MLCC 的电卡温变已经超过 5 K，但离薄膜中的巨电卡效应有一定的差距，仍需进一步研究。此外，MLCC 电卡对制备工艺有较高的要求，厚膜瓷体需要和内电极进行共烧，要求两者的烧结温度必须匹配。对一些烧结温度较高的组分，常常需要使用 Pt 电极和 Pd 电极作为内电极。Pt、Pd 电极效果较好但成本昂贵，为降低电极成本，需在陶瓷中引入烧结助剂（如 LiBiO$_2$ 等）降低材料的烧结温度，以匹配更为便宜的银钯电极和镍电极。

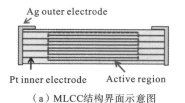

（a）MLCC 结构界面示意图　　　　（b）活性面积分别为 0.12 cm^2、0.29 cm^2 和 0.42 cm^2 的三种 MLCC

图 2.114　MLCC 结构界面示意图及活性面积分别为 0.12 cm^2、0.29 cm^2 和 0.42 cm^2 的三种 MLCC

③ 陶瓷块体中的电卡效应。

陶瓷块体相较于陶瓷薄膜厚度较厚,击穿场强较小,一般很难获得巨电卡效应。但其制冷工质总量大,在制冷过程中能够吸收更多的热量。此外,陶瓷块体材料制备工艺相对简单,组分调控容易,对陶瓷块体相变行为及电卡性能的研究能够为高性能电卡陶瓷厚膜的制备提供有效方案,因此,对陶瓷块体电卡效应的研究十分广泛。铁电相变的软模理论表明,铁电体一般只在其居里温度附近产生大的电卡效应,电卡工作温度区间窄。为了扩宽陶瓷块体材料的工作温区及提升材料的电卡效应,通常通过组分设计构建多相共存,如准同型相界(MPB)、不变临界点(ICP)等。Qian 等通过组分设计,在 BZT 陶瓷块体中构筑了立方、四方、正交及菱方相多相共存,提供了多达 26 种极性态,这极大地增强了零场下的混乱度,同时降低了各种相之间的翻转势垒。设计的 $Ba(Zr_{0.2}Ti_{0.8})O_3$ 陶瓷在 312 K 及 145k V/cm 的电场下获得了 4.50 K 的温变。类似地,研究者设计了 Sr、Hf、Sn、Ca 等掺杂的 $BaTiO_3$ 基电卡陶瓷,这些电卡陶瓷同时展现出较好的电卡效应和宽的电卡工作温度区间。对于 $BiNaTiO_3$ 基电卡陶瓷,利用固溶的方法使三方-四方相 MPB 向室温附近移动,可在室温附近较宽的温度区间内获得较好的电卡性能。在 $0.74Na_{0.5}Bi_{0.5}TiO_3$-$0.26SrTiO_3$ 二元固溶体中,由于弛豫度的提高,材料在 303~343 K 较宽的温度范围内均获得了大于 1.0 K 的温变。在 $KNbO_3$ 基电卡陶瓷中,主要是通过组分设计构筑室温下的三方-正交-四方相共存,从而提高电卡效应的。在 $(1-x)(Na_{0.52}K_{0.48-x})(Nb_{0.92-x}Sb_{0.08})O_{3-x}LiTaO_3$ 陶瓷块体中,当 $x=0.0375$ 时,材料在室温附近正交相和四方相共存,电卡性能最优。并且由于该组分陶瓷相变的弥散,电卡可在 303~323 K 温度范围内维持。在含铅体系陶瓷中,$PbScTaO_3$(PST)电卡陶瓷由于具有剧烈的一级相变,相变潜热大,展现出优异的电卡性能。研究发现,其电卡性能与其亚晶格有序度密切相关,有序度越高,相转变越尖锐。通过拉长保温时间,PST 陶瓷亚晶格有序度显著提高。在相同电场下,高有序度的样品在 291 K 处可获得 1.8 K 的温变,而低有序度的样品在 273 K 处的温变仅为 0.1 K。在 $PbTiO_3$ 基陶瓷中,通过掺杂和组分设计可获得正交反铁电-三方铁电相两相共存,提升电卡性能。通过组分调控和热压烧结技术,$Pb_{0.85}La_{0.1}(Zr_{0.65}Ti_{0.35})O_3$ 陶瓷在 200 kV/cm 的电场下可产生 3.1 K 的温变。

(2)铁电聚合物中的电卡效应。

铁电聚合物材料因其良好的可加工性、柔性,以及具有大的击穿场强而受到广泛研究。不同于无机铁电陶瓷,铁电聚合物的极化源自聚合物分子链的有序-无序变化。由于驱动分子链翻转所需要的电场比驱动离子位移的要大得多,铁电聚合物的电卡强度一般弱于无机铁电陶瓷,因而铁电聚合物的强电卡效应需要很高的电场才能激发出来(通常为 200~300 MV/m)。铁电聚合物 P(VFDF-TrFE)虽具有高的电卡温变(12 K),但其电卡工作温区较窄。为解决上述问题,Li 等在二元共聚物 P(VFDF-TrFE)的基础上掺入氯氟乙烯(CFE)单体制备了三元共聚物 P(VFDF-TrFE-CFE)。大体积的 CFE 单体打破了 P(VFDF-TrFE)中高度有序的极性畴,将铁电体转变成了弛豫铁电体。不同于一般铁电体,弛豫铁电体中不存在严格的一级相变且材料中存在随机取向的极性纳米区(polar nano regions,PNR),极化迟滞小。在很宽的温度范围内,PNR 可以有效地向着电场方向极化。此外,弛豫铁电体在零电场下具有较大的无序性,零场下的偶极子熵值高。因此,弛豫铁电聚合物 P(VFDF-TrFE-CFE)同时具有较大的电卡效应和宽的电卡工作温区。四元共聚物 P(VDF-TrFE-CFE-CTFE)在室温下的电卡性能也优于二元共聚物 P(VDF-TrFE)的。研究者还发现,用高能电子束轰击 P(VFDF-TrFE)也能够破坏 P(VFDF-TrFE)中的长程铁电有序结构,将铁电体转变为弛豫铁电体,同时提高材料的电卡效应和拓宽工作温区。单体的引入虽然能够提高铁电聚合物的电卡效应,但过多单体的引入会降低聚合物的结晶性且会降低材料的机械加工性能,不利于大规模生产。Qian 等在低 CFE 含量 P(VFDF-TrFE-CFE)聚合物的基础上引入新的缺陷,通过去盐酸化方法在 P(VFDF-TrFE-CFE)聚合物链中形成了双键,进一步增大了材料在零场下的混乱熵(见图 2.115),同时降低了聚合物材料的极化翻转势垒,材料的电卡强度大幅提升。在 50 MV/m 的低电场下,双键修饰的 P(VFDF-TrFE-CFE)展现出 7.5 K 的超高温变及 37.5 J kg^{-1}K^{-1} 的大熵变,具有巨大的制冷潜力。

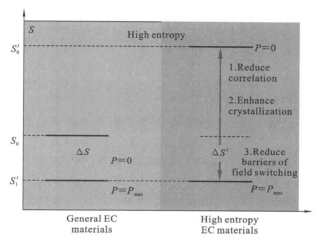

图 2.115　电卡材料性能提升的调控策略图

（3）有机-无机复合材料的电卡效应。

除了可通过缺陷工程等对纯高分子电卡材料进行电卡性能优化设计外,还可将无机纳米铁电陶瓷作为功能相掺入有机铁电聚合物中制备有机-无机纳米复合电卡材料,将无机铁电陶瓷大的电卡强度及铁电聚合物大的击穿场强结合起来。通过控制无机功能相的组分、含量、几何形状及界面等因素,纳米复合材料的电卡性能得到了进一步优化。Li 等制备了 PMN-PT 纳米颗粒/P(VDF-TrFE-CFE)复合材料,通过调控 PMN-PT 纳米颗粒的含量,复合材料的极化强度和电卡性能得到明显提升,在 75 MV/m 的较低电场下可激励出 9.4 K 的温变和 85 kJ·m^{-3}·K^{-1} 的熵变。Zhang 等研究了不同几何形状的 Ba$_{0.67}$Sr$_{0.33}$TiO$_3$ 功能相(BST 纳米颗粒、纳米立方块、纳米棒及纳米线)对 BST/P(VDF-TrFE-CFE)复合材料电卡性能的影响。研究发现,在相同含量的情况下,BST 纳米线/P(VDF-TrFE-CFE)复合材料展现出最高的电卡温变,在 100 MV/m 的电场下展现出约 20 K 的温变,远高于纯聚合物及 BST 纳米颗粒/P(VDF-TrFE-CFE)复合材料的(见图 2.116)。BST 纳米线/P(VDF-TrFE-CFE)复合材料中增强的电卡效应归因于显著增强的极化强度及降低的电场不均匀性。Shen 等设计了 BiFeO$_3$@Ba(Zr$_{0.21}$Ti$_{0.79}$)O$_3$(BFO@BZT) nanofibers/P(VDF-TrFE-CFE)复合材料,BFO@BZT nanofibers 的多级结构设计使界面极化和总极化强度显著提升,材料在 75 MV/m 的电场下获得了约 15 K 的高电卡温变。为了解决铁电聚合物低本征热导率的问题,Zhang 等设计了三元共聚物与氧化铝阵列的复合材料。高导热的氧化铝阵列为共聚物构筑了高速的导热通道，同时阵列引起的纳米限域效应显著提升了电卡效应。Li 等在三元聚合物基底中构筑了三维导热陶瓷网络，与纯聚合物相比，热导率提升了 300%，电卡效应提升了 240%。

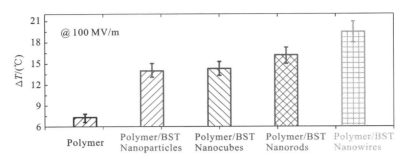

图 2.116 纯三元聚合物及不同几何形状 BST 填充的纳米复合材料电卡性能对比

（4）有机-无机杂化材料的电卡效应。

除了传统的无机铁电陶瓷和有机铁电聚合物材料，研究者在一些有机-无机杂化分子铁电体中也发现了电卡效应。Li 等研究发现，咪唑高氯酸（Im-ClO$_4$）分子铁电体具有很高的电卡强度。不同于传统无机铁电陶瓷和有机铁电聚合物，分子铁电体的极化源自于高氯酸根阴离子的有序-无序变化，驱动其发生极化熵变所需的电场很小。此外，咪唑高氯酸的矫顽场很小，仅为典型铁电体 PZT 的 1/3 且比 P(VDF-TrFE) 的矫顽场小两个数量级。在 1.5 MV/m 的超低电场下具有 1.26 K 的温变，电卡强度为 0.84 K·m·V^{-1}，该电卡强度超过了大部分无机电卡陶瓷。Chen 等通过理论计算预测有机-无机杂化分子铁电体 MDABCO 的电卡强度高达 8.06 K·m·MV^{-1}，是目前已知的最高电卡强度（钛酸钡单晶中获得）的三倍多。Sun 等利用间接法在 (iso-Pentylammonium)$_2$CsPb$_2$Br$_7$ 分子铁电体中计算出了 15.4 K·m·MV^{-1} 的电卡强度。虽然具有很高的电卡强度，但分子铁电体面临着稳定性差、击穿场强低等问题。这些问题的解决有望将分子铁电体制冷推向实用。

2.7.3　电卡器件典型应用

电卡器件样机的首次研发可以追溯到 1989 年，当时 Sinyavsky 等人基于 PST 电卡陶瓷设计了一个电卡制冷器。随后在 1995 年，Sinyavsky 等人研发了一种长度为 30 cm、由 400 g PST 电卡陶瓷制成的电卡原型样机，该研究小组发文称该原型样机可以获得 15 K 的最大温度跨度。自电卡效应在 PZT 铁电陶瓷薄膜和 P(VDF-TrFE) 聚合物中取得重大突破以来，许多电卡器件样机被设计出来。根据传递电卡材料产生热量的介质不同，这些已开发的电卡器件一般分为流体基电卡器件和固态基电卡器件。例如，Plaznik 等人开发了一种电卡冷却装置，其利用 Pb(Mg$_{1/3}$Nb$_{2/3}$)O$_3$]$_{0.9}$[PbTiO$_3$]$_{0.1}$ 弛豫陶瓷作为电卡功能材料，以介电硅油作为传递热量的介质。图 2.117 描述了该电卡制冷系统工作的四个步骤。首先，在外加电场的作用下电卡材料放热，与此同时将硅油从热源泵入散热器，硅油流经电卡材料时热量从电卡材料转移到硅油中。随后，硅油到达热端，将热量转移到散热器。接着撤去电场，电卡材料吸热。同时，硅油从散热器流向热源并被冷却，冷却后的硅油进入冷换热器，吸收热源的热量。重复上述步骤可以在电卡器件中实现沿流体方向的稳定温度梯度。温度跨度 ΔT_{span} 与电卡材料温变 ΔT_{ECE} 的比值被定义为再生因子（再生系数）。在工作频率为 0.75 Hz、电场强度为 50 kV/cm 的条件下，基于该 PMN-PT 陶瓷的 EC 冷却装置的最大 ΔT_{span} 为 3.3 K，最大再生系数为 3.7。此外，研究者基于二维动态数值模型进行了仿真，以进一步提高该器件的制冷性能。仿真结果表明，可以通过调节回热器的长度、工作流体的种类及工作频率来进一步提高器件的 ΔT_{span}。在 118 kV/cm 的电场下，选择水作为传热介质，将回热器长度延长到 0.2 m，可获得最高的 ΔT_{span} 为 14 K，再生系数为 9.6。

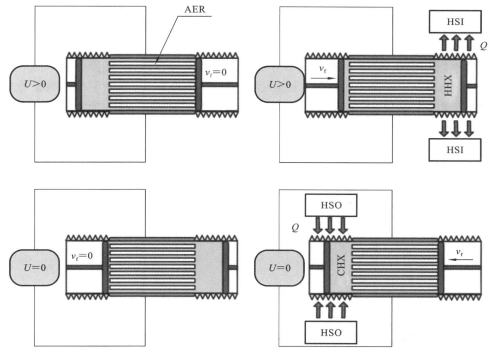

图 2.117　PMN-PT 基电卡制冷系统工作示意图（传热介质为硅油）

图中 U 为电压，v_{f} 为流体流动速度，HSI 为散热器，HSO 为热源，HHX 为热换热器，CHX 为冷换热器，传递热量用 Q 表示

除了传热流体的种类和工作频率外，电卡功能材料本身的性能和回热器的几何形状也会影响电卡器件的冷却效果。Defay 等人设计了一种以 PST MLCC 作为电卡元件的流体基电卡器件，因为 PST MLCC 具有大的电卡效应。该研究小组设计的第一代电卡器件功能材料由 15 个 0.9 mm 厚的 PST MLCC 组成，分布在一个三列五行的矩阵中，该器件最大 ΔT_{span} 为 1 K，且表现出低的再生因子（0.45）。随后，他们使用有限元数值建模来研究电卡器件原型的不同配置，以优化 ΔT_{span}。研究发现，第一代电卡装置中的非电卡活性结构部件面积过大，起到了热阱的作用，吸收了不可忽略的热量，从而削弱了器件整体的制冷性能。随后研究者通过优化回热器的结构部件，提高了系统的绝热性能，将 ΔT_{span} 提高到了 2 K。此外，考虑到更薄的 MLCC 可以增加热交换面积，研究人员优化了 PST MLCC 的厚度。将 PST MLCC 的厚度从 0.9 mm 降低到 0.5 mm，即将 PST 层数从 19 层减少到 9 层，电卡器件显示出更高的 ΔT_{span}，达到 4 K。在此基础上，研究人员发现增加回热器的长度可以进一

步扩大 ΔT_{span}，将 PST MLCC 的总长度增加 3 倍，电卡器件的 ΔT_{span} 进一步提高至 9 K。此外，使用高导热系数的水作为传热介质进一步将 ΔT_{span} 提升了 20%。最终优化的电卡器件由 128 个 PST MLCC 组成，该器件在运行 1500 s 后，冷热端的温跨为 13.0 K，再生因子达到 5.9。

　　尽管在流体基电卡器件中已经实现了较大的 ΔT_{span}，但其仍有一些缺点：① 使用流体作为传热介质需要用泵来驱动，使电卡器件难以小型化，无法满足微型电子制冷应用；② 流体沿流动方向的混合会削弱回热引起的温度梯度，降低器件的冷却功率。固态电卡器为实现具有高 ΔT_{span} 和高冷却功率且体积紧凑的制冷装置提供了解决方案。Gu 等研发了一种带自发回热的旋转型多层陶瓷电卡制冷器，如图 2.118 所示。该系统使用内置旋转，避免了固态工质的往复运动，并使用固态工质本身作为回热介质，系统集成度高。样机的理论最大制冷功率密度能达到 9 W/cm³。Ma 等通过巧妙的结构设计，利用静电驱动使电卡聚合物 P(VDF-TrFE-CFE) 薄膜在热源与散热器之间周期性地移动，促进了电卡薄膜与热源及散热器之间的良好接触，不仅降低了制冷系统的复杂程度和质量，还大大减少了寄生功率耗散，使得器件的制冷功率大大提升。这个紧凑的固态制冷装置在 29.7 mW/cm² 的热流下有 2.8 W/g 的制冷功率，远高于大规模的磁卡器件及弹卡器件等设备。与此同时，薄膜电卡器件还具有良好的柔性，可贴合在不平整的物体表面对其进行无噪音降温。用研发的薄膜电卡器件对一块 52.5 ℃ 的智能手机电池进行降温，在 5 s 内即可降温 8 ℃。相比之下，在空气中降温 50 s，电池温度仅仅下降了 3 ℃。总的来说，固态基电卡制冷器件在制冷功率及集成度方面展现出巨大的潜力，其制冷性能的进一步提升依赖于电卡材料性能的突破及对器件结构的合理优化。通过器件结构设计，减少制冷过程中的热损耗是进一步提升电卡器件性能的关键。

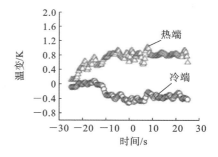

图 2.118　自发回热的旋转型多层陶瓷电卡器件样机实物图及制冷性能展示

第 3 章　半导体敏感器件

◀ **3.1　半导体热敏器件** ▶

3.1.1　概述

温度是和人类密切相关的物理量,对于温度的测量和控制遍及人类活动的各个领域。长期以来,相关人员已经发明了各种各样的温度传感器并普及到人们的日常生活中。例如,水银温度计就是一种最常见的集敏感、传递、显示各部分于一身的广义上的温度传感器。气体温度计、双金属温度计、压力式温度计等和水银温度计一样,都是利用物质(气体、金属、水银)的热膨胀效应制成的,它们是传统的无电流温度测量工具,大都比较简单、粗糙。工业上广泛应用的传统温度传感器是基于铜、镍、铂金属电阻体和各种热电偶的。铂等金属电阻体是利用金属材料的电阻随温度升高而增加这一现象制成的,其具有良好的机械强度和化学稳定性,精度较高,线性也好。但其灵敏度低,热惯性大,而且铂价钱昂贵,因此其只用在精密温度测量中。

随着电子技术的发展和自动化程度的提高,温度传感器的应用领域越来越广泛。新的应用领域对温度测量的精度、范围、稳定性等方面的要求也越来越高,仍需不断研究和开发新型的热敏元件与传感器。各种类型的半导体温度传感器也不断被研制出来,并在各个领域得到了广泛的应用。

基于半导体材料的温敏元件主要有单晶半导体 Ge、Si、SiC 及金属氧化物半导体热敏电阻。与铂等金属电阻相比,其灵敏度高,电阻温度系数的绝对值要大 10～100 倍,稳定性也好,且体积小,制作简单,寿命长,维护容易,故在近三十年来获得了迅速的发展和广泛的应用。

此外,还有温度和振动频率几乎成线性关系的水晶温度传感器;电阻体产生的约翰逊热噪声与绝对温度成比例的热噪声温度传感器;利用通过物质的超声波速度随温度而变化制成的超声波传感器等,它们可用于大范围内平均温度、快速温度变化及高温(数千度)的测定。

一般的热敏材料按照其电阻随温度变化的规律可分为三种类型。

(1) 正温度系数(positive temperature coefficient,PTC)热敏电阻,即在一定温度范围内电阻随温度升高而增加的温敏元件。其因独特的热敏效应而被广泛应用。

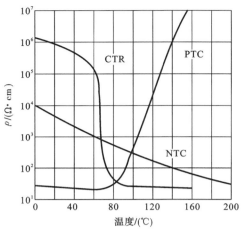

图 3.1　三类不同热敏电阻的电阻率-温度曲线

（2）负温度系数（negative temperature coefficient，NTC）热敏电阻，即在一定温度范围内电阻随温度升高而减小的温敏元件。目前80％以上的民用温度敏感器都是这种类型的。

（3）临界温度电阻器（critical temperature resistor，CTR），也具有负温度系数，但当温升超过某一临界温度时，电阻会急剧下降，也称其为急变热敏电阻器。

图 3.1 示出了以上三种电阻的电阻率-温度曲线。

3.1.2　半导体热敏电阻的工作原理

1. PTC 热敏电阻的工作原理

（1）主要特性。

① 电阻温度特性。

热敏电阻在低于主晶相材料的居里点温度（居里点、居里温度）T_c 时，呈现负阻特性，当达到居里点温度时，电阻值随继续升温快速增大至原来的 $10^3 \sim 10^7$ 倍，呈现正的电阻温度系数，所以称其为 PTC 热敏电阻。

PTC 热敏电阻的电阻温度特性如图 3.2 所示，它的工作温度范围不宽，在工作区两端有两点拐点 $T_{R_{\min}}$ 和 $T_{R_{\max}}$。当温度低于 $T_{R_{\min}}$ 时，电阻温度系数是负的，且温度灵敏度不高；当温度升高到 $T_{R_{\min}}$ 后，电阻随温度升高按指数规律增大，电阻温度系数较大，且为正值。在工作温度范围 $T_{R_{\min}}$ 至 $T_{R_{\max}}$ 内存在有 T_c，对应有较大的电阻温度系数。

② 伏安特性。

这是指在 PTC 热敏电阻上加上电压，达到热平衡状态时电流和电压的关系（见图 3.3），也叫静态伏安特性。开始加载电压时，PTC 热敏电阻温升不高，流过热敏电阻的电流与电压成正比，服从欧姆定律。随着电压的增加，电阻消耗的功率增加，电阻温度逐渐升高至居里点附近，曲线开始弯曲。当电压增加到使电流最大（I_m）时，如电压再增加，电流反而减小，这是由于温升引起的电阻增加的速度超过了电压增加的速度，曲线斜率由正变负。

a. 当电压很小时，尚不足以加热样品至居里点，这时电流几乎随着电压的增加而成比例地增加。

b. 当电压增加至某一值时，PTC 元件的温度达到 T_c，这时电流达到最大值。

c. 再进一步增大电压，就会使 PTC 元件的温度超过 T_c，这时电阻迅速增大，电流减小，随着电压增大，电流成反比例地减小，此时电压-电流特性曲线接近于恒定功率下的抛物线。

因为 PTC 元件趋向于维持在 T_c 温度，在稳定状态下，输入功率与耗散功率相等，为了维持恒定功率，当电压增加时，电流将反比例减小。

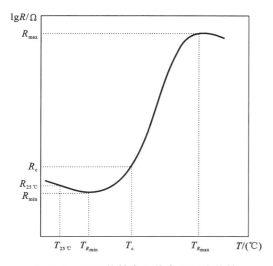

图 3.2 PTC 热敏电阻的电阻温度特性

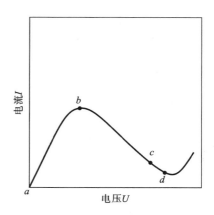

图 3.3 PTC 热敏电阻的伏安特性

$I\text{-}U$ 曲线与其特殊的 $R\text{-}T$ 曲线相关联。

③ 耐压特性。

耐压值实质上是指 PTC 热敏电阻所能承受的最高电压 V_{max}。所谓最高电压是指在 25 ℃ 环境温度下,于静止的空气中能连续地加在 PTC 元件上的电压上限值。当电压低于某一定值时,PTC 元件不会失去热控制作用,此电压值即为耐压强度(V_B)。

④ 电流时间特性。

指非平衡的暂态过程中电流随时间的变化规律。当为 PTC 元件加上电压时,通过元件的初始电流很大,经过时间 t 后,PTC 元件的温度达到 T_c,电流即迅速降至稳定值。起始电流不仅与外电压、热容、常温电阻及常数 B 有关,还与环境温度有关。电流随时间衰减,图 3.4 中所示的 K 是衰减指数,描述动态特性。

⑤ 放热特性。

当 PTC 元件通过一定电流时,由于存在功耗,其本身将发热,同时向周围环境散发一部分热量。

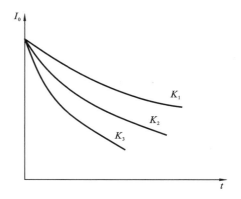

图 3.4 PTC 热敏电阻的电流时间特性

在稳定状态下,从 PTC 元件表面放出的热能 p 为

$$p = c(T - T_a) \tag{3.1}$$

式中,T 为 PTC 样品表面温度,K;T_a 为环境温度,K;c 为放热系数,$\mathrm{W/(m^2 \cdot K)}$。c 可由下式表示:

$$c = c_0(1 + h\sqrt{v}) \tag{3.2}$$

式中,v 为风速,m/s;h 为与 PTC 元件形状有关的常数;c_0 为当 $v=0$ 时的 c 值。c_0 主要取决于 PTC 元件的有效表面积,有效表面积越大,c_0 越大。

PTC 元件放热特性与元件的几何形状、表面积、材料导热性能，以及环境温度、风速等因素有关。

PTC 材料主要是一类具有正的温度系数的半导体陶瓷材料（简称半导瓷材料）。典型的 PTC 半导瓷材料系列有 $BaTiO_3$ 或以 $BaTiO_3$ 为基的 $(Ba,Sr,Pb)TiO_3$ 固溶半导瓷材料、氧化钒等材料及以氧化镍为基的多元半导瓷材料，近期还发现有一些 $ZnO\text{-}MgO$ 的二元材料也具有 PTC 效应。其中以 $BaTiO_3$ 半导瓷最具代表性，其也是当前研究得最成熟、使用范围最广的 PTC 热敏半导瓷材料。

（2） $BaTiO_3$ 系的 PTC 热敏电阻。

$BaTiO_3$ 为典型 ABO_3 型钙钛矿结构的铁电材料，钡离子处在 A 位，钛离子处在 B 位，图 3.5 所示的是其结构简图。从图中可以看出，钛离子处于氧八面体的中心，每个氧八面体之间顶角相连，构成了钛氧离子链。由于钛氧离子链产生的内电场使钛离子发生微小位移，因此引起自发极化。$BaTiO_3$ 有三个相变点，分别为：居里点 $T_c = T_1 \approx 120\ ℃$，$T_2 \approx 5\ ℃$，$T_3 \approx -80\ ℃$。相应的晶型为：高于 120 ℃ 为立方晶型；5～120 ℃ 为四方晶型；-80～5 ℃ 为正交晶型；低于 -80 ℃ 为三角晶型。$BaTiO_3$ 晶体在 120 ℃ 以上为顺电相，在 120 ℃ 以下有上述三种不同结构的铁电相。

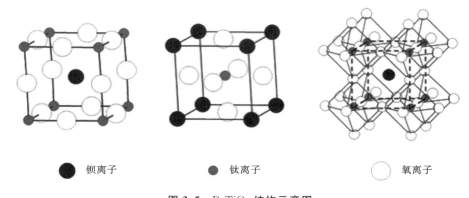

● 钡离子　　　● 钛离子　　　○ 氧离子

图 3.5　$BaTiO_3$ 结构示意图

$BaTiO_3$ 陶瓷常温电阻率大于 $10^{12}\ \Omega \cdot cm$，相对介电系数高于 10^4。在纯净的 $BaTiO_3$ 陶瓷中引入微量的稀土元素可使其半导化，其常温电阻率可下降到 $10^{-2}\sim10^4\ \Omega \cdot cm$。如果将高价离子掺入 $BaTiO_3$ 中，如用半径相当的 La^{3+} 取代 Ba^{2+}，或用 Nb^{5+} 取代 Ti^{4+}，就会形成 n 型半导体；用 Na^+ 取代 Ba^{2+}，或用 Mn^{3+} 取代 Ti^{4+}，则会形成 p 型半导体。实际工艺中，在 $BaTiO_3$ 中添加施主掺杂形成 n 型半导体，而受主掺杂则用于提高势垒高度以增加温度敏感性。且无论采用哪种取代方式，半导化元素掺杂量应控制在 $0.5\ mol\%$ 以内。$BaTiO_3$ 半导瓷晶界的化学成分及其性质由材料的组分决定，一般在制备 $BaTiO_3$ 半导瓷的材料中按化学计量比加入稍微过量的 TiO_2，同时引入少量 SiO_2 等添加剂，此时晶界的化学组成主要有：$Ba_6Ti_{17}O_{40}$、$Ba_2TiSi_2O_8$ 等，其中以 $Ba_6Ti_{17}O_{40}$ 为主，即在晶界形成富钛相。同时引入受主杂质（例如锰离子）在晶界形成受主态，晶界的介电性与受主杂质及金属缺位在晶界的扩散密切相关，扩散深度越深，晶界势垒越高。当温度超过材料的居里温度时，掺杂后的 $BaTiO_3$ 陶瓷电阻率在几十度的温度范围内能增大 3～10 个数量级，即产生 PTC 效应。

PTC 热敏电阻的居里点可以通过在配料中进行掺杂来控制,如果在 $BaTiO_3$ 中加入少量的 Pb,居里点向高温方向移动;如加入 Sr 或 Sn 元素,则向低温方向移动。加入 Al、Si、Ti 等元素可以提高工艺稳定性,添加微量的 Mn、Cu、Fe、B 等元素可以提升 PTC 效应的强度。

$BaTiO_3$ 半导瓷的 PTC 效应与很多因素有关,其中包括 $BaTiO_3$ 晶体本身的晶格结构、电畴特性、半导化机构及半导瓷的晶界性质等。人们提出了许多物理模型解释 PTC 效应,这里我们只介绍其中比较被接受的海望-焦克(Heywang-Jonker)表面势垒模型。其基本观点可以归结为:在多晶 $BaTiO_3$ 半导体材料的晶粒边界存在一个由受主表面态引起的势垒层;该势垒高度与材料的相对介电常数 ε_r 成反比,当温度低于居里温度时,由于 ε_r 很大,因而材料呈低电阻率,当温度超过居里温度后,由于 ε_r 按居里外斯定律迅速衰减,致使材料电阻率发生几个数量级的变化;铁电补偿是决定 PTC 效应的另一重要因素。铁电补偿是决定 PTC 效应的另一重要因素,在居里温度以下,由于电畴的存在,极化电荷将在垂直于晶界方向上产生电子通道,表面电荷有约 50% 的概率可以被补偿并形成低电阻路径,使材料呈现低电阻率。当温度超过居里温度时,极化电荷补偿消失,使材料呈现高电阻率。

(3) V_2O_3 系的 PTC 热敏电阻。

V_2O_3 系陶瓷材料最显著的优点是室温电阻率极小,且电阻率不受通过电流的频率或加在其两侧的电压的影响,因此在大电流应用场景下要优于 $BaTiO_3$ 系 PTC 陶瓷材料。

V_2O_3 晶体有两个和温度相关的相变点,分别是在约 160 K 发生的低温反铁磁绝缘相到高温顺磁金属相的相变,以及在 200～540 K 的范围内发生的低温顺磁金属相到高温顺磁绝缘相的相变。前者相变时的电阻率变化呈 NTC 特性,此处不做详细介绍。后者相变时呈 PTC 特性,升阻比为 $1\times10^2 \sim 1\times10^3$ 倍,其转变温度点主要与 C_r 浓度和外界压力等因素相关。

表 3.1 所示的为 V_2O_3 和 $BaTiO_3$ 系热敏陶瓷的典型性能对比。

表 3.1　V_2O_3 和 $BaTiO_3$ 系热敏陶瓷的典型性能对比

种　类	V_2O_3 系陶瓷	$BaTiO_3$ 系陶瓷
室温电阻率/($\Omega \cdot m$)	1×10^{-5}	1×10^{-1}
升阻比/倍数	5～400	$1\times10^3 \sim 1\times10^7$
密度/($g \cdot cm^{-3}$)	约 4.8	约 5.6
转变温度/(℃)	−20～150	−30～240
熔点/(℃)	2240	1618
是否弛豫	是	否
阻值与电压、频率相关	否	是

(4) 聚合物 PTC 热敏电阻。

聚合物的导电性能与结构的关系一般使用逾渗理论解释。逾渗理论从宏观角度出发,解释复合材料中导电填料的用量对导电性能的影响。复合材料内部起导电作用的是导电填料,而复合材料从不导电或导电性能较差到能够导电甚至导电性能良好,与材料内部导电填料与其他粒子间形成的导电通路数量有直接关系。复合材料的导电性能在导电填料添加到一定量时发生突变的现象称为渗流现象,而导电性能发生突变时导电填料的含量称为渗流阈值。

当复合材料中导电填料的含量较少时,材料内部形成的导电通路较少,复合材料的电阻率较大,且随导电填料浓度的增加发生小幅度变化,对应高电阻率区。随着导电填料含量逐渐增加,材料内部导电通路逐渐趋于完善,并在达到某一临界值时,复合材料的电阻率急剧下降,并在一定区域内材料电阻率迅速降低,该区域就称为逾渗区。随着导电填料的含量继续增加,复合材料内部导电通路已基本完善,材料电阻率随导电填料的增加不发生明显变化,材料导电性良好,该区域称为高导电区。实验与理论研究表明,复合材料的逾渗行为主要与导电粒子的分布状态、分散程度及界面间润湿作用有关。

对于聚合物基 PTC 材料中呈现的 PTC 效应,先后有不少模型被研究者们提出,最早提出的较有说服力的理论是 Kohler 等人提出的热膨胀理论。在复合材料中,导电粒子的含量达到渗流阈值以后,复合材料内部已能够形成足够的导电通路,使材料拥有较低的室温电阻率。当对材料进行加热时,基体的膨胀导致复合材料内部的空间逐渐变大,会破坏原来的导电链及导电网络,使复合材料电阻率呈现增长趋势。当加热到聚合物基体的熔点即材料的居里点以后,基体处于熔融状态,此时复合材料内部空间最大,导电通路基本被破坏,材料电阻率迅速升高,出现 PTC 效应。尽管热膨胀理论能够在很大程度上解释复合材料 PTC 效应的产生机理,但无法合理解释机械拉伸后材料同等程度的体积变化及非结晶或非定性聚合物做基质时复合材料的电阻率变化。

李荣群等人在 2003 年提出应力理论,该理论从材料的微观结构出发,认为室温下导电填料在聚合物基体中随机分布,从而形成一定数量的导电链和导电网络,使材料具有良好的导电性。随着温度的升高,材料内部导电填料在外力的作用下发生移动,从而产生 PTC 效应,而这种促使导电填料进行移动的力被称为"应力"。这种力是 PTC 材料体积随温度变化产生的,在其推动导电填料移动的过程中,导电填料附近的聚合物基体上会产生一定的弹性形变以维持新的力学平衡,随着温度的继续升高,基体的弹性形变变弱,力学平衡被破坏,不被束缚的导电粒子重新形成新的导电链,导致材料的电阻率下降,产生 NTC 效应。

除以上两种理论外还有隧道导电模型、欧姆导电效应理论等几种理论体系,但各自都存在一定的局限性和不能完全被解释的部分。建立更合理全面的效应机理模型仍是聚合物 PTC 效应研究的工作重心。

2. NTC 热敏电阻的工作原理

NTC 热敏电阻材料是电阻率随温度升高而下降的材料,是研究较早、应用广泛的半导瓷热敏元件之一。根据主要成分不同主要分为三类:氧化物系、非氧化物系和单质。其中,氧化物系 NTC 大都是用 Mn、Co、Ni、Fe 等过渡金属氧化物按照一定比例混合,采用陶瓷工艺制备而成的;非氧化物系 NTC 主要由 SiC、SnSe、TaN 等通过真空蒸发手段制成;单质NTC 主要由 Si、Ge 等通过真空蒸发手段制成。

NTC 热敏电阻的阻值与温度的关系称为热敏电阻的阻温特性,NTC 热敏电阻的阻值随温度升高而降低,如图 3.6 所示,几乎所有 NTC 热敏电阻材料的阻值的对数与温度的倒数在其工作区间内成线性关系,如图 3.7 所示。

在测试电流较小的情况下,可忽略热敏电阻的自身发热,热敏电阻阻值与温度的关系可用下式表示:

$$R_T = R_{T_0} e^{B\left(\frac{1}{T} - \frac{1}{T_0}\right)} \tag{3.3}$$

式中,R_T 为温度为 T 时的电阻值;R_{T_0} 为参考温度为 T_0 时的电阻值;B 为热敏电阻的材料常

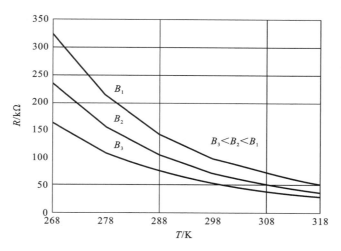

图 3.6　NTC 热敏电阻的阻温特性 1

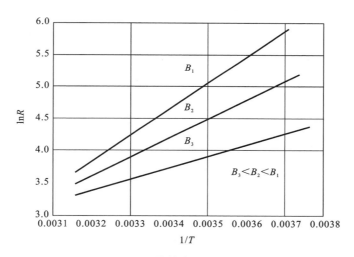

图 3.7　NTC 热敏电阻的阻温特性 2

数,通常为 2000～6000 K。

　　热平衡条件下,加于热敏电阻两端的电压和通过的电流的关系称为热敏电阻的伏安特性。在环境温度 T 下,NTC 元件端电压 V_T 和电流 I 的关系可由下式表示:

$$V_T = IR_{T_0} e^{B\left(\frac{1}{T} - \frac{1}{T_0}\right)} \qquad (3.4)$$

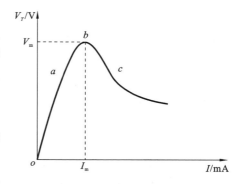

图 3.8　NTC 热敏电阻的伏安特性

　　NTC 热敏电阻的典型伏安特性曲线如图 3.8 所示。当电流很小时,温升 ΔT 很小,可忽略不计,这时 V_T 和 I 为线性关系,对应曲线 oa 段;随着电流逐步增加,ΔT 随 I 的增加而增加,R_T 逐渐减小,V_T 随 I 的增加而增加的速度变慢,对应曲线 ab 段;当电流增大到 I_m 时,ΔT 的增加使 R_T 急剧下降,电压升高达到最大值 V_m,对应的微分电阻 $R_d = 0$,对应于曲线的 b 点;随着 I 的进一步增加，ΔT 增加得更快，R_T 的降低超过了电流 I 的增加，从而导致电压随电流 I 的增加而下降，使微分电阻 R_d 为负，形成曲线 bc 段（负阻区）。当电流超过某一允许值，NTC 热敏电阻将被烧坏。

（1）氧化物系热敏电阻。

氧化物系 NTC 热敏电阻材料绝大部分是尖晶石结构的，其单位晶胞的通式为 $A_8B_{16}O_{32}$，化简后为 AB_2O_4，式中，A 一般为二价正离子，B 为三价正离子，O 为氧离子。实际上尖晶石结构的单位晶胞中共有 8 个 A 离子，16 个 B 离子和 32 个氧离子。由于氧离子的半径较大，故由氧离子密堆积而成，金属离子则位于氧离子的间隙中。

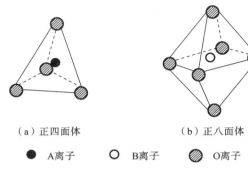

（a）正四面体　　　　（b）正八面体

● A 离子　　○ B 离子　　◍ O 离子

图 3.9　金属离子在间隙中的位置

氧离子间隙有两种，一种是正四面体间隙，A 离子处于此间隙中；另一种是正八面体间隙，间隙由 B 离子占据，如图 3.9 所示。这种正常结构状态称为正尖晶石结构，即 $A^{2+}(B^{3+})_2(O^{2-})_4$。

当全部 A 位被 B 离子占据，而 B 位被 A、B 离子各半占据时，此时为反尖晶石结构，结构式可表示为 $B^{3+}(A^{2+}B^{3+})(O^{2-})_4$；当只有部分 A 位被 B 离子占据时，此时为半反尖晶石结构。

一般情况下，在尖晶石型氧化物中必须有均可以变价的异价离子同时存在，而且两种异价阳离子必须同时存在于 B 位，才能形成半导体。这是由于 B 位上的离子间距较小，两种异价离子产生电子云重叠，从而实现电子的交换。因此，只有全反尖晶石结构及半反尖晶石结构的氧化物才是半导体，而正尖晶石结构的氧化物则是绝缘体。

氧化物系 NTC 热敏电阻主要有二元系 CuO‑MnO‑O_2 系，Co‑MnO‑O_2 系，NiO‑MnO‑O_2 系，以及三元系 Mn‑Co‑Ni 系，Mn‑Cu‑Ni 系 Mn‑Cu‑Co 系等种类，一般为 p 型半导体。其导电机理可用极化子理论解释，由于晶格离子带电，其有一定的势场 $V_p(x)$，并随原子间距变化而变化，形同势阱，相邻原子的势阱深度一样，当电子（或空穴）在晶体中作慢速运动时，与离子相互作用产生极化，电子（空穴）受极化媒质影响而产生自陷作用。电子及其感生的晶格极化这一整体，即称极化子。在没有受到激发前，电子只能在极化半径内的势阱底部运动，随着温度升高，电子受到激发，才能由一个原子位置跳到另一个原子位置。温度低时，大部分电子落在势阱中，不能导电，温度越高，跳出势阱的电子越多，电导越大，即电阻越低，表现出负的电阻温度系数，如图 3.10 所示。

氧化物系 NTC 热敏电阻材料氧化物半导体的电导率可用下式描述：

$$\sigma = c_0 \exp\left(-\frac{\Delta H_f + \Delta H_m}{kT}\right) \tag{3.5}$$

式中，c_0 为与载流子的状态密度有关的常数；ΔH_f 为电离缺陷生成能；ΔH_m 为载流子迁移激活能，k 为玻尔兹曼常数。常温下原子缺陷已全部冻结，同时对于大多数 NTC 半导瓷而言，其受主电离能都很低，可以保证在常温下全部电离，即载流子的浓度可视为常数，也即电导率仅与载流子的迁移率有关，这一点与通常的锗、硅单晶半导体具有很大的差别。为此可将电导率化简为

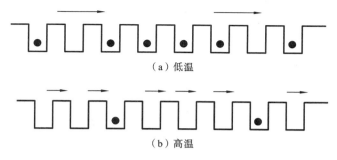

（a）低温

（b）高温

图 3.10　NTC 极化子理论模型

$$\sigma = A\exp\left(-\frac{\Delta E}{kT}\right) \tag{3.6}$$

式中，A 为与载流子的浓度有关的常数；ΔE 为电导激活能。

改写成电阻形式并令 $\Delta E/k = B$，可得

$$R_T = R_0 \exp\left(\frac{B}{T}\right) \tag{3.7}$$

式中，R_T 为温度为 T 时的电阻值；R_0 为 T 为无穷大时的电阻值；B 为热敏电阻的材料常数。对其两边取对数，可得

$$\ln R_T = \ln R_0 + \frac{B}{T} \tag{3.8}$$

可见，在单对数坐标下，$\ln R_T$ 与 $1/T$ 呈现出线性关系，这一特性使其非常适合做温度传感器。B 值为直线的斜率，很容易通过实验的方法获得。若已知温度 T_1 时的零功率电阻值是 R_1，温度 T_2 时的零功率电阻值是 R_2，可求出 B 值为

$$B = \frac{\ln R_1 - \ln R_2}{\frac{1}{T_1} - \frac{1}{T_2}} \tag{3.9}$$

或

$$B = 2.303\frac{\lg R_1 - \lg R_2}{\frac{1}{T_1} - \frac{1}{T_2}} \tag{3.10}$$

温度 T 附近的电阻温度系数为

$$\alpha_T = \frac{1}{R_T}\frac{\mathrm{d}R_T}{\mathrm{d}T} = \frac{\mathrm{d}\ln R_T}{\mathrm{d}T} \tag{3.11}$$

进一步可得

$$\alpha_T = -\frac{B}{T^2} \tag{3.12}$$

显然，温度系数并非常数，而是随着 T 的升高而迅速减小。

主要参数如下。

① 标称电阻值 R：指环境温度为（20 ± 0.2）℃时的电阻值。

② 材料常数 B：其定义和计算方法如前所述。它是描述热敏电阻材料物理特性的一个常数，一般 B 值越大，灵敏度越高。

③ 时间常数 τ：表示热敏电阻对冷或热的响应速度，指当环境温度突然变化时，热敏电阻

从起始量变化到终变量的 63% 所需要的时间,它的大小与材料特性和几何尺寸有关。

$$\tau = \frac{c}{H} \tag{3.13}$$

式中,c 为热容;H 为耗散系数。

④ 耗散系数 $H(mV/℃)$:表示热敏电阻温度与周围环境温度相差 1 ℃时,热敏电阻所耗散的功率。

⑤ 额定功率 P_s(使用功率):在规定技术条件下,长期连续工作所允许的耗散功率。

⑥ 使用温度范围:热敏电阻允许的工作温度范围。

(2) SiC 热敏电阻。

SiC 是早就发现了的Ⅳ族化合物半导体。其性能非常稳定,在 2700 ℃时才发生分解。其晶格结构比 Si 和 Ge 的复杂得多。其存在多型性,至今已发现 20 余种,分属三种不同的晶系:立方晶系、六方晶系和菱形晶系。立方晶型称 β-SiC,六方型称 α-SiC。由于 SiC 禁带宽度大,能耐高温,其作为温度敏感器早就被人们所注意。

α-SiC 热敏电阻的制备工艺主要包括外延和溅射。选择一些质量好的 SiC 单晶片,通过 KOH 腐蚀区别正负面,然后进行磨片、抛光、清洗,即可外延生长。外延的目的是在 SiC 基片上生长一层具有一定导电类型的单晶层,外延后再溅射铂金属膜经合金化后即成欧姆电极。最后,经切片、焊接铂丝引线、封装、老化等工序形成 SiC 单晶热敏电阻。除外延的方法外,还可先在氧化铝基片上做上梳状电极,再溅射一层 SiC 薄膜。若基片温度较高则制成 β-SiC 热敏电阻。

SiC 热敏电阻具有负温度系数,图 3.11 展示了一种在蓝宝石衬底上长成的 SiC 热敏薄膜的电阻温度特性。SiC 热敏电阻的稳定性好,阻值分散性小,便于互换,灵敏度高,线性好,在通信及高温方面有特殊应用。

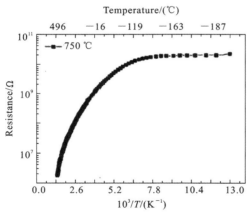

图 3.11 SiC 热敏材料的电阻温度特性曲线

3. CTR 的工作原理

CTR 是一种具有负电阻突变特性的热敏材料。这种材料主要有 Ag_2S-CuS 系材料和 V 系材料。

Ag_2S-CuS 系材料是将 Ag_2S 和 CuS 按一定比例配合得到的,其临界温度 T_c 为 90~180 ℃,并依 CuS 的含量配比变化而变化,如 $Ag_{1.6}Cu_{0.4}S$ 的 T_c 为 100 ℃,$Ag_{1.2}Cu_{0.8}S$ 的 T_c 为 85 ℃。但是,由于在该系统中易出现残存游离 S 而导致电极腐蚀,进而影响系统稳定性,所以这类材料的使用和发展受到很大限制。

V 系材料主要是以 VO_2 为基本成分的多晶半导体陶瓷。V 的各种氧化物在室温上下将发生相变,由金红石结构转变为畸变金红石结构。在相变的同时,材料的电导率减少几个数量级,材料变为半导体,并且由顺磁性转变为反铁磁性。VO_2 的相变温度约为 50 ℃,已被广泛用于电路过热保护、火灾报警、恒温箱控制等各个方面。

因为单晶和粗粒多晶 VO_2 在反复相变时会产生性能劣化而导致老化现象,所以通常使用微晶 VO_2。使 VO_2 微晶化的方法是掺杂 B、Si、P 的氧化物等酸性氧化物和 Mg、Co、Sr、

Ba、La、Pb 的氧化物等碱性氧化物,在弱还原气氛下烧结并急剧冷却。这些氧化物将形成玻璃相,把 VO$_2$ 微晶黏结起来,能缓和相变引起的形变,从而改善系统性能。

在不同温度下,VO$_2$ 的晶系是不同的,在 340 K 以上时,VO$_2$ 单晶是规则的四方晶系金红石结构,当温度降至 340 K 以下时,VO$_2$ 的晶格发生畸变,转变为单斜结构,V^{4+} 离子的位置沿直于 c 轴的方向发生偏移,如图 3.12 所示。

在晶格场的作用下,V^{4+} 的外层电子在不同方向受到的 O^2 离子的静电力不同而产生偏移,在沿 V—O 键的轴向上,电子受到的 O^{2-} 离子静电排斥力最大;在其他方向上所受的静电力就相对小一些。V^{4+} 产生偏移后,由于静电力的改变将促使其 3d 带产生分裂出现新的禁带,从而导致 VO$_2$ 由导体转变为半导体,即 VO$_2$ 在特定温度(340 K)附近发生相变。微晶 VO$_2$ 的阻温特性示于图 3.13 中。

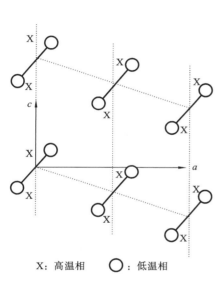

图 3.12　VO$_2$ 相变示意图

X:高温相　○:低温相

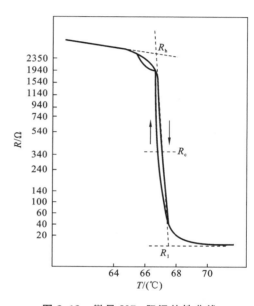

图 3.13　微晶 VO$_2$ 阻温特性曲线

使用 CTR 时,要求其有陡峭的阻温特性和适中的电阻率。这两项性能可用 φ 值和 R_c 值分别表征,即

$$\varphi = \lg R_h - \lg R_l \tag{3.14}$$

$$R_c = (R_h R_l)^{\frac{1}{2}} \tag{3.15}$$

选择不同的配方可以制得具有不同的 φ 值和 R_c 值的材料,以适应不同的用途。

在剧变温度附近,CTR 热敏电阻的电压峰值有很大变化,这是可以利用的温度开关特性,可用以制造以火灾传感器为代表的各种温度报警器。

4. pn 结及晶体管温敏器件的工作原理

pn 结温敏器件可用 Ge、Si 等半导体材料制造。其工作原理是利用 pn 结正向电压和温度的依赖关系来感温。也可利用 pn 结电容随温度变化这一特性来测量温度,而且其相对灵敏度比其他材料的电容式温度敏感器的要高,只要改变敏感器的检测频率就能调整温度的范围。晶体管温敏器件实质上也是利用 pn 结的电压温度特性制成的。

二极管是由一个 pn 结构成的,晶体管则包含两个 pn 结。当 pn 结加上正向电压 V_F 时,通过的正向电流 I_F 为

$$I_F = I_0 [\exp(qV_F/kT) - 1] \tag{3.16}$$

一般都能满足 $V_F \gg kT/q$,故式(3.16)中的 1 可忽略不计,移项得

$$V_F = \frac{kT}{q} \ln \frac{I_F}{I_0} \tag{3.17}$$

式中,I_0 为 pn 结反向饱和电流,k 为玻尔兹曼常数。由于 I_0 与本征浓度 n_i、结面积 A、掺杂浓度 N 及温度 T 等因素有关,故对于 n^+p 结有

$$I_0 = Aq \frac{D_n}{L_n N} n_i^2 \tag{3.18}$$

因为

$$n_i^2 = (4.82 \times 10^{15})^2 \frac{D_n}{L_n N} n_i^2 \tag{3.19}$$

令

$$I_{R_0} = Aq \frac{D_n}{L_n N} (4.82 \times 10^{15})^2 \left(\frac{m_p^* m_A^*}{m_0^2} \right)^{3/2} \tag{3.20}$$

则

$$I_0 = I_{R_0} T^3 \exp \left(-\frac{E_g}{kT} \right) \tag{3.21}$$

由此求得的 I_0 相对温度系数为(忽略 E_g 的温度效应)

$$\frac{dI_0}{I_0 dT} = \frac{3}{T} + \frac{E_g}{kT^2} \tag{3.22}$$

由式(3.17),正向电压的温度系数为

$$\left. \frac{\partial V_F}{\partial T} \right|_{I_F = C} = \frac{k}{q} \ln \frac{I_F}{I_0} - \frac{kT}{qI_0} \frac{dI_0}{dT} \tag{3.23}$$

将式(3.22)代入得

$$\left. \frac{\partial V_F}{\partial T} \right|_{I_F = C} \approx -\frac{\frac{E_g}{q} - V_F}{T} \tag{3.24}$$

由此说明,在保持正向电流不变的情况下,pn 结的正向电压具有负的温度系数。利用 pn 结这一温度特性就可构成二极管或晶体管的温敏器件。

将硅晶体管的集电极和基极短路,若通过发射结的正向电流为 I_E,则正向电压 V_{BE} 为

$$V_{BE} = \frac{kT}{q} \ln \frac{I_E}{I_{ES}} \tag{3.25}$$

式中,I_{ES} 为集电极短路时发射结的反向饱和电流。其正向电压的温度特性和 pn 结的类似。但为了获得良好的线性,需利用两只 npn 晶体管的 V_{BE} 之差来补偿非线性,从而构成对偶晶体管温度敏感器件。

设两晶体管的发射结正向压降分别为 V_{BE1} 和 V_{BE2},其结面积分别为 A_{E1} 和 A_{E2}。由式(3.25),两者的正向压降之差为

$$\Delta V_{BE} = V_{BE1} - V_{BE2} = \frac{kT}{q} \ln \left(\frac{I_{E1}}{I_{E2}} \cdot \frac{I_{ES2}}{I_{ES1}} \right) = \frac{kT}{q} \ln \left(\frac{I_{E1}}{I_{E2}} \cdot \frac{A_{E2}}{A_{E1}} \right) \tag{3.26}$$

可以认为 $\dfrac{I_{ES2}}{I_{ES1}}=\dfrac{A_{E2}}{A_{E1}}$ 是与温度无关的量。只要选择好电路,使 I_{E1}/I_{E2} 为常数,则 ΔV_{BE} 与温度 T 是理想的线性函数。随温度升高,ΔV_{BE} 线性增加,对式(3.26)求导,并取 $A_{E1}=A_{E2}$,即得

$$\frac{\mathrm{d}\Delta V_{BE}}{\mathrm{d}T}=\frac{k}{q}\ln\frac{I_{E1}}{I_{E2}}(\mathrm{mV/K}) \qquad (3.27)$$

图 3.14 给出了简易温度敏感器件的电路图。选择两个性能匹配良好的晶体管管芯,将它们封装在同一管壳内,并将两管的基极和集电极短路,接成二极管,通过电位器调节两管的电流之比为常数,则由输出端电压表的读数就能求得温度值。

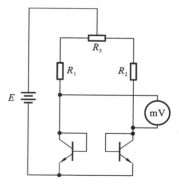

图 3.14　简易温度敏感器件的电路图

3.1.3　半导体热敏器件的典型应用

热敏电阻在家用电器、汽车、测量仪器、工业、农业等方面都有广泛的应用。

热敏电阻可以用于测量变化范围不大的温度,如海水温度、人体温度等。也能用于控制温度,特别是 PTC 和 CTR 热敏电阻,当它们工作在居里点附近时,可以直接用于测温、控温,如用于火灾报警、过热保护等。NTC 热敏电阻可以利用温度检测法等测定流体流速和流量。NTC 和 PTC 热敏电阻都可以利用元件在空气中和液体中的耗散系数不同的原理进行液位测量。家用电器中 PTC 热敏电阻可用于控制温度。电流通过元件会使元件温度升高,当温度超过居里点后,由 R-T 特性曲线可知,电阻值增大,则电流下降,相应元件温度亦降低,电阻值继续增大,电流继续降低,如此反复,可以起到自动调节温度的作用。利用 PTC 热敏电阻可做成恒流电路和恒压电路。通常电阻两端电压增加,其电流亦同时增加,而 PTC 热敏电阻具有负阻特性,因此将一般电阻与 PTC 电阻并联,可在某一电压范围内使电流不随电压变化而构成恒流电路。若 PTC 电阻与一般电阻串联,则可构成恒压电路。表 3.2 列举了一些热敏电阻的主要用途。

表 3.2　热敏电阻的主要用途

应 用 领 域	具 体 用 途
家用电器	冰箱恒温控制、电热水壶/电饭锅水位检测、湿度计
汽车	发动机过热检测、油箱油位检测、液位计
测量仪器	温度计、流量计、风速表、真空计
工业	限流器、温度监控传感器
农业	暖房培育温度检测、育苗恒温设备、烟草干燥检测

NTC、PTC、CTR 这三种热敏电阻的电阻率都随温度的变化而发生变化,但它们变化的方向不同,变化的机制也不完全相同。下面选取一些有代表性的实例进行介绍。

1. 温度测量

热敏电阻测温电路适用于遥测、小尺寸、微小温差、恶劣环境等情况。

图 3.15(a)所示的是最简便的测温电路。热敏电阻 R_T 的阻值随温度 T 而变化,知道了回路电流,即可求得阻值 R_T,进而即可测得温度 T。图 3.15(b)所示的是采用了热敏电阻的低噪声测温电路,它是桥式测温电路,因此测量精度更高。热敏电阻与普通电阻 R_1、R_2 组成电桥。当 $R_{T1}/R_1 = R_{T2}/R_2$ 时电桥平衡,运放输出为零。而温度变化时,电桥失去平衡,由运放产生电压输出,由此即可测得温度 T。该电路要求电阻 R_3、R_4、R_5、R_6 的精度为 0.1%,R_7、R_8 的精度为 1%。电容 C 是为减小电源噪声对输出的影响而加入的。还可利用由热敏电阻构成的温度频率变换电路,比如文氏振荡电桥,把温度变化变成频率变化,从而通过测定频率来测得温度。

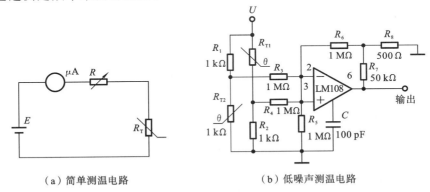

（a）简单测温电路　　　　　（b）低噪声测温电路

图 3.15　热敏电阻测温电路

2. 温度控制

图 3.16 所示的是一种热敏电阻式温度控制电路,它可用于电冰箱等的自动温度控制。图中,电阻 R_1、R_2、R_3、R_4 与 W 构成四臂电桥。电桥的一对角线接 16 V 的电源,另一对角线接晶体管 T_1 的发射结,W 为温度调节电位器。将 W 调定为某一阻值,若电桥平衡,则 A 点、B 点电位相等,此时 T_1 因发射结电压为零而截止,继电器 J 释放,压缩机停止运转。此后温度逐渐回升,热敏电阻 R_1 的阻值不断下降,电桥失去平衡,A 点电位随之高于 B 点电位,于是 T_1 的基极电流 I_b 逐渐增大,集电极电流 I 也随之增大,温度越高,I 越大。当 I 增大到为继电器 J 的吸合电流时,压缩机便接通启动。随后温度开始下降,R_1 增大,I_b 变小,I 也随之变小。当 I 小于 J 的释放电流时,压缩机便停止运转,温度再次回升。如此循环往复,便实现了温度自动控制。

图 3.17 中虚线框内的电路为电饭锅的自动保温控制电路。当锅内温度降至设定值（65 ℃）时,由于 R_T 阻值增大,使 A 点电位低于 B 点电位,T_1 截止,T_2 导通,T_3、T_4 处于开路状态。此时 SCR 获得触发电流而导通,因此保温加热器获得电流,电饭锅温度升高。当温度升到 70 ℃时,R_T 阻值降低,A 点电位高于 B 点电位,T_2 截止而 T_1 导通,T_3、T_4 也导通。于是 SCR 截止,保温加热器停止加热。如此交替动作,锅内温度可保持在 65～70 ℃。

3. 温度补偿

在电器、仪表中,常用热敏电阻补偿具有正温度系数的铜电阻,例如探伤仪的动圈电阻、阴极射线管的聚焦和偏转线圈电阻、磁电式仪表的动作线圈电阻等。由铜线绕制的线圈等,在环境温度变化时,电阻变化较多,会影响到电路的稳定或测量仪表精度。通常可用负温度系数热敏电阻进行温度补偿。将正温度系数的电阻（如线圈等）与负温度系数热敏电阻串联

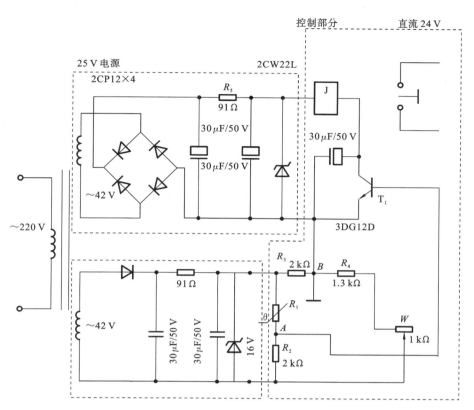

图 3.16　热敏电阻式温度控制电路

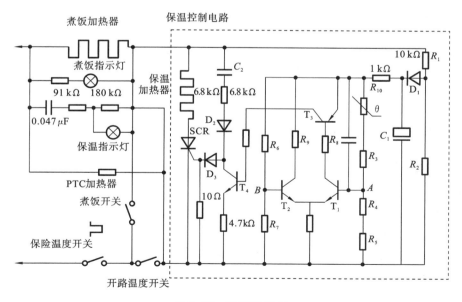

图 3.17　电饭锅电路

或并联,可使总的等效电阻在一定的温度范围内变化很小甚至几乎不变,如图 3.18 所示。其中,图 3.18(a)所示的是简单的串联补偿电路及电阻变化图,由图中曲线可知,串联总电阻在 10～20 ℃范围内几乎保持不变。图 3.18(b)所示的是串并联温度补偿电路及电阻变化图,由特性曲线可见,经补偿之后,总电阻在 0～60 ℃的范围内变化很小。图 3.18(c)和图 3.18(d)所示的分别是热敏电阻用于放大器态工作点和电视机偏转线圈的温度补偿电路。

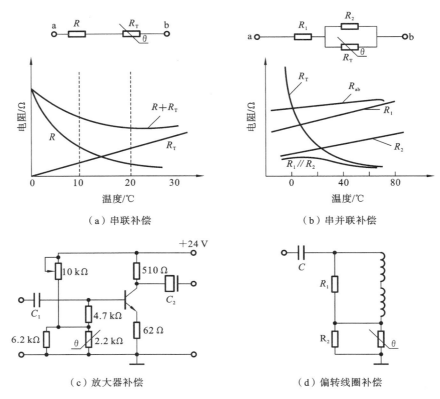

（a）串联补偿　　　　　　　　　　（b）串并联补偿

（c）放大器补偿　　　　　　　　　　（d）偏转线圈补偿

图 3.18　热敏电阻用于温度补偿

4. 过热保护

电机损坏的原因常常是超负荷、断相或电机的传动部分发生故障,以致电机绕组发热,当温度升高到超过电机的最高允许温度后,电机便烧毁。各种原因最终主要归结为发热,可利用对温度变化灵敏度高的正温度系数热敏电阻对电机作过热保护。采用开关型正温度系数热敏电阻效果更好,当温度在居里点以下时,其阻值随温度的变化很小,温度超过居里点后,其阻值急剧上升,其具有开关特性,更适于保护电路。图 3.19 所示的是一热敏电阻电机过热保护电路。分压器的分压比与热敏电阻的环境温度有关,当某一热敏电阻温度上升以致阻值增大到使分压点的电压达到单结晶体管的峰值电压时,单结晶体管导通,于是发出脉冲触发 SCR 导通,继电器动作,从而切断电动机电源,电机得到保护。

5. 集成温度传感器

传统的温度传感器(如热电偶、前面提到的传统热敏电阻等)虽然各自有着不可替代的优点,比如温度范围大(−200～1300 ℃),测量精度高(小于 0.1 ℃)等,但它们与主流的集

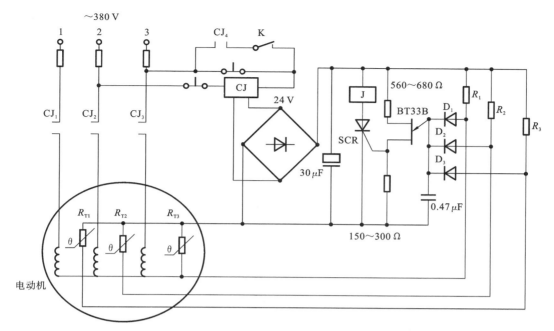

图 3.19　热敏电阻电机过热保护电路

成电路工艺不兼容,这制约了它们在微型化高端电子产品中的应用。与之相比较,以 CMOS
工艺为基础的集成温度传感器值得特别关注,随着设计技术的不断进步,CMOS 温度传感器
的面积更小、功能更加完善,便于快速高效地完成各种功能设计,实现更加小巧、可集成化的
温度传感器。

　　除了传统的温度测量,集成温度传感器还能提高片上系统(system on chip,SoC)芯片
的可靠性。近几年,集成电路产业一直遵循摩尔定律迅猛发展,技术的进步和特征尺寸的缩
小使得互连线间距越来越小,集成度也越来越高,导致功率密度变得更加难以管理,温度就
成为了芯片优化的重要问题。主要表现为:高温严重影响芯片的可靠性,例如温度升高成为
泄漏电流增加的主要原因,其中亚阈值电流的大小超过了隧穿电流和栅极泄漏电流,并且亚
阈值电流随着温度的升高而指数增大。这是一种恶性循环,将会对芯片性能造成很大的损
害,而且这种损害是不可恢复的。集成温度传感器可以实现对集成电路工艺温度特性的详
细分析,便于实时检测硅片温度,阻止由于温度升高而引发的系统故障。

　　总之,无论是人类的生产生活还是集成电路设计,集成温度传感器都有着出色的前景,
这也是未来温度敏感器件的重要发展方向。

◀ 3.2　半导体压敏器件 ▶

3.2.1　概述

当外加电压发生一定变化时,其特性参数产生急剧变化的元件称为电压敏感元件,简称

压敏元件。目前最常用的压敏元件是压敏电阻器。

压敏电阻器是利用半导体材料的非线性 V-I 特性制成的。当外加电压提高到某一临界值时,其阻值急剧减小。与其他非线性元件(如硒堆、稳压二极管等)相比,压敏电阻器具有温度系数小、电压范围宽(几 V 到上万 V)、耐冲击性强、寿命长、体积小及价格低等优点。因而,它在交、直流电路中常用作稳压、调幅、变频、非线性补偿及函数变换等自动控制元件,以简化线路,降低成本,提高整机工作的可靠性。

压敏材料的发现和利用是从单晶的压敏性开始的,从 20 世纪初到第二次世界大战前后陆续发现了金属与半导体(如:硒(Se)、氧化亚铜(Cu_2O)等)的接触、碳化硅(SiC)晶粒与氧化膜接触 pn 结、单晶硅 pn 结等具有压敏特性。最初只利用其单向导电性制成整流器,1930年将 SiC 用于制造避雷器。由于这些半导体压敏元件的非线性较差和能量吸收能力有限,不能满足电力系统和电子线路过压保护的需要,迫切需要研究开发非线性伏安特性优异、能量吸收能力强的压敏材料和元件。

氧化锌压敏电阻器虽然出现较晚(20 世纪 70 年代),但由于它与碳化硅压敏电阻器相比具有更多的优越性,因而后来居上,其应用范围远远超过碳化硅压敏电阻等老产品的。本章主要介绍氧化锌压敏电阻器。

1. 压敏元件的特性

压敏元件实际是一种伏安特性为非线性的元件。其阻值在外加电压增到某一数值以后急剧下降,所以其又称为压敏电阻器(压敏电阻)。不同类型的压敏元件的伏安特性曲线的形状有很大差别,这种差别表明它们偏离线性关系的程度不同,可用非线性指数来表征,如图 3.20 所示。

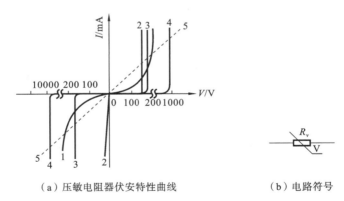

(a)压敏电阻器伏安特性曲线　　　　　　(b)电路符号

图 3.20　压敏电阻器伏安特性曲线及电路符号

1—SiC 压敏电阻器;2—稳压二极管;3,4—ZnO 压敏电阻器;5—线性电阻器

在通常工作范围内,电压、电流可表示为

$$V = CI^\beta \qquad\qquad (3.28)$$

$$I = KV^\alpha \qquad\qquad (3.29)$$

式中,$\alpha = \dfrac{1}{\beta}$;$K = \dfrac{1}{C^\alpha}$;α、β 为非线性系数;V 为施加在压敏电阻器上的电压,V;I 为流经压敏电阻器上的电流,A;C 为常数,其值为流经压敏电阻器的电流为 1 A 时的电压值;K 为常数,其值为加在压敏电阻器上的电压为 1 V 时的电流值。

非线性系数 α、β 是表示压敏电阻器特性的重要参数,它表示了压敏电阻器偏离欧姆定律的程度,α 越大或 β 越小,则压敏电阻器的非线性越强。例如:一般 SiC 压敏电阻器的 α 值为 3～7 时,ZnO 压敏电阻器的 α 值为 25～50。如果一个压敏电阻器的 α 值等于 5,当电压增加 10 倍时,阻值变为原来的万分之一,可见压敏电阻器的阻值对电压非常敏感。

2. 压敏电阻器的分类

压敏电阻器的种类很多,按材料的不同可分为碳化硅压敏电阻器;硅、锗压敏电阻器;金属氧化物压敏电阻器;其他材料(如 $BaTiO_3$,$SrTiO_3$)压敏电阻器等。按结构和制造过程可分为体型压敏电阻器、结型压敏电阻器、单颗粒层型压敏电阻器和薄膜型压敏电阻器。

(1)SiC(碳化硅)压敏电阻器。

以石英砂和焦炭为主要原料,加入一定的掺杂物,在氧化气氛中高温冶炼制成 SiC 晶体,并由此制成压敏电阻器,其非线性系数 α 可达 3～8。其非线性的伏安特性是由碳化硅粒子的接触性质随电压变化而改变形成的。SiC 材料便宜、工艺简单是其最大的优点。

(2)ZnO(氧化锌)压敏电阻器。

以 ZnO 为主要原料,添加少量的 Bi_2O_3、Co_2O_3、MnO_2、Sb_2O_3 等原料作为掺杂物,利用普通的陶瓷工艺方法制成压敏电阻器。ZnO 压敏电阻器根据结构又可分为结型和体型两类。

① 结型 ZnO 压敏电阻器是依靠金属电极与具有 n 型半导体性质的 ZnO 晶粒之间形成的界面势垒产生的压敏特性工作的。

② 体型 ZnO 压敏电阻器的压敏特性来源于 ZnO 晶粒之间相交处的接触界面的接触势垒,体型 ZnO 压敏电阻器的两电极之间串接了许多个 ZnO 晶粒且每两个晶粒之间的接触界面就是一个压敏单元。

体型 ZnO 压敏电阻器的结构如图 3.21 所示。小功率的体型 ZnO 压敏电阻器可做成圆片型、棒型、垫圈型。大功率的可用多个圆盘串联组合而成。为保证大功率压敏电阻体表面温度不超过最高允许温度,可加散热片。如图 3.22 所示,将多个具有高非线性系数的 ZnO 压敏电阻器的基片通过金属垫圈装入瓷管中,用弹簧压紧安装的高压稳定 ZnO 压敏电阻器,其管内用绝缘油密封。

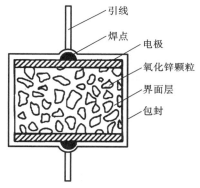

图 3.21　体型 ZnO 压敏电阻器结构示意图

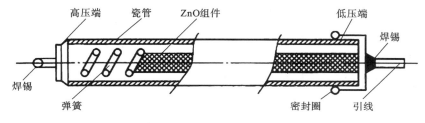

图 3.22　高压稳定用的 ZnO 电阻器结构示意图

（3）其他金属氧化物压敏电阻器。

除 ZnO 外,以其他金属氧化物为主要材料,再添加少量掺杂物制成的压敏电阻器主要有 Fe_2O_3 系、TiO_2 系、SnO_2 系、$BaTiO_3$ 系和 $SrTiO_3$ 系等。

这些金属氧化物压敏电阻器的特点是,压敏电压(标称电压)低、非线性指数不高、固有电容大,适用于低压高频电器,例如,录音机直流微电机消火花用的环状压敏电阻器就是以 TiO_2、SnO_2 为主要材料制成的。

3. 压敏电阻器的性能参数

（1）标称电压。

压敏电阻的电阻值随外加电压的变化而变化,所以它不宜用电阻值的大小来表示,而是用某一规定电流下的电压来表示。在正常环境下,压敏电阻流过某一规定的直流电流时的端电压,称为压敏电阻的标称电压,也称为压敏电压。

（2）漏电流。

作为浪涌吸收器用的压敏电阻,在没有瞬时过电压冲击时,也要承受正常的线路工作电压,这时流过压敏电阻的电流对系统来说是一种无谓功耗。因此希望这时的压敏电阻流过的电流越小越好,称这种电流为漏电流。一般规定在 75%(或 80%)的标称电压作用下的电流值为漏电流。

（3）压敏电阻器的 C 值。

流过压敏电阻器的电流为 1 A 时的电压值,称为压敏电阻器的 C 值。当已知压敏电阻器的 C 值和 β 值(或 α 值)时,就可应用式(3.28)和式(3.29)求出该电阻在任一电压(电流)值下的电流(电压)值。

（4）耐浪涌能力。

压敏电阻器的耐浪涌能力又称通流能力。电路工作中,由于各种原因的影响而产生一个比正常电路电压(电流)高出许多倍的瞬时电压 (或电流)称为浪涌。压敏电阻能承受的浪涌的最大程度称为耐浪涌能力。可用耐浪涌能量、耐浪涌电压或耐浪涌电流来表示,单位为 J/m^3、V/m、A/m^2。耐浪涌能力越大越好。

压敏电阻耐浪涌能力的大小与其本身的结构、材料和制作工艺有关,同时也和电脉冲的波形、持续时间及脉冲间隔有关。

（5）功率特性。

压敏电阻直流耗散功率可表示为

$$P = IV = CI^{\beta+1} \tag{3.30}$$

$$P = IV = KV^{\alpha+1} \tag{3.31}$$

可以看出,当电流增加时,功率增加不大;当电压增加时,功率随电压的 $(\alpha+1)$ 次幂增加。又由于压敏电阻器具有负的电阻温度系数,所以耗散功率增加,则电阻值下降,流经的电流增大,将会使耗散功率继续增加。因此,通常在技术条件中对最高使用电压(或称标称电压)、最大使用电流(或称标称电流)和允许最大功率都分别加以规定。使用时须将工作电压(或工作电流)严格限制在规定范围内。

（6）温度特性。

环境温度对压敏电阻器的特性有影响。实际应用中,使用电压温度系数较为方便。电压温度系数的定义为:当通过压敏电阻器的电流保持恒定时,温度每改变 1 ℃时电压的相对变化量，用 $\alpha_V(\text{℃}^{-1})$ 表示：

$$\alpha_V = \frac{V_2 - V_1}{V_1(T_2 - T_1)} \tag{3.32}$$

式中，V_1、V_2 分别为温度为 T_1、T_2 时的电压值。

电流温度系数的定义为：在电压恒定的条件下，温度每改变 1 ℃时电流的相对变化量。

（7）固有电容。

各类压敏电阻器都不同程度地存在着一定的电容量，这个电容量称为固有电容。固有电容的存在限制了它的高频特性，因此，一般压敏电阻器适用于低频范围。固有电容的大小与压敏电阻器的结构、尺寸、材料种类和制造工艺等因素有关，一般为 $10\sim50$ pF。表 3.3 示出了几种压敏电阻器的主要性能。

表 3.3　几种压敏电阻器的主要性能

种类	伏安特性	电压范围/V	非线性系数 α	电压温度系数/（%/℃）	耐浪涌能力
SiC	对称	$8\sim5000$	$3\sim8$	$-0.2\sim-0.1$	60 J/cm³
Si	对称或非对称	$0.6\sim1$	$12\sim20$	-3	几十 A/cm²
ZnO	对称或非对称	<6	>15	$\leqslant-0.2$	3000 A/cm²
		<1	$12\sim20$	$\leqslant-0.3$	
ZnO	对称	$0.6\sim50000$	>8，>50	-0.05	

（8）残压比。

指某一峰值脉冲电流通过压敏电阻时所产生的峰值电压与标称电压的比值。在强电流脉冲情况下，常用残压比来表示压敏电阻的伏安特性。对同一脉冲电流来说，若残压比较小，说明压敏电阻的非线性特性较好，反之，则说明其非线性特性不好。

3.2.2　压敏电阻的工作原理及典型应用

1. 工作原理

氧化锌压敏电阻是以 ZnO 为主要成分，采用陶瓷生产工艺制成的，其结构如图 3.23 所示。以 ZnO 为主要成分的几微米至几十微米的微粒被以 Bi_2O_3 为主要成分的添加物构成的晶界层所包围，正是这种晶界层赋予了压敏电阻非线性特性。因为对于 $1\sim10$ Ω·cm 的 ZnO 微粒，晶界层的电阻率达 10^{10} Ω·cm 以上，所以外加电压几乎都集中加在晶界层上。由于这种晶界层具有显著的非欧姆特性，因而可引起同齐纳二极管类似的急剧的电流倍增现象。

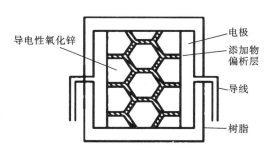

图 3.23　ZnO 压敏电阻的结构

这种压敏电阻随添加物种类的不同可制成低压用品种和高压用品种。其压敏电压可达几万伏。其非线性系数很大，可达 110 左右，且对极高的浪涌电压的允许电流很大。不仅可用于开关过电压的吸收,而且可用于雷电浪涌的吸收。尤其是它具有电压非线性好、电压温度系数小、使用电压范围宽等特点。因此,其被广泛用于各种装置的电路稳压、电流和电压的限制,以及各种半导体器件的过压保护等,是各种压敏电阻中应用最广、产量最大的一种。

碳化硅压敏电阻是把直径为 $100~\mu m$ 左右的 SiC 颗粒,混以适当的陶瓷质结合剂,加压成形后烧结而成的。碳化硅压敏电阻由 SiC 颗粒形成大量纵横连接的结构,其电压非线性特性是对称的,非线性系数为 3～7。这种压敏电阻的电压非线性,可认为是由 SiC 颗粒本身的表面氧化膜产生的接触电阻所引起的。元件的厚度不同可使压敏电压不同。由于其具有热稳定性好和耐压高(可达几万伏)的优点,其在继电器接点的消弧、电子电路的稳压和异常电压的吸收等方面得以广泛应用。其缺点是非线性系数低。

铁酸钡压敏电阻的压敏电压都在几伏以下,其非线性系数比碳化硅压敏电阻的高得多(可达 20 左右)。其还有并联电容大、寿命长、便于大量生产和价格便宜等特点。

2. 过电压保护原理

图 3.24 所示的为压敏电阻过电压保护原理图。

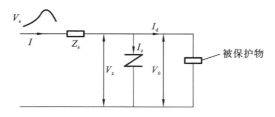

图 3.24　过电压保护原理图

V_s—过电压;Z_s—电源内阻;V_z—压敏电阻两端电压;V_0—被保护物的耐压水平

(1) 由线路内部操作因素或大气因素引起的过电压 V_s 沿线路传入后,压敏电阻 z 两端的电压为

$$V_z = V_s - IZ_s \tag{3.33}$$

(2) 对于具体的线路,Z_s 为定值,所以在一定的过电压 V_s 的作用下,V_z 与 I 有关。而当过电压出现后,流过压敏电阻的电流 I_z 远大于流过被保护物的电流 I_d,可以认为 $I \approx I_z$,这样有

$$V_z = V_s - I_z Z_s \tag{3.34}$$

(3) 在一般情况下,$V_z = V_a$(被保护物两端电压)。由式(3.34)可以看出,V_a 的大小完全取决于 V_z 和 I_z,即完全取决于压敏电阻的 $V\text{-}I$ 特性。

压敏电阻的 $V\text{-}I$ 特性可表示为

$$I_z = CV_z^\alpha \tag{3.35}$$

式中,C 为与配方工艺有关的常数;α 为非线性系数,一般大于 16。

(4) 由于压敏电阻器的接入,$I_z = I_s = \dfrac{V_s}{R_s}$,所以

$$V_z = \left(\frac{1}{C}\frac{V_s}{R_s}\right)^{\frac{1}{\alpha}} \tag{3.36}$$

因此,将过电压的幅值 V_s 降低到 V_z,若 V_z 小于被保护物的耐压水平 V_0,即可起到保护作用。

一般用 $\dfrac{V_0}{V_z}$ 表示保护比,其含义是保护水平的高低。

3. 能量吸收原理

在图 3.25 中,若无压敏电阻,当电感线圈 L 中流过电流 I 时,开关 K 突然拉开,这时,由于电感 L 内的电流不能突变,而又没有放电回路,但电感线圈存在匝间电容和对地电容,因此会产生 L 与这些杂散电容 C 的振荡,振荡波形如图 3.26 所示。当电压出现第一个峰值时,电感内原储存的能量几乎全部转移到杂散电容 C 内,其能量关系为

$$\frac{1}{2}LI^2 = \frac{1}{2}CU_{\text{峰}}^2 \quad \text{即} \quad U_{\text{峰}} = I\sqrt{\frac{L}{C}}$$

由于杂散电容量很小,所以 $U_{\text{峰}}$ 很大,有时可达工作电压的好几倍,往往使电感线圈的绝缘被破坏,或开关 K 重燃。

将压敏电阻接入后,在电感 L 放电的起始,由于压敏电阻还没有导通,所以仍向 C 充电,C 上的电压逐渐建立起来,当该电压达到压敏电阻的动作电压时,压敏电阻的等值电阻急剧减小到很小值,所以此后电感内的能量和杂散电容 C 内已储存的能量几乎全部被压敏电阻所吸收,由于压敏电阻具有良好的非线性,其不但将能量吸收,而且阻尼了振荡,使电感 L 两端的电压降下来。

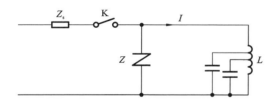

图 3.25　感性元件产生过电压原理图

图 3.26　振荡波形

4. 压敏电阻器材料

(1) ZnO 压敏电阻陶瓷材料。

ZnO 压敏电阻陶瓷材料,是压敏电阻陶瓷中性能较好的一种材料。它以 ZnO 为主要成分,添加 Bi_2O_3、CoO、MnO、Cr_2O_3、Sb_2O_3、TiO_2、SiO_2、PbO 等改性氧化物烧结而成。这种 ZnO 基掺杂改性的压敏陶瓷的 $I\text{-}V$ 特性曲线可分为三个区域(见图 3.27,这里用 $V\text{-}J$ 关系展示)。在图 3.27 中,Ⅰ区为低电流预击穿区;Ⅱ区为高 $I\text{-}V$ 非线性导电的击穿区;Ⅲ区为高电流的回升区。Ⅰ区呈线性,$I\text{-}V$ 特性是欧姆性的,呈高电阻值,受温度影响大,电阻温度系数为负数。Ⅱ区的电流密度为 $10^{-6} \sim 10^2$ A/cm^2,电流上升变化在 8 个数量级,而电压上升变化在 2 个数量级以内,呈现非线性。Ⅲ区的非线性很小,电流密度在 10^2 A/cm^2 以上;ZnO 晶粒上存在电压降而使 $I\text{-}V$ 特性曲线出现回升,非线性下降;当电流密度为 10^3 A/cm^2 时,又几乎呈线性关系。

在 ZnO 中加入 Bi、Mn、Co、Cr 等氧化物改性,这些氧化物大都不是溶于 ZnO 中,而是偏析在晶界上形成阻挡层。ZnO 压敏陶瓷的显微结构由三部分组成:由主晶相 ZnO 形成的导

电良好的 n 型半导体晶粒;晶粒表面形成的耗尽的内边界层;添加物所形成的绝缘晶界层。内边界层与晶粒形成肖特基势垒,晶粒与晶粒之间形成 n 型晶粒-内边界层-绝缘层-内边界层-n 型晶粒的 n-c-i-c-n 结构,其能带结构示意图如图 3.28 所示。当外加电压达到击穿电压时,高场强(大于 10^5 kV/m)使界面中的电子穿透势垒层,引起电流急剧上升,其通流容量由 ZnO 的晶粒电阻率决定。

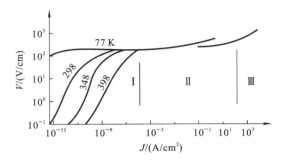

图 3.27 ZnO 基压敏陶瓷的 I-V 特性曲线　　　图 3.28 ZnO 压敏陶瓷的能带结构示意图

ZnO 压敏电阻陶瓷材料的性能参数与 ZnO 半导体陶瓷的配方有密切关系。下式是目前生产过程中使用的典型组分之一:

$$(100-x)\text{ZnO}+\frac{x}{6}(\text{Bi}_2\text{O}_3+2\text{Sb}_2\text{O}_3+\text{Co}_2\text{O}_3+\text{MnO}_2+\text{Cr}_2\text{O}_3)$$

式中,x 为添加物的摩尔分数。

当工艺条件不变时,改变 x 值,则产品的 C 值随 r 的增加而增加。当 $x=3$ 时,α 值出现最大值($\alpha=50$),这时 C 值为 150 V/mm。α 和 C 值随 x 值的变化可参见表 3.4。

表 3.4　α 和 C 值随摩尔分数 x 值的变化

添加物的摩尔分数 x/(%)	非线性系数 α	非线性电阻 C 值/(V/mm)	添加物的摩尔分数 x/(%)	非线性系数 α	非线性电阻 C 值/(V/mm)
0.1	1	0.001	15.0	37	310
0.3	4	40	20.0	20	700
1.0	30	80	30.0	3	106
3.0	50	150	40.0	1	109
6.0	48	180	100.0	1	109
10.0	42	225			

在 ZnO 压敏电阻器的制造过程中,最重要的是要保证生产工艺上的均匀一致性,特别是烧结工艺对压敏电阻器的性能影响最大,因此应根据产品性能参数的要求来选择烧结温度。图 3.29 所示的是当 $x=3$ 时产品的 α 和 C 值与烧结温度的关系。由图可知,C 值随烧结温度的增加而下降,这是由于晶粒长大造成的。在 1350 ℃附近,α 值出现峰值,这与 Bi_2O_3-Cr_2O_3 的四方相转变为 β-Bi_2O_3 和 δ-Bi_2O_3 相有关。随着这种相的转变,α 值逐渐增大,当烧结温度高于 1350 ℃时,由于富铋相消失,α 值急剧下降。

在 ZnO 压敏材料的研究和应用日益成熟的同时,材料研究者也在对其他压敏材料系统进行了研究,如研究 Nb_2O_3 掺杂的 TiO_2 陶瓷材料的压敏性。最新研究还发现了另一种新型压敏电阻材料,即 CoO 和 Nb_2O_3 掺杂的 SnO_2 多晶陶瓷。同时,进一步通过实验探讨了 Bi_2O_3、SiO_2、MgO 等掺杂对 $SnO_2\text{-}CoO\text{-}Nb_2O_3$ 材料性能的影响,报道了 $SnO_2\text{-}CoO\text{-}Ta_2O_3$ 材料系统的压敏性。有关 SnO_2 陶瓷的实验,为压敏电阻器的研究开创了新的局面。

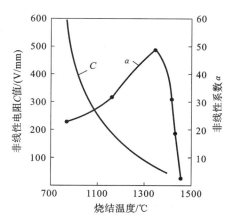

图 3.29　烧结温度对 ZnO 元件的非线性影响

(2) SiC 和 $BaTiO_3$ 压敏电阻陶瓷材料。

SiC 压敏电阻是应用 SiC 颗粒接触的电压非线性特性的压敏电阻,其非线性指数 α 值为 3～7,压敏电阻的 V_c 可达 10 V 以上。SiC 压敏电阻的电压非线性,可以认为是由组成电阻元件的 SiC 颗粒本身的表面氧化膜产生的接触电阻所引起的,元件的厚度不同可改变 V_c 的大小。

由于 SiC 压敏电阻的热稳定性好,能耐较高电压,因此其首先应用于电话交换机继电器接点的消弧,近来又作为电子电路的稳压元件和异常电压控制元件得到广泛应用。

$BaTiO_3$ 压敏电阻是利用了添加了微量金属氧化物而半导体化的 $BaTiO_3$ 系烧结体跟银电极之间存在的整流作用的正向特性的压敏电阻。在 $BaCO_3$ 和 TiO_2 具有等量摩尔分数的混合物中添加微量 AgO、SiO_2、Al_2O_3 等金属氧化物,加压成型后,在 1300～1400 ℃ 的惰性气体中烧结,即可获得电阻率为 0.4～1.5 $\Omega \cdot cm$ 的半导体。在此半导体的一个面上,于 800～900 ℃ 下在空气中烧覆银电极,在另一面上制成欧姆电极。由于 $BaTiO_3$ 的半导体特性,其压敏电阻被限制在几伏以下,$BaTiO_3$ 压敏电阻不仅具有比 SiC 压敏电阻大得多的非线性指数,而且具有并联电容大(0.01～0.1 μF)、寿命长、价格便宜、易于大量生产等优点。

(3) $SrTiO_3$ 压敏电阻材料。

近来发展了一种 $SrTiO_3$ 压敏电阻器。它是以 $SrTiO_3$ 为基础,添加少许 Nb_2O_5、Y_2O_3 等杂质使之半导化,在 1200～1500 ℃ 还原气氛(H_2,N_2)中烧结后,再在 900～1200 ℃ 下氧化处理获得的。它具有静电容量大(3300～27000 pF,比 ZnO 材料大 10 倍以上)、非线性系数适中(约为 20)等多种特性,应用范围广。

用 $SrTiO_3$ 材料制备的电容器具有高频噪声吸收功能和前沿快速脉冲噪声吸收功能。用其制作的压敏元件具有浪涌电流吸收功能和自我恢复功能,因而用这种材料制成的元件,在电路中既具有电容器的功能,可吸收高频噪声,又有压敏电阻的吸收浪涌电流的功能,因而它是一种多功能元件。

3.2.3　半导体压敏器件的典型应用

压敏电阻的用途很广。其主要用途是在各种电气设备和电子线路中抑制浪涌。大家知道,在电路中经常会出现各种浪涌。它们是由原先储存的能量突然释放而引起的。这种能量可能是电路本身储存的,当电路发生换路动作时释放出来,也可能是存在于电路之外的,通过耦合或其他途径侵入电路。最常见的是雷电引起的浪涌、电感电路中电流引起的浪涌和静电电压等。其暂态冲击电压的幅值可高出电路正常工作电压的几倍乃至几百倍,从而造成电路器件击穿、电接点跳火,或产生噪声,也可能会使计算机和控制系统误动作或在化工、火药生产过程中引起爆炸等。用压敏电阻将浪涌限制在允许的范围内,可降低对设备的绝缘等级和对器件耐压的要求,可延长开关、继电器、有刷电机等机电产品的工作寿命,可防止电火花或静电引起的爆炸及干扰,可提高系统的可靠性等。此外,压敏电阻还可用于高压稳压、非线性补偿和自动增益控制等。

1. 与几种过电压保护器件的比较

(1) 与二极管、稳压管的比较。

二极管和稳压管可在工作电流以内(比压敏电阻在电源电压下的电流大得多)长期稳定地工作,稳压效果很好,对过电压来讲,其保护水平也很高,如它的动作电压比电静电压仅高20%～40%。但它的弱点是短时大电流特性差,响应速度慢,并且抗陡脉冲的能力也差,而压敏电阻恰在这几个方面特性很好,其通流量为数千安至数万安,响应速度在 50 ns 以内。另外,压敏电阻无极性,而二极管和稳压管都具有极性。

(2) 与阻容的比较。

在吸能方面两者差不多,但其保护水平比阻容要好得多,另外其价格也便宜。

(3) 与放电间隙的比较。

放电间隙的优点是在电源电压下没有损耗,可起到电路的隔离作用,但其缺点是放电后有截波产生,通流能力也较小。

2. 过电压保护

(1) 雷击保护。

雷击会引起大气过电压,它们大多属于感应性过电压。雷击对输电线路放电产生的过电压称为直接雷击过电压,其电压值特别高,可达 $10^2 \sim 10^4$ V,造成的危害极大。因此,对于室外的电力系统和电器设备,必须采取措施防止过电压。

采用 ZnO 压敏电阻避雷器消除大气过电压非常有效。一般将其与电气设备并联连接。若电气设备要求残压很低,可采用多级保护。图 3.30 所示的是利用 ZnO 避雷器消除大气过电压的几种常用保护电路。图 3.30(a)是三相电气设备与 ZnO 避雷器的连接方法,图 3.30(b)是电磁阀控制系统与 ZnO 避雷器的连接方法,图 3.30(c)是电源与负载之间 ZnO 避雷器的连接方法。

(2) 开关保护。

带感性负载的电路突然断开时,其过电压可超过电源电压的若干倍。过电压会造成接点间的电弧和火花放电,从而损坏接触器、继电器、电磁离合器等触头,缩短设备使用寿命。压敏电阻在高电压时具有分流作用,因此可用于在触点断开的瞬间防止火花放电,从而保护触点。压敏电阻保护开关或触头的连接方法如图 3.31 所示。压敏电阻与电感并联时,开关上的过电压等于电源电压与压敏电阻残压之和,压敏电阻吸收的能量为电感储存的能量。而压敏电阻与开关并联时,开关上的过电压等于压敏电阻的残压,压敏电阻所吸收的能量要

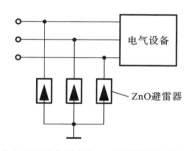

（a）三相电气设备与ZnO避雷器的连接方法

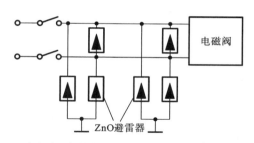

（b）电磁阀控制系统与ZnO避雷器的连接方法

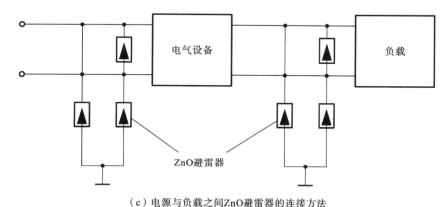

（c）电源与负载之间ZnO避雷器的连接方法

图 3.30　压敏电阻用于电气设备避雷

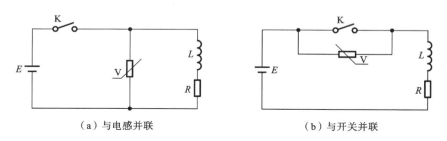

（a）与电感并联　　　　　　　　（b）与开关并联

图 3.31　压敏电阻用于开关保护

略大于电感储存的能量。

（3）器件保护。

为防止半导体器件工作时由于某种原因产生过电压而被烧毁,常使用压敏电阻加以保护。图 3.32 所示的即为压敏电阻保护晶体管的应用电路。在晶体管集电极与发射极之间,或在变压器的初级并联压敏电阻,能有效地抑制过电压对晶体管的损伤。在正常电压下,压敏电阻呈高阻状态,只有极小的泄漏电流。而当承受过电压时,压敏电阻迅速变为低阻状态,过压能量以放电电流的形式被压敏电阻吸收。浪涌电压过后,当电路或元件承受正常电压时,压敏电阻又恢复高阻状态。

对晶闸管或二极管来说,一般将压敏电阻与其并联或者令其与过电压电路并联。而且应使重复动作及非重复动作的反向电压均大于压敏电阻的残压。

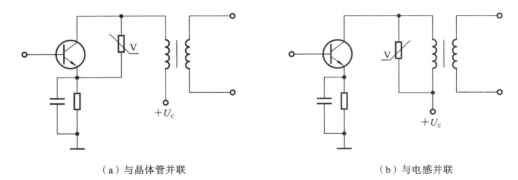

（a）与晶体管并联　　　　　　　　　　　（b）与电感并联

图 3.32　晶体管的过压保护电路

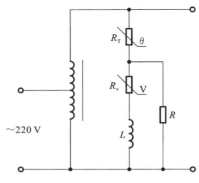

图 3.33　彩色电视接收机的消磁电路

3. 其他电路应用

（1）消磁电路。

图 3.33 所示的是彩色电视接收机中的一种消磁电路。其中,R_T 为正温度系数热敏电阻,R_v 为压敏电阻,L 是消磁线圈,R 是普通电阻。当电源刚接通时,由于 R_T 阻值很小,压敏电阻 R_v 上的电压很高,因而 R_v 阻值也很小,于是有很大的电流流过消磁线圈。随着 R_T 温度的急剧上升,R_T 阻值增大,R_v 电压降低,R_v 的阻值也增大,使电流迅速减小,直至得到一个很小的电流值。从而在消磁线圈中得到振幅随时间衰减的消磁电流。

（2）稳压电路。

如图 3.34 所示,当输入电压 U_1 的大小发生变化时,由于压敏电阻伏安特性的非线性,流经负载电阻 R_L 的电流变化很小。因此,输出电压 U_0 的变化率小于输入电压 U_1 的变化率。所以,压敏电阻在此电路中起到了稳压作用。

（3）倍增电路。

如图 3.35 所示,当输入电压 U_1 增大或减小 ΔU 时,若两只电阻均为普通电阻,则电压变化率 $\Delta U_0/U_0 = \Delta U_1/U_1$;当 R_1 为压敏电阻时,由于它具有类似于稳压管的稳压特性,输入电压的变化 ΔU_1 几乎全部到达输出端,使得 $\Delta U_0/U_0 = \Delta U_1/U_1$,从而该电路可起到电压变化倍增作用。

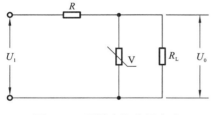

图 3.34　压敏电阻稳压电路

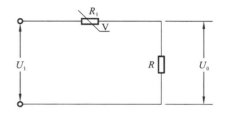

图 3.35　电压变化倍增电路

几种高压压敏电阻的主要参数见表 3.5。

表 3.5 几种高压压敏电阻的主要参数

型 号	额定电压 /kV	标称电压 /kV	漏电流 /μA	电压温度 系数/ (%/℃)	工作温度 /(℃)
MYG-3	3	4.8～5.8			
MYG-6	6	10～11	≤30		−40～85
MYG-10	10	17.5～19.5			
ZNR-LXQ$_1$-Ⅰ	3	5.6～6.5			
ZNR-LXQ$_1$-Ⅱ	6	10.5～11.5	≤30	≤0.1	−40～40
ZNR-LXQ$_1$-Ⅲ	10	18.5～19.5			
MYG4-30	0.5～7.5			≤0.1	−55～125
		4～30	≤10	≤0.05	

注：用于工作在高压条件下的交流电机、变压器 、开关柜、真空开关和防爆开关等的过压保护。

◀ 3.3 半导体力敏器件 ▶

3.3.1 概述

半导体力敏器件是近三十年发展起来的新型压力敏感器件。1954 年 Smith 发现了半导体锗和硅的压阻效应以后,1956 年研制成了硅体型半导体压力传感器。20 世纪 60 年代末出现了扩散膜片式半导体压力传感器,进入 20 世纪 70 年代,这种以硅为衬底,采用集成电路工艺方法的固态压力传感器得到了广泛的研究和迅速发展。目前,已制造出包括外围电路在内的电容式、应变电阻式压力传感器,内含温度补偿电路的差压或静压式复合传感器及压力传感器阵列,机器人触觉传感器等,在"集成化"、"智能化"方面也有了新的发展。

力学量通常包括物体的质量、比重、张力、应力、位移、转矩、转数、速度、加速度,液体和气体的流速、流量、液位、压强等,其范围是相当广泛的。力敏器件对力学量的检测及控制可根据多种原理来实现,例如通过压阻效应,金属电阻丝或半导体电阻因拉伸或压缩形变而导致阻值变化;通过磁致伸缩效应,强磁体发生应变时其磁性发生变化;或是通过石英、电气石等晶体、钛酸钡及高分子材料受应力后表面产生静电的压电现象等都可检测力的大小。还可利用弦受力后振动频率的变化来测量力的大小及分布。对于速度、转数等动态力学量的测量,以往大多采用机械方式进行,而今,电磁式和光电式检测方法已得到广泛应用。利用了光弹性、多普勒效应的力敏传感器是 20 世纪 80 年代才发展起来的,其作为不干扰被测对象的非接触型测量仪受到了广泛的重视。传统的力敏传感器有"波尔洞管"和波纹管式机械传感器,常用的有金属膜片及金属应变仪等。

力敏器件是用于测量力、速度、加速度等力学量的器件。力敏传感器有机械式、电阻式、电容式、电感式、电流式和压电式等多种形式,性能各异。不同类型的力敏器件的工作原理、使用材料、特性参数和制作工艺各不相同。其中,以扩散硅为核心的半导体压力敏感器件在近十余年来发展尤为迅速。本章重点论述半导体材料的压阻效应、硅压力敏感器件的原理及相关集成电路的知识。

1. 轴向应力和应变

对于力学量的测量通常与机械应力有关。当对一个表面施加一个力时,称表面受到应力。应力的平均值等于所加的力 F 除以力作用的面积 A,即

$$\sigma = F/A \quad (\text{N/m}^2 \text{ 或 Pa}) \tag{3.37}$$

垂直于表面的力称作轴向力或法向力,并产生轴向或法向应力。按惯例,拉应力为正,压应力为负。

在应力作用下,材料会产生压缩(或拉伸)形变,应变 ε 就是这种形变的度量。在材料的弹性极限范围内,其值等于物体长度的变化量 ΔL 除以其原长度 L,即

$$\varepsilon = \Delta L/L \tag{3.38}$$

微应变较为常用,指 $\varepsilon \times 10^{-6}$。

对于服从胡克定律的材料,形变与载荷成线性关系。载荷与应力成正比,并且形变与应变成正比,所以应力和应变成线性关系,比例常数就是材料的弹性模量或杨氏模量,通常以符号 Y 表示。

$$Y = \text{应力}/\text{应变} = \sigma/\varepsilon \quad (\text{N/m}^2) \tag{3.39}$$

材料的弹性模量越大,对于给定的应力,形变就越小,因而材料就越硬。而"软"材料在一定应力作用下,将产生明显形变,弹性模量相当小。

例如,Si 的弹性模量为 190 GPa($1\ \text{Pa} = 1\ \text{N/m}^2$),$SiO_2$(石英)的弹性模量为 73 GPa。需要指出的是,晶体材料的弹性模量与晶向有关,表现为各向异性。

2. 剪应力和剪应变

剪应力是由施加平行于物体表面的力而产生的应力,剪应力用符号 τ 表示。

$$\tau = F/A \quad (\text{N/m}^2 \text{ 或 Pa}) \tag{3.40}$$

剪应变与物体形变后的边及物体形变前的对应边之间的角度有关,如图 3.36 所示。与轴向受力时的情况一样,剪应变与剪应力成线性关系,比例常数 G 称作剪切弹性模量,$G = \tau/\gamma = (F/A)/(\Delta X/L)\ (\text{N/m}^2)$。

对各向同性材料来说,剪切弹性模量 G 与(拉伸)弹性模量 Y 的关系如下:

$$Y = 2G(1+\mu) = 3K(1-2\mu) \tag{3.41}$$

式中,μ 为泊松比(有时也用 ν 表示泊松比);K 为体积弹性模量,$K = (F/A)/(\Delta V/V)(\text{N/m}^2)$。

体积弹性模量代表相同压力作用下,材料体积的变化。一般来讲,固体具有较大的 K 值。例如,对于铝,$K = 7 \times 10^{10}\ \text{N/m}^2$;对于钢,$K = 14 \times 10^{10}\ \text{N/m}^2$。

3. 泊松比

当物体受到一个轴向载荷作用时,在载荷方向上会产生形变,在垂直于载荷方向上也会产生形变,如图 3.37 所示。

在这种情况下,存在两种应变:① 轴向应变(ε_l),$\varepsilon_l = \Delta L/L$;② 横向应变($\varepsilon_t$),$\varepsilon_t = \Delta D/D$。轴向应变是拉应变,横向应变是压缩应变($\varepsilon_l$ 和 ε_t 有相反的符号)。泊松比就是横向

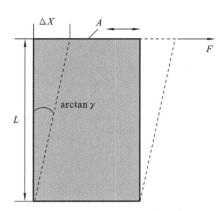

图 3.36　剪应力与剪应变示意图

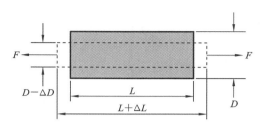

图 3.37　对长方体施加拉力引起的尺寸变化

应变和轴向应变的比率。

$$\mu = 横向应变/轴向应变 = -\varepsilon_t/\varepsilon_1 = -(\Delta D/D)/(\Delta L/L) \tag{3.42}$$

μ 总是正值,对于大多数材料,泊松比的典型值是 $0.2 \sim 0.5$,大部分金属材料的泊松比约为 0.3,橡胶的泊松比接近 0.5。

4. 应力张量

弹性体内某一点的应力,要用由 9 个应力分量组成的应力张量来描述。假想在弹性体内取一正平行六面微分体,整个弹性体可以看成是由无数小微分体组成的。若正平行六面微分体足够小,则其各面上的应力矢量便相当于通过其内部一点作用在这些面上的应力矢量。选择坐标系的 3 个轴 1、2、3 与正平行六面微分体的 3 个棱边平行,则各个面上的应力矢量均可用如图 3.38 所示的应力分量来表示。

平面 $ABCD$ 上的应力分量为 σ_{11}、σ_{12}、σ_{13},平面 $CDEF$ 上的应力分量为 σ_{21}、σ_{22}、σ_{23},平面 $ADEG$ 上的应力分量为 σ_{31}、σ_{32}、σ_{33}。其中,σ_{11} 为作用在平面 1 上指向平面 1 法向(方向 1)的应力分量,σ_{12} 为作用在平面 1 上指向平面 1 切向(方向 2)的应力分量,σ_{13} 为作用在平面 1 上指向平面 1 的切向(方向 3)的应力分量,其余面上依此类推。正平行六面体上另外 3 个平面上的应力分量与上述 3 个平面上的应力分量对应相等,方向相反,从而保证弹性体内各点的内力平衡。这样,只需要引入上述 9 个应力分量就可以完全给出正平行六面微分体的应力分布。当微分体的体积足够小时,上面 9 个分量每个都与 2 个方向有关,而每个方向上只有 3 个分量,因此这 9 个应力分量构成一个二阶张量,可表示为

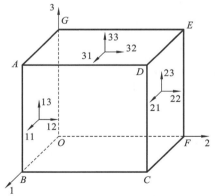

图 3.38　立方体各面上的应力分布

$$\boldsymbol{\sigma} = \begin{bmatrix} \sigma_{11} & \sigma_{12} & \sigma_{13} \\ \sigma_{21} & \sigma_{22} & \sigma_{23} \\ \sigma_{31} & \sigma_{32} & \sigma_{33} \end{bmatrix} \tag{3.43}$$

由于弹性体中任意正平行六面体不仅满足内力平衡条件,而且满足内力矩平衡条件,因

此有

$$\sigma_{12}=\sigma_{21}, \quad \sigma_{23}=\sigma_{32}, \quad \sigma_{13}=\sigma_{31} \tag{3.44}$$

式(3.44)就是切应力成对定律的数学表示,由此可知,应力张量是二阶对称张量,独立的应力分量只有 6 个。为了表示应力分量只有 6 个独立分量,把应力张量的 2 个下标按下列规定缩写成一个下标:

$$11 \to 1 \quad 22 \to 2 \quad 33 \to 3 \quad 23=32 \to 4 \quad 31=13 \to 5 \quad 12=21 \to 6$$

并用一列矩阵表示为

$$\boldsymbol{\sigma}=\begin{bmatrix} \sigma_1 \\ \sigma_2 \\ \sigma_3 \\ \sigma_4 \\ \sigma_5 \\ \sigma_6 \end{bmatrix} \tag{3.45}$$

式中,σ_1、σ_2、σ_3 称为法向应力分量;σ_4、σ_5、σ_6 称为切向应力分量。应力单位为 Pa,通常张应力取正值,压应力取负值。

3.3.2　半导体压阻器件的工作原理

制造半导体压力传感器的基本原理是硅晶体的压阻效应。压阻型压力传感器的工艺成熟且与集成电路工艺相兼容。可在芯片上制备各种电路,并配合温度补偿技术克服半导体器件温度影响大的弱点。本节主要讨论半导体中的压阻效应。

1. 压阻效应

材料的电阻随应力而变化的现象称为压阻效应。固体受到外力的作用其电阻发生变化主要基于两方面的因素。一方面是形状的变化,包括长度和截面积的变化,金属的压阻效应主要是这种形状变化所引起的。另一方面是电阻率的变化,半导体的压阻效应主要是由电阻率的变化所引起的。而且,半导体的压阻效应具有明显的各向异性,当沿晶体某一晶向施加压力或拉力,沿与施力方向平行或垂直两个方向测电阻率时,两方向电阻率的变化将是不同的。若沿不同的晶向施力,其电阻率的变化又将各异。这可由半导体能带结构理论予以说明。

（1）n 型硅中的压阻效应。

锗、硅等半导体的能带结构是随外加应力而变化的。以 n 型硅为例,其导带等能面是极值沿[100]方向的六个旋转椭球面。当沿 x 轴即[100]方向施加压力,则该方向的晶体被压缩,晶格间距减小,在垂直于 x 轴方向的[010]和[001]方向上晶体被伸长,晶格间距增大;导致能带结构发生相应变化,禁带宽度随压力的增加而减小,x 轴能谷底下降,即极值降低,该方向等能面与极值的能值差增大;y 轴和 z 轴的能谷底上升,极值升高,等能面与极值的能值差减小,如图 3.39 中虚线所示。结果,y 轴和 z 轴上能谷中能量较高的电子将转移到 x 轴上能量较低的能谷中去,使[100]能谷中的电子增多,[010]和[001]能谷中的电子减少。然而,[100]方向的电导率并不增加,而是减小。这是因为电子的有效质量与导带的曲率($\partial E/\partial K$)

成反比,在导带等能面为椭球时,电子纵向有效质量 m_L 和横向有效质量 m_t 不同,沿椭球长轴方向的纵向曲率小,电子的有效质量 m_L 大,垂直于长轴方向的横向曲率大,电子的有效质量 m_t 小,即 $m_L > m_t$。由公式 $\mu = q\tau/m^*$ 知,纵向迁移率 μ_L 小于横向迁移率 μ_t,即 $\mu_L < \mu_t$。因此,对 x 轴施加单轴压力,并沿同一方向通电流,载流子在[100]能谷内沿与长轴平行的纵向漂移,在[010]和[001]能谷内沿与长轴垂直的方向漂移,电子向低能谷转移后使迁移率为 μ_L 的电子增多,为 μ_t 的减少,故 x 轴方向的电导率减小,即电阻率增大。相反,若沿与施力方向垂直的 y 轴或 z 轴方向通电流,载流子在[100]能谷内将沿与长轴垂直的方向漂移,在[010]和[001]能谷内沿与长轴平行的方向漂移,即迁移率为 μ_t 的电子增多,为 μ_L 的减少,故半导体的电导率增大,相应电阻率减小。

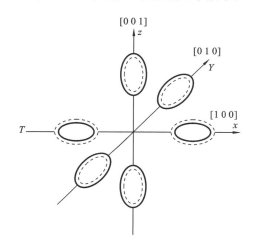

图 3.39　硅等能面及其变化

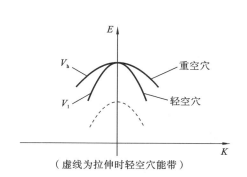

（虚线为拉伸时轻空穴能带）

图 3.40　p 型硅受拉伸应力时,重空穴和
轻空穴能带向相反方向移动

（2）p 型硅中的压阻效应。

硅的价带顶存在 3 个能带,不受力时,重空穴能带 V_h 和轻空穴能带 V_l 在价带顶简并。另外,还有一个分裂带。晶体受拉伸作用时,价带顶能带的简并度取消,V_h 和 V_l 的极大点向相反方向移动,如图 3.40 所示。这就造成了轻、重空穴浓度的变化,重空穴能带 V_h 向上移动,重空穴浓度增大;轻空穴能带 V_l 向下移动,轻空穴浓度减小。分裂能带 V_s 对压阻效应没有贡献。因为价带的空穴总浓度不变,故有

$$\Delta P_h = -\Delta P_l > 0 \tag{3.46}$$

p 型硅电导率的变化为

$$\Delta\sigma = q\Delta P_h(\mu_{ph} - \mu_{pl}) = q^2 \Delta P_h <\tau> (1/m_{ph}^* - 1/m_{pl}^*) < 0 \tag{3.47}$$

式中,重空穴的有效质量 $m_{ph}^* = 0.49 m_0$;轻空穴的有效质量 $m_{pl}^* = 0.16 m_0$。

在承受拉应力时,电导率降低,而在承受压应力时,电导率升高,这就是 p 型硅中压阻效应的起因。

半导体的压阻效应具有明显的各向异性,沿晶体某一方向施加作用力,再沿相同或不同的方向通电流,并测电流方向上的电阻率,发现电阻率的变化量随力或电流方向不同而不同。

2. 应变灵敏度

设样品长度为 L_0,截面积为 S_0,电阻率为 ρ_0,电阻 $R_0 = \rho_0 L_0 / S_0$。沿长度方向施加外力

F, 则单位截面所受力(即应力)为 $\sigma = F/S_0$。由于应力的作用,样品的电阻率、长度和截面积均发生变化,从而导致电阻值变化,相对变化率应为

$$\frac{\Delta R}{R_0} = \frac{\Delta \rho}{\rho_0} + \frac{\Delta L}{L_0} - \frac{\Delta S}{S_0} = \frac{\Delta \rho}{\rho_0} + \frac{\Delta L}{L_0}\left(1 - \frac{\Delta S/S_0}{\Delta L/L_0}\right) \tag{3.48}$$

式中,纵向的相对变化率 $\Delta L/L_0$ 称为纵向应变 ε,即

$$\varepsilon = \frac{\Delta L}{L_0} \tag{3.49}$$

它与应力成比例,有

$$\sigma = Y\varepsilon \tag{3.50}$$

式中,Y 是材料的杨氏模量,单位为 Pa。设横向线度为 r_0,则横向应变为

$$\Delta r/r_0 = \Delta S/2S_0 \tag{3.51}$$

横向应变和纵向应变之比称为泊松比,在这里用 ν 表示,由于形变过程中,如纵向压缩,则横向增宽;如纵向伸长,则横向变窄,故比值应取负号。即

$$\nu = -\frac{\Delta S/2S_0}{\Delta L/L_0} \tag{3.52}$$

电阻率的相对变化率由下式确定:

$$\frac{\Delta \rho}{\rho_0} = \pi T \tag{3.53}$$

式中,π 称为压阻系数,它表示单位应力作用下电阻率的相对变化率。由以上各式,可将式(3.48)化为

$$\frac{\Delta R}{R_0} = (1 + 2\nu + \pi Y)\varepsilon \tag{3.54}$$

单位应变 ε 下电阻的相对变化率定义为应变灵敏度,用 K 表示,则

$$K = \frac{\Delta R/R_0}{\varepsilon} = 1 + 2\nu + \pi Y \tag{3.55}$$

对于金属,一般有 $\Delta \rho/\rho_0 \ll 1$,故式(3.55)中的 πY 可忽略不计,即得

$$K_M = 1 + 2\nu \approx 2 \tag{3.56}$$

对于半导体,一般有 $\Delta \rho/\rho_0 \gg 1$,故 $1 + 2\nu$ 可忽略不计,有

$$K_S \approx \pi Y \tag{3.57}$$

3. 压阻系数

由以上分析可知,半导体的压阻效应可表示为

$$\frac{\Delta R}{R_0} = \frac{\Delta \rho}{\rho_0} = \pi T \tag{3.58}$$

只要知道压阻系数 π 和施加的应力 T 就能求出半导体样品的电阻变化。

然而,如前所述,半导体的压阻效应具有明显的各向异性。相对于晶轴的坐标系,压阻系数 π 将随应力方向和电流方向的不同而不同。当施力方向和电流方向相同时,称为纵向应力,以 σ_L 表示,这时所具有的压阻系数称为纵向压阻系数,以 π_L 表示。当施力方向和电流方向垂直时,称为横向应力,以 σ_t 表示,这时所具有的压阻系数称为横向压阻系数,以 π_t 表示。因此,当沿样品某一晶向施加应力 T,产生的纵向应力和横向应力分别为 σ_L 和 σ_t,则该晶向方向的电阻变化率由下式给出:

$$\frac{\Delta R}{R_0} = \pi_{\mathrm{L}}\sigma_{\mathrm{L}} + \pi_{\mathrm{t}}\sigma_{\mathrm{t}} \tag{3.59}$$

严格说来,任意晶向的压阻系数需要用四阶张量 π_{ijkl} 来表示,下标 i、j 表示电阻率变化量分量的方向,k、l 表示外力引起的应力分量的方向。共有 81 个分量。由于晶体的对称性及各应力分量的特点,对于 Ge、Si 等具有立方对称性的晶体,最终只有三个独立分量 π_{11},π_{12} 和 π_{44}。π_{11} 表示沿晶体[100]方向施加应力,并沿该方向通电流时所具有的压阻系数,其属于纵向压阻系数。π_{12} 表示沿晶体[100]方向施加应力,并沿与之垂直的[010]方向通电流时所具有的压阻系数,其属于横向压阻系数。π_{44} 称为剪切压阻系数,为切应力在剪切平面内所产生的压阻效应。其他各方向下的压阻系数都可按一定公式由这三个压阻系数计算得到。

室温下,由实验所测得的 Ge 和 Si 的压阻系数列于表 3.6 中。

表 3.6　Ge 和 Si 的压阻系数(π 的单位为 $\times 10^{-11}\ \mathrm{Pa}^{-1}$)

材料类型	π_{44}	π_{11}	π_{12}	$\dfrac{\pi_{11}+\pi_{12}+\pi_{44}}{2}$	$\dfrac{\pi_{11}+\pi_{12}-\pi_{44}}{2}$	$\dfrac{\pi_{11}+2\pi_{12}+2\pi_{44}}{3}$
n-Ge	-137.9	-4.7	-5.0	-73.8	66.2	*-96.8
p-Ge	98.6	-10.6	5.0	46.5	*52.1	*65.5
n-Si	-13.6	-102.2	*53.4	-31.2	*-17.6	*-7
p-Si	138.1	6.6	-1.1	71.8	*-66.3	*93.5

注:表中带 * 的数据为按公式计算的值。

由表 3.6 可以看出,p-Si 的 π_{11}、π_{12} 较小,π_{44} 较大;n-Si 的 π_{44} 较小,π_{11} 和 π_{12} 较大(比较绝对值)。一般 $|\pi|$ 比 1 大得多,而应变灵敏度和压阻系数 π 成正比,故半导体的灵敏度系数是很大的,比金属的要大几十倍,对于某些特定的晶向,甚至可大上百倍。而且压阻系数可正可负,则应变灵敏度可正可负,因此,在一定电路形式下,可获得最佳灵敏度输出。

3.3.3　电阻式硅膜片压力敏感器件的工作原理

单晶硅具有明显的压阻效应,其机械性能也十分优良,杨氏模量为 $1.67 \times 10^{11}\ \mathrm{Pa}$,断裂强度为 $3 \times 10^{8}\ \mathrm{Pa}$,过载能力通常在 250% 以上,无滞后,无蠕变和塑性形变,是制造弹性膜片式压敏器件的好材料。在硅单晶片表面沿一定晶向用扩散或离子注入的方法形成力敏电阻,并构成电桥电路,用机械或化学腐蚀的方法将硅片加工成硅杯,制成极薄的随压力产生挠曲的弹性膜片,将这种电阻式硅膜片固定在底座上,即装置成硅压力敏感器件。

1. 电桥原理

压力通过硅膜片可直接转换成电阻的变化,但要达到对压力准确而方便的检测,必须借助一定的电路形式。由四臂电阻构成的惠斯登电桥能灵敏地反映应力所导致的电阻变化;又能有效地消除扩散电阻本身的不均匀性及电阻温度系数的影响。电桥电路如图 3.41 所示。当电桥采用恒流源供电即保持电流 I 不变时,输出电压

$$V_0 = \frac{R_1 R_3 - R_2 R_4}{R_1 + R_2 + R_3 + R_4} \cdot I \tag{3.60}$$

同理,如采用恒压源供电(即 E 不变),则

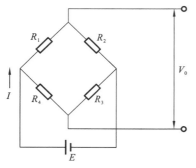

图 3.41　惠斯登电桥电路

$$V_0 = \frac{R_1 R_3 - R_2 R_4}{(R_1 + R_2)(R_3 + R_4)} \cdot E \qquad (3.61)$$

若使桥臂四电阻 $R_1 = R_2 = R_3 = R_4 = R$，则在无应力作用时，$V_0 = 0$。

当外力作用在硅膜片上时，各电阻都将发生变化，使电桥失去平衡。如能利用硅单晶压阻效应的各向异性，使 R_1、R_3 均增加 ΔR，R_2、R_4 均减小 ΔR，则在恒流源供电，且已满足 $R_1 = R_2 = R_3 = R_4$ 的条件时，由式(3.60)，电桥输出

$$V_0 = \Delta R \cdot I \qquad (3.62)$$

恒压源供电时，有

$$V_0 = \frac{\Delta R}{R_0} E \qquad (3.63)$$

这时，电桥输出电压最高，具有最大灵敏度。

2. 膜片形状及电阻配置

硅膜片既是承压应变元件，又是应力-电阻变换元件。现实所使用的硅膜片有两种形状——圆形和矩形。采用机械方法，圆膜容易加工成型；而由于硅具有各向异性，且用腐蚀技术能加工各种微细精巧的形状，又能准确控制尺寸的大小，矩形膜也开始流行。

对于圆膜，在加工时又可分为 C 形加工和 E 形加工，如图 3.42（a）所示。根据 Timoshenko 的圆形薄片弹性理论，对于半径为 a，膜厚为 h 的硅圆膜片，压力 P 引起的径向应力和切向应力分别为

$$\sigma_r = \frac{3Pa^2}{8h^2}\left[(1+\nu) - (3+\nu)\frac{r^2}{a^2}\right] \qquad (3.64)$$

$$\sigma_\theta = \frac{3Pa^2}{8h^2}\left[(1+\nu) - (1+3\nu)\frac{r^2}{a^2}\right] \qquad (3.65)$$

式中，ν 为泊松比，对于硅，$\nu_{si} = 0.35$，r 为膜片上任意点的位置。图 3.42（b）示出了应力分布曲线，由图可见，膜片应力分布是非线性的。膜片中心径向应力和切向应力相等，均为正值，周边处均为负值，即硅圆膜片同时存在正、负两个应力区。若在膜片上选择一定的晶向和区域布置四个电阻，就能满足全桥电路对电阻的要求。

如选择(100)晶面，电阻布置在 $[110]$ 和 $[1\bar{1}0]$ 晶向，则由表 3.6 可知，对于 p-Si，因 π_{11}、π_{12} 可忽略不计，故 $\pi_L \approx |\pi_t| = \frac{\pi_{44}}{2}$（即大小相等、符号相反）。由式(3.59)，有

$$\frac{\Delta R}{R} = \frac{\pi_{44}}{2}(\sigma_L - \sigma_t) \qquad (3.66)$$

那么只要使纵向应力和横向应力差最大，就可使应力引起的电阻变化率最大，即灵敏度最高。

对于一个沿圆的半径方向的电阻，径向应力 σ_r 即是纵向应力 σ_L，切向应力 σ_θ 即是横向应力 σ_t，则

$$\sigma_L - \sigma_t = \sigma_r - \sigma_\theta = -(1-\nu)\frac{3}{4}\frac{Pr^2}{h^2} \qquad (3.67)$$

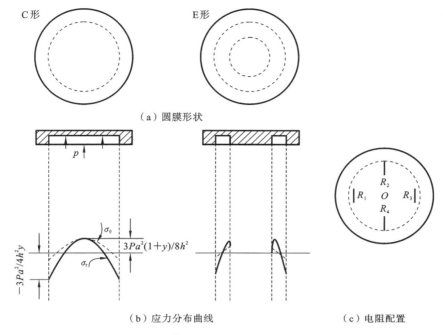

（a）圆膜形状

（b）应力分布曲线

（c）电阻配置

图 3.42　圆膜形状、应力分布曲线及电阻配置

对于一个垂直于圆的半径方向的电阻，与上述情况相反，切向应力乃是其纵向应力，径向应力才是其横向应力，故

$$\sigma_{\text{L}} - \sigma_{\text{t}} = \sigma_{\theta} - \sigma_{\text{t}} = (1 - \nu) \frac{3}{4} \frac{Pr^2}{h^2} \qquad (3.68)$$

而且在膜片边缘处，应力差 $|\sigma_{\text{L}} - \sigma_{\text{t}}|$ 具有最大值。故此，采用图 3.42（c）所示的方法布置桥路电阻，R_1、R_3 符合式（3.68），R_2、R_4 符合式（3.67）。两对电阻都具有最大的应力差，其绝对值相等，符号相反。满足全桥电路对四臂电阻受应力变化的要求。

矩形膜又分正方膜和长方膜，其应力分布比圆形膜的复杂。

设正方膜边长为 $2a$，膜中心为坐标原点，x 轴、y 轴分别和两边平行。通过数学计算可得出膜上各点应力分量之差的分布曲线，如图 3.43（a）上图所示，各边中点附近，纵向应力和横向应力差具有最大值，其值由下式确定：

$$\sigma_{\text{L}} - \sigma_{\text{t}} = 1.23 \frac{Pra^2}{h^2} (1 - \nu^2) \qquad (3.69)$$

靠近膜中心位置，应力差 $\sigma_{\text{L}} - \sigma_{\text{t}}$ 很快下降。因此，力敏电阻的配置应如图 3.43（a）下图所示，电阻应置于正方形膜片四条边的中心附近，方能获得最大灵敏度，其晶向选择仍同圆膜的，取 $[110]$ 和 $[1\overline{1}0]$ 方向。

长方膜的应力差分布曲线如图 3.43（b）上图所示，其应力差在膜的边缘、中心均具有最大值，且中心区域的应力差比边缘区域的小，变化缓慢。若以其下降到最大值的一半作为可利用区域的边界，设长方膜的长度为 $2b$，可利用的区域为 $1.2b$，宽度为 $2a$，可利用的范围达 $0.8a$。因此，长方膜的电阻可采用图 3.43（b）下图所示的方法布置。膜片中心可利用的区域大，适宜制作尺寸较大的电阻以获得高的电阻精度。电阻位置偏移引起的灵敏度下降较

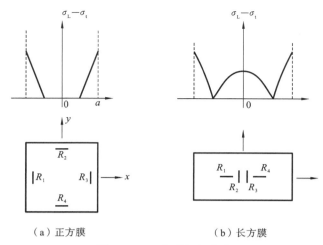

（a）正方膜　　　　　　　　（b）长方膜

图 3.43　正方膜与长方膜

小,电阻的长度可达到圆膜和正方膜的三倍。此外,电阻在中心,不会因电阻靠近边缘而出现偏移出硅膜的情况。这些特点使长方膜在高精度、微小型力敏电阻电桥的设计中显示出优越性。

3. 材料的导电类型及晶向

测量表明,p-Si 的电阻随应力变化的线性及温度特性比 n-Si 好。图 3.44 所示的为 p-Si 和 n-Si 的电阻随应变而变化的特性比较。一般选择 p 型扩散层为应变电阻,以 n 型硅为衬底,形成电阻和衬底间的 pn 结隔离。并要求 pn 结反向击穿电压大于 50 V,且击穿特性好,漏电流在 10 A 以下,故衬底电阻率一般取 8～12 Ω·cm。只有好的隔离效果才能保证器件的稳定性、可靠性。

如前所述,一般选择(100)晶面为加工面,两对电阻分别布置在 [110] 及 [1 $\overline{1}$ 0] 晶向,以保证高的灵敏度,这是指四只电阻布置在同一应力区内。如果将四只电阻布置在不同的应力区,则选择(110)晶面,各电阻排列均取 [1 $\overline{1}$ 0] 晶向,如图 3.45 所示。其纵向压阻系数 π_L 为 $1/2\pi_{44}$,横向压阻系数 π_t 为 0。

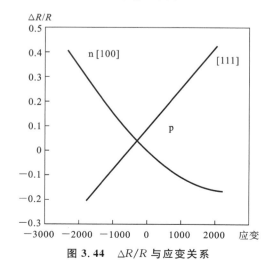

图 3.44　$\Delta R/R$ 与应变关系

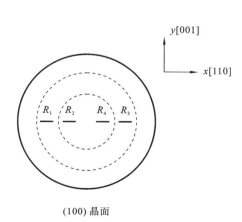

(100)晶面

图 3.45　不同应力区内的电阻布置

4. 芯片尺寸

硅单晶力敏芯片的选择原则是在满足一定量程和精度的前提下,兼顾整体体积的缩小及制作工艺。

一般圆形芯片可取直径 8 mm,厚度 1 mm,中间膜片直径取 4 mm,则硅杯壁厚 2 mm,再适当选择膜片厚度 h,就能满足 $0.5 \sim 50$ kg/cm^2 量程范围内各系列力敏传感器的要求,保证线性度和强度,芯片尺寸示意如图 3.46 所示。

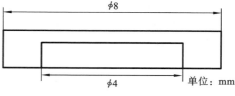

图 3.46 芯片尺寸示意

膜片厚度是决定力敏器件灵敏度、线性度及稳定性的关键。而灵敏度和稳定性又相互矛盾,还需考虑机械强度和滞后等的影响。取硅的断裂强度为其极限强度,并取安全系数 $5 \sim 6$,则硅膜片最大允许应力

$$\sigma_m = \frac{1}{5} \times 3 \times 10^9 = 6 \times 10^8 \text{ Pa}$$

则

$$h = a\sqrt{3P/4|\sigma_a|} \tag{3.70}$$

σ_a 为 $r = a$ 处(即边缘处)的应力,取 $|\sigma_a| = \sigma_m$,则

$$h = 35a\sqrt{P} \tag{3.71}$$

式中,a 为膜片半径(mm),P 为被测压力最大值(kg/cm^2)。则由式(3.71)求出的膜片厚度 h 的单位为 μm。如 $a = 2$ mm,$P = 5$ kg/cm^2,则 $h = 156$ μm。

5. 力敏电阻的设计

力敏电阻可用扩散法或离子注入法制成。它们在膜片上的位置确定后,还需考虑扩散电阻的形状、尺寸及扩散结深等。

扩散结深主要影响 pn 结隔离效果,结深 x_j 大些,有利于击穿电压的提高,一般取 $3 \sim 4$ μm。电阻阻值由几百欧到数千欧,主要取决于用户要求,如阻抗匹配、电源高低、输出大小等。扩散电阻一般设计成条状,阻值由下式确定:

$$R = R_\square \frac{L}{W} \tag{3.72}$$

式中,$R_\square$、L、W 分别为扩散层方块电阻、条长、条宽。而

$$R_\square = \frac{1}{q\mu_p N_A X_i} \tag{3.73}$$

式中,N_A、μ_p 分别为硼扩层的平均杂质浓度及空穴迁移率。由于 μ_p 随温度升高而减小,故 $R_\square$ 随温度升高而增大,则硼扩电阻具有正温度系数。μ_p 又与 N_A 有关,N_A 高些,μ_p 变化就小,而且压阻系数随温度变化也小,故 N_A 宜取高些。但 N_A 低些,压阻系数就大些,这对于提高灵敏度有利。要在稳定性和灵敏度间综合考虑以确定 $R_\square$,一般在 100 Ω 以下。

电阻条的 L、W 要根据阻值、功耗、膜片尺寸等因素来确定。当阻值一定时,W 大些,有利于自身的散热,允许功耗增大,也可降低对光刻制版的要求。但 W 过大,面积增大,会受到膜片尺寸的限制。在一定电流 I 下,消耗在电阻上的功耗 P_s 应受到限制,一般 $P_s < 5$ μW/μm^2。电阻条宽 W 可由下式估算:

$$W = I\sqrt{\frac{R_\square}{P_s}} \tag{3.74}$$

$R_\square$、W 确定后，L 也就由式（3.72）随之而定。如 $R = 5\text{ k}\Omega$，$W = 20\ \mu\text{m}$，$R_\square = 100\ \Omega$，则 $L = 1000\ \mu\text{m}$。考虑到硅膜片的尺寸，有效应力区小，须使硼扩层离膜片边缘一定距离，一般要将电阻设计成二折、三折或多折，如图 3.47 所示。零压力时，总的阻值就要考虑拐角及端头的修正。

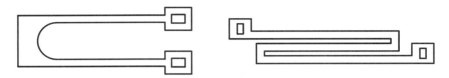

图 3.47　电阻设计图形

硅力敏电阻的制作要从各个环节保证四个电阻的一致性，以减小零位电压及温漂，提高线性。

加工硅杯要严格检测槽深，保证膜片厚度等的均匀性，尽可能减小误差，以保证力敏电阻的精确与稳定。

6. 测量电路

压阻式传感器常用的测量电路如图 3.48 所示。图中的电阻电桥由压阻式膜片上的扩散电阻组成。晶体管 T_1 和 T_2 组成复合管，与 D_1、D_2、R_1 和 R_2 组成恒流源电路。恒流源电路为电桥提供不随温度变化的恒定的工作电流。T_3、T_4 是结型场效应管，它们与 R_4 和 R_3 构成两个源级跟随器，将传感器电路的前、后级隔离，使后级运放 A 的闭环增益不受电桥输出电阻影响。同时，由于场效应管源级输出器输入阻抗很高，电桥的负载接近无穷大，近似于开路输出。运放 A 构成的是差动放大器。

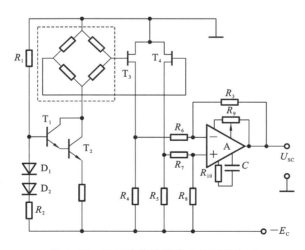

图 3.48　压阻式传感器常用的测量电路

7. 压阻式力传感器

硅晶体有良好的弹性形变和显著的压阻效应，利用硅的压阻效应可以制成灵敏度高、动态响应快、测量精度高、稳定性好的力传感器。

采用集成电路技术制造力传感器的核心力敏芯片,使力传感器的性能更加优良,易于小型化和批量生产,把应变电阻条、补偿电路,甚至计算机处理电路集成在一块硅片上,这使压阻式力传感器获得了更广泛的应用。

压阻式力传感器的灵敏度高、精度高、频率响应好、体积小,这使得它在航空、航海、石油、化工、生物医疗、地质等广大领域得到应用,其可用于压力、拉力、质量、应变、流量、加速度等物理量的检测。

(1) 压力传感器。

压力传感器分为表压传感器、绝对压力传感器、差压传感器三大类。本节只介绍表压传感器和绝对压力传感器。

① 表压传感器。

以大气压力为传感器基准压力的压力传感器称为表压传感器,其结构如图 3.49 所示。压阻式半导体压力传感器由硅压阻膜片、引线及壳体等组成,其核心部分为圆形硅压阻弹性膜片,在膜片上扩散四个力敏电阻。圆形硅膜片背面用腐蚀方法直接加工成硅杯。硅膜片把传感器自然分成两个腔室,被测压力接高压腔,大气和低压腔相接。外力作用在膜片上时,膜片各点产生应力形变,四个桥臂电阻在应力作用下阻值发生变化而使电桥失去平衡,并有相应的电压输出,通过此输出值可得到作用压力的大小。

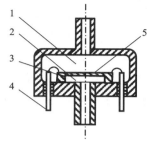

图 3.49　固态压力传感器结构

1—低压腔;2—高压腔;3—硅杯;4—引线;5—硅膜片

② 绝对压力传感器。

绝对压力传感器以绝对真空为基准,所测出的压力称为绝对压力,与表压传感器的不同点在于基准参考腔为真空(压强小于 10^{-2} Pa)。图 3.50 所示的是一种简单的绝对压力传感器,是在金属弹性片上粘贴硅压阻应变片(半导体应变片),组成一个桥式电路。用真空焊接技术把金属膜片封装于规定的真空要求的外壳中,并将桥电路用引出线引出。在环境压力作用下,金属膜片发生形变,应力使得硅压阻应变片电阻值发生变化,桥路失衡,产生与外界压力成正比的电压输出。

(2) 压阻式加速度传感器。

图 3.51 所示的是结构为悬臂梁的压阻式加速度传感器,用硅材料做成悬臂梁,其自由端装有敏感质量块,梁的根部附近扩散四个电阻成为桥电路。当悬臂梁的质量块受外界加速度的作用而产生惯性力,使悬臂梁受到弯矩作用,产生应力时,梁根部上的扩散电阻条阻值发生变化,而使电桥失衡,输出与外界加速度成正比的电压信号。

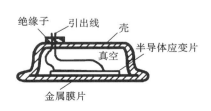

图 3.50　半导体应变片式绝对压力传感器结构

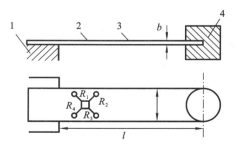

图 3.51　压阻式加速度传感器结构

1—硅梁基座;2—压阻元件;3—硅梁;4—质量块

悬臂梁所受的应力与质量块的质量 m，悬臂梁的长 L、宽 b、厚 h 有关，悬臂梁根部受到的应力为

$$t = (6mL/bh^2)a \tag{3.75}$$

式中，a 为加速度。

压阻式加速度传感器的结构简单、外形小巧、性能优越，尤其是可测低频加速度。它除了在航空领域中用于飞行器风洞试验和在飞行试验中用于多种振动参数的测试外，在工业部门可用于发动机试车台参数的测试，特别是可很好地用于从 0 Hz 开始的低频振动。高速自动绘画仪笔架消振器的核心元件是两只小型压阻式加速度传感器。在建筑行业，可用于监测高层建筑在风力作用下的摆动、大跨度桥梁的摆动。在体育运动和生物医学等方面，也需要大量的小型加速度传感器。随着自动化技术和微机技术深入各领域，对低频振动和过载测试的需求更加广泛，因此小型化的压阻式加速度传感器将会有更快的发展。

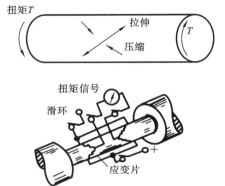

图 3.52　应变片式扭矩传感器

（3）扭矩传感器。

利用硅弹性膜片的压阻效应，可以把扭矩转变成电信号，这类传感器就是扭矩传感器，图3.52 所示的是扭矩传感器的结构示意图。扭矩传感器由薄壁圆筒作为弹性元件，半导体力电转换应变膜片为敏感元件。当薄壁圆筒一端固定，另一自由端受到扭矩 T 作用后，发生形变，产生应变与应力，使扭矩转变为电信号。应变片构成一个电桥电路，并且电阻条与筒的轴线成 45°角，用黏结剂贴牢，壳体是弹性元件（即薄壁圆筒的支承体），同时也起保护作用。

（4）流体流量传感器。

流体在管道中流过时，管道内设有节流孔板，流体在流动过程中受孔板的阻力，使流速发生变化，在孔板两侧产生一个压力差，此压力差可用压阻式传感器检测出来。

当流量一定时，管道的截面积与流体流速的乘积为一常数，因此流体流过节流孔板时节流孔板两侧会产生一个压力差，流量越大，则压力差越大，用流量传感器通过压力差检测流体的流量。

3.3.4　压敏二极管及压敏晶体管的工作原理

实验发现，半导体材料的禁带宽度随外加应力而变化。其中，只有 Si 的禁带宽度压缩系数为负，其他（如 Ge、InSb、GaAs 等）的都为正。对于杂质半导体，虽然多数载流子浓度不随应力而变，但因禁带宽度 E 变化会导致本征载流子浓度随应力有很大变化，故"少子"浓度也随应力而变，那么 pn 结的伏安特性将随外加应力的变化而变化。

1. 压敏二极管

利用 pn 结的伏安特性随外加应力的变化而变化这一特性来检测压力大小的二极管称为压敏二极管。图 3.53(a)示出了硅压敏二极管的伏安特性。由图可见，随着压力的增加，导通电压明显降低，单向导电性也发生改变。采用在 pn 结附近划线的方法可提高 Si 划线

压敏二极管的灵敏度,其线性也较好,如图 3.53(b)所示。

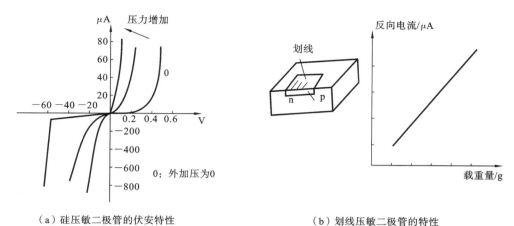

（a）硅压敏二极管的伏安特性　　　　　　　　　（b）划线压敏二极管的特性

图 3.53　硅压敏二极管的伏安特性和划线压敏二极管的特性

此外,异质结二极管、齐纳二极管、隧道二极管、金属-半导体接触二极管等都可用来构成压敏二极管。用 n 型 CdSe 蒸发膜和 p 型 Se 蒸发膜制成的异质结压敏二极管的灵敏度可达 1000,比硅单晶力敏电阻的灵敏度还高得多。齐纳二极管作为压敏二极管具有灵敏度高、温度系数小的特点,选择击穿电压为 5～6 V 时施加单轴应力,可使其温度系数为零。

2. 压敏晶体管

在晶体管发射结施加局部压力,由于发射结伏安特性随压力而变化,即发射极电流会变化,将导致集电极电流也随压力而变。于是,在共射连接时,可由集电极电流的变化来测量压力的大小。这就是压敏晶体管的工作原理。

在发射结上施加局部压力的方法有两种。一是用探针在结附近施加压力;二是把发射区和发射结部分做成小台面,测量时用平面硬质加压体加压于这一微小面积的台面上。前者使器件结构简单,但因测量时局部压力过大易致器件损坏,且由于加压位置不同会使器件特性变坏从而影响重复性。后者则可使重复性得以改善。

压敏晶体管具有体积小、灵敏度高的特点,可制成压力计、微型开关等,尚存在耐受应力较小及可靠性欠佳的缺点。

3. MOSFET 力敏器件

MOS 场效应器件在饱和区域工作时,沟道区表面存在着导电的反型层,因此在源漏电压作用下有源漏电流出现。当源漏电压一定时,电流的大小反映了表面反型层电阻的大小。原则上讲,MOS 器件的表面沟道电阻和体电阻一样也是应力灵敏的。因此,处于饱和区域工作的 MOS 器件,其源漏电流也是应力灵敏的。利用这一性质可以制作出 MOS 场效应力敏器件。

MOSFET 力敏器件的压阻系数相当大,且具有可以通过改变栅源电压 U_{GS} 来调节其温度系数的好处(例如,在 $-20 \sim 120$ ℃温度范围内,可以做到温度系数只有 $200 \times 10^{-6} /$℃),只要解决了器件的重复性和稳定性问题,这种器件是很有潜力的。

4. 半导体声电传感元件

声电传感元件实质是压力-电传感元件,它把声波的振动能量转换为电能,这种转换是可逆的。硫化镉、硒化镉、氧化锌等Ⅲ-Ⅴ族化合物半导体材料不仅有压电性能,而且当声波能与电子耦合时具有放大信号的作用。

在 3.2 kV/cm 以上的电场中,砷化镓半导体的电子迁移率表现出微分负阻性能,即具有负电导率。一方面产生强电场区,另一方面将电气信号放大,同时还兼有压电性质,从而能做成有源的超声波传感器。

5. J-FET 力敏器件

结型场效应晶体管(J-FET)力敏器件是利用其沟道电阻的压阻效应制成的。J-FET 的沟道电阻由下式确定:

$$R = \frac{L}{2q\mu_n N_D (a-x) W} \tag{3.76}$$

式中,L、W、a 分别为沟道的长、宽、厚,x 为耗尽层厚;N_D 为施主掺杂浓度。当外加电压一定时,x 一定,则 R 一定,漏极电流 I_D 也一定。在外施压力作用下,R 将因迁移率 μ_n 等参数的变化而改变,故 I_D 将随压力的大小而变化。其灵敏度较高,在合适的工作电压下,具有零温度系数。

3.3.5　半导体力敏器件的典型应用

半导体力敏器件的应用主要包括半导体应变片及力学量传感器。

半导体应变片可以粘贴或烧结在机械梁上做成传感器。半导体应变片可以作为压力、位移、液位、流量、荷重、压差和加速度传感器。通过集成电路工艺把半导体应变片、放大器、信号处理器等制作在一块硅片上,可以实现集成化传感器。

1. 电阻应变片的工作特性和主要参数

为了正确选用电阻应变片,应该对其工作特性和主要参数进行了解。

(1) 应变片电阻值。

指未安装的应变片,在不受外力作用的情况下,于室温条件下的电阻值(原始电阻值),单位以 Ω 计。应变片电阻值(R_0)已趋标准化,有 60 Ω、120 Ω、350 Ω、600 Ω、1000 Ω 和 1200 Ω 等各种阻值的,其中以 1200 Ω 的最为常用。

(2) 绝缘电阻和最大工作电流。

应变片绝缘电阻是指已粘贴的应变片的引线与被测试件之间的电阻值,通常要求为 50~100 MΩ。不影响应变片工作特性的最大电流称为最大工作电流。工作电流大,输出信号就大,器件灵敏度也就高。但是电流过大时,会使应变片发热、变形,甚至烧坏,零漂、蠕变也会增加。工作电流在静态测量时一般为 25 mA,在动态测量时可取 75~100 mA。如果散热条件好,则电流可适当大一些。

(3) 灵敏系数。

电阻应变片的电阻-应变特性与金属单丝的不同,须用实验方法对应变片的灵敏系数(K)进行测定。测定时将应变片安装于试件(泊松比 $\mu = 0.285$ 的钢材)表面,在其轴线方向的单向应力作用下,且保证应变片轴向与主应力轴向一致的条件下,测定应变片的阻值相对变化与试件表面上安装应变片区域的轴向应变之比,即 $K=(\Delta R/R)/(\Delta l/l)$,而且对于一批产品只能进行抽样(5%)测定,取平均 K 值及允许公差值为应变片的灵敏系数,有时称其为"标称灵敏系数"。K 值的准确性将直接影响测量精度,其误差大小是衡量应变片质量优劣的主要标志,同时要求 K 值尽量大而稳定。

（4）横向效应。

示意图如图 3.54 所示。应变片粘贴在被测试件上时,由于其敏感栅是由 n 条长度为 l_1 的直线段和栅端部的 $n-1$ 个半径为 r 的半圆弧组成的,若该应变片承受轴向应力而产生纵向拉应变 ε_x,则各直线段的电阻将增加,但在半圆弧段则受到从 $+\varepsilon_x$ 到 $-\mu\varepsilon_x$ 之间变化的应变,其电阻的变化将小于沿轴向安放的同样长度的电阻丝电阻的变化。最明显的是在 $\theta=\pi/2$ 的圆弧段处,由于单向拉伸,除了沿此轴的拉应变外,按泊松关系同时在垂直方向产生负的压应变 $\varepsilon_y=-\mu\varepsilon_x$,此处电阻不仅不会增加,反而会减小。由此可见,将直的金属丝绕成敏感栅后,虽然长度不变,但应变状态会改变,应变片敏感栅的电阻变化比直的金属丝要小,其灵敏系数降低了,这种现象称为应变片的横向效应。

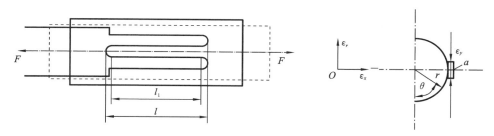

图 3.54　横向效应示意图

为了减小横向效应带来的测量误差,一般采用短接式或直角式横栅,现在更多的是采用锚式应变片,可有效克服横向效应的影响。

（5）蠕变和零漂。

粘贴在试件上的应变计,在温度保持恒定、不承受机械应变时,其电阻值随时间而变化的特性,称为应变计的零漂。在一定温度下使其承受恒定的机械应变,应变计电阻值随时间变化而变化的特性称为应变计的蠕变。一般蠕变的方向与原应变变化的方向相反。

这两项指标都是用来衡量应变计对时间的稳定性的,在长时间测量中,其意义更为突出。实际上,蠕变值中包含零漂,零漂是不加载情况下的特例。制作应变计时内部产生的内应力和工作中出现的剪应力等,是造成零漂和蠕变的主要原因。选用弹性模量较大的黏结剂和基底材料,有利于蠕变性能的改善。

（6）应变极限。

应变计的线性特性(灵敏系数为常数)只有在一定的应变限度范围内才能保持。当试件输入的真实应变超过某一极限值时,应变计的输出特性将呈现非线性。在恒温条件下,使非线性误差达到 10% 时的真实应变值,称为应变极限。应变极限是衡量应变计测量范围和过载能力的指标,影响应变极限的主要因素及改善措施与蠕变的基本相同。

几种力敏器件的主要参数见表 3.7。

表 3.7　几种力敏器件的主要参数

型　号	全称	主要参数说明	工作温度范围
LM-01(A~C) LM-05(A~C)	硅扩散力敏应变片	① 灵敏系数≥45； ② 最大应变≤1000； ③ 应变电阻：0.8~10 kΩ； ④ 击穿电压：30~50 V(测试条件 $V=10$ V)； ⑤ 反向漏电流：≤10^{-8} A(测试条件 $V=10$ V)； ⑥ 绝缘电阻：≥100 MΩ； ⑦ 电阻温度系数：≤3×10^{-3} ℃$^{-1}$(单只电阻)； ⑧ 额定功率：100 mW	
KJY	硅扩散全桥集成应变片	① 阻值：4~6 kΩ； ② 击穿电压：A≥10 V，B≥60 V，C≥10 V； ③ 反相漏电流：A≤60 nA，B≤40 nA，C≤20 nA； ④ 灵敏度系数≥80； ⑤ 阻值均匀性：A±2%，B±2%，C±0.5%	
ML31	硅杯式力敏器件	① 满量程输出≥100 mA($I=1$ mA)； ② 零点温度系数：3×10^{-3} ℃$^{-1}$($I=1$ mA)； ③ 灵敏度温度系数：3×10^{-3} ℃$^{-1}$($I=1$ mA)； ④ 精度：0.1%； ⑤ 量程：0.1~60 kg； ⑥ 应变电阻：500 Ω； ⑦ 超载能力：1.2 倍； ⑧ 零位输出≤50 mW	
ML33	硅杯式力敏传感器芯片	① 应变电阻：5 kΩ； ② 隔离反向击穿电压：80 V； ③ 反向漏电流：10 nA(20$V_{暗}$)； ④ 零位输出≤60 mV； ⑤ 电阻温度系数：1.5×10^{-3} ℃$^{-1}$	
BY-P	半导体应变片	① 阻值：60 Ω，120 Ω； ② 阻值温漂≤0.08%/℃，0.15%/℃； ③ 灵敏度温漂<0.12%/℃，0.15%/℃； ④ 工作电流：25 mA	<80 ℃
CYY	微型硅压片膜片	① 阻值：1000~1500 Ω； ② 阻值相对偏差：1%~2%； ③ 桥压：6~9 VDC； ④ 灵敏度≥4 mV/V； ⑤ 压力：0~6 kgf/cm²	-20~80 ℃
TBQ(TBQ$_{01}$~TBQ$_{17}$)	硅压阻器件	① 零位温漂：1×10^{-10}~8×10^{-5} ℃$^{-1}$； ② 满量程输出≥45 V； ③ 总误差≤0.3%~1%； ④ 零位输出≤40~50 mV	

2. 集成压力传感器

将压力敏感器件和温度补偿电路、信号放大电路集成在同一基片上就可得到集成压力传感器,目前主要采用 Si 材料。利用 Si 集成工艺技术,可使压敏器件体积大为缩小,避免光、湿、离子及静电场等外来因素的影响,提高器件可靠性;可实现大批量生产,有利一致性的提高和成本降低。通过器件内部的温度补偿,可避免对个别元件的温度调整,改善零点(零位)和灵敏度随温度的漂移,提高稳定性。

集成压力传感器大致可分为四种:电阻式集成压力传感器、电容式集成压力传感器、复合式集成压力传感器及压力传感器阵列。

图 3.55 所示的是电阻式集成压力传感器的典型电路。压力敏感部分仍是由四个力敏电阻($R_1 \sim R_4$)所组成的惠斯登电桥,从电桥输出的信号经由 T_1、T_2 两晶体管组成的差分放大器放大,由两管的集电极输出,二极管 D_1、D_2 起温度补偿作用,D_2 可用于对温度补偿电路提供温度信息。在 5 V 供电电源下,电路的灵敏度温度系数低于 $10^{-4}/℃$。集成式力敏膜片的设计更多地采用正方形和长方形膜片,以便采用各向异性腐蚀,有利于器件的微小型化,膜片上电阻的设计可参考图 3.56 所示的 x 型力敏元件电路。无需四个电阻条,只要一个四端元件就可测量压力信号。四端元件的位置应设计在膜片的边缘或边的中点处,并选择剪切压阻系数最大的晶向。由于只采用一个元件,避免了传统设计中四个电阻条的对称性所导致的零点漂移及成品率的降低,温度补偿也会变得简单。

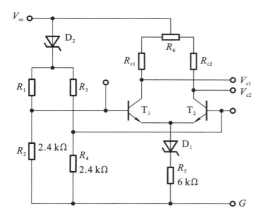

图 3.55　电阻式集成压力传感器电路原理

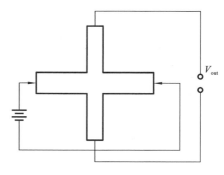

图 3.56　x 型力敏元件电路

利用硅的各向异性腐蚀及集成电路的掩模光刻工艺(即所谓的微机械技术)可以制成各种超小型微机械压力传感器,图 3.57 所示的是其典型结构。将这种比米粒还小的微型压敏器件装置在探针的尖端,能监视、测量人的心脏、血管等各部分的内压力。最小的芯片尺寸仅为 1.2 mm 见方,可作为埋入式医学传感器,这为生物医学的研究提供了新的方法。

电容式集成压力传感器比起电阻式的具有更高的灵敏度和更好的温度特性。它一般由电容式压力传感器和外围电路组成,基本结构如图 3.58 所示。

力敏可变电容由玻璃板上金属电极和硅片上的电极所构成。电极之间是硅膜片和密封的参考室(即电容的间隙),硅片从背面进行选择性腐蚀而成为极薄膜片,膜片的厚度由浓硼扩散深度决定。在压力作用下,硅膜片发生弯曲,电容器极板间距发生变化,从而改变了电容。

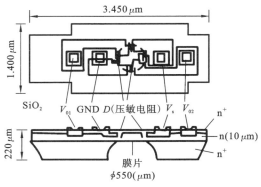

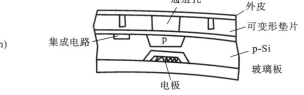

图 3.57 超小型压力传感器　　　　　图 3.58 电容式集成压力传感器的结构

压力可变电容由下式确定：

$$C = \frac{\varepsilon_0 A}{d - w} \tag{3.77}$$

式中，ε_0 为真空电容率，A 为电极面积，d 为无压力时电容器极板间隙，w 为压力作用下膜片的完全形变量。压力作用下，电容的变化为

$$\Delta C = C - C_0 = C_0 \frac{w}{d - w} \tag{3.78}$$

式中，C_0 是未加压力时的电容值。

　　复合式集成压力传感器是在同一基片上集成了力敏及其他类型敏感器件的传感器，亦即多功能的复合集成。一种将压力、温度敏感器件和信号处理电路、缓冲电路集成一体的复合式力敏传感器能同时输出绝对压力、差压、温度三种检测结果。

　　压力传感器阵列是在同一基片上集成多个压力传感器所组成的阵列。可将对某一点压力的测定扩大到对一个面内多点压力的检测，有利于提高检测的精度。这在机器人的触觉系统中显得尤为重要。阵列中可包括 4×4、16×16 或更多的单元，对于一定的面积而言，所含的单元越多，则每一单元的尺寸越小，要求的精度就越高。硅-蓝宝石（SOS）压力传感器具有耐高温、耐辐射、耐腐蚀的特点。在厚度为 0.35 mm 的蓝宝石衬底上异质外延 10 μm 厚、[100]晶向的硅薄膜，然后按[110]晶向布置电阻，其工作温度范围可达 $-50 \sim 450$ ℃，非线性误差为 $(0.1 \sim 0.3)\%$、测量范围为数十 kg/cm^3，零位温漂小于 $0.1\%/$℃，其是一种高精度、高性能的压力敏感器件。

3. 电阻应变式传感器的基本应用——平面膜片式压力传感器

　　平面膜片式压力传感器的应变片连接成全桥电路，且 $R_1 = R_2 = R_3 = R_4 = R$，$\Delta R_1 = \Delta R_3 = \Delta R$，$\Delta R_2 = \Delta R_4 = -\Delta R$，如图 3.59 所示。应变片的 $K = 2.0$。膜片允许测试的最大应变 $\varepsilon = 800 \times 10^{-6}$，对应的压力为 100 kPa，电桥的供桥电压 $U = 5$ V，试求最大应变时，测量电路输出端电压是多少？当输出端电压为 3.2 V 时，被测压力是多少？A_4 的作用是什么？

　　该例为恒压源供电，且为全桥等臂结构，则电桥输出电压为

$$U'_0 = \frac{\Delta R}{R} U = K \varepsilon U \tag{3.79}$$

则电桥输出电压灵敏度为

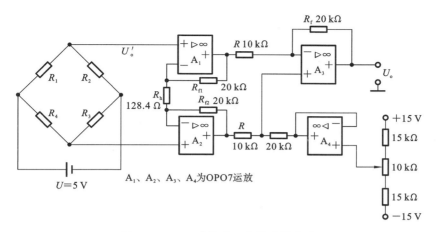

图 3.59　平面膜片式压力传感器电路

$$K_u = U'_o/U = K\varepsilon = 2.0 \times 800 \times 10^{-6} = 1.6\,(\text{mV/V}) \tag{3.80}$$

该输出电压灵敏度意味着标准压力(100 kPa)下,每 1 V 供桥电压的输出电压为 1.6 mV。故电桥输出电压为

$$U'_o = 1.6\ \text{mV/V} \times 5\ \text{V} = 8\ \text{mV} \tag{3.81}$$

电路中,A_1、A_2、A_3 运放组成同相输入并串联差动放大器,放大倍数为

$$A_u = \left(1 + \frac{R_{f1} + R_{f2}}{R_h}\right)\frac{R_f}{R_5} = \left[1 + \frac{(20+20)\times 1000}{128.4}\right] \times \frac{20}{10} = 625 \tag{3.82}$$

则最大应变时电路输出端电压为

$$U_o = 8\ \text{mV} \times 625 = 5000\ \text{mV} = 5\ \text{V} \tag{3.83}$$

又因 0～100 kPa 压力对应输出电压 0～5 V,则当输出端电压为 3.2 V 时,所对应的被测压力为

$$p = \frac{3.2}{5} \times 100 = 64\,(\text{kPa}) \tag{3.84}$$

由电路图可知,A_4 构成电压跟随器,通过调整正输入端电位器,从而调整 A_4 输出端电压,与 A_2 的输出相加,使压力传感器压力为零时,电路输出端电压也为零,即对电路进行调零。

4. 压阻式传感器应用

固态压阻式传感器应用最多的是扩散硅型压力敏感芯片,其广泛应用于石油、化工、矿山冶金、航空航天、机械制造、水文地质、船舶、医疗等科研及工程领域。其应用示例如下。

(1)恒流工作测压电路。

图 3.60 所示的为恒流源压力传感器实用电路。传感器采用扩散硅绝对压力传感器,恒流驱动,电流为 1.5 mA,灵敏度为 6～8 mA/(N/cm²),额定压力范围为 0～9.8 N/cm²。

电路中 D_{z1} 采用 LM385,其稳定电压为 2.5 V,作为传感器提供 1.5 mA 恒流的基准电流。因为电源电压为 +15 V,所以电阻 R_1 的压降为 12.5 V。则流过 R_1 及 D_{z1} 的电流为 125 μA。

电阻 R_2 上的电压与 D_{z1} 上的电压相同,也为 2.5V,所以恒流源传感器的运放 A_1 的输出

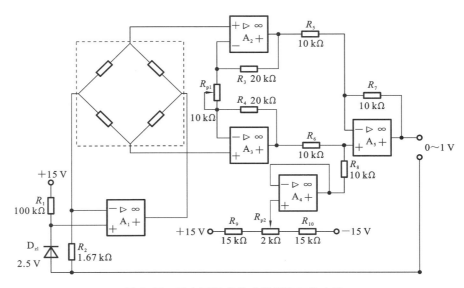

图 3.60　固态压阻式传感器恒流工作电路

电流为 2.5 V/1.67 kΩ≈1.5 mA。

压力传感器的应变电阻为桥式连接的,从传感器输出端取出的电流要变换为差动电压输出。

因此,要采用输入阻抗高、放大倍数大的差动电压放大器(A_2 和 A_3)。但传感器输出电压很低,为 60~180 mV,因此,如果要求测量精度很高时,必须选用失调电压极小的运放。

此电路增益 A_u 可表示为

$$A_u = \left(1 + \frac{R_3 + R_4}{R_{p1}}\right)\frac{R_7}{R_5} \tag{3.85}$$

A_5 为差动输入、单端输出的放大电路,把电压差信号变换成对地输出信号。此处 A_5 的放大倍数为 1。

当压力为 0 时,传感器输出应为 0。但实际上,压力为 0 时,传感器桥路不平衡,有约 ±5 mV 电压,A_2 和 A_3 差动放大器的增益为 5 时,则输出有 ±25 mV 的电压,因此要进行补偿。

为补偿传感器桥路不平衡所产生的电压,将电位器 R_{p2} 所形成的电压经 A_4 进行阻抗变换,再通过 R_8 加到 A_5 的同相输入端,就可起到补偿作用。A_4 接成电压跟随器,将流经 R_8 的电流转换成电压对桥路不平衡电压进行补偿。

(2) 恒压工作测压电路。

图 3.61 所示的为恒压源压力传感器实用电路,所用压力传感器的量程为 0~20 kPa,测量电桥满量程输出为 100 mV,电源电压为 7.5 V,要求输出为 0~5 V。

电源采用 9 V 电池,用 TL499A 将 9 V 电压升到 15 V,再经运放 A_4 变为 ±7.5 V,+7.5 V 作为电桥恒压源;±7.5 V 为 R_{p2} 供电。

若满量程输出为 5 V,则放大倍数为 5 V/0.100 V=50,可以看出 $A_u = \left(1 + \frac{R_1 + R_2}{R_{p1}}\right)\frac{R_4}{R_3}$,最

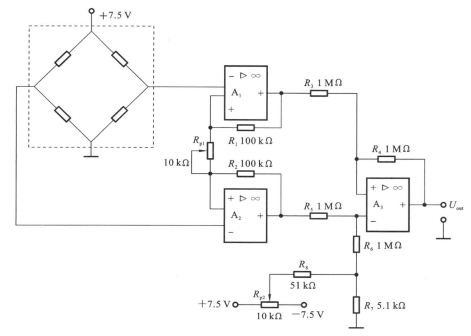

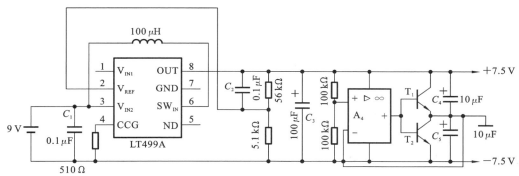

图 3.61　固态压阻式传感器恒压工作电路

小为 $\left(1+\dfrac{100+100}{10}\right)\times\dfrac{1}{1}=21$。若 $R_{p1}=1\ \text{k}\Omega$，则为 $\left(1+\dfrac{100+100}{1}\right)\times\dfrac{1}{1}=201$。

故只要适当调整 R_{p1}，可使 0～20 kPa 压力下，输出为 0～5 V。失调电压可用 R_{p2} 调整。

（3）压力控制电路。

若有一数控机床，其主轴箱的重力由液压柱塞缸平衡。柱塞缸由液压站供油，要求供给柱塞缸的液压油压力在 4.0～5.0 MPa 范围内，当超出此范围时，给出报警信号，从而使进给运动停止，其原理如图 3.62 所示。

图 3.62 中的压力传感器可选择量程为 0～6 MPa 的压力传感器，满量程输出为 100 mV，装在液压站主回路中，A_1 为差动放大器，放大倍数为 50，把 0～100 mV 放大到 0～5 V 输出。

可以算出，当压力为 4.0 MPa 时，A_1 的输出为 3.33 V，当压力为 5.0 MPa 时，A_1 的输出为 4.17 V，这样 4.0～5.0 MPa 对应的输出为 3.33～4.17 V。

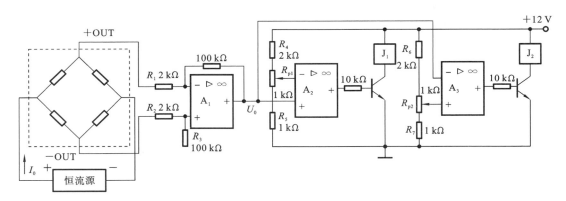

图 3.62　压力控制原理图

A_2、A_3 为电平比较器,对 A_2 来说,当 $U_0>3.33$ V 时,A_2 输出为高电平;当 $U_0<3.33$ V 时,A_2 输出为低电平。对 A_3 来说,当 $U_0<4.17$ V 时,A_3 输出为高电平;当 $U_0>4.17$ V 时,A_3 输出为低电平。

故只有 A_2、A_3 输出都为高电平时,油压力才正常;A_2、A_3 有一个输出为低电平,油压力均不正常,从而驱动继电器 J_1、J_2 动作去完成控制。

◀ 3.4 半导体气湿敏器件 ▶

3.4.1 概述

气体的种类很多,其有益性和危害性也不尽相同。识别气体的成分控制气体的浓度,特别是易燃、易爆、有毒气体的检测已成为科学技术及社会各个领域日益迫切的需要,这就促进了气体敏感器件的研究和发展。

能够响应于气体中一定的成分,伴随由此而引起的化学、物理效应,有着相应变化的电信号输出的器件即称为气体敏感器件(或称元件)。将这种随气体种类及浓度变化而变化的电信号送入记录、监测、报警、控制等电路系统,就构成了气体传感器。气体敏感器件的种类繁多,作用机理也各有千秋,所使用的材料形形色色。主要由半导体材料构成的气体敏感器件即是半导体气敏器件。目前主要有由氧化物半导体构成的陶瓷气敏器件和硅 MOS 气敏器件。

最初,气敏器件主要以液化石油气(LPG,主要成分为丙烷)和城市煤气(主要成分为 CO)为测量对象,现在已扩展到 H_2、甲烷、乙醇等多种可燃气体及 SO_x、NO_x、卤素、H_2S、NH_3 等无机有毒气体。还能检测半导体工业中的硅烷、磷化氢、甲苯等有害气体,有机磷杀虫剂、制冷用的 CCl_2F_2 等都已成为检测对象,还可通过检测 O_2 的浓度来控制汽车等发动机的空燃比。气敏器件已广泛应用于石油、化工、矿山、交通、电力、电子、医疗卫生、环境保护等各个领域,如监测家庭及工业气体燃料的泄漏,监测环境有毒废气污染,矿山易爆气体的报警,以及安全行车管理,动力设备的油耗控制,能源的节约等。这对科技发展,社会进步,尤其是环境保护、灾害防治等都将带来不可估量的影响。

　　基于气体的检测方法、所使用的材料、器件的结构形态、工作过程中的控制方式，以及被检测气体的种类等，已研制出数十种半导体气敏器件，主要半导体气体敏感器件见表 3.8。

表 3.8　主要半导体气体敏感器件

名　　称	敏 感 机 制	材 料 体 系	检 测 对 象
氧化物半导体气敏电阻	表面控制型	SnO_2、ZnO、In_2O_3、WO_3、V_2O_5、贵金属增敏剂	可燃性气体、CO、CCl_2F_2、NO_2、NH_3
	体控制型	$\gamma\text{-}Fe_2O_3$、$\alpha\text{-}Fe_2O_3$、$In_{1-x}Sr_xCoO_3$、TiO_2、SnO_2、CoO、$CoO\text{-}MgO$、MnO	可燃性气体、O_2
二极管气敏器件	二极管整流特性	Pd/CdS、Pd/TiO_2、Pd/ZnO、Pt/TiO_2、Au/TiO_2、Pd/MOS	H_2、CO、SiH_4
MOSFET 气敏器件	阈值电压	以 Pd、Pt 或者 SnO_2 为栅极的 MOSFET	H_2、CO、H_2S、NH_3
固体电解质气体传感器	电动势	$CaO\text{-}ZrO_2$、$Y_2O_3\text{-}ZrO_2$	O_2
电化学式气体传感器	电流或电位	敏感膜＋金属阴极＋金属阳极	CO、NO_x、SO_2、O_2、NH_3

　　各种氧化物半导体，如 SnO_2、ZnO_5、V_2O、Fe_2O_3 等，还有各种电解质等，可作为敏感体。各种贵金，如 Pd（钯）、Pt 等，可作为催化剂。一些不导电的氧化物、高分子材料等，可作为基体。各种各样的新材料还在不断被开发研制出来。

　　就器件的结构形态而言，半导体气敏器件有直热式、旁热式，有烧结体型、薄膜型、厚膜型，还有二极管型、MOSFET 型。

　　在敏感机制涉及的控制对象中，氧化物半导体气敏器件主要控制其电阻的变化。当测试气体的种类不同、浓度不同时，氧化物半导体的表面电阻或体电阻就要发生变化。二极管、MOSFET 气敏器件则分别控制其伏安特性、阈值电压的变化；其他各类气体传感器有的用于控制电池电动势，也有的用于控制表面电位或电解电流等。对于输出信号，有的器件需要通过电路系统将控制的电量进行转换，有的器件则可直接输出信号。输出信号大致可分为电流输出信号、电压输出信号或其他。无论何种信号，都希望输出信号和被测气体浓度间具有单纯的函数关系，最好是线性关系。这有利于信号的处理及提高检测的精度。

　　湿度的测试方法很多。很久以前，人们就利用毛发的长度随湿度的变化而伸长与缩短的现象制成了毛发湿度计。后来又发明了干湿球湿度计，它是利用水分向大气蒸发时必须吸收热量而导致干、湿球产生温度差这一原理构成的。由于这些湿度计结构简单，使用方便，一直沿用至今。但其体积大、灵敏度、精度欠佳，不便与现代电子技术匹配。从 20 世纪 50 年代便开始了电子式湿敏器件的研究，并相继投入使用。首先研制了硒、锗、硅等半导体材料的湿敏器件，其后又出现了各种半导体陶瓷湿敏器件、高分子湿敏器件。随着半导体工艺与集成电路技术的高速发展，MOS 湿敏器件及多功能集成湿敏器件也相继问世，并开始了初步应用。

　　湿敏器件在工业方面，主要应用于卷烟厂、造纸厂、原子反应堆、火力发电站、锅炉、空调厂房的湿度测量及控制；还有各种除湿机、干燥机、恒温恒湿机都需要湿敏器件来测量湿度。

农业方面,粮食的保存和加工、水果的运输与保鲜都离不开湿度管理,湿度过高或过低都将造成巨大的经济损失。医疗卫生方面,治疗器、保育器、家用电器中的烘烤炉、烹调器,以及舒适住房的建立等需要利用湿敏器件对湿度进行合适的调节。湿度敏感器件的广泛应用不仅有利于科学技术的进步,工农业生产的发展,节约物力、人力,提高产品质量,也有利于人民物质生活水平的改善。

湿度的测量和控制应用在工业、农业、科技及社会生活的各个领域。随着"现代化"的不断推进,对湿敏器件的需求也愈益增多。

按感湿物理量来分类,湿度传感器可分为三大类,即湿敏电阻器、湿敏电容器和湿敏晶体管。

根据使用的材料不同,湿敏电阻器又可分为金属氧化物半导体陶瓷湿敏电阻器(如 $MgCr_2O_4$ 系列、$ZnO-Cr_2O_3$ 系列电阻器)、元素材料湿敏电阻器(如半导体元素电阻器)、化合物湿敏电阻器(如 $LiCl$、$CaSO_4$、$\gamma-Fe_2O_3$ 及氟化物和碘化物电阻器等)、高分子湿敏电阻器等。

湿敏电容器主要是以多孔 Al_2O_3 材料作为介质制成的。

湿敏晶体管又分为湿敏二极管和湿敏三极管。

湿敏元件的种类较多,有碳膜湿敏元件、陶瓷湿敏元件、多孔氧化铝湿敏元件等。

3.4.2　氧化物半导体气敏、湿敏器件的工作原理

1. 氧化物半导体气敏器件

早在 20 世纪 30 年代就发现了氧化物半导体的气敏效应。但直到 1962 年,第一只 ZnO 薄膜气敏元件才由日本的清山哲郎等研制出来。1964 年,美国又试制了 SnO_2 气敏器件;1967 年,美国 P.J. shaver 等利用 Pt、Pd 等贵金属作催化剂制造了活化金属氧化物气敏器件,从而大大提高了气敏器件的灵敏度,开始了半导体气敏器件实用化的新阶段。对于氧化物半导体气敏器件的敏感机理虽然进行了很多研究,但目前还无统一的分析,人们只是根据各自器件的材料、特性等提出了种种理论解释模型。

当金属氧化物半导体和待测气体接触时,气体将对其产生一定的物理、化学作用,无论这种作用是发生在敏感体的表面还是体内,都将使其电导率发生相应变化。微观上这种作用是怎样进行的并导致了电导率的变化,各种理论作了不同的解释。

由于气敏材料要在较高温度下长期暴露在氧化性或还原性气氛中,因此其必须具有良好的物理和化学稳定性。各种半导体气敏材料所能探测的气体种类和使用温度见表 3.9。

表 3.9　各种半导体气敏材料所能探测的气体种类和使用温度

半导体材料	添加物质	探测气体	使用温度/(℃)
SnO_2	PbO、Pd	CO、C_3H_3	$200\sim300$
SnO_2+SnCl_2	PbO、Pd、过渡金属	CH_4、C_3H_3、CO	$200\sim300$
SnO_2	$PbCl_2$、$SbCl_3$	CH_4、C_3H_3、CO	$200\sim300$
SnO_2	PbO+MgO	还原性气体	150

续表

半导体材料	添加物质	探测气体	使用温度/(℃)
SnO_2	Sb_2O_3、MnO_3、TiO、TiO_2	CO、乙醇、煤气、液化石油气	250～300
SnO_2	V_2O_5、Cu	乙醇、苯等	250～400
SnO_2	稀土类金属	乙醇系可燃气体	
SnO_2	Sb_2O_3、Bi_2O_3	还原性气体	500～800
SnO_2	过渡金属	还原性气体	250～400
SnO_2	瓷土、WO、Bi_2O_3	碳化氢系还原性气体	200～300
ZnO		还原性气体、氧化性气体	
ZnO	Pt、Pd	可燃性气体	
ZnO	V_2O_5、Ag_2O	乙醇、苯、丙酮	250～400
γ-Fe_2O_3		丙烷	
WO_3、MoO、CrO 等	Rt、Ir、Rh、Pd	还原性气体	600～900
$(LnM^①)BO_3$		乙醇、CO、NO_x	270～390
n 型与 p 型氧化物相结合		还原性气体、氧化性气体	600～900
M_2O_3-ZO_2		大气污染排出气体	600～900
$Pb(ZrTi)O_3$		大气污染排出气体	600～900
ZrO_2		大气污染排出气体	600～900
$BaTiO_3$	SnO、ZnO、稀土类金属	大气污染排出气体	100～400
WO_3	Pt、过渡金属	还原性气体	
V_2O_5	Ag	NO_2	
In_2O_3	Pt	可燃性气体	
碳		还原性气体	
热敏铁氧体		H_2、城市气体	
Si	Pd 栅	H_2	
有机半导体		O_2、SO_2	
缩合多环芳香化合物		CO、Cl、HCl、SO、烟	
荧光素、夹二氮杂蒽、氯醌等有机半导体		SO_2、NH_3	常温

注：M 代表 Sc、Yb、Sm 和 La。

（1）表面控制型气敏器件。

① 敏感机制。

为解释表面控制型气敏器件敏感机制提出的理论模型包括晶界势垒模型、表面电导模型和氧离子陷阱势垒模型等。在这里我们以 n 型氧化物半导体气敏材料为例,简单介绍晶界势垒模型。

氧化物半导体气敏材料一般为多孔多晶材料,在晶体组成上,为了使晶粒半导体化,金属元素或氧往往偏离化学计量比。在晶体中如果氧不足,将出现两种情况:产生氧空位、产生金属间隙原子。上述两种情况都会在禁带中靠近导带的地方形成施主能级,这种施主能级上的电子很容易被激发到导带上而参与导电,从而形成 n 型半导体陶瓷材料,其结合模型如图 3.63(a)所示。晶粒接触部分的情况如图 3.63(b) 所示,与其他的晶粒相互接触乃至成颈状结合。在敏感元件中,这样的结合部位是阻值最大处,通常称之为晶界,由它支配着整个敏感元件的阻值高低。由此可见,结合部位的形状对传感器的性能影响很大。

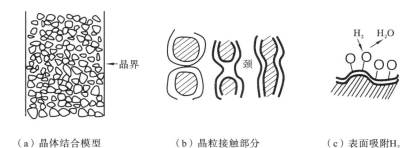

(a)晶体结合模型　　　　　(b)晶粒接触部分　　　　　(c)表面吸附H$_2$

图 3.63　表面控制型气敏器件工作模型

因气体吸附而引起的电子浓度的变化发生在表面空间电荷层内,在晶粒接触处形成一个对电子迁移起阻碍作用的势垒层,这种势垒层的高度随氧的吸附或与被测气体的接触而变化,引起电阻值的变化。

当元件表面暴露在空气中时,氧吸附在半导体表面,吸附的氧分子从半导体表面获得电子,形成受主型表面能级,使表面带负电荷,因此,使半导体表面能带发生弯曲,如图 3.64 左侧图所示。其结果是使 n 型半导体材料的表面空间电荷层区域的传导电子减少,表面电导减小,这时元件处于高阻状态,即

$$\frac{1}{2}O_2 + ne \longrightarrow O_{ad}^{n-} \tag{3.86}$$

式中,O_{ad}^{n-} 为表面吸附氧,氧束缚材料中的电子;e 为电子电荷;n 为电子个数。由于氧的吸附力很强,因此气敏元件在空气中放置时,其表面上总会吸附氧,其吸附状态可以是 O^{2-} 或 O^- 等,这些均是负电荷吸附状态。这种吸附引起电子浓度减小的现象在每个晶粒表面空间电荷层中进行。这对 n 型半导体来说,形成了电子势垒。在晶粒边界连接的地方,存在通过晶界的电子移动,电子移动必须越过这种势垒,由于移动阻力增大从而引起元件电阻值升高。

当元件接触还原性气体时,如 H$_2$、CO、碳氢化合物、酒精等,被测的还原性气体会与吸附的氧发生反应,如图 3.63(c)所示,将被束缚的 n 个电子释放出来,O_{ad}^{n-} 的浓度减小,降低了势垒高度,使敏感体表面电导率增大,从而引起元件电阻值减小,如图 3.64 右侧图所示。反应方程式如下。

$$O_{ad}^{n-} + H_2 \longrightarrow H_2O + ne \tag{3.87}$$

$$O_{ad}^{n-} + CO \longrightarrow CO_2 + ne \tag{3.88}$$

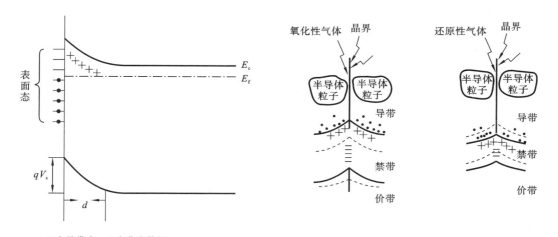

E_c 为导带底，E_f 为费米能级

图 3.64　表面控制型气敏器件工作原理

反之，当元件接触氧化性气体时，将捕获电子，势垒高度进一步增加，如图 3.64 中间图所示。敏感体表面电导率减小，从而引起元件电阻值增加。综上，变化规律如表 3.10 所示。

表 3.10　气体吸附与半导体导电类型

氧化物半导体类型	气体吸附类型	表面载流子浓度	电导率变化
n 型	负电吸附	减小	减小
n 型	正电吸附	增大	增大
p 型	负电吸附	增大	增大
p 型	正电吸附	减小	减小

n 型半导体气敏元件的工作过程如图 3.65 所示。

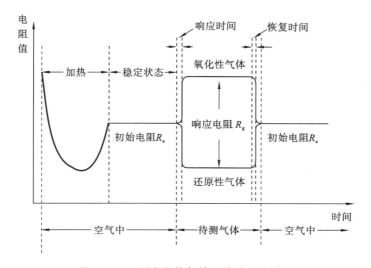

图 3.65　n 型半导体气敏元件的工作过程

若在金属氧化物气敏材料中添加催化剂（如铂、钯等），可以促进上述反应进行，提高元件的灵敏度。催化剂可以降低化学吸附的激活能，使电子转移或共有化过程更容易完成，从而提高元件检测气体的灵敏度。

由于半导体气敏器件主要依靠表面电导率的变化来工作，为提高其灵敏度，就要求半导体固有电导率小些。一般金属氧化物半导体的金属和氧分子间的电负性相差很大，禁带宽度大，本征载流子浓度低，适合制作气敏器件。同时，一般氧化物半导体气敏器件都是在数百度的高温下工作，禁带宽度大的半导体材料更能耐高温。从这三方面考虑，禁带宽度小的 Ge、Si、CdS 或 FeS 等半导体材料是不适合制作表面控制型气敏器件的。常见的材料体系有 SnO_2 系和 ZnO 系。

② 主要特性参数。

气敏器件的基本特性主要包括三个方面。第一，对待测气体有足够的敏感性。作为电阻性器件，要求单位气体浓度能引起电阻值较大变化。同时，检测的范围要尽可能宽。一般有毒气体、易燃气体在空气中允许的浓度都是很低的，对于易爆气体，要求检测的下限应低于爆炸下限的 20%。第二，具有良好的选择性。即除了应测气体外，对其他气体应是不敏感的。第三，具有长期稳定性。在长期使用中，响应和恢复快，性能受周围环境影响小，不因温度、湿度及各种恶劣环境而改变或失效。

用以衡量半导体气敏器件性能的主要参数有灵敏度、分辨率及响应时间等。

a. 固有电阻 R_0 和工作电阻 R_s。

氧化物半导体气敏器件目前都是通过电阻的变化来实现对气体的检测。一般定义气敏器件在正常空气中或洁净空气中所具有的电阻为初始电阻或固有电阻，以 R_0 表示。而将器件在一定浓度检测气体中所具有的电阻称为工作电阻，以 R_s 表示。

b. 灵敏度 K。

定义为气敏器件检测一定浓度气体时所具有的工作电阻 R_s 与固有电阻 R_0 之比：

$$K=\frac{R_s}{R_0} \tag{3.89}$$

即表示器件对被测气体的敏感程度。但是洁净气体不易获得，一般可用不同检测气体浓度下器件的电阻之比来表示：

$$K_R=\frac{R_{s2}}{R_{s1}} \tag{3.90}$$

也可用两个不同气体浓度下取样电阻上的输出电压之比来表示。

c. 分辨率 S。

定义为相同浓度的被测气体和干扰气体中气敏器件的净输出电压之比。设器件在洁净空气中的输出电压为 V_0，在被测气体中的输出电压为 V_{cs}，则其在被测气体中的净输出电压为 $\Delta V_{cs}=V_{cs}-V_0$；同理，在干扰气体中的净输出电压为 $\Delta V_{csi}=V_{csi}-V_0$，故

$$S=\frac{\Delta V_{cs}}{V_{csi}} \tag{3.91}$$

分辨率表示了器件对被测气体的选择能力。

d. 响应时间 t_{res}。

一般定义为从传感器接触气体开始到其电阻值达到某一确定值时所需的时间。确定值可规定为 $|R_s-R_0|$ 的 95% 或者 63% 等。

e. 恢复时间 t_{rec}。

从气敏器件脱离被测气体开始到阻值恢复到某一确定值所需的时间。这一确定值可以是变化量的 95％或者 63％。

f. 加热电阻 R_H 和加热功率 P_H。

气敏元件一般要在加热状态下工作,为气敏元件提供工作温度的加热器电阻称为加热电阻 R_H,旁热式气敏元件的加热电阻一般大于 200 Ω。气敏元件正常工作时所需要的功率称为加热功率 P_H,一般气敏元件的加热功率为 0.5～2.0 W。

g. 初期稳定时间。

长期在非工作状态下存放的气敏元件恢复至正常工作状态需要一定的时间。SnO_2 气敏元件的工作温度一般约为 300 ℃,当加热电源接通后,气敏元件的电阻值迅速下降,经过一段时间后又开始上升,最后达到稳定阻值。从开始通电到气敏元件阻值达到稳定所需要的时间称为气敏元件的初期稳定时间。室温下导带的电子密度低,半导体表面不存在化学吸附的氧,不能形成表面势垒。当气敏元件开始加热时,施主电子受到激发,导带电子密度迅速增加。氧的化学吸附能较高,和施主电子的激发速度相比,氧分解吸附很慢,需要一段较长时间才能达到稳定状态。开始加热时,随着施主电子密度的迅速增加,气敏元件的电阻值迅速下降,然后,随着吸附氧的增加而增大。同时,初期稳定时间是敏感元件种类、存放时间、环境状态和通电功耗的函数。存放时间越长,其初期稳定时间越长。在一般条件下,气敏元件存放两周以后,其初期稳定时间即可达到最大值。

③ 典型材料与元件。

a. SnO_2 气敏元件。

SnO_2 为金红石结构,密度为 6.95 g/cm³,熔点为 189 ℃,常温下为白色粉末,其禁带宽度为 3.5～3.7 eV。纯净的 SnO_2 为绝缘体。用一般方法制备的 SnO_2,其分子中的 Sn/O 比大多偏离化学计量比,故其通式可表示为 SnO_{2-x}。这表明 SnO_2 中存在氧空位或填隙锡原子。氧空位在 SnO_2 的能带中引起了两个附加的施主能级,它们距导带很近(分别为 0.03 eV 和 0.15 eV)。晶体中的主要载流子为电子,其是 n 型半导体。

SnO_2 气敏陶瓷灵敏度高,出现最高灵敏度的温度 T_m 低,因此其是比较广泛应用的半导体气敏陶瓷之一。测定丙烷时(浓度为 0.1％),其灵敏度和温度的关系示于图 3.66。实验发现,SnO_2 气敏器件在室温下的灵敏度非常低,随着温度的升高,电导率增大,其灵敏度升高。通常,气体在气敏器件表面吸附时,有物理吸附和化学吸附两种形式。常温下,以物理吸附为主,气体和半导体表面间的结合力主要是范德华力,相互间没有电子交换。随着温度的升高,化学吸附增加,在某一温度下达到最大值,这时,气体在半导体表面以离子吸附状态存在,气体和半导体之间的结合力主要是化学键合力,相互间将发生电子交换。当温度高于某一值后,气体逐渐解吸,物理吸附、化学吸附同时减少。SnO_2 气敏器件的灵敏度最高温度(峰值温度)为 300 ℃左右,ZnO 也表现出同样的规律,只是其灵敏度最高温度更高。由于气敏器件的灵敏度和温度有关,为了获得高的灵敏度和快的响应,氧化物半导体气敏器件一般装有加热丝,使之工作在灵敏度峰值温度附近。但是,加热丝的使用不仅使气敏器件的结构复杂,成本增加,而且增加了引起火灾的不利因素。

实验证明,在一定的氧化物半导体中添加某些物质能使其灵敏度大为提高。有的器件在室温下就能显示很好的灵敏度,而且灵敏度峰值温度也会随添加剂改变,对不同气体响应也不一样。故可将添加剂和温度进行适当组合,且能提高对气体的选择能力。例如,添加催化剂(如 Pd、Mo、GaCeO$_2$ 等)可进一步降低工作温度,甚至可以令器件在常温下工作。除催化剂外,还可添加一些化合物来改善 SnO$_2$ 的性能。如添加(0.5～3)%(摩尔分数)的 SbO$_3$ 可降低起始阻值,涂覆 MgO、PbO、CaO 等二价金属氧化物可以加速解析。添加 CdO、PbO、CaO 等有延缓烧结、改善抗老化性能的作用。添加 ThO$_2$ 可大大提高对 CO 吸附的灵敏度,而抑制对 H$_2$ 等吸附的灵敏度,如图 3.67 所示。

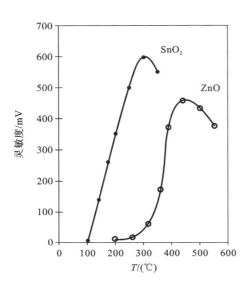

图 3.66 气敏陶瓷的检测灵敏度和温度的关系(检测气体为丙烷,浓度为 0.1%)

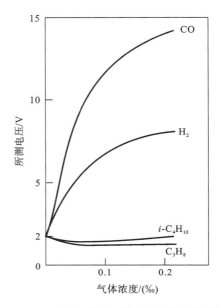

图 3.67 200 ℃时,掺杂 5% ThO$_2$ 的氧化锡气敏器件所测电压与气体浓度的关系

SnO$_2$ 气敏器件一般添加 Pd、Pt 和 Ag 等贵金属元素。尤其是添加 Ag 能使其对 H$_2$ 的灵敏度大大提高,且远远高于 Pd-SnO$_2$ 气敏器件对 H$_2$ 的灵敏度。

除了提高温度和加入催化剂能提高灵敏度外,还应尽量增大气体吸附面积,故一般气敏器件都做成薄膜形或微粒子的多孔烧结体。

控制器件制作时的烧结温度也是提高选择性的方法之一。如添加 ThO$_2$ 的 SnO$_2$ 气敏器件在 600 ℃下烧成时,可用来检测 H$_2$,在 400 ℃下烧成则可用来检测 CO。若将器件做成覆有催化剂的多层结构也可提高选择性。

b. ZnO 气敏元件。

ZnO 为纤锌矿型晶体结构,由于 ZnO 晶体中有填隙锌原子,晶体中的 Zn/O 偏离了化学式计量比,使其电导率上升,室温时具有 n 型半导体的特性。ZnO 气敏元件的工作原理与 SnO$_2$ 的相似。当吸附还原性气体后,被吸附气体分子上的电子向 ZnO 表面转移,使其表面电子浓度增加,电阻率下降。

从应用广泛性来看,ZnO 系仅次于 SnO$_2$ 系,ZnO 系气敏陶瓷的最突出优点是气体选择性强。但 ZnO 本身的灵敏度不高、选择性不强,以 Gd$_2$O$_3$、Sb$_2$O$_3$ 和 Cr$_2$O$_3$ 等掺杂并加入 Pt 或 Pd 作催化剂,则可大大提高其选择性。采用 Pt 化合物催化剂时,元件对于烷等碳氢化合物有较高的灵敏度,当浓度为 $0 \sim 10^{-3}$ 时,电阻就会发生变化。而采用 Pd 催化剂时,则元件对 H_2、CO 很敏感,而对其他碳氢化合物不敏感。图 3.68 和图 3.69 分别示出了 ZnO/Pt 系、ZnO/Pd 系气敏元件气体浓度与灵敏度的关系。

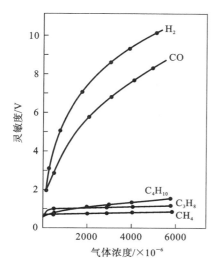

图 3.68　ZnO/Pt 系气敏元件气体浓度
与灵敏度的关系

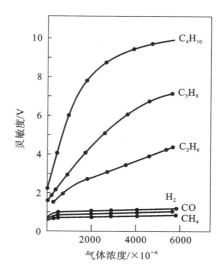

图 3.69　ZnO/Pd 系气敏元件气体浓度
与灵敏度的关系

④ 器件结构。

表面控制型气敏器件主要的结构有烧结型、厚膜型和薄膜型。

a. 烧结型。

前文中我们看到,SnO_2 或者 ZnO 气敏元件的最佳工作温度一般都高于室温,因此它们都需要在加热条件下工作。按加热方式不同,烧结型气敏元件(见图 3.70)又可以分为直热式元件和旁热式元件。

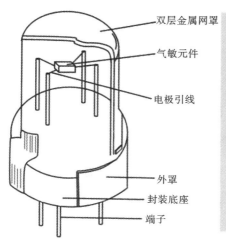

图 3.70　烧结型 SnO_2 气敏元件的外形结构

直热式元件又称内热式元件,结构和符号如图 3.71、图 3.72 所示。器件管芯由基体材料、加热丝和测量丝三部分组成。加热丝和测量丝都直接埋在基体材料内,工作时加热丝通电加热,测量丝用于测量器件阻值。这类元件的优点是制备工艺简单、成本低、功耗小,可以在高回路电压下使用,可用于制备价格低廉的可燃性气体报警器。其缺点是热容量小,易受环境气流的影响;测量回路与加热回路没有隔离,相互影响;加热丝在加热和不加热状态下会产生胀缩,容易造成与敏感材料接触不良。直热式气敏元件现在已很少在实际中使用。

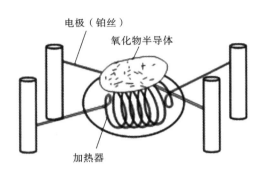

图 3.71　直热式气敏元件结构

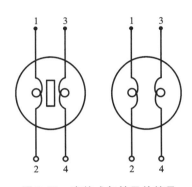

图 3.72　直热式气敏元件符号

严格地讲,旁热式气敏元件是一种厚膜型元件,结构和符号如图 3.73 所示。其管芯是一个瓷管,在管内装入一根螺旋形高电阻金属丝(例如 NiCr 丝)作为加热丝,管外涂上梳状金膜电极作测量电极,金膜电极之上涂覆以 SnO_2 为基础材料的浆料层,经烧结后形成厚膜气体敏感层(厚度<100 nm)。这种结构克服了直热式气敏元件的缺点,其测量电极与加热电极分开,加热丝不与气敏材料接触,避免了测量回路与加热回路之间的相互影响。元件热容量较大,减小了环境温度变化对敏感元件特性的影响,元件稳定性、可靠性和使用寿命较直热式气敏元件有较大的改进。市售的 SnO_2 系气敏元件,大多数采用这种结构形式。

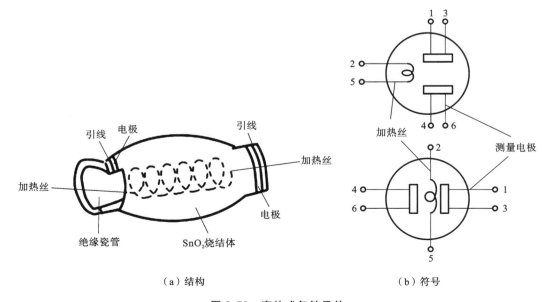

（a）结构　　　　　　　　　　　　（b）符号

图 3.73　旁热式气敏元件

烧结型 SnO_2 气敏元件的长期稳定性和气体识别能力都不够理想。其工作温度高（约为 300 ℃），在此温度下，SnO_2 敏感层会发生明显的化学、物理变化，导致其性能发生变化。在 SnO_2 中添加贵金属作为催化剂可以提高元件的灵敏度。但是作为催化剂的贵金属与环境中的有害气体（SO_2 等）长期接触，往往会出现催化剂"中毒"现象，使其敏感活性大幅度下降，引起元件的性能损坏。

　　多层式 ZnO 气敏元件的基本结构与旁热式烧结型 SnO_2 气敏元件的相似，其主要特点是，在作为气体敏感层的 ZnO 上面覆盖一层由 Al_2O_3 微细粉体构成的多孔性载体-覆盖层，在此覆盖层上浸渍钯、铂和铑等贵金属作为催化剂，其剖面图如图 3.74 所示。用一个薄壁陶瓷管作为基体，在其两端设置一对由厚膜金导体组成的电极，在电极上涂覆一层多孔性 ZnO 厚膜层，其厚度约为 $100~\mu m$。构成厚膜的粒子的平均粒径为 $0.6\sim0.8~\mu m$，作为载体的是比表面积约为 $100~m^2/g$ 的 Al_2O_3 粉体。Al_2O_3 粉体首先在一定浓度的铂、钯和铑等贵金属盐溶液中充分浸泡后，再取出干燥，然后再加入适量的黏结剂，搅拌均匀后涂覆在 ZnO 膜层上。其制备工艺流程如图 3.75 所示。

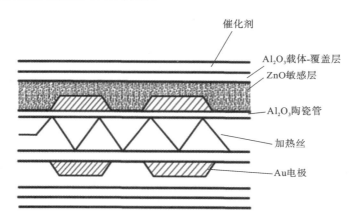

图 3.74　多层式 ZnO 气敏元件剖面图

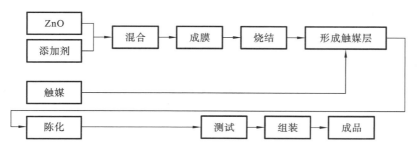

图 3.75　多层式 ZnO 气敏元件制备工艺流程

　　对于这种多层元件，由于在半导体材料 ZnO 和催化剂之间有一层隔离层，因而元件在空气中的阻值 R_0 大约提高一个数量级，结果使 R_0/R_s 上升。这说明对于气敏元件来说，半导体材料不直接接触催化剂有更好的效果。

　　b. 厚膜型。

　　为解决器件一致性问题，1977 年发展了厚膜型器件。厚膜型 SnO_2 气敏元件是一种用典型厚膜工艺制备的气敏元件。这种气敏元件的机械强度和一致性都比较好,适于批量生产,成本低,特别是与厚膜混合集成电路具有较好的工艺兼容性,可以将气敏元件与阻容元件制作在同一基板上,利用微组装技术将之与半导体集成电路芯片组装在一起,构成具有一定功能的器件。

一种对 CO 敏感的 SnO_2 厚膜元件的结构如图 3.76 所示,SnO_2 为基础材料,将配置好的粉料加入黏结剂充分搅拌,制成浆料。在清洗干净的 Al_2O_3 基片上印制厚膜电极(Pt-Au 电极)。将制好的厚膜浆料用不锈钢丝网印刷在烧好电极的基片上,干燥后烧结。在 Al_2O_3 基片的背面印上厚膜 RuO_2 电阻作为加热器。这种厚膜 SnO_2 气敏元件对一氧化碳敏感,具有较好的气体识别能力。

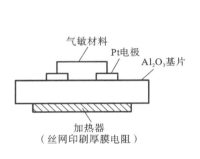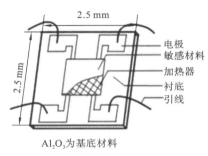

图 3.76 厚膜型 SnO_2 气敏元件

c. 薄膜型。

薄膜型 SnO_2 气敏元件的工作温度较低(约 250 ℃),并且这种结构形式使元件具有很大的比表面积,其自身活性高,催化剂“中毒”所造成的元件性能劣化不明显。制备薄膜型 SnO_2 气敏元件的方法很多,经常采用反应溅射法或真空淀积法(真空蒸发法)。反应溅射法以金属锡为靶,在高频下,使真空室的氧分压保持在 $10^{-2} \sim 10$ mmHg,形成氧的等离子体,溅射出的金属锡原子与氧等离子体作用后,生成 SnO_2 淀积在基片上,形成 SnO_2 敏感薄膜层,在其上引出电极,如图 3.77 所示。真空蒸发法以 SnO_2 粉体作为原料,在高真空条件下直接蒸发,使之在基片上淀积形成 SnO_2 膜层。基片反面印上一定形状的 RuO_2 厚膜电阻作为加热器。

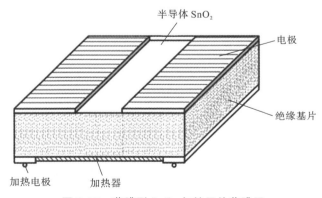

图 3.77 薄膜型 SnO_2 气敏元件薄膜层

为提高薄膜型 SnO_2 气敏元件的气体识别能力,在 SnO_2 敏感膜层上溅射一层 SiO_2 膜层,在适当的工艺条件下,使之构成一种具有多孔结构的筛状隔离层,其筛孔的尺寸由溅射条件和 SiO_2 膜层的绝缘基片确定。筛状隔离层的作用是使有些直径大于筛孔的气体分子被隔离在外,不与气体敏感膜接触,这样就可以提高气敏元件的气体识别能力。最后,将直径 0.1 mm 的金丝压焊在金电极上作为引线与管座的管脚连接上,用双层不锈钢网罩住整个元件。

三种类型的 SnO_2 气敏元件都附有加热器。在实际应用时,加热器能使附着在传感器上的油污、尘埃等烧掉,同时加快气体的吸附,提高器件的灵敏度和响应速度,一般加热到 $200 \sim 400$ ℃,具体温度视所掺杂的杂质确定。

薄膜型 ZnO 气敏元件采用磁控溅射法在 Al_2O_3 基片上反应溅射约 $200\ \mu m$ 厚的 ZnO 薄膜,同时在 ZnO 薄膜表面掺入一种或数种稀土元素(镧、锗、钇、镝和钪等),以提高其灵敏度和选择性,可以获得对乙醇特别敏感,对 CH_4、CO 和汽油等挥发性气体灵敏度较高的气敏元件。其制备工艺如下:使用高纯度的锌板作为靶材,在氩和氧的混合气体中进行磁控溅射使 ZnO 淀积在 Al_2O_3 基片上形成薄膜。溅射条件和成膜后的热处理条件对 ZnO 薄膜的灵敏度及稳定性的影响很大。成膜后的热处理可以使 ZnO 薄膜的晶粒尺寸长大,使晶粒间界减小,使 ZnO 气敏元件的灵敏度略有下降,且能使元件稳定性获得改善,这对于提高气敏元件的可靠性和延长其寿命十分重要。典型热处理条件为:加热温度为 $500 \sim 600$ ℃,在空气中热处理约 2 h。按此条件热处理后的 ZnO 薄膜晶粒尺寸为 600 nm 左右,对乙醇有较好的灵敏度。

ZnO 薄膜气敏元件的结构如图 3.78 所示。在 Al_2O_3 基片上先制作叉指型金电极,并在基片的背面制作阻值约为 $20\ \Omega$ 的能耐受高温的薄膜电阻作为叉指型金电极加热器。然后磁控溅射 ZnO 薄膜,热处理后,即可获得 ZnO 薄膜元件的芯片。

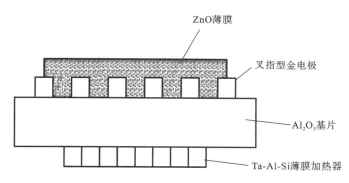

图 3.78　ZnO 薄膜气敏元件的结构

(2) 体控制型气敏元件。

体控制型气敏元件是利用体电阻的变化来检测气体的半导体器件。体控制型气敏元件必须与外界氧分压保持平衡,且会受到还原性气体的还原作用,这使晶体中的结构缺陷发生变化,体电阻随之发生变化。这种变化也可逆,当待测气体脱离后,气敏元件恢复原状,其外形结构与表面控制型气敏元件的完全相同。其中最典型的是氧化铁(Fe_2O_3)系传感器,氧化铁系传感器中具有代表性的器件是尖晶石结构的 $\gamma\text{-}Fe_2O_3$ 和刚玉结构的 $\alpha\text{-}Fe_2O_3$。这里以尖晶石结构的 $\gamma\text{-}Fe_2O_3$ 为例说明气敏机理。$\gamma\text{-}Fe_2O_3$ 是亚氧化还原稳态,而 $\alpha\text{-}Fe_2O_3$ 是稳定态。$\gamma\text{-}Fe_2O_3$ 气敏元件最适合的工作温度是 $400 \sim 420$ ℃。温度过高会使 $\gamma\text{-}Fe_2O_3$

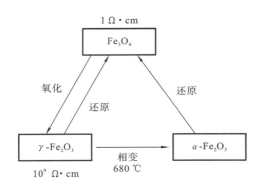

图 3.79　铁的氧化物之间的关系

向 $\alpha\text{-}Fe_2O_3$ 转化而失去气敏特性,这是造成 $\gamma\text{-}Fe_2O_3$ 失效的原因。铁的几种氧化物之间的相变、氧化和还原过程如图 3.79 所示。

$\gamma\text{-}Fe_2O_3$ 气敏元件在工作时,通过传感器的加热器将敏感体加热到 $400\sim420$ ℃。如果 $\gamma\text{-}Fe_2O_3$ 吸附了还原性气体,从气体分子获得电子,部分三价铁离子(Fe^{3+})被还原成二价铁离子($Fe^{3+}+e\rightarrow Fe^{2+}$),使得电阻率很高的 $\gamma\text{-}Fe_2O_3$ 转变为电阻率很低的 Fe_3O_4。$\gamma\text{-}Fe_2O_3$ 和 Fe_3O_4 都属于尖晶石结构,Fe_3O_4 的离子分布可以表示为 $Fe^{3+}[Fe^{3+}\cdot Fe^{2+}]O_4$,$Fe_3O_4$ 中的 Fe^{3+} 和 Fe^{2+} 之间可以进行电子交换,从而使得 Fe_3O_4 具有较高的导电性。因为 Fe_3O_4 和 $\gamma\text{-}Fe_2O_3$ 具有相似的尖晶石结构,在发生上述转变时晶体结构并不发生变化,而是变成如下式所示的 $\gamma\text{-}Fe_2O_3$ 和 Fe_3O_4 的固溶体:

$$Fe^{3+}[\square_{(1-x)/3}Fe^{2+}_x Fe^{3+}_{(5-2x)/3}]O_4$$

式中,x 为还原程度;$\square$ 为阳离子空位。

固溶体的电阻率取决于 Fe 的含量。随着气敏元件表面吸附还原性气体数量的增加,二价铁离子相应增多,故气敏元件的电阻率下降。这种转变可逆,当吸附在气敏元件上的还原性气体解吸后,Fe^{2+} 被空气中的氧所氧化,成为 Fe^{3+},Fe_3O_4 又转变为电阻率很高的 $\gamma\text{-}Fe_2O_3$,元件的电阻率相应增加。

温度过高时,具有尖晶石结构的 $\gamma\text{-}Fe_2O_3$ 会发生不可逆相变,转变为刚玉结构的 $\alpha\text{-}Fe_2O_3$。$\alpha\text{-}Fe_2O_3$ 与 Fe_3O_4 具有不同的晶体结构,它们之间不易发生可逆的氧化还原反应。因此一旦 $\gamma\text{-}Fe_2O_3$ 发生相变,成为刚玉结构的 $\alpha\text{-}Fe_2O_3$ 后,其气敏特性将会明显下降。

提高 $\gamma\text{-}Fe_2O_3$ 气敏元件性能的重要课题之一,就是防止其在高温下发生不可逆相变。加入 Al_2O_3 和稀土添加剂(La_2O_3、$CeCO_2$ 等),同时在工艺上进行严格管控,使 $\gamma\text{-}Fe_2O_3$ 烧结体的微观结构均匀。这样可使 $\gamma\text{-}Fe_2O_3$ 的相变温度提高到 680 ℃ 左右,保证 $\gamma\text{-}Fe_2O_3$ 气敏元件的稳定性。

(3) 固体电解质型 ZrO_2 氧传感器。

在固体电解质中,载流子主要是离子。ZrO_2 在高温下(远未达到熔融温度)具有氧离子的传导性,用 ZrO_2 制成的氧敏元件是最重要的固体电解质氧敏元件之一。纯净的 ZrO_2 在常温下属于单斜晶系,随着温度的升高,ZrO_2 发生相转变,在 1100 ℃ 下为正方晶系,在 2500 ℃ 下为立方晶系,在 2700 ℃ 下熔融,在 ZrO_2 中添加氧化钙(CaO)、三氧化二钇(Y_2O_3)和氧化镁(MgO)等杂质后成为稳定的正方晶型,具有萤石结构,称为稳定化 ZrO_2。由于杂质的加入,在 ZrO_2 晶体中产生氧空位,其浓度随杂质的种类和数量而改变,引起离子导电性能变化。$ZrO_2\text{-}CaO$ 固溶体的离子活性较低,要在高温下,氧敏元件才有足够的灵敏度。$ZrO_2\text{-}Y_2O_3$ 固溶体离子活性较高,氧敏元件工作温度低,因此,通常采用这种材料制作固体电解质氧敏元件。添加 Y_2O_3 的 ZrO_2 固体电解质材料,称为 YSZ 材料。

ZrO_2 浓差电池原理图如图 3.80 所示,用多孔电极夹着稳定化 ZrO_2 做成夹层结构,组成电池,根据两个电极间生成电动势的变化,检测氧的浓度。这个电池不作为能源,利用在电极进行化学反应时的含氧量和电极电位关系,连续测定电极面上氧浓度变化,因此称为浓差电池。ZrO_2 固体浓差电池组成如下:

$$(+)Pt, p^{I}(O_2) \mid ZrO_2\text{-}Y_2O_3 \mid p^{II}(O_2), Pt(-) \tag{3.92}$$

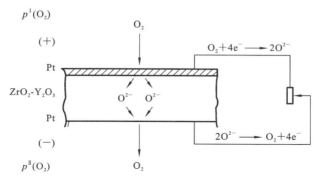

图 3.80　ZrO_2 浓差电池原理图

在(+)电极上:

$$O^2 + 4e^- \longrightarrow 2O^{2-} \tag{3.93}$$

在(-)电极上:

$$2O^{2-} \longrightarrow O_2 + 4e^- \tag{3.94}$$

上述反应的吉布斯自由能变化 ΔG 和化学势的关系为

$$\Delta G = nEF = RT\lg(p^{I}(O_2)/p^{II}(O_2)) \tag{3.95}$$

式中,R 为气体常数,$R=8.313435/(mol \cdot K)$;T 为绝对温度;F 为法拉第常数,$F=9.65 \times 10^4$ C/mol;n 为在反应中移动的电子摩尔数。

由此,可导出如下能斯特(Nernst)公式,电池的电动势 E 可以表示为

$$E = \frac{RT}{nF}\lg\frac{p^{I}(O_2)}{p^{II}(O_2)} \tag{3.96}$$

当温度一定时,已知参考气体中的氧分压 $p^{I}(O_2)$,只要测出固体浓度差电池电动势 E 即可测出被测环境中的氧分压 $p^{II}(O_2)$。这种测量电位差的方法称为电位法。与此相反,产生这种极化时,如果将两极短路就会流过放电电流,所以,如果设法将气体透过膜放置在检测极和被检测试样之间,并使被测的气体浓度与电流值一一对应,那么就可把电流作为传感器的输出信号,这种测量电流的方式称为电流法。

ZrO_2 浓差电池型氧敏元件常作为汽车发动机空燃比的控制元件。用于汽车发动机空燃比控制的 ZrO_2-Y_2O_3 氧传感器如图 3.81 所示,该传感器为圆筒形,在外侧(排气侧)和内侧(空气侧)装上不电解的铂电极,固体电解质与被测环境气体接触的电极为多孔结构的。在排气侧,为了防止有害物质,还加了一层多孔性保护层。

在冶金工业中,转炉炼钢需要将氧气强行送入炉中,以缩短冶炼时间。另外,在调整钢水成分的过程中,需要及时准确地检测钢中的氧含量。传统的检测方法是化学分析,费时较多,不能满足要求。使用 ZrO_2 浓差电池型氧敏元件,可直接检测钢水中的氧含量。钢水温度极高(1600 ℃以上),并且腐蚀性很强,因此,ZrO_2 氧敏元件是一种消耗性元件。

ZrO_2 的原料可用电子工业用的高纯(99%)ZrO_2 粉末,加入 Y_2O_3 后,在 1300～1600 ℃烧结后进行粉碎,再把粉末进行适当成型烧结。把制得的这种稳定化陶瓷两面平行研磨,涂上

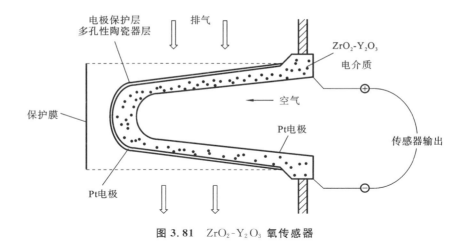

图 3.81　ZrO_2-Y_2O_3 **氧传感器**

Pt 浆料,烧结后形成电极,然后做上引线。

2. 氧化物半导体湿敏器件

(1)敏感机制。

"水分"通常表示固态物质和液态物质含水量的多少。"湿度"则表示空气或气体的潮湿程度。湿度比起温度来,是一个复杂得多的物理量。湿度可以从不同的方面来予以描述,表示湿度的方法有"含湿量"、"绝对湿度"、"相对湿度"、"露点"等,通常用的是"相对湿度"。

绝对湿度定义为单位体积空气中所含的水蒸气量,简称为 AH(absolute humidity),用 D 表示:

$$D = \frac{mv}{V} \tag{3.97}$$

式中,V 表示空气体积,m 表示 V 体积中水蒸气的质量,单位为 kg/m^3 或 g/m^3。需要注意的是,水分在蒸发和凝结时,空气中水蒸气的质量是变化的,空气的容积也随温度的升降而变化。

相对湿度定义为空气中水蒸气压 P_q 与同一温度下的饱和水蒸气压 P_{qb} 的比值,用百分比表示,简称 RH(relative humidity),用 φ 表示:

$$\varphi = \frac{P_q}{P_{qb}} \times 100\% \text{(RH)} \tag{3.98}$$

一定温度下,空气中所含的水蒸气量有一个最大限度。超过这一限度,多余的水蒸气就会从空气中凝结出来。故相对湿度只是表示空气的饱和程度,不能表示水蒸气的含量。

目前世界上还没有统一的可移动型湿度标准电器。1974 年,国际纯粹与应用化学联合会建议以美国国家标准学会的重力湿度计为基础标准,称为一次标准。其他湿度发生器,如双温法湿度发生器、双压法湿度发生器、分流法湿度发生器等,均属二次标准。它们的结构都很复杂。选定盐或碱的饱和水溶液密封在留有一定空间的玻璃容器内,当溶液水分蒸发与气相水汽凝结达到平衡后,溶液上空便具有恒定的相对湿度。这种固定点定标方法属于三次标准,该方法简单方便,所选择的物质必须是结晶物质,并应是在水溶液中较稳定和难于挥发的物质。当观察到固相存在时,就知其已达到饱和态。在(0~100)% RH 的相对湿度内较均匀地选择若干种这样的物质,制成若干种饱和盐溶液,便可得到一组湿度标准,通常选择的盐可取表 3.11 中的几种。

表 3.11　饱和盐溶液的相对湿度

饱和盐溶液的名称	氯化锂	醋酸钾	氯化镁	碳酸钾	溴化钠	氯化钠	氯化钾	硫酸钾
相对湿度(RH,20 ℃)	12%	23%	34%	44%	58%	76%	86%	97%

　　水分子是一种强极性分子。在气态水分子中,大量的电子云趋向于氧原子侧,在氢原子附近则具有很强的正电场,具有很大的电子亲和力。吸附于湿敏半导体表面的水分子将从半导体表面吸附的 O^{2-} 或 O^- 中吸取电子或直接从半导体的满带中俘获电子,使湿敏半导体和水分子强烈地相互吸引。随着环境温度的不同,水分子将在半导瓷表面呈零散的或较密集的附着,有时甚至可以形成几层乃至几十层分子厚的水膜。有时还可能形成一种整齐有序的排列。由于氢原子具有很强的电子亲和力,水分子的吸附将在氧化物半导体能带中产生很深的表面受主态能级,当从表面俘获电子则形成束缚态的负空间电荷。随着水分子的吸附形式和数量的不同,其相应的附加表面态密度与分布形式亦随之不同,从而导致感湿体电阻值的相应变化。当环境湿度较低时,空气中水分子含量较少,主要表现为表面氧离子和水分子中氢的吸引。对于 p 型半导体,水分子吸附后,将使原来本征表面态中的氧施主密度下降,原来俘获的空穴局部释放,下弯的能带变平,空穴耗尽层变薄,表面载流子空穴密度增加。在表面晶粒间界,则表现为界面态密度下降,势垒降低。这都将导致表面载流子密度增加、迁移率变大,使表面电阻降低。随着环境湿度的增加,水分子的附着量增加,表面受主态密度增加,俘获电子后,将使表面束缚负空间电荷进一步增加,为了平衡这种表面负空间,将在表面处积累更多的空穴,使表面能级由原来的下弯,变成平直,并进而上弯,由原来的空穴耗尽层变成空穴积累层。电阻值也就随着空穴的增加而下降。

　　对于 n 型氧化物半导体,水分子的吸附及表面负空间电荷的累积,将使原来已经上弯的表面能级进一步上弯,其结果是使价带顶比导带底更接近费米能级,导致表面反型,表面空穴浓度将超过电子浓度,同样使表面电导增加,导致表面电阻随湿度增加而下降。水分子结构如图 3.82 所示。氧化物半导体吸附水分子后表面能级的变化如图 3.83 所示。

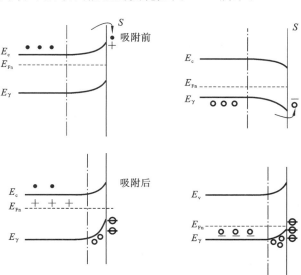

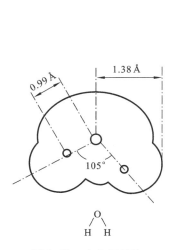

图 3.82　水分子结构　　　　图 3.83　氧化物半导体吸附水分子后表面能级的变化

水分子的吸附主要使湿敏半导体的表面电阻发生改变,其体内电阻并没有明显改变。可以认为,表面电阻 R_s 和体内电阻 R_b 形成并联电路。在湿度很低的干燥气氛中,$R_s > R_b$,电流主要从体内流过,随着湿度的增加,将出现 $R_s = R_b$,$R_s < R_b$,或 $R_s \ll R_b$ 的情况,电流将主要从表面流过。湿敏器件的电阻随着湿度的增加而下降的现象称为负特性。也有的湿敏器件的电阻随湿度的增加而增加,称之为正特性。一般过渡金属所形成的氧化物具有正特性。

对于微粒粉末状的感湿半导体,其结构较为松散,粉粒之间主要靠分子间力的作用,形成松散的机械接触状态,为物理型结合,没有化学键型结构紧密牢固。干燥状态下,粉粒之间有极大的接触电阻。这种微粉粒的感湿体非常有利于水分子吸附,水分子附着后,将使粉粒接触处的接触程度强化,导致接触电阻明显降低,湿度越高,分子吸附越多,接触电阻越低,使得粉粒状堆集体型湿敏器件同样具有负的湿度电阻特性。

氧化物半导体湿敏陶瓷器件的微观结构和外形图如图 3.84 所示,其为多孔结构的。

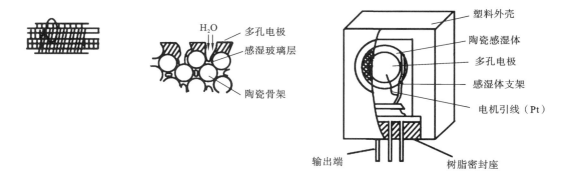

图 3.84 湿敏陶瓷器件的微观结构和外形图

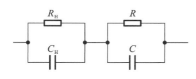

图 3.85 湿敏器件等效电路

图 3.85 所示的为 $ZnO\text{-}Cr_2O_3$ 湿度敏感器件的等效电路,图中,R_H、C_H 分别为感湿部分的电阻、电容。R、C 分别为电极连接处的电阻、电容。

由于水汽分子是通过微孔吸附在感湿体中,又是通过微孔脱离吸附状态的,因此,孔径的大小、孔隙在整个感湿体中所占的比例,即孔隙率,将直接影响湿敏器件的特性。孔径的大小和灵敏度及响应时间有关。孔径大一些,如超过 $0.1~\mu m$,对快速响应有利,如果孔径大多在 $0.001~\mu m$ 左右,则响应时间可长达 1 小时。如要获得高的灵敏度,则必须存在直径为 $0.00\sim0.03~\mu m$ 的微孔。从互换性考虑,以孔径细小、均匀为好。孔的具体结构与材料及工艺因素(如温度)有关,对于同一材料,烧结温度低一些,则孔径相对小一些。在一定环境温度下,灵敏度随烧结温度的增加而下降,孔隙率(也称气孔率)与微孔孔径分布直接相关,只有当孔径取适当值才能获得最大的孔隙率。如对于 $ZnO\text{-}Cr_2O_3$ 系感湿体,当孔径分布在 $0.1\sim0.4~\mu m$,平均气孔孔径为 $0.3~\mu m$ 时,其气孔率可达 12%。

(2)湿敏器件的基本特征。

湿敏器件的特性常用测湿范围、灵敏度、响应时间、测湿精度、迟滞误差及温度特性等参数来描述。

测湿范围是指湿敏器件在多宽的湿度范围内具有电特性响应。在(0%～100%)RH范围内有电特性响应的器件称为是全湿型的,仅在大于70%RH范围内有响应的器件则称为是高湿型的,仅在小于40% RH范围内有响应的器件则称为是低湿型的,在(40%～70%)RH之间有响应的则称为中湿型的。我们可以根据各种测试要求制造出不同测试范围的湿敏器件。

灵敏度定义为相对湿度变化1%RH时,器件电特性变化的百分比。并要求电参数随湿度的变化具有良好的线性或一致的指数特性。灵敏度应适当高些,但也非越高越好。灵敏度过高,抗干扰能力就差,容易引起误测,也会导致二次仪表量程过大。一般,对于电阻型湿敏器件,在全温范围内,阻值的变化在3～4个数量级之内,电容型的变化范围小些,在2～3个数量级之内。

响应时间指的是当相对湿度变化一定值时器件电特性变化到相应值所需要的时间。不同类型的湿敏器件的响应时间有很大的差别,从低于一秒到数十分钟均有。一般吸湿速度较快,脱湿速度较慢。

测湿精度指的是一定温度下,多次测量的平均误差,目前的水平在(±1%～±4%)RH。

湿度的迟滞误差用吸湿和脱湿两个行程输出量之差与最大输出量之比的百分数来表示。

湿度的温度特性用温度系数表示,即温度每变化1 ℃时与电参数变化所相当的相对湿度值的变化。

此外,湿敏器件还具有稳定性、可靠性等特性。性能优良的湿敏器件应具有下述特点:长期工作稳定,经时变化小,重复性好;能在各种恶劣环境下工作,其性能受尘埃、油烟等化学物质的影响小;温度特性好,随温度的变化小,温度使用范围宽;使用寿命长,互换性好,便于维修;能与计算机相接,便于自动输出与控制;体积小巧,使用方便。目前,部分湿敏器件存在的主要问题是稳定性较差,经时变化较大。

(3) 氧化物半导体湿敏器件的分类。

氧化物半导体湿敏器件根据其制作工艺可分为涂覆膜型、烧结体型及厚膜型三种。

① 涂覆膜型湿敏器件。

涂覆膜型湿敏器件是由金属氧化物颗粒经过堆积、黏结而成的材料。未经烧结的微粒堆积体,通常也称为陶瓷,而且其中有的具有较好的感湿特性。用这种陶瓷材料制作的湿敏器件,称为涂覆膜型或瓷粉型陶瓷湿敏器件。这种湿敏器件有多个品种的,其中比较典型且性能较好的是 Fe_3O_4 湿敏器件。

涂覆膜型陶瓷湿敏器件的特点:理化性能比较稳定;结构比较简单;测湿量程大;使用寿命长;成本低廉。

② 烧结体型湿敏器件。

烧结体型湿敏器件根据烧结温度可分为高温烧结型和低温烧结型。低温烧结型的典型材料是 $Si-Na_2O_5-V_2O_5$ 系和 $ZnO-Li_2O-VO_5$ 系两种。制作时可直接将感湿浆料涂在平板状或棒状的两端具有电极的陶瓷基体上,浆料干燥后,置于低于900 ℃的炉中烧结,冷却后接上引线即可。其机械强度好,阻值范围可调,工作寿命长。但响应速度慢,吸湿时间大于5分钟,脱湿时间大于10分钟,高温烧结型湿敏器件的烧结温度较高,在1200 ℃以上。

典型材料为 $MgCr_2O_4-TiO_2$ 系及 $ZnO-Cr_2O_3-MgAl_2O_4$ 系。其响应速度快,吸湿和脱湿

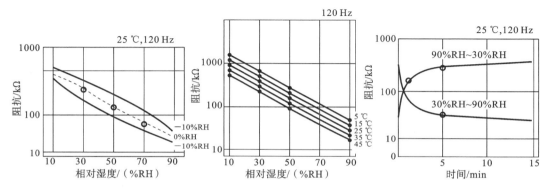

时间均在 10 秒以下；精度较高，经过加热清洗处理可恢复其特性，但结构较复杂。

③ 厚膜型湿敏器件。

在高铝瓷片的一面印刷并烧制加热电极，在基片的另一面印刷并烧制下电极，再将制备好的感湿浆料印制在这层电极上，干燥后再印制上电极。然后将它们烧结在一起，基片面积约为 $5~mm^2$，感湿膜厚约 $50~\mu m$。典型材料有 $MnWO_4$，$NiWO_4$。其响应速度较快，为 15～20 秒，能在较恶劣的环境下工作。

（4）典型陶瓷湿敏器件。

① H_2O_4C 型陶瓷湿敏器件。

H_2O_4C 型陶瓷湿敏器件的电阻-湿度特性、温度特性、响应特性分别示于图 3.86 中。由图可知，其电阻-湿度特性在（10%～90%）RH 的范围内具有较好的线性。必须对器件进行稳定性试验，如高温试验、高湿试验，以及对各种有害气体（如酒精、SO_2、CO_2、H_2S 等）的耐腐蚀及稳定性试验等。

图 3.86 H_2O_4C 型陶瓷湿敏器件特性

陶瓷湿敏器件的供电电源应为交流电源或变向直流电源，其频率一般为几十 Hz 到数千 Hz。使用过程中，常与大气环境接触，容易黏附油烟等污染物质，故使用一段时间后，必须进行加热清洗。在制造时，要配制电阻发热元件，将发热元件辐射出的热能传到湿敏半导体的表面，通过燃烧消除污染物质。这种方法加热时间短，可很快将温度升高到几百度。用远红外加热的方法可在 1 分钟内升温到 $500~℃$。还可掺入发泡剂，以免于加热清洗。

影响氧化物半导体陶瓷湿敏特性的是微孔结构，而要使微孔结构均匀一致，取得良好的重复性是不容易的，加之周围环境中，除水蒸气外，还有其他各种气体及杂质，这给湿敏器件的稳定性带来不利影响，即使在室温下，也会产生一定的经时变化，这是陶瓷湿敏器件的弱点。

② 氧化铝湿敏器件。

Al_2O_3 属于金属氧化物，其是一种绝缘介质。由 Al_2O_3 构成的湿敏器件也是利用其多孔结构对水的吸附导致氧化铝薄膜的电阻或电容随相对湿度变化而工作的。Al_2O_3 膜是采用阳极氧化法淀积的。其可以半导体硅为衬底，构成 MOS 湿敏器件。

Al_2O_3 湿敏器件的基本结构如图 3.87 所示。用纯度为 99.9%、厚度为 0.3～0.4 mm 的高纯铝片，在电解液中进行阳极氧化，生长一层厚 5～10 μm 的多孔 Al_2O_3 薄膜，然后在其上蒸发一层厚约 300 Å 的多孔金，构成 $Au\text{-}Al_2O_3\text{-}Al$ 的电容结构。在 Au 和 Al 的两面接上引线作为电极,封装于管壳内,即成 Al_2O_3 湿敏器件。

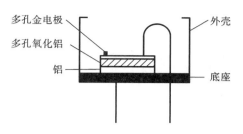

图 3.87 Al_2O_3 湿敏器件的基本结构

进行阳极氧化前需要对铝片进行清洗、抛光等预处理操作,以除去表面油污、杂质及损伤。将处理好的铝片接在电解槽的阳极,用铂金等耐腐蚀性导电金属作为阴极,两极平行地置于电解液中,并相距一定距离。电解液可以是硫酸、磷酸或草酸等腐蚀性酸的一种。氧化时,采用恒温、恒流、定压法。对于硫酸电解液,温度控制在 22 ℃ 为宜,对于草酸电解液,温度可高些。一般将硫酸稀释到 15%~18%,将草酸稀释到 3%~5%,安装好后便可接通电源,这时,极板上会有气泡冒出,说明氧化已开始。在直流电场作用下,溶液中 H^+ 向阴极运动,在阴极得到电子变成氢气析出。酸根离子和水分子中的 OH^- 向阳极运动,而且 OH^- 较酸根离子更易放电,生成初态氧[O],再结合成氧分子从阳极析出。初态氧较分子态氧更活泼,从而使阳极铝发生氧化,生成氧化铝膜,反应方程式如下:

$$2H^+ + 2e^- \rightleftharpoons H_2 \uparrow \tag{3.99}$$

$$4OH^- - 4e^- \rightleftharpoons 2H_2O + 2[O] \tag{3.100}$$

$$2Al + 3[O] \rightleftharpoons Al_2O_3 \tag{3.101}$$

氧化铝是两性物质,能溶于较强的酸和碱,氧化铝生成后还会被酸溶解,生成可溶性铝盐或络合物,使氧化铝膜多孔。因此,铝的阳极氧化过程包含着氧化铝膜的电化学形成过程及其不断被溶解的化学过程。当生长速度大于溶解速度时,多孔膜底部的铝基体上不断生成新的氧化物,把原有的多孔膜向外推,使之不断增厚。氧化膜的质量和厚度同电解液的温度、浓度,以及电流密度和氧化时间等因素有关。电解液的浓度低,膜生长快;电解液的浓度高,溶解速度快,致使膜层生长慢,膜疏松,但孔隙率大;为保证一定的厚度和孔隙率,需选择合适的参数。电流密度大,膜生长会快,但过大会使铝片过热,不利于恒温,一般选择 10~15 mA/cm^2 的电流密度,氧化时间由电解液的浓度、电流密度及所需膜厚等因素决定。在一定的电流密度下,膜厚和氧化时间成正比;但氧化时间过长,膜的表面被电解液溶解,孔径变大,膜的表面会变得粗糙,硬度及耐磨性降低,氧化时间一般选择 30~60 分钟,膜厚可选择 10~30 μm。由于草酸对氧化铝的溶解度小于硫酸,故容易制得较厚的、孔径较小的膜层,其起着导电和透水的双重作用,故其厚度不可太厚,也不可太薄,需控制在 300~500 Å。

多孔 Al_2O_3 膜的微观结构如图 3.88 所示。在基底铝和多孔氧化铝之间还存在很薄的一层,其结构致密而硬,称之为阻挡层,其厚度和电解液的种类有关,可从几百埃到数千埃。阻挡层的存在会对膜的性质产生影响。

孔基本上和膜的表面垂直,呈锥形毛细管状。靠近表面的孔径大一些,孔的下部还填充了残余的酸根离子或正三价铝离子,这是一高导电区,称为化学吸附层。在低湿下,孔壁上排列了一分子层厚的水吸附层;随着湿度的增加,孔壁达到饱和,水开始凝聚在孔内。孔径小的孔将首先充满水。在一定温度下,孔内充满空气,或者是有水冷凝在孔壁上,或者是充满了水。吸附水和液体水的电阻率及介电常数是不同的,在吸附的第一阶段,吸附水的介电常数小于液体水的介电常数,只有在第二阶段才接近水的介电常数。当周围环境的相对湿度发生变化时,孔的吸附情况不同,介电常数和电阻率也就不同,因而其电阻和电容也就

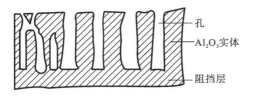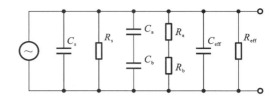

图 3.88 Al_2O_3 膜层结构及其等效电路

不同。

图 3.88 左图所示的感湿薄膜可等效为图 3.88 右图所示的电路。图中,R_s、C_s 分别表示 Al_2O_3 实体部分的电阻、电容,R_a、C_a 分别表示孔内空气层的电阻、电容,R_b、C_b 则表示阻挡层的电阻、电容,C_{eff} 表示阻挡层、化学吸附层及凝聚水组成的多层介质所组成的电容器的电容,R_{eff} 是共并联电阻,则湿敏器件的电容 C、电阻 R 可表示为

$$C = C_s + C_a C_b / (C_a + C_b) + C_{eff} \tag{3.102}$$

$$R^{-1} = R_s^{-1} + (R_a + R_b)^{-1} + R_{eff}^{-1} \tag{3.103}$$

当相对湿度为 0,$C_{eff} = 0$ 时,式(3.102)可化为

$$C = \varepsilon_0 \varepsilon_s A \left(\frac{1-a}{d} + \frac{\varepsilon_a x}{\varepsilon_a b + \varepsilon_s L} \right) \tag{3.104}$$

式中,A 为感湿体的面积,d 是氧化铝膜的厚度,b 是阻挡层的厚度,ε_s 为 Al_2O_3 实体部分的相对介电常数,ε_a 是空气的相对介电常数,a 为孔隙率,L 为可凝水的长度。任何湿度下的电容及电阻可由以下两式求出:

$$C = \frac{\varepsilon_0 \varepsilon_s (1-a) A}{d} + \varepsilon_0 \alpha A \left(\frac{x \varepsilon'}{d} + \frac{(1-x) \varepsilon_a \varepsilon''}{\varepsilon_a b + \varepsilon_s L} \right) \tag{3.105}$$

$$R = d / \omega \varepsilon_0 \varepsilon'' x a A \tag{3.106}$$

式中,x 表示水孔的占有率,ε'、ε'' 分别为积水层、阻挡层的介电常数,ω 为测试角频率。随湿度增加,ε'、ε'' 增加,则 C 增加,R 减小。

通过测试可得出 Al_2O_3 湿敏器件的特性如图3.89 所示。在低湿下,电阻的线性较好,在高湿下,电容的线性较好。感湿灵敏度和孔隙率 a、孔径大小等因素有关。在含水电解液中,以硫酸较为理想,其氧化膜孔隙密度为 $10^{11} \ cm^{-2}$

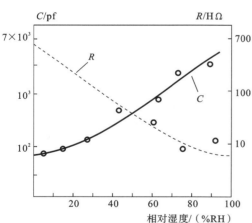

图 3.89 Al_2O_3 湿敏器件的特性($H\Omega$ 为百欧姆)

左右,孔内壁总面积可达外表面积的 50 倍。因而,其灵敏度较高。

3.4.3　二极管和 MOS 气湿敏器件工作原理

1. 二极管气湿敏器件

(1)气敏二极管器件。

气敏二极管主要是金属和半导体接触形成的肖特基二极管,肖特基气敏二极管已有

Pd-CdS、Pd-TiO$_2$、Pt-TiO$_2$ 及 Au-TiO$_2$ 数种。以 Pd-TiO$_2$ 二极管为例,制作时将 TiO$_2$ 一面蒸上一层约 200 Å 厚的 Pd 薄膜,另一面与 In 形成欧姆接触。当半导体表面吸附了某种气体时,其金属和半导体的功函数差就要发生变化,肖特基势垒下降,使正向电流增加。故在同样的正向偏置电压下,根据正向电流就能测出气体浓度。实验表明,Pd-TiO$_2$ 二极管在 60 ℃ 以下响应的只有 H$_2$,故其可作为常温下优良的氢气敏感器件,其结构和特性示于图 3.90 中。

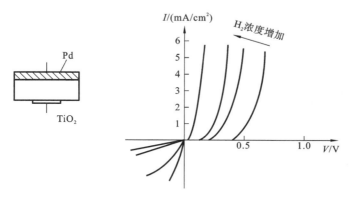

图 3.90　Pd-TiO$_2$ 二极管结构与气敏特性

结构相似的 Au-TiO$_2$ 二极管在常温下只对硅烷气(SiH$_4$)有响应,且有较高的灵敏度。

(2)湿敏二极管器件。

图 3.91 所示的是 SnO$_2$ 湿敏二极管的结构图,在硅片上生成 10 nm 左右的 SiO$_2$ 层并在其上淀积一层 SnO$_2$ 作为敏感膜,并在上、下镀膜形成 Al 电极,制成一个 SnO$_2$ 湿敏二极管。

SnO$_2$ 湿敏二极管处于反向偏压并接有负载时,反向偏压使二极管处于雪崩区附近,反向电流的大小与环境湿度直接相关,如图 3.92 所示。

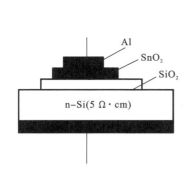

图 3.91　SnO$_2$ 湿敏二极管的结构

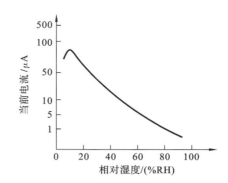

图 3.92　SnO$_2$ 湿敏二极管感特性曲线图

随湿度的增加,反向电流减小。这是由于湿度二极管置于待测湿度环境中,二极管的结区边缘处将有水分子吸附,必然会使耗尽层展宽,主要向硅衬底方向扩展,这将有利于二极管的雪崩电压提高。保持反向电压和负载不变,随湿度增加,二极管雪崩击穿电压会逐步提高而导致二极管的反向电流减小。

2. MOS 气湿敏器件

(1) 气敏 MOS 器件。

MOS 二极管气敏器件主要用来检测 H_2 浓度。其基本原理是利用 C-V 特性随 H_2 浓度变化这一性质通过平带电压 V_{FB} 的移动就可测知 H_2 浓度。图 3.93 所示的为 MOS 二极管结构和 C-V 特性变化示意图。MOS 二极管为 Pd(或 Pt)-SiO_2-Si 结构形式的。在 Si 基片上热生长一层厚为 $500 \sim 2000$ Å 的 SiO_2 层。上面再蒸发或溅射一层厚为 $300 \sim 2000$ Å 的 Pd 薄膜。同时还可在旁制作一个蒸发了 Au 层的 Pd-MOS 参考二极管,通过光生电动势来测定 H_2 浓度,其结构如图 3.93 最右图所示。

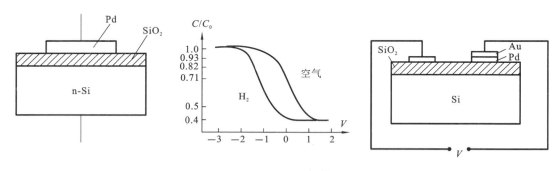

图 3.93　Pd-MOS 气敏器件

用金属钯代替 MOSFET 的铝作为金属栅制成 Pd-MOSFET 气敏器件的研究始于 20 世纪 70 年代末。由于这一新型结构可望将敏感、控温和信号处理器件集成在同一硅基片上,对应器件具有体积小、响应快、耐久可靠、能批量生产等特点,故而对这一领域的研究日渐增加。结构上,已研究出 Pd、P、SnO_2 栅及多层金属栅、分离栅、差动栅等。应用方面,除 H_2 以外,已开拓了 CO、H_2S、NH_3 及酒精等多种气体的检测。集成化、多功能化气敏传感器也出现了各种各样的雏形。

① H_2 敏 MOSFET。

对 H_2 敏感的 MOSFET 无论在结构和特性方面都是研究得最多的。

与氧化物半导体电阻性气敏器件不同,MOSFET 气敏器件主要是利用 FET 阈值电压随气体种类和浓度的变化来工作的,其原因是金属栅吸附气体后,金属和半导体的功函数差发生变化。至于何以会有这种变化,目前尚有不同的看法。以 H_2 敏 Pd-MOSFET 为例,一般认为 Pd 对 H_2 有独特的溶解性和催化活性。钯原子间隙恰好能让氢原子自由通过,当氢吸附于钯栅表面,将被溶解到钯中,离解为氢原子。氢原子将迅速扩展到 Pd-SO_2 界面,由于界面电荷的吸引,氢原子将形成电荷偶极层,从而改变了金属钯的功函数,Pd-Si 的功函数差也就随之而变,并最终导致阈值电压的变化。另一种看法认为氧离子 O^{2-} 起到了关键的作用。当 pd-MOSFET 处于自然空气状态时,空气中的氧首先以负离子形式吸附于 Pd 中,使其有效功函数明显升高,当器件再接触氢气时,氢被离解为氢原子,再与氧离子结合,即

$$H_2 \rightarrow 2H \cdot \tag{3.107}$$

$$2H \cdot + O^{2-} \rightarrow H_2O + 2e^- \tag{3.108}$$

其结果将使有效功函数降低。

H_2 敏 Pd- MOSFET 的基本结构如图 3.94(a)所示,其制造过程和 MOSFET 的类似。在电阻率为 $2 \sim 3 \ \Omega \cdot cm$ 的 p 型硅的(100)晶面上,按一定的沟道尺寸经氧化、光刻、扩散等工艺,制造出 n^+ 源、漏区,然后光刻出栅区,热生长一层 $500 \sim 1000 \ \text{Å}$ 的 SiO_2 层,溅射或用电子束蒸发一层厚 $50 \sim 500 \ \text{Å}$ 的 Pd 层,最后做上源、漏及栅的金属化电极。

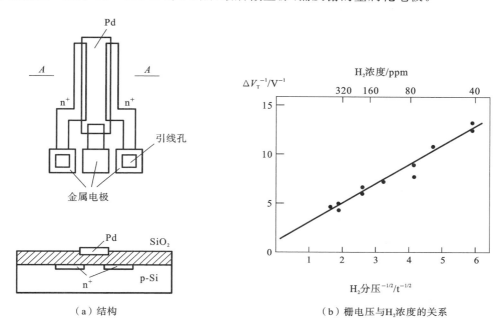

（a）结构 　　　　　　（b）栅电压与H_2浓度的关系

图 3.94　H_2 敏 Pd-MOSFET

器件的工作温度一般为 150 ℃ 以下。对 H_2 的灵敏度很高,几个 ppm 的微浓度也能测量。图 3.94(b)示出了其栅电压和 H_2 浓度的关系。若定义从 H_2 通入到开启电压下降量 ΔV_T 达到其最大值的 95% 所需的时间为响应时间,Pd-MOSFET 的响应时间在 1 分以内,H_2 浓度越高,响应越快。

在 SiO_2 层上用金属-有机化学汽相淀积(MDCVD)的方法在低温下将三甲基铝氧化长成一层 $300 \sim 4000 \ \text{Å}$ 的 Al_2O_3 构成 Pd-MAOS 器件,结构如图 3.95 所示。利用它检测氢气,可在不降低响应速度的情况下使工作温度降低到 $50 \sim 125$ ℃。

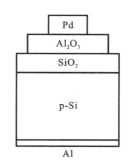

图 3.95　Pd-MAOS 的结构

② CO 敏 MOSFET。

Pd 栅和 Pt 栅 MOSFET 用于 CO 气体检测时,需要在 Pd 层上做出微孔,以便于 CO 能吸附到 $Pd-SiO_2$ 界面并形成偶极层,基本结构示于图 3.96(a)中。孔的直径为 $2 \ \mu m$,在空气中进行 300 ℃ 退火后的器件对 CO 的灵敏度最高。

如在 SiO_2 上用溅射方法制作一层均匀的 SnO_2 层,便可得到对 CO 敏感的 SnO_2 栅 MOSFET。SnO_2 层的厚度小于德拜长度,其上溅射一层极薄的 $10 \sim 15 \ \text{Å}$ 的 Pd 层,经 400 ℃ 的退火将有助于灵敏度的提高。

由于 CO 与氧原子交换电子而被吸附,改变了 SnO_2 中的电子浓度,也就导致阈电压的改变。图 3.96(b)示出了几种不同栅极 MOSFET 对 CO 的敏感特性。

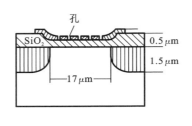

（a）结构

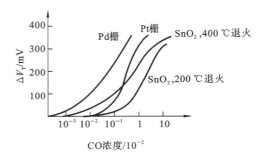

（b）不同结构MOSFET对CO的灵敏特性

图 3.96　CO 敏 Pd-MOSFET

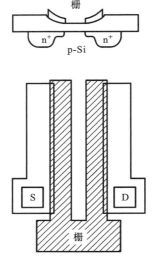

图 3.97　分离栅 Pd-MOSFET

将多孔栅稍加改进,做成图 3.97 所示的分离栅 Pd-MOSFET。用溅射方法在 SiO$_2$ 层上制成厚 200 Å 左右的具有分离槽的 P 或 Pd 栅,中间分离槽的宽度为 0.1～2 μm。阈值电压和电导由分离栅壁之间的寄生电容所决定。研究证明,这种分离栅结构的 Pd-MOSFET 用于 CO 气体检测,其响应时间比一般多孔栅的要短得多。

③ 气敏器件的多功能化、集成化。

多功能化和集成化气敏器件目前尚处于研制阶段。

就多功能而言,主要是利用氧化物半导体的多敏特性。根据不同原料的不同组合及其他物质的添加,氧化物半导体的特性有很大的差异,在不同场合用它作为电阻、电容或其他性质的材料,将其热敏、湿敏、气敏等多方面特性加以综合利用,便可构成湿度-气体多功能传感器。

由 MgCrO-TiO$_2$ 系镁尖晶石制成的陶瓷湿度-气体多功能传感器已研制出来,其特异的多孔结构和 p 型单向导电性,使其在 200 ℃ 以下主要对湿度敏感,吸湿后,电阻产生敏锐变化。而在 300～500 ℃ 的高温下,由于可逆性化学吸附,其电导率随多种气体吸附而明显减小。

MOSFET 气敏器件在集成化方面具有极大的优越性。图 3.98(a)所示的为新型差动式 H$_2$ 敏 MOS 器件的结构,其特性存在严重的漂移,灵敏度也明显很低。通过高温退火处理,其稳定性可大大提高。经过 1000 小时的使用,其敏感特性漂移小于 10%。图 3.98(b)示出了这种特性的改善。此外,当工作温度降至 100 ℃ 乃至更低时,由于水吸附在 Pd 栅表面,其灵敏度会降低约 30%。

超微粒多功能集成化气敏器件是 20 世纪 80 年代兴起的新型器件。SnO$_2$ 超微粒气敏器件已显示了很好的气敏特性,其结构如图 3.99 所示。在硅片内制成二极管和扩散电阻,用以调节控制温度和进行加热,硅片表面生长一层厚约 1 μm 的 SiO$_2$ 绝缘层,在上面制作一对电极,在电极上覆盖一层 SnO$_2$ 气体感应膜。当气体吸附于 SnO$_2$ 层上时,由电极可测出其电阻的变化,使电流通过扩散电阻就可加热敏感元件,以提供正常的工作温度。利用二极管基射结间－2.5 mV/℃ 的漂移电压,通过适当的处理,就能调节温度,并达到需要的精度。

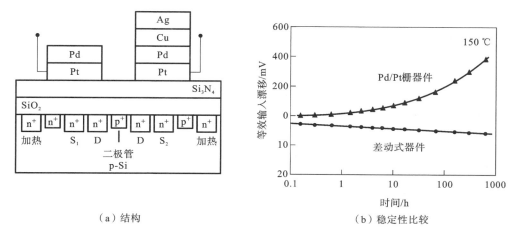

（a）结构　　　　　　　　　　（b）稳定性比较

图 3.98　新型差动式 H_2 敏 MOS 器件

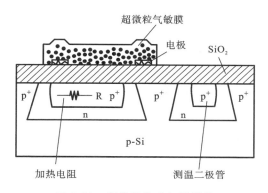

图 3.99　超微粒集成气敏器件

超微粒指粒径为 $10 \sim 1000$ Å 的超微粉（UFP），需要用电子显微镜才能观察它的原形。制备超微粒的方法有固态法、液态法和气态法等多种。SnO_2 等金属氧化物超微粒的制备可采用辉光放电法：将金属锡装入蒸发室，在 2×16^{-6} Pa 的高真空中，通入一定的氧气，由高频电源产生辉光放电，锡在氧气等离子体中蒸发反应，最后在衬底上就会淀积一层 SnO_2 超微粒。超微粒 SnO_2 膜是一多孔性柱状膜，在与基片垂直的取向上，以高密度堆积，各个小柱之间有细的通道，故在垂直于表面的方向上，膜的电阻较小，而在平行于衬底的方向上，因受通道控制，电阻很大。当吸附气体后，电阻变化灵敏。平均粒径为 60 Å 时，其灵敏度最高。由于超微粒直径小，其表面积很大，吸附率高。对于一定的表面积而言，气敏工作温度可降至 $100 \sim 150$ ℃。

超微粒集成敏感器件实际上是将氧化物半导体敏感材料和硅平面技术有机结合的产物。原则上，温度、湿度、气体都可集成。

（2）湿敏 MOS 器件。

如果在 MOS 场效应管的栅极上涂覆一层感湿薄膜，而在感湿薄膜上增设另一金属电极，就构成了 MOS 场效应管湿敏器件。

集成化湿敏器件必须利用硅作为衬底，故以 Al_2O_3 或 SiO_2 为介质的湿敏 MOS 电容或

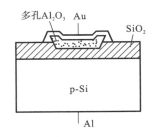

图 3.100　MOS 湿敏电容的结构

MOS 二极管，以及用 Al_2O_3 薄膜、高分子薄膜作为绝缘栅的 PET 湿敏器件是集成湿敏器件的核心。

MOS 湿敏电容的结构如图 3.100 所示，在 p-Si 衬底上热生长一层 SiO_2，其上蒸发一层约 1 mm 高的纯铝层；然后用阳极氧化的方法形成多孔氧化铝薄膜，要使整个铝层都氧化成 Al_2O_3，需要在多孔 Al_2O_3 层上蒸发多孔金，在硅片下面也蒸上铝，上下引出电极即成 MOS 电容。它是利用多孔 Al_2O_3 的感湿原理来工作的。作为分立器件，其主要用于集成电路密封管壳内的温度在线检测，可测量 1 ppm 到 1000 ppm 的水分含量，响应速度仅为 10 秒。

MOSFET 湿敏器件的基本结构如图 3.101 所示，其实际上是将 MOS 湿敏电容作为 MOSFET 的栅。由于栅极感湿层吸附了水，将导致栅电容 C 的变化，从而引起漏电流 I_{DS} 随之而变：

$$I_{DS} = KC(V_{GS} - V_T)^2$$

式中，K 为常数，故由 I_{DS} 的变化就可测知湿度变化。

将多孔 Al_2O_3 薄膜或高分子感湿层覆盖于 FET 的栅电极之上，即构成电荷流晶体管（CFT），一般采用 p 沟增强型 MOSFET，基本结构如图 3.102 所示。工作时，给栅极加上一脉冲电压，使感湿层均匀充电，并达到一定电位，使绝缘栅下的半导体表面形成沟道，有电流流过，其充电时间和周围环境相对湿度成指数关系。实验表明，当温度从 10％RH 变到 50％RH 时，延时间隔可从几十毫秒增至几百秒。

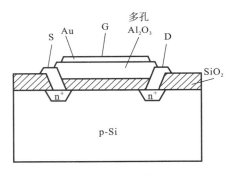

图 3.101　MOSFET 湿敏器件的基本结构

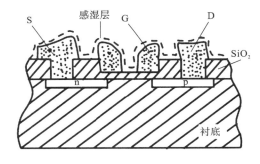

图 3.102　CFT 的基本结构

3.4.4　气湿敏器件的典型应用

1. 气敏器件的应用

半导体气敏器件由于具有灵敏度高、响应时间和恢复时间短、使用寿命长、成本低等优点，所以，自其实现商品化生产以来便得到了广泛的应用。目前，应用最广、最成熟的是烧结型气敏器件，主要是 SnO_2、ZnO 和 $\gamma\text{-}Fe_2O_3$ 等气敏器件。近年来，薄膜型和厚膜型气敏器件也逐渐开始实用化。上述气敏器件主要用于检测可燃性气体、易燃或可燃性液体蒸气。现在国内外正在研制的金属-氧化物-半导体场效应晶体管型气敏器件在选择性检测气体方面也得到了应用,如钯栅 MOSFET 管作为测氢气敏器件也逐渐走向实用化。

对于一般的气敏元件,如气敏电阻器,工作时应具有一定的加热电压,即气敏器件(气体传感器)的工作电压。要求加热的电压相当稳定,以保证元件的工作点漂移量小,检测较准确,因此设计工作电流时应予以注意。另外,考虑到气敏元件的温度特性、湿度特性及初期稳定性,在气敏元件的应用电路中,应设计温度补偿电路,以减小因温度等原因引起的误差。有时还需要设计有延时电路,来避免初期稳定性造成的误差。

半导体气敏器件按其用途可分为以下几种类型的。

(1) 气体探测仪器。

利用气敏器件的气敏特性,将其作为电路中的气电转换器件,配以相应的电路、指示仪表或声光显示部分,可组成气体探测(检测)仪器。这种仪器可以做成袖珍式、便携式或固定式等几种形式的,是应用很广的一类应用仪器,这类仪器通常都要求有高灵敏度。

图 3.103 所示的是差分式气体检测实用电路,BG_1 和 BG_2 等元件组成差分放大电路,输出端接有能显示气体浓度的微安表。当接通电源 K_1 使气敏元件预热,接通电源 K_2 并通入洁净气体时,调整 BG_1 和 BG_2 集电极电位相同,微安表读数为零。气敏元件 R_Q 接触被测气体时,其阻值发生变化,BG_1 集电极输出电位改变,差分电路工作,微安表有电流通过,通过读取电流的大小可得出被测气体的浓度。

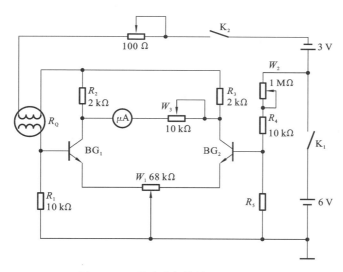

图 3.103　差分式气体检测实用电路

图 3.104 所示的是一种可燃性气体、毒性气体两用检测电路,可以对甲烷、硫化氢等气体进行检测。受 IC_1 控制的 BG_1 为气敏元件提供加热电压,并通过 S_{1a} 转换开关来选择检测不同气体时的加热电压。W_1 和 W_2 作为零位调整器,用于灵敏度调整,检测信号由负载电阻 R_4、R_5 输出,经 IC_2 放大由仪表 M 读出。

(2) 报警器。

当泄漏气体达到危险限值时,报警器会自动进行报警,其一般都包括两部分:气体探测部分和控制报警部分。由气敏器件和相应的电子电路构成的气体传感器组成气体探测部

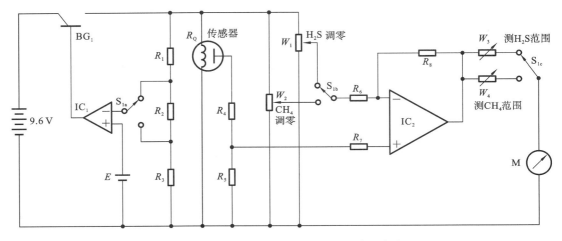

图 3.104 可燃性气体、毒性气体两用检测电路

分,放在气体容易泄漏的场所,或需要探测泄漏气体的部位,再用电缆与放在控制室内的控制报警部分连接起来,组成报警系统。一旦探测场所泄漏气体达到设定的报警限值,气体传感器便把信号通过电缆输出给控制报警部分,发出声光报警,并及时驱动控制电路,进行安全控制,例如家用煤气报警器、有毒气体报警器等。图 3.105 所示的便是一种简单的气体/烟雾报警器,它使用了由 SnO_2 材料制作的气敏元件,由电源变压器直接给出工作电压。

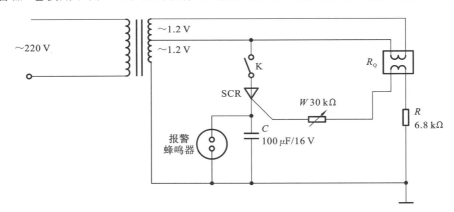

图 3.105 气体/烟雾报警器

当被检测气体浓度增加时,气敏电阻器 R_Q 阻值降低,而相应地使 R 上的压降升高,可控硅 SCR 导通,报警蜂鸣器响,电位器 W 用来调整灵敏度。

图 3.106 所示的是一种可燃气体报警器,当气体浓度增加时,R_Q 的输出端输出高电平,经晶体管触发单稳态电路,使其 3 极输出高电压,经继电器闭合,使蜂鸣器鸣响,起到报警作用。

图 3.107 所示的是一种烟雾检测器,该电路是由热敏电阻与气敏元件共同组成的报警电路。当发生火警时,气温达到一定的高度,热敏电阻 R_{t2} 阻值变化,蜂鸣器鸣响;当烟雾达到一定浓度时,气敏元件 R_Q 阻值变化,也可使蜂鸣器鸣响。

(3) 自动控制仪器。

自动控制仪器利用气敏器件的气敏特性实现对电气设备的自动控制,如电子灶烹调自

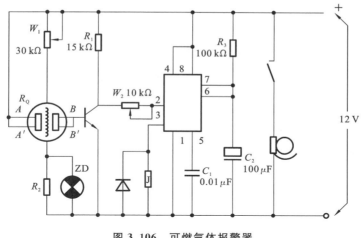

图 3.106　可燃气体报警器

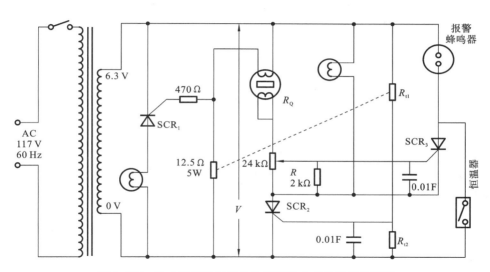

图 3.107　热式传感器与气体传感器组合成的烟雾检测器

动控制,换气扇自动换气控制等。

图 3.108 所示的是一种简单的排风自动控制电路,其使用的是 SnO_2 半导体材料气敏元件。气敏元件的加热工作电压直接由变压器提供。

当空气受到污染时,随污染空气浓度的增加,气敏元件 R_Q 的阻值降低而使晶体管导通,继电器吸合,排风机构运转。电位器 W_2 用来设定排风装置启动的污染气体浓度值。R_1 和 W_1 用来修正气敏元件的固有电阻及灵敏度。

2. 湿敏器件的应用

湿敏器件用于各种场合的湿度监测、控制与报警,它已被广泛地用于军事、气象、农业、工业、医疗、建筑、仓库管理和家用电器等方面。例如,在交通运输方面,对汽车、轮船、飞机的空调的控制;在农林牧和商业系统中,对各种作物棚室、温室、饲养场、库房的温湿度控制;在家用电器中,对干燥设备、电子、磁带、录像机、家庭空调设备等的控制等。在实际使用时,

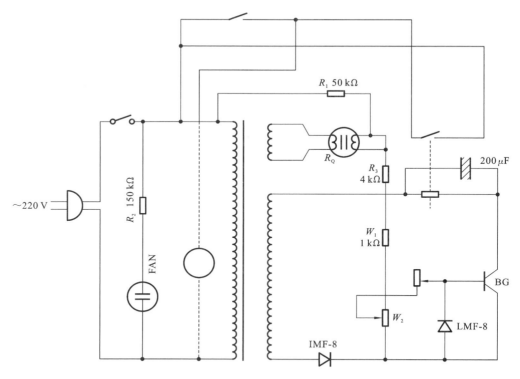

图 3.108　排风自动控制电路

需要根据不同的环境,选用适当的湿敏器件。

湿敏器件的应用乃是一种非电物理量的电气测量。湿敏电阻即为湿度传感器,它在一定的电源驱动下,利用合适的电路检测湿度信号,然后直接通过仪表指示或调节控湿装置。

湿敏器件在气象、制药、纺织、造纸、医疗、食品、空调和电子等领域都有广泛应用。使用场合不同,对敏感元件的要求也不相同。湿敏器件的种类很多,性能差别也很大,在实际使用时要合理选择,以保证测量精度。湿敏器件还需进行标定、温度补偿和信号线化处理。

(1) 湿敏器件对电源的要求。

当前各种湿敏电阻都必须工作于交流或换向直流(注意:不是脉动直流)回路中,若长期在定向直流下工作,将使湿敏电阻的性能劣化甚至完全失效。盐类潮解型湿敏电阻的电流主要是靠离子的移动来传导的,当其受到定向直流的长期作用时,会产生大量正、负离子定向迁移的所谓"电解"现象,从而使感湿层变薄、破坏或断裂。但它在交流或换向直流的条件下工作则无此缺点。在涂覆膜型湿敏电阻中,瓷粉粒本身属于电子型(包括空穴)半导体,不会出现电解现象,但在定向直流作用下,在对湿敏起主导作用的晶粒边界处将出现大量的离子电导成分,其中包括各种水溶性杂质离子及水分子本身的离解,所以这类器件也不能采用直流电源。在烧结型湿敏电阻中,主要导电通路(包括陶瓷晶粒内和晶粒间界处)都属于电子电导,在受到湿度影响而迅速改变的表层电导中,其电流的载荷者也是电子。同时,多孔瓷的表面有水分附着的地方还存在一种水解物或水分子本身的电离过程,如水分子附着密度很高时,整个表面将构成一层离子型导电通路,与体内电子通路相并联;当环境湿度不太大时,水分将首先附着在表面粒界处,这时虽然不一定构成通路,但仍将出现局部电解现象。如湿敏器件在直流回路中工作,随着电解现象的产生必然形成正负离子的单向积聚或 O^{2-}、H^+ 在正负极的释放等,还可能在氧化物半导体陶瓷的表面出现不同方式与不同程度的化学反应,直流电压作用时间越长,这种现象越严重,最终将使多孔瓷的表面结构改变,湿敏特性变劣。在高温和污染的环境中,这种现象将更为严重。所以,对于现有类型的湿敏电阻,不论其本体是属于离子电导还是电子电导,其都不能工作于直流回路。脉动直流和恒定直流的作用效果是一样的,故脉动直流也不能采用。换向直流的作用与交流的相似,能使湿敏器件正常工作。

对交流或换向直流的频率要求应尽可能低一些,如电源频率太高,测试回路的附加阻抗会影响测湿灵敏度和准确性。对于离子电导型测湿元件,采用电桥法及变压器耦合法测试电路,电源频率一般以 1000 Hz 为宜;而对于电子电导型测湿元件且用欧姆定律回路测试时,其频率可低于 50 Hz,甚至每秒 1～2 周也能正常工作,同时用长达数百米的探头引线,也不会影响测湿精度。

(2) 湿敏器件的应用实例。

① 露点传感器。

露点是指水分由气态变为液态的相对湿度。露点传感器是湿度传感器的一种,用它检测空气中水蒸气的露点。露点传感器是一种特殊的湿度传感器,它对低湿度不敏感(75% RH 以下),仅对 75% RH 及以上的湿度敏感。露点传感器应用于磁带录像机结露,汽车窗结露(霜),空调、仪表显示结露等方面的检测。露点传感器的感湿膜一般使用含有导电粒子——碳粉的高分子材料。

图 3.109 所示的是录像机结露报警控制电路。为了保护录像机的磁头和磁带,应安装结露报警电路,当录像机所处的环境的湿度会导致结露时,其会立即进入保护状态。当湿度升高到露点时,露点传感器的电阻值会增大,BG_1 基极电压升高,BG_1 导通,BG_2 截止,BG_3、BG_4 导通,结露指示灯亮,并输出控制信号。

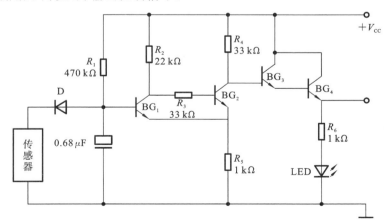

图 3.109　录像机结露报警控制电路

② 自动去湿器。

汽车驾驶室挡风玻璃的自动去湿(霜)控制电路可防止驾驶室的挡风玻璃结露或结霜,

保证驾驶员视线清晰,避免事故发生。该电路也可用于其他需要去湿的场合。

自动去湿器的结构图如图 3.110(a)所示,图中,R_s 为加热电阻丝,将其埋入挡风玻璃内,H 为结露湿敏元件。图 3.110(b)中,晶体管 BG_1、BG_2 为施密特触发电路,BG_2 的集电极负载为继电器 J 的线圈,R_1、R_2 为基极电阻,R_p 为湿敏元件 H 的等效电阻。在不结露时,调整各电阻值,使 BG_1 导通,BG_2 截止。一旦湿度增大,湿敏元件 H 的等效电阻 R_p 值下降到某一特定值,$R_2 /\!/ R_p$ 减小,使 BG_1 截止,BG_2 导通,集电极负载(继电器 J 的线圈)通电,它的常开触点 Ⅱ 接通加热电源 E_c,并且指示灯点亮,电阻丝 R_s 通电,挡风玻璃被加热,驱散湿气。当湿气减少到一定程度时,$R_p /\!/ R_2$ 回到不结露时的阻值,BG_1、BG_2 恢复初始状态,指示灯熄灭,电阻丝断电,停止加热,从而实现了自动去湿控制。

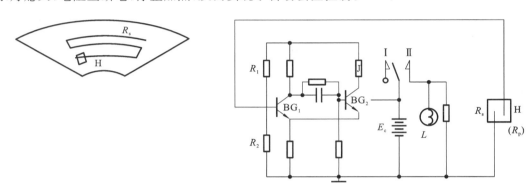

(a)自动去湿(霜)器的结构　　　　(b)自动去湿(霜)控制电路

图 3.110　汽车驾驶室挡风玻璃的自动去湿(霜)器的结构及自动去湿(霜)控制电路

③ 自动烹调湿度检测系统。

图 3.111 所示的为自动烹调设备中湿度检测控制系统原理框图,R_s 为湿敏元件,电热器用来加热湿敏元件至工作温度 550 ℃。由于传感器工作在高温环境中,所以湿敏元件一般不采取直流电压供电,而采用振荡器产生的交流电供电。因为在高温环境中,当湿敏元件加直流电时,很容易发生电极材料的迁移,从而影响传感器的正常工作。R_0 为固定电阻,与

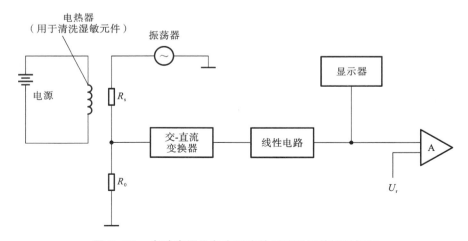

图 3.111　自动烹调设备中湿度检测控制系统原理框图

传感器电阻 R_s 构成分压电路。交-直流变换的直流输出信号经运算单元运算,输出与湿度成比例的电信号,并由显示器显示。

如图 3.112 所示的高频电子食品加热器,湿敏传感器安装在烹调设备的排气口,可检测烹调时食品产生的湿气。使用时首先将电热器电源接通,使湿敏元件的温度升高到要求的工作温度。然后启动烹调设备对食品加热,依据湿度变化来控制烹调过程的进行。

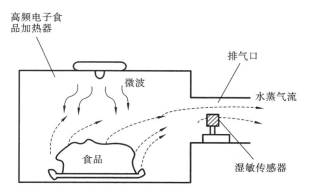

图 3.112　采用了湿敏传感器的高频电子食品加热器

◀ 3.5　半导体磁敏器件 ▶

3.5.1　概述

磁敏器件是一种把磁学物理量转变成电信号的器件,其广泛应用于自动控制、信息传递、电磁测量等领域。磁敏器件主要包括磁性体磁敏器件和半导体磁敏器件。由半导体材料制成的对磁场敏感并能将磁信号转换成电信号的器件称为半导体磁敏器件,其是目前磁敏器件中应用较多、发展较快的一类,例如霍尔器件、磁阻器件、磁敏二极管和磁敏晶体管等。半导体磁敏器件的基本工作原理是霍尔效应和磁阻效应,下面重点叙述半导体磁敏器件的原理、结构、主要特性及应用。

3.5.2　霍尔器件工作原理

1. 霍尔效应

霍尔效应是电磁效应的一种,1879 年,E. H. Hall 发现了通有电流的长条形金属薄片在垂直磁场的作用下,其两侧会产生微弱的电位差这一物理现象,该现象被称为霍尔效应。磁敏器件真正具有实用价值依赖于半导体材料及加工工艺的发展,特别是高迁移率Ⅲ-Ⅴ族化合物半导体材料的研究成功,使得高灵敏度磁敏器件得以开发和应用,这是因为半导体材料中的霍尔效应比金属中的要强得多。

如图 3.113 所示,对于一个长为 L、宽为 W、厚为 d 的半导体样品,沿 x 方向通以电流 I,电场强度为 E_x,并在垂直于样品平面的 z 方向上加上磁场,磁感应强度为 B。由于沿 x 方向的载流子受到磁场洛伦兹力的作用,其运动方向发生偏转。如果是 p 型半导体,根据左手定则,载流子空穴就将沿 y 的负方向运动,并在 A 面积累起来,使 A 面产生正电荷,B 面将因缺少空穴而带负电,因而在垂直于电场和磁场的 y 方向上将产生另一个横向电场 E_y,在半导体样品 A、B 两面就将产生电位差,即霍尔电压,这就是半导体的霍尔效应。霍尔电场一经产生,由于其方向和洛伦兹力方向相反,将阻止空穴的偏转运动。当霍尔电场的作用力和洛伦兹力相互抵消时,则空穴的运动将处于动态平衡之中,A 面积累的空穴不再增加,即霍尔电压达到稳定值 V_H。

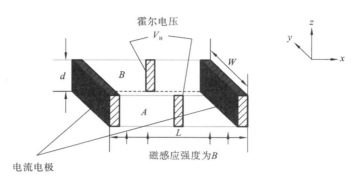

图 3.113　霍尔效应

在只考虑一种载流子的霍尔效应时,平衡状态下,空穴受洛伦兹力作用所产生的漂移电流和受霍尔电场作用所产生的漂移电流的大小相等,方向相反,即 y 方向电流为零。若不计其速度的统计分布,则有

$$\mu_{H_p} J_{px} B = q p \mu_p E_y \tag{3.109}$$

式中,p 为空穴浓度,μ_p 为空穴的漂移迁移率,μ_{H_p} 为空穴的霍尔迁移率。实验证明,μ_{H_p} 一般大于 μ_p,只有高度简并化半导体中有 $\mu_{H_p} \approx \mu_p$。但在实际中,常忽略它们的差别而认为两者近似相等。J_{px} 为在电场 E_x 的作用下空穴在 x 方向的漂移电流密度,在电流均匀分布的情况下,有 $J_{px} = I/Wd$,霍尔电场取其平均值为 $E_y = V_H/W$,代入式(3.109)有

$$\mu_{H_p} \frac{I}{Wd} B = q p \mu_p \frac{V_H}{W} \tag{3.110}$$

可得霍尔电压

$$V_H = \frac{\mu_{H_p} IB}{\mu_p q p d} \approx \frac{IB}{q p d} \tag{3.111}$$

令

$$R_H = \frac{\mu_{H_p}}{\mu_p q p} \approx \frac{1}{q p} \tag{3.112}$$

R_H 称为霍尔系数。同理,对于 n 型半导体有

$$V_H = -\frac{\mu_{H_n}}{\mu_n} \cdot \frac{IB}{q n d} \approx -\frac{IB}{q n d} \tag{3.113}$$

相应的霍尔系数为

$$R_H = -\frac{\mu_{H_n}}{\mu_n qn} \approx -\frac{1}{qn} \tag{3.114}$$

综合两种导电类型的半导体有

$$V_H = \frac{R_H IB}{d} \tag{3.115}$$

由于电子所带电荷和空穴的电荷符号相反,因此在电流 I 和磁场 B 方向不变的情况下,电子受洛伦兹力作用后,也向 $-y$ 方向偏转,并在 A 面积累起来,使 A 面带负电,B 面将因缺少电子而带正电。所以,n 型半导体和 p 型半导体的霍尔系数的符号相反,霍尔电压的方向也相反。

在垂直磁场 B 的作用下,在垂直电流 I 的方向上将产生霍尔电场 E_H。平衡状态下,$J_{py}=0$,I 仍沿 x 方向,则合成电场不再沿 x 方向,即合成电场和电流 I 不在同一方向,两者之间的夹角 θ 称为霍尔角。对于 p 型半导体,由图 3.114 可以看出

$$\tan\theta_{H_p} = \frac{E_y}{E_x} \tag{3.116}$$

x 方向的电流密度和电场有下述关系:

$$J_{px} = qp\mu_p E_x \tag{3.117}$$

即

$$E_x = J_{px}/qp\mu_p \tag{3.118}$$

将式(3.109)所确定的 E_y 和式(3.118)中的 E_x 代入式(3.116)可得

$$\tan\theta_{H_p} = \mu_{H_p} B \tag{3.119}$$

对于 n 型半导体,同样可求得

$$\tan\theta_{H_n} = -\mu_{H_n} B \tag{3.120}$$

负号意味着 n 型半导体和 p 型半导体霍尔角偏向的方向相反。如果 θ_{H_p} 偏向 y 的正方向,则 θ_{H_n} 将偏向 y 的负方向。

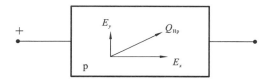

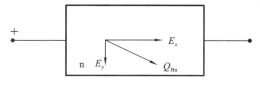

图 3.114　霍尔角

实际上,半导体中总是同时存在电子和空穴两种载流子。如果同时考虑两种载流子在垂直磁场的作用下发生偏转,平衡状态下,虽然 y 方向的电子电流密度和空穴电流密度并不一定为 0,但总的电流密度仍为 0,即 $J_{ny}+J_{py}=0$。根据上述同样的分析方法可以求得霍尔

电压 V_H 及霍尔系数 R_H：

$$V_\mathrm{H} = -\frac{\mu_\mathrm{H}}{\mu} \cdot \frac{p-b^2 n}{q(p+bn)^2} \cdot \frac{IB}{d}, \quad b=\frac{\mu_\mathrm{n}}{\mu_\mathrm{p}} \tag{3.121}$$

$$R_\mathrm{H} = -\frac{\mu_\mathrm{H}}{\mu} \cdot \frac{p-b^2 n}{q(p+bn)^2} \tag{3.122}$$

霍尔效应给出了电流、磁场和霍尔电压的确定关系，根据这一原理制成霍尔器件，由电流及霍尔电压的大小就能检测磁场的大小和方向，在恒定磁场下就可进行电流测量。若希望霍尔效应强，则需要较大的霍尔系数 R_H，要求霍尔材料有较大的电阻率和载流子迁移率。一般金属材料载流子迁移率很高，但电阻率很小；而绝缘材料电阻率极高，但载流子迁移率极低。因此，半导体材料比较适合制作霍尔器件。同时，一般情况下，电子的迁移率大于空穴的迁移率，制作霍尔器件采用电子迁移率大的 n 型半导体材料，如 n 型锗（Ge）、锑化铟（InSb）和砷化铟（InAs）等。

材料选择上，n 型材料比 p 型材料更好，因为对于同一材料，电子的迁移率总比空穴的高。InSb 在 77 ℃时，μ_n 达 4×10^5 cm²/(V·S)，室温下也有 7.8×10^4 cm²/(V·S)，比 Ge、Si 的大得多，在 $B=0.2$T 时，其 η_m 可达 9%，是 Ge 的 300 倍，而且还具有响应快、动态范围宽、频率特性好、噪声低等特点。但是该材料温度系数大，这是因为 InSb 的禁带宽度比 Ge、Si、GaAs 等的都小，仅为 0.17 eV，随着温度升高，容易发生本征激发，使载流子浓度和迁移率随温度的变化而急剧变化。Ge 是一种常用的霍尔器件材料，其温度系数相较于 InSb 要小，而且 μ_n 达 3900 cm²/(V·S)，基本能满足应用需求。Si 虽不是理想的霍尔器件材料，但其温度特性好。CaAs 材料的 μ_n 较大，禁带宽度也大，其灵敏度和温度系数都较好，用离子注入法制成的 GaAs 霍尔器件温度系数已降到 0.05%/℃。

由于迁移率是随杂质浓度变化而变化的，为了保证高的迁移率，材料的电阻率应尽量高一些，但这会使温度系数变大。为了改善温度特性，又需要选择电阻率低的材料，所以在实际应用中要兼顾灵敏度和温度特性两者的要求来选择材料的电阻率。

在考虑霍尔片的长宽比时首先应注意到霍尔电压 V_H 实际上与形状因子 L/W 有关，且为非均匀分布。在两输入极，由于欧姆接触电极的存在，已将这两端的霍尔输出短路，即在 $x=0$ 及 $x=L$ 处，$V_\mathrm{H}=0$，该现象被称为控制极的短路效应。一般情况下，V_H 是从片长方向的中点输出的，短路效应必然影响 V_H 的值。不难理解，L/W 越大，影响就越小，但 L/W 过大，会增加器件的内阻，增大功耗，降低效率。可以证明，当 $L/W>4$ 时，控制极的短路效应便可忽略不计，一般取 L/W 在 2～2.5 之间。

霍尔片的厚度 d 和 V_H 成反比，即片子越薄，灵敏度越高。在保证一定的机械强度和工艺可能的情况下，应尽可能减薄其厚度。采用真空蒸发法和离子注入法，将磁膜材料做成薄膜状，以使膜厚降到 1 μm 乃至几千埃，从而能够获得非常大的霍尔电压。

2. 霍尔器件的结构

霍尔器件是一个结构简单的四端器件，图 3.115 示出了它的基本结构，在长方形半导体片上有四个欧姆接触电极，在片长方向有两个输入极，以输入控制电流；在片宽方向有两个输出极，以输出霍尔电压。在外面封装上非磁金属、陶瓷或环氧树脂等外壳。

硅霍尔片的制造采用硅平面工艺。首先按要求对硅片进行切割，并两面抛光，经过氧化、光刻、扩散、蒸铝及合金化等工序后再进行测试。合格的基片通过研磨减薄到所需的厚

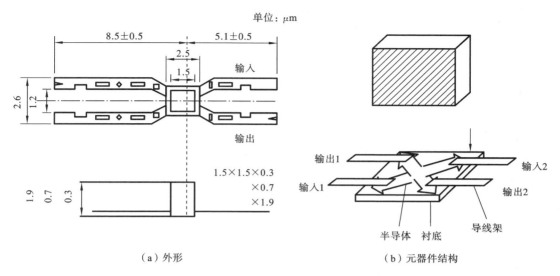

（a）外形　　　　　　　　　　　　（b）元器件结构

图 3.115　InSb 霍尔器件外形及元器件结构

度制成霍尔片,粘贴到绝缘的玻璃或陶瓷片上就是霍尔器件。由于霍尔片的电阻率高,需要使用合金化工艺,并在 n 区上蒸镀 Ni 或 Au,以减小压焊电阻,便于形成良好的欧姆接触。

　　InSb 霍尔器件有单晶的和多晶的两种。用真空蒸发法在衬底上沉积 InSb 薄膜,可以将 In 和 Sb 分别作为蒸发源,同时向衬底上蒸发以形成 InSb 多晶。也可以 InSb 多晶作为蒸发源,通过高温蒸发沉积形成 InSb 多晶膜。蒸发的质量由源温、衬底等因素控制。

　　GaAs 霍尔器件的整体结构有台面和平面两种,如图 3.116 所示。在半绝缘衬底上,用外延的方法形成 n 型 GaAs 薄层,然后通过腐蚀的方法加工成十字形台面结构,做上电极即可;平面结构可用离子注入法形成 n-GaAs 层,因没有使用腐蚀工艺,可减小器件尺寸和降低对称度的分散性。

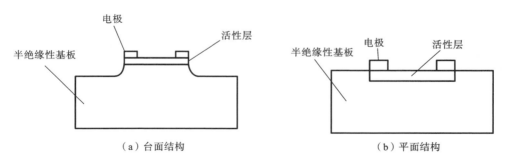

（a）台面结构　　　　　　　　　　（b）平面结构

图 3.116　GaAs 霍尔器件的台面结构与平面结构

3. 参数与特性

　　在使用霍尔器件时,可以直接利用两输出端输出霍尔电压 V_H,也可以在霍尔输出端电路中接上负载,对负载做功。性能优良的霍尔器件应具有输出霍尔电压高、灵敏度高、效率高、温度特性好等特点。

　　衡量霍尔器件的主要参数如下。

（1）额定控制电流 I_c。当磁感应强度 $B=0$ 时，在静止空气中环境温度为 25 ℃ 的条件下，霍尔器件由焦耳热引起的温升 $\Delta T=10$ ℃ 时，从霍尔器件输入电流端子输入电流，电流一般为数 mA 到数百 mA，视材料的不同而差异甚大。

（2）输入电阻 R_{in}。在规定条件下（一般为技术条件所规定，通常 $B=0$，$I_c=0.1$ mA），霍尔器件控制（激励）电流两个电极之间的电阻。若霍尔片的电阻率为 ρ，则

$$R_{in}=\rho L/Wd \tag{3.123}$$

（3）输出电阻 R_{out}。在规定条件下（一般为技术条件所规定，通常 $B=0$，$I_c=0.1$ mA），无负载情况时，霍尔器件两个输出（霍尔）电极之间的电阻：

$$R_{out}=\rho W/Ld \tag{3.124}$$

（4）最大允许控制电流 I_{cm}。器件在最高允许使用温度 T_i 下的最大控制电流。因为霍尔电压随控制电流增加而线性增加，所以希望选用尽可能大的控制电流以获得较高的霍尔输出电压，但是由于受到最大允许温升的限制，可以通过改善霍尔器件的散热条件使控制电流增加。一般器件的 $T_i=80$ ℃，硅器件的 $T_i=175$ ℃，砷化镓器件的 $T_i=250$ ℃。

（5）不等位电势 V_M。当磁感应强度 $B=0$ 时，霍尔器件的控制电流为额定值，其输出的霍尔电压应为零，但实际不为零，用直流电位差计可以测得空载霍尔电压，称为不等位电势。产生不等位电势的主要原因有：霍尔电极安装位置不对称或不在同一等位面上；半导体材料不均匀造成电阻率不均匀或是几何尺寸不均匀；激励电极接触不良造成激励电流不均匀分布等。

（6）不等位电阻 R_M。不等位电势 V_M 与额定控制电流 I_c 之比称为不等位电阻 R_M。

（7）乘积灵敏度 S_H。在单位控制电流和单位磁感应强度下，霍尔器件输出端在开路时的霍尔电压称为乘积灵敏度，以 S_H 表示。由式（3.115）得

$$S_H=\frac{V_H}{I_cB}=\frac{|R_H|}{d} \tag{3.125}$$

单位是 V/(A·T)。S_H 反映了电流和磁场对霍尔器件的控制能力。

（8）磁灵敏度 S_B。在额定控制电流 I_c 下，输出端开路时，单位磁感应强度所具有的最大霍尔电压，以 S_B 表示：

$$S_B=\frac{V_{Hm}}{B} \tag{3.126}$$

令

$$V_{Hm}=I_cBS_H \tag{3.127}$$

结合前文，有

$$S_B=\frac{\rho\mu_n}{d}I_c \tag{3.128}$$

S_B 的大小反映了霍尔器件对磁场的敏感度。

（9）寄生直流电势 V_g。当外加磁场为零，霍尔器件通以交流控制电流时，霍尔电极除了输出交流不等位电势外，还输出一直流电势，称为寄生直流电势。寄生直流电势产生的原因主要有控制电流电极的欧姆接触不良或存在整流接触，使控制电流正反向电流分量大小不相等，存在一定直流分量，该直流分量在输出极的反映即为寄生直流电势；霍尔电压输出电

极欧姆接触不良,存在整流接触时,也可产生寄生直流电势;霍尔电压输出极焊点大小不一致使两焊点热容量不一样而产生温差电势也是寄生直流电势产生的原因之一。在输出端进行阻抗匹配时,霍尔器件的转换效率最高,设 P_{im} 为 I_{cm} 下器件的最大输入功率,P_{lm} 为负载 R_L 上的最大输出功率,可以求得

$$\eta_m = \frac{P_{lm}}{P_{im}} = \frac{\rho W \mu_n^2 B^2}{4 L d R} \approx \frac{\mu_n^2 B^2}{4} \tag{3.129}$$

实际中,常取 $R = \dfrac{\rho L}{Wd}$,并令 $L/W \approx 2$,则有

$$\eta_m \approx \frac{\mu_n^2 B^2}{16} \tag{3.130}$$

霍尔电压的磁场特性是其基本特性。由式(3.115)可以看出,当电流 I 恒定时,V_H 和 B 具有线性关系。但实际上,总是有所偏离,存在一定的非线性区域。图 3.117 所示的为 InSb 和 GaAs 霍尔器件的 B-V_H 特性,由图可见,用恒流源供电和用恒压源供电时,InSb 器件的 B-V_H 特性是不同的。而且霍尔片薄一些有利于线性的改善。GaAs 霍尔器件具有很好的线性,当 $B=0$ 时,$V_{H0} \neq 0$。理论上,应有 $B=0$,$V_{H0}=0$,但由于霍尔片中的电流分布具有不均匀性和输出电极不完全对称,使之存在一定的零位电压 V_{H0}。

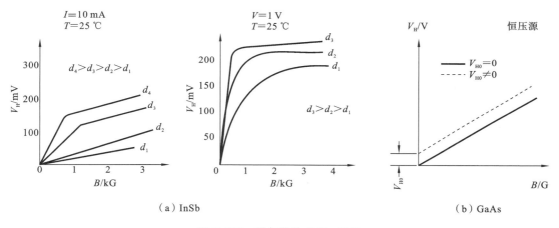

（a）InSb　　　　　　　　　　　　　　　　（b）GaAs

图 3.117　霍尔器件 B-V_H 特性

图 3.118 给出了不同材料的霍尔器件在恒流源供电下的霍尔电压的温度特性,可以看出,InSb 的温度系数最大,且为负,即随温度升高,V_H 下降,而 Si 的温度系数最小。

4. 基本电路

霍尔器件的基本测试电路如图 3.119 所示,控制电流由电源 E 供给,R 为调整电阻,以保证器件得到所需要的控制电流。霍尔片输出端接负载 R_L,R_L 可以是一般电阻,也可以是放大器输入电阻或表头内阻等。

霍尔器件的转换效率较低,霍尔电压一般在毫伏量级,可将几个霍尔器件的输出串联,如图 3.120 所示;或采用运算放大器对信号进行放大,如图 3.121 所示,以获得较大的 U_H。如果霍尔电压信号仅为交流输出,可采用图 3.122 所示的差动放大电路,用电容隔掉直流信号即可。

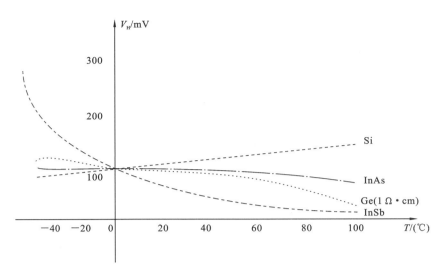

图 3.118 霍尔电压温度特性

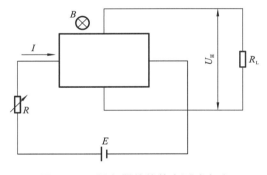

图 3.119 霍尔器件的基本测试电路

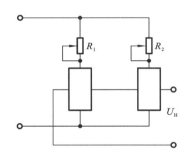

图 3.120 霍尔器件的输出串联电路

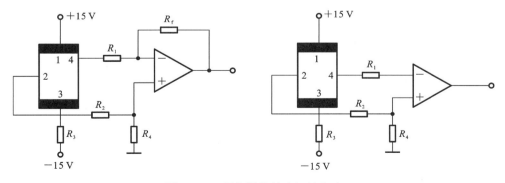

图 3.121 霍尔器件基本运放电路

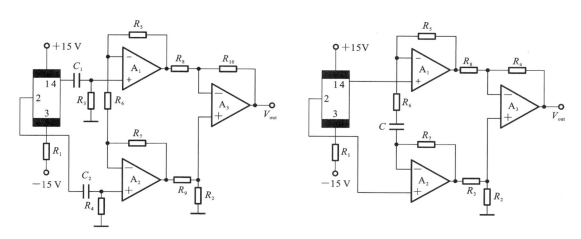

图 3.122　差动放大电路

3.5.3　磁阻器件工作原理

磁阻器件是一种电阻随磁场变化而变化的磁敏器件,其原理是磁阻效应。半导体磁阻器件是具有两个电极的电阻体,其比霍尔器件的结构更简单,并与霍尔器件有着许多相同的应用范围。1883 年,人们发现了在磁场作用下材料电阻发生变化的磁阻效应,从那时起,就开始了对磁敏器件的研究。

1. 磁阻效应

半导体材料的电阻随与电流垂直的外加磁场的变化而变化的现象称为磁阻效应。这是由于半导体载流子受磁场洛伦兹力的作用,其运动方向发生偏转,产生了霍尔电场。从载流子的统计学分布角度来考虑,相对于某一速度的载流子,当霍尔电场力和洛伦兹力的作用相互抵消时,小于该速度的载流子将沿霍尔电场的方向偏转,大于该速度的载流子则沿相反方向偏转,使得沿电场方向运动的载流子减少,半导体的电阻率增大,表现出明显的横向磁阻效应,本书主要讨论的是横向磁阻效应。

实验证明,磁阻效应不仅与磁感应强度有关,还与样品的几何形状及结构有关。一般将不考虑形状和结构影响的磁阻效应称为物理磁阻效应,而将与半导体样品形状及结构有关的磁阻效应称为几何磁阻效应。

用电阻率的相对变化率 $\Delta\rho/\rho_0$ 来表示物理磁阻效应的大小,ρ_0 为 $B=0$ 时半导体样品的电阻率。理论分析表明,弱磁场中,$\Delta\rho/\rho_0$ 和 B^2 成正比;而在强磁场中,$\Delta\rho/\rho_0$ 和 B 成正比。当磁感应强度趋向无穷大时,电阻率的变化逐渐趋向饱和。对于只有电子参与导电的最简单情况,在弱磁场情况下,理论推导出磁阻效应的表达式为

$$\rho_B = \rho_0(1 + 0.273\mu_n^2 B^2) \tag{3.131}$$

式中,ρ_B 为材料的电阻率;ρ_0 为零磁场时的电阻率;μ_n 为电子迁移率;B 为磁感应强度。由此可得电阻率的相对变化率为

$$\frac{\rho_B - \rho_0}{\rho_0} = \frac{\Delta\rho}{\rho_0} = 0.273\mu_n^2 B^2 = K\mu_n^2 B^2 \tag{3.132}$$

式(3.132)表明,磁场一定时,载流子(电子)迁移率高的材料磁阻效应明显。InSb、InAs、NiSb 等半导体材料的载流子迁移率都很高,更适合于制作磁阻器件。令 $m_t = K\mu_n^2$,m_t 称为磁阻平方系数,则有

$$m_t = \frac{\rho_B - \rho_0}{\rho_0 B^2} = \frac{\Delta\rho}{\rho_0 B^2} \tag{3.133}$$

图 3.123(a)给出了三种不同形状的半导体样品在垂直磁场作用下电流的偏转情况。图 3.123(b)示出了形状因子 L/W 和磁阻效应的关系,这说明几何磁阻效应与形状因子关系甚密。当半导体霍尔电场对载流子的作用力和磁场对载流子的洛伦兹偏转力相互抵消时,其磁阻效应就相当微弱。如果能够让霍尔电压短路,去掉霍尔电压对载流子偏转的阻碍作用,那么载流子受磁场作用偏转得就更明显,电阻的变化率就会更大。事实证明,霍尔电压大的样品,磁阻效应就小;反之,霍尔电压较小的样品,磁阻效应就大。对于长方形样品,$L/W > 1$,只在电流控制极两端存在短路效应,而在长度 L 方向上的绝大部分范围内,霍尔电压开路,所以电流只在控制极两端发生偏转。对于 $L/W < 1$ 的扁条状,情况与此相反,控制极的短路效应在远大于 L 的 W 范围内使霍尔电压短路,载流子偏转更厉害。对于科比诺圆盘,一个电极从圆盘中央引出,另一个电极从外周侧面引出,由于圆盘自身内部存在短路效应,任何地方都不能积累电荷,电流以螺旋的形式从圆盘流过,其磁阻效应较大。图 3.123(b)给出了一般规律,L/W 越小,磁阻效应就越大。

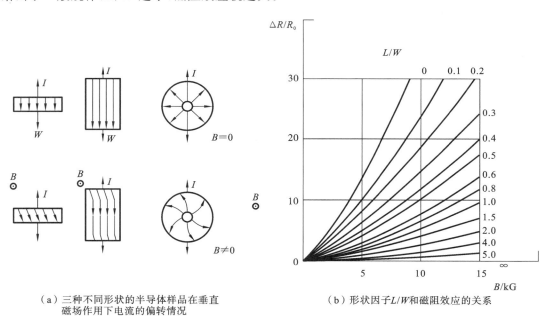

（a）三种不同形状的半导体样品在垂直磁场作用下电流的偏转情况

（b）形状因子 L/W 和磁阻效应的关系

图 3.123 半导体磁阻效应

2. 结构与设计

理论分析表明,在强磁场情况下,即 $|\tan\theta_H| = \mu_{H_n} B \gg 1$ 时,磁阻

$$R_B = R_0 \frac{\rho_B}{\rho_0} G + \frac{R_H}{d} B \tag{3.134}$$

式中,G 为形状系数,其值与 L/W 及 $\tan\theta_H$ 有关,当 $\tan\theta_H \gg 1$ 时,对于 $L = W$ 的正方形器件,

$G=0$,式(3.134)变为

$$R_{\text{B}}=\frac{R_{\text{H}}}{d}B \tag{3.135}$$

即强磁场下,R_{B} 和 B 具有线性关系。定义强磁场中,磁阻器件体电阻的增量与磁感应强度之比称为磁阻线性灵敏度,以 S_{L} 表示。由式(3.134)可得

$$S_{\text{L}}=\frac{\text{d}R_{\text{B}}}{\text{d}B}\bigg|_{\tan\theta_{\text{H}}\gg 1}=\frac{R_0 G}{\rho_0}\frac{\text{d}\rho_{\text{B}}}{\text{d}B}+\frac{R_{\text{H}}}{d} \tag{3.136}$$

而对于弱磁场即 $\tan\theta_{\text{H}}\ll 1$ 的情况,磁阻 R_{B} 和 B^2 成正比,定义磁阻的增量和 B^2 之比为磁阻平方灵敏度 S_{s}^{r}。

要制造线性律磁阻器件,必须满足 $\mu_{\text{n}}B>1$。若取 $B=0.3$ T(即 3 kG),则材料的迁移率应为 $\mu_{\text{n}}\geqslant 3.3\times 10^4$ cm^2/(V·s)。在较小的弱磁场 B 下,必须采用迁移率高达$(5.6\sim 6.5)\times 10^4$ cm^2/(V·s)的 n 型 InSb 单晶。若要制造平方律器件,为获得一定的平方灵敏度,可以采取迁移率小些的 n 型 InAs 单晶或 InSb 多晶薄膜。

从使用的角度考虑,不仅希望磁阻器件具有高的灵敏度,而且要求其应有较大的零场电阻 R,即 $B=0$ 时,有较大的体电阻。科比诺圆盘虽 $\Delta R/R_0$ 大,灵敏度高,但其零场电阻 R 很小,仅为 $1\sim 2\ \Omega$,故磁阻器件一般采用栅格结构的长方形半导体片。对于 $L>W$ 的长方形半导体晶片,在垂直长度 L 的方向设置若干平行等间距的金属条,形成若干栅格,以短路霍尔电压。这种栅格器件相当于若干扁条状磁阻器件的串联,如果晶片的长、宽、厚分别为 L、W、d,栅格的条数为 n,就相当于$(n+1)$个长为 $L/(n+1)$、宽为 W、厚为 d 的扁条状磁阻器件的串联,其芯片结构与外形如图 3.124 所示。若栅格器件总的零场电阻

$$R_0=\frac{\rho_0 L}{Wd} \tag{3.137}$$

则每一子器件的零场电阻 $R_{0\text{n}}$ 应为

$$R_{0\text{n}}=\frac{\rho_0 L}{(n+1)Wd} \tag{3.138}$$

取每一子器件长宽比为 $0\leqslant L/[(n+1)W]\leqslant 0.35$,则栅格条数

$$n\geqslant \frac{L}{0.35W}-1 \tag{3.139}$$

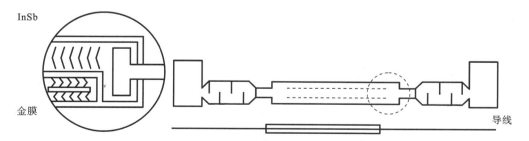

图 3.124 磁阻器件的芯片结构与外形

因此,对于 ρ_0 和 d 一定的器件,若要求器件的 R_0 大,则 L/W 应大,在保证一定灵敏度的前提下,n 就大。设 InSb 的 $\rho_0=0.005\ \Omega\cdot$cm,晶片的厚度 $d=20\ \mu$m,当 $R_0=10\ \Omega$,$L/W=4$ 时,$n\geqslant 11$;若要 $R_0=100\ \Omega$,则 $L/W=40$,须取 $n\geqslant 114$。当然,如果要制成薄膜状,可减小长宽比。

磁阻器件的制造较简单,将 InSb 或 InAs 单晶按设计好的尺寸切成长方形薄片,通过研磨将其减薄,然后用蒸镀方法实现欧姆接触,引出电极。制作栅格时,可用掩膜蒸镀金属的方法形成短路金属条,金属要厚些,一般厚度为几微米至十微米。

3.5.4　磁敏晶体管工作原理

磁敏晶体管包括长基区磁敏二极管、长基区磁敏三极管和磁敏 MOSFET。

1. 长基区磁敏二极管

磁敏二极管是电特性随外界磁场变化而变化的一种二极管,利用磁阻效应进行磁电转换。磁敏二极管具有磁灵敏度高、能识别磁场极性、体积小、电路简单等特点,在检测、控制等方面得到普遍应用。目前在实际中得到应用的磁敏二极管是具有长基区结构的 p^+-i-n^+ 双注入二极管,可用 Ge 和 Si 二种材料制造。

长基区双注入磁敏二极管的基区是接近本征的高阻层,可以是高阻 n 层,即 ν 层,也可以是高阻 p 层,即 π 层。故有 p^+-ν-n^+ 和 p^+-π-n^+ 两种结构形式,统称为 p^+-i-n^+ 结构。图 3.125(a)所示的为 Ge 磁敏二极管的基本结构图,其中,高阻 p 区(即 i 区)为长基区,L、W、d 分别为其长、宽、厚,L_0 为复合区的长度。

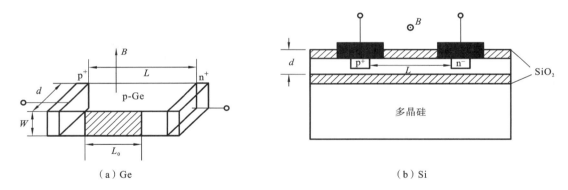

图 3.125　磁敏二极管的基本结构

磁敏二极管的工作原理如图 3.126 所示。当磁敏二极管的 p 区接电源正极,n 区接电源负极,即外加正向偏置电压时,随着磁敏二极管所受磁场发生变化,流过二极管的电流也发生变化,也就是说,二极管等效电阻随着磁场的不同而不同。

当没有外加磁场作用时,如图 3.126(a)所示,由于外加正向偏置电压,大部分空穴通过 i 区进入 n 区,大部分电子通过 i 区进入 p 区,从而产生电流,只有很少的电子、空穴在 i 区复合掉。

当受到正向磁场作用时,如图 3.126(b)所示,i 区的载流子(电子和空穴)受到洛伦兹力的作用向 r 区偏转,因为 r 区的电子和空穴的复合速度比 i 区的快,从而使 i 区的载流子数目减少,i 区电阻增大,则 i 区的电压增加,在两个结上的电压相应减小,使磁敏二极管的正向电流减小。结电压的减小进而使载流子注入减少,以致 i 区电阻进一步增加,直到某一稳定状态。

当磁敏二极管受到反向磁场作用时,如图 3.126(c)所示,电子和空穴向 r 区对面低(无)

复合区偏转,则使其在 i 区复合减小,同时载流子继续注入 i 区,使 i 区中载流子密度进一步增加,电阻减小,电流增大,i 区电压减小,p、n 区电压增大,进而促使更多的载流子注入 i 区,一起使 i 区电阻减小,直到进入某一稳定状态时为止。

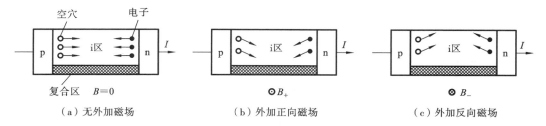

（a）无外加磁场　　　　　　　（b）外加正向磁场　　　　　　　（c）外加反向磁场

图 3.126　磁敏二极管的工作原理

由上述分析可知,磁场方向和大小的变化可引起磁敏二极管电流大小的变化,产生由正、负磁场引起的输出电压的变化,磁敏二极管即利用这一原理对磁场进行测量。因 p^+-i-n^+ 二极管反向漏电流很小,它对正向电流的影响可忽略不计。

锗磁敏二极管用合金工艺制造,采用电阻率为 40 Ω·cm 左右的 p-Ge 单晶,按要求将其切割成条状,用 CP_4 腐蚀液去掉机械损伤层,清洗烘干,将其放入石墨模具中,并在 Ge 条两端分别夹上 p^+ 型 In、Ga 合金条及 n^+ 型 Pb、Sb 合金条,一起放入烧结炉内,在 600～700 ℃下经真空或氢气恒温烧结 10 分钟左右,缓慢冷却后取出,再经 CP_4 腐蚀一次即成管芯。将管芯用石蜡保护好,用刻刀在长基区一个侧面刮出沟,以露出 Ge 晶面;用高压喷枪向沟下的单晶表面均匀地喷上金刚砂,于是便有选择地制成了复合区,复合区不能将 p^+ 和 n^+ 连起来,相互间应保留 0.3～0.5 mm 距离的完整晶面,最后将管芯清洗、烘干,封装在陶瓷基片上。

由于烧结温度不高,Ge 体内载流子寿命一般为 200～500 μs,ρ=40 Ω·cm 时掺杂浓度约为 10^{14} cm^{-3},迁移率约为 μ_n=3900 cm^2/(V·s),μ_p=1900 cm^2/(V·s),相应的扩散长度为 L_n=1.4～2.3 mm,L_p=1.0～1.6 mm,故取 d 约为 0.5 mm。设置单侧复合区后,载流子有效寿命由下式确定:

$$\tau_{effo}=\frac{\left(1+\dfrac{\mu_n}{\mu_p}\right)d^2}{6D_n} \tag{3.140}$$

代入上述数据后,电子有效寿命 τ_{effo} 约为 12 μs,相应的有效扩散长度 L_{effo} 只有 0.35 mm。按 $L\geqslant L_{effo}$,取 L=0.35 mm,复合区的长度 L_0 为 2.5 mm。管芯长、宽、厚有下述关系:

$$\frac{Wd^3}{L_0^3}=\frac{16ID_n\rho}{3(\mu_n+\mu_p)V^2} \tag{3.141}$$

式中,I、V 为磁敏二极管工作电流和偏压,典型值为 I=3 mA,V=6 V,代入数据求得 W=0.4 mm。

硅磁敏二极管一般采用平面工艺,其基本结构如图 3.125(b)所示。由于经历了多次高温处理,其体内寿命下降到几 μs,相应的空穴扩散长度只有 30～60 μm。其表面高复合区不如 Ge 二极管的大,p^+ 和 n^+ 之间的长度 L 一般取电子扩散长度的 3～6 倍,取 L 为 106～200 μm,厚度 d 最终减薄到 30 μm 以下,宽度 W 取 170 μm 左右,由于尺寸太小,可在硅片上反

外延生长一层厚 $300~\mu\mathrm{m}$ 的多晶硅作为衬底。

双注入磁敏二极管的基本特性包括它的伏安特性、磁灵敏度和温度特性等。

理论分析表明，$\mathrm{p^+}$-i-$\mathrm{n^+}$ 磁敏二极管在 $B=0$ 时的伏安特性由下式确定：

$$I_0 = \frac{9}{8} q \mu_{\mathrm{n}} \mu_{\mathrm{p}} \Delta n_{\mathrm{T}} \tau_{\mathrm{effo}} V^2 / L^3 \tag{3.142}$$

式中，$\Delta n_{\mathrm{T}} = n_0 - p_0$，对于 v 型结构，$\Delta n_{\mathrm{T}} \approx n_0$，$n_0$、$p_0$ 表示热平衡时电子及空穴浓度。在强磁场和大注入情况下则有

$$I_{\mathrm{b}} = C_0 \left(\frac{V}{B} - \frac{DL}{d} \right) \tag{3.143}$$

式中，$C_0 = 3 q \mu_{\mathrm{n}} \mu_{\mathrm{p}} \Delta n_{\mathrm{T}} \tau_{\mathrm{effo}} / \lambda_0 d L^2$，$D$ 为双扩散系数，$D = \dfrac{kT(n+p)\mu_{\mathrm{n}}\mu_{\mathrm{p}}}{q(n\mu_{\mathrm{n}} + p\mu_{\mathrm{p}})}$。

式（3.142）和式（3.143）说明，在 $B=0$ 时，磁敏二极管的电流和电压的平方成正比，在强磁场和大注入情况下，伏安特性逐渐趋于线性欧姆特性，且斜率与 B 成反比。图 3.127 表示了锗和硅磁敏二极管在不同磁场 B 下的伏安特性，锗管的特性和理论值接近，而硅管的却相差较远。

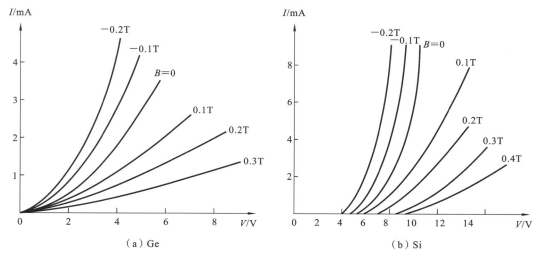

图 3.127 锗和硅磁敏二极管伏安特性

磁灵敏度分为电流相对磁灵敏度和电压相对磁灵敏度。当电压不变时，单位磁感应强度下电流的相对变化率（改变量）称为电流相对磁灵敏度，以 S_{I} 表示：

$$S_{\mathrm{I}} = \frac{I_{\mathrm{B}} - I_0}{I_0 B} \tag{3.144}$$

I_{B}、I_0 分别为磁场 B 下及 $B=0$ 时的电流。同理，电流保持恒定时，单位磁感应强度下，磁敏二极管偏置电压的相对改变量称为电压相对磁灵敏度，以 S_{V} 表示：

$$S_{\mathrm{V}} = \frac{V - V_0}{V_0 B} \tag{3.145}$$

实际应用中，通常采用电压绝对磁灵敏度，即单位磁感应强度下，正反向磁敏电压相对于零电压 V_0 的绝对改变量：

$$S_{\mathrm{B}\pm} = \frac{V_{\pm} - V_0}{B} = \frac{\Delta V_{\pm}}{B} \tag{3.146}$$

磁电特性指在实用测试方法的测试条件下,磁敏二极管输出电压的变化量 ΔV 与外加磁场的磁感应强度 B 之间的关系。图 3.128 展示了锗和硅磁敏二极管的磁敏电压特性曲线,从图中可以看出,正向电压磁灵敏度大于负向电压磁灵敏度,并且正向磁敏电压与磁感应强度 B 在 $0\sim0.1$ T 范围内基本满足线性关系。

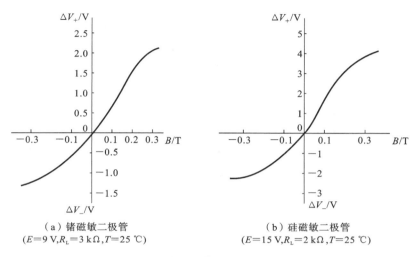

（a）锗磁敏二极管
$(E=9\text{ V},R_L=3\text{ k}\Omega,T=25\text{ ℃})$

（b）硅磁敏二极管
$(E=15\text{ V},R_L=2\text{ k}\Omega,T=25\text{ ℃})$

图 3.128　磁敏二极管的磁敏电压特性曲线

2. 长基区磁敏三极管

双极型长基区磁敏三极管在结构和工作原理方面同磁敏二极管有相同之处,也可用 Ge 和 Si 两种材料制造。锗磁敏三极管采用 n^+-i(p)-n 结构,用电阻率为 $40\sim50$ Ω·cm、少子寿命为 $200\sim500$ μs 的高阻 p-Ge 经合金工艺烧结而成。n^+ 发射区和 n 型集电区由不同浓度的 PbSb 合金球在高温下熔融结晶形成,基区电极由 InGa 合金形成的 p^+ 区引出,在发射区的一侧用喷砂的方法形成高复合区,结构如图 3.129 所示。n^+ 发射区与 p-Ge-p^+ 基区构成长基区二极管,发射区和基极间的基区称为复合基区,发射区和集电区之间的基区称为输运基区,由发射结、基极结注入的载流子在复合基区复合。由于输运基区宽度 W_b 大于少子的扩散长度,那么少子在基区的运动主要是漂移运动,共射极电流增益必然小于 1,对基极电

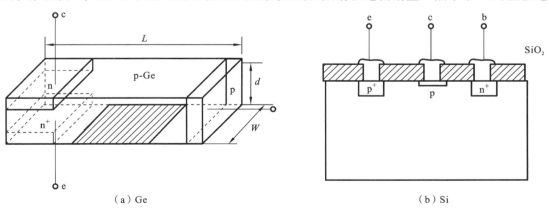

（a）Ge

（b）Si

图 3.129　磁敏三极管的基本结构

流 I_b 无放大作用。

硅磁敏三极管的结构如图 3.129(b)所示,在 $\rho > 100\ \Omega \cdot cm$ 的 n 型硅衬底上,依次用二次硼扩形成 p^+ 发射区和 p 集电区,由扩碳形成 n^+ 基区,且集电区设置在发射区和基区之间,e、b、c 三极均从硅片表面引出,e、c 之间的基区宽度 W_b 大于载流子扩散长度。W_b 可取 $80\sim150\ \mu m$,发射结和基极之间可取 $150\sim200\ \mu m$。

与普通三极管一样,磁敏三极管工作时,发射结加上正向偏置电压,集电结加上反向偏置电压,使磁敏三极管处于共射连接状态,在平行于复合区的垂直电流方向上加上正向磁场,则通过发射结注入的电子将向复合基区偏转。相比没有磁场时,在复合区复合的载流子增加,通过输运基区到达集电极的载流子浓度减少,即集电极电流减小。相反,如果加上相反方向的磁场,则载流子就向背离复合基区的方向偏转,在输运基区内复合的载流子增多,集电极电流增大,故集电极电流的大小灵敏地反映了磁感应强度的大小。磁场的大小控制了磁敏晶体管中载流子在复合基区和输运基区复合的分配比例,磁敏三极管的工作原理如图 3.130 所示。

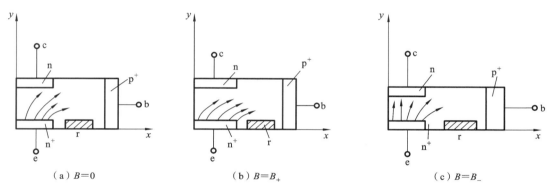

图 3.130　磁敏三极管的工作原理

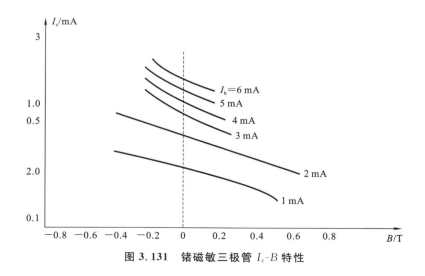

图 3.131　锗磁敏三极管 I_c-B 特性

锗磁敏三极管的集电极电流 I_c 随磁感应强度 B 的变化示于图 3.131 中。I_c 随磁感应强度 B 的相对变化率称为集电极电流的相对磁灵敏度,以 S_B 表示:

$$S_{B_{\pm}} = \left| \frac{I_{c_{\pm}} - I_{c0}}{I_{c0} B} \right| \times 100\% \tag{3.147}$$

I_{c0} 为 $B=0$ 时的 I_c,一般锗 3BCM 的 $S_{B_{\pm}}$ 达（120%～200%)/T,最高达 350%/T;硅 3CCM 的 $S_{B_{\pm}}$ 达(60%～70%)/T。锗 3BCM 具有很高的磁灵敏度,当基极电流恒定时,I_c 和 B 之间具有指数关系,只有当 I_b 较小和 B 不太大时 I_c 和 B 才为线性关系。

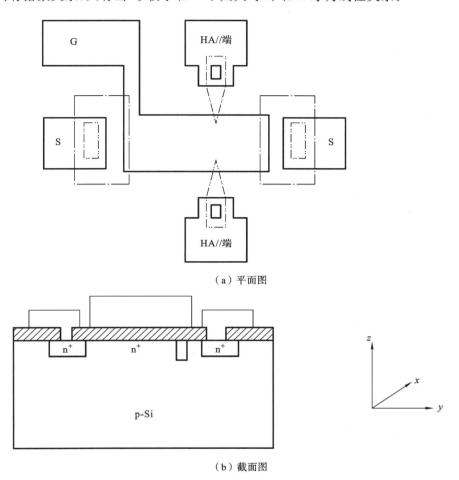

（a）平面图

（b）截面图

图 3.132 磁敏 MOSFET 基本结构

3. 磁敏 MOSFET

在 MOSFET 沟道电流的方向加上垂直磁场,那么在与电流和磁场垂直的方向上也将产生霍尔电压。磁敏 MOSFET 就是根据这一原理设计的,它由普通 MOSFET 和位于其沟道两侧的一对霍尔电极所构成。其基本结构示于图 3.132 中,在 p-Si 衬底上,扩散 n$^+$ 源区、漏区和两个霍尔(输出电极)接触区,绝缘栅为 800 Å 左右的 SiO$_2$ 膜,其上是一层 5000 Å 左右的多晶硅或铝膜(作为栅极),然后在源区、漏区、霍尔接触区的磷扩散层上蒸发铝以引出电极。

设 MOSFET 沟道的长、宽、厚分别为 L、W、d,沿 x 方向在垂直于器件平面的 z 方向上加上磁场 B,由于磁场 B 对沟道电流的作用,沿 x 方向会产生霍尔电压。由 MOSFET 理论

可以求得

$$V_H = \mu_n B V_{D_{sat}} \frac{W}{2L} \frac{1}{\sqrt{1 - y/L}} K\left(\frac{y}{W}, \theta_H\right) \tag{3.148}$$

式中,$V_{D_{sat}} = V_G - V_T$,为 MOSFET 的饱和漏源电压,V_T 为阈值电压。当器件结构一定时,在一定磁场范围内,V_H 和 B 具有线性关系。当 B 一定时,V_H 和 W/L、y/L 及 K 因子有关,随 W/L 增加,V_H 增加;而当 $W/L = 2$ 时,V_H 趋于饱和,因为 K 随 W/L 增大而减小。由于沟道厚度随 y 的增加而减小,实验证明,当 $y/L = (0.7 \sim 0.8)V_H$ 时,V_H 才具有最大值,故霍尔端子设计在近漏区的一端。

虽然 MOSFET 载流子的表面迁移率较低,不利于磁敏 MOSFET 灵敏度的提高,但因其沟道厚度很薄(对于增强型器件,只有 $10 \sim 100$ Å,对于耗尽型器件,也只有数千 Å),因而其灵敏度还是很高的。一般霍尔器件的工作电流为 10 mA 时,乘积灵敏度典型值只有 6 mV/(mA·kG),而磁敏 MOS 的乘积灵敏度在 0.1 mA 下可达 40 mV/(mA·kG)。不过,MOSFET 工作在饱和区时,其灵敏度才会高。

3.5.5　磁敏集成电路工作原理

1. 霍尔器件补偿电路

实际应用时,存在多种因素会影响霍尔器件的测量精度。造成测量误差的主要因素有两类,一类是半导体的固有特性,另一类是制造工艺的缺陷,表现形式为零点误差和温度变化引起的误差。因此,对霍尔器件的补偿主要就是温度补偿和零点补偿。

采用恒流源并联电阻进行温度补偿的电路如图 3.133 所示。I_c 为恒流源电流,在两控制电流电极之间并联一个补偿电阻 r_0,这个电阻起分流作用。当温度升高时,霍尔器件的内阻增大,通过器件的电流减小,通过补偿电阻的电流增加,这样利用霍尔片输入电阻温度特性和一个补偿电阻,就能调节通过霍尔器件的控制电流,起到温度补偿作用。同理,也可以采用恒压源串联电阻的方法来进行温度补偿,电路如图 3.134 所示。

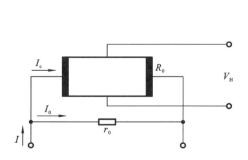

图 3.133　恒流源并联电阻温度补偿电路

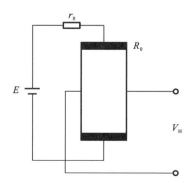

图 3.134　恒压源串联电阻温度补偿电路

2. 磁敏二极管补偿电路

磁敏二极管与其他半导体器件一样,其特性参数温漂较大,给应用带来困难,应用时必须进行温度补偿。补偿的方法是选择 2 只或 4 只特性接近的管子,按互为相反的磁敏感极

性进行组合,即管子磁敏感面相对或相背重叠放置,组成互补式、差分式或电桥式补偿电路,
还可以应用热敏电阻进行补偿,如图 3.135 所示。

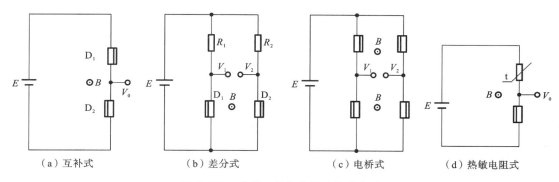

（a）互补式　　　　　（b）差分式　　　　　（c）电桥式　　　　　（d）热敏电阻式

图 3.135　磁敏二极管的温度补偿电路

图 3.135(a)所示的为互补式电路,输出电压 V_0 由两只磁敏二极管 D_1 和 D_2 的等效
电阻 R_{D1} 和 R_{D2} 分压得到,选择两管的温度特性一致,则在同一环境中 V_0 将不随温度变
化,但电路的工作电流可能发生较大的变化。互补电路的电压磁灵敏度等于磁敏二极管
的正、负向电压磁灵敏度之和,采用互补电路除了可以进行温度补偿外,还可提高磁灵敏
度。图 3.135(b)所示的为差分式温度补偿电路,选择的两管温度特性须一致,还可以通过
选择 R_1 和 R_2 的阻值,在磁场为零时使 $V_0 = 0$,同样可起到补偿温度、提高灵敏度的作用。
图 3.135(c)所示的为电桥式温度补偿电路,其由两个磁极性相反的互补电路组成。该电路
的工作点只能选在小电流区,且不能使用有负阻特性的管子,其有较高的磁灵敏度。但它需
要选择特性一致的 4 只管子,这不太容易实现,同时组合的管子越多,稳定性越不好控制,故
不常采用。图 3.135(d)所示的为热敏电阻式温度补偿的电路,热敏电阻的温度系数要与磁
敏二极管的温度系数一致。

3. 磁敏三极管补偿电路

磁敏三极管的集电极电流 I_c 和磁灵敏度 S_B 都随温度的变化而变化,要使之稳定地工
作,必须进行温度补偿。硅磁敏二极管的集电极电流 I_c 具有负的温度系数,通常采用如图
3.136 所示的三种补偿方法。

利用普通硅三极管 T_1 对硅磁敏三极管 T_2 进行温度补偿,如图 3.136(a)所示。普通三
极管的集电极电流具有正的温度系数。当温度升高时,T_1 的集电极电流 I_{c1} 上升,即 T_2 的
基极电流上升,引起 T_2 的集电极电流 I_{c2} 上升,补偿由温度升高引起的 I_{c2} 的下降。由硅
pnp 型和硅 npn 型两种磁敏三极管按相反的磁敏感极性组成的互补式温度补偿电路如图
3.136(b)所示。两管的集电极电流的温度特性须相同,它们的补偿电路输出电压则不随
温度的变化而变化。由于它们的磁敏感极性相反,输出电压 V_0 的磁灵敏度为管子的正、
负电压磁灵敏度之和。差分式温度补偿电路如图 3.136(c)所示,选择两只特性一致的磁
敏三极管,按相反的磁敏感极性组成如图所示的差分电路,由于两管的温度特性一致,温
度变化时,两管的集电极电流和电压具有大小相同、方向相同的变化量。它们的输出电压
V_0 则是两管的集电极电压之差,故其变化也为零,V_0 不随温度的变化而变化。差分电路
输出电压 V_0 的磁灵敏度等于磁敏三极管的正、负向电压磁灵敏度之和。

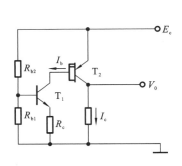

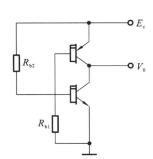

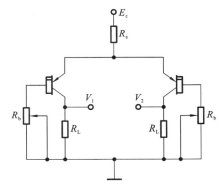

（a）利用普通硅三极管T₁对硅磁敏
三极管T₂进行温度补偿

（b）互补式温度补偿电路

（c）差分式温度补偿电路

图 3.136　磁敏三极管集电极电流的温度补偿电路

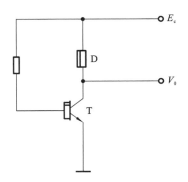

**图 3.137　锗磁敏三极管的
温度补偿电路**

　　锗磁敏三极管的温度补偿原则上也可采用上述硅磁敏三极管的温度补偿方法。另外,因为锗磁敏三极管的集电极电流具有正的温度系数,锗磁敏二极管的电流也具有正的温度系数,因此可用如图 3.137 所示的电路,对锗磁敏三极管进行温度补偿,即用锗磁敏二极管作锗磁敏三极管的负载电阻,温度变化时,它们的电流变化量相同,可以使输出电压不随温度变化。

　　由于硅材料载流子迁移率低,以致其磁灵敏度低,其不是制造霍尔器件的理想材料。但由于硅平面工艺成熟,硅平面在硅磁敏集成电路中能发挥独特的作用。

　　将霍尔器件,包括双极型磁敏三极管或磁敏 MOSFET,同后续放大电路、温度补偿电路等集成在同一硅片上即构成磁敏集成电路。根据磁敏感器件不同,电路可分为双极型磁敏集成电路和 MOS 磁敏电路两类;根据电路组成及输出功能不同,电路可分为霍尔开关集成电路及线性霍尔集成电路两种。磁敏集成电路能使磁灵敏度大为提高,也可使电路的其他性能得以改善,如单个 MOSFET 只能输出几十毫伏的霍尔电压,而霍尔 MOSIC 的霍尔电压可达伏级,提高了两个数量级。

　　双极型霍尔 IC 以 p-Si 为衬底,电阻率一般在 10 Ω·cm 左右,其上生长一层 n 外延层,厚 8～10 μm,ρ 为 1～1.5 Ω·cm,通过 p 扩散区形成一个个隔离岛。霍尔器件、双极晶体管等元器件就分别装在这些隔离岛上,其芯片局部结构截面图如图 3.138 所示,整个元器件布局要紧凑,一般将霍尔器件安排在芯片的中央。

　　MOS 霍尔 IC 由磁敏 MOSFET、差分 MOS 对管及恒流源等单元电路组成,其芯片的局部结构如图 3.139 所示,其磁灵敏度具有负温度系数,V_H 和 B 具有良好的线性关系。

　　4. 霍尔开关型集成电路

　　霍尔开关型集成电路(简称霍尔开关集成电路)是将霍尔效应与集成电路技术结合而制成的一种集成电路,它能感知一切与磁信息有关的物理量,并以开关信号形式输出,典型电

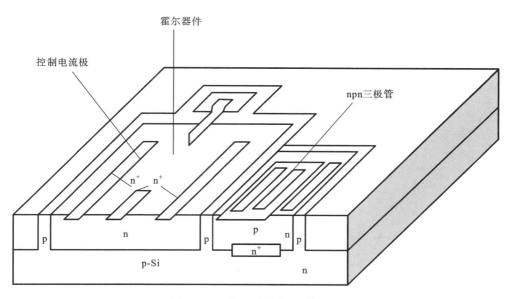

图 3.138　外延硅霍尔 IC 截面图

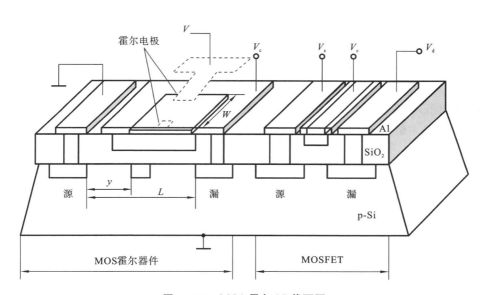

图 3.139　MOS 霍尔 IC 截面图

路如图 3.140 所示。电路由电源电路、霍尔器件、温度补偿电路、差分放大器、施密特触发器和输出电路六部分组成。霍尔开关集成电路具有使用寿命长、无触点磨损、无火花干扰、无转换抖动、工作频率高、温度特性好、能适应恶劣环境等优点。

　　霍尔器件 H 由电阻率 $\rho = 1\ \Omega \cdot$ cm 左右的 n 型外延层制成，两控制电流极之间的电阻约为 $2\ \text{k}\Omega$，在磁感应强度为 0.1 T 的磁场作用下，霍尔器件的开路输出电压约为 20 mV。当有负载时，输出约为 10 mV。霍尔器件输出电压经由 T_1、T_2、R_1、R_2、R_3 和 R_4 组成的差分放大器放大后，送到由 T_3、T_4、T_5 和 T_6 组成的施密特触发器进行鉴别，以提高抗干扰能力。触发器输出的开关信号经由 T_5 和 T_6 组成的输出缓冲电路放大后，由 T_7 输出。

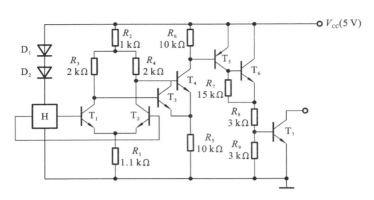

图 3.140　霍尔开关型集成电路

霍尔开关集成电路的特性参数如下。

(1) 导通磁感应强度 B(H-L):霍尔开关集成电路的输出状态由高电平向低电平转换,即由"关"态转换到"开"态时所必须作用到霍尔器件上的磁感应强度称为导通磁感应强度。

(2) 截止磁感应强度 B(L-H):霍尔开关集成电路的输出状态由低电平向高电平转换,即由"开"态转换到"关"态时所必须作用到霍尔器件上的磁感应强度称为截止磁感应强度。

(3) 磁滞回差 ΔB:导通磁感应强度 B(H-L) 与截止磁感应强度 B(L-H) 的差值称为磁滞回差。

(4) 输出高电平 V_{oH}:输出管截止、电路输出端开路时的输出电平为输出高电平,它接近电源电压。

(5) 输出低电平 V_{oL}:当磁感应强度超过规定的工作点时,输出管饱和工作,输出电平为输出低电平。输出低电平数值取决于输出管的饱和压降,一般为 0.1～0.3 V,规范值要求 $V_{\text{oLmax}} \leqslant 0.4$ V。

(6) 负载电流 I_{oL}:在满足输出低电平 $V_{\text{oLmax}} \leqslant 0.4$ V 的条件下,流过输出管集电极的电流为负载电流 I_{oL},规范值要求 $I_{\text{oL}} \geqslant 12$ mA。

(7) 输出漏电流 I_{oH}:在输出管截止,输出高电平时,流过输出管的漏电流为输出漏电流 I_{oH}。其测试条件是在输出端加规定的正电压,测试通过输出管的电流。其规范值 $I_{\text{oHmax}} = 10\ \mu\text{A}$。

(8) 截止电源电流 I_{CCH}:电路输出为高电平时,在给定的电源电压下,通过霍尔开关集成电路的总电流。

(9) 导通电源电流 I_{CCL}:电路输出为低电平时,在给定的电源电压下,通过霍尔开关集成电路的总电流。

5. 霍尔线性集成电路

差分输出型霍尔线性集成电路的方框图和电路原理图如图 3.141 所示。霍尔线性集成电路的输出电压与作用在其上的磁感应强度成比例。霍尔器件输出的霍尔电压先经由 T_1、T_2 和 $R_1 \sim R_5$ 组成的第一级差分放大器放大。T_1 和 T_2 的射极电阻 R_3 和 R_4 可增大差分放大器的输入阻抗,改善放大器的线性和动态范围。第一级放大器的输出信号由第二级差分放大器放大后输出。第二级差分放大器由达林顿对管 $T_3 \sim T_6$,以及 R_6 和 R_7 组成,其射极

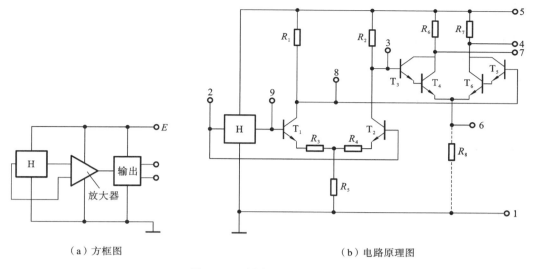

（a）方框图　　　　　　　　　　　（b）电路原理图

图 3.141　霍尔线性集成电路

电阻 R_8 外接。通过适当选择 R_8 的阻值可以调节该级工作点,改变电路的增益。

　　由于霍尔电极的不对称性、材料的不均匀性,霍尔电压存在不等位电势;此外,差分对管也存在失调电压,电阻也有不对称性,整个电路在磁感应强度为零时,输出可能不为零。为了调节电路的失调,电路输出端 2、9 或 3、8 可以用来进行失调调零,接法示例如图 3.142 所示。这个电路没有内部电源稳定电路,因此,外接电源电压的变化会引起输出电压的变化。电源电压高时,电路灵敏度高,输出电压大,反之输出电压小,这是该电路的缺点。但在有的应用场合,则可利用这一性能,通过改变电源电压来调节输出信号的大小。另外,该电路没有温度补偿措施,温度系数较大。

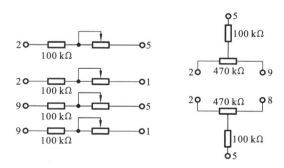

图 3.142　电路调零的接法

3.5.6　磁敏器件的典型应用

1. 霍尔器件的应用

　　由于霍尔器件对磁场敏感,且具有频率响应(从直流到微波),其动态范围大、寿命长、无接触,因此其可以作为磁电转换器件在检测技术、自动化技术和信息处理等领域得到广泛应用,例如高斯无损探伤、汽车点火、卫星测磁及无刷马达等。它还可以应用于传感器技术方面。

（1）用于微位移测量技术。

保持霍尔器件的输入电流不变,而让它在一个均匀梯度的磁场中移动,则其输出的霍尔电势就取决于它在磁场中的位置,利用这一原理可以测量微位移。图 3.143 所示的为用霍尔器件测量微位移的原理图。由两个量值相等、方向相反的直流磁系统共同形成一个高梯度的磁场。当霍尔器件处于中间某位置时,磁感应强度为零,当霍尔器件有微小位移时,就有霍尔电势 U_H 输出。在一定范围内,位移与 U_H 成线性关系。当霍尔器件沿 x 方向移动时,霍尔电压变化为

$$\frac{\mathrm{d}U_H}{\mathrm{d}x} = R_H I \frac{\mathrm{d}B}{\mathrm{d}x} = K \tag{3.149}$$

其中,K 为位移输出灵敏度。对式(3.149)积分可得

$$U_H = Kx \tag{3.150}$$

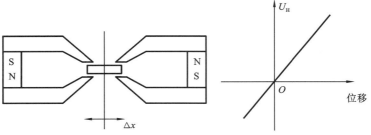

图 3.143　微位移测量

霍尔电压的极性反映了位移的方向。实践证明,磁感应强度的梯度越大,灵敏度越高;磁场梯度越均匀,则输出线性越好。

这种位移传感器一般可测量 1～2 mm 的微小位移,其特点是惯性小、响应速度快、无接触测量。

如果将其他物理量的变化转换成位置或角度的变化,然后用霍尔器件进行检测,就能构成压差传感器、加速度传感器、振动传感器等。

（2）在转速测量方面的应用。

在这个领域的应用是根据霍尔器件的开关性能设计而成的。当输入电流不变时,霍尔器件处于大小突然变化的磁场之中,此时对能够转换成磁感应强度 B 的突然变化的非电物理量进行测量。当磁感应强度 B 和霍尔片平面法线成角度 θ 时,霍尔电压为

$$V_H = K_H I B \cos\theta \tag{3.151}$$

利用霍尔器件的开关特性测量转速的工作原理如图 3.144 所示。在被测的旋转体上,粘贴着一对或多对永磁铁(永久磁铁),图 3.144(a)所示的是永磁铁粘在被测旋转体的上部,图 3.144(b)所示的是永磁铁粘在被测旋转体的边缘上。霍尔器件固定在永磁铁附近,当被测旋转体以角速度 ω 旋转时,每当永磁铁经过霍尔器件,霍尔器件便产生一个相应的脉冲霍尔电势信号。测量单位时间内脉冲信号的数量,便可知被测旋转体的转速。

这种霍尔转速传感器配以适当的电路就可构成数字式或模拟式非接触转速计。这种转

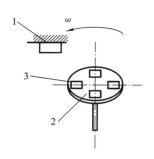 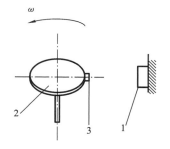

（a）永磁铁粘在被测旋转体的上部　　（b）永磁铁粘在被测旋转体的边缘上

图 3.144　用于测量转速的传感器的工作原理

1—霍尔器件；2—被测物体；3—永磁铁

速计对被测轴的影响较小，输出信号的幅值与转速无关，因此测量精度高。

（3）汽车霍尔点火器。

图 3.145 所示的是霍尔电子点火器结构示意图。将霍尔器件 3 固定在汽车分电器的壳体上，在分电器轴上装一个隔磁罩 1，罩的竖边根据汽车发动机的缸数开出等间距的缺口 2，当缺口对准霍尔器件时，磁通通过霍尔器件形成闭合回路，电路导通，如图 3.145（a）所示，此时霍尔电路输出低电平；当罩边凸出部分挡在霍尔器件和磁体之间时，电路截止，如图 3.145（b）所示，霍尔电路输出高电平。

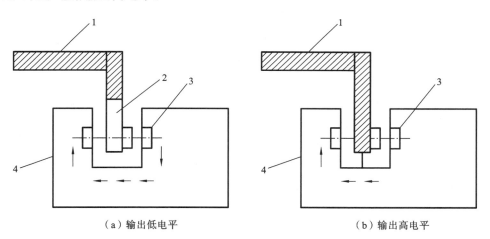

（a）输出低电平　　　　　　　　　　（b）输出高电平

图 3.145　霍尔电子点火器结构示意图

1—隔磁罩；2—隔磁罩缺口；3—霍尔器件；4—磁体

霍尔电子点火器原理图如图 3.146 所示。

汽车霍尔电子点火器由于具有无触点、节油、能适用于恶劣的工作环境和各种车速、冷启动性能好等特点，目前已广泛应用于汽车的点火系统。

（4）用霍尔器件测量电流。

霍尔器件具有结构简单、成本低、准确度高的优点，可利用其测量直流大电流。载有电流 I 的导线周围会产生磁场，磁场方向用右手定则判断。磁感应强度 B 的大小与导线中电

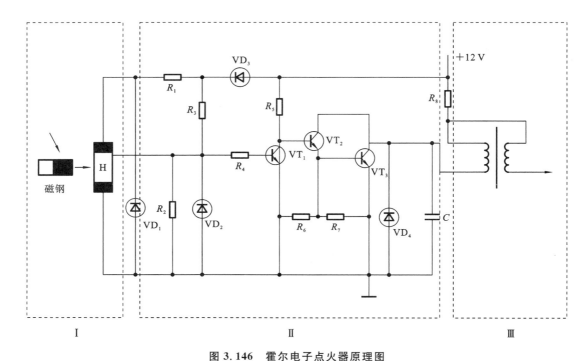

图 3.146　霍尔电子点火器原理图
Ⅰ—带霍尔传感器的分电器；Ⅱ—开关放大器；Ⅲ—点火线圈

流的大小成正比，它们的关系可用安培环路定律描述，即 $\oint B\mathrm{d}t = \mu I$（$\mu$ 为磁导率）。沿半径为 r 的圆，围导线一周积分，$B \cdot 2\pi r = \mu I$，则 $B = \mu I/2\pi r$，所以电流的检测可以简化为对被测电流产生的磁场的检测。常用的测量方法有旁测法、贯串法、绕线法等。

① 旁测法。旁测法是一种较简单的方法，其测量方案如图 3.147 所示。将霍尔器件放置在通电导线附近，给霍尔器件加上控制电流，被测电流产生的磁场将使霍尔器件产生相应的霍尔输出电压，从而可得到被测电流的大小。这种方法的测量精度较低。

② 贯串法。贯串法测量方案如图 3.148 所示。把铁磁材料做成磁导体的铁芯，使被测通电导线贯串于它的中央，将霍尔器件或霍尔集成传感器放在磁导体的气隙中，于是，可通过环形铁芯来集中磁力线。当被测导线中有电流流过时，在导线周围就会产生磁场，使导磁

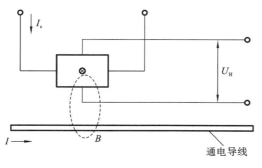

图 3.147　旁测法

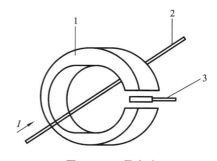

图 3.148　贯串法
1—导磁铁芯；2—通电导线；3—霍尔器件

体铁芯磁化成一个暂时性磁铁,在环形气隙中就会形成一个磁场。通电导线中的电流越大,气隙处的磁感应强度就越强,霍尔器件输出的霍尔电压 U_H 就越高,根据霍尔电压的大小,就可以得到通电导线中电流的大小。该法具有较高的测量精度。

结合实际应用,还可把导磁铁芯做成如图 3.149 所示的钳式形状或非闭合磁路式形状等。

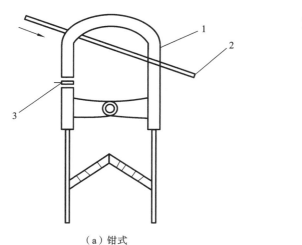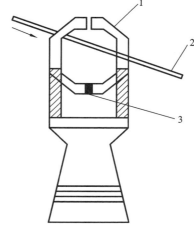

（a）钳式　　　　　　　　　　　　　（b）非闭合磁路式

图 3.149　贯串法的两种形式

1—导磁铁芯;2—通电导线;3—霍尔器件

③ 绕线法。如图 3.150 所示,该结构由标准环形导磁铁芯与霍尔(集成)传感器组合而成。把被测通电导线绕在导磁铁芯上,据试验结果,若霍尔传感器选用 SL3501M,则 1 匝导线通电电流为 1 A 时,在气隙处可产生 0.0056 T 的磁感应强度。若测量范围是 0~20 A,则被测通电导线绕制 9 匝,便可产生 0~0.1 T 的磁感应强度,此时,SL3501M 会产生约1.4 V的电压输出。

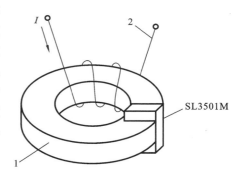

图 3.150　绕线法

1—导磁铁芯;2—通电导线

2. 磁敏电阻器的应用

磁敏电阻器的应用很广泛。例如在无触点开关、转速计、编码器、计数器、同形识别、磁读头、电子水表、流量计、倍频器、交直流变换器和放大器等诸多方面,以 InSb 磁敏电阻为核心部件的磁传感器可以应用于直线位移和与位移相关的物理量的测量;无接触压力传感器可用以检测工业压力、医用压力装置等;精密倾斜角测量传感器可用以测量起重吊杆角度、海洋抛物面天线水平角度、可移动摄像机倾角等。

利用磁敏电阻器的电气特性可以在外磁场的作用下改变的特点,以及将器件电阻与电流组合起来,能够实现乘法运算的功能,可以制作出电流计、磁通计、函数发生器、模拟运算器、放大器、振荡器、可变电阻器等,应用非常广泛。

（1）测量位移用的磁阻传感器。

图 3.151 是用来说明利用磁敏电阻器测量位移的基本原理的。其中，图 3.151（a）是磁铁在上，此时 $R_a > R_b$（设无外界磁场时 $R_a = R_b$），$U_0 = E \times R_b/(R_a + R_b) < E$；图 3.151（b）是磁铁在中间位置，此时 $R_a = R_b$，$U_0 = E/2$；图 3.151（c）是磁铁在下，此时 $R_a < R_b$，$U_0 = E \times R_b/(R_a + R_b) < E$（但是比磁铁在上时的输出电压大得多，与 E 接近）；图 3.151（d）是等效电路。可见，利用加在磁敏电阻器上的磁场面积变化改变器件的 R_a、R_b 阻值，可引起输出电压 U_0 的变化。$R_a = R_b$ 时，器件相当于无触点电位器。

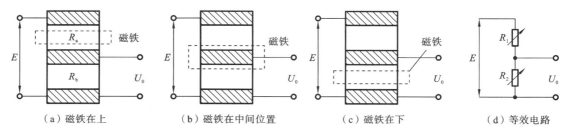

图 3.151　磁敏电阻器测量位移的基本原理

根据上述原理可组成测量位移用的磁阻传感器，其原理示意图如图 3.152 所示。当磁铁处在中间位置时，$R_{M1} = R_{M2}$，电桥输出 $U_{AB} = 0$。当位移发生变化时，设磁场相对器件向左移动，则输出 $U_{AB} > 0$，反之则 $U_{AB} < 0$。故该器件不但能测量出位移大小，还能反映位移方向。

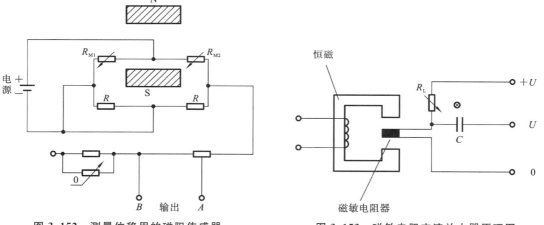

图 3.152　测量位移用的磁阻传感器　　　　图 3.153　磁敏电阻交流放大器原理图

（2）磁敏电阻交流放大器。

图 3.153 所示为用磁敏电阻（磁敏电阻器）制作的交流放大器原理图。磁敏电阻位于强磁场的磁隙中。交流输入信号供给磁芯上的绕组，引起磁隙中相应的磁场变化，磁敏电阻变化，进一步导致负载电阻 R_L 中的电流变化。输出信号可用电容器 C 耦合至下一级，R_L 本身可为一负荷器件，例如受话器、交流继电器等。

应该指出，仅向励磁回路里输入信号所产生的磁场，并不能在磁敏电阻器上产生电信号，更不用说将信号功率放大了，只有从另外的电源供给器件电流时，通过把直流功率转换为交流功率,才可能将外加交流磁场信号的功率放大。

（3）磁敏电阻乘法器。

如果磁敏电阻器在垂直磁场作用下有电流流过,则其电压降等于受磁场影响的电阻与电流之乘积,那么,相应的磁通密度和电流之积与电压之间也应有类似的乘积关系,这种乘积关系简称为磁阻效应的乘法作用。磁阻效应的乘法作用是磁阻器件应用的基础。它与霍尔器件的乘法作用类似,只是磁敏电阻器既有平方特性,又有线性特性。

图 3.154 所示的为用一般磁敏电阻器构成的直流乘法器原理图。对于一般磁敏电阻器,只有加了偏置磁场以后,才能利用磁敏电阻的直线特性实现信号磁通密度 B 与电阻器电流 I 之间的线性乘法作用。信号磁通密度 B 与励磁电流 I 成比例,流过电阻的电流 I 与电桥电流 I_2 成比例,电桥输出电压 $U_M \propto I_1$、I_2,从而可实现电流 I_1、I_2 的相乘。图 3.154(a)所示的为电路图,图 3.154(b)所示的为乘法器特性。

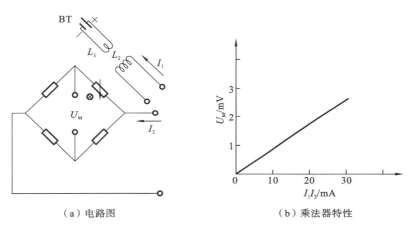

（a）电路图　　　　　　　　　（b）乘法器特性

图 3.154　用一般磁敏电阻器构成的直流乘法器原理图

（4）倾斜角传感器。

倾斜角传感器的结构示意图及 V_{out}-θ 图如图 3.155 所示,其由悬臂板簧、配重、磁钢及磁阻器件和阻尼油密封在一起组成。当传感器本体倾斜时,板簧发生挠曲,两磁钢相对于磁阻器件产生位移,从而输出与倾斜角度成比例的电压信号。这种传感器输出电压比较大,倾斜角为 ±10° 时,输出电压达(42%～50%)V_{CC},完全可以直接输出使用。

3. 磁敏二极管和磁敏三极管的应用

磁敏二极管和磁敏三极管同霍尔器件和磁阻器件一样,也可以组成各种各样的传感器,用来测量磁场、电流、压力、位移和方位等物理量,以及用作自动控制和自动检测传感器。

利用磁敏晶体管的集电极电流正比于磁感应强度的原理,可制成用于磁场强度测量和大电流测量的传感器,还可以用它构成只读磁头、直流无刷电机的位置开关和磁探伤器等。

（1）转速传感器。

图 3.156 所示的是一种用磁敏二极管组成不平衡电桥的转速测量方法。将一个或几个永久磁铁装在旋转盘上,将磁敏二极管装在旋转体旁,两个磁敏二极管和两个固定电阻组成不平衡电桥。电桥不平衡电压经放大器放大后输出,输出信号的频率与旋转盘的转速成比例,测出此频率,便可以确定旋转盘的转速。

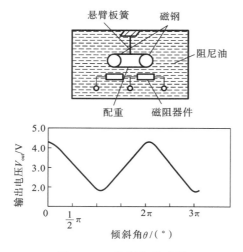

图 3.155　倾斜角传感器

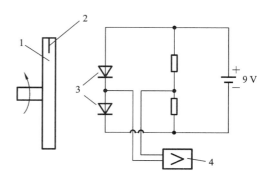

图 3.156　磁敏二极管测量转速的方法

1—旋转盘;2—永久磁铁;3—磁敏二极管;4—放大器

（2）位移传感器。

可以采用两个传感器 C_1 与 C_2 差动安装的结构,如图 3.157 所示。如果 C_1 与 C_2 都采用单个磁敏二极管电路,则这两个传感器组成的一般差分电路如图 3.158 所示。当导磁板上有一个小线位移 Δx 时(假设 Δx 是向右的), C_2 离导磁板的距离减小, C_2 中磁钢端面上的 B 增大,贴在 C_2 磁钢 N 极的磁敏二极管的电阻 R_{2N} 增大,贴在 S 极的磁敏二极管的电阻 R_{2S} 减小。相反,若 Δx 是向左的, C_1 离导磁板的距离减小, C_1 中磁钢端面上的 B 增大,贴在 C_1 磁钢 N 极的磁敏二极管的电阻 R_{1N} 增大,贴在 S 极的磁敏二极管的电阻 R_{1S} 减小。如这两个传感器中的 4 个磁敏二极管采用如图 3.159 所示的形式连成电桥,便是双差分电桥电路。

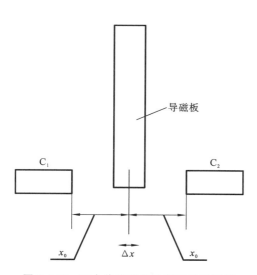

图 3.157　两个传感器差动测量导磁板线
　　　　　　位移 x 的示意图

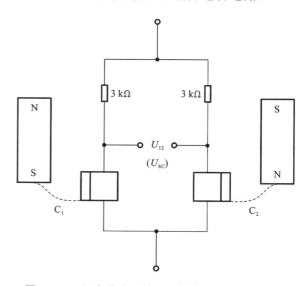

图 3.158　两个单个磁敏二极管传感器的连接电路

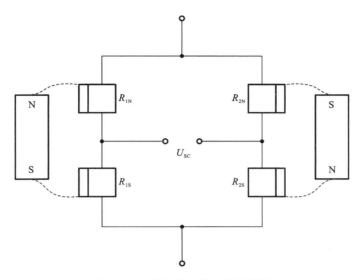

图 3.159　双差分电桥电路示意图

如果要测量非导磁板的线位移,可将磁敏二极管贴在非导磁板的两个侧面上,在两边各装上一块小磁钢,如图 3.160 所示。

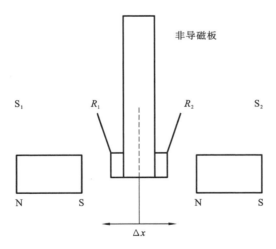

图 3.160　测量非导磁板的线位移示意图

（3）漏磁探伤仪。

磁敏二极管漏磁探伤仪是利用磁敏二极管可以检测弱磁场变化的特性设计的,其原理图如图 3.161 所示。

漏磁探伤仪由激励线圈 2、铁芯 3、放大器 4、磁敏二极管探头 5 等部分构成。将待测物（如钢棒 1）置于铁芯之下,并使之不断转动,铁芯线圈激磁后,钢棒被磁化。若待测钢棒无损伤部分在铁芯之下,则铁芯和钢棒被磁化部分构成闭合磁路,激励线圈感应的磁通为 Φ,此时无泄漏磁通,磁敏二极管探头没有信号输出。若钢棒上的裂纹旋至铁芯下,裂纹处的泄漏磁通作用于探头,探头将泄漏磁通量转换成电压信号,经放大器放大输出,根据指示仪表（显

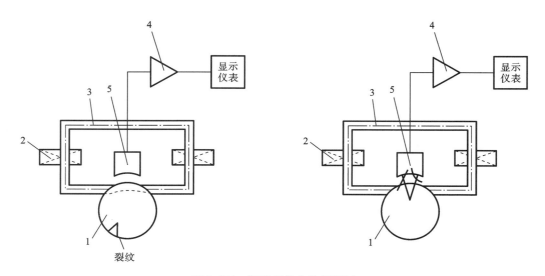

图 3.161　漏磁探伤仪的原理图

1—钢棒；2—激励线圈；3—铁芯；4—放大器；5—磁敏二极管探头

示仪表)的示值可以得知待测钢棒中的缺陷。

（4）磁敏三极管电位器。

利用磁敏三极管制成的无触点电位器如图 3.162 所示。将磁敏三极管置于 0.1 T 磁场下,改变磁敏三极管基极电流,该电路的输出电压在 0.7～15 V 内连续变化,这样就等效于一个电位器,且无触点。该电位器可用于变化频繁、调节迅速、要求噪声低的场合。

除上述应用外,磁敏管还可以进行振动、压力、流量和风速等参数的测量,其发展前景十分广阔。

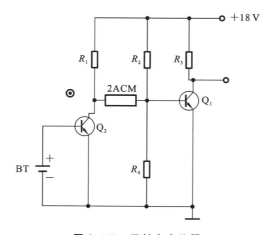

图 3.162　无触点电位器

第4章 磁性器件

◀ **4.1 概　　述** ▶

　　电感器和变压器通常是电路中体积最大、重量最重、价格最贵的元器件。电感器具有储存磁能的能力,而变压器具有耦合不同绕组间磁通的能力且能通过磁场将交变能量从输入端传输到输出端。变压器传输能量的大小取决于工作频率、磁通密度和工作温度。变压器可用于改变交流电压和电流的大小,也能用于隔离直流。通过叠加磁通,变压器能合并不同交流源的能量,并将这些能量传输到一个输出端或同时传输到多个输出端。磁性元件(器件)是功率电子和电子工程其他领域的重要组成。电感器和变压器的功率损耗有绕组的趋肤效应和邻近效应引起的损耗、磁性的涡流和磁滞损耗,其失效机理则主要来源于过高的温升,所以它们的设计要同时满足磁性与热极限的需求。

　　本章将回顾磁性理论的基本定律、物理量与单位,给出有关磁场的物理量之间的关系,推导电感器公式,研究磁滞和涡流损耗。涡流效应有趋肤效应和邻近效应两种类型,这两种类型的涡流效应都会引起导体中电流密度的非均匀分布,提高导体的高频交流阻抗。同时,本章也将讨论绕组和磁芯损耗。磁性元件的绕组电阻用 Dowell 公式计算,给出了矩形、正方形和圆形三种形状的导体的绕组计算公式。此外,本章讨论了磁性材料的特性及应用等。

◀ **4.2 电　感　器** ▶

　　电感器是能将电能转化为磁能存储起来的元件,其一般由电线缠绕而成。电感器是基于电磁感应作用的元器件,可以用于许多不同的领域和场景。

4.2.1　电感器的工作原理

1. 电感器磁性基础

(1) 磁场物理量的关系。

磁场用磁动势 $\mathcal{F}$、磁场强度 H、磁通 ϕ、磁通密度 B 和磁链 λ 表征。

① 磁动势。

通有交流电流 i 的 N 匝线圈电感器的磁动势或磁通势为

$$\mathcal{F} = Ni \, (\mathrm{A \cdot t}) \tag{4.1}$$

工程上使用的单位是安匝（A·t），在国际单位制中的单位是安（A）。磁动势是磁路中的磁源，其作用与电路中的电动势类似。电动势是使电流在电路中流动，而磁动势则是使磁通在磁路中流动。

② 磁场强度。

磁场强度为

$$H = \frac{\mathcal{F}}{l} = \frac{Ni}{l} \quad (\text{A/m}) \tag{4.2}$$

其中，l 是电感器的长度，N 是线圈的匝数。

③ 磁通。

通过某一截面积 S 的总磁通为

$$\phi = \iint_S B \cdot \mathrm{d}S \quad (\text{Wb}) \tag{4.3}$$

磁通的单位是韦伯（Wb）。如果磁通是均匀分布的且垂直于表面 A，则通过截面 A 的总磁通为

$$\phi = AB \quad (\text{Wb}) \tag{4.4}$$

磁通 ϕ 的方向由右手法则确定。右手法则是：用右手握住电感器，如果四指环绕的方向是电流 i 的方向，则大拇指所指为磁通 ϕ 的方向。

④ 磁通密度。

磁通密度，又称磁感应强度，为

$$B = \frac{\phi}{A} \quad (\text{T}) \tag{4.5}$$

磁通密度和磁场强度的关系为

$$B = \mu H = \mu_r \mu_0 H = \frac{\mu Ni}{l} = \frac{\mu \mathcal{F}}{l} \quad (\text{T}) \tag{4.6}$$

这里自由空间的磁导率为

$$\mu_0 = 4\pi \times 10^{-7} \quad (\text{H/m}) \tag{4.7}$$

$\mu = \mu_r \mu_0$ 是磁导率，且 $\mu_r = \mu/\mu_0$ 为相对磁导率（相对于自由空间而言）。对于自由空间、绝缘体和非磁导体，$\mu_r = 1$；对于抗磁材料，如铜（Cu）、铅（Pb）、银（Ag）和金（Au），$\mu_r \approx 1$；但对于铁磁材料，如铁（Fe）、钴（Co）、镍（Ni）和它们的合金，$\mu_r > 1$，且可高达 100000。磁导率是衡量材料传导磁通能力的物理量，它描述材料被磁化的难易程度。如果 μ_r 的值大，则需要一个小电流 i 就能产生大的磁通密度 B。磁通是沿材料的最高磁导率所在的路径传导的。

铁磁材料中，由于相对磁导率 μ_r 与磁场强度 H 有关，B 和 H 的关系是非线性的。图 4.1 所示的是空气芯电感器和铁磁芯电感器中磁通密度 B 和磁场强度 H 的函数关系简化图。直线描述的是空气芯电感器，对于所有的 H，该直线的斜率为 μ_0，所以

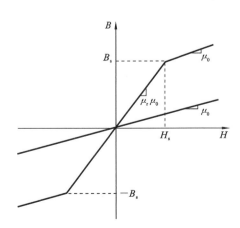

图 4.1 空气芯电感器（直线）和铁磁芯电感器（分段线）中磁通密度 B 和磁场强度 H 的函数关系简化图

这类电感器是线性的。而分段线对应的是铁磁芯电感器,这里 B_s 是饱和磁通密度,H_s 是其对应的磁场强度,并有关系 $H_s = B_s/\mu_r\mu_0$。当磁通密度 $B < B_s$ 时,相对磁导率 μ_r 大,则 $B\text{-}H$ 曲线的斜率 $\mu_r\mu_0$ 也大,当 $B \geqslant B_s$ 时,磁芯饱和,$\mu_r = 1$,$B\text{-}H$ 曲线的斜率减小到 μ_0。

在最高工作温度 T_{max} 下,磁芯的总峰值磁通密度 B_{pk}(通常由直流分量 B_{DC} 与交流分量 B_m 构成)应该低于饱和磁通密度 B_s:

$$B_{pk} = B_{DC} + B_m \leqslant B_s \tag{4.8}$$

电感器的直流电流分量 I_L 引起的磁通密度直流分量为

$$B_{DC} = \frac{\mu_r\mu_0 NI_L}{l_c} \tag{4.9}$$

幅度为 I_m 的交流电流分量引起的磁通密度交流分量为

$$B_m = \frac{\mu_r\mu_0 NI_m}{l_c} \tag{4.10}$$

这样

$$B_{pk} = \frac{\mu_r\mu_0 NI_L}{l_c} + \frac{\mu_r\mu_0 NI_m}{l_c} = \frac{\mu_r\mu_0 N(I_L + I_m)}{l_c} \leqslant B_s \tag{4.11}$$

B_s 随温度升高而降低。

⑤ 磁链。

磁链是绕在磁芯上的每匝线圈所包围的磁通总数。与 N 匝线圈交链的磁链为

$$\lambda = N\phi = NA_c B = NA_c\mu H = \frac{\mu A_c N^2 i}{l_c} = Li \text{ (V·s)} \tag{4.12}$$

该公式类似于电路的欧姆定律 $V = RI$ 和电容器充电公式 $Q = CV$。磁链的单位是韦伯·匝。对于正弦波,磁链与磁通、电流的关系为

$$\lambda_m = N\phi_m = NA_c B_m = NA_c\mu H_m = \frac{\mu_r\mu_0 A_c N^2 I_m}{l_c} \tag{4.13}$$

磁链随时间的变化可以表示为

$$\Delta\lambda = \int_{t_1}^{t_2} v\,dt = \lambda(t_2) - \lambda(t_1) \tag{4.14}$$

(2)磁路。

① 磁阻。

磁阻 $\mathcal{R}$ 是磁通 ϕ 通过磁路时所受到的磁芯的阻碍作用,类似于电路中电阻的概念。磁阻的概念图示于图 4.2。基本磁路单元的磁阻为

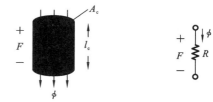

(a)传导磁通 ϕ 的基本磁路单元　　（b）等效磁路

图 4.2　磁阻

$$\mathcal{R} = \frac{1}{\mathcal{P}} = \frac{l_c}{\mu A_c}\left(\frac{A·t}{Wb}\right) = \frac{l_c}{\mu A_c} \text{ (t/H)} \tag{4.15}$$

这里 A_c 是磁芯的截面积,即磁通流过的面积,l_c 是磁通通过闭合磁路路径的平均磁路径长度(mean path length,MPL)。磁阻与 l_c 成正比,与 A_c 成反比。基本磁路单元的磁导为

$$\mathcal{P} = \frac{1}{\mathcal{R}} = \frac{\mu A_c}{l_c}\left(\frac{Wb}{A·t}\right) = \frac{\mu A_c}{l_c} \text{ (H/t)} \tag{4.16}$$

磁性欧姆定律为

$$\phi = \frac{\mathcal{F}}{\mathcal{R}} = \mathcal{P}\mathcal{F} = \frac{\mu A_{\mathrm{c}} N i}{l_{\mathrm{c}}} = \frac{\mu_{\mathrm{r}} \mu_0 A_{\mathrm{c}} N i}{l_{\mathrm{c}}} \quad (\mathrm{Wb}) \tag{4.17}$$

磁通总是沿具有最高磁导率 μ 的路径通过的。

通常磁路是绕有线圈时磁通通过的空间。图 4.3 示出了一个磁路的实例。磁路中的磁阻类似于电路中的电阻,磁导类似于电导。这样由公式 $\phi = \mathcal{F}/\mathcal{R}$ 描述的磁路问题就可以用由欧姆定律 $I = V/R = GV = (\sigma A/l)V$ 所描述的电路问题的类似处理方法求解,其中,ϕ、$\mathcal{F}$、$\mathcal{R}$、$\mathcal{P}$、B、λ 和 μ 分别对应 I、V、R、G、J、Q 和 σ。比如,磁阻可以串联或并联。表 4.1 给出了磁路与电路中的类似物理量。

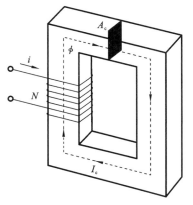 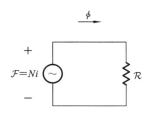

（a）由磁芯和绕组构成的电感器　　　　　　　（b）等效磁路

图 4.3　磁路

表 4.1　磁路与电路中的类似物理量

磁　　路	电　　路	磁　　路	电　　路
$\mathcal{F} = Ni$	V	L	C
ϕ	I	$\phi = \dfrac{\mathcal{F}}{\mathcal{R}}$	$I = \dfrac{V}{R}$
H	E	$B = \dfrac{\phi}{A}$	$J = \dfrac{I}{A}$
B	J	$H = \dfrac{\mathcal{F}}{l} = \dfrac{Ni}{l}$	$E = \dfrac{V}{l}$
$\mathcal{P}$	G	$\mathcal{R} = \dfrac{l}{\mu A}$	$R = \dfrac{l}{\sigma A}$
λ	Q	$w_{\mathrm{m}} = \dfrac{1}{2}\mu H^2$	$w_{\mathrm{c}} = \dfrac{1}{2}\sigma E^2$
μ	σ		

② 磁基尔霍夫电压定律。

同样,由磁性器件(如电感器和变压器)构成的磁路也可以用电路的方法分析。磁基尔霍夫电压定律为任何闭合磁路中磁动势的代数和恒等于磁势差的代数和:

$$\sum_{k=1}^{n} \mathcal{F}_k - \sum_{k=1}^{m} \mathcal{R}_k \phi_k = 0 \tag{4.18}$$

例如,对于图 4.4 所示的带气隙磁芯的电感器,有

$$Ni = \mathcal{F} = \mathcal{F}_c + \mathcal{F}_g = \phi(\mathcal{R}_c + \mathcal{R}_g) \tag{4.19}$$

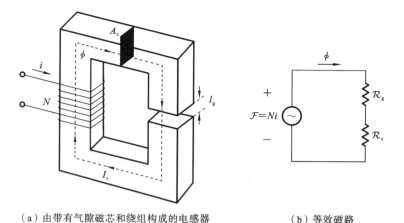

（a）由带有气隙磁芯和绕组构成的电感器 （b）等效磁路

图 4.4 磁基尔霍夫电压定律的磁路

这里,磁芯的磁阻为

$$\mathcal{R}_c = \frac{l_c}{\mu_r \mu_0 A_c} \tag{4.20}$$

气隙的磁阻为

$$\mathcal{R}_g = \frac{l_g}{\mu_0 A_c} \tag{4.21}$$

同时还假设了 $\phi_c = \phi_g = \phi$,气隙的磁阻 R_g 比磁芯的磁阻 R_c 大得多。

③ 磁通连续性定律。

磁通连续性定律表明通过任何闭合表面的净磁通总是为零:

$$\phi = \oiint_A B \, \mathrm{d}A = 0 \tag{4.22}$$

或者说进入任何节点的净磁通为零:

$$\sum_{k=1}^{n} \phi_k = \sum_{k=1}^{n} A_k B_k = 0 \tag{4.23}$$

由高斯引入的磁通连续性定律类似于基尔霍夫电流定律,称为基尔霍夫磁通定律。图 4.5 示出了磁通连续性定律的磁路。例如,当磁芯的三个分支汇聚一点时,有

$$\phi_1 = \phi_2 + \phi_3 \tag{4.24}$$

可以进一步表示为

$$\frac{\mathcal{F}_1}{\mathcal{R}_1} = \frac{\mathcal{F}_2}{\mathcal{R}_2} + \frac{\mathcal{F}_3}{\mathcal{R}_3} \tag{4.25}$$

如果磁芯的三个分支上都有绕组,则有

$$\frac{N_1 i_1}{\mathcal{R}_1} = \frac{N_2 i_2}{\mathcal{R}_2} + \frac{N_3 i_3}{\mathcal{R}_3} \tag{4.26}$$

通常,绝大多数磁通都被局限于电感器的内部,比如环形磁芯电感器。电感器磁芯之外的磁通称为漏磁通。

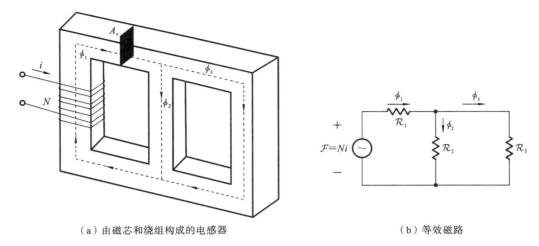

（a）由磁芯和绕组构成的电感器　　　　　　　　（b）等效磁路

图 4.5　磁通连续性定律的磁路

（3）磁性定律。

① 安培定律。

安培定律表明时变电流 $i(t)$ 感生时变磁场 $H(t)$。若导体（如电感器）通有时变电流 $i(t)$，则时变磁场 $H(t)$ 感生，感生磁场可以是导体自身的交流引起的，也可以是邻近导体的交流引起的。安培定律的积分形式为：表面磁场强度沿闭合路径的积分等于穿过由闭合路径包围的表面的电流和：

$$\oint_C \boldsymbol{H} \cdot \mathrm{d}\boldsymbol{l} = \iint_S \boldsymbol{J} \cdot \mathrm{d}\boldsymbol{S} = \sum_{n=1}^{N} i_n = i_1 + i_2 + \cdots + i_N = i_{\mathrm{enc}} \tag{4.27}$$

这里，$\mathrm{d}\boldsymbol{l}$ 是指向路径 C 的切线方向的元矢量，路径 C 包围的电流 i_{enc} 由 $\boldsymbol{J}$ 的法向分量在整个表面 S 的积分给出，在良导体中可忽略位移电流。对 N 匝线圈电感器，安培定律简化为

$$\oint_C \boldsymbol{H} \cdot \mathrm{d}\boldsymbol{l} = Ni \tag{4.28}$$

分离形式的安培定律可写成

$$\sum_{k=1}^{n} H_k l_k = \sum_{k=1}^{m} N_k i_k \tag{4.29}$$

例如，对于带有气隙的电感器，其安培定律为

$$H_c l_c + H_g l_g = Ni \tag{4.30}$$

如果电流密度 J 是均匀的且垂直于表面 S，则有 $H_c = SJ$，功率电子用的磁性器件中，绕组的电流密度范围通常在 $0.1 \sim 10 \ \mathrm{A/mm^2}$ 之间，式（4.27）中的位移电流一般忽略。安培定律方程是积分形式麦克斯韦方程组中的一个方程。

例 4.1　一半径为 r_0 的无限长圆直导线流过低频的 $i = I_{\mathrm{m}}\cos\omega t$ 稳态电流，试确定导线内外磁场强度 $H(r, t)$ 的波形。

解　低频时不考虑趋肤效应，电流在导线的整个截面均匀分布，如图 4.6 所示。

导体中电流在导体内部和外部感生同心磁场。低频时半径为 r 的圆柱体包围的电流为

$$i_{\mathrm{enc}} = I_{\mathrm{m(enc)}} \cos\omega t \tag{4.31}$$

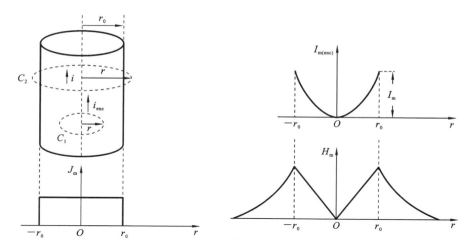

图 4.6 通均匀电流 i 的无限长圆直导线截面图以及低频时环路包围电流 $I_{m(enc)}$、磁场强度 H_m 与离导体中心距离 r 的函数关系

其中，$I_{m(enc)}$ 是包围电流的幅度。这样在半径为 r 处的电流密度幅度为

$$J_m(r) = \frac{I_{m(enc)}}{\pi r^2}, \quad r \leqslant r_0 \tag{4.32}$$

则在导体表面处（$r = r_0$ 处）的电流密度幅度为

$$J_m(r_0) = \frac{I_m}{\pi r_0^2} \tag{4.33}$$

低频时可忽略趋肤深度，电流密度分布均匀，即 $J_m(r) = J_m(r_0)$，则环路包围电流的幅度为

$$I_{m(enc)} = I_m \left(\frac{r}{r_0} \right)^2, \quad r \leqslant r_0 \tag{4.34}$$

由安培定律，有

$$I_{m(enc)} = \oint_{C_1} \boldsymbol{H} \cdot d\boldsymbol{l} = H_m(r) \oint_{C_1} dl = 2\pi r H_m(r) \tag{4.35}$$

其中，当 $r \leqslant r_0$ 时，$C_1 = 2\pi r$。

图 4.6 示出了环路包围电流 $I_{m(enc)}$ 与离导体中心距离 r 的函数关系。联立式（4.34）和式（4.35），可得到低频时导体内部的磁场强度为

$$H_m(r) = I_m \left(\frac{r}{r_0} \right)^2 \frac{1}{2\pi r} = I_m \frac{r}{2\pi r_0^2}, \quad r \leqslant r_0 \tag{4.36}$$

图 4.6 也示出了磁场强度 H_m 与离导体中心距离 r 的函数关系。由于导体中心给出的环路包围电流为零，因此此处的磁场强度幅度也为零。低频时导体内部磁场的波形由下式给出：

$$H(r,t) = I_m \frac{r}{2\pi r_0^2} \cos\omega t, \quad r \leqslant r_0 \tag{4.37}$$

由此可见，导体内部半径 r 处的磁场强度幅度仅仅取决于该处的电流幅度。

电流 $i = I_m \cos\omega t$ 被半径 $r \geqslant r_0$ 的回路包围，由安培定律得到电流 i 的幅度为

$$I_{\mathrm{m}} = \oint_{C_2} \boldsymbol{H} \cdot \mathrm{d}\boldsymbol{l} = H_{\mathrm{m}}(r) \oint_{C_2} \mathrm{d}l = 2\pi r H_{\mathrm{m}}(r) \tag{4.38}$$

其中,当 $r \geqslant r_0$ 时,$C_2 = 2\pi r$。任意频率时,导体外部的磁场强度幅度为

$$H_{\mathrm{m}}(r) = \frac{I_{\mathrm{m}}}{2\pi r}, \quad r > r_0 \tag{4.39}$$

磁场的波形为

$$H(r,t) = \frac{I_{\mathrm{m}}}{2\pi r}\cos\omega t, \quad r > r_0 \tag{4.40}$$

在低频时导体内部的磁场强度的幅度随着半径 r 从 0 线性增长到 $H_{\mathrm{m}}(r_0) = I_{\mathrm{m}}/(2\pi r_0)$,而在导体外部,不管频率高低,磁场强度的幅度与半径 r 成反比。

② 法拉第定律。

时变电流产生磁场,时变磁场产生电流。1820 年,奥斯特演示了通电导体产生的磁场影响指南针指向的实验,安培的测量结果表明磁场强度与电流大小成线性关系。1831 年,法拉第发现交变磁场产生电流,时变磁场可以在邻近的电路中感生电压或电动势,该电压与磁链 λ 或磁通 ϕ 或产生磁场的电流 i 的变化率成正比。

法拉第定律表明通过一闭合回路(如电杆线圈)的时变磁通 $\phi(t)$ 将会在该回路中产生电压 $v(t)$。对于线性电感器,法拉第定律表示为

$$v(t) = \frac{\mathrm{d}\lambda}{\mathrm{d}t} = \frac{\mathrm{d}(N\phi)}{\mathrm{d}t} = N\frac{\mathrm{d}\phi}{\mathrm{d}t} = N\frac{\mathrm{d}}{\mathrm{d}t}\left(\frac{Ni}{\mathcal{R}}\right) = \frac{N^2}{\mathcal{R}}\frac{\mathrm{d}i}{\mathrm{d}t} = L\frac{\mathrm{d}i}{\mathrm{d}t} = NA\frac{\mathrm{d}B}{\mathrm{d}t} = NA\mu\frac{\mathrm{d}H}{\mathrm{d}t} = \frac{\mu A N^2}{l}\frac{\mathrm{d}i}{\mathrm{d}t} \tag{4.41}$$

显然电压 v 正比于电流(产生磁场的电流)i 的变化率。当然,感生的电压会在电路中产生电流。电感器 L 将感生电压 v 与电流 i 连续起来,电感器 L 的端电压 v 正比于电感器电流随时间的变化率。如果电感器的电流是常数,则理想电感器的端电压为零,此时电感器对直流而言是短路的。由此可见,电感器的电流是不能瞬时变化的。

对于正弦波,微分 $\mathrm{d}/\mathrm{d}t$ 可以用 $\mathrm{j}\omega$ 代替,相量形式的法拉第定律可以表示为

$$V_{\mathrm{Lm}} = \mathrm{j}\omega\lambda_{\mathrm{m}} \tag{4.42}$$

对于非线性时变电感器,则有关系

$$\lambda(t) = L(t)i(t) \tag{4.43}$$

和

$$v(t) = L(t)\frac{\mathrm{d}i(t)}{\mathrm{d}t} + i(t)\frac{\mathrm{d}L(t)}{\mathrm{d}t} \tag{4.44}$$

已知正弦电流 I_{Lm} 和电压 $V_{\mathrm{m}} = \mathrm{j}\omega\lambda_{\mathrm{m}}$,无耗电感器阻抗的相量表示式为

$$Z = \frac{V_{\mathrm{m}}}{I_{\mathrm{Lm}}} = \frac{\mathrm{j}\omega\lambda_{\mathrm{m}}}{I_{\mathrm{m}}} = \mathrm{j}\omega L \tag{4.45}$$

有耗电感器阻抗的相量表示式为

$$Z = \frac{V_{\mathrm{m}}}{I_{\mathrm{m}}} = \frac{\mathrm{j}\omega\lambda_{\mathrm{m}}}{I_{\mathrm{m}}} = R + \mathrm{j}\omega L \tag{4.46}$$

由于

$$v\mathrm{d}t = L\left(\frac{\mathrm{d}i}{\mathrm{d}t}\right)\mathrm{d}t = L\mathrm{d}i \tag{4.47}$$

则电感器中的电流为

$$i(t) = \frac{1}{L}\int_0^t v\,dt + i(0) = \frac{1}{\omega L}\int_0^{\omega t} v\,d(\omega t) + i(0) \tag{4.48}$$

③ 楞次定律。

楞次定律表明由外时变磁通 $\phi_a(t)$ 感生的电压 $v(t)$ 将在回路中感生电流 $i_E(t)$，该电流会感生一阻止外加磁通 $\phi_a(t)$ 变化的磁通 $\phi_i(t)$，如图 4.7 所示。感生电流的方向总是使得它所激发的磁场阻碍原来磁通的变化。如果 $\phi_a(t)$ 增加，感生电流感应相反方向的磁通 $\phi_i(t)$，相反，$\phi_a(t)$ 减少，感生电流感应相同方向的 $\phi_i(t)$。回路中的感生电流叫涡流，涡流出现在导体受到时变磁场激励的情形。根据楞次定律，涡流感生的磁场方向与原磁场方向相反。涡流对磁性器件的绕组和磁芯产生的影响是：电流呈非均匀分布，从而提高有效电阻、增加功耗、减小内自感。如果导体的电阻率为零（如理想导体），涡流回路感生的磁场将在幅度与相位上与外加磁场完全抵消，这说明理想导体会抵抗外加磁场的任何变化，涡流的引入阻止了磁场在导体中的聚集。

（4）涡流。

图 4.8 示出的是时变磁场感生的涡流，涡流沿闭合路径流动。导体中本身的交流电流或邻近导体的交流电流感生出磁场，根据楞次定律，这些磁场感生出涡流，而涡流会产生与原磁场方向相反的磁场。由安培定律有

$$\Delta \times H = J_a + J_e \tag{4.49}$$

其中，J_a 是外加电流，J_e 是涡流。当外加电流 J_a 为零时，磁场由邻近导体产生，则有

$$\Delta \times H = J_e \tag{4.50}$$

涡流密度可以表示为

$$J_e = \sigma E = \frac{E}{\rho} \tag{4.51}$$

对于正弦波，涡流密度的相对量形式为

$$J_e = -j\omega\sigma A \tag{4.52}$$

其中，A 是磁矢量势的相量。

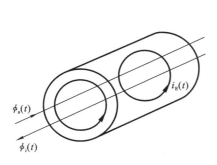

图 4.7　楞次定律产生涡流的示意图

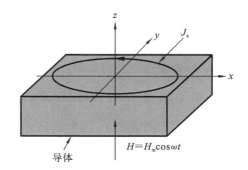

图 4.8　涡流

（5）磁芯饱和。

若电感器磁芯的截面积为 A_c，饱和磁通密度为 B_s，则磁芯开始饱和时的磁通为

$$\phi_s = A_c B_s \tag{4.53}$$

因此，磁芯饱和时的磁链就为

$$\lambda_s = N\phi_s = NA_cB_s = LI_{m(max)} \tag{4.54}$$

这样就有

$$N_{max}A_cB_{pk} = LI_{m(max)} \tag{4.55}$$

从而得到电感器的最大线圈匝数为

$$N_{max} = \frac{LI_{m(max)}}{A_cB_{max}} \tag{4.56}$$

根据式(4.2)，磁场强度 H 正比于磁动势 $\mathcal{F}$。因此，电感器就存在一个对应于磁芯饱和点的最大工作电流 $I_{m(max)}$，图 4.9 示出了 B 和 H 及 i 的函数关系。由于

$$B_s = \mu H_s = \mu \frac{NI_{m(max)}}{l_c} \tag{4.57}$$

所以，为了避免磁芯饱和，电感器的安匝数极限就是

$$N_{max}I_{m(max)} = \frac{B_sl_c}{\mu_r\mu_0} = B_sA_c\mathcal{R} \tag{4.58}$$

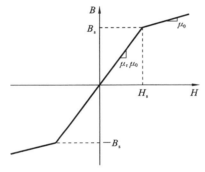 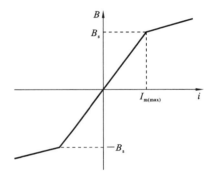

（a）磁通密度 B 与磁场强度 H 的函数关系 （b）给定绕组匝数 N 时磁通密度 B 与
电感器电流 i 的函数关系

图 4.9　函数图

由法拉第定律 $d\lambda = v_L(t)dt$ 可以得到电感器电压与磁链的通用关系式为

$$\lambda(t) = \int_0^t v_L(t)dt + \lambda(0) = \frac{1}{\omega}\int_0^{\omega t} v_L(\omega t)d(\omega t) + \lambda(0) \tag{4.59}$$

对于变压器，则存在下面的关系：

$$(N_1i_1 + N_2i_2 + \cdots)_{max} \leqslant B_sA_cR = \frac{B_sl_c}{\mu_r\mu_0} \tag{4.60}$$

2. 电感器的电感效应

（1）电感的定义。

线圈通常是用金属丝导线绕在骨架上形成的。电感量与下面的因素有关：绕组形状；磁芯形状；磁芯材料的磁导率；工作频率。有几种方法可以用于确定电感的大小。

① 磁链法。

线性电感器的电感（或自感）定义为电感器中总磁链 λ 与产生磁链的时变（交流）电流 i 之比，即

$$L = \frac{\lambda}{i} \tag{4.61}$$

线性电感器的电感在表达式 $\lambda = Li$ 中是比例常数。通常流过导体的交流电流既会在导体内部产生内磁链 λ_{int}，又会在导体外部产生外磁链 λ_{ext}，这样电感的定义就应该为

$$L = \frac{\lambda}{i} = \frac{\lambda_{\text{int}} + \lambda_{\text{ext}}}{i} \tag{4.62}$$

通有交流电流 i 的导体是通过自身磁通交链的。对于线性电感器，磁链 λ 正比于电流 i，从而有 $\lambda = Li$，电感 L 是 λ-i 特征曲线的斜率，如图 4.10 所示。电感器的这种特性类似于电阻器的 $V = Ri$ 或电容器的 $Q = CV$。一个设计的电路如有自感就称为电感器。如果电感器 1 A 的电流产生的磁链是 1 V·s（或 1 Wb·t），则其自感为 1 H。

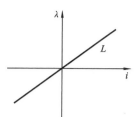

图 4.10　线性电感器电感的 λ-i 关系

通过电感器的电流变化产生感应电动势或电压，即

$$\int E \cdot \mathrm{d}l = \frac{\lambda}{t} = L \frac{\mathrm{d}i}{\mathrm{d}t} \tag{4.63}$$

由上式可知，当电感器的端电压为 1 V，电流的变化速率为 1 A/s 时，电感器的自感为 1 H。电感 L 与匝数 N、磁芯磁导率 μ_{rc}、磁芯形状和工作频率 f 有关。

电感还可以定义为

$$L = \frac{\lambda}{i} = \frac{1}{i} \iint_S B \cdot \mathrm{d}S \tag{4.64}$$

如果磁场由通电导体自身产生，则对应的电感称为自感。在某些情况下，磁链仅仅与部分电流交链，此时电感定义为

$$L = \frac{1}{i} \iint_S \frac{i_{\text{enclosed}}}{i} \cdot \mathrm{d}\phi \tag{4.65}$$

导体的总电感由外电感 L_{ext} 和内电感 L_{int} 两部分构成：

$$L = L_{\text{ext}} + L_{\text{int}} \tag{4.66}$$

外电感 L_{ext} 是由存储于导体外部磁场的磁场能引起的，这部分电感往往与频率无关。内电感 L_{int} 是由存储于导体内部磁场的磁场能引起的，由于导体内的磁场强度分布是频率的函数（趋肤效应），所以内电感也与频率有关，且随频率的增加而下降。

电感器端电压为

$$v_{\text{L}} = \frac{\mathrm{d}\lambda}{\mathrm{d}t} = N \frac{\mathrm{d}\phi}{\mathrm{d}t} = N \frac{\mathrm{d}\phi}{\mathrm{d}i_{\text{L}}} \frac{\mathrm{d}i_{\text{L}}}{\mathrm{d}t} = L \frac{\mathrm{d}i_{\text{L}}}{\mathrm{d}t} \tag{4.67}$$

自感 L 将电感器中的感生电压 v_{L} 与流过同一电感器的时变电流 i_{L} 联系起来。

② 磁阻法。

用磁芯磁阻 $\mathcal{R}$ 或磁导 $\mathcal{P}$ 表示的电感器电感为

$$L = \frac{N^2}{\mathcal{R}} = \mathcal{P}N^2 = \frac{\mu_{\text{c}}\mu_0 A_{\text{c}} N^2}{l_{\text{c}}} \tag{4.68}$$

如果 $N = 1$，则 $L = \mathcal{P} = 1/\mathcal{R}_0$。

③ 磁场能量法。

电感也可以用磁场能量定义，磁场能量为

$$W_{\text{m}} = \frac{1}{2} L I_{\text{m}}^2 = \frac{1}{2} \int_V (B \cdot H^*) \mathrm{d}V \tag{4.69}$$

从而电感为

$$L = \frac{2W_m}{I_m^2} = \frac{1}{I_m^2} \int_V (B \cdot H^*) dV \tag{4.70}$$

式中，I_m 是流过闭合回路的电流的幅度，W_m 是磁场能，为

$$W_m = \frac{1}{2\mu} \iiint_V B^2 dV \tag{4.71}$$

④ 小信号电感。

非线性电感器的小信号（或增量）电感定义为工作点 $Q(I_{DC}, \lambda_{DC})$ 附近磁链的微小变化量与电流的微小变化量之比，即

$$L = \frac{d\lambda}{di} \bigg|_Q \tag{4.72}$$

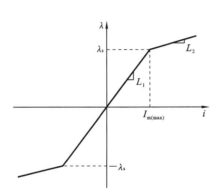

因为磁芯材料的磁导率与外加磁场 H 有关，所以带有磁芯的电感器是非线性的。图 4.11 示出的是非线性电感器磁链 λ 与电流 i 的关系图。在低电流时，磁芯没有饱和，相对磁导率高，从而 $\lambda\text{-}i$ 曲线斜率大，电感器的电感值 L_1 大。当磁芯饱和后，相对磁导率趋近于 1，$\lambda\text{-}i$ 曲线的斜率下降，电感器的电感值下降到较低值 L_2。

图 4.11　非线性电感器磁链 λ 与电流 i 的关系图

⑤ 矢量磁势法。

电感用矢量磁势 A 表示为

$$L = \frac{1}{I^2} \iiint_V A \cdot J dV \tag{4.73}$$

矢量磁势的表达式为

$$A(r) = \frac{\mu}{4\pi} \iiint_V \frac{J(r)}{R} dV \tag{4.74}$$

这样，电感就为

$$L = \frac{1}{I^2} \iiint_V \left[\frac{\mu}{4\pi} \iiint_V \frac{J(r)}{R} dV \right] \cdot J(r) dV \tag{4.75}$$

（2）螺线管的电感。

忽略端效应，长螺线管内部的磁通密度是均匀的，其表达式为

$$B = \frac{\mu N I}{l_c} \tag{4.76}$$

内部的磁通为

$$\phi = A_c B = \frac{\mu N I A_c}{l_c} = \frac{\pi \mu N I r^2}{l_c} \tag{4.77}$$

磁链为

$$\lambda = N\phi = \frac{\mu N^2 I A_c}{l_c} = \frac{\pi \mu N^2 I r^2}{l_c} \tag{4.78}$$

在低频时，带磁芯且没有气隙的长螺线管（理论上是无限长的）的电感为

$$L_\infty = \frac{\lambda}{I} = \frac{\mu_r \mu_0 A_c N^2}{l_c} = \frac{\pi \mu_r \mu_0 r^2 N^2}{l_c} = \frac{N^2}{l_c / (\mu A_c)} = \frac{N^2}{\mathcal{R}} \tag{4.79}$$

其中，$A_c = \pi r^2$ 是磁芯的截面积，r 是线圈的平均半径，l_c 是磁芯的平均长度，μ_r 是磁芯的相对

磁导率，N 是线圈匝数。从上式可以看出，长螺线管的电感 L 正比于匝数的平方 N^2，正比于截面积 A_c，且反比于磁芯平均长度 l_c，更准确地说是 L 正比于 A_c/l_c。

短螺线管的电感比长螺线管的电感小得多。随着 r/l_c 增加，L/L_∞ 减小，这里 L_∞ 是无限长螺线管的电感。例如，$r/l_c=0.2$，$K=L/L_\infty=0.85$；$r/l_c=1$，$K=0.53$；$r/l_c=5$，$K=0.2$；$r/l_c=10$，$K=0.1$。一阶近似有

$$K=\frac{L}{L_\infty}\approx\frac{1}{1+0.9\dfrac{r}{l_c}} \tag{4.80}$$

由上式有 $L\approx KL_\infty=L_\infty/(1+0.9\,r/l_c)$。有限长度 l_c 的单层螺线管的电感可以用惠勒（Wheeler）公式近似求出，其准确度在 1% 之内（对于 $r/l_c<1.25$ 或 $l_c/(2r)>0.4$ 的情形）。

$$L=\frac{L_\infty}{1+0.9\dfrac{r}{l_c}}=\frac{\mu_r\mu_0 A_c N^2}{l_c\left(1+0.9\dfrac{r}{l_c}\right)}=\frac{\pi\mu_r\mu_0 r^2 N^2}{l_c\left(1+0.9\dfrac{r}{l_c}\right)}=\frac{\pi\mu_r\mu_0 r^2 N^2}{l_c+0.9r}\ (\text{H})$$

$$=\frac{0.4\pi^2\mu_r r^2 N^2}{l_c+0.9r}\ (\mu\text{H}),\quad \frac{r}{l_c}<1.25 \tag{4.81}$$

图 4.12 示出了 L/L_∞ 与 r/l_c 的函数关系图。

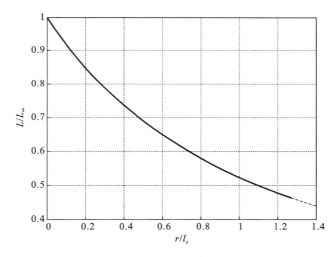

图 4.12 L/L_∞ 与 r/l_c 的函数关系图

多层螺线管的电感为

$$L=\frac{0.8\mu\pi r^2 N^2}{l_c+0.9r+b} \tag{4.82}$$

其中，b 是所有绕线层的厚度，r 是绕组的平均半径。

多层螺线管（电感器）的电感更精确的公式为

$$L=\frac{\mu\pi r^2 N^2}{l_c}\cdot\frac{1}{1+0.9\dfrac{r}{l_c}+0.32\dfrac{b}{r}+0.84\dfrac{b}{l_c}} \tag{4.83}$$

由该公式计算的值与准确值的误差在 2% 之内。

（3）环形磁芯电感器的电感。

理想的环形磁芯电感器可以认为是由有限长度的螺线管弯成的，图 4.13 示出了环形磁

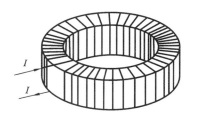

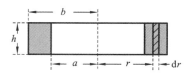

图 4.13　环形磁芯电感器

芯电感器。其中，a 是内半径，b 是外半径，h 是磁芯的高度。环形磁芯是轴对称的，所以有

$$\mathrm{d}l = r\mathrm{d}\varphi \tag{4.84}$$

利用安培定律，有

$$\oint_C B \cdot \mathrm{d}I = \int_0^{2\pi} Br\mathrm{d}\varphi = Br\int_0^{2\pi} \mathrm{d}\phi = 2\pi rB \tag{4.85}$$

由于线积分是沿围绕总电流 NI 的路径积分的，从而得

$$2\pi rB = \mu NI \tag{4.86}$$

这样，环形磁芯内部的磁通密度为

$$B(r) = \frac{\mu NI}{2\pi r}, \quad a \leqslant r \leqslant b \tag{4.87}$$

因为 $\mathrm{d}S = h\mathrm{d}r$，所示磁芯内部的磁通为

$$\phi = \iint_S B(r)\mathrm{d}S = \int_a^b \delta_0^h \left(\frac{\mu NI}{2\pi r}\right)(h\mathrm{d}r) = \frac{\mu NIh}{2\pi}\int_a^b \frac{\mathrm{d}r}{r}$$

$$= \int_S \left(\frac{\mu NI}{2\pi r}\right)(h\mathrm{d}r) = \frac{\mu NIh}{2\pi}\ln\left(\frac{b}{a}\right) \tag{4.88}$$

这里 S 是路径 C 包围的表面。环形磁芯电感器的磁链为

$$\lambda = N\phi = \frac{\mu hN^2 I}{2\pi}\ln\left(\frac{b}{a}\right) \tag{4.89}$$

从而，环形磁芯电感器的电感为

$$L = \frac{\lambda}{I} = \frac{\mu_{rc}\mu_0 hN^2}{2\pi}\ln\left(\frac{b}{a}\right) \tag{4.90}$$

而截面是圆形的环形磁性电感器的电感可以用长螺线管的电感表达：

$$L = \frac{\mu_{rc}\mu_0 A_c N^2}{l_c} = \frac{\mu_{rc}\mu_0 A_c N^2}{2\pi R} \tag{4.91}$$

其中，$R = (a+b)/2$ 是磁芯的平均半径，$l_c = 2\pi R = \pi(a+b)$，$A_c = \pi(b-a)^2/4$ 是磁芯的截面积，因此有

$$L = \frac{\mu_{rc}\mu_0 N^2 (b-a)^2}{4(a+b)} \tag{4.92}$$

（4）罐形磁芯电感器的电感。

罐形磁芯电感器的几何形状非常复杂，因而其电感只能近似计算。罐形磁芯的截面积近似等于中心柱的截面积，即

$$A_c = \frac{\pi d^2}{4} \tag{4.93}$$

其中，d 是中心柱的直径，而磁路的平均直径为

$$D_{av} = \frac{D_i + D_o}{2} \tag{4.94}$$

其中，D_i 是外磁芯面的内直径，D_o 是外磁芯面的外直径。平均磁路径为

$$l_c = 2D_{av} + 4H = D_i + D_o + 4H \tag{4.95}$$

这里 H 是磁芯的半高度，罐形磁芯电感器的电感可近似表示成

$$L = \frac{\mu_{rc}\mu_0 A_c N^2}{l_c} = \frac{\pi\mu_{rc}\mu_0 d^2 N^2}{4(D_i + D_o + 4H)} \tag{4.96}$$

（5）气隙。

　　磁芯的总磁阻 $\mathcal{R}$ 可以用气隙来控制,因此磁通密度 B 和电感 L 可以用气隙长度 l_g 来控制,磁芯中的气隙可以是集中的也可以是分布的。开气隙磁芯中一小部分磁通路径用非磁介质(如空气或尼龙)代替,并常在气隙中放入间隔。气隙长度 l_g 是间隔厚度的 2 倍,l_g 的标准值是 0.5 mm, 0.6 mm, 0.7 mm, $\cdots$, 5 mm。磁芯开气隙等效于大的气隙磁阻与磁芯磁阻串联,这样给定 NI_m 情形下的磁通 ϕ_m 幅度减小,该效果类似于在电路中加串联电阻以减小给定电压下的电流幅度。

　　图 4.14 给出了开气隙电感器的示意图。低频开气隙磁芯线圈的电感可表示为

$$L=\frac{N^2}{\mathcal{R}_g+\mathcal{R}_c}=\frac{N^2}{\dfrac{l_g}{\mu_0 A_c}+\dfrac{l_c}{\mu_{rc}\mu_0 A_c}}=\frac{\mu_{rc}\mu_0 A_c N^2}{l_c+l_g\mu_{rc}}=\frac{\mu_{rc}\mu_0 A_c N^2}{l_c\left(1+\dfrac{\mu_{rc}l_g}{l_c}\right)}=\frac{\mu_{rc}\mu_0 A_c N^2}{l_c F_g} \tag{4.97}$$

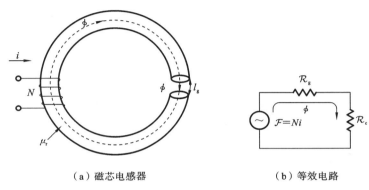

（a）磁芯电感器　　　　　　（b）等效电路

图 4.14　开气隙电感器

其中,气隙阻力为

$$\mathcal{R}_g=\frac{l_g}{\mu_0 A_c} \tag{4.98}$$

磁芯磁阻为

$$\mathcal{R}_c=\frac{l_c-l_g}{\mu_{rc}\mu_0 A_c}\approx\frac{l_c}{\mu_{rc}\mu_0 A_c} \tag{4.99}$$

总磁阻为

$$\mathcal{R}=\mathcal{R}_c+\mathcal{R}_g=\frac{l_c}{\mu_{rc}\mu_0 A_c}+\frac{l_g}{\mu_0 A_c}=\frac{l_c}{\mu_{rc}\mu_0 A_c}\left(1+\frac{\mu_{rc}l_g}{l_c}\right)=F_g\mathcal{R}_c \tag{4.100}$$

气隙因子为

$$F_g=\frac{\mathcal{R}}{\mathcal{R}_c}=\frac{\mathcal{R}_c+\mathcal{R}_g}{\mathcal{R}_c}=1+\frac{\mathcal{R}_g}{\mathcal{R}_c}=1+\frac{\mu_{rc}l_g}{l_c} \tag{4.101}$$

开气隙磁芯的有效(相对)磁导率为

$$\mu_{re}=\frac{\mu_{rc}}{1+\dfrac{\mu_{rc}l_g}{l_c}}=\frac{\mu_{rc}}{F_g} \tag{4.102}$$

　　由此可见,气隙使磁芯的有效磁导率大幅度下降。然而,由于气隙的加入,可以得到更稳定的有效磁导率和磁阻,从而使电感值更稳定可靠。气隙的长度可以表示为

$$l_{\mathrm{g}}=\frac{\mu_0 A_{\mathrm{c}} N^2}{L}-\frac{l_{\mathrm{c}}}{\mu_{\mathrm{rc}}} \tag{4.103}$$

开气隙磁芯电感的线圈匝数为

$$N=\sqrt{\frac{L\left(l_{\mathrm{g}}+\dfrac{l_{\mathrm{c}}}{\mu_{\mathrm{rc}}}\right)}{\mu_0 A_{\mathrm{c}}}} \tag{4.104}$$

如果 $l_{\mathrm{g}}\gg l_{\mathrm{c}}/\mu_{\mathrm{rc}}$,$\mathcal{R}_{\mathrm{g}}\gg\mathcal{R}_{\mathrm{c}}$,则有

$$L\approx\frac{\mu_0 A_{\mathrm{c}} N^2}{l_{\mathrm{g}}}=\frac{N^2}{\mathcal{R}_{\mathrm{g}}} \tag{4.105}$$

从上式可见,开气隙磁芯电感器的电感是气隙长度 l_{g} 的函数,几乎与磁芯的相对磁导率 μ_{rc} 无关,此时对应的线圈匝数为

$$N\approx\sqrt{\frac{L l_{\mathrm{g}}}{\mu_0 A_{\mathrm{c}}}}, \quad l_{\mathrm{g}}\gg\frac{l_{\mathrm{c}}}{\mu_{\mathrm{rc}}} \tag{4.106}$$

磁通直流电感器需要更长的气隙以避免磁芯饱和。

开气隙电感器存在如下关系:

$$\mathcal{F}=Ni=H_{\mathrm{c}}l_{\mathrm{c}}+H_{\mathrm{g}}l_{\mathrm{g}}=\frac{B_{\mathrm{c}}l_{\mathrm{c}}}{\mu_{\mathrm{rc}}\mu_0}+\frac{B_{\mathrm{g}}l_{\mathrm{g}}}{\mu_0}=\frac{\phi_{\mathrm{c}}l_{\mathrm{c}}}{A_{\mathrm{c}}\mu_{\mathrm{rc}}\mu_0}+\frac{\phi_{\mathrm{g}}l_{\mathrm{g}}}{A_{\mathrm{g}}\mu_0}=\mathcal{R}_{\mathrm{c}}\phi_{\mathrm{c}}+\mathcal{R}_{\mathrm{g}}\phi_{\mathrm{g}} \tag{4.107}$$

对于 $\mathcal{R}_{\mathrm{g}}\gg\mathcal{R}_{\mathrm{c}}$,有 $\phi\approx Ni/R_{\mathrm{g}}$。忽略磁通边缘效应,存在 $B_{\mathrm{g}}=B_{\mathrm{c}}$,从而有

$$Ni=B_{\mathrm{c}}\left(\frac{l_{\mathrm{c}}}{\mu_{\mathrm{rc}}\mu_0}+\frac{l_{\mathrm{g}}}{\mu_0}\right) \tag{4.108}$$

开气隙磁芯的磁通密度为

$$B_{\mathrm{c}}=\frac{\mu_0 Ni}{l_{\mathrm{g}}+\dfrac{l_{\mathrm{c}}}{\mu_{\mathrm{rc}}}} \tag{4.109}$$

电感器电流直流分量 I_{L} 和交流分量 I_{m} 产生的最大磁通密度可表示为

$$B_{\mathrm{c(pk)}}=B_{\mathrm{DC}}+B_{\mathrm{m}}=\frac{\mu_0 N(I_{\mathrm{L}}+I_{\mathrm{m}})}{l_{\mathrm{g}}+\dfrac{l_{\mathrm{c}}}{\mu_{\mathrm{rc}}}}\leqslant B_{\mathrm{s}}, \quad T\leqslant T_{\mathrm{max}} \tag{4.110}$$

磁芯中磁通密度和磁场强度分别为

$$B_{\mathrm{c}}=\frac{\phi_{\mathrm{c}}}{A_{\mathrm{c}}} \tag{4.111}$$

$$H_{\mathrm{c}}=\frac{B_{\mathrm{c}}}{\mu_{\mathrm{rc}}\mu_0} \tag{4.112}$$

假设气隙中磁通密度均匀并忽略边缘效应,气隙中的磁通、磁通密度和磁场强度为

$$\phi_{\mathrm{g}}=\phi_{\mathrm{c}}=A_{\mathrm{c}}B_{\mathrm{c}}=A_{\mathrm{g}}B_{\mathrm{g}} \tag{4.113}$$

$$B_{\mathrm{g}}=\frac{A_{\mathrm{c}}}{A_{\mathrm{g}}}B_{\mathrm{c}}\approx B_{\mathrm{c}} \tag{4.114}$$

$$H_{\mathrm{g}}=\frac{B_{\mathrm{g}}}{\mu_0}=\frac{B_{\mathrm{c}}}{\mu_0}=\mu_{\mathrm{rc}}H_{\mathrm{c}} \tag{4.115}$$

气隙损耗包括绕组损耗、磁芯损耗和其他硬件(如夹具和螺栓)损耗。

最大磁动势 MMF 为

$$\mathcal{F}_{\mathrm{max}}=N_{\mathrm{max}}I_{\mathrm{Lmax}}=\phi(\mathcal{R}_{\mathrm{g}}+\mathcal{R}_{\mathrm{c}})=B_{\mathrm{pk}}A_{\mathrm{c}}(\mathcal{R}_{\mathrm{g}}+\mathcal{R}_{\mathrm{c}})\approx B_{\mathrm{pk}}A_{\mathrm{c}}\mathcal{R}_{\mathrm{g}}=\frac{B_{\mathrm{pk}}l_{\mathrm{g}}}{\mu_0} \tag{4.116}$$

为避免磁芯饱和,线圈的最大匝数为

$$N_{\max}=\frac{B_{\mathrm{pk}}l_{\mathrm{c}}}{\mu_0 I_{\mathrm{Lmax}}} \qquad (4.117)$$

随着气隙长度 l_{g} 增加,NI_{m} 可以增加,磁芯损耗下降。但是,线圈匝数 N 必须增加以获得指定的电感 L,然而却会增加绕组损耗。除此之外,开气隙后,漏感增加,气隙会辐射电磁波产生电磁干扰。

实际上,开气隙磁芯电感器的特性类似于负反馈放大器的,有

$$A_{\mathrm{f}}=\frac{A}{1+\beta A}=\frac{\mu_{\mathrm{rc}}}{1+\mu_{\mathrm{rc}}\dfrac{l_{\mathrm{g}}}{l_{\mathrm{c}}}} \qquad (4.118)$$

其中,μ_{rc} 等效于 A,$l_{\mathrm{g}}/l_{\mathrm{c}}$ 等效于 β。

(6)边缘磁通。

一旦磁芯被激励,边缘磁通就在气隙周围出现,如图 4.15 所示。由于磁通通过非磁材料时,磁力线互相排斥,磁通线向外凸出,所以,磁场的截面积增加,磁通密度减小。典型地会增加 10% 的截面积,该效应称为边缘磁通效应。边缘磁通占总磁通的百分比会随着气隙长度 l_{g} 的增加而增加,增加磁通的最大半径近似等于气隙长度 l_{g}。

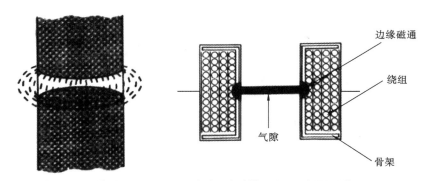

（a）气隙中的边缘磁通　　（b）开气隙罐型磁芯电感器的边缘磁通

图 4.15　边缘磁通示意图

根据磁通连续性定律,磁芯磁通 ϕ_{c} 等于气隙磁通 ϕ_{g} 与边缘磁通 ϕ_{f} 之和:

$$\phi_{\mathrm{c}}=\phi_{\mathrm{g}}+\phi_{\mathrm{f}} \qquad (4.119)$$

磁芯磁导为

$$\mathcal{P}_{\mathrm{c}}=\frac{1}{\mathcal{R}_{\mathrm{c}}}=\frac{\mu_{\mathrm{\kappa c}}\mu_0 A_{\mathrm{c}}}{l_{\mathrm{c}}} \qquad (4.120)$$

气隙磁导为

$$\mathcal{P}_{\mathrm{g}}=\frac{1}{\mathcal{R}_{\mathrm{g}}}=\frac{\mu_0 A_{\mathrm{g}}}{l_{\mathrm{g}}} \qquad (4.121)$$

边缘区域(边缘磁通)磁导为

$$\mathcal{P}_{\mathrm{f}}=\frac{1}{\mathcal{R}_{\mathrm{f}}}=\frac{\mu_0 A_{\mathrm{f}}}{l_{\mathrm{f}}} \qquad (4.122)$$

其中,A_{f} 是边缘区域面积,l_{f} 是边缘区域的磁路路径。假设 $A_{\mathrm{g}}=A_{\mathrm{c}}$,总的磁阻为

$$\mathcal{R} = \mathcal{R}_c + \mathcal{R}_g \parallel \mathcal{R}_f = \mathcal{R}_c + \frac{\mathcal{R}_g \mathcal{R}_f}{\mathcal{R}_g + \mathcal{R}_f} = \frac{l_c}{\mu_{rc} \mu_0 A_c} + \frac{\dfrac{l_g}{\mu_0 A_g} \times \dfrac{l_f}{\mu_0 A_f}}{\dfrac{l_g}{\mu_0 A_g} + \dfrac{l_f}{\mu_0 A_f}}$$

$$= \frac{l_c}{\mu_{rc} \mu_0 A_c} + \frac{l_f l_g}{l_g \mu_0 A_f + l_f \mu_0 A_g} = \frac{l_c}{\mu_{rc} \mu_0 A_c} \left(1 + \frac{\mu_{rc} A_c}{l_c} \frac{l_g l_f}{l_f A_g + l_g A_f} \right)$$

$$= \frac{l_c}{\mu_{rc} \mu_0 A_c} \left(1 + \frac{\mu_{rc} l_g}{l_c} \frac{1}{1 + \dfrac{l_g A_f}{l_f A_g}} \right) \tag{4.123}$$

这样,开气隙并有边缘磁通的电感器电感为

$$L_f = \frac{N^2}{\mathcal{R}} = N^2 \left/ \left[\frac{l_c}{\mu_{rc} \mu_0 A_c} \left(1 + \frac{\mu_{rc} l_g}{l_c} \frac{1}{1 + \dfrac{l_g A_f}{l_f A_g}} \right) \right] \right. \tag{4.124}$$

忽略磁芯磁导,气隙和边缘磁通区域的总磁导为

$$\mathcal{P} = \mathcal{P}_g + \mathcal{P}_f = \frac{\mu_0 A_c}{l_g} + \frac{\mu_0 A_f}{l_f} = \frac{\mu_0 A_c}{l_g} \left(1 + \frac{A_f l_g}{A_c l_f} \right) = \frac{\mu_0 A_c F_f}{l_g} = F_f \mathcal{P}_g \tag{4.125}$$

此时对应的开气隙并有边缘磁通的电感器电感为

$$L_f = \mathcal{P} N^2 = \frac{\mu_0 A_c N^2}{l_g} + \frac{\mu_0 A_f N^2}{l_f} = \frac{\mu_0 A_c N^2}{l_g} \left(1 + \frac{A_f l_g}{A_c l_f} \right) = \frac{\mu_0 A_c N^2 F_f}{l_g} = F_f L \tag{4.126}$$

其中,边缘磁通因子 F_f 定义为开气隙并有边缘磁通的电感 L_f 与开气隙没有边缘磁通的理想电感 L 之比,即

$$F_f = \frac{L_f}{L} = 1 + \frac{A_f l_g}{A_c l_f} \tag{4.127}$$

由此可见,边缘磁通效应增加了电感值。获得给定电感的线圈匝数为

$$N = \sqrt{\frac{l_g L}{\mu_0 A_c}} \tag{4.128}$$

如果气隙被绕组包围,边缘磁通减少,可降低 F_f 值,但是电感器的损耗会增加。为减小损耗,绕组应该离开气隙一段距离,该距离为 2~3 倍的气隙长度。短的分布气隙可显著减小边缘磁通和功耗。相对磁导率大的磁芯需要大的气隙,同时也增加了边缘磁通。

考虑单气隙的圆形磁芯,磁芯的直径为 D_c,则其截面积为

$$A_c = \frac{\pi}{4} D_c^2 \tag{4.129}$$

要准确确定 A_f 和 l_f 是困难的。假设边缘磁通的外直径 $D_f = D_c + 2l_g$,边缘磁通的平均磁路路径(长度)$l_f = 2l_g$,则边缘磁通的截面积为

$$A_f = \frac{\pi}{4} (D_c + 2l_g)^2 - \frac{\pi}{4} D_c^2 = \pi l_g (D_c + l_g) \tag{4.130}$$

这样,边缘磁通因子为

$$F_f = 1 + \frac{A_f l_g}{A_c l_f} = 1 + 2l_g \left(\frac{1}{D_c} + \frac{l_g}{D_c^2} \right) \tag{4.131}$$

气隙磁导为

$$\mathcal{P}_g = \frac{\mu_0 A_c}{l_g} = \frac{\pi \mu_0 D_c^2}{4l_g} \tag{4.132}$$

边缘磁通的磁导为

$$\mathcal{P}_{\mathrm{f}}=\frac{\mu_0 A_{\mathrm{f}}}{l_{\mathrm{f}}}=\frac{\pi\mu_0 (D_{\mathrm{c}}+l_{\mathrm{g}})}{2} \tag{4.133}$$

气隙与边缘磁通的总磁导为

$$\mathcal{P}=\mathcal{P}_{\mathrm{g}}+\mathcal{P}_{\mathrm{f}}=\frac{\mu_0 A_{\mathrm{c}}}{l_{\mathrm{g}}}+\frac{\mu_0 A_{\mathrm{f}}}{l_{\mathrm{f}}}=\frac{\pi\mu_0 D_{\mathrm{c}}^2}{4l_{\mathrm{g}}}+\frac{\pi\mu_0 (D_{\mathrm{c}}+l_{\mathrm{g}})}{2} \tag{4.134}$$

从而有电感

$$L_{\mathrm{f}}=\mathcal{P}N^2=\left[\frac{\pi\mu_0 D_{\mathrm{c}}^2}{4l_{\mathrm{g}}}+\frac{\pi\mu_0 (D_{\mathrm{c}}+l_{\mathrm{g}})}{2}\right]N^2=\frac{\pi\mu_0 D_{\mathrm{c}}^2 N^2}{4l_{\mathrm{g}}}\left[1+\frac{2l_{\mathrm{g}}(D_{\mathrm{c}}+l_{\mathrm{g}})}{D_{\mathrm{c}}^2}\right]=F_{\mathrm{f}}L \tag{4.135}$$

其中，

$$F_{\mathrm{f}}=1+\frac{2l_{\mathrm{g}}(D_{\mathrm{c}}+l_{\mathrm{g}})}{D_{\mathrm{c}}^2}\approx 1+\frac{2l_{\mathrm{g}}}{D_{\mathrm{c}}}, \quad l_{\mathrm{g}}\ll D_{\mathrm{c}} \tag{4.136}$$

考虑单矩形气隙磁芯，气隙的尺寸为 a 和 b，气隙的截面积为

$$A_{\mathrm{c}}=ab \tag{4.137}$$

假设边缘磁通的尺寸是 $A=a+2l_{\mathrm{g}}$，$B=b+2l_{\mathrm{g}}$，平均磁路长度 $l_{\mathrm{f}}=2l_{\mathrm{g}}$，边缘磁通的截面积为

$$A_{\mathrm{f}}=(a+2l_{\mathrm{g}})(b+2l_{\mathrm{g}})-ab=2l_{\mathrm{g}}(a+b)+4l_{\mathrm{g}}^2 \tag{4.138}$$

边缘磁通因子为

$$F_{\mathrm{f}}=\frac{L_{\mathrm{f}}}{L}=1+\frac{l_{\mathrm{g}}(a+b+2l_{\mathrm{g}})}{ab} \tag{4.139}$$

（7）电感系数。

电感公式可以写为

$$L=\frac{\mu_{\mathrm{rc}}\mu_0 A_{\mathrm{c}} N^2}{l_{\mathrm{c}}}=A_{\mathrm{L}}N^2 \tag{4.140}$$

磁芯的比电感或电感系数定义为单匝线圈的电感，即

$$A_{\mathrm{L}}=\frac{L}{N^2}=\frac{\mu_{\mathrm{rc}}\mu_0 A_{\mathrm{c}}}{l_{\mathrm{c}}}=\frac{1}{\mathcal{R}}=\mathcal{P} \tag{4.141}$$

每种磁芯的电感都有唯一的 A_{L}，某些磁芯（特别是形状复杂的磁芯）不能解析计算电感系数，磁芯制造商在产品数据表中会提供 A_{L} 的值。

电感系数 A_{L} 可以用 H/匝，mH/1000 匝，μH/100 匝表示。如果用 H/匝表示，则绕组匝数的表达式为

$$N=\sqrt{\frac{L(\mathrm{H})}{A_{\mathrm{L}}}} \tag{4.142}$$

如果用 mH/1000 匝（$A_{\mathrm{L}(1000)}$）表示，电感的表达式为

$$L=\frac{A_{\mathrm{L}(1000)}N^2}{(1000)^2}\ (\mathrm{mH}) \tag{4.143}$$

同时线圈的匝数为

$$N=1000\sqrt{\frac{L(\mathrm{mH})}{A_{\mathrm{L}(1000)}}} \tag{4.144}$$

对于大多数铁氧体磁芯，电感系数用 μH/100 匝（$A_{\mathrm{L}(100)}$）表示，在这种情况下，电感的表达式为

$$L = \frac{A_{L(100)} N^2}{(100)^2} (\mu H) \tag{4.145}$$

线圈的匝数为

$$N = 100 \sqrt{\frac{L(\mu H)}{A_{L(100)}}} \tag{4.146}$$

常见的 $A_{L(100)}$ 值为 $16, 25, 40, 63, 100, 250, 400,$ 等等。

（8）磁场能量。

电感器的瞬时功率为

$$p(t) = i_L(t) v_L(t) \tag{4.147}$$

功率是能量对的时间变化率，即 $P = 2W/\Delta t$。存储于无气隙电感器磁场中的瞬时磁场能量为

$$\begin{aligned} W(t) &= \int_0^t p(t) \mathrm{d}t = \int_0^t i_L v_L \mathrm{d}t = \int_0^t i_L L \frac{\mathrm{d}i_L}{\mathrm{d}t} \mathrm{d}t = L \int_0^{i_L} i_L \mathrm{d}i_L \\ &= \frac{1}{2} L i_L^2 = \frac{1}{2} \lambda i_L = \frac{\lambda^2}{2L} = \frac{1}{2} \frac{N^2}{\mathcal{R}} i_L^2 = \frac{1}{2} \frac{N^2}{\dfrac{l_c}{\mu_{rc} \mu_0 A_c}} \left(\frac{H l_c}{N}\right)^2 \\ &= \frac{1}{2} \mu_{rc} \mu_0 H^2 A_c l_c = \frac{B^2 l_c A_c}{2 \mu_{rc} \mu_0} = \frac{B^2 V_c}{2 \mu_{rc} \mu_0} \ (\mathrm{J}) \end{aligned} \tag{4.148}$$

其中，$V_c = l_c A_c$，$v_L = L \mathrm{d}i_L / \mathrm{d}t$，$i_L = \lambda/L$，$L = N^2/R$ 和 $H = B/\mu$。瞬时磁场能量正比于磁芯体积 V_c 和磁通密度 B，反比于磁芯相对磁导率 μ_{rc}。

磁场能量密度为

$$w_m = \frac{W}{V_c} = \frac{B^2}{2 \mu_{rc} \mu_0} = \frac{1}{2} \mu_{rc} \mu_0 H^2 = \frac{1}{2} \mu H^2 \left(\frac{\mathrm{J}}{\mathrm{m}^3}\right) \tag{4.149}$$

对于开气隙电感器，存储于气隙的磁场能量为

$$W_g = \frac{B^2 l_g A_g}{2 \mu_0} = \frac{B^2 l_g A_c}{2 \mu_0} \tag{4.150}$$

这里 $A_g = A_c$，存储于磁芯的磁场能量为

$$W_c = \frac{B^2 l_c A_c}{2 \mu_{rc} \mu_0} \tag{4.151}$$

电感器总的存储能量 W_m 为上述两磁场能量之和，即

$$W_m = W_g + W_c = \frac{B^2 A_c}{2 \mu_0} \left(l_g + \frac{l_c}{\mu_{rc}}\right) \tag{4.152}$$

对于 $l_g \gg l_c / \mu_{rc}$ 的情形，几乎所有电感器能量都存储于气隙，即

$$W_m \approx W_g = \frac{B^2 l_g A_g}{2 \mu_0} = \frac{B^2 l_g A_c}{2 \mu_0} \tag{4.153}$$

存储于电感器的最大磁场能量受限于磁芯的饱和磁通密度 B_s、磁芯体积 V_c、磁芯的相对磁导率 μ_{rc}。不带气隙电感器存储的最大磁场能量为

$$W_{c(max)} = \frac{B_s^2 l_c A_c}{2 \mu_{rc} \mu_0} = \frac{B_s^2 V_c}{2 \mu_{rc} \mu_0} \tag{4.154}$$

而带气隙电感器存储的最大磁场能量为

$$W_{g(max)} = \frac{B_s^2 l_g A_c}{2 \mu_0} = \frac{B_s^2 V_g}{2 \mu_0} \tag{4.155}$$

两者的比值为

$$\frac{W_{g(max)}}{W_{c(max)}} = \frac{l_g}{l_c} \mu_{rc} \qquad (4.156)$$

电感绕组可等效为电感和与频率有关的电阻串联,给定频率 f 下,电感器的品质因子定义为

$$Q_{L0} = \frac{\omega L}{r_L} \qquad (4.157)$$

这里 r_L 是频率 f 下等效电路的串联电阻。

(9)电感的功耗分类。

图 4.16 所示的是电感(磁性器件)中功耗的(损耗)分类,这些损耗可以分为绕组损耗(铜损)P_{Rw} 和磁芯损耗 P_c。磁芯损耗分为磁滞损耗 P_H 和涡流损耗 P_E。

$$P_c = P_H + P_E \qquad (4.158)$$

因此,电感器的总损耗 P_L 为

$$P_L = P_{Rw} + P_c = P_{Rw} + P_H + P_E \qquad (4.159)$$

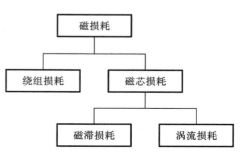

图 4.16 磁性器件中功耗的分类

涡流损耗有两种:趋肤效应损耗和邻近效应损耗,这两种效应都会引起电流局部集中。涡流损耗是磁场感生损耗。

3. 电感器设计

前文介绍了电感器的基本原理,下面将结合实际应用,介绍包含磁芯的电感器设计。

(1)电感。

具有 N 匝线圈的电感缠绕在长为 l_c,截面积为 A_c,等效(相对)磁导率为 μ_{eff} 的磁体上,考虑气隙的电感量为

$$L = \frac{\mu_{eff} \mu_0 N^2 A_c}{l_c} \qquad (4.160)$$

(2)最大磁感应强度。

利用安培环路定律获得磁芯内的磁场强度与线圈中电流大小之间的关系为

$$H_{max} = \frac{N \hat{I}}{l_c} \qquad (4.161)$$

其中,$\hat{I}$ 为电流峰值。为简便起见,我们将其转换为均方根值:

$$I_{rms} = K_i \hat{I} \qquad (4.162)$$

其中,K_i 为电流波形系数,H_{max} 与最大流密度相关:

$$B_{max} = \mu_{eff} \mu_0 H_{max} = \frac{\mu_{eff} \mu_0 N \hat{I}}{l_c} \qquad (4.163)$$

上式中的等效相对磁导率包含了空气气隙的影响。可得电流的表达式为

$$\hat{I} = \frac{B_{max} l_c}{\mu_{eff} \mu_0 N} \qquad (4.164)$$

其中,B_{max} 不超过磁芯材料的饱和磁感应强度 B_{sat}。

(3)绕组损耗。

绕组中的电阻损耗功率(简称损耗)P_{Cu} 为

$$P_{Cu} = \rho_w \frac{l_w}{A_w} I_{rms}^2 \qquad (4.165)$$

导体的电阻率为 ρ_{w} ,绕组的导线长度为 l_{w} ,则导体中的电流为

$$\hat{I}=\frac{1}{NK_{\mathrm{i}}}\sqrt{\frac{P_{\mathrm{Cu}}NA_{\mathrm{w}}}{\rho_{\mathrm{w}}\mathrm{MLT}}} \tag{4.166}$$

磁芯中的最大损耗功率 P_{D} 与磁芯的温度上升与热耗散过程相关。这样的关系通常可以通过热阻来表示:

$$\Delta T=R_{\theta}P_{\mathrm{D}} \tag{4.167}$$

在实际电感设计与应用中,在磁芯选择上需要考虑 P_{D} 及磁芯材料的最大磁感应强度。

（4）优化等效磁导率。

电感器中存储的最大能量为 $\frac{1}{2}L\hat{I}^{2}$ 。可得存储能量关于 B_{max} 的表达式为

$$\frac{1}{2}L\hat{I}^{2}=\frac{1}{2}\frac{A_{\mathrm{c}}l_{\mathrm{c}}}{\mu_{\mathrm{eff}}\mu_{0}}B_{\mathrm{max}}^{2} \tag{4.168}$$

另一个关于存储能量与铜损的表达式:

$$\frac{1}{2}L\hat{I}^{2}=\frac{1}{2}\frac{\mu_{\mathrm{eff}}\mu_{0}A_{\mathrm{c}}NA_{\mathrm{w}}}{\rho_{\mathrm{w}}\mathrm{MLT}K_{\mathrm{i}}^{2}l_{\mathrm{c}}}P_{\mathrm{Cu}} \tag{4.169}$$

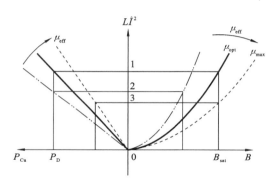

图 4.17 电感器存储能量与磁感应强度和损耗的关系曲线

上式所涉及的磁芯等效磁导率、最大磁感应强度及绕组损耗都能通过磁芯的物理几何尺寸得到。图 4.17 所示的为电感器存储能量与磁感应强度和损耗的关系曲线。

电感器的设计空间由 $L\hat{I}^{2}$ 、 P_{Cumax} 和 B_{sat} 定义。三个不同 μ_{eff} 取值的 $L\hat{I}^{2}$ 关于 P_{Cu} 与 B_{max} 的曲线如图 4.17 所示。图中,点 1 对应最优化等效磁导率下的存储能量,是特定磁芯能够存储的最高能量。此时的磁芯工作在最高磁感应强度及最大允许能量耗散状态下。点 2 则对应电流具有最大耗散特性时刻,此时的磁芯工作在相对较低的磁感应强度下, μ_{eff} 低于最优值。在点 3 处,磁芯工作在最高磁感应强度下,但此时的能量耗散低于最大允许值,这意味着 μ_{eff} 高于最优值。

如图 4.17 所示,当 μ_{eff} 超过最优值同时维持最大能量耗散时将导致磁芯进入饱和状态。而当 μ_{eff} 低于最优值同时保持最大能量耗散时将导致磁芯过热。

联立式（4.164）与式（4.166）,将最大值 B_{sat} , P_{Cumax} 代入,则可以得到 μ_{eff} 的最优值 μ_{opt} :

$$\mu_{\mathrm{opt}}=\frac{B_{\mathrm{sat}}l_{\mathrm{c}}K_{\mathrm{i}}}{\mu_{0}\sqrt{\dfrac{P_{\mathrm{Cumax}}NA_{\mathrm{w}}}{\rho_{\mathrm{w}}\mathrm{MLT}}}} \tag{4.170}$$

可知,在给定磁芯,且已知绕组面积及绕线长度的基础上,等效磁导率的最优解由最大磁感应强度 B_{sat} 和最大能量耗散 P_{D} 决定。

4. 磁芯损耗

在实际电感器设计中,磁芯损耗或铁芯损耗相比于绕组损耗通常可忽略。上述情形在具有极小电流纹波的情况下成立,而铁芯损耗则由此电流纹波产生,可以通过 Steinmetz 方

程来加以描述。单位体积下的磁芯损耗平均值为

$$P_{\mathrm{Fe}} = K_{\mathrm{c}} f^{\alpha} \left(\frac{\Delta B}{2} \right)^{\beta} \tag{4.171}$$

在此情况下,ΔB 是磁感应强度的纹波峰峰值,K_{c}、α、β 是在正弦激励下的典型值。为简便起见,我们将磁芯损耗作为绕组损耗的一部分来处理:

$$P_{\mathrm{Fe}} = \gamma P_{\mathrm{Cu}} \tag{4.172}$$

在纹波可忽略的电感器中,γ 的值为零。

5. 热传导方程

绕组损耗与磁芯损耗将通过变压器的表面以热能的形式耗散掉。热传导过程发生在磁芯与绕组中,而发生在表面的热迁移过程主要以热对流的形式存在。热对流的牛顿方程将热能损耗(热流)、温度变化 ΔT、表面积 A_{t} 及传热系数 h_{c} 联系起来:

$$Q = h_{\mathrm{c}} A_{\mathrm{t}} \Delta T \tag{4.173}$$

其中,Q 代表总的热能损耗,例如,绕组损耗与磁芯损耗的总和。与欧姆定律类似,基于一般经验,热能损耗与温度差(温度变化)成正相关,与磁芯热阻成逆相关。例如,热阻可以与磁芯的体积 V_{c} 联系起来:

$$\Delta T = R_{\theta} Q = \frac{1}{h_{\mathrm{c}} A_{\mathrm{t}}} Q \tag{4.174}$$

与电学性质做近似对比时,Q 代表电流(非能量),而 ΔT 代表势能差。电感制造商会提供磁性的热阻数据,但通常情况下该数据都是基于一般经验判断的。例如,热阻与磁芯体积 V_{c} 之间的关系可工程近似为

$$R_{\theta} = \frac{0.06}{\sqrt{V_{\mathrm{c}}}} \tag{4.175}$$

在该经验公式中,R_{θ} 的单位为 ℃/W,而 V_{c} 的则为 m³。

不同几何构型的热对流对应的 h_{c} 值可以由经验公式得到。对于高度为 H 的垂直物体,其 h_{c} 可等效为

$$h_{\mathrm{c}} = 1.42 \left[\frac{\Delta T}{H} \right]^{0.25} \tag{4.176}$$

例如,对于牌号为 ETD55 的磁芯产品,$H = 0.045$ m,在 50 ℃ 的温度变化下,$h_{\mathrm{c}} = 8.2$ W/(m² · ℃)。最终,电感器相对于其他元件所在的位置将对 h_{c} 的值带来影响。事实上,h_{c} 的值是整个设计中最难以估计的部分。然而在实际应用中,$h_{\mathrm{c}} = 10$ W/(m² · ℃) 常被用于电力开关的设计中。而在强制风冷散热设计中,h_{c} 的值可高达 $10 \sim 30$ W/(m² · ℃)。

6. 绕组中的电流密度

窗口利用系数 k_{u} 被定义为全部导体占据的导电面积 W_{c} 与所有绕组的面积 W_{a} 之间的比值:

$$k_{\mathrm{u}} = \frac{W_{\mathrm{c}}}{W_{\mathrm{a}}} \tag{4.177}$$

在具有线圈骨架的磁芯中,可以实现绕线的密排设计,k_{u} 可以高达 0.8。另一方面,对于环形磁芯,自动绕线中绕线臂会占据较大窗口面积,使得 k_{u} 的值低至 0.2。

总的导线面积可以由单独的导线面积与导线匝数的乘积来表示:

$$W_c = NA_w = k_u W_a \tag{4.178}$$

将式(4.178)代入式(4.170)可得最优等效磁导率 μ_{opt} 的表达式(对应图4.17中的点1):

$$\mu_{opt} = \frac{B_{sat} l_c K_i}{\mu_0 \sqrt{\dfrac{P_{Cumax} W_c}{\rho_w MLT}}} \tag{4.179}$$

可以看出,最优等效磁导率是关于饱和磁感应强度及最大能量损耗的函数。

绕组中的电流密度为

$$J_0 = \frac{I_{rms}}{A_w} \tag{4.180}$$

注意到绕组的体积(当 $k_u = 1$ 时) $V_w = MLT \times W_a$,铜线的损耗为

$$P_{Cu} = \rho_w = \frac{N^2 MLT (J_0 A_w)^2}{N A_w} = \rho_w V_w k_u J_0^2 \tag{4.181}$$

联立式(4.172)与式(4.181)可得:

$$Q = P_{Cu} + P_{Fe} = (1+\gamma) \left[\rho_w V_w k_u J_0^2 \right] = h_c A_t \Delta T \tag{4.182}$$

从而得到电流密度为

$$J_0 = \sqrt{\frac{1}{1+\gamma} \frac{h_c A_t \Delta T}{\rho_w V_w k_u}} \tag{4.183}$$

7. 几何尺寸分析与设计

将 V_w、V_c 和 A_t 同磁芯窗口面积与截面积的乘积联系起来,几何尺寸间的相互关系为

$$V_w = k_w A_p^{\frac{3}{4}} \quad V_c = k_c A_p^{\frac{3}{4}} \quad A_t = k_a A_p^{\frac{1}{2}} \tag{4.184}$$

其中,k_w、k_c 和 k_a 为无量纲系数。A_p 选择不同的指数使各种物理量在量纲上保持一致。例如,当 A_p 的量纲为 m^4 时,V_w 的单位为 m^3。k_a、k_c 和 k_w 对于不同类型的磁芯有不同的取值。

通过对几种特定类型和尺寸的磁芯的大量研究,上述系数的典型取值为 $k_a = 40$,$k_c = 5.6$,$k_w = 10$。罐型铁芯较为特殊,其 k_w 的典型值为6。当然,针对具体的磁芯类型进行有针对性的分析与计算,可以获得更准确的磁芯相关系数。

将式(4.184)代入式(4.183),可获得电流密度的表达式:

$$J_0 = K_t \sqrt{\frac{\Delta T}{k_u (1+\gamma)}} \frac{1}{\sqrt[8]{A_p}} \tag{4.185}$$

其中,

$$K_t = \sqrt{\frac{h_c k_a}{\rho_w k_w}} \tag{4.186}$$

代入参数典型值如下:$\rho_w = 1.72 \times 10^{-8} \ \Omega \cdot m$,$h_c = 10 \ W/(m^2 \cdot ℃)$,$k_a = 10$,得到 $K_t = 48.2 \times 10^3$,A_p 的量纲为 m^4,而电流密度的单位为 A/m^2。

8. 电感器设计方法

如上所述,气隙长度为 l_g 的电感器所存储的能量为

$$W_m = \frac{B^2 V_c}{2\mu_r \mu_0} + \frac{B^2 V_g}{2\mu_0} \tag{4.187}$$

磁芯体积为 $V_c = A_c l_c$,气隙的体积为 $V_g = A_g l_g$。假设气隙截面积与磁芯截面积相等,则

$$\frac{1}{2}L\hat{I}^2 = \frac{B_{\max}^2 A_c}{2\mu_0}\left[\frac{l_c}{\mu_r}+l_g\right] \tag{4.188}$$

对于具有气隙的磁芯,依据安培定律可知

$$Ni = H_c l_c + H_g l_g = \frac{B}{\mu_0}\left[\frac{l_c}{\mu_r}+l_g\right] \tag{4.189}$$

将峰值电流 $\hat{I}$ 和最大磁感应强度 $B_{\max}$ 代入上式可得

$$\frac{l_c}{\mu_r}+l_g = \frac{N\hat{I}}{\dfrac{B_{\max}}{\mu_0}} \tag{4.190}$$

将式(4.190)代入式(4.188)可得

$$\frac{1}{2}L\hat{I}^2 = \frac{1}{2}B_{\max}A_c N\hat{I} \tag{4.191}$$

依据电流密度的定义,得

$$L\hat{I}^2 = \frac{B_{\max}A_c k_u J_0 W_a}{K_i} \tag{4.192}$$

磁芯窗口面积与截面积的乘积 A_p 为

$$A_p = \left[\frac{\sqrt{1+\gamma}K_i L\hat{I}^2}{B_{\max}K_t \sqrt{k_u \Delta T}}\right]^{\frac{8}{7}} \tag{4.193}$$

A_p 为磁芯选取的一个关键指标。选定磁芯后便确定了最优等效磁导率 μ_{opt},电感器的设计过程由此开始。

磁芯制造商通常提供的磁芯数据包括:磁芯截面积 A_c、磁芯长度 l_c、窗口面积 W_a,平均长度(每匝)MLT,以及磁芯体积 V_c。

实际设计过程中,结果可能无法与式(4.193)中的 A_p 对应,因此实际的电流密度可以依据式(4.185)计算获得。

两种基本的磁芯形式为不连续气隙磁芯与分布式气隙磁芯。

根据不连续气隙磁芯的等效磁导率可确定气隙长度;磁芯制造商通常提供具有特定气隙长度的磁芯产品。而对于分布式气隙磁芯,磁芯制造商则通常提供具有特定等效磁导率的磁芯产品。如何合理选择磁芯的气隙长度或等效磁导率,将在后面做进一步说明。

下一步计算绕线匝数 N。磁芯制造商通常会提供特定气隙长度所对应的 A_L 数据,可计算

$$N = \sqrt{\frac{L}{A_L}} \tag{4.194}$$

接下来将依据电流密度选取导线。

最高工作温度下的电阻率为

$$\rho_w = \rho_{20}\left[1+\alpha_{20}(T_{\max}-20)\right] \tag{4.195}$$

其中,$T_{\max}$ 为最高工作温度,ρ_{20} 为 20 ℃时导体的电阻率,α_{20} 是 20 ℃下的电阻率温度系数。导线尺寸选择依据标准导线数据,通常为 20 ℃下的电阻数据(单位 Ω/m)。绕组损耗为

$$P_{\mathrm{Cu}} = \mathrm{MLT}\times N\times\left[1+\alpha_{20}(T_{\max}-20)\right]\times\hat{I}^2 \tag{4.196}$$

为更精确计算电感,还需要考虑高频下电流在导体内传输的趋肤深度及紧邻效应的影响。

4.2.2　电感器的典型应用

1. 气隙磁芯的降压变换器

(1) 气隙磁芯的降压变换器的设计。

待设计的降压变换器指标参数如表 4.2 所示。

表 4.2　待设计的降压变换器指标参数

参　　数	值
输入电压	12 V
输出电压	6 V
电感	34 μH
直流电流	20 A
频率 f	80 kHz
温升 ΔT	15 ℃
环境温度	70 ℃
窗口利用系数	0.8

① 电路参数。

降压变换器的电路图如图 4.18 所示,电压与电流波形如图 4.19 所示。

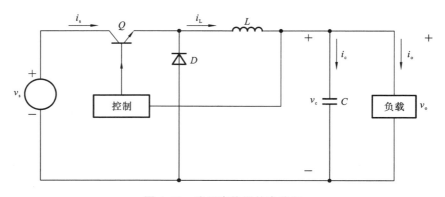

图 4.18　降压变换器的电路图

在 0 到 DT 区间,开关 Q 闭合,二极管 D 上没有电流,电感上电压为 $V_s - V_o$,电感电流上升。在 DT 到 T 区间,电感上电压为 $-V_o$,电感电流下降,在这个过程中,电流波动为 ΔI。

当开关 Q 闭合时,有

$$v_L = V_s - V_o = L \frac{\Delta I_{L+}}{DT} \tag{4.197}$$

当开关 Q 断开时,有

$$v_L = -V_o = L \frac{\Delta I_{L-}}{(1-D)T} \tag{4.198}$$

在稳态下,Q 闭合时电感上升的电流应该等于 Q 断开时电感下降的电流,即

$$|\Delta I_{L+}| = |\Delta I_{L-}| = \Delta I \qquad (4.199)$$

可以求出

$$V_o = DV_s \qquad (4.200)$$

在本例中,假设电流波动 ΔI 很小,因此式 (4.172) 中的 γ 可以忽略。

② 磁芯选择。

在这种电路中往往使用铁氧体磁芯,电流波动 的幅值为

$$\Delta I = \frac{(V_s - V_o)DT}{L}$$

$$= \frac{(12-6)\times 0.5}{(34\times 10^{-6})\times (80\times 10^3)} \text{ A} = 1.1 \text{ A}$$

$$(4.201)$$

磁芯材料参数与磁芯和导线参数如表 4.3 和 表 4.4 所示。

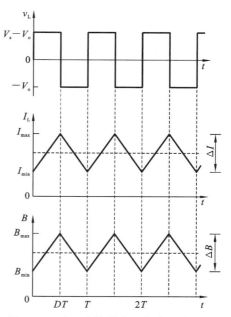

图 4.19　降压变换器电压与电流波形图

表 4.3　磁芯材料参数

参　　数	值
K_c	16.9
α	1.25
β	2.35
B_{sat}	0.4T

表 4.4　磁芯和导线参数

参　　数	值
A_c	2.09 cm^2
l_c	11.4 cm
W_a	2.69 cm^2
A_p	5.62 cm^4
V_c	23.8 cm^3
k_f	1.0
k_u	0.8
K_i	1.0
MLT	8.6 cm
ρ_{20}	1.72 $\mu\Omega \cdot$ cm
α_{20}	0.00393

峰值电流为

$$\hat{I} = I_{dc} + \frac{\Delta I}{2} = 20.0 \text{ A} + \frac{1.1}{2} \text{ A} = 20.55 \text{ A}$$

$$L\hat{I}^2 = (34 \times 10^{-6}) \times (20.55)^2 \text{ J} = 0.0144 \text{ J} \tag{4.202}$$

对于锰锌铁氧体,选择 $B_{max} = 0.25$ T。

该磁芯绕组可以紧密排绕,因此窗口利用系数设为 $k_u = 0.8$。

对于式(4.193),令 $\gamma = 0$,则可计算 A_p,即

$$A_p = \left[\frac{\sqrt{1+\gamma} K_i L\hat{I}^2}{B_{max} K_t \sqrt{k_u \Delta T}} \right]^{8/7} = \left[\frac{0.0144}{0.25 \times (48.2 \times 10^3) \times \sqrt{0.8 \times 15}} \right]^{8/7} \times 10^8 \text{ cm}^4 = 4.12 \text{ cm}^4 \tag{4.203}$$

依据磁芯制造商提供的热阻数据 11 ℃/W,最大损耗功率由式(4.167)可得

$$P_D = \frac{\Delta T}{R_\theta} = \frac{15}{11} \text{ W} = 1.36 \text{ W} \tag{4.204}$$

根据式(4.179)计算得到最优等效磁导率为

$$\mu_{opt} = \frac{B_{max} l_c K_i}{\mu_0 \sqrt{\dfrac{P_{Cumax} k_u W_a}{\rho_w \text{MLT}}}} = \frac{0.25 \times (11.4 \times 10^{-2}) \times 1.0}{(4\pi \times 10^{-7}) \sqrt{\dfrac{1.36 \times 0.8 \times (2.69 \times 10^{-4})}{(1.72 \times 10^{-8}) \times (8.6 \times 10^{-2})}}} = 51 \tag{4.205}$$

③ 线圈设计。

a. 气隙。

参考图 4.17,有效磁导率高于最优值,意味着可以使磁芯工作在最大磁感应强度、损耗小于最大损耗的状态下。最大气隙长度为

$$g_{max} = \frac{l_c}{\mu_{min}} = \frac{11.4 \times 10^{-2}}{51} \times 10^3 \text{ mm} = 2.24 \text{ mm} \tag{4.206}$$

有效磁导率为 813,电感总值为 188 nH。

b. 匝数。

依据 A_L 值计算匝数:

$$N = \sqrt{\frac{L}{A_L}} = \sqrt{\frac{34 \times 10^{-6}}{188 \times 10^{-9}}} \text{ 匝} = 13.5 \text{ 匝} \tag{4.207}$$

因此选择 13 匝。

c. 导线尺寸。

导线电流密度计算如下:

$$J_0 = K_t \frac{\sqrt{\Delta T}}{\sqrt{k_u (1+\gamma)} \sqrt[8]{A_p}} = 48.2 \times 10^3 \times \frac{\sqrt{15}}{\sqrt{0.8} \sqrt[8]{5.62 \times 10^{-8}}} \times 10^{-4} \text{ A/cm}^2 = 168 \text{ A/cm}^2 \tag{4.208}$$

导线截面积为

$$A_w = I_{rms} / J = (20/168) \text{ cm}^2 = 0.119 \text{ cm}^2 \tag{4.209}$$

选择 8 mm×2 mm 的导线能够满足该参数要求,其在 70 ℃ 下的直流电阻为 10.75×10^{-6} Ω/cm。

d. 铜损。

绕线电阻的计算如下:

$$T_{max} = (70+15) \text{ ℃} = 85 \text{ ℃} \tag{4.210}$$

$$R_{dc} = 13 \times 8.6 \times (10.75 \times 10^{-6}) \times [1 + 0.00393 \times (85-20)] \times 10^3 \text{ mΩ} = 1.51 \text{ mΩ} \tag{4.211}$$

则铜损计算为

$$P_{Cu}=R_{dc}I_{rms}^2=(1.51\times10^{-3})\times(20.0)^2 \text{ W}=0.604 \text{ W} \qquad (4.212)$$

e. 磁芯损耗。

磁感应强度变化 ΔB 可以用法拉第电磁感应定律计算。已知在 $0\sim DT$ 区间内，电感两端的电压为 (V_s-V_o)，则有

$$\Delta B=\frac{(V_s-V_o)DT}{NA_c}=\frac{(12-6)\times0.5}{13\times(2.09\times10^{-4})\times(80\times10^3)} \text{ T}=0.014 \text{ T} \qquad (4.213)$$

磁感应强度最大值 B_{max} 为 $\Delta B/2$，磁芯损耗为

$$P_{Fe}=V_cK_cf^\alpha B_{max}^\beta=(23.8\times10^{-6})\times16.9\times(80000)^{1.25}\times(0.014/2)^{2.35} \text{ W}=0.005 \text{ W} \qquad (4.214)$$

正如所预计的，磁芯损耗远小于铜损，且在所选择的磁芯允许范围之内。

（2）带罐型磁芯的正激变换器。

按照表 4.5 所示的参数，给正激变换器设计一个电感器。

表 4.5　参数

参　　数	值
输入电压	12 V
输出电压	9 V
电感	1.9 mH
直流电流	2.1 A
频率 f	60 kHz
温升 ΔT	20 ℃
环境温度	60 ℃
窗口利用系数	0.2

① 电路参数。

正激变换电路及波形图如图 4.20、图 4.21 所示。

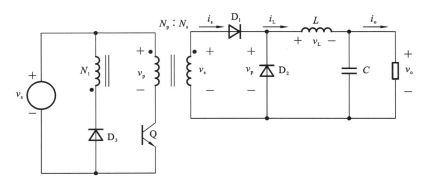

图 4.20　正激变换电路

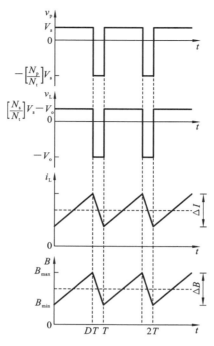

图 4.21　正激变换波形图

正激变换器的工作原理与降压变换器的非常类似,它具有一个能提供隔离的变压器。假设变压器变比为 1:1。根据前文中对降压变换器的分析,有

$$V_o = D V_i \tag{4.215}$$

在本例中,占空比为 $D = 9/12 = 0.75$。

假定电流波动 ΔI 忽略不计,因此 $\gamma = 0$。

② 磁芯的选择。

在本例中,选择 MPP 铁粉磁芯。MPP 铁粉磁芯的参数见表 4.6。

表 4.6　磁芯参数

参　　数	值
K_c	231.8
α	1.41
β	2.56
B_{sat}	0.5T

电流波动的幅值为

$$\Delta I = \frac{(V_s - V_o) DT}{L} = \frac{(12-9) \times 0.75}{(1.6 \times 10^{-3}) \times (60 \times 10^3)} \text{ A} = 0.0234 \text{ A} \tag{4.216}$$

$$\hat{I} = I_{peak} = I_{dc} + \frac{\Delta I}{2} = \left(1.9 + \frac{0.0234}{2}\right) \text{ A} = 1.912 \text{ A} \tag{4.217}$$

$$L\hat{I}^2 = (1.6 \times 10^{-3}) \times (1.912)^2 \text{ J} = 0.0058 \text{ J} \tag{4.218}$$

在本例中，$B_{max}=0.35T$。

$\gamma=0$，根据式(4.193)计算 A_p 值：

$$A_p=\left[\frac{\sqrt{1+\gamma}K_i L\hat{I}^2}{B_{max}K_t\sqrt{k_u\Delta T}}\right]^{8/7}=\left[\frac{0.0058}{0.35\times(48.2\times10^3)\times\sqrt{0.2\times20}}\right]^{8/7}\times10^8\ cm^4=1.875\ cm^4$$

(4.219)

选择尺寸如表 4.7 所示的磁性 MPP 环形磁芯较为合适。磁芯的参数在表 4.7 中给出，其中，$A_p=2.58\ cm^4$。

在这种情况下，厂家并未给出其热阻，可以通过下式进行估算。

$$R_\theta=\frac{0.06}{\sqrt{V_c}}=\frac{0.06}{\sqrt{6.09\times10^{-6}}}\ ℃/W=24.3\ ℃/W$$

(4.220)

表 4.7 磁芯和线的参数

参 数	值
A_c	0.678 cm²
W_a	3.8 cm²
A_p	2.58 cm⁴
l_c	8.98 cm
V_c	6.09 cm³
k_f	1.0
k_u	0.2
K_i	1.0
MLT	5.27 cm
ρ_{20}	1.72 $\mu\Omega\cdot cm$
α_{20}	0.00393

最大损耗功率为

$$P_D=\frac{\Delta T}{R_\theta}=\frac{20}{24.3}=0.823\ W$$

(4.221)

根据式(4.179)计算出最优有效磁导率：

$$\mu_{opt}=\frac{B_{max}l_cK_i}{\mu_0\sqrt{\dfrac{P_{Cumax}k_uW_a}{\rho_w MLT}}}=\frac{0.35\times(8.98\times10^{-2})\times1.0}{(4\pi\times10^{-7})\sqrt{\dfrac{0.823\times0.2\times(3.8\times10^{-4})}{(1.72\times10^{-8})\times(5.27\times10^{-2})}}}=95$$

(4.222)

此处的计算没有考虑磁芯损耗。

结合表 4.7 中的参数，通过式(4.168)计算出有效相对磁导率的最大值(对应图 4.17 中的点 3)为

$$\mu_{eff}=\frac{B_{max}^2A_cl_c}{\mu_0L\hat{I}^2}=\frac{(0.35)^2\times(0.678\times10^{-4})\times(8.98\times10^{-2})}{(4\pi\times10^{-7})\times0.0058}=101$$

(4.223)

厂家提供了有效磁导率为 125 的磁芯。

③ 线圈设计。

对于有效磁导率为 125 的 MPP 磁芯，其每 1000 匝的电感值为 117 mH。

匝数为

$$N = 1000\sqrt{\frac{L}{L_{1000}}} = 1000\sqrt{\frac{1.6}{117}} \text{ 匝} = 117 \text{ 匝} \tag{4.224}$$

最大直流偏置下的磁场强度为

$$H = \frac{N\hat{I}}{l_c} = \frac{117 \times 1.912}{8.98 \times 10^{-2}} \text{ A/m} \approx 2490 \text{ A/m} = 31.3 \text{ Oe} \tag{4.225}$$

在这个 H 值下,电感量下降至 80%。

④ 线的尺寸。

电流密度为

$$J_0 = K_t \frac{\sqrt{\Delta T}}{\sqrt{k_u(1+\gamma)}\sqrt[8]{A_p}}$$

$$= (48.2 \times 10^3) \times \frac{\sqrt{20}}{\sqrt{0.2} \times \sqrt[8]{2.58 \times 10^{-8}}} \times 10^{-4} \text{ A/cm}^2 = 428.1 \text{ A/cm}^2 \tag{4.226}$$

导线截面积为

$$A_w = I_{dc}/J_0 = (1.9/428.1) \text{ cm}^2 = 0.0044 \text{ cm}^2 \tag{4.227}$$

对应的直径为 0.79 mm。1 mm 直径的铜线在 20 ℃时单位厘米的电阻为 218×10^{-6} Ω/cm,所选直径能够满足要求。

⑤ 铜损。

最高工作温度与绕线(绕阻)电阻为

$$T_{max} = (60+20) \text{ ℃} = 80 \text{ ℃} \tag{4.228}$$

$$R_{dc} = 117 \times 5.27 \times (218 \times 10^{-6}) \times [1 + 0.00393 \times (80-20)] \times 10^3 \text{ mΩ} = 166 \text{ mΩ} \tag{4.229}$$

则铜损为

$$P_{Cu} = R_{dc}I_{rms}^2 = 0.166 \times 1.9^2 \text{ W} = 0.6 \text{ W} \tag{4.230}$$

⑥ 磁芯损耗。

磁感应强度变化量 ΔB 可用法拉第电磁感应定律计算,在 $0 \sim DT$ 区间内,电感器两端的电压为 $(V_s - V_o)$,则有

$$\Delta B = \frac{(V_s - V_o)DT}{NA_c} = \frac{(12-9) \times 0.75}{117 \times (0.678 \times 10^{-4}) \times (60 \times 10^3)} \text{ T} = 0.005 \text{ T} \tag{4.231}$$

磁感应强度最大值 B_{max} 为 $\Delta B/2$,磁芯损耗为

$$P_{Fe} = V_c K_c f^\alpha B_{max}^\beta = (6.09 \times 10^{-6}) \times 231.8 \times (60000)^{1.41} \times (0.005/2)^{2.56} \text{ W} = 0.002 \text{ W} \tag{4.232}$$

正如所预计的,磁芯的铁损远小于铜损,且在所允许的磁芯选择范围之内。

⑦ 多个线圈的情况。

在许多应用场合,如反激变换器的电感器,有两个线圈。此时两线圈上电流的比例为 $m:(1-m)$,两线圈所占的面积(匝数与线截面积的乘积)比例为 $n:(1-n)$。也就是说,电流 mI 流过的面积为 nW_c,电流 $(1-m)I$ 流过的面积为 $(1-n)W_c$。计算每个线圈的损耗 I^2R,则总的铜损为

$$P_{Cu} = \rho_w \frac{l_w}{W_c}\left[\frac{m^2}{n} + \frac{(1-m)^2}{1-n}\right]I_{rms}^2 \tag{4.233}$$

用 P_0 表示电流 I 在面积 W_c 中的损耗,式(4.233)可改写为

$$P_{Cu} = P_0 \left[\frac{m^2}{n} + \frac{(1-m)^2}{1-n} \right] \tag{4.234}$$

令上式两侧对 m 求偏导数,并使其为 0,可以求出 P_{Cu} 最小时的 m 值:

$$\frac{\partial P_{Cu}}{\partial m} = P_0 \left[\frac{2m}{n} - \frac{2(1-m)}{1-n} \right] = 0 \tag{4.235}$$

可知,当 $m = n$ 时铜损最小。

每个线圈中的电流密度为

$$\frac{mI}{nW_c} = \frac{(1-m)I}{(1-n)W_c} = \frac{I}{W_c} = J \tag{4.236}$$

式(4.236)表明,在线圈面积一定的条件下,电流最优分配时,每个线圈上的电流密度相同。该结论也可以推广到一般情况:当有多个线圈时,电流最优分配时,每个线圈上的电流密度相同。

在多线圈电感器中,对于第 i 个线圈,其电流密度 J_0 为

$$J_0 = \frac{I_{rmsi}}{A_{wi}} = \frac{N_i I_{rmsi}}{N_i A_{wi}} = \frac{N_i I_{rmsi}}{W_{ci}} \tag{4.237}$$

对于两个线圈有相同电流密度的情况,可以由式(4.237)推出

$$\frac{W_{ci}}{W_{c1} + W_{c2}} = \frac{W_{c1}}{W_c} = \frac{N_1 I_{rms1}}{N_1 I_{rms1} + N_2 I_{rms2}} = \frac{1}{1 + \dfrac{I_{rms2}}{a I_{rms1}}} \tag{4.238}$$

式中,$a = N_1 / N_2$;W_c 是总的线圈面积。这表明线圈面积的分配与线圈上电流的有效值直接相关。每个独立线圈的窗口利用系数与总的窗口利用系数相关:

$$\frac{W_{c1}}{W_c} = \frac{W_{c1}}{W_a} \frac{W_a}{W_c} = \frac{k_{u1}}{k_u} = \frac{1}{1 + \dfrac{I_{rms2}}{a I_{rms1}}} \tag{4.239}$$

并且

$$k_u = k_{u1} + k_{u2} \tag{4.240}$$

2. 反激变换器

反激变换器是隔离型的 Buck-boost 变换器,其电路图与波形图如图 4.22 所示。电感器的原边绕组匝数为 N_p,副边绕组匝数为 N_s,假设其为连续工作模式。

反激变换器的工作原理在一般的电力电子书籍中都有介绍,这里只对其基本原理做简单介绍。

当开关 Q 闭合时,在 $0 \sim DT$ 区间内,输入电压施加在原边绕组上,且有

$$V_i = L_p \frac{\Delta I_{L+}}{DT} = N_p A_c \frac{\Delta B_+}{DT} \tag{4.241}$$

此时一次电流的上升如图 4.22 所示,二极管关断,原边绕组没有电流。

在 $0 \sim DT$ 时间时,开关 Q 断开,二极管闭合,此时有

$$v_2 = L_s \frac{\Delta I_{L-}}{(1-D)T} = N_s A_c \frac{\Delta B_-}{(1-D)T} \tag{4.242}$$

在稳态下,磁芯中磁通量变化为 0,因此 Q 闭合时磁通的增加量应该等于 Q 断开时磁通的减少量,即

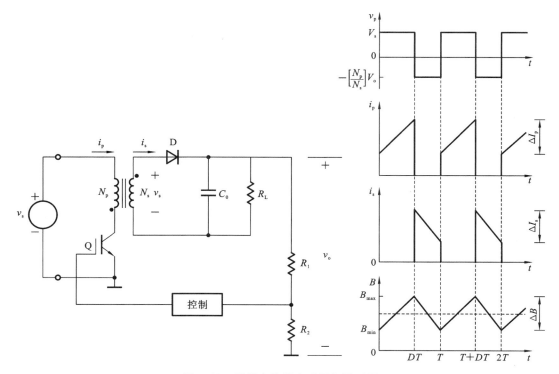

图 4.22　反激变换器电路图与波形图

$$\mid \Delta B_+ \mid = \mid \Delta B_- \mid \tag{4.243}$$

并且

$$V_o = \frac{N_s}{N_p} = \frac{D}{1-D} V_i \tag{4.244}$$

原、副边绕组的电流如图 4.22 所示。其电流的有效值与电流变化量的关系为

$$I_{prms} = I_p \sqrt{D\left(1 + \frac{x_p^2}{12}\right)} ; x_p = \frac{\Delta I_p}{I_p} \tag{4.245}$$

$$I_{srms} = I_s \sqrt{D\left(1 + \frac{x_s^2}{12}\right)} ; x_s = \frac{\Delta I_s}{I_s} \tag{4.246}$$

电流波形系数为

$$K_{ip} = \sqrt{D\left(1 - y_p + \frac{y_p^2}{3}\right)} ; y_p = \frac{\Delta I_p}{\hat{I}_p} = \frac{2x_p}{2 + x_p} \tag{4.247}$$

$$K_{is} = \sqrt{D\left(1 - y_s + \frac{y_s^2}{3}\right)} ; y_s = \frac{\Delta I_s}{\hat{I}_s} = \frac{2x_s}{2 + x_s} \tag{4.248}$$

每一个周期传递的能量为

$$P = DV_i I_p = (1-D)V_o I_s \tag{4.249}$$

因此

$$I_p = \frac{P}{DV_i} \tag{4.250}$$

$$I_{s} = \frac{P}{(1-D)V_{o}} \tag{4.251}$$

$$\frac{\Delta I_{s}}{\Delta I_{p}} = \frac{N_{p}}{N_{s}} \tag{4.252}$$

其中，P 是反激变换器每个周期转移的能量。

保证电路工作在连续模式下的电感量

$$L_{g} = \frac{V_{i}^{2} D^{2}}{P} \frac{T}{2} = \frac{V_{o}}{I_{o}} \left(\frac{N_{p}}{N_{s}}\right)^{2} \frac{T}{2} (1-D)^{2} \tag{4.253}$$

（1）设计参数。

反激变换器的参数见表 4.8。

表 4.8　反激变换器的参数

参　　数	值
输入电压	325.3 V
输出电压	24 V
输出电流	10 A
电感	700 μH
频率 f	70 kHz
温升 ΔT	30 ℃
环境温度	60 ℃
窗口利用系数	0.235

（2）电路参数。

对于工作在连续状态下的反激变换器，电感的最小值为

$$L_{g} = \frac{V_{i}^{2} D^{2}}{P} \frac{T}{2} = \frac{(325.3)^{2} \times (0.314)^{2}}{240 \times 2 \times (70 \times 10^{3})} \mu\text{H} \times 10^{6} = 311 \ \mu\text{H} \tag{4.254}$$

输入的直流电压来自于 240 V 电源的整流，即 $\sqrt{2} \times 230$ V。

匝数比的选择要保证开关管的应力最小，因此 V_{o}/V_{i} 应近似为 0.5，令 $N_{p}/N_{s} \approx 325.3/48 = 6.8$。

实际选取的值为 6.2，则占空比 D 为

$$D = \frac{1}{1 + \frac{V_{i}}{aV_{o}}} = \frac{1}{1 + \frac{\sqrt{2} \times 230}{6.2 \times 24}} = 0.314 \tag{4.255}$$

输出功率为 $P = 24 \text{ V} \times 10 \text{ A} = 240 \text{ W}$。

原边绕组电流为

$$I_{p} = \frac{P}{DV_{i}} = \frac{240}{0.314 \times \sqrt{2} \times 230} \text{ A} = 2.351 \text{ A} \tag{4.256}$$

原边绕组的电流变化量计算为

$$V_{i} = L_{p} \frac{\Delta I_{p}}{DT} \tag{4.257}$$

$$\Delta I_{p} = \frac{V_{i} D T}{L_{p}} = \frac{\sqrt{2} \times 230 \times 0.314}{(700 \times 10^{-6}) \times (70 \times 10^{3})} \ \mathrm{A} = 2.084 \ \mathrm{A} \qquad (4.258)$$

原边绕组的峰值电流为

$$\hat{I}_{p} = I_{p} + \frac{\Delta I_{p}}{2} = \left(2.351 + \frac{2.084}{2}\right) \ \mathrm{A} = 3.393 \ \mathrm{A} \qquad (4.259)$$

电流波形系数计算为

$$y_{p} = \frac{\Delta I_{p}}{\hat{I}_{p}} = \frac{2.084}{3.393} = 0.614 \qquad (4.260)$$

$$K_{ip} = \sqrt{D\left(1 - y_{p} + \frac{y_{p}^{2}}{3}\right)} = \sqrt{0.314 \times \left(1 - 0.614 + \frac{(0.614)^{2}}{3}\right)} = 0.4 \qquad (4.261)$$

原边绕组电流的有效值为

$$I_{prms} = K_{ip} \hat{I}_{p} = 0.4 \times 3.393 \ \mathrm{A} = 1.357 \ \mathrm{A} \qquad (4.262)$$

副边绕组电流为

$$I_{s} = \frac{P}{(1 - D) V_{o}} = \frac{240}{(1 - 0.314) \times 24} \ \mathrm{A} = 14.577 \ \mathrm{A} \qquad (4.263)$$

副边绕组的电流变化量为

$$\Delta I_{s} = \frac{N_{p}}{N_{s}} \Delta I_{p} = 6.2 \times 2.084 \ \mathrm{A} = 12.92 \ \mathrm{A} \qquad (4.264)$$

副边绕组的峰值电流为

$$\hat{I}_{s} = I_{s} + \frac{\Delta I_{s}}{2} = 14.577 \ \mathrm{A} + \frac{12.92}{2} \ \mathrm{A} = 21.037 \ \mathrm{A} \qquad (4.265)$$

电流波形系数为

$$y_{s} = \frac{\Delta I_{s}}{\hat{I}_{s}} = \frac{12.92}{21.037} = 0.614 \qquad (4.266)$$

$$K_{is} = \sqrt{(1 - D)\left(1 - y_{s} + \frac{y_{s}^{2}}{3}\right)} = \sqrt{(1 - 0.314) \times \left(1 - 0.614 + \frac{(0.614)^{2}}{3}\right)} = 0.592 \qquad (4.267)$$

副边绕组电流的有效值为

$$I_{srms} = K_{is} \hat{I}_{s} = 0.592 \times 21.037 \ \mathrm{A} = 12.454 \ \mathrm{A} \qquad (4.268)$$

现在计算 k_{up}，出于绝缘性的要求，总窗口利用系数选为 0.235，有

$$k_{up} = k_{u} \frac{1}{1 + \dfrac{I_{srms}}{a I_{prms}}} = 0.235 \times \frac{1}{1 + \dfrac{12.454}{6.2 \times 1.357}} = 0.235 \times 0.4 = 0.094 \qquad (4.269)$$

（3）磁芯的选择。

这种电路中往往使用铁氧体磁芯。N87 锰锌铁氧体磁芯的参数见表 4.9。

表 4.9 磁芯材料参数

参　　数	值
K_{c}	16.9
α	1.25
β	2.35
B_{sat}	0.4T

原边绕组的最大储能为

$$L\hat{I}_p^2 = (700 \times 10^{-6}) \times (3.393)^2 \text{ J} = 0.0081 \text{ J} \tag{4.270}$$

对于 N87 锰锌铁氧体，选择 $B_{max} = 0.2$ T。

此时，并不知道磁芯损耗，但我们知道在这个电路中，电流波动为一个较大的值，会引起较大的磁芯损耗。因此一个较好的设计原则是将磁芯铁损设为铜损的两倍，即 $\gamma = 2$。

前文计算 A_p 值的方法对两个线圈的情况也同样适用：

$$A_p = \left[\frac{\sqrt{1+\gamma} K_{ip} L_p \hat{I}_p^2}{B_{max} K_t (k_{up}/\sqrt{k_u}) \sqrt{\Delta T}} \right]^{8/7}$$

$$= \left[\frac{\sqrt{(1+2)} \times 0.4 \times 0.0081}{0.2 \times (48.2 \times 10^3) \times (0.094/\sqrt{0.235}) \times \sqrt{30}} \right]^{8/7} \times 10^8 \text{ cm}^4 \approx 7 \text{ cm}^4 \tag{4.271}$$

选择 E55/28/21 磁芯，其 $A_p = 9.72$ cm^4 较为合适。磁芯的参数在表 4.10 中列出。

表 4.10　磁芯和线圈参数

参　　数	值
A_c	3.51 cm^2
l_c	12.4 cm
W_a	2.77 cm^2
A_p	9.72 cm^4
V_c	43.5 cm^3
k_f	1.0
k_u	0.235
MLT	11.3 cm
ρ_{20}	1.72 $\mu\Omega \cdot$ cm
α_{20}	0.00393

厂家给出的该磁芯热阻为 10 ℃/W，可以计算出最大损耗功率为

$$P_D = \frac{\Delta T}{R_\theta} = \frac{30}{10} \text{ W} = 3 \text{ W} \tag{4.272}$$

因为 $\gamma = 2$，因此总的铜损为 1.0 W，其中一次绕组的损耗为 $P_{Cumax} = (k_{up}/k_u) P_{Cu} = 0.4$ W。

可用下式计算出最优有效磁导率（该式对两个线圈同样适用）：

$$\mu_{opt} = \frac{B_{max} l_c K_{ip}}{\mu_0 \sqrt{\dfrac{P_{Cumax} k_{up} W_a}{\rho_w \text{MLT}}}} \tag{4.273}$$

（4）线圈设计。

① 气隙。

参考图 4.17，有效磁导率高于最优值，意味着可以使磁芯工作在最大磁感应强度、损耗小于最大损耗的状态下。可用下式计算最大气隙长度：

$$g_{max} = \frac{l_c}{\mu_{min}} \tag{4.274}$$

根据厂家提供的磁芯系列,选择的磁芯的参数为 $A_L = 496$ nH,有效磁导率为 138。

② 匝数。

根据厂家给出的参数值,可以计算出匝数:

$$N = \sqrt{\frac{L}{A_L}} = \sqrt{\frac{700 \times 10^{-6}}{496 \times 10^{-9}}} \text{ 匝} = 37.6 \text{ 匝} \tag{4.275}$$

选择匝数为 38 匝,副边绕组的匝数为 38 匝/6.2=6 匝。

③ 线的尺寸。

电流密度为

$$J_0 = K_t \frac{\sqrt{\Delta T}}{\sqrt{k_u(1+\gamma)} \sqrt[8]{A_p}} = 48.2 \times 10^3 \times \frac{\sqrt{30}}{\sqrt{0.235 \times (1+2)} \sqrt[8]{9.72 \times 10^{-8}}} \times 10^{-4} \text{ A/cm}^2$$
$$= 236.6 \text{ A/cm}^2 \tag{4.276}$$

原边绕组导线的截面积为

$$A_{wp} = I_{prms}/J_0 = (1.357/236.6) \text{ cm}^2 = 0.00574 \text{ cm}^2 \tag{4.277}$$

选用 4 股直径为 0.428 mm 的铜线并联绕制。0.5 mm 直径的铜导线在 20 ℃时的单位厘米直流电阻为 871×10^{-6} Ω/cm。

④ 铜损。

a. 原边绕组。

最高工作温度与绕组电阻为

$$T_{max} = (60+30) \text{ ℃} = 90 \text{ ℃} \tag{4.278}$$

$$R_{dc} = 38 \times 11.3 \times [(871/4) \times 10^{-6}] \times [1+0.00393 \times (90-20)] \times 10^3 \text{ mΩ} = 119.2 \text{ mΩ} \tag{4.279}$$

原边绕组的铜损为

$$P_{Cu} = R_{dc} I_{prms}^2 = (119.2 \times 10^{-3}) \times (1.357)^2 \text{ W} = 0.22 \text{ W} \tag{4.280}$$

b. 副边绕组。

最高工作温度与绕组电阻为

$$T_{max} = (60+30) \text{ ℃} = 90 \text{ ℃} \tag{4.281}$$

$$R_{dc} = 6 \times 11.3 \times (33.86 \times 10^{-6}) \times [1+0.00393 \times (90-20)] \times 10^3 \text{ mΩ} = 2.927 \text{ mΩ} \tag{4.282}$$

副边绕组的铜损为 0.674 W。

c. 磁芯损耗。

在 $0 \sim DT$ 区间内,电感器两端的电压为 V_i,磁感应强度变化量 ΔB 可以用法拉第电磁感应定律计算:

$$\Delta B = \frac{V_i DT}{N A_c} = \frac{325.3 \times 0.314}{38 \times 3.51 \times 10^{-4} \times 70 \times 10^3} \text{ T} = 0.109 \text{ T} \tag{4.283}$$

磁感应强度最大值 B_{max} 为 $\Delta B/2$,磁芯损耗为

$$P_{Fe} = V_c K_c f^a B_{max}^\beta = (43.5 \times 10^{-6}) \times 16.9 \times (70000)^{1.25} \times (0.109/2)^{2.35} \text{ W} = 0.898 \text{ W} \tag{4.284}$$

◀ 4.3 变 压 器 ▶

变压器广泛应用于个人消费与工业电子产品中,其作用是将交流电压升高或降低,使电压变换到与高压或低压电路相匹配,例如在隔离式开关电源中的应用。变压器一般是系统中最大、最重、最贵的元器件。

临近线圈之间相互耦合,有公共的磁通量,改变一根线圈中的电流,就会改变整个相互耦合绕组中的磁通量,这将在所有线圈两端产生感应电压。一个变压器就是由两个或者更多个相互耦合的线圈绕在同一个管芯上所组成的系统,其主要功能如下。

(1) 改变交流电压和电流的电平,形成升压或降压变压器。

(2) 使电压或电流波形反相。

(3) 变换电阻(产生一个阻抗匹配)。

(4) 对系统中不同电位部分形成直流隔离。

(5) 存储磁能。

(6) 传输磁能。

(7) 生成多路输出。

变压器通过磁场将输入端能量转换到输出端,被传输的总能量取决于磁通量密度、频率和运行温度。

4.3.1 变压器的工作原理

1. 理想变压器

一个双绕组变压器的结构如图 4.23 所示,它由两组线圈绕在同一个磁芯上组成。线圈1 称为初级绕组,线圈 2 称为次级绕组。初级绕组线圈有 N_1 匝,次级绕组线圈有 N_2 匝。双绕组变压器的模型和磁等效电路如图 4.24 所示。初级绕组中的时变电流 i_1 在两绕组中产生磁通,进而时变磁通在次级绕组中感生出电压 v_2。变压器可以是同相的或反相的。同名端法则可以用来指定电压 v_2 的参考极性。

对于理想变压器,磁芯电阻率和磁导率都为无限大($\rho = \infty$,$\mu = \infty$),磁芯磁阻为零($\mathcal{R} = l_c/\mu A_c = 0$),则整个磁场都将被束缚在磁芯

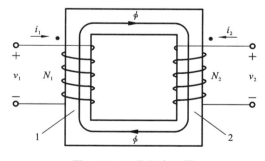

图 4.23　双绕组变压器

中,所有的磁通都与两组绕组交连,漏感为零($L_{l1} = L_{l2} = 0$),磁化电感无限大($L_m = \infty$),磁芯电阻无限大($R_c = \infty$),杂散电容为零,绕组电阻为零,绕组损耗 P_w 和磁芯损耗 P_c 为零,带宽为无限大($BW = \infty$)。此外,理想变压器不能存储磁能。

初级绕组一般与交流电压源 $v_1(t)$ 相连,次级绕组和负载电阻 R_L 相连。交流输入电压 $v_1(t)$ 在初级绕组中产生电流 $i_1(t)$,从而在其中产生磁通 $\phi(t)$。根据法拉第定律,有

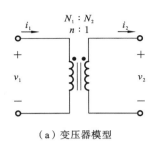
（a）变压器模型

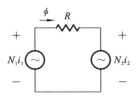
（b）变压器磁等效电路

图 4.24 双绕组变压器

$$v_1 = N_1 \frac{\mathrm{d}\phi}{\mathrm{d}t} \tag{4.285}$$

同时，根据法拉第定律，变化的磁通 $\phi(t)$ 可以在次级绕组上感生交流输出电压 $v_2(t)$，即

$$v_2 = N_2 \frac{\mathrm{d}\phi}{\mathrm{d}t} \tag{4.286}$$

进而 $v_2(t)$ 会在输出端产生一个输出电流：$i_2 = v_2/R_L$，变压器的变比等于初级绕组和次级绕组的匝数之比：

$$\frac{v_1}{v_2} = \frac{N_1 \dfrac{\mathrm{d}\phi}{\mathrm{d}t}}{N_2 \dfrac{\mathrm{d}\phi}{\mathrm{d}t}} = \frac{N_1}{N_2} = n \tag{4.287}$$

一个理想变压器是无损耗的，由输入源提供的所有瞬时功率 $P_1 = i_1 v_1$ 都会传输给负载电阻 R_L 而成为瞬时输出功率 $P_2 = i_2 v_2$。对于一个无损变压器，瞬时输出功率等于瞬时输入功率，即

$$p_2 = p_1 \tag{4.288}$$

也可以写成

$$i_2 v_2 = i_1 v_1 \tag{4.289}$$

从而有

$$\frac{v_1}{v_2} = \frac{i_2}{i_1} = \frac{N_1}{N_2} = n \tag{4.290}$$

因此，我们可以得到一组方程：

$$v_1 = n v_2 \tag{4.291}$$

$$i_2 = n i_1 \tag{4.292}$$

理想变压器模型如图 4.25 所示。也可以写成

$$i_1 = \frac{i_2}{n} \tag{4.293}$$

因为 $v_2 = R_L i_2$，$v_1 = n v_2 = n R_L i_2$，$i_1 = i_2/n$，则变压器的输入电阻可由下式得到：

$$R_i = \frac{v_1}{i_1} = \frac{n R_L i_2}{i_2/n} = n^2 R_L \tag{4.294}$$

当负载阻抗为 z_L，输入电压为正弦波时，变压器的输入阻抗由下式表示：

$$z_i = \frac{v_1}{i_1} = n^2 z_L \tag{4.295}$$

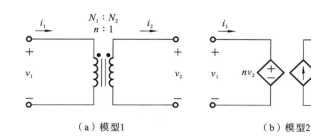 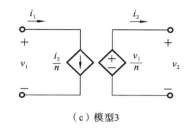

（a）模型1　　　　　　　　　　　（b）模型2　　　　　　　　　　　（c）模型3

图 4.25　理想变压器模型

电压变压器工作时，输出端不能短路。

由图 4.25(b)可得

$$\mathcal{R}\phi = N_1 i_1 - N_2 i_2 \tag{4.296}$$

其中磁芯磁阻为

$$\mathcal{R} = \frac{l_c}{\mu_{rc}\mu_0 A_c} \tag{4.297}$$

因为 $\mu_{rc} = \infty$，$\mathcal{R} = 0$，因此

$$N_1 i_1 - N_2 i_2 = 0 \tag{4.298}$$

得到变压器的匝数比 $i_2/i_1 = N_1/N_2 = n$。

对于具有 K 组绕组的多路输出的理想变压器，匝数比为

$$v_1 : v_2 : v_3 : \cdots : v_k = N_1 : N_2 : N_3 : \cdots : N_k \tag{4.299}$$

相邻的两个绕组之间，电压降为一常数，有

$$v_t = \frac{v_1}{N_1} = \frac{v_2}{N_2} = \frac{v_3}{N_3} = \cdots = \frac{v_k}{N_k} \tag{4.300}$$

忽略损耗，有

$$v_1 i_1 = v_2 i_2 + v_3 i_3 + \cdots + v_k i_k \tag{4.301}$$

因为 $v_2 = v_1 N_2/N_1$，$v_3 = v_1 N_3/N_1$，以及 $v_k = v_1 N_k/N_1$，可得

$$N_1 i_1 = N_2 i_2 + N_3 i_3 + \cdots + N_k i_k \tag{4.302}$$

变压器中的电压极性和电流方向分析如下。

对于如图 4.26(a)所示的同相变压器，有

$$\frac{v_1}{v_2} = \frac{i_2}{i_1} = \frac{N_1}{N_2} = n \tag{4.303}$$

对于如图 4.26(b)所示的反相变压器，有

$$\frac{v_1}{v_2} = \frac{i_2}{i_1} = -\frac{N_1}{N_2} = -n \tag{4.304}$$

对于如图 4.26(c)所示的同相变压器，有

$$\frac{v_1}{v_2} = -\frac{i_2}{i_1} = \frac{N_1}{N_2} = n \tag{4.305}$$

对于如图 4.26(d)所示的反相变压器，有

$$\frac{v_1}{v_2} = -\frac{i_2}{i_1} = -\frac{N_1}{N_2} = -n \tag{4.306}$$

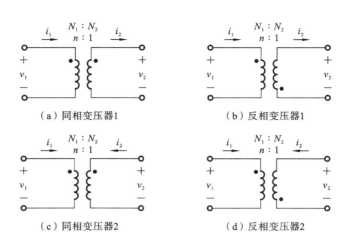

（a）同相变压器1　　　　　　（b）反相变压器1

（c）同相变压器2　　　　　　（d）反相变压器2

图 4.26　各种电压极性和电流方向的变压器

2. 非理想变压器

实际变压器的主要参数有线圈匝数比 n（又称变比）、磁化电感 L_m、漏感 L_{lp} 和 L_{ln}、绕组电阻 R_p 和 R_s、寄生电容 C_p 和 C_s、功率损耗、电流、电压、功率、绝缘击穿电压，以及工作频率范围。变压器总的磁通 ϕ 包括互感磁通 ϕ_m 和漏磁通 ϕ_l：

$$\phi = \phi_m + \phi_l = \phi_m + \phi_{l1} + \phi_{l2} \tag{4.307}$$

其中，ϕ_{l1} 为初级绕组的漏磁通量，ϕ_{l2} 为次级绕组的漏磁通量。双绕组变压器中的互感磁通 ϕ_m 是总磁通量中的一部分，其为两个绕组共有。漏磁通 ϕ_l 也是总磁通量的一部分，但两个绕组之间并不交链。

考虑由交流电流 i_1 驱动的双绕组变压器，其输出端开路，如图 4.27（a）所示。绕组的自感分别为 L_1 和 L_2。通过次级绕组的电流为零（$i_2=0$），不感生磁通。交流电流 i_1 在初级绕组中流动，在初级绕组中感生磁通 ϕ_{11}，进而会在初级绕组中感生交流电压 v_1。由电流 i_1 感生出的磁通包括互感磁通 ϕ_{21} 和初级漏磁通 ϕ_{l1} 如：

$$\phi_{11} = \phi_{l1} + \phi_{21} \tag{4.308}$$

互感磁通 ϕ_{21} 与初级绕组和次级绕组都交链。初级漏磁通 ϕ_{l1} 只与初级绕组线圈交链，而不与次级绕组线圈交链。初级绕组的磁链为

$$\lambda_1 = N_1 \phi_{11} = N_1 (\phi_{l1} + \phi_{21}) \tag{4.309}$$

初级绕组中的磁链和电流 i_1 成正比：

$$\lambda_1 = N_1 \phi_{11} = L_1 i_1 = \frac{N_1^2}{\mathcal{R}} i_1 \tag{4.310}$$

其中，L_1 是初级绕组的自感。图 4.28（a）示出的是线性变压器的 λ_1 与电流 i_1 的关系。初级绕组的自感为

$$L_1 = \frac{\lambda_1}{i_1} = \frac{N_1 \phi_{l1}}{i_1} + \frac{N_1 \phi_{21}}{i_1} = L_{l1} + M_{21} \tag{4.311}$$

由法拉第定律，初级绕组电流 i_1 感生的自感电压为

$$v_1 = \frac{d\lambda_1}{dt} = \frac{d(L_1 i_1)}{dt} = L_1 \frac{di_1}{dt} \tag{4.312}$$

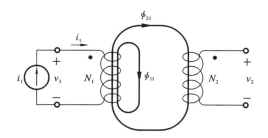

（a）初级绕组边由交流电流i_1驱动，
次级绕组边为开路的变压器

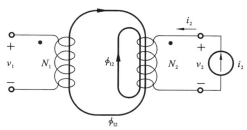

（b）次级绕组边由交流电流i_2驱动，
初级绕组边为开路的变压器

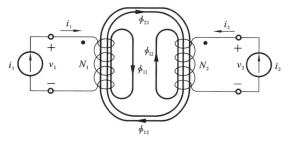

（c）初次级绕组边分别由交流电流i_1和i_2驱动的两磁耦合线圈

图 4.27　变压器

次级绕组的磁链等于互感磁链：

$$\lambda_{21} = N_2 \phi_{21} \tag{4.313}$$

由法拉第定律，由电流 i_1 在次级绕组感生的互感电压为

$$v_2 = \frac{\mathrm{d}\lambda_{21}}{\mathrm{d}t} = \frac{\mathrm{d}(N_2 \phi_{21})}{\mathrm{d}t} = N_2 \frac{\mathrm{d}\phi_{21}}{\mathrm{d}t} \tag{4.314}$$

在线性变压器中，互感磁通正比于输入的交流电流 i_1：

$$\lambda_{21} = N_2 \phi_{21} = M_{21} i_1 \tag{4.315}$$

其中，M_{21} 是耦合线圈的互感。图 4.28(b)示出的是线性变压器的 λ_{21} 随 i_1 的变化关系。由法拉第定律，次级绕组上的电压为

$$v_2 = \frac{\mathrm{d}\lambda_{21}}{\mathrm{d}t} = \frac{\mathrm{d}(M_{21} i_1)}{\mathrm{d}t} = M_{21} \frac{\mathrm{d}i_1}{\mathrm{d}t} \tag{4.316}$$

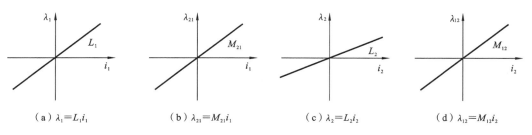

（a）$\lambda_1 = L_1 i_1$　　　　（b）$\lambda_{21} = M_{21} i_1$　　　　（c）$\lambda_2 = L_2 i_2$　　　　（d）$\lambda_{12} = M_{12} i_2$

图 4.28　双绕组线性变压器的自感和互感特性

电压 v_2 正比于 i_1 的变化率，这里 M_{21} 为互感，是使得 v_2 和 i_1 变化率成正比的一个常数。电路模型如图 4.29(a)所示。

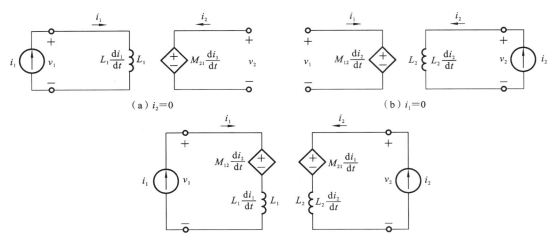

（a）$i_2=0$ （b）$i_1=0$

（c）i_1和i_2都为非零的情况

图 4.29　同相变压器模型

现将交流电流源 i_2 与次级绕组串联，并使初级绕组开路，如图 4.27（b）所示。交流电流 i_2 在次级绕组中感生磁通 ϕ_{22}，进而感生电压 v_2。磁通量 ϕ_{22} 等于与初级绕组和次级绕组都有交链的互感磁通 ϕ_{12} 加上只和次级绕组交链的次级漏磁通：

$$\phi_{22}=\phi_{12}+\phi_{l2} \tag{4.317}$$

次级绕组的磁链为

$$\lambda_2=L_2 i_2=N_2\phi_{22}=N_2(\phi_{l2}+\phi_{12}) \tag{4.318}$$

其中，L_2 是次级绕组的自感。图 4.28（c）所示的是线性变压器的 λ_2 随 i_2 变化曲线。次级绕组的自感为

$$L_2=\frac{\lambda_2}{i_2}=\frac{N_2\phi_{22}}{i_2}=L_{l2}+M_{12} \tag{4.319}$$

由法拉第定律，由电流 i_2 在次级绕组中感生的自感电压 v_2 为

$$v_2=\frac{\mathrm{d}\lambda_2}{\mathrm{d}t}=\frac{\mathrm{d}(L_2 i_2)}{\mathrm{d}t}=L_2\frac{\mathrm{d}i_2}{\mathrm{d}t} \tag{4.320}$$

初级绕组的磁链等于互感磁链：

$$\lambda_{12}=N_1\phi_{12} \tag{4.321}$$

由法拉第定律，这个磁通量在初级绕组中感生的电压降为

$$v_1=\frac{\mathrm{d}\lambda_{12}}{\mathrm{d}t}=\frac{\mathrm{d}(N_1\phi_{12})}{\mathrm{d}t}=N_1\frac{\mathrm{d}\phi_{12}}{\mathrm{d}t} \tag{4.322}$$

初级绕组的磁链 λ_1 正比于流经次级绕组的电流 i_2：

$$\lambda_{12}=N_1\phi_{12}=M_{12}i_2 \tag{4.323}$$

这里 M_{21} 为线圈的互感。图 4.28（d）显示的是线性变压器的 λ_{12} 随电流 i_2 变化的曲线。因此，由法拉第定律得出初级绕组的电压降为

$$v_1=\frac{\mathrm{d}\lambda_{12}}{\mathrm{d}t}=\frac{\mathrm{d}(M_{12}i_2)}{\mathrm{d}t}=M_{12}\frac{\mathrm{d}i_2}{\mathrm{d}t} \tag{4.324}$$

电路模型如图 4.29（b）所示。由互易定理可知：

$$\phi_{21} = \phi_{12} = \phi \qquad (4.325)$$

和

$$M_{21} = M_{12} = M \qquad (4.326)$$

最后考虑在初级绕组一侧接交流电流 i_1,在次级绕组一侧接交流电流 i_2 的双绕组变压器。如图 4.27(c)所示,运用叠加原理,得到由电流 i_1 和 i_2 在初级绕组中感生的磁通为

$$\phi_1 = \phi_{11} + \phi_{21} + \phi_{12} = \phi_{11} + \phi_{12} \qquad (4.327)$$

从而得到初级绕组的磁链为

$$\lambda_1 = N_1 \phi_1 = N_1 \phi_{11} + N_1 \phi_{12} = L_1 i_1 + M_{12} i_2 \qquad (4.328)$$

穿过初级绕组的电压为

$$v_1 = \frac{d\lambda_1}{dt} = N_1 \frac{d\phi_{11}}{dt} + N_1 \frac{d\phi_{12}}{dt} = L_1 \frac{di_1}{dt} + M_{12} \frac{di_2}{dt} = v_{L1} + v_{M1} \qquad (4.329)$$

该电压是由初级绕组自感产生的电压和互感产生的电压的总和。

同理,由电流 i_1 和 i_2 在次级绕组中感生的磁通如下:

$$\phi_2 = \phi_{12} + \phi_{12} + \phi_{21} = \phi_{22} + \phi_{21} \qquad (4.330)$$

从而在次级绕组中产生的磁链为

$$\lambda_2 = N_2 \phi_2 = N_2 \phi_{21} + N_2 \phi_{22} = M_{21} i_1 + L_2 i_2 \qquad (4.331)$$

则穿过整个次级绕组的电压为

$$v_2 = \frac{d\lambda_2}{dt} = N_2 \frac{d\phi_{22}}{dt} + N_2 \frac{d\phi_{21}}{dt} = L_2 \frac{di_2}{dt} + M_{21} \frac{di_1}{dt} = v_{L2} + v_{M2} \qquad (4.332)$$

该电压是次级绕组中自感产生的电压和互感导致的电压的总和。电路模型如图 4.29(c)所示。模型的输入部分由输入自感 L_1 和电流控制电压源组成,而输出部分由自感 L_2 和电流控制电压源组成。

由图 4.23 可见,当 $i_1(0^-) = i_2(0^-) = 0$ 时,拉普拉斯方程可由 s 代替微分符 $\frac{d}{dt}$ 得到。

$$\boldsymbol{V}_1(s) = sL_1 \boldsymbol{I}_1(s) + sM \boldsymbol{I}_2(s) \qquad (4.333)$$

$$\boldsymbol{V}_2(s) = sM \boldsymbol{I}_1(s) + sL_2 \boldsymbol{I}_2(s) \qquad (4.334)$$

图 4.30 示出的是反相变压器原理图,这里

$$\frac{v_1}{v_2} = \frac{i_2}{i_1} = -\frac{N_1}{N_2} = -n \qquad (4.335)$$

3. 互感、耦合系数及耦合电感的存储能量

(1) 互感黎曼公式。

以图 4.31 中的两个磁耦合的闭合回路来说明互感的概念。假如电感 L_1 有 N_1 匝线圈,传导电流为 i_1,产生的磁感应强度为 B_1,其中一部分 B_1 穿过闭合回路 C_2 所包围的电感 L_2,根据右手螺旋定则,第二个电感中电流 i_2 的方向如图 4.31 所示。互感磁通量可由下式得到:

$$\phi_{12} = \int_{S_2} B_1 \cdot dB_2 \qquad (4.336)$$

由电流 i_1 引起的互感为

$$M_{12} = \frac{\lambda_{12}}{i_1} = \frac{N_1 \phi_{12}}{i_1} = \frac{N_1}{i_1} \int_{S_2} B_1 \cdot dS_2 \qquad (4.337)$$

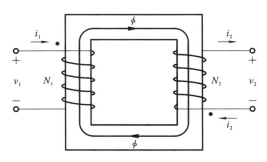

（a）物理绕组

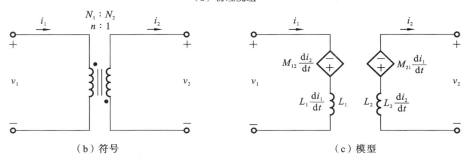

（b）符号　　　　　　　　　　　　　　（c）模型

图 4.30　反相变压器

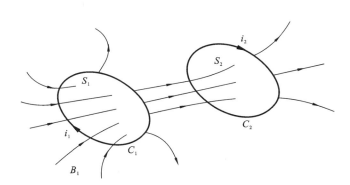

图 4.31　用于解释互感概念的两个磁耦合的闭合回路

磁感应强度可以表示成矢量磁位 $\boldsymbol{A}_1$ 的形式：
$$\boldsymbol{B}_1 = \nabla \times \boldsymbol{A}_1 \tag{4.338}$$
因此，由 L_1 引起的互感可表示为
$$\boldsymbol{M}_{12} = \frac{N_2}{i_1} \int_{S_2} (\nabla \times \boldsymbol{A}_1) \cdot \mathrm{d}\boldsymbol{S}_2 = \frac{N_2}{i_1} \oint_{C_2} \boldsymbol{A}_1 \cdot \mathrm{d}l_2 \tag{4.339}$$
磁位可由下式得到：
$$\boldsymbol{A}_1 = \frac{\mu N_1}{4\pi} \int_V \frac{J_2}{R} \mathrm{d}V = \frac{\mu N_1 i_1}{4\pi} \oint_{C_1} \frac{\mathrm{d}l_1}{R} \tag{4.340}$$
因此，两个回路之间的互感黎曼公式为
$$M_{12} = M_{21} = M = \frac{N_2}{i_1} \oint_{C_2} \left(\frac{\mu i_1}{4\pi} \oint_{C_1} \frac{\mathrm{d}l_1}{R} \right) \cdot \mathrm{d}l_2 = \frac{\mu N_1 N_2}{4\pi} \oint_{C_1} \oint_{C_2} \frac{\mathrm{d}l_1 \cdot \mathrm{d}l_2}{R} \tag{4.341}$$

其中, R 为微分长度 $\mathrm{d}l_1$ 和 $\mathrm{d}l_2$ 之间的距离。

互感只取决于两个环路的几何结构和介质磁导率。将互感乘以一个环路内的电流,就会得到在另一个环路产生的磁链。当其中一个环路中的电流为 1 A 时,两个环路之间的互感为 1 H,就会在另一个环路中产生一个 1 Wb·匝的磁链。

根据法拉第定律,时变磁通 ϕ_{12} 将在回路 C_2 感生电动势或者电压,其值等于 $E \cdot \mathrm{d}l$ 沿闭合路径的线积分。由第一个回路电流 i_1 变化在第二个回路中感生的电动势可由下式给出:

$$\oint_{C_1} E \cdot \mathrm{d}l = \frac{\mathrm{d}\lambda_{12}}{\mathrm{d}t} = N_1 \frac{\mathrm{d}\phi_{12}}{\mathrm{d}t} = M_{12} \frac{\mathrm{d}i_1}{\mathrm{d}t} \tag{4.342}$$

同样,由第二个回路电流 i_2 变化在第一个回路中感生的电动势为

$$\oint_{C_2} E \cdot \mathrm{d}l = \frac{\mathrm{d}\lambda_{21}}{\mathrm{d}t} = N_2 \frac{\mathrm{d}\phi_{21}}{\mathrm{d}t} = M_{21} \frac{\mathrm{d}i_2}{\mathrm{d}t} \tag{4.343}$$

如果一个环路中电流的变化率为 1 A/s,则在另外一个回路中感生电动势为 1 V,则这两个回路之间的互感为 1 H。

（2）互感。

假设流经初级绕组的电流为 i_1,其中有部分电流流过次级绕组。电流 i_1 将:① 产生初级绕组导体中的磁链,产生内部自感;② 产生仅和初级绕组交链的磁链,产生外部自感;③ 产生和次级绕组交链的磁链。前两部分形成漏感 L_1,第三部分就是互感。

对于双绕组变压器,互感为

$$M = \frac{\lambda_{21}}{i_1} = \frac{\lambda_{12}}{i_2} \tag{4.344}$$

由电流 i_1 产生的互感磁通可表达为

$$\phi_{21} = \frac{\mu A_c N_2 i_1}{l_c} = \frac{N_2 i_1}{\mathcal{R}} \tag{4.345}$$

磁链为

$$\lambda_{21} = N_1 \phi_{21} = \frac{\mu A_c N_1 N_2 i_1}{l_c} = \frac{N_1 N_2}{\mathcal{R}} i_1 \tag{4.346}$$

两绕组间的互感为

$$M_{21} = \frac{\lambda_{21}}{i_1} = \frac{\mu A_c N_1 N_2}{l_c} = \frac{N_1 N_2}{\mathcal{R}} \tag{4.347}$$

其中, N_1 为初级绕组的匝数, A_c 是磁芯横向截面积, l_c 是磁芯长度。同样,由电流 i_2 产生的互感磁通为

$$\phi_{12} = \frac{\mu A_c N_1 i_2}{l_c} = \frac{N_1 i_2}{\mathcal{R}} \tag{4.348}$$

磁链为

$$\lambda_{12} = N_2 \phi_{12} = \frac{\mu A_c N_1 N_2 i_2}{l_c} = \frac{N_1 N_2}{\mathcal{R}} i_2 \tag{4.349}$$

其中, N_2 为次级绕组的匝数。两绕组间的互感为

$$M_{12} = \frac{\lambda_{12}}{i_2} = \frac{\mu A_c N_1 N_2}{l_c} = \frac{N_1 N_2}{\mathcal{R}} \tag{4.350}$$

由式(4.344)和式(4.350)可知 $M_{21} = M_{12} = M$。

当耦合系数 $k = 1$, $L_{l1} = 0$ 时,初级绕组的自感为

$$L_1 = \frac{\mu A_c N_1^2}{l_c} = \frac{N_1^2}{\mathcal{R}} \tag{4.351}$$

当耦合系数 $k=1$，$L_{l2}=0$ 时，次级绕组的自感为

$$L_2 = \frac{\mu A_c N_2^2}{l_c} = \frac{N_2^2}{\mathcal{R}} \tag{4.352}$$

假设 $k=1$，从式(4.351)和式(4.352)中提取 N_1 和 N_2 代入 M 中,得到

$$M = \sqrt{L_1 L_2} = \frac{N_1 N_2}{\mathcal{R}} = \frac{\mu A_c N_1 N_2}{l_c} \tag{4.353}$$

可见互感为初级绕组和次级绕组自感的函数,正比于自感的几何平均值。耦合电感的互感和自感一样,以亨利（H）为单位。线圈匝数为 N_1 和 N_2 的绕组有一个公共的磁通路径,自感的比值和线圈匝数比相关:

$$n = \frac{N_1}{N_2} = \sqrt{\frac{L_1}{L_2}} \tag{4.354}$$

自感和互感之比为

$$L_1 : L_2 : M = N_1^2 : N_2^2 : N_1 N_2 \tag{4.355}$$

如果磁芯的磁导率为非线性的,在给定工作点上,小信号（增量）互感可以确定为

$$M' = M'_{12} = \frac{\mathrm{d}\lambda_{12}}{\mathrm{d}i_1} \tag{4.356}$$

（3）耦合系数。

一般情况下,不是所有的由初级绕组产生的磁通都会被耦合到次级绕组,会有磁通"泄漏"。因此互感可以表示为

$$M = k\sqrt{L_1 L_2} \tag{4.357}$$

这里 k 为耦合系数,是两组线圈之间磁耦合程度的度量,范围为 $0 \leqslant k \leqslant 1$。当两个绕组紧耦合,所有与初级绕组交链的磁通都与次级绕组交链时,$k=1$,这只是理想情况,因为两组线圈不可能拥有完全相同的磁通量。当 $k \ll 1$ 时,绕组间耦合程度低。漏磁系数定义为

$$h = 1 - k = 1 - \frac{M}{\sqrt{L_1 L_2}} \tag{4.358}$$

对于理想的变压器,$k=1$,$h=0$。

初级绕组的耦合系数为

$$k_1 = \frac{\phi_{21}}{\phi_{11}} = \frac{\phi_{21}}{\phi_{11} + \phi_{21}} = \frac{N_1 \phi_{21}/i_1}{N_1 \phi_{11}/i_1} = \frac{M_{21}}{L_1} = \frac{L_1 - L_{l1}}{L_1} = 1 - \frac{L_{l1}}{L_1} \tag{4.359}$$

故初级绕组的漏磁系数为

$$h_{l1} = (1 - k_1)L_1 \tag{4.360}$$

次级绕组的耦合系数为

$$k_2 = \frac{\phi_{12}}{\phi_{22}} = \frac{\phi_{12}}{\phi_{12} + \phi_{12}} = \frac{N_2 \phi_{12}/i_2}{N_2 \phi_{22}/i_2} = \frac{M_{12}}{L_2} = \frac{L_2 - L_{l2}}{L_2} = 1 - \frac{L_{l2}}{L_2} \tag{4.361}$$

故次级绕组的漏磁系数为

$$h_{l2} = (1 - k_2)L_2 \tag{4.362}$$

变压器的耦合系数可以表示为

$$k = \sqrt{k_1 k_2} = \sqrt{\frac{\phi_{21}}{\phi_{11} + \phi_{21}} \frac{\phi_{12}}{\phi_{12} + \phi_{12}}} = \sqrt{\frac{\phi_{21}}{\phi_{11}} \frac{\phi_{12}}{\phi_{22}}} = \frac{\phi}{\sqrt{\phi_{11} \phi_{22}}} \tag{4.363}$$

因为

$$\phi_{11} = \frac{\lambda_1}{N_1} \tag{4.364}$$

$$\phi_{22} = \frac{\lambda_2}{N_2} \tag{4.365}$$

$$\phi_{21} = \frac{\lambda_{21}}{N_1} = \frac{M_{21} i_1}{N_1} \tag{4.366}$$

$$\phi_{12} = \frac{\lambda_{12}}{N_2} = \frac{M_{12} i_2}{N_2} \tag{4.367}$$

耦合系数可以写成

$$k = \sqrt{\frac{\frac{M_{21} i_1}{N_1} \frac{M_{12} i_2}{N_2}}{\frac{\lambda_1}{N_1} \frac{\lambda_2}{N_2}}} = \sqrt{\frac{M_{21} M_{12}}{\frac{\lambda_1}{i_1} \frac{\lambda_2}{i_2}}} = \frac{\sqrt{M_{21} M_{12}}}{\sqrt{L_1 L_2}} = \frac{M}{\sqrt{L_1 L_2}} \tag{4.368}$$

如果 $k_1 = k_2$，可令 $k_1 = k_2 = k$。当绕组有相等的匝数时，可以认为 $k_1 = k_2$。否则，k_1 一般不等于 k_2。

因为 $P_{21} = P_{12}$，自感的乘积用磁导表示成

$$L_1 L_2 = (N_1^2 P_1)(N_2^2 P_2) = N_1^2 (P_{11} + P_{21}) N_2^2 (P_{12} + P_{12})$$

$$= N_1^2 N_2^2 P_{21} \left(1 + \frac{P_{11}}{P_{21}}\right)\left(1 + \frac{P_{12}}{P_{12}}\right) = \frac{M^2}{k^2} \tag{4.369}$$

这里，

$$P_{21} = \frac{\mu_{rc} \mu_0 A_c}{l_c} \tag{4.370}$$

$$P_{11} = \frac{\mu_0 A_{11}}{l_{11}} \tag{4.371}$$

$$P_{12} = \frac{\mu_0 A_{12}}{l_{12}} \tag{4.372}$$

因此，耦合系数为

$$k = \frac{1}{\sqrt{\left(1 + \frac{P_{11}}{P_{21}}\right)\left(1 + \frac{P_{12}}{P_{12}}\right)}} = \frac{1}{\sqrt{\left[1 + \frac{1}{\mu_{rc}} \frac{l_c}{l_{11}} \frac{A_{11}}{A_c}\right]\left[1 + \frac{1}{\mu_{rc}} \frac{l_c}{l_{12}} \frac{A_{12}}{A_c}\right]}} \tag{4.373}$$

其中，A_{11} 和 A_{12} 是漏磁通的横截面积，l_1 和 l_2 为漏磁通的路径长度。对于 $l_{11} = l_{12} = l_1$ 和 $A_{11} = A_{12} = A_1$，可得

$$k = \frac{1}{1 + \frac{1}{\mu_{rc}} \frac{l_c}{l_1} \frac{A_1}{A_c}} \tag{4.374}$$

例如，当 $l_1/l_c = \frac{3}{4}$，$A_1/A_c = 4$ 时，有

$$k = \frac{1}{1 + \frac{16}{3\mu_{rc}}} \tag{4.375}$$

在上述假设前提下，随着相对磁导率 μ_{rc} 从 1 增大到无穷大，耦合系数 k 从接近 0 增大到 1。

例 4.2　已知变压器的参数为：$\mu_{rc} = 125$，$A_c = 1 \text{ cm}^2$，$l_c = 12 \text{ cm}$，$N_1 = 100$，$N_2 = 10$，$k_1 =$

$0.999, k_2 = 0.9995$。计算 $n, \mathcal{R}, L_1, L_2$ 和 L_1。

解 变压器的匝数比为

$$n = \frac{N_1}{N_2} = \frac{100}{10} = 10 \tag{4.376}$$

变压器磁阻为

$$\mathcal{R} = \frac{l_c}{\mu_{rc}\mu_0 A_c} = \frac{12 \times 10^{-2}}{125 \times 4\pi \times 10^{-7} \times 10^{-4}} = 7.639 \times 10^6 \left(\frac{A \cdot \sqrt{A \cdot 匝}}{Wb}\right) \tag{4.377}$$

初级绕组的自感为

$$L_1 = \frac{N_1^2}{\mathcal{R}} = \frac{100^2}{7.639 \times 10^6} = 1.309 \ (mH) \tag{4.378}$$

次级绕组的自感为

$$L_2 = \frac{N_2^2}{\mathcal{R}} = \frac{10^2}{7.639 \times 10^6} = 13.09 \ (\mu H) \tag{4.379}$$

绕组间互感为

$$M = \frac{N_1 N_2}{\mathcal{R}} = \frac{100 \times 10}{7.639 \times 10^6} = 130.9 \ (\mu H) \tag{4.380}$$

初级绕组的漏感为

$$L_{l1} = (1-k_1)L_1 = (1-0.999) \times 1.309 \times 10^{-3} = 1.309 \ (\mu H) \tag{4.381}$$

次级绕组的漏感为

$$L_{l2} = (1-k_2)L_2 = (1-0.9995) \times 13.09 \times 10^{-6} = 6.545 \ (nH) \tag{4.382}$$

变压器初级绕组侧总的漏感为

$$L_{lp} = L_{l1} + n^2 L_{l2} = 1.309 \times 10^{-6} + 10^2 \times 6.545 \times 10^{-9} = 1.9635 \ (\mu H) \tag{4.383}$$

次级绕组侧总的漏感为

$$L_{ls} = L_{l2} + \frac{L_{l1}}{n^2} = 6.545 \times 10^{-9} + \frac{1.309 \times 10^{-6}}{10^2} = 19.635 \ (nH) \tag{4.384}$$

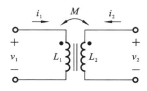

图 4.32 磁耦合电感

（4）耦合电感的存储能量。

图 4.32 所示的是磁耦合电感。假设 $t=0$ 时刻存储于耦合电感磁场中的能量为零。设想在 $t=0$ 时刻，初级绕组中的电流从 0 变到 I_1，而由于次级绕组开路，所以电流 $i_2=0$。由初级绕组端传输的瞬时功率为

$$p_1(t) = i_1 v_1 = i_1 L_1 \frac{\mathrm{d}i_1}{\mathrm{d}t} \tag{4.385}$$

在 t_1 时刻，当电流 $i_1(t) = I_1$ 时，进入初级绕组端并存储于磁场中的能量可由下式得到：

$$W_1 = \int_0^{t_1} p_1 \mathrm{d}t = L_1 \int_0^{I_1} i_1 \mathrm{d}i_1 = \frac{1}{2} L_1 I_1^2 \tag{4.386}$$

假设在 t_1 时，次级绕组的电流从 0 变到 I_2，同时初级绕组的电流 $i_1 = I_1$ 保持不变，则进入次级绕组端的瞬时功率为

$$p_2(t) = i_2 v_2 = i_2 L_2 \frac{\mathrm{d}i_2}{\mathrm{d}t} \tag{4.387}$$

在 t_2 时刻，由次级绕组端传递出的能量和存储于磁场中的能量为

$$W_2 = \int_{t_1}^{t_2} p_2 \, \mathrm{d}t = L_2 \int_0^{t_2} i_2 \, \mathrm{d}i_2 = \frac{1}{2} L_2 I_2^2 \tag{4.388}$$

在时间段 $t_1 \leqslant t \leqslant t_2$，流过初级绕组的电流为

$$i_1 = I_2 \tag{4.389}$$

穿过初级绕组的电压为

$$v_1 = L_1 \frac{\mathrm{d}i_1}{\mathrm{d}t} + M \frac{\mathrm{d}i_2}{\mathrm{d}t} = M \frac{\mathrm{d}i_2}{\mathrm{d}t}, \quad t_1 \leqslant t \leqslant t_2 \tag{4.390}$$

进入初级绕组端的瞬时功率为

$$p_{12}(t) = i_1 v_1 = I_1 v_1 = I_1 M \frac{\mathrm{d}i_2}{\mathrm{d}t}, \quad t_1 \leqslant t \leqslant t_2 \tag{4.391}$$

由初级绕组传递的能量为

$$W_{12} = \int_{t_1}^{t_2} p_{12} \, \mathrm{d}t = I_1 M \int_{t_1}^{t_2} \frac{\mathrm{d}i_2}{\mathrm{d}t} \, \mathrm{d}t = M I_1 \int_0^{t_2} \mathrm{d}i_2 = M I_1 I_2 \tag{4.392}$$

因此，在 t_2 时刻，存储于耦合电感磁场中的总能量为

$$W_m(t_2) = W_1 + W_2 + W_{12} = \frac{1}{2} L_1 I_1^2 + \frac{1}{2} L_2 I_2^2 + M I_1 I_2 \tag{4.393}$$

一般来说，对于在任意 t 时刻存储在双绕组变压器中的瞬时能量可由下式给出：

$$W_m(t) = W_1 + W_2 \pm W_{12} = \frac{1}{2} L_1 i_1^2 + \frac{1}{2} L_2 i_2^2 \pm M i_1 i_2 \tag{4.394}$$

耦合电感有着广泛的应用，例如，在电动牙刷中，互感就是其无线充电器的一部分。

（5）磁化电感。

考虑如图 4.24 所示的双绕组变压器。假设绕组之间是理想的耦合，则漏磁通为零（$\phi_1 = 0$），致使整个磁通与两个绕组都交链（$\phi = \phi_m$），但是磁芯磁阻非零（$\phi > 0$），也就是 $\mu_{rc} < \infty$，所以磁化电感为有限值。根据安培定律，磁通由下式得出：

$$\phi = \frac{N_1 i_1 - N_2 i_2}{\mathcal{R}} = \frac{N_1}{\mathcal{R}} \left(i_1 - \frac{N_2 i_2}{N_1} \right) = \frac{N_1}{\mathcal{R}} \left(i_1 - \frac{i_2}{n} \right) \tag{4.395}$$

其中，磁芯磁阻为

$$\mathcal{R} = \frac{l_c}{\mu_{rc} \mu_0 A_c} \tag{4.396}$$

匝数比为

$$n = \frac{N_1}{N_2} \tag{4.397}$$

因为 $\lambda_1 = N_1 \phi$，变压器的输入电压为

$$v_1 = \frac{\mathrm{d}\lambda_1}{\mathrm{d}t} = N_1 \frac{\mathrm{d}\phi}{\mathrm{d}t} = N_1 \frac{\mathrm{d}}{\mathrm{d}t} \left[\frac{N_1}{\mathcal{R}} \left(i_1 - \frac{i_2}{n} \right) \right] = \frac{N_1^2}{\mathcal{R}} \frac{\mathrm{d}}{\mathrm{d}t} \left(i_1 - \frac{i_2}{n} \right) = L_m \frac{\mathrm{d}i_{Lm}}{\mathrm{d}t} \tag{4.398}$$

初级绕组侧的磁化电感为

$$L_m = \frac{N_1^2}{\mathcal{R}} = \frac{\mu_{rc} \mu_0 A_c N_1^2}{l_c} \tag{4.399}$$

初级绕组侧的磁化电流为

$$i_{Lm} = i_1 - \frac{i_2}{n} \tag{4.400}$$

图 4.33（a）所示的是在初级绕组侧磁化电感为 L_m 的变压器等效电路图。当磁通 ϕ 为零

时,也就是 μ_{rc} 接近无穷大时,磁化电感也趋向无穷大,变压器可以被认为是理想变压器。

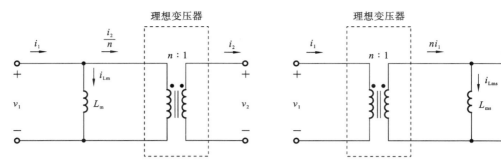

（a）初级绕组侧磁化电感为 L_m 的变压器模型　　　　　（b）次级绕组侧磁化电感为 L_{ms} 的变压器模型

图 4.33　具有有限磁化电感的理想耦合变压器模型

磁化电感也可以放在次级绕组侧,则磁通表示为

$$\phi = \frac{N_1 i_1 - N_2 i_2}{\mathcal{R}} = \frac{N_2}{\mathcal{R}}\left(\frac{N_1 i_1}{N_2} - i_2\right) = \frac{N_2}{\mathcal{R}}(n i_1 - i_2) \tag{4.401}$$

考虑到 $\lambda_2 = N_2 \phi$,则

$$v_2 = \frac{\mathrm{d}\lambda_2}{\mathrm{d}t} = N_2 \frac{\mathrm{d}\phi}{\mathrm{d}t} = N_2 \frac{\mathrm{d}}{\mathrm{d}t}\left[\frac{N_2}{\mathcal{R}}(n i_1 - i_2)\right] = \frac{N_2^2}{\mathcal{R}}\frac{\mathrm{d}}{\mathrm{d}t}(n i_1 - i_2) = L_{ms}\frac{\mathrm{d}i_{Lms}}{\mathrm{d}t} \tag{4.402}$$

其中,次级绕组侧的磁化电感为

$$L_{ms} = \frac{N_2^2}{\mathcal{R}} = \frac{\mu_{rc}\mu_0 A_c N_2^2}{l_c} = \frac{\mu_{rc}\mu_0 A_c N_1^2}{l_c}\left(\frac{N_2}{N_1}\right)^2 = \frac{L_m}{n^2} \tag{4.403}$$

次级绕组侧的磁化电流为

$$i_{Lms} = n i_1 - i_2 \tag{4.404}$$

图 4.33(b)所示的是磁化电感位于次级绕组侧时的等效电路图,互感为

$$M = \frac{N_1 N_2}{\mathcal{R}} = \frac{N_1 N_2 \mu_{rc}\mu_0 A_c}{l_c} = \frac{L_m N_2}{N_1} = \frac{L_{ms} N_1}{N_2} \tag{4.405}$$

因此得到初级绕组的磁化电感为

$$L_m = M\frac{N_1}{N_2} = nM \tag{4.406}$$

次级绕组的磁化电感为

$$L_{ms} = M\frac{N_2}{N_1} = \frac{M}{n} \tag{4.407}$$

例 4.3　变压器有如下参数:$\mu_{rc} = 125$,$A_c = 1\ \mathrm{cm}^2$,$l_c = 12\ \mathrm{cm}$,$N_1 = 100$,$N_2 = 10$。计算磁化电感 L_m 和 L_{ms}。

解　初级绕组侧的磁化电感为

$$L_m = \frac{\mu_{rc}\mu_0 A_c N_1^2}{l_c} = \frac{125 \times 4\pi \times 10^{-7} \times 10^{-4} \times 100^2}{12 \times 10^{-2}}\ \mathrm{H} = 1.309\ \mathrm{mH} \tag{4.408}$$

次级绕组侧的磁化电感为

$$L_{ms} = \frac{\mu_{rc}\mu_0 A_c N_2^2}{l_c} = \frac{125 \times 4\pi \times 10^{-7} \times 10^{-4} \times 10^2}{12 \times 10^{-2}}\ \mathrm{H} = 13.09\ \mu\mathrm{H} \tag{4.409}$$

（6）漏感。

在双绕组变压器中,由一个绕组感生的所有磁通并不都与另一个绕组交链,反之亦然。由一个绕组感生的部分磁通存在于不同层之间、绕组与磁芯之间的空间中及导体内,这些磁通不和另外一个绕组相交链,所以耦合系数 $k<1$,漏磁通存储能量,其特性与电感相似,该效应可以用与绕组串联的漏电感（漏感）L_{l1} 和 L_{l2} 来构建,如图 4.34 所示。降低漏电感的方法有减小绕组之间的绝缘层厚度,为使令一个绕组和另外一个绕组有很好的重叠,应该使用双线绕组,并减少绕组的匝数。宽而平的且绝缘层薄的绕组线圈可以降低漏电感。绕在环形磁芯上的绕组应覆盖整个或者绝大部分的磁路径。此外,绕组必须由利茨线或者缠绕在一起的绝缘线绕制。使用宽而薄的箔片作为绕组可以得到最低的漏电感。耦合系数由下式得到:

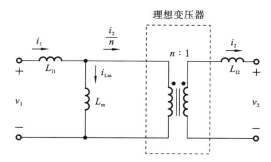

图 4.34 具有磁化电感 L_m 及漏电感 L_{l1} 和 L_{l2} 的变压器模型

$$k = \frac{M}{\sqrt{L_1 L_2}} = \frac{M}{\sqrt{(L_m + L_{l1})(L_{ms} + L_{l2})}} \qquad (4.410)$$

这里

$$L_1 = L_{l1} + L_m \qquad (4.411)$$

以及

$$L_2 = L_{l2} + L_{ms} \qquad (4.412)$$

因此漏感为

$$L_{l1} = L_1(1-k) \qquad (4.413)$$

$$L_{l2} = L_2(1-k) \qquad (4.414)$$

磁化电感为

$$L_m = kL_1 \qquad (4.415)$$

$$L_{ms} = kL_2 \qquad (4.416)$$

图 4.34 所示的是具有漏电感的变压器模型。变压器端电压比不再是绕组匝数比 n。这时就需要从端电压中减去漏感两端的电压,以得到理想变压器绕组端的电压。非理想耦合变压器的匝数比可以写成

$$n = k\sqrt{\frac{L_2}{L_1}} \qquad (4.417)$$

变压器的漏感正比于绕组的高度,反比于绕组的宽度,也反比于绕组层数的平方。采用双线绕组也是使得耦合更紧密的一种方法,这里次级绕组的每一匝都与初级绕组的每一匝

并排。在绕绕组之前就把初级绕组和次级绕组的导线缠绕在一起。相互交错的绕组可以降低漏感。但分数层会增加漏感、降低耦合系数，所以要尽力避免。

（7）具有气隙的变压器。

气隙的磁阻可由下式给出：

$$\mathcal{R}_{g} = \frac{l_{g}}{\mu_{0} A_{c}} \tag{4.418}$$

假设 $\mathcal{R}_{c} \ll \mathcal{R}_{g}$，初级绕组侧的磁化电感为

$$L_{m} = \frac{N_{1}^{2}}{R_{g}} = \frac{\mu_{0} A_{c} N_{1}^{2}}{l_{g}} \tag{4.419}$$

忽略漏电感，初级绕组的自感 $L_{1} \approx L_{m}$。次级绕组的自感为

$$L_{2} = \frac{N_{2}^{2}}{\mathcal{R}_{g}} = \frac{\mu_{0} A_{c} N_{2}^{2}}{l_{g}} \tag{4.420}$$

磁动势为

$$\mathcal{F}_{max} = N_{1max} i_{Lmmax} = \phi(R_{g} + R_{c}) = B_{pk} A_{c}(\mathcal{R}_{g} + \mathcal{R}_{c}) \approx B_{pk} A_{c} \mathcal{R}_{g} = \frac{B_{pk} l_{g}}{\mu_{0}} \tag{4.421}$$

为避免磁芯饱和，初级绕组最大匝数为

$$N_{1max} = \frac{B_{pk} l_{g}}{\mu_{0} i_{Lmmax}} \tag{4.422}$$

（8）寄生电容。

寄生电容包括匝与匝之间、层与层之间、绕组之间、绕组与磁芯之间、绕组和屏蔽层之间、磁芯和屏蔽层之间，以及外置绕组与周围电路之间产生的电容。可以通过减少绕组匝数、增加层数、增加介质绝缘层厚度、减小绕组宽度、避免使用双线绕组，以及使用静电屏蔽等措施来降低寄生电容。寄生电容产生的效应包括具有频率谐振、变压器带宽减小、电压突变时产生大的电流尖峰，以及会与周围电路产生静电耦合。寄生电容会大大降低电感在高频时的阻抗，使得开关转换器网络产生的噪声自由地传输到负载。值得注意的是，寄生电容的降低往往会导致漏感的增加，反之亦然。

4.3.2 变压器的典型应用

1. 变压器的设计

上述内容建立了变压器的基本电气关系式。就电感器设计而言，针对能量存储，能够建立磁芯面积乘积公式，同理，就变压器设计而言，针对功率传输，建立 A_{p} 公式也是可行的。

（1）变压器的优化。

通过铜损等的表达式，可以得到

$$P_{Cu} = \rho_{w} V_{w} k_{u} \left[\frac{\sum VA}{K_{v} f B_{max} k_{f} k_{u} A_{p}} \right]^{2} = \frac{a}{f^{2} B_{max}^{2}} \tag{4.423}$$

$$\sum VA = K_{v} f B_{max} A_{m} \sum_{i=1}^{n} N_{i} I_{i} \tag{4.424}$$

可以看出，铜损与频率的 2 次方及磁感应强度的 2 次方成反比。同时，磁芯损耗取决于频率和磁通损耗。

$$P_{\text{Fe}} = V_{\text{c}} K_{\text{c}} f^{\alpha} B_{\max}^{\beta} \tag{4.425}$$

总损耗是由磁芯损耗和绕组损耗共同组成的：

$$P = \frac{a}{f^2 B_{\max}^2} + b f^{\alpha} B_{\max}^{\beta} \tag{4.426}$$

P 的定义域位于 f-$B_{\max}$ 的第一象限上。P 处处为正，且沿轴取奇数。当 $\alpha = \beta$ 时，在频率和磁感应强度的乘积中，P 具有一个全局最小值：

$$f_0 B_0 = \left[\frac{2a}{\beta b}\right]^{\frac{1}{\beta+2}} \tag{4.427}$$

当式（4.427）中的 $\alpha = \beta = 2$ 时，频率与磁感应强度的乘积为

$$f_0 B_0 = \sqrt[4]{\frac{\rho_{\text{w}} V_{\text{w}} k_{\text{u}}}{\rho_{\text{c}} V_{\text{c}} K_{\text{c}}}} \sqrt{\frac{\sum VA}{K_{\text{v}} k_{\text{f}} k_{\text{u}} A_{\text{p}}}} \tag{4.428}$$

鉴于 B_0 必须要小于磁感应强度 B_{sat}，将存在一个临界频率值，利用该式可以通过选择磁感应强度的最优值来将总损耗降到最小，其中，磁感应强度的最优值要小于饱和值（$B_0 < B_{\text{sat}}$）。可以看到，由于 A_{p} 与磁芯尺寸有关，所以 $f_0 B_0$ 与变压器的功率密度有关。

在一般情况下（$\alpha \neq \beta$），P 不存在全局最小值。任意给定频率下的最小值 P 均需通过对 $B_{\max}$ 求偏导数并将其置为 0 后得到。

$$\frac{\partial P}{\partial B_{\max}} = -\frac{2a}{f^2 B_{\max}^3} + \beta b f^{\alpha} B_{\max}^{\beta-1} = 0 \tag{4.429}$$

当频率 f 为一个适当值时，最小损耗为

$$P_{\text{Cu}} = \frac{\beta}{2} P_{\text{Fe}} \tag{4.430}$$

对 f 求偏导数并置为 0 后可得到 P 在任意磁感应强度下的最小值。当磁感应强度 $B_{\max}$ 为一合适值时，最小损耗为

$$P_{\text{Cu}} = \frac{\alpha}{2} P_{\text{Fe}} \tag{4.431}$$

在 $B_0 = B_{\text{sat}}$ 时给出一个临界频率，在该频率上通过选择一个小于饱和值的磁感应强度的最优值（$B_0 < B_{\text{sat}}$），便可以将损耗降到最小。

$$f_0^{\alpha+2} B_0^{\beta+2} = \frac{2}{\alpha} \frac{\rho_{\text{w}} V_{\text{w}} k_{\text{u}}}{\rho_{\text{c}} V_{\text{c}} K_{\text{c}}} \left[\frac{\sum VA}{K_{\text{v}} k_{\text{f}} k_{\text{u}} A_{\text{p}}}\right]^2 \tag{4.432}$$

（2）绕组电流密度计算。

绕组中的电流密度最优值能够通过最优准则得到，对于一个固定频率，由式（4.430）可以得到

$$P_{\text{Cu}} + P_{\text{Fe}} = \frac{\beta+2}{\beta} P_{\text{Cu}} \tag{4.433}$$

可以得到

$$P_{\text{Cu}} + P_{\text{Fe}} = \frac{\beta+2}{\beta} \left[\rho_{\text{w}} V_{\text{w}} k_{\text{u}} J_0^2\right] \tag{4.434}$$

可求解得到绕组电流密度公式为

$$J_0 = \sqrt{\frac{\beta}{\beta+2} \frac{h_{\text{c}} A_{\text{t}} \Delta T}{\rho_{\text{w}} V_{\text{w}} k_{\text{u}}}} \tag{4.435}$$

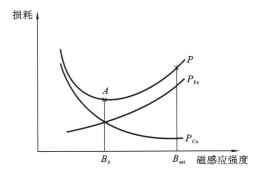

损耗

图 4.35　不受磁饱和限制的绕组损耗、
磁芯损耗和整体损耗

此外,当 $\beta=2$ 时,还可以得到一个关于绕组温升和磁芯面积乘积的绕组电流密度公式:

$$J_0 = K_t \sqrt{\frac{\Delta T}{2k_u}} \frac{1}{\sqrt[8]{A_p}} \qquad (4.436)$$

$$K_t = \sqrt{\frac{h_c k_a}{\rho_w k_w}} \qquad (4.437)$$

(3) 不受磁饱和限制的最佳磁感应强度计算。

变压器的最佳设计点在图 4.35 中的 A 点时,可以看出磁芯中的最佳磁感应强度值不受其饱和磁感应强度值的限制。

将 B_0 作为最佳工作点的磁感应强度值,并且 J_0 是由式(4.435)给出的电流密度值,得到磁芯面积乘积公式为

$$A_p = \left[\frac{\sqrt{2} \sum VA}{K_v f B_0 k_f K_t \sqrt{k_u \Delta T}} \right]^{8/7} \qquad (4.438)$$

需要注意,由图 4.35 中的 A 点,并不能够直接得到对于确定磁芯尺寸必要的 B_0 值。那么,为了得到必要的 B_0 值,就需要再次仔细地研究最优化条件。

如前所述,取 $\beta=2$ 意味着磁芯损耗和绕组损耗相等,以及铜损等于整体损耗的一半,从而用 P 作为整个铜损和铁损之和时,能够得到下式:

$$\frac{\left[\dfrac{P}{2}\right]^{\frac{2}{3}}}{P_{Cu}^{\frac{1}{12}} P_{Fe}^{\frac{7}{12}}} = 1 \qquad (4.439)$$

通过求解上面这个形式非常特殊的式子,最终能够得到 B_0 值。

进一步对式(4.438)进行分析,得到如下公式:

$$\frac{\left[h_c k_a \Delta T\right]^{\frac{2}{3}}}{2^{\frac{2}{3}} \left[\rho_w k_w k_u\right]^{\frac{1}{12}} \left[k_c K_c f^\alpha B_0\right]^{\frac{7}{12}} (J_0 A_p)^{\frac{1}{6}}} = 1 \qquad (4.440)$$

最后,从功率方程中提取 $(J_0 A_p)^{1/6}$,即可得到计算 B_0 的公式:

$$B_0 = \frac{\left[h_c k_a \Delta T\right]^{\frac{2}{3}}}{2^{\frac{2}{3}} \left[\rho_w k_w k_u\right]^{\frac{1}{12}} \left[k_c K_c f^\alpha\right]^{\frac{7}{12}} (J_0 A_p)^{\frac{1}{6}}} \left[\frac{K_v f k_f k_u}{\sum VA}\right]^{\frac{1}{6}} \qquad (4.441)$$

此外,最佳磁感应强度 B_0 也能够从设备和材料常数的技术参数中得到。

(4) 受磁饱和限制的最佳磁感应强度计算。

变压器的最佳设计点在图 4.36 中的 B 点时,可以看出磁芯中的最佳磁感应强度值受其饱和磁感应强度值的限制。

A_p 的最初估计值是通过假设整体损耗等于两倍的铜损得到(图 4.36 中的 C 点,铜损比绕组损耗小)。上述假设中,整体损耗是绕组损耗的两倍,这必然会导致磁芯尺寸过大,后面会对其进行改善。

根据 B_{sat} 给出最大磁感应强度值,可以由式(4.438)得到 A_p 的初始值 A_{p1}:

$$A_{p1} = \left[\frac{\sqrt{2} \sum VA}{K_v f B_{sat} k_f K_t \sqrt{k_u \Delta T}} \right]^{\frac{8}{7}}$$

$$(4.442)$$

同时,结合绕组损耗方程和磁芯损耗方程,以及温度方程,可得到绕组电流密度公式:

$$J_0^2 = \frac{h_c A_t \Delta T}{\rho_w V_w k_u} - \frac{V_c K_c f^\alpha B_{max}^\beta}{\rho_w V_w k_u} \quad (4.443)$$

可以得到如下表达式:

$$\frac{k_c K_c f^\alpha B_{max}^\beta}{\rho_w k_w k_u} A_p^2 - \frac{h_c k_a \Delta T}{\rho_w k_w k_u} A_p^{\frac{7}{4}} + \left[\frac{\sum VA}{K_v f B_{max} k_f k_u} \right]^2 = 0$$

$$(4.444)$$

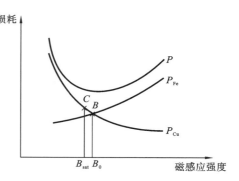

图 4.36　受磁饱和限制的绕组损耗、磁芯损耗和整体损耗

分析上面的式子,简化后得到如下形式的 A_p 表达式:

$$f(A_p) = a_0 A_p^2 - a_1 A_p^{\frac{7}{4}} + a_2 = 0 \tag{4.445}$$

使用牛顿-拉夫森数值算法得到 $f(A_p)$ 的根:

$$A_{p(i+1)} = A_{pi} - \frac{f(A_{pi})}{f'(A_{pi})} = A_{pi} - \frac{a_0 A_p^2 - a_1 A_p^{\frac{7}{4}} + a_2}{2 a_0 A_{pi} - \frac{7}{4} a_1 A_p^{\frac{3}{4}}} \tag{4.446}$$

如前所述,A_{p1} 经由式(4.442)给出,并且使用一次迭代即可满足要求。

最后还需要计算电流密度:

$$J_0 = \sqrt{\frac{h_c k_a \sqrt{A_p} \Delta T - V_c K_c f^\alpha B_{max}^\beta}{\rho_w V_w k_u}} \tag{4.447}$$

注意到绕组(完全紧密缠绕芯,$k_u=1$)的体积由 $V_w = \text{MLT} \times W_a$ 给出,同时磁芯的体积为 $V_c = l_c \times A_c$。

2. 变压器的典型应用

(1)中心抽头整流变压器。

① 技术指标。

变压器设计过程中,需要满足的技术指标列在表 4.11 中。

表 4.11　技术指标

参　　数	值
输入	$230V_{rms}$,正弦波
输出	$100V_{rms}$,10 A
频率 f	50 Hz
温升 ΔT	55 ℃
环境温度	40 ℃

② 电路参数。

中心抽头整流变压器如图 4.37 所示,就正弦波激励而言,其波形因数 $K_v=4.44$。

同时,参照中心抽头整流(变压)器设计实例,可以得到此变压器的功率因数及输入和输

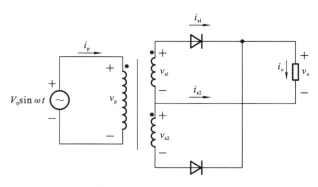

图 4.37　带有阻性负载的中心抽头整流电路

出绕组的功率等级。

③ 磁芯选择。

在此类应用中,磁芯的材料通常使用叠层形式的单向结晶钢,这种典型材料的技术参数列在表 4.12 中。

表 4.12　材料技术参数

参　　数	值
k_c	3.388
α	1.7
β	1.9
B_{sat}	1.5T

假设每个二极管都有 1 V 的正向导通压降,此时变压器的输出功率为 $P_o = (100+1) \times 10 = 1010$ W。参照中心抽头整流器中绕组的功率等级的推导过程,可以得到

$$\sum VA = (1+\sqrt{2})P_0 = (1+\sqrt{2}) \times 1010 = 2438 \, (\text{V} \cdot \text{A}) \tag{4.448}$$

最佳磁感应强度为

$$B_0 = \frac{(10 \times 40 \times 55)^{2/3}}{2^{2/3} \left[(1.72 \times 10^{-8}) \times 10 \times 0.4 \right]^{1/12} \left[5.6 \times 3.388 \times (50)^{1.7} \right]^{7/12}} \cdot$$

$$\left(\frac{4.44 \times 50 \times 0.95 \times 0.4}{2438} \right)^{1/6}$$

$$= 4.1 \, (\text{T}) \tag{4.449}$$

根据上述计算结果可知 $B_0 > B_{sat}$,所以此处的设计是磁饱和受限的。

为了得到 A_p 的值,需要进行迭代计算。

第 1 次迭代:$B_{max} = 1.5$ T,A_{p1} 为

$$A_{p1} = \left[\frac{\sqrt{2} \times 2438}{4.44 \times 50 \times 1.5 \times 0.95 \times (48.2 \times 10^3) \sqrt{0.4 \times 55}} \right]^{8/7} \times 10^8 = 1166 \, (\text{cm}^4) \tag{4.450}$$

第 2 次迭代:由式(4.445)得到

$$a_0 = \frac{5.6 \times 3.388 \times (50)^{1.7} \times (1.5)^{1.9}}{(1.72 \times 10^{-8}) \times 10 \times 0.4} = 4.606 \times 10^{11} \tag{4.451}$$

$$a_1 = \frac{10 \times 40 \times 55}{(1.72 \times 10^{-8}) \times 10 \times 0.4} = 3.198 \times 10^{11} \tag{4.452}$$

$$a_2 = \left(\frac{2438}{4.44 \times 50 \times 1.5 \times 0.98 \times 0.4}\right)^2 = 371.3 \tag{4.453}$$

同时,再根据式(4.446)可以得到

$A_{p2} = 1166 \times 10^{-8}$

$$= \frac{(4.606 \times 10^{11}) \times (1166 \times 10^{-8})^2 - (3.198 \times 10^{11}) \times (1166 \times 10^{-8})^{7/4} + 371.3}{2 \times (4.606 \times 10^{11}) \times (1166 \times 10^{-8}) - \frac{7}{4} \times (3.198 \times 10^{11}) \times (1166 \times 10^{-8})^{3/4}}$$

$$= 859 \ (\text{cm}^4) \tag{4.454}$$

经过上述两次迭代计算后,得到的参数已经满足设计要求,没有必要进行第 3 次迭代。

根据上述计算,选择一个绕环形且具有 0.23 mm 叠片的铁芯即可,制造商给出的此种铁芯的技术参数如表 4.13 所示。

表 4.13 磁芯和绕组技术参数

参　　数	值
A_c	19.5 cm^2
W_a	50.2 cm^2
A_p	979 cm^4
V_c	693 cm^3
k_f	0.95
k_u	0.4
MLT	28 cm
ρ_{20}	1.72 $\mu\Omega \cdot$ cm
α_{20}	0.00393

④ 绕组设计。

a. 原边绕组匝数。

$$N_p = \frac{V_p}{K_v B_{max} A_c f} = \frac{230}{4.44 \times 1.5 \times (19.5 \times 10^{-4}) \times 50} = 354 \ (\text{匝}) \tag{4.455}$$

b. 副边绕组匝数。

每个副边绕组电压的方均根值都是(100+1)=101 V,其中包括 1 V 的二极管正向导通压降,从而可知副边绕组匝数 N_s 为

$$N_s = N_p \frac{V_s}{V_p} = 354 \times \frac{101}{230} = 155 \ (\text{匝}) \tag{4.456}$$

c. 线径。

修正温度给铜的电阻率带来的误差:

$$T_{max} = 40 + 55 = 95 \ (\text{℃}) \tag{4.457}$$

修正后的电阻率为

$$\rho_w = (1.72 \times 10^{-8}) \times [1 + 0.00393 \times (95 - 20)] = 2.23 \times 10^{-8} \ (\Omega \cdot \text{m}) \tag{4.458}$$

对于一个选定的磁芯,电流密度为

$$J_0 = \sqrt{\frac{hk_a\sqrt{A_p}\Delta T - V_c K_c f^\alpha B_{max}^\beta}{\rho_w V_w k_u}}$$

$$= \sqrt{\frac{10\times40\times\sqrt{979\times10^{-8}}\times55 - (693\times10^{-6})\times3.388\times(50)^{1.7}\times(1.5)^{1.9}}{(2.23\times10^{-8})\times(28\times10^{-2})\times(50\times10^{-4})\times0.4}}$$

$$= 2.277\times10^6 \, (\mathrm{A/m^2}) \tag{4.459}$$

式中,

$$V_w = \mathrm{MLT}\times W_a \tag{4.460}$$

d. 原边绕组铜损。

$$I_p = \frac{P_o}{k_{pp}V_p} = \frac{1010}{1\times230} = 4.39 \, (\mathrm{A}) \tag{4.461}$$

绕组中导线的横截面积为

$$A_w = I_p/J_0 = 4.39/2.277 = 1.928 \, (\mathrm{mm^2}) \tag{4.462}$$

由通过上式得到的导线横截面积可知,除去绝缘层后的裸导线直径为 1.57 mm。因此,选择直径为 1.6 mm 的裸导线即可,其在 20 ℃时的直流内阻为 8.50 mΩ/m。

修正温度给绕组带来的误差:

$$R_{dc} = (28\times10^{-2})\times354\times(8.5\times10^{-3})\times[1+0.00393\times(95-20)] = 1.091 \, (\Omega) \tag{4.463}$$

原边绕组铜损为

$$P_{Cu} = I_{rms}^2 R_{dc} = (4.39)^2\times1.091 = 21.02 \, (\mathrm{W}) \tag{4.464}$$

e. 副边绕组铜损。

经过全波整流后,流过负载的电流有效值为 10 A。对于每个副边绕组而言,其负载电流均为半波整流形式,波形如图 4.38 所示。

令

$$I_{s1rms} = I_{s2rms} = 10/2 = 5 \, (\mathrm{A}) \tag{4.465}$$

$$I_s = 5 \, (\mathrm{A}) \tag{4.466}$$

$$A_w = I_s/J_0 = 5/2.277 = 2.196 \, (\mathrm{mm^2}) \tag{4.467}$$

由上式中的导体横截面 A_w 可知,裸导线的直径为 1.67 mm。因此,选择直径为 1.8 mm 的裸导线即可,其在 20 ℃时直流内阻为 6.72 mΩ/m。

修正温度对绕组内阻带来的误差:

$$R_\theta = (28\times10^{-2})\times155\times(6.72\times10^{-3})\times[1+0.00393\times(95-20)] = 0.378 \, (\Omega) \tag{4.468}$$

副边铜损(两个副边绕组)为

$$P_{Cu} = I_{rms}^2 R_{dc} = 5^2\times0.378\times2 = 18.9 \, (\mathrm{W}) \tag{4.469}$$

在 50 Hz 时,铜的集肤深度为 9.3 mm。由于原边绕组和副边绕组导线的半径都小于这个集肤深度,所以没有集肤效应带来的损耗。

f. 磁芯损耗。

$$P_{Fe} = V_c K_c f^\alpha B_{max}^\beta = (693\times10^{-6})\times3.388\times(50)^{1.7}\times(1.5)^{1.9} = 3.92 \, (\mathrm{W}) \tag{4.470}$$

整体损耗为

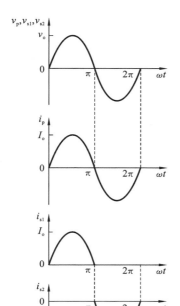

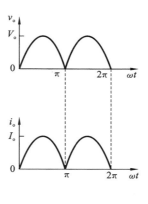

图 4.38　中心抽头整流变压器的电压和电流波形

原边绕组铜损　　 21.02 W

副边绕组铜损　　 18.9 W

磁芯损耗　　　　 3.92 W

$\overline{\qquad\qquad 43.84\ \text{W}}$

效率为

$$效率 = \frac{1010}{1010 + 43.84} \times 100\% = 95.8\%$$

（2）正激变换器。

① 技术指标。

变压器设计的技术指标列在表 4.14 中。

表 4.14　技术指标

参　　数	值
输入	12～36 V
输出	9 V, 7.5 A
频率 f	25 kHz
温升 ΔT	35 ℃
环境温度	40 ℃

② 电路参数。

在正激变换器中,变压器的主要作用为:提供电气隔离;实现电压转换,也即调整输入与输出之间的电压比率使器件所受的电压应力正常。在图 4.39 所示的电路中,N_p、N_s、N_t 分别是原边绕组、副边绕组和复位绕组的线圈匝数。

当图 4.39 中的开关 Q 开通时,磁芯开始储能。当开关 Q 在 $t = DT$ 时刻断开时,磁芯中的磁能必须复位为 0,否则磁芯中磁通量逐渐增大,最终会导致磁芯的磁饱和。

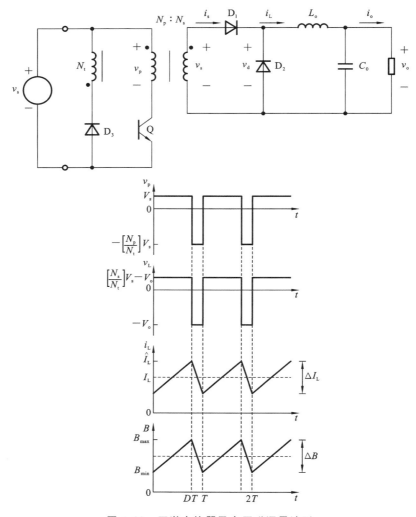

图 4.39　正激变换器及电压磁通量波形

假设在 $t = 0$ 时刻,磁芯的磁通量为 0,经过一个开关周期后,磁通量是 ϕ_{max}。

由法拉第电磁感应定律可知,磁芯上施加的直流电压与其磁通量的线性增加相关:

$$V_s = N_p \frac{\mathrm{d}\phi}{\mathrm{d}t} \tag{4.471}$$

对 V_s 积分,得到磁通量的初始值:

$$\phi = \frac{1}{N_p} \int V_s \mathrm{d}t = \frac{V_s}{N_p} \quad 0 \leqslant t \leqslant DT \tag{4.472}$$

在 $t = DT$ 后,磁通量达到最大:

$$\phi_{max} = \frac{V_s}{N_p} DT \qquad (4.473)$$

在 $t=DT$ 时,通过复位绕组对磁芯中磁通量进行复位,并且复位过程必须在 $(1-D)T$ 时间段内完成。在这个时间段内,磁芯中磁通量 ϕ 为

$$\phi = \phi_{max} - \frac{V_s}{N_p}(t-DT) \qquad (4.474)$$

如果在这个周期中 DT 的最后一刻,磁通量复位为 0,则能够得到下式:

$$\frac{N_p}{N_t} = \frac{D}{1-D} \qquad (4.475)$$

根据上式可知,就 75% 的占空比而言,原边绕组匝数与复位绕组匝数之比为 3,其电压波形因数为

$$K_v = \frac{1}{\sqrt{D(1-D)}} \qquad (4.476)$$

同时,根据图 4.39 所示的电压和电流波形,还可以得到输入与输出绕组的功率因数 k_p,先求

$$V_{rms} = \sqrt{\frac{D}{1-D}} V_s \qquad (4.477)$$

$$I_{rms} = \sqrt{D} \frac{N_s}{N_p} I_o \qquad (4.478)$$

绕组的平均功率为

$$P_{av} = \langle p \rangle = \sqrt{D} \frac{N_s}{N_p} V_s I_o \qquad (4.479)$$

从而可知,输入和输出绕组的功率因数 k_p 为

$$k_p = \frac{\langle p \rangle}{V_{rms} I_{rms}} = \sqrt{1-D} \qquad (4.480)$$

③ 磁芯选择。

在指定频率下,上述变换器通常使用锰锌铁氧体作为磁芯材料,其技术参数列在表 4.15 中。

表 4.15 材料技术参数

参　数	值
K_c	37.2
α	1.13
β	2.07
B_{sat}	0.4T

假设每个二极管的正向压降都是 1 V,那么变压器输出功率为 $P_o = (9+1) \times 7.5 = 75$ W。

占空比为 $D = 9/12 = 0.75$ 时,功率因数为 0.5,从而电压波形因数为

$$K_v = \frac{1}{\sqrt{0.75 \times (1-0.75)}} = 2.31 \qquad (4.481)$$

根据上面得到的电压波形因数 K_v 及绕组的功率等级可得

$$\sum VA = \left(\frac{1}{k_{pp}} + \frac{1}{k_{ps}}\right)P_0 = (2+2)\times 75 = 300\ (V \cdot A) \tag{4.482}$$

假设 $k_u = 0.4$,同时考虑到 5% 复位绕组的功率等级裕量,最终得到 $\sum VA = 315\ V \cdot A$。

通过式(4.163)可以得到最佳磁感应强度 B_0。一方面,B_0 是磁通量波形的幅度;另一方面,就正激变换器而言,B_{max} 至少等于 ΔB 的纹波,并且在磁芯损耗计算式中使用的磁感应强度值的幅度为 $\Delta B/2$。用式(4.163)计算 B_0 时,$2K_v$ 能够合理地解释这些影响。

$$B_0 = \frac{(10\times 40 \times 35)^{2/3}}{2^{2/3}\left[(1.72\times 10^{-8})\times 10 \times 0.4\right]^{1/12}\times \left[5.6\times 37.2\times (25000)^{1.13}\right]^{7/12}}$$
$$\times \left[\frac{(2\times 2.31)\times 25000 \times 1.0 \times 0.4}{315}\right]^{1/6}$$
$$= 0.186\ (T) \tag{4.483}$$

$B_{max} = 2B_0 = 0.372T$,这个值比 B_{sat} 小,最佳磁感应强度不受磁饱和密度限制,因此由式(4.193)计算 A_p 为

$$A_p = \left[\frac{\sqrt{2}\times 315}{2.31\times 25000 \times 0.372 \times 1.0 \times (48.2\times 10^3)\times \sqrt{0.4\times 35}}\right]^{8/7}\times 10^8 = 1.173\ (cm^4) \tag{4.484}$$

根据上面得到的各个参数,选择 ETD39 型号的磁芯即可,其技术参数列在表 4.16 中。

表 4.16 磁芯技术参数

参 数	值
A_c	1.25 cm²
W_a	1.78 cm²
A_p	2.225 cm⁴
V_c	11.5 cm³
k_f	1.0
k_u	0.4
MLT	6.9 cm
ρ_{20}	1.72 $\mu\Omega \cdot cm$
α_{20}	0.00393

④ 绕组设计。

由上述分析可知,V_{rms} 和 K_v 之间的比率能够通过 DV_s 得到。因此,在计算线圈匝数时,选取 D 的最大值,例如,$D=0.75$,$K_v=2.31$。输入电压波形有效值为 $V_{rms} = \sqrt{D/(1-D)}V_s = \sqrt{3}V_s$。

a. 原边绕组匝数。

$$N_p = \frac{V_p}{K_v B_{max} A_c f} = \frac{\sqrt{3}\times 12}{2.31\times (2\times 0.186)\times (1.25\times 10^{-4})\times 25000} = 7.7\ (匝) \tag{4.485}$$

匝数应取整数,这里我们取 9。

b. 副边绕组匝数与复位绕组匝数。

在这个设计中,副边绕组匝数等于原边绕组匝数,为 9 匝。

复位绕组匝数为

$$N_t = \frac{1-D}{D} N_p = \frac{1-0.75}{0.75} \times 9 = 3 \text{ (匝)} \tag{4.486}$$

c. 线径。

电流密度为

$$J_0 = (48.2 \times 10^3) \times \frac{35}{\sqrt{2 \times 0.4}} \times \frac{1}{\sqrt[8]{2.225 \times 10^{-8}}} = 2.885 \times 10^6 \text{ (A/m}^2) \tag{4.487}$$

d. 原边绕组电流。

$$I_p = \frac{P_0}{k_{pp} V_p} = \frac{75}{0.5 \times \sqrt{3} \times 12} = 7.22 \text{ (A)} \tag{4.488}$$

$$A_w = \frac{I_p}{J_0} = \frac{7.22}{2.885} = 2.5 \text{ (mm}^2) \tag{4.489}$$

由导体横截面积 A_w 可知,导线的直径为 1.79 mm。从而选择直径为 1.8 mm 的导线即可,其在 20 ℃时的直流内阻为 6.72 mΩ/m。

e. 原边绕组铜损。

修正温度给绕组内阻带来的误差:

$$T_{max} = 40 + 35 = 75 \text{ (℃)} \tag{4.490}$$

$$R_{dc} = 9 \times 6.9 \times 10^{-2} \times 6.72 \times 10^{-3} \times [1 + 0.00393 \times (75 - 20)] \times 10^3 = 5.08 \text{ (mΩ)} \tag{4.491}$$

原边绕组铜损为

$$P_{Cu} = R_{dc} I_{rms}^2 = 5.08 \times 10^{-3} \times (7.22)^2 = 0.26 \text{ (W)} \tag{4.492}$$

f. 副边绕组电流。

$$I_s = \sqrt{D} I_0 = \sqrt{0.75} \times 7.5 = 6.50 \text{ (A)} \tag{4.493}$$

$$A_w = \frac{I_s}{J_0} = \frac{6.50}{2.885} = 2.253 \text{ (mm}^2) \tag{4.494}$$

由导体横截面积 A_w 可知,导线的直径为 1.69 mm。从而选择直径为 1.8 mm 的导线即可,其在 20 ℃时的直流内阻为 6.72 mΩ/m。

g. 副边绕组铜损。

修正温度给绕组内阻带来的误差:

$$R_{dc} = 9 \times 6.9 \times 10^{-2} \times 6.72 \times 10^{-3} \times [1 + 0.00393 \times (75 - 20)] \times 10^3 = 5.08 \text{ (mΩ)} \tag{4.495}$$

副边绕组铜损为

$$P_{Cu} = 5.08 \times 10^{-3} \times (6.50)^2 = 0.21 \text{ (W)} \tag{4.496}$$

h. 高频效应。

注意,这里使用的都是直流值。频率为 25 kHz 时,趋肤深度为 0.42 mm。这个值比原边绕组和副边绕组中导线的半径都小,由于趋肤效应的影响,导线电阻会增加。

就趋肤效应带来的影响而言,校正后的原边绕组的 ac 电阻为

$$R_{\text{pac}} = 5.08 \times \left[1 + \frac{\left(\frac{0.9}{0.42}\right)^4}{48 + 0.8 \times \left(\frac{0.9}{0.42}\right)^4} \right] = 6.73 \ (\text{m}\Omega) \tag{4.497}$$

$$I_{\text{p}}^2 R_{\text{pac}} = (7.22)^2 \times (6.73 \times 10^{-3}) = 0.35 \ (\text{W}) \tag{4.498}$$

校正后的副边绕组的 ac 电阻为

$$R_{\text{pac}} = 5.08 \times \left[1 + \frac{\left(\frac{0.9}{0.42}\right)^4}{48 + 0.8 \times \left(\frac{0.9}{0.42}\right)^4} \right] = 6.73 \ (\text{m}\Omega) \tag{4.499}$$

$$I_{\text{p}}^2 R_{\text{pac}} = (6.50)^2 \times (6.73 \times 10^{-3}) = 0.28 \ (\text{W}) \tag{4.500}$$

i. 磁芯损耗。

使用法拉第电磁感应定律能够计算磁感应强度纹波值 ΔB：

$$\Delta B = \frac{V_s D T}{N_p A_c} = \frac{12 \times 0.75}{9 \times (1.25 \times 10^{-4}) \times 25000} = 0.320 \ (\text{T}) \tag{4.501}$$

$$P_{\text{Fe}} = V_c K_c f^\alpha \left(\frac{\Delta B}{2}\right)^\beta = (11.5 \times 10^{-6}) \times 37.2 \times (25000)^{1.13} \times (0.16)^{2.07} = 0.90 \ (\text{W})$$
$$\tag{4.502}$$

总损耗为

原边绕组铜损	0.35 W
副边绕组铜损	0.28 W
磁芯铜损	0.90 W
	1.53 W

效率为

$$效率 = \frac{75}{75 + 1.53} \times 100\% = 98\%$$

4.4 微波磁性器件

微波磁性器件(微波铁氧体器件)的发展,从 1949 年研究磁化铁氧体材料与电磁场的相互作用,发现其铁磁共振现象及材料的张量磁导率特性算起,已经过 70 年的历程。直到现在,人们也一直没有停止对电磁波在具有各向异性张量磁导率材料中传播的非互易传输机理的研究,结合应用需要研制了环行器、隔离器、移相器、开关调制器等各类微波铁氧体器件。

4.4.1 微波磁性器件的工作原理

1. 微波磁性器件基本理论

(1) 张量磁导率。

微波铁氧体的张量磁导率特性是微波铁氧体技术的理论基础,也是微波在旋磁性介质中传播时呈现出各种特殊的传播效应的根本所在。旋磁介质的性质与 H_0、ω(工作频率)、M

（磁化强度）有关。为了掌控 μ,κ 的变化规律,采用规范化表示方法非常重要。归一化磁矩用 p 表示,$p=\omega_m/\omega$;归一化磁场 $\sigma=\omega_0/\omega$,弛豫频率 ω_a 的归一化用 α 表示,$\alpha=\omega_a/\omega$,通过对频率 ω 归一化后,磁化场曲线具有通用性,μ,κ 不受工作频率的制约,这时张量分量 μ,κ 可写成下列形式:

$$\begin{cases} \mu=1+\dfrac{p(\sigma+j\alpha)}{(\sigma+j\alpha)^2-1} \\ \kappa=\dfrac{p}{(\sigma+j\alpha)^2-1} \end{cases} \tag{4.503}$$

阻尼系数 α 为归一化弛豫频率,它和磁共振线宽的关系为

$$\Delta H=\frac{2\omega_a}{\gamma}=\frac{2\alpha\omega}{\gamma} \tag{4.504}$$

如果 $\Delta H=10\times10^3/4\pi$（A/m）,$\omega=3000\times2\pi\times10^6$ rad/s,$\gamma=2.21\times10^5$ rad/s(A/m),可算出 $\alpha=0.0047$。它在 μ''-σ 铁磁共振曲线上表现为归一化线宽 2α。

① 张量磁导率 μ,κ 的磁谱曲线。

铁氧体材料的张量磁导率与归一化磁矩 p、归一化磁场 σ 和材料阻尼系数 α（归一化弛豫频率）密切相关,在设计器件时必须重视工作点的磁导率。

μ,κ 是张量磁导率的基本量。μ,κ 的磁谱曲线可以指导设计,在高场时 $\sigma>1$;在低场时 $\sigma<1$;在共振区 $\sigma=1$。

磁谱曲线如图 4.40 所示。

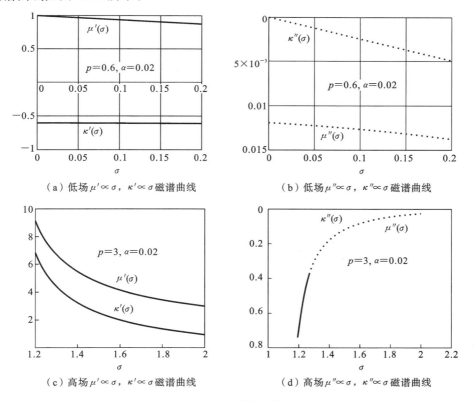

（a）低场 $\mu'\propto\sigma$, $\kappa'\propto\sigma$ 磁谱曲线　（b）低场 $\mu''\propto\sigma$, $\kappa''\propto\sigma$ 磁谱曲线

（c）高场 $\mu'\propto\sigma$, $\kappa'\propto\sigma$ 磁谱曲线　（d）高场 $\mu''\propto\sigma$, $\kappa''\propto\sigma$ 磁谱曲线

图 4.40　磁谱曲线

② 有效磁导率 μ_e，比磁导率 κ/μ 的磁谱曲线。

μ_e 和 κ 是一对导出量，其在微波传播过程中起重要作用，有效磁导率 μ_e 会影响器件尺寸和工作频率；κ/μ 可称为张量元 κ 与 μ 的比值，它和器件工作带宽相移和非互易性有关。图 4.41(a) 和图 4.41(b) 所示的分别为 μ_e 与 κ/μ 的磁谱曲线，实线和虚线分别代表实部和虚部，曲线仅表示 $p=0.6$，$\alpha=0.05$ 时磁谱曲线。可以看到谱线的共振峰向左移动，共振处 $\sigma\approx$ 0.75，其原因是这两个参数是由 μ_+ 及 μ_- 组合而成的，两个不同旋向圆极化场在旋转过程中产生的偶极场导致了共振场下降。共振点的左移意味着高场区空间扩大，低场区空间压缩。

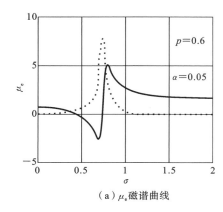 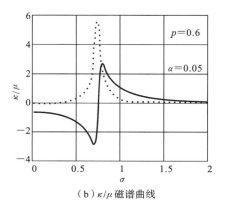

（a）μ_e 磁谱曲线　　　　　　　（b）κ/μ 磁谱曲线

图 4.41　μ_e 磁谱曲线和 κ/μ 磁谱曲线

③ 有效磁导率 μ_e 高场磁谱曲线和低场磁谱曲线。

图 4.42(a) 和 (b) 所示的分别为 μ_e 的实部 μ_e' 和虚部 μ_e'' 高场磁谱曲线，这组谱线在设计工作中非常重要。在高场作用下，同一 σ 值下，μ_e' 随 p 值增大而增大，铁氧体样品尺寸可减小；反之，同一 p 值情况下，σ 增大，μ_e' 下降，工作频率上移。对于 μ_e'' 曲线，随着 σ 增加，μ_e'' 下降，器件损耗减小。

图 4.42(c) 和 (d) 所示的分别为 μ_e' 和 μ_e'' 低场磁谱曲线。在低场情况下，$p=1$ 时，将出现 $\mu_e'<0$，这意味着传播过程中可能出现异常模。从 μ_e'' 低场磁谱曲线可见，当 $p<0.4$ 时，其值为 10^{-3} 量级，这时低插入损耗器件非常实际。

④ κ/μ 的高场、低场磁谱曲线。

由图 4.43 可见，在高场区工作时，当 $\sigma>1.5$ 时，$|\kappa/\mu|<0.4$，说明高场工作的器件带宽受限；而对于低场工作的器件，当 $p>0.6$ 时，$|\kappa/\mu|>0.6$，说明低场工作时易得到宽带宽设计。

⑤ 正负圆极化磁导率 $\mu_\pm$ 磁谱曲线。

正负圆极化磁导率 $\mu_\pm$ 的实部 $\mu_\pm'$、虚部 $\mu_\pm''$ 磁谱曲线见图 4.44。

（2）本征态磁导率。

在一般情况下，材料旋磁性表现为张量磁导率特性。但在特殊的极化场作用下，如在垂直于磁化方向的 (x,y) 平面内的正负圆极化场作用下，呈现为标量磁导率。

圆极化磁导率 $\mu_\pm$、磁场 H_0 仍在 z 方向，在 x,y 平面内的圆极化场 $(1,\pm j)$ 作用下，有

$$\mu_p\begin{bmatrix}1\\\pm j\end{bmatrix}=(\mu\pm\kappa)\begin{bmatrix}1\\\pm j\end{bmatrix}$$

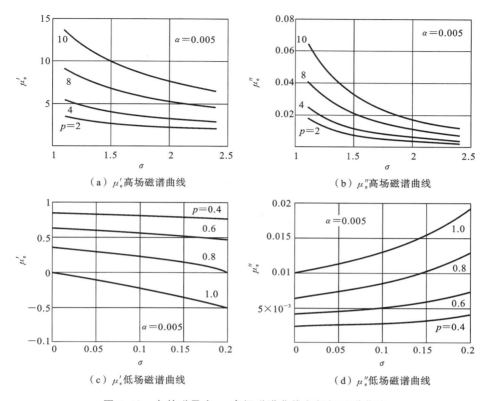

（a）μ_e'高场磁谱曲线

（b）μ_e''高场磁谱曲线

（c）μ_e'低场磁谱曲线

（d）μ_e''低场磁谱曲线

图 4.42 有效磁导率 μ_e 高场磁谱曲线和低场磁谱曲线

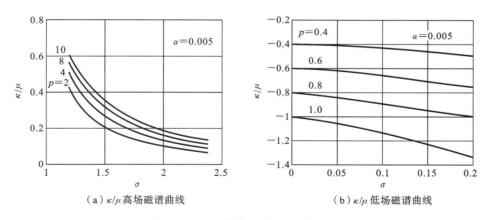

（a）κ/μ高场磁谱曲线

（b）κ/μ低场磁谱曲线

图 4.43 κ/μ 的高场、低场磁谱曲线

$$\mu_p = \begin{bmatrix} \mu & -jk \\ jk & \mu \end{bmatrix} \tag{4.505}$$

其中，μ_p 为张量磁导率的二维形式。

定义 $\mu_{\pm} = \mu \pm \kappa$ 为正负圆极化磁导率，它为标量形式的；类似的，在 $h_z /\!/ H_0$ 的场作用下，z 方向的高频磁感应密度 $b_z = \mu_z h_z$。

本征态的情况下，μ 为

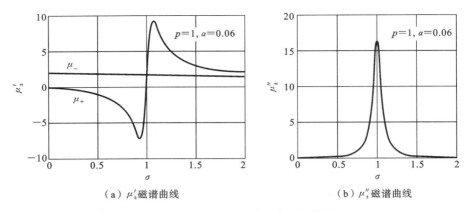

（a）$\mu'_\pm$磁谱曲线　　　　　　　　（b）$\mu''_\pm$磁谱曲线

图 4.44　正负圆极化磁导率磁谱曲线

$$\mu=\begin{bmatrix} \mu & 0 & 0 \\ 0 & \mu_- & 0 \\ 0 & 0 & \mu_z \end{bmatrix} \tag{4.506}$$

其标量磁导率 $\mu_{/\!/}=\mu_z=1$。在垂直于 H_0 方向的线极化高频磁场的作用下,其可分解为一对正负圆极化场,相当于 μ_+ 和 μ_- 两种材料复合在一起,这时有效磁导率(复合磁导率)μ_e 满足:

$$\begin{cases} \dfrac{2}{\mu_e}=\dfrac{1}{\mu_+}+\dfrac{1}{\mu_-} \\[2mm] \mu_e=\dfrac{\mu^2-k^2}{\mu} \end{cases} \tag{4.507}$$

研究电磁波在铁氧体中传播时,经常出现 μ_e 这个量,它是 μ,κ 的复合量。此外还出现了比磁导率 κ/μ 的复合形式,这个量决定了传播的非互易性。

4 种物理模型如图 4.45 所示。

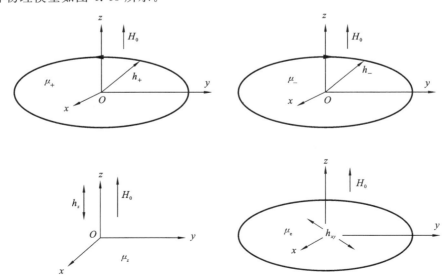

图 4.45　本征态磁导率的 4 种物理模型

张量磁导率 μ,κ 及相关的一些物理量有其深刻的内涵,同时它们之间也有有趣的几何关系。在无损耗条件下,有

$$\kappa=\frac{p}{\sigma^2-1} \tag{4.508}$$

$$\mu=1+\frac{p\sigma}{\sigma^2-1} \tag{4.509}$$

μ,κ 由归一化磁矩 $p=\gamma M_s/\omega$ 和归一化(内)磁场 $\sigma=\gamma H_i/\omega$ 决定,即材料的磁矩和磁化场决定了张量的基本量 μ,κ。所以张量磁导率 μ,κ 及其相关磁导率 $\mu_+,\mu_-,\mu_e,\kappa/\mu$ 虽是材料的微波参数,但不是材料的本征参数,它们是通过 p,σ 计算出来的确定性参数,与材料 M_s 有关,还与工作磁场 H_0 和工作频率 ω 有关,不需通过测量来得出,而材料的损耗参数,本征线宽 ΔH_0、有效线宽 ΔH_e 和铁磁共振线宽 ΔH 才是材料的微波参数,它可以通过测量来得出。

正负圆极化磁导率 $\mu_+=\mu+\kappa,\mu_-=\mu-\kappa$,且

$$\mu_+=1+\frac{p}{\sigma-1},\quad \mu_-=1+\frac{p}{\sigma+1} \tag{4.510}$$

在高场区,μ_+,μ_- 均为正,它决定了正负圆极化波速度、法拉第旋转角和非互易相移大小。有效磁导率 μ_e 和比磁导率 κ/μ 为

$$\mu_e=1+\frac{p\sigma}{\sigma^2-1}-\frac{p^2}{(\sigma^2+P\sigma-1)(\sigma^2-1)},\quad \frac{\kappa}{\mu}=\frac{p}{\sigma^2+p\sigma-1} \tag{4.511}$$

这两个物理量在器件设计中非常重要,μ_e 影响了旋磁介质中电磁波传播的传播常数 $k=\omega\sqrt{\varepsilon_f\mu_e}/c$ 和铁氧体尺寸;κ/μ 影响了旋磁性耦合大小及器件带宽 2δ。

在高场区 $\sigma>I$,用图 4.46 表示其相关几何关系。以 $2\mu=\mu_++\mu_-$ 为直径作半圆,圆心为 O,半径为 $AO=\mu$;垂线 AP 长 $\sqrt{\mu_+\mu_-}$,为 μ_+ 与 μ_- 的几何平均值;直角三角形 APO 的斜边长为 μ,直角边长为 κ;P 到斜边的垂足 M 划分线段 $\mu_e(<\mu)$;三角形的圆周角为 α,$\sin\alpha=\kappa/\mu$;κ 为距圆心 O 的偏移量,若 $\kappa=0$,$\mu_+=\mu_-=\mu=\mu_e$,$\alpha=0$,则旋磁介质就不存在了,所有的非互易性也就不存在了。

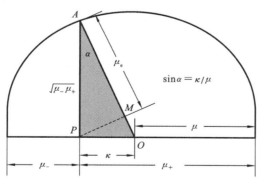

图 4.46　相关磁导率的几何关系

直角三角形 $APO\cong$ 直角三角形 AMP,所以有

$$\frac{\mu_e}{\sqrt{\mu_-\mu_+}}=\frac{\sqrt{\mu_-\mu_+}}{\mu},\quad \mu_e=\frac{\mu_+\mu_-}{\mu}=\frac{\mu^2-\kappa^2}{\mu} \tag{4.512}$$

（3）电磁波在旋磁介质中的基本效应。

① 法拉第旋转效应。

当线极化波 A_y 沿 H_0 方向传播（H_0 / z）时，A_y 分解成一对正负圆极化波（A_+ , A_-），其传播速度和传播常数各不相同。

$$V_+ = \frac{c}{\sqrt{\varepsilon \mu_+}} \quad \beta_+ = \frac{\omega}{c} \sqrt{\varepsilon \mu_+} \quad V_- = \frac{c}{\sqrt{\varepsilon \mu_-}} \quad \beta_- = \frac{\omega}{c} \sqrt{\varepsilon \mu_-} \tag{4.513}$$

通过距离 l 的传播后，A_+ , A_- 的旋转相位分别为 θ_+ , θ_-，把圆极化矢 $A_+(\theta_+)$、$A_-(\theta_-)$ 合成后获得旋转角 φ 中的极化矢 A（见图 4.47）。

$$\varphi = \frac{1}{2} (\beta_+ - \beta_-) l = \frac{\beta l}{2} (\sqrt{1 + \kappa/\mu} - \sqrt{1 - \kappa/\mu}) = 0.5 \beta L \frac{\kappa}{\mu} \tag{4.514}$$

其中，φ 为法拉第旋转角，其旋向为绕 H_0 左旋（低场工作情况），高场情况旋向相反。

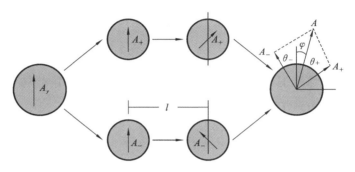

图 4.47　法拉第旋转

沿 z 轴传播，不同位置的极化旋转情况如图 4.48 所示。

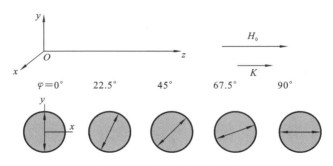

图 4.48　极化波沿 z 轴传播

上述分析把 A_+ , A_- 视为简正波，其传播方程为

$$\frac{\mathrm{d}A_+}{\mathrm{d}z} = -\mathrm{j}\beta_+ A_+ , \quad \frac{\mathrm{d}A_-}{\mathrm{d}z} = -\mathrm{j}\beta_- A_- \tag{4.515}$$

通过变换可转为耦合波方程：

$$\frac{\mathrm{d}A_x}{\mathrm{d}z} = -\mathrm{j}\beta A_x - k_f A_y , \quad \frac{\mathrm{d}A_y}{\mathrm{d}z} = k_f A_x - \mathrm{j}\beta A_y \tag{4.516}$$

其中，$\beta = \frac{\omega}{c} \sqrt{s\mu}$，$k_f = \frac{\beta}{2} \frac{\kappa}{\mu}$。其解为

$$A_y(z)=\cos(k_f z)\mathrm{e}^{-\mathrm{j}gs}, \quad A_x(z)=-\sin(k_f z)\mathrm{e}^{-\mathrm{j}z} \tag{4.517}$$

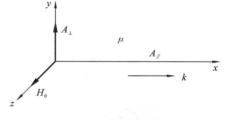

图 4.49 简正波传播

其振幅随 z 可变。传播常数中出现的耦合项 k_f 代表 A_x 和 A_y 之间的耦合大小,为传播单位长度的法拉第旋转角 φ/l。

② 双折射效应。

若电磁波在 x 方向传播,如图 4.49 所示,$H_0 \parallel z$ 轴,$A_\perp \parallel y$ 轴,$A_\parallel \parallel x$ 轴时的传播方程为

$$\frac{\mathrm{d}A_\perp}{\mathrm{d}z}=-\mathrm{j}\beta_\perp A_\perp \quad \frac{\mathrm{d}A_\parallel}{\mathrm{d}z}=-\mathrm{j}\beta_\parallel A_\parallel \tag{4.518}$$

其中,

$$\beta_\perp=\frac{\omega}{c}\sqrt{\varepsilon\mu_\perp}=\beta\sqrt{\mu_e}, \quad \beta_\parallel=\beta\sqrt{\mu_z}, \quad \beta=\frac{\omega}{c}\sqrt{\varepsilon}, \quad \mu_e=\frac{\mu^2-\kappa^2}{\mu} \tag{4.519}$$

这是一对简正波传播,不同传播常数意味有不同的折射系数 $n_\perp$ 及 $n_\parallel$,当电磁波以入射角 θ_i 射入磁化铁氧体表面时,会产生不同的折射角 $\theta_\perp$ 和 $\theta_\parallel$,如图 4.50(a)所示。双折射效应是光在晶体中传播时,其极化平行于晶轴方向和垂直于晶轴方向传播时有不同的折射率引起的。不过,这里是研究电磁波在旋磁介质中传播,沿用了双折射的名字。其实在研究电磁波在铁氧体中传播时,双折射效应并不重要,变极化效应更为重要,基本原理如图 4.50(b)所示,H_0 与 y 轴和 z 轴的夹角均为 $45°$。

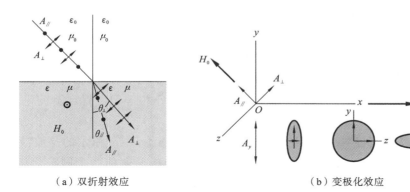

(a)双折射效应 (b)变极化效应

图 4.50 双折射效应与变极化效应

其耦合波方程为

$$\begin{cases}\dfrac{\mathrm{d}A_x}{\mathrm{d}z}=-\mathrm{j}\beta A_x+\mathrm{j}k_v A_y \\ \dfrac{\mathrm{d}A_y}{\mathrm{d}z}=\mathrm{j}k_v A_x-\mathrm{j}\beta A_y\end{cases} \tag{4.520}$$

其解为

$$\begin{cases}A_x(z)=\mathrm{j}\sin(k_v z)\mathrm{e}^{\mathrm{j}/z} \\ A_y(z)=\cos(k_r z)\mathrm{e}^{\mathrm{j}z}\end{cases} \tag{4.521}$$

其传播过程是一种变极化过程。其中,

$$\beta=(\beta_\perp+\beta_\parallel)/2, \quad k_r=(\beta_- -\beta_-)/2$$

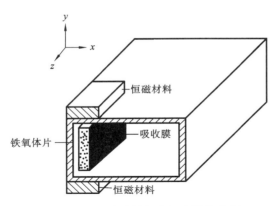

恒磁材料

铁氧体片

吸收膜

恒磁材料

图 4.51　场移式铁氧体隔离器结构图

所以,电磁波在无限铁氧体介质中传播时,当纵向磁化时,法拉第旋转系数 k_f 随磁化方向 $\pm H_0$ 而改变 $\pm$ 号,它与传播方向 $\pm z$ 无关,不牵涉非互易性。在横向磁化情况下,变极化系数 $k_v \propto \kappa^2$,它与磁化方向无关,与传播方向也无关,所以不牵涉非互易性。

2. 场移式铁氧体隔离器的工作原理

场移式铁氧体隔离器(Field Displacement Ferrite Isolation)是一种波导结构的铁氧体隔离器,其结构如图 4.51 所示。一个微波铁氧体片沿波导纵向置于磁场圆极化位置处,铁氧体片的一侧蒸镀一层吸收膜。在铁氧体位置处的波导上下壁外侧放置恒磁材料,用以产生恒定磁场 H_0。铁氧体对圆极化波呈现标量磁导率,这使问题分析变得简单,同时还能保持各向异性的特性,所以,铁氧体器件通常置于圆极化波的位置处。场移式铁氧体隔离器就是利用铁氧体在外加恒定磁场作用下对正、负旋圆极化波具有不同磁导率的特性而制成的,因此,为弄清场移式铁氧体隔离器的工作原理,必须先了解矩形波导中的主模——H_{10} 模的场分布情况及其圆极化波的分布情况和特性。

当矩形波导中传输 $\pm z$ 方向的 H_0 模时,它的磁场有两个分量,分别为

$$\begin{cases} H_z = A_{10} \cos\left(\dfrac{\pi x}{a}\right) e^{j(\omega t \mp \beta_{10} z)} \\ H_x = \pm j\beta_{10} \dfrac{a}{\pi} A_{10} \sin\left(\dfrac{\pi x}{a}\right) e^{j(\omega t + \beta_{10} z)} \end{cases} \tag{4.522}$$

要找出圆极化波的位置,必须使 H_z,H_x 两个分量满足大小相等、时间相位差为 $90°$ 和空间相互垂直的条件。后两个条件已满足,故只需要令它们大小相等即可得到圆极化波位置 x_1 和 x_2。

图 4.52 所示的为矩形波导中传 H_{10} 模时的磁场分布。图 4.52(a)所示的是波沿 $-z$ 方向传输时的磁场分布,其中,P 和 P' 点分别为波导宽边中心线两侧的两个圆极化波位置。由图 4.52(a)可见,当外加恒定磁场 H_0 方向为 $+y$ 方向时,P 点处磁场矢量随时间的变化方向与 H_0 呈右手螺旋关系,故为正旋波;P' 点处磁场矢量随时间的变化方向与 H_0 呈左手螺旋关系,故为负旋波。如果把 $-z$ 方向传输的波称为正向波,则图 4.52(b)所示的 $+z$ 方向传输的波,称为负向波。由图 4.52(b)可见,对于负向波,P 点处磁场矢量随时间的变化方向与 H_0 呈左手螺旋关系,故为负旋波;P' 点处磁场矢量随时间的变化方向与 H_0 呈右手螺旋关系,故为正旋波。

综上所述,当 H_0 为 $+y$ 方向时,沿传输方向看去,左侧圆极化位置处传输正旋波,右侧圆极化位置处传输负旋波。当 H_0 为 $+y$ 方向时,结论刚好相反。利用这一结论可以分析场移式铁氧体隔离器和相移器的工作原理。

在图 4.53 所示的场移式铁氧体隔离器中,如果选定恒定磁场 H_0 使铁氧体工作在弱场区,且使 μ_+ 接近于零,则对于进入纸面的正向波,由于铁氧体片所在处是正旋圆极化波,μ_+ 接近于零,远小于 μ_0,于是场发生偏移,如图 4.53(a)所示。由图可见,此时铁氧体片表面的

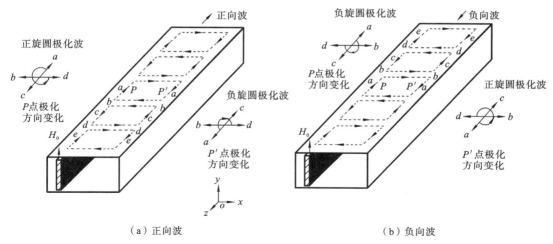

（a）正向波　　　　　　　　　　　　　　　　（b）负向波

图 4.52　矩形波导中的圆极化波示意图

吸收膜处场接近于零,所以波几乎无损耗地通过。对于离开纸面的反向波,由于铁氧体片所在处是负旋圆极化波,$\mu_- > \mu_0$,且由于铁氧体片的介电常数较大,于是场集中于铁氧体片内部和它的附近,如图 4.53(b)所示。场作用于吸收膜上,产生电流,引起损耗,相当于吸收了电磁波。如果铁氧体片足够长,可将反向波全部吸收,使反向波在波导中不能传输,从而实现单向传输的特性。这就是场移式铁氧体隔离器的工作原理。

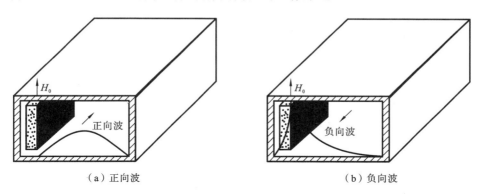

（a）正向波　　　　　　　　　　　　　　　　（b）负向波

图 4.53　场移式铁氧体隔离器正、负向波的场分布

3. 场移式铁氧体移相器的工作原理

利用铁氧体还可以构成非互易的移相器,其结构与场移式铁氧体隔离器的类似,只要将铁氧体表面的吸收膜去掉即可,其场分布如图 4.54 所示。因为正向波和负向波所传输的区域不同,正向波几乎是在空气中传输的,而负向波则大部分在铁氧体片中传输,所以两个不同方向传输的波所通过的媒质的介电常数和磁导率均不同。又已知相移常数($\beta = \omega \sqrt{\mu\varepsilon}$)与介电常数($\varepsilon$)和磁导率($\mu$)有关,所以磁化铁氧体片对不同方向传输的波的相移常数不同,传输同样距离产生的相移也不同,故可以构成非互易的移相器。

4. 相移式铁氧体环形器的工作原理

环行器(Circulator)是一个三端口或四端口网络,用图 4.55 所示的符号表示。当波从

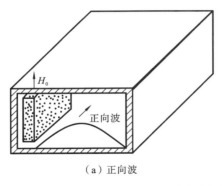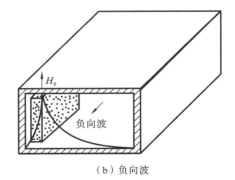

（a）正向波　　　　　　　　　　　　（b）负向波

图 4.54　场移式铁氧体移相器正、负向波的场分布

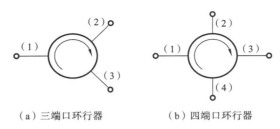

（a）三端口环行器　　　　　　　　　（b）四端口环行器

图 4.55　铁氧体环行器符号

端口（1）输入时，只能从端口（2）输出，端口（3）无输出；当波从端口（2）输入时，只能从端口（3）输出，端口（1）无输出；当波从端口（3）输入时，对于三端口环行器，只能从端口（1）输出，对于四端口环行器，只能从端口（4）输出；对于四端口网络，当波从端口（4）输入时，只能从端口（1）输出。可见，能量在端口间沿环行器的箭头方向传输，不能反向传输，这便是非互易效应。

　　因为铁氧体在外加直流磁场作用下具有非互易特性，因此可用铁氧体来制作环行器。下面介绍一种相移式铁氧体环行器的结构及其工作原理。

　　相移式铁氧体环行器的结构如图 4.56 所示，它是由两个 3 分贝（波导）裂缝电桥、一段铁氧体片和一段介质片构成的，其中，加介质片的波导段构成了一个互易的移相器，它对向左、右两个方向传输的波产生的相移均为 φ；而对于加了磁化铁氧体片的波导段，由于铁氧体片在外加恒定磁场作用下具有非互易特性，从而可构成非互易的移相器，它对向右传输的波呈现的相移为 φ，对向左传输的波呈现的相移为 $\varphi+180°$。可以证明，这是一个四端口环行器，下面用网络的散射参量予以证明。

　　欲了解波在各端口间的传输情况，需求以端口（1）、（2）、（3）、（4）为端口的四端口网络的散射参量矩阵 $[s]$。为求 $[s]$，可先求出两个 3 分贝裂缝电桥的散射参量矩阵 $[s']$。图 4.56 中两个 3 分贝裂缝电桥的 $[s']$ 为

$$[s'] = \frac{1}{\sqrt{2}} \begin{bmatrix} 0 & -j & 0 & 1 \\ -j & 0 & 1 & 0 \\ 0 & 1 & 0 & -j \\ 1 & 0 & -j & 0 \end{bmatrix} \qquad (4.523)$$

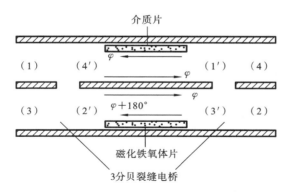

图 4.56　相移式铁氧体环行器的结构

于是,对于第一个 3 分贝裂缝电桥,有

$$
\begin{cases}
v_1^- = -\dfrac{\mathrm{j}}{\sqrt{2}}v_2^+ + \dfrac{1}{\sqrt{2}}v_4^+ \\[2mm]
v_{2'}^- = -\dfrac{\mathrm{j}}{\sqrt{2}}v_1^+ + \dfrac{1}{\sqrt{2}}v_3^+ \\[2mm]
v_3^- = \dfrac{1}{\sqrt{2}}v_2^+ - \dfrac{\mathrm{j}}{\sqrt{2}}v_{4'}^+ \\[2mm]
v_{4'}^- = \dfrac{1}{\sqrt{2}}v_1^+ - \dfrac{\mathrm{j}}{\sqrt{2}}v_3^+
\end{cases}
\tag{4.524}
$$

对于第二个 3 分贝裂缝电桥,有

$$
\begin{cases}
v_{1'}^- = -\dfrac{\mathrm{j}}{\sqrt{2}}v_2^+ + \dfrac{1}{\sqrt{2}}v_4^+ \\[2mm]
v_2^- = -\dfrac{\mathrm{j}}{\sqrt{2}}v_{1'}^+ + \dfrac{1}{\sqrt{2}}v_{3'}^+ \\[2mm]
v_{3'}^- = \dfrac{1}{\sqrt{2}}v_2^+ - \dfrac{\mathrm{j}}{\sqrt{2}}v_4^+ \\[2mm]
v_4^- = \dfrac{1}{\sqrt{2}}v_{1'}^+ - \dfrac{\mathrm{j}}{\sqrt{2}}v_{3'}^+
\end{cases}
\tag{4.525}
$$

因为

$$
\begin{cases}
v_{1'}^+ = v_{4'}^- \, \mathrm{e}^{-\mathrm{j}\varphi} \\[1mm]
v_{4'}^+ = v_{1'}^- \, \mathrm{e}^{-\mathrm{j}\varphi} \\[1mm]
v_{2'}^+ = v_{3'}^- \, \mathrm{e}^{-\mathrm{j}(\varphi+180°)} = -v_{3'}^- \, \mathrm{e}^{-\mathrm{j}\varphi} \\[1mm]
v_{3'}^+ = v_{2'}^- \, \mathrm{e}^{-\mathrm{j}\varphi}
\end{cases}
\tag{4.526}
$$

将上式代入式(4.524)、式(4.525),并消去端口(1′)、(2′)、(3′)、(4′)的入射波、反射波电压,得

$$
\begin{aligned}
v_1^- &= \left(-\frac{\mathrm{j}}{\sqrt{2}}\right) \cdot \left(-v_{3'}^- \, \mathrm{e}^{-\mathrm{j}\varphi}\right) + \frac{1}{2}v_{1'}^- \, \mathrm{e}^{-\mathrm{j}\varphi} \\[2mm]
&= \frac{\mathrm{j}}{\sqrt{2}}\mathrm{e}^{-\mathrm{j}\varphi} \cdot \left(\frac{1}{\sqrt{2}}v_2^+ - \frac{\mathrm{j}}{\sqrt{2}}v_4^+\right) + \frac{1}{\sqrt{2}} \cdot \left(-\frac{\mathrm{j}}{\sqrt{2}}v_2^+ + \frac{1}{\sqrt{2}}v_4^+\right)\mathrm{e}^{-\mathrm{j}\varphi}
\end{aligned}
$$

$$= \frac{1}{2} v_2^+ (\mathrm{j}-\mathrm{j}) \mathrm{e}^{-\mathrm{j}\varphi} + \frac{1}{2} v_4^+ (1+1) \mathrm{e}^{-\mathrm{j}\varphi}$$

$$= v_4^+ \mathrm{e}^{-\mathrm{j}\varphi}$$

$$v_2^- = v_1^+ \mathrm{e}^{-\mathrm{j}(\varphi+90°)}$$

$$v_3^- = v_2^+ \mathrm{e}^{-\mathrm{j}(\varphi+180°)}$$

$$v_4^- = v_3^+ \mathrm{e}^{-\mathrm{j}(\varphi+90°)} \tag{4.527}$$

可见,当波从端口(4)输入时,从端口(1)输出,且输出波 v_1^- 比输入波 v_4^+ 相位落后 φ;当波从端口(1)输入时,从端口(2)输出,且输出波 v_2^- 比输入波 v_1^+ 相位落后 $\varphi+90$;当波从端口(2)输入时,从端口(3)输出,且输出波 v_3^- 比输入波 v_2^+ 相位落后 $+180°$;当波从端口(3)输入时,从端口(4)输出,且输出波 v_4^- 比输入波 v_3^+ 相位落后 $\varphi+90°$。以上各种情况下的输入、输出波大小相等。

通过以上分析可见,环行器并不一定是圆形的,图 4.55 只是表示环行器中波传输方向的非常形象的符号。另外,利用散射参量进行分析可同时得到四个端口的输入、输出关系。

4.4.2　微波磁性器件的典型应用

微波铁氧体器件在无线电系统中有着广泛的应用,下面举例说明。

1. 在微波通信系统中的应用

图 4.57 所示的为微波通信系统中终端站的分路系统。该终端站有 3 台发射机、3 台接收机,它们共用一副天线进行信号的收与发,要求不同发射机、接收机的收、发信号彼此互不干扰。为实现这一功能,系统中采用了 7 个环形器和 6 个微波带通滤波器。当发射机 T1 发射频率为 f_{T1} 的信号时,先通过 FT1 滤波器进入环形器 1,从环形器 1 出来后进入环形器 2,从环形器 2 出来后进入 FT2 滤波器。由于 f_{T1} 在 FT2 的阻带,所以,频率为 f_{T1} 的信号被反射回来,再次进入环形器 2→环形器 3→FT3 滤波器。由于 f_{T1} 也在 FT3 的阻带,所以频率为 f_{T1} 的信号又被反射回来,再次进入环形器 3→环形器 4,最后从天线发射出去。发射过程中信号的传输情况如图 4.57(a)所示。同理可知发射机 T2 和 T3 发射信号的传输过程。由以上分析可见,各发射信号最终均只进入天线,并不进入接收机和其他发射机,故对接收机和其他发射机不产生影响。

当天线接收多路宽带信号时,接收到的信号先进入环形器 4→环形器 5→FR3 滤波器,接收机 R3 欲接收的信号(f_{R3})顺利通过 FR3,进入接收机 R3,其余信号被返回,重新进入环形器 5→环形器 6→FR2 滤波器,接收机 R2 欲接收的信号(f_{R2})顺利通过 FR2,进入接收机 R2,其余信号被返回,重新进入环形器 6→环形器 7→FR1 滤波器,接收机 R1 欲接收的信号(f_{R1})顺利通过 FR1,进入接收机 R1,剩下的其余信号为干扰信号,全部被返回,重新进入环形器 7。最后,所剩的所有非有用信号全部进入匹配负载,不再返回,从而完成整个接收过程,如图 4.57(b)所示。由以上分析可见,微波分路系统将天线接收的多路宽带信号分别送入各自的接收机,且不会有其他信道的信号和干扰信号进入,保证了各信道间的隔离。

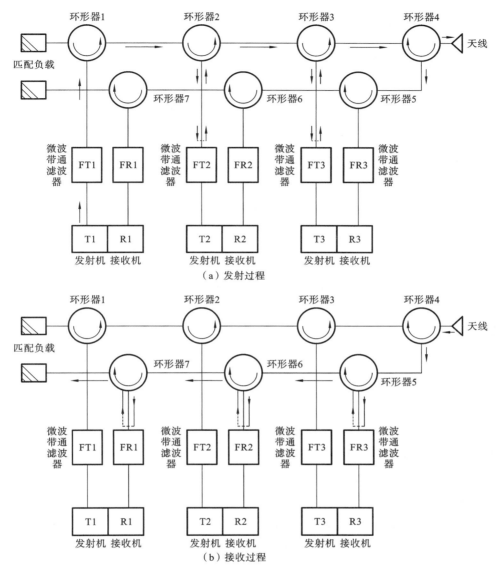

图 4.57　微波终端站微波分路系统

2. 在雷达系统中的应用

在雷达的发射机、接收机和天线之间接入一个三端口环行器,可以使发射功率几乎全部由天线输出,而基本不进入接收机;同时,它可以使从天线接收到的回波信号几乎全部进入接收机,而基本不进入发射机。在图 4.58 中,环行器Ⅰ起到天线收发开关的作用,环行器Ⅱ能降低混频器对前级低噪声高倍放大器的干扰作用。

3. 在微波测量中的应用

在微波测试系统中,一般必须接上微波隔离器(或环行器),如图 4.59 所示。在信号源输出端接上隔离器,由于隔离器对来自负载的反射波有很大的衰减,故隔离器可起到良好的去耦作用,能保证信号源输出功率、频率的稳定性,从而提高测试的精度。

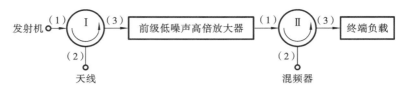

图 4.58　环行器在雷达系统中的开关作用和隔离作用

图 4.59　隔离器在微波测试系统中的去耦作用

◀ 4.5　磁存储器 ▶

磁存储器作为一种存储介质,具有容量大、成本低等优势,因此被广泛应用于计算机系统中作为辅助大容量存储器。它主要用于存储系统软件、大型文件、数据库等大量程序与数据。同时,磁存储器的记录介质可重复使用,确保长期保存信息不丢失。然而,磁存储器也存在一些明显的缺点,如复杂的机械结构、相对较慢的存取速度和较高的工作环境要求。这些问题需要在设计和应用中加以考虑和解决。

4.5.1　磁存储的工作原理

1. 传统磁存储工作原理

磁存储器作为一种重要的数据存储设备,是通过利用表面磁介质记录信息来进行信息的保存和读写的。在磁存储器中,数据被编码为磁介质的剩磁状态及剩磁方向的改变,以表达二进制数值信息。

记录信号的过程为将输入信号转换为电信号,再对信号进行放大和处理,并输入到磁头线圈中。磁头线圈通过在记录磁头缝隙处形成记录磁化场,使磁介质被磁化,从而记录相应的数据信息。而在读取信号时,磁介质读出(重放)磁头的细缝处时会产生磁场,从而产生读出电压,经过处理后可输出为可读取的信号。

在记录信号与读出信号之间有个存储过程。外部存在的杂散磁场的强度在此过程内不能超过用于记录的磁场的强度,否则会使磁层处于退磁状态,即抹除了先前记录的信号。为了重新记录新的信息,则需要使用消抹磁头在存储过程中抹除原先记录的信号。消抹磁头可以产生强磁场,将磁介质置于退磁状态,以便新的数据信息得以记录。

磁头和记录介质在此过程中若要以特定方式运动,就需要伺服机械的控制,其负责控制运动的准确性和稳定性。通过这种方式,磁存储器实现了数据的可靠存储和读取,为信息的传输和保存提供了重要的支持。因此,磁存储器的工作原理实质上是电磁信息相互转换的过程,这为现代计算机系统的运行提供了不可或缺的基础。

（1）磁记录系统的基本结构。

磁记录系统一般是由磁头、磁记录介质（简称记录介质）、电路和伺服机械等部分组成的,如图 4.60 所示。

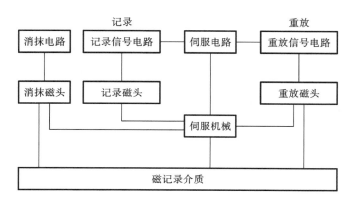

图 4.60　磁记录系统的基本组成部分

① 磁头。

磁头作为磁记录系统的核心器件之一,用来实现电磁之间的转换。无论是收音机还是计算机的外存储器,磁头都不可缺少。磁头按功能可分为用来写入信息的记录磁头、用来读出信息的重放(读出)磁头,以及用来抹除信息的消磁磁头(又称消抹磁头)。

记录磁头通过导线把记录信号电流转变为磁头缝隙处的记录磁化场。而读出磁头与之恰好相反。当磁头通过磁介质时,磁头导线上会产生相应的电流,即把已记录信号的记录介质磁层的磁场转变为线圈两端的电压,经电路的放大和处理,将信号还原成人可以识别的信息。磁记录/重放过程示意图如图 4.61 所示。

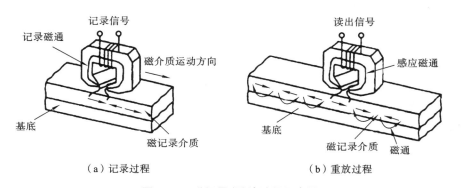

（a）记录过程　　　　　　　　　（b）重放过程

图 4.61　磁记录/重放过程示意图

消抹磁头的用途是清除记录介质上的信息,即让磁层从磁化状态返回到退磁状态。

图 4.62(a)所示的为较通用的环形磁头的结构示意图,磁头在录音、仪表及数据记录产品中扮演着至关重要的角色,其设计和性能直接影响着整个磁记录系统的效率和准确性。经过多年的发展,磁头仍然是以常见的感应线圈和铁芯结构为基础设计而成的。为了方便绕线和制造,并要求其对外部磁场不敏感,环形磁头通常会由两半合成。磁头不仅有用于写

入和读出的前缝隙,即工作缝隙,并且还有一个后缝隙,在磁头的结构中,两者都起着至关重要的作用。前缝隙不仅影响着记录和读出的效果,还直接影响着磁头的性能。因此,控制前缝隙的尺寸是一项至关重要且严格的工作。

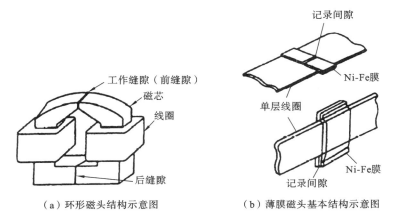

（a）环形磁头结构示意图　　　　　（b）薄膜磁头基本结构示意图

图 4.62　环形磁头结构示意图与薄膜磁头基本结构示意图

磁头磁芯应具有高磁导率、高电阻率、高硬度及高饱和磁化强度,其通常由软磁性材料构成,如软磁性合金材料(如坡莫合金、铁硅铝合金等)和软磁性铁氧体材料(如热压铁氧体材料、单晶铁氧体材料等)。这些材料的选择直接影响着磁头的性能和灵敏度。

记录磁头将记录信号电流转换为磁化场,从而实现信息的存储;而读出磁头则将磁介质中的磁场变化转换为电压,实现信息的读取。具有高饱和磁化强度和低矫顽力的磁头能够有效地将电能转换为磁能,更好地实现信号的记录和消除。

通常情况下由同一个磁头完成读、写和消磁三种功能。轻小的磁头及简易的连接技术适合磁头移动的情况,但在不需要磁头移动的场合,往往将读出、记录和消磁磁头分开,如用磁带记录的设备。

对信息量的需求随着科技的发展越来越大,磁记录设备的记录密度(位密度)也需要不断提高。由于位密度的不断提高,要求磁头间隙减小,原先传统的环形磁头已难以满足磁记录发展的要求,从而逐渐开发了一种新型的用类似半导体集成电路工艺制作的薄膜磁头。由于炼胶磁头频响宽、分辨率高、惯量小,因而其在快速存取、高密度记录方面,渐渐受到人们的重视。随着薄膜技术和大规模集成技术的发展,薄膜磁头已取得很大的进展,目前已大规模应用于数字记录,并已在录音、录像方面开拓新的应用领域。图 4.62(b)所示的是薄膜磁头基本结构示意图。

随着记录媒体上每个信息位所占有面积的进一步减小,单位信息的剩余磁通也相应减弱,用薄膜磁头读出的信号也变得非常小。为了保证读取信息的可靠性,应提高磁头读出的灵敏度。为此,出现了采用磁感应强度很强的磁阻(Magneto resistive, MR)材料制成的磁阻磁头,使磁记录密度提高到了 5 Mb/in²。但随着记录密度的迅速提高,MR 磁头又受到了限制,取而代之的是巨磁电阻磁头。

② 磁记录介质。

磁记录介质作为磁记录系统的核心组成部分,扮演着至关重要的角色。其性能直接影响着信息存储的效率、准确性和稳定性。为了满足不断增长的数据存储和记录需求,磁记录介质需要具备一系列性能要求。

磁记录介质需要具有较高的磁矫顽力。高矫顽力有助于有效存储信息、抵抗环境干扰、减小自退磁效应,并提高信息密度。过大的矫顽力会导致需要较大的磁化电流,过小的矫顽力则会限制存储密度。提高饱和磁化强度可以获得高的输出信息,提高单位体积的磁能密度,但过高的饱和磁化强度会增大自退磁效应。

自退磁效应受矩形比的影响,提高矩形比有助于提高信息记录效率。此外,陡直的磁滞回线可以使录数开关磁场区域变窄,减小输出脉冲宽度,从而提高信息记录的分辨率。另外,低磁性温度系数可以延缓老化效应并提升磁记录稳定性。

磁层表面均匀、光洁和耐磨也是磁记录介质的重要性能要求之一。良好的表面质量可以保证磁头与介质之间的接触质量,从而提高数据读写的准确性和稳定性。另外,磁性粉料要具有良好的分散取向性,而磁性薄膜材料需要具备良好的成膜工艺,以确保介质的稳定性和可靠性。

磁性介质材料主要分为粉末(颗粒)涂布型的和金属或氧化物薄膜型的。自 20 世纪 60 年代开始,薄膜介质便在计算机磁盘驱动器(如硬盘)中应用。

众所周知,(自)退磁作用与介质膜层厚度有关。在记录波长相同的条件下,介质膜层越厚,退磁越严重。而重放电压也与厚度有关,厚度越薄,被读出头耦合的有效磁化强度越低,重放电压越小。由此可见,这是两个相互矛盾的要求。从降低退磁作用出发,必须减薄磁层,但此时将受到要求高输出电压的限制。为了保证在减薄磁层的同时仍能够得到高的输出电压,可以采用连续薄膜型介质。沉积的薄膜厚度远小于涂布型磁层厚度,而且表面很光滑。此外,薄膜无须采用黏合剂等非磁性物质材料,因此它含有 100% 的磁性材料。使用薄膜介质能得到比粉末涂布型高得多的剩磁感应强度和更高的输出幅度。

磁性薄膜的制作方法有电镀法、化学镀法、真空蒸镀(蒸发)法、离子镀法、真空溅射法、外延法、化学气相沉积法等,主要的磁性薄膜材料有 Co-Cr 膜、Co-Re 膜、Sm-Co 膜、Ni-Co-P 膜、Co-P 膜等。

③ 电路。

电路的构成根据记录信号和读出信号的性质和方式而有所不同。典型的电路包括记录信号电路、读出(重放)信号电路、伺服电路和消抹电路等。记录信号电路负责对信号进行放大或处理,以确保信号在进入记录磁头线圈之前的准确性。读出信号电路则负责放大或处理由读出磁头线圈获取的读出电压,以实现准确的数据读取。伺服电路的作用在于通过同步信号控制磁头和记录介质的准确稳定运动,确保伺服机械的运动精度和一致性。消抹电路则用于消去记录介质上的信号。

④ 伺服机械。

伺服机械是一种具有反馈环节的闭环控制系统,用于自动跟踪控制。其结构根据磁迹扫描方式的不同而有所变化,通常包括磁头运动的伺服机械和记录介质运动的伺服机械。对于磁带录像机等设备,磁迹之间距离极小,如要磁头和磁带的运动与记录过程完全同步,需要精密而稳定的伺服机械。而对于简单的磁带录音机,主要要求是提供稳定和均匀的纵向运动。

伺服机械提供的磁头-记录介质相对运动由磁迹的扫描方式所决定,伺服机械的结构设计也由此决定。对于纵向扫描,磁迹沿磁带纵向分布,常见于录音机和录像机中。对于斜向扫描,磁迹沿磁带斜向分布,例如二磁头录像机。对于横向扫描,磁迹沿磁带横向分布,如四磁头录像机。而在磁盘机中,磁迹沿磁盘的圆周方向分布。

伺服机械必须在稳定、准确和可靠的工作环境下运行,这要求零部件的设计、加工和安装都有极高的精密性。只有精心设计和精确制造的伺服机械,才能确保磁记录系统的正常运行和高效性能,从而满足不断增长的数据存储需求,为用户提供稳定可靠的数据存储和读取服务。

(2) 磁记录方式。

根据磁记录介质的磁化方向,可将磁记录方式分为水平(磁)记录方式(也称纵向记录方式)和垂直(磁)记录方式。水平磁记录的记录介质磁化过程是沿它的运动方向进行的。而垂直磁记录是在垂直定向的磁介质上沿介质厚度方向进行磁化来记录信息的,如图 4.63所示。

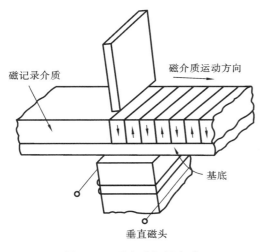

图 4.63　垂直磁记录方式

对于广泛应用的水平记录方式来说,其退磁场(包括记录退磁场、自退磁场和相邻退磁场)随记录波长的缩短而增大。高密度记录时退磁场不但会造成介质剩磁的减小,而且还会让磁化向量转向而形成圆的磁化图形,从而大大减小了磁化层的厚度,减弱了读取信号。研究者们为了解决或减小退磁作用对水平记录方式造成的影响,采取了多种办法,如增大磁记录介质的矫顽力,减小磁介质的厚度,采用薄膜化的磁头等。但是这些办法受到信噪比的制约,因此记录密度的进一步提高受到一定的限制。为此,人们希望有一种高密度记录时退磁场接近于零的记录方式,这就是垂直记录方式。

① 记录的原理与特点。

磁记录技术在信息存储领域扮演着至关重要的角色,而磁化取向对于记录位的稳定性和密度都具有重要影响。

磁记录信息的基本单元为一个记录位,每一个位对应一个磁化翻转。在追求高密度记录的过程中,要求一个记录位所占的介质空间尽量小。如图 4.64所示,垂直记录方式在记录数字信号时能够实现高密度磁记录,因为在磁化交界处附近的退磁场趋向于零(退磁场在交界处为零),使得磁化翻转可以突变,从而使空间占位很小的信息空位具有高密度的磁记录。根据理论和实验研究,垂直记录的一个记录位的最小尺寸大约为一个磁畴的尺寸,进一步验证了其适用于高密度记录的优势。相比之下,水平记录的磁化方向只能逐渐改变,所以退磁场在磁化取向的交界处形成过渡空间,使得磁化反转不能突变,输出信号波形变宽,减小了记录密度。如果增大记录密度,记录波长就会变短,磁极之间的距离也会变小,退磁场更大,导致剩磁变小。因此,在考虑需要哪种磁记录方式时,需要考虑磁化取向对记录位稳定性和密度的影响,以实现高效的信息存储和读取。

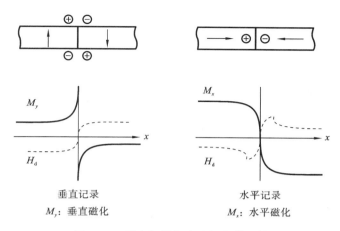

垂直记录　　　　　　　　　　水平记录

M_y：垂直磁化　　　　　　　M_x：水平磁化

图 4.64　垂直记录与水平记录的比较

水平记录采用交流偏置磁场方式记录信号,记录模拟信号时要求高的保真度,属于非饱和磁记录。垂直记录采用调频(FM)和脉冲调制(PCM)等编码方式记录数字信号,要求高的分辨率,属于饱和磁记录。表 4.17 给出了垂直记录与水平记录的主要区别。

表 4.17　垂直记录与水平记录的主要区别

记录方式	垂直记录	水平记录
退磁场	$H_d \to 0$(记录波长 $\lambda \to 0$)	$H_d \to M$(记录波长 $\lambda \to 0$)
磁头	单极形磁头,H_y 起作用	双极形磁头,H_y 起作用
记录介质性质	具有垂直各向异性,饱和磁化强度 M_s 大	具有平面各向异性,薄膜矫顽力 H_c 大
记录信号	数字信号,饱和记录	模拟信号,非饱和记录
记录方式	调制法记录(FM,PCM)	交流偏置法记录

可见,垂直记录具有如下两个重要特点。

a. 在垂直磁记录介质上可以记录频率很高的信息,而且高频信号的剩磁分布很强。

b. 读出高密度的记录信号时,通过垂直记录磁头与介质的相互作用可以改变突变的磁场区域。

② 记录磁头。

水平记录方式采用的是环形磁头,记录时,环形磁头产生的磁场平行于记录介质平面。当采用垂直记录方式时,垂直磁记录头应当产生与介质平面相垂直的足够强的磁场,且磁场分布的范围要窄,这种磁头在结构上不同于环形磁头。最早使用的垂直磁记录头是辅助磁极励磁型单极(形)磁头,它的主磁极是由 $0.2 \sim 1~\mu m$ 厚的 NiFe 薄膜、坡莫合金等高磁导率材料制成的。通过主磁极与介质表面直接接触进行记录或重放。这种磁头主磁极的旁边有个较大截面的辅助磁极,其上绕有励磁线圈(或感应线圈)。辅助磁极要比主磁极厚许多倍,励磁线圈通常采用铁氧体材料。在重放过程中,主磁极被介质表面的磁场磁化,从而使产生的磁通穿过辅助磁极上的感应线圈,进而产生重放电压,实现信号的读取。

辅助磁极励磁型单极磁头的设计特点在于主磁极的厚度理论上代替了环形磁头的工作缝隙宽度,厚度的选择直接影响了记录或读出脉冲的宽度。主磁极的厚度越薄,记录或读出的脉冲就越窄,从而增强了磁极与介质之间的相互作用。该磁头能够产生理想的磁化效果,并快速聚焦分布的磁场,有利于垂直磁记录的实现。

垂直磁记录用磁头除辅助磁极励磁型单极磁头外,主要还有主磁极励磁型单极磁头、磁致电阻(MR)型磁头和环形磁头。其中,辅助磁极励磁型单极磁头最适合于垂直磁记录,它能使磁记录介质产生理想磁化,因为这种磁头与磁层面相垂直,而且又能迅速聚焦分布的磁场。但是它的灵敏度、阻抗噪声、对外界磁场的屏蔽能力等并不理想。

主磁极励磁型单极磁头与记录介质的磁性层接触,它的灵敏度高,阻抗噪声低,但对磁记录介质的磁化能力比辅助磁极励磁型的弱。MR 型磁头为集成构造的,灵敏度高,但需要专用重放磁头。环形磁头的灵敏度高、阻抗噪声低,但对垂直磁记录介质的磁化能力比主磁极励磁型单极磁头的还要低。

③ 记录介质。

垂直记录要求记录介质的易磁化轴与薄膜平面垂直,从而形成垂直于介质表面的磁化方向。提高水平磁记录介质的磁记录密度的途径是减薄磁层的厚度和提高磁层的矫顽力,而提高垂直磁记录介质的磁记录密度的唯一途径是保证介质具有较高的垂直各向异性。对于水平记录方式来说,为了降低退磁作用,必须适当降低饱和磁化强度 M_s;而对于垂直记录方式而言,为了增强磁头与介质的相互作用,提高记录和重放灵敏度,必须提高介质的饱和磁化强度 M_s,这一点正好与水平记录的要求相反。为了延长记录介质的使用寿命,还必须保证磁膜与基体之间的良好接触,且要求介质的机械强度高。

目前研究得最为广泛且能满足要求的介质,是用钡铁氧体粉料制成的粉末涂布型介质和 Co-Cr 合金连续介质。Co 具有单轴各向异性,它的易磁化轴垂直于薄膜的平面。理论证明,要提高记录密度,必须提高磁性薄膜的矫顽力,矫顽力与膜中的微观结构有密切的关系。Co-Cr 膜中的柱状晶粒的尺寸及分布对磁膜的磁特性有重大影响。将这种薄膜经过化学腐蚀,用高分辨率的透射电镜可以观察到柱状晶粒的存在。进一步分析发现,Co-Cr 膜中存在着富 Cr 相和富 Co 相,前者是非磁性相,后者是铁磁性相。富 Co 相的尺寸小,它被富 Cr 相包围着,所以,磁性颗粒之间是由非磁性相隔开的,这就保证了与单磁畴相似的结构。这种由柱状晶粒组成的膜有高的矫顽力,它的易磁化方向与膜的法线方向平行。所以,沿着垂直于膜面的方向磁化时,容易得到饱和磁化。在读出时,重放电压亦大。由于重放噪音与磁性颗粒的尺寸成正比,而这种柱状晶粒的尺寸很小(几十纳米),所以噪声低。综上所述,Co-Cr膜具有记录密度高、信噪比高和输出电压高的优点。此外,为了改善 Co-Cr 膜的记录再生特性,提高记录密度,可在 Co-Cr 垂直磁化膜与基体之间制作一层高磁导率的 NiFe 合金薄膜,形成双层磁化薄膜结构。

除了 Co-Cr 膜之外,可用作垂直记录的磁介质还包括 Co-Cr-Ta,Co-Cr-V,Co-Cr-Ru,$BaFe_2O_3$、$Fe_{1-x-y}Tb_xGd_y$,Co-Ni-Mn-P,γ-Fe_2O_3,Co-γ-Fe_2O_3 等。制备这些介质的方法有真空溅射法、真空蒸发法、电镀法、化学镀法和涂布法。

2. 自旋电子学与新型磁存储工作原理

自旋电子学是磁学与电子学的交叉研究领域。传统的电子学仅仅利用了电子的电荷属性。例如,晶体管是利用电场来调控半导体沟道的电子态密度的。半导体存储器(如内存、闪存等)将信息以电荷的形式存储于电容器中。而自旋电子学则同时利用了电子的电荷属性与自旋属性,并将其独有的特性应用于非易失性存储器件中。电子自旋是电子具有的基本磁矩属性,该属性源于电子的量子特性。磁性材料可作为电子自旋的"起偏器"及检测自旋的"检偏器"。这便能够说明为何大部分自旋电子器件同时具有磁性与非磁性材料,这其中包括金属、半导体、绝缘体等。

材料的磁特性在信息存储领域中的应用已具有相当长的历史。长期以来,信息通常以磁性材料中不同磁化方向取向的形式存储在相应的存储器件单元中,例如已经被广泛应用的磁带及磁性硬盘。

另一类自旋电子学器件被应用于磁性随机存储器中。众所周知,半导体固态存储器以其好的存储特性及高速读写性能被应用于硬盘与逻辑单元间的信息交互。在此类应用中,以磁性材料的应用为基础的随机存储器设计,即磁性隧道节器件,是未来非易失存储技术研究领域里最为重要的发展方向,有望在不久的将来取代当前的半导体存储器(如 DRAM 和 SRAM),因此具有广阔的应用前景与市场。

本节将针对信息如何存入磁存储单元,信息如何读取,以及如何通过翻转磁矩以实现信息状态的改变,对相关的基础物理概念做说明。首先就磁性材料中电子的输运过程展开讨论,此概念与巨磁阻效应、隧穿磁电阻效应紧密相关,是磁性随机存储器工作的磁电阻效应的物理基础来源。接下来我们就纳米自旋电子学器件中极化自旋电流如何作用于磁化强度矢量并产生自旋转移力矩做相应介绍。最后对该效应如何实现 STT-MRAM 器件的电流写入过程做出相应解释。

(1)巨磁阻效应(巨磁电阻效应)。

① 磁性材料中的电输运特性。

磁石具有磁性,这是自古希腊以来便为人所知的现象。磁性被描述为某种力,可以在一定距离内产生吸引或排斥的效果。磁性的本质来源于某些材料所产生的磁场,抑或是来源于电子的运动过程,即电流。在磁性材料中,例如铁、钴、镍等,其磁化强度主要源自与电子自旋角动量相关的内禀磁矩,即"自旋",或者是电子的轨道角动量。在自然界中,其他的磁性来源还包括原子核中的核磁矩,通常情况下比电子的磁矩低数千倍。因此,核磁矩在磁性材料中可以忽略不计。但是,它们仍然在核磁共振和磁共振成像技术中发挥着重要作用。

自旋磁矩 $\vec{\mu}_s$ 和自旋角动量 $\vec{S}$ 由 $\vec{\mu}_s = -g\mu_B \vec{S}$ 联系起来,其中,g 为朗德因子,$\mu_B = eh/2m_e$ 是玻尔磁子。在该表达式中,$e=1.60\times10^{-19}$ C 是电子电荷,$m_e=9.31\times10^{-31}$ kg 是电子质量,$\hbar=1.05\times10^{-34}$ $\mathrm{m^2\ kg/s}$ 是约化普朗克常数。

铁磁过渡金属,如铁钴镍及其合金,是当今自旋电子器件的主要材料,与非磁性金属相比具有特殊的电子能带结构。在过渡金属中,导带中最高的两个占据态分别被 3d 和 4s 电子占据。s、p、d、f 轨道分别由角动量量子数 $l=0,1,2$ 和 3 来表示,描述了轨道形状与电子构型。在晶体中,具有类似轨道的电子倾向于占据同一能带。在铁磁过渡金属中,依据不同的自旋态,这样的能带被劈裂为两个子能带(如图 4.65(a)所示)。在这样的磁性材料中,自旋之间的相互作用被称作交换耦合,依据能量最低原理,自旋倾向于平行排布。

接下来,我们将磁矩方向与局域磁化强度矢量平行的电子定义为"自旋向上",将与之反平行的电子定义为"自旋向下"。与普通金属类似,铁磁金属的 4s 电子能带中包含了相同数目的"自旋向上"与"自旋向下"的电子。然而铁磁金属的特殊性体现在其 3d 电子能带上,其最低能态下,两个 3d 子能带 $3d_\uparrow$ 与 $3d_\downarrow$ 之间发生偏移,导致了不同状态下电子数的不对称分布特性,也实现了自发磁化的过程。因此,此类 3d 电子也被称作多数自旋(↑)电子与少

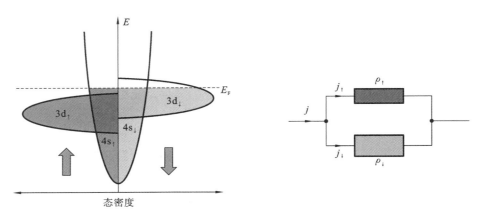

(a) 强铁磁特性过渡金属的能带结构示意图　　　(b) 二流体模型中两个自旋子带的等效电路示意图

图 4.65　强铁磁特性过渡金属的能带结构示意图与二流体模型中两个自旋子带的等效电路示意图

数自旋(↓)电子。对于不同的自旋状态,在费米能级处自旋向上电子与自旋向下电子具有不同的态密度。

在低温近似下,我们认为电子自旋在多数散射过程中角动量守恒。在该假设下,与自旋向上电子、自旋向下电子相关的输运特性可以由两个独立的平行导电通道近似表示(见图 4.65(b)),两通道之间的交叠忽略不计。在铁磁金属中,遮掩的两条导电通道具有不同的电阻率 $\rho_\uparrow$ 和 $\rho_\downarrow$,该电阻率取决于电子磁矩与局域磁化强度矢量之间是平行(↑)状态还是反平行(↓)状态。

我们认为 4s 电子为完全非局域化电子,因为它们属最外层电子,贡献了绝大部分的电流。与之对应的是,3d 电子是更为局域化的电子,是金属的磁性来源。费米能级处,s 与 d 能带间的交叠现象,允许电流中的 4s 电子能够在局域化的 3d 态电子之间发生散射过程,此时两种电子具有相同的能量与自旋状态。费米能级处,3d 电子不同的态密度则导致不同自旋状态的 4s 电子具有不同的散射概率。

以钴和镍为例,其费米能级高于 3d↑ 子能带。该子能带被完全占据,而 3d↑ 在费米能级处的态密度为零。因此,s-d 散射过程仅仅与自旋向下(↓)电子有关,而自旋向上(↑)电子则不会在 3d 局域态发生散射。这便导致少数(↓)电子具有更高的扩散概率及更大的电阻率 $\rho_\uparrow < \rho_\downarrow$。低温近似下的两个独立导电通道总的电阻率可以由如下表达式给出:

$$\rho = \frac{\rho_\uparrow \rho_\downarrow}{\rho_\uparrow + \rho_\downarrow} \tag{4.528}$$

在高温近似下,某些额外的传导电子散射过程,如自旋波,可导致自旋反转过程,从而使得两个导电通道相互交叠耦合,但通常情况下,上述过程可以忽略。

铁磁材料中的自旋非对称系数可以由 $\alpha = \rho_\downarrow / \rho_\uparrow$ 或者 $\beta = (\rho_\uparrow - \rho_\downarrow)/(\rho_\uparrow + \rho_\downarrow)$ 来定义。在典型的铁磁金属钴和镍中,$\rho_\uparrow < \rho_\downarrow$,因此 $\alpha > 1$。

两个导电通道少数自旋与多数自旋的电阻率差异使得大部分电流主要通过较低电阻率的自旋通道(↑)通过。随之而来的是自旋向上电子与自旋向下电子电流密度的不对称分布。因此,流经铁磁金属的电流是自旋极化电流。若将 $j_\uparrow$ 和 $j_\downarrow$ 定义为自旋向上与自旋向下电子的电流密度,则 p 为电流的自旋极化率,$p = (j_\uparrow - j_\downarrow)/(j_\uparrow + j_\downarrow)$。其中,在低温近似下，$p=\beta$。

二流体模型中两个自旋子带的等效电路示意图如图 4.65(b)所示。

② 二流体模型。

二流体模型由 Mott 提出，并由 Fert 和 Campbell 用于解释磁性掺杂材料自旋依赖的电阻率特性。磁性多层膜的巨磁阻效应也同样能够用该理论进行解释。我们以"铁磁金属/非磁性金属"(F/NM/F)多层膜结构为例对该模型进行说明。我们假定铁磁金属层内的磁化强度是均匀分布的。同时，如图 4.66 所示，铁磁层 F 的磁化强度矢量可以在平行(P)与反平行(AP)的两种状态下翻转。如何实现该状态的转换，我们将在后面的内容中做具体说明。

有两种多层膜的几何构型可以用来说明其自旋依赖的电阻变化特性：材料样品面内流动的电流导致的巨磁电阻(CIP-GMR)；材料样品面外流动的电流导致的巨磁电阻(CPP-GMR)。两种多层膜几何构型的电阻率特性均可由二流体模型做说明，其中，多层膜结构中每层的厚度远小于多层膜几何结构的特征长度。

对于面内巨磁电阻特性，其特征长度即电子在材料中的平均自由程 λ。而对于面外巨磁电阻特性，其特征长度则是自旋在材料中的自旋翻转长度或自旋扩散长度 l_{sf}。

如图 4.66 所示，电子以一定的漂移速度，以布朗运动的形式穿越铁磁层。我们将多数自旋通道(自旋与磁化强度矢量平行)内的电阻定为 $r/2$，而将少数自旋通道(自旋与磁化强度矢量反平行)内的电阻定为 $R/2$，其中，$r<R$。$r/2$、$R/2$ 与电子在多数电子通道或少数电子通道中感受到的平均电阻相关。为简便起见，我们假设二流体模型中非磁性层的电阻远小于磁性层(铁磁层)的电阻 r 和 R。在平行排布状态下，自旋向上($\uparrow$)电子与自旋向下($\downarrow$)电子在不同铁磁层 F 中均为多数电子与少数电子，其各自的自旋通道电阻为 $r_\uparrow=r$，$r_\downarrow=R$。两路自旋通道内的电流为并联状态，F/NM/F 结构的等效电阻为 $r_P=rR/(r+R)$。当某些材料具有更强的自旋非对称特性时，则认为自旋向上通路呈现短路状态，其等效电阻为 $r_P\approx r$。

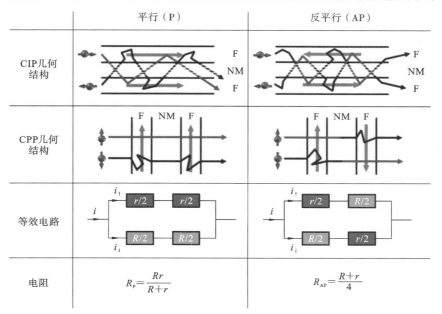

图 4.66　二流体模型示意图

反平行排布状态下，当自旋向上电子从一个铁磁层 F 运动到下一个铁磁层 F 时，分别为多数电子与少数电子两种状态，而自旋向下电子则相反。在该过程中，两种自旋取向的电子都经历了弱散射与强散射两个过程。因此，上述等效短路情况在反平行状态下不复存在。此时两个传导电子通路具有相同的等效电阻$(R+r)/2$。磁性多层膜 F/NM/F 的等效电阻为 $r_{AP}=(R+r)/4$，比 $r_P=r$ 大得多。

依据上述二流体模型，磁性多层膜的巨磁电阻可表示为

$$GMR = \frac{r_{AP}-r_P}{r_P} = \frac{(R-r)^2}{4Rr} \tag{4.529}$$

需要指出的是，针对巨磁电阻还有另一种定义，平行与反平行状态下电阻的变化对反平行状态下电阻进行归一化：$GMR=(r_{AP}-r_P)/r_{AP}$。该巨磁电阻定义下，GMR 具有最大值 100%，而通常情况下的 GMR 定义使其巨磁电阻大小可以超过 100%。巨磁电阻是表征磁性多层膜阻值变化的重要指标参数。

③ 巨磁电阻的发现。

自旋依赖的扩散过程特征长度，在磁性材料中的距离为几个纳米，在非磁性材料中为几十个纳米。由于纳米级的传播长度，使得在 20 世纪 60 年代首次完成的关于自旋依赖输运过程的研究到最终巨磁电阻现象的发现用了近二十年的时间。巨磁阻效应只能在纳米级厚度的磁性多层膜结构中被观测到。分子束外延技术的发展，使得纳米磁性多层膜在 20 世纪 80 年代实现了实验室环境下的制备过程。巨磁阻效应最初由法国科学家 Albert Fert 及德国科学家 Petter Grünberg 于 1988 年在 Fe/Cr 多层膜结构中被发现。如图 4.67 所示，Fe 层之间的反铁磁耦合作用，使得 Fe/Cr 多层膜在零外场时，Fe 层之间的磁化强度质量呈现反平行的排列状态。

当外加磁场足够大并可克服反铁磁耦合作用时，所有的 Fe 层磁化强度会呈现饱和状态，其方向为外部磁场方向。此时的巨磁电阻在 4 K 环境温度下，由反平行状态变为平行状态的过程中，其电阻发生了 80% 的变化。1988 年，由于巨磁阻效应超过了当时已知的任何磁电阻效应，因而其被命名为巨磁阻效应。而该效应的发现被视为自旋电子学的开端。几乎是同时，巨磁阻效应获得了科学界与产业界的共同关注，尤其是数据存储与磁场传感器应用方面。Fert 和 Grünberg 因此发现于 2007 年获得诺贝尔物理学奖。

有关磁性多层膜及巨磁阻效应的研究很快成为凝聚态物理领域的研究热点。Parkin 等人在 1990 年首次通过磁控溅射的方式制备磁性多层膜结构，并验证了巨磁阻效应的存在，使得巨磁阻效应在工业上的应用更进一步。除了验证磁性/非磁性多层膜结构之外，他们同样验证了随着非磁性层厚度的变化，铁磁层之间的交换耦合强度呈现振荡变化的状态。而类似的振荡现象在不同的磁性多层膜结构中（Fe/Cr，Co/Cu 等）也同样得到验证。另一个巨磁阻效应实用化的重要工作，是由 Dieny 等人于 1991 年开发的铁磁金属/非磁性金属/铁磁金属的三层膜"自旋阀"结构（F/NM/F），其中一层铁磁金属层 F 的磁化强度矢量通过交换耦合作用被"钉扎"在特定方向而无法被轻易翻转，同时另一层铁磁金属层 F 则可以在较弱的外部磁场作用下任意改变其磁化强度的方向，因此可以方便地实现两层铁磁金属层之间的平行/反平行状态的转换。该结构于 1998 年被 IBM 公司作为磁电阻磁头应用于磁性硬盘产品中。

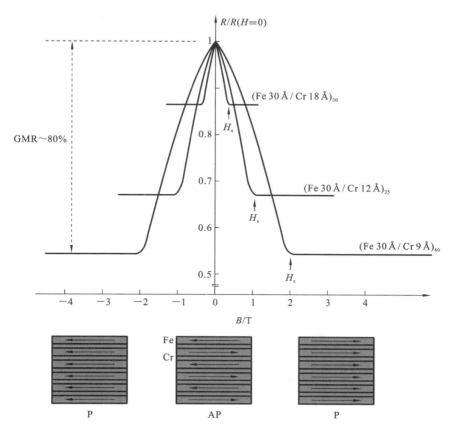

图 4.67　Fe/Cr 多层膜结构中, 不同 Cr 厚度下外场 $\mu_0 H$ 作用下的归一化电阻。
无外场作用下为反平行排布状态, 有外场作用下则为平行排布状态

（2）隧穿磁电阻效应。

磁性隧道结（MTJs）是自旋电子学中人工磁结构发展的又一个重要里程碑。磁性隧道结从磁性物理的角度来看与自旋阀结构类似, 但这两者间最主要的区别在于中间的非磁性层由金属层变为非磁性绝缘薄层。在这些磁性隧道结中, 电流将沿着隧道结垂直方向, 由一层铁磁层隧穿过非磁性绝缘层后进入到第二层铁磁层内。

Jullière 等人于 1973 年在磁性隧道结方面取得了开创性工作（Fe-GeO-Co 隧道结）, 然而, 直到 20 世纪 90 年代中期, 才实现了磁性隧道结可靠的生长与光刻工艺过程。首先是采用无定形非磁性绝缘层 Al_2O_3 作为隧穿层, 率先实现了室温环境下 10% ～ 70% 的高隧穿磁电阻效应。相比于巨磁阻效应, 磁性隧道结在 CPP 几何形态下具备更高的阻抗特性。事实上, 在磁性隧道结中, 其等效的阻抗与隧穿层的厚度紧密相关。通过对隧穿层厚度进行设计, 磁性隧道结可通过光刻工艺被图形化, 加工成为亚微米级的椭圆柱状结构, 其等效电阻可实现 $k\Omega$ 到 $M\Omega$ 范围内的调控。该阻抗特性使得磁性隧道结能够方便地与 CMOS 工艺中其他半导体单元进行集成, 例如, 一个典型晶体管的等效电阻在数 $k\Omega$ 范围内, 而巨磁阻自旋阀 CPP 结构的等效电阻一般在几十欧姆范围内。

与此同时, 为实现更显著的隧穿磁电阻效应, 在相关材料研究方面, 2004 年, 用多晶氧

化镁（MgO）替代无定形 Al_2O_3 隧穿层,隧穿磁电阻在室温下高达 250%,在低温环境下该电阻能进一步提升至 600%。如此显著的隧穿磁电阻效应能够极大地提升磁头的灵敏度,以适应比特信息存储密度不断提升的需求。与此同时,该磁性隧道结 CPP 几何构型下优异的阻抗特性使其能够用于磁性随机存储器（MRAM）的应用中。该结构就是当今 MRAM 的核心组成部分。

如上所述,磁性隧道结中的输运过程不再有如巨磁阻自旋阀结构中的欧姆输运特性,其是基于量子隧穿效应的。我们首先对 Jullière 的隧穿磁电阻模型做说明,以获得对磁性隧道结磁电阻特性的直观认识。随后介绍 Slonczewski 模型及自旋翻转（转移）效应模型。最后介绍隧穿磁电阻的电压控制特性。

① 量子隧穿效应。

在经典物理中,电荷无法穿过绝缘层进行传输。因此穿越势垒的隧穿导电过程是一种纯粹的量子力学现象,被称作隧穿效应。该效应被早期的量子物理理论研究者预言,目前在半导体器件研究中具有重要应用,例如隧穿二极管。

图 4.68 所示的为金属-绝缘体-金属隧道结的能带图。其中比较重要的参数是该隧道结中绝缘层的势垒高度 Φ,以及厚度 d。假设电子能量为 E,波矢 $k_\perp = \sqrt{2m_e E/\hbar^2}$（$m_e$ 为电子有效质量,$\hbar$ 为约化普朗克常数）,该电子由隧道结一端垂直于隧道结方向注入。基于自由电子近似处理,求解薛定谔方程可知,该电子具有非零的隧穿概率。自由电子近似下,电子在金属或势垒中不受任何势场影响。唯一的势场变化来源于绝缘势垒层。因此,该模型能够很好地适用于 4s 电子的输运过程,因为其不受局域晶体势场的影响。

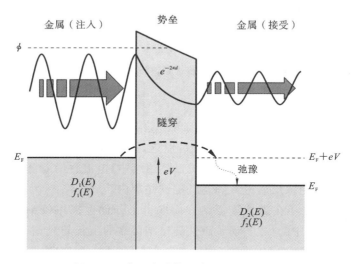

图 4.68 电子穿越势垒的波函数示意图

在隧穿层内,电子波函数以指数形式衰减,因而电子穿过绝缘势垒层的概率为

$$T(E) \propto e^{-2\kappa d} \tag{4.530}$$

由式（4.530）可知,为限制磁性隧道结的电阻,以 MgO、Al_2O_3 为例,该绝缘层厚度应为纳米级的,即几个原子层的厚度范围。若一个电子需要穿越势垒 $(\Phi - E_F) = 1eV$ 的势垒层,它所对应的衰减长度 $1/\kappa$ 约为 0.2 nm。

磁性隧道结在 0 偏置电压下,两个金属电极的费米能级持平,电子由两个方向穿越势垒层的概率相同。为获得非零电流,需要在磁性隧道结两端施加偏置电场。当偏置电压为 V 时,集电极相比于发射极的费米能级下降 eV,因此电子由发射极注入集电极。此时产生的隧穿电流一方面与势垒特性相关,另一方面也与势垒两侧的磁化状态相关。事实上,依据费米黄金定则,单个能量为 E 的电子由金属 1 穿越势垒到金属 2 的概率与该电子在金属 2 内的非占据态的数量正相关。另外,具备隧穿能力的电子数量与金属 1 中的占据态数量相关(能量为 E)。因此,能量为 E 的电子,产生的由金属 1 到金属 2 的隧穿电流可以写为

$$I_{1 \to 2}(E) \propto D_1(E) f_1(E) T(E) D_2(E+eV)(1-f_2(E+eV)) \tag{4.531}$$

其中,$D_1(E)$ 和 $D_2(E+eV)$ 分别为金属 1 与金属 2 中电子能量为 E 及 $E+eV$ 的态密度,$f_1(E)$ 和 $f_2(EeV)$ 是金属 1 与金属 2 处的费米狄拉克分布概率。这样一来,$D_1(E)$ 与 $f_1(E)$ 的乘积代表金属 1 中电子能量为 E 的占据概率,$D_2(E+eV)$ 与 $1-f_2(E+eV)$ 的乘积代表金属 2 中电子能量为 $(E+eV)$ 的未占据概率。最后,$T(E)$ 是之前提到的传输系数。

利用式(4.531),令 $I_{1 \to 2}(E) \sim I_{2 \to 1}(E)$ 对能量积分,可以计算总的隧穿电流。在绝对 0 度及低偏置电压 V 近似下,可以认为只有费米能级处的电子对最终的隧穿电流有贡献。对应的电导正比于费米能级处两电极内的态密度的乘积:

$$G_{T=0} \propto D_1(E_F) \cdot D_2(E_F) \tag{4.532}$$

a. 隧穿磁电阻的 Jullière 模型。

Jullière 于 1975 年建立起简单的模型用于推导 Fe/GeO/Co 中的隧穿电流大小。该磁性隧道结的两个电极的铁磁性通过引入不同的态密度 $D_\uparrow$ 和 $D_\downarrow$ 以表示多数电子与少数电子在隧道结中的差异性,并采用以下方式定义铁磁材料中的自旋极化率:

$$P_0 = \frac{D^\uparrow(E_F) - D^\downarrow(E_F)}{D^\uparrow(E_F) + D^\downarrow(E_F)} \tag{4.533}$$

类似于巨磁阻效应,假设隧穿过程中的自旋角动量守恒,二流体模型表明,隧穿磁电阻效应可以理解为自旋向上与自旋向下通道的等效电导并联。在平行排布状态下,多数自旋(↑)电子从发射极朝集电极中的多数自旋未占据态隧穿。而同时,少数自旋(↓)电子由发射极朝集电极中的少数自旋未占据态隧穿。平行排布状态下的电导可以写为

$$G_P \propto D_1^\uparrow(E_F) \cdot D_2^\uparrow(E_F) + D_1^\downarrow(E_F) \cdot D_2^\downarrow(E_F) \tag{4.534}$$

在反平行排布状态下,多数自旋(↑)电子由发射极朝集电极中的少数自旋(↓)未占据态隧穿。同时,少数自旋(↓)电子由发射极朝集电极中的多数自旋(↑)未占据态隧穿。反平行排布状态下的电导可以写为

$$G_{AP} \propto D_1^\uparrow(E_F) \cdot D_2^\downarrow(E_F) + D_1^\downarrow(E_F) \cdot D_2^\uparrow(E_F) \tag{4.535}$$

采用上面的表达式表征平行与反平行排布状态下电阻的差异,隧穿磁电阻可表示为

$$\text{TMR} = \frac{G_P - G_{AP}}{G_{AP}} = \frac{R_{AP} - R_P}{R_P} = \frac{2P_1 P_2}{1 - P_1 P_2} \tag{4.536}$$

其中,$P_{1,2}$ 为电极 1 与电极 2 的自旋极化率。类似于巨磁电阻的定义,隧穿磁电阻还能被定义为 $\text{TMR} = ((G_P - G_{AP})/G_P) < 1$。

该模型忽略了磁性电极及势垒层中所有与能带结构相关的效应,在描述隧穿磁电阻效应时显得过于简略。即便如此,该简化模型能够成功预测无定形氧化铝磁性隧道结的隧穿

磁电阻大小(对于自旋极化率为 $50\%\sim65\%$ 的 Co-Fe 合金,其隧穿磁电阻通常在 $50\%\sim70\%$ 之间)。但是,该模型无法用于解释具有较大自旋磁电阻的磁性隧道结结构,尤其是利用外延生长技术制备的势垒层材料,如氧化镁势垒层。其中,准确计算隧穿磁电阻时最具挑战性的部分在于,如何准确地评估铁磁材料中自旋极化率的大小及正负符号。自旋极化率越高,隧穿磁电阻越大。为使自旋极化率最大化,在材料科学研究领域开展了大量关于半金属材料的相关研究。半金属中一种自旋取向的电子具备传导特性,而另一种自旋取向的电子则表现为绝缘状态,不参与导电过程,从而得到自旋极化率为 100% 的磁性电极材料。某些磁性氧化物及 Heusler 合金在体材料状态下具备该特性,但当处于室温状态下,且与磁性隧道结集成时则不再具备该特点。

几种实验技术被应用于铁磁材料的自旋极化率测试中,例如 Meservey 和 Tedrow 测试技术,该技术基于铁磁-绝缘体-超导体结的隧穿输运过程。1999 年,在有关 $SrTiO_3$ 自旋依赖的隧穿效应研究中发现,通过控制隧穿势垒层可实现相同铁磁电极中隧穿电子自旋极化率大小与符号的调控。

这些结果都清晰地表明隧穿电子的自旋极化率不仅与铁磁电极本征特性相关,还与铁磁/势垒/铁磁三层结构的特性相关。在接下来的章节中,我们将介绍进阶模型以同时考虑铁磁材料与势垒层特性对隧穿磁电阻的影响。

b. Slonczewski 模型。

1989 年,Slonczewski 充分考虑铁磁/势垒/铁磁界面处的匹配特性,通过计算隧穿电子波函数后,提出了一种更为缜密的模型。为准确推导传输系数 $T(E)$,不仅要考虑费米能级处的电子态密度,还要考虑它们的波矢量 $\vec{k}_F$,或者是它们的速率 v_F,该速率与具体需要被考虑的电子类型相关(s、p 或 d 能带电子)。

在 Slonczewski 模型中,类似于 Jullière 模型,有几个前提假设。第一,考虑自由电子近似,认为隧穿势垒为方形势垒(势垒高度为 Φ,厚度为 d);第二,两端的磁性金属电极被认为是相同的,具有同一特性;第三,该模型认为只有垂直穿过势垒的电子($\vec{k}\approx\vec{k}_\perp$,$k_\parallel\approx0$)才能具有隧穿效应,在其他方向传播的电子不予考虑。事实上,如果考虑其他方向传播的电子,即 $k_\parallel\neq0$,其对应绝缘层中的衰减系数为

$$\kappa(E)=\sqrt{k_\parallel^2+(2m_e/\hbar^2)(\Phi-E)} \tag{4.537}$$

这样,越是与界面方向平行传播的电子,其隧穿过势垒层的概率就越低。通过求解隧道结各区域处的薛定谔方程与各个界面处连续的波函数,可获得铁磁/势垒界面处的自旋极化率 P 的解析表达式:

$$P=\frac{(k_{F,\uparrow}-k_{F,\downarrow})(\kappa^2-k_{F,\uparrow}\cdot k_{F,\downarrow})}{(k_{F,\uparrow}+k_{F,\downarrow})(\kappa^2+k_{F,\uparrow}\cdot k_{F,\downarrow})}=P_0\frac{(\kappa^2-k_{F,\uparrow}\cdot k_{F,\downarrow})}{(\kappa^2+k_{F,\uparrow}\cdot k_{F,\downarrow})} \tag{4.538}$$

其中,$k_{F,\uparrow}$ 和 $k_{F,\downarrow}$ 是多数电子与少数电子在费米能级处的波矢量。κ 是电子在穿越绝缘层时的衰减系数,P_0 代表 Jullière 模型中铁磁层内的自旋极化率。与定义整个磁性层的净极化率不同,该解析表达式强调了自旋极化率最终还与关注的电子类型相关。事实上,κ,$k_{F,\uparrow}$ 和 $k_{F,\downarrow}$ 的取值与特定能带相关,而自旋极化率 P 同样也是与特定能带相对应。

依据该模型,自旋极化率 P 的表达式说明波函数在隧穿过程中的衰减过程同样也会导致总电流的有效自旋极化率的下降。对于高势垒 Φ 及较大衰减系数 κ,得到的相应自旋极化率与 Jullière 模型的结果一致。该模型突出了电子特性在自旋极化率计算上的重要性。

做简单计算,可以仅考虑较轻电子(s 能带)的贡献,而将各类型电子的贡献加和则能获得更完备的计算结果。

在实验验证过程中发现,隧穿磁电阻大小与电极、绝缘层及界面特性紧密相关。例如,Yuasa 和 Djayaprawira 发现外延生长的 Fe-Al$_2$O$_3$-CoFe 磁性隧道结结构中,隧穿磁电阻大小随着晶面取向的改变而改变。在 Co/Al$_2$O$_3$,Co/MgO 的相关研究中发现,铁磁材料与绝缘层之间的界面效应对隧穿电子的极化特性有着重要影响。一系列实验结构都表明,可通过不同铁磁/势垒层的材料体系选择,实现隧穿磁电阻大小的调控。

定义 θ 为两层铁磁层磁矩取向之间的夹角,Slonczewski 也成功地推导出高势垒作用下的隧穿电导随角度 θ 的变化关系:

$$G(\theta) = G_0 (1 + P^2 \cos\theta) \tag{4.539}$$

其中,反平行状态下的电导 G_0 为

$$G_0 = \frac{\kappa}{hd} \left[\frac{e\kappa(\kappa^2 + k_\uparrow k_\downarrow)(k_\uparrow + k_\downarrow)}{\pi(\kappa^2 + k_\uparrow^2)(\kappa^2 + k_\downarrow^2)} \right]^2 e^{-2\kappa d} \tag{4.540}$$

等效隧穿电导随 θ 的变化为 $P^2 \cos\theta$,其对应电阻的角度依赖关系为

$$R(\theta) = R_0 / (1 + P^2 \cos\theta) \tag{4.541}$$

当电子极化率较低时可近似为

$$R \approx R_0 (1 - P^2 \cos\theta) \tag{4.542}$$

自旋电子学领域的另一个重大突破是采用 MgO 隧穿势垒层的磁性隧道结,其隧穿磁电阻效应远超以无定形氧化铝为隧穿层的磁性隧道结器件的。MgO 磁性隧道结已经成为最基本的自旋电子学结构单元,在磁性随机存储器、硬盘磁头、磁性传感器等方面具有广泛应用。2001 年,Butler 和 Mathon 首次完成了 MgO 隧道结的理论计算工作,预测外延生长的 Co、Fe 电极与 MgO 势垒层构成的隧道结电阻可以高达 1600%。例如,MgO(001)能够采用外延生长的方式沉积在 Fe(001)层上,晶格适配率低于 4%。理论计算工作基于第一性原理,依据电子轨道对称性,得到电子隧穿的概率。

电子在晶体中的波函数通常用布洛赫态来表示。在铁磁性过渡金属中,如 Fe、Co、Ni 及其合金等,相关的布洛赫态具有特殊的对称性:Δ_1 对称性(spd 杂化态),Δ_2 对称性(d 态),以及 Δ_5 对称性(pd 杂化态)。Δ_1 对称性在费米能级处通常表现出正的自旋极化率,但其他对称性不具备该特点。Jullière 模型假设电子隧穿概率与电子布洛赫态无关,该假设仅在电子的非相干隧穿过程中成立,即布洛赫态的相干性在隧穿过程中不守恒。

对于无定形隧穿势垒层,由于其不具备晶格对称特性,无论注入电子具有何种状态,在穿越该势垒的过程中都受到相同的耦合作用。在隧穿过程中,电子波函数的指数衰减与初始情况下的波函数对称性无关,因此隧穿概率与初始波函数对称性无关(见图 4.69)。该隧穿过程被称作非相干隧穿过程,而 Jullière 模型可以准确描述该过程。最终净自旋极化率可以对全部布洛赫态的($\uparrow$)与($\downarrow$)态密度 DOS 积分得到。因此,由于某些具有负自旋极化率的布洛赫态的影响,净自旋极化率会出现下降的现象。

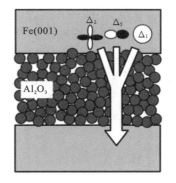

图 4.69　无定形 Al$_2$O$_3$ 中电子隧穿过程示意图

晶态势垒层相比于无定形势垒层来说,隧穿电子的波函数对称性在晶态势垒中能够得到保护,有可能实现相干隧穿过程,隧穿电子波函数对称性能够极大地影响隧穿概率。如能带工程可使正自旋极化率的布洛赫态比负自旋极化率的布洛赫态具有更高的隧穿概率,则能够实现较高的净自旋极化率,从而使得隧穿磁电阻效应得到极大提高。而实验证明,上述理论假设在默写外延生长的晶态势垒材料中能够得以实现,比如 Fe/MgO/Fe 的典型结构。

MgO(001)晶态势垒层可以在 Fe(001)界面通过外延生长的方式获得,最终实现 Fe(001)/MgO(001)/Fe(001)结构的磁性隧道结。考虑 $k_{//}=0$ 方向,在晶态 MgO 中具有三种隧穿/倏逝波状态,对应于几种不同的波函数对称性:Δ_1、Δ_2 和 Δ_5。铁磁材料中的电子波函数与势垒层中倏逝波的波函数如果具有相同的对称性,则该隧穿过程是相干隧穿。通过第一性原理计算可知,电子隧穿效率与其轨道对称性具有显著的相关性,从而能够实现对称自旋过滤效应作用下的隧穿电流。Fe(001)/MgO(001)/Fe(001)结构中有关轨道选择性机制的说明如图 4.70(a)所示。

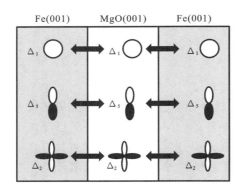

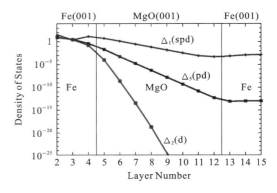

（a）铁中布洛赫波函数与MgO中倏逝波　　　　（b）Fe(001)/MgO(001)/Fe(001)结构中
　　　 波函数耦合作用示意图　　　　　　　　　　　　　多数电子的态密度

**图 4.70　铁中布洛赫波函数与 MgO 中倏逝波波函数耦合作用示意图
与 Fe(001)/MgO(001)/Fe(001)结构中多数电子的态密度**

在 Fe 的能带计算过程中,考虑(↑)与(↓)能级劈裂的布洛赫态,推导得出费米能级处的态密度及相应的自旋极化率。多数电子与少数电子在费米能级处均占有相应的能态,总的自旋极化率的加和即为净自旋极化率。计算结果表明,只有多数电子占据的 Δ_1 对称态表现出 100% 的自旋极化率 $P_{\Delta_1}=1$,尽管费米能级处也同样存在多数电子与少数电子的 Δ_2 和 Δ_5 的对称态,但其具有的自旋极化率较低。而对于其他铁磁金属,如 Co,仅有少数电子的 Δ_2 和 Δ_5 对称态存在于费米能级处,因而 $P_{\Delta_2}=P_{\Delta_5}=-1$。

另外,计算结果显示,Δ_2 和 Δ_5 的对称态相比于 Δ_1 在隧穿过程中表现出更强的衰减过程。图 4.70(b)显示了 MTJ 在平行状态下多数电子由左向右隧穿的过程中所表现出的隧穿概率。对于 $d_{MgO}=8$(单原子层)的 MgO 隧穿势垒层,Δ_1 态密度高出 Δ_5 态密度 10 个数量级。

（3）自旋转移效应。

最新一代磁存储器——自旋转移力矩磁性随机存储器(STT-MRAM)基于 Slonczewski 和 Berger 的理论研究成果,能够实现对磁存储器单元磁矩的直接翻转操作。本节将针对磁矩翻转的动态过程及 MRAM 中基于 STT 的全新写入机制做具体说明。

巨磁阻效应 GMR 与隧道磁电阻效应 TMR 的实现是基于自旋阀结构或磁性隧道结结构中铁磁层的平行/反平行状态的相互转换的,而不同磁状态的改变通常是采用外加磁场的方法来实现的。自旋转移效应可以被视作 GMR 与 TMR 的逆过程:通过自旋转移力矩,通过第一层磁性层被自旋极化的电流,在第二层磁性层产生等效力矩作用,从而实现其磁矩的翻转过程。

① 面内力矩。

当电子垂直穿越多层膜结构时,被极化的电子的自旋极化方向与局域磁矩的取向平行。实际上,在铁磁性材料中,由于 4s 传导电子与局域化的 3d 电子之间存在较强的交换耦合作用,因此,进入铁磁层的传导电子的自旋方向会迅速与局域磁矩方向重合。

假设 $\vec{M}_1$ 与 $\vec{M}_2$ 非共线,则电子被自旋极化后,在其传输过程中会发生极化方向的偏转,主要来源于自旋轨道角动量横向分量在 F/NM 界面处的自旋弛豫过程。如图 4.71 所示,我们以自旋阀结构为例对上述过程进行说明。当电子由 F_1 层流向 F_2 层时,电子在穿越 F_1 层之后被极化,总体净自旋极化的方向与 $\vec{M}_1$ 的方向一致。在穿越非磁性层 NM 时,自旋反转过程可忽略,自旋极化电流保持原有的自旋极化率不变进入 NM/F_2 界面,此时的自旋极化方向与 $\vec{M}_2$ 非共线。

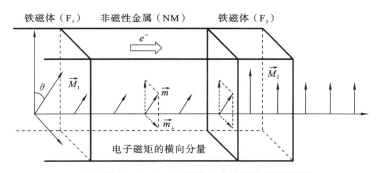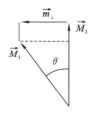

(a) 简单 F_1/NM/F_2 三层结构中自旋转移力矩示意图　　(b) $\vec{m}_\perp$ 力矩施加在磁矩 $\vec{M}_2$ 上使其偏转并与磁矩 $\vec{M}_1$ 共线

图 4.71　面内力矩示意图

如图 4.72(a) 所示,在 NM/F_2 界面处,入射的自旋极化电流具有与 $\vec{M}_2$ 垂直的自旋分量 $\vec{m}_\perp$,当其进入到 F_2 层,在极短的距离内,自旋方向会很快转动到与局域磁矩 $\vec{M}_2$ 相同的方向,此时该自旋极化电流会失去垂直分量 $\vec{m}_\perp$。由于整个过程中的角动量守恒,因此该垂直分量被磁矩 $\vec{M}_2$ 吸收,并将自旋角动量 $\vec{m}_\perp$ 传递到 $\vec{M}_2$。

该自旋转移效应在较厚的磁性层中可忽略不计,但对于较薄的磁性层,通过自旋轨道力矩转移的方式,可以实现对局域化磁矩取向的调控。因此,该转移自旋角动量倾向于将磁矩 $\vec{M}_2$ 旋转到自旋极化方向,即磁矩 $\vec{M}_1$ 的方向。作用于磁矩 $\vec{M}_2$ 上的力矩被称作自旋转移力矩 STT。

如果电子向相反方向传导,即从 F_2 层向 F_1 层运动,电子自旋方向与 F_2 层磁矩反平行,电子入射到 NM/F_1 界面时,会受到强烈的反射作用而无法穿越 F_1 层。如图 4.72(b) 所示,在 NM/F_1 界面反射后回到 F_2 层同样会施加力矩在 F_2 层的局域磁矩上,使其磁矩取向与 F_1 层反平行排列。因此,STT 的符号可以由电流方向来调控,能够实现平行与反平行两

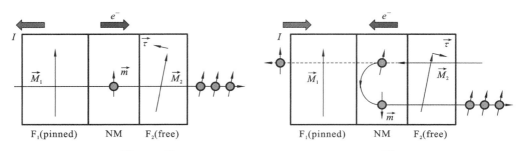

（a）正向电流将$\vec{M}_2$转动到$\vec{M}_1$平行方向　　　（b）反向电流将$\vec{M}_2$推向相反方向

图 4.72　$F_1/NM/F_2$ 三层结构中，在具有不同电流方向的电流作用下实现自旋转移力矩复合调控的示意图

种磁状态。

自旋转移力矩是单位时间内被吸收的横向自旋角动量的总和 $V\dfrac{\mathrm{d}\vec{M}_2}{\mathrm{d}t}$，考虑到穿越 F_2 的每个电子将横向自旋角动量带给局域磁矩：

$$\vec{m}_\perp = -\frac{g\mu_B}{2}(\vec{m}_2 \times (\vec{m}_2 \times \vec{m}_1))\qquad(4.543)$$

在上述表达式中，$-(\vec{m}_2 \times (\vec{m}_2 \times \vec{m}_1))$ 代表电子的横向自旋角动量 $\vec{m}_\perp$ 的方向，磁性层体积 $V = t \cdot A$（t 为厚度，A 为截面积），g 为电子的朗德因子，μ_B 为玻尔磁子。归一化磁化强度大小为 $\vec{m}_i = \vec{M}_i/M_{s_i}$，其中，$M_{s_i}$ 为饱和磁化强度。每秒输运的电子数为

$$\frac{\mathrm{d}N}{\mathrm{d}t} = \frac{j_{dc} \cdot A}{e}\qquad(4.544)$$

其中，j_{dc} 为注入电流的密度，e 为电子电荷。考虑 NM/F_2 界面处的自旋极化率 P_{spin}，可以得到自旋转移力矩大小为

$$\left(\frac{\mathrm{d}\vec{m}_2}{\mathrm{d}t}\right)_{ST} = -P_{spin}\frac{j_{dc}}{2te}g\mu_B(\vec{m}_2 \times (\vec{m}_2 \times \vec{m}_1))\qquad(4.545)$$

该力矩也被称为 Slonczewski 力矩或面内力矩，因为该力矩的方向在 $\vec{M}_1$ 与 $\vec{M}_2$ 构成的平面内。力矩大小与自旋极化率及电流密度大小成正比。因此，通过对两个参数进行控制可以实现对自旋转移力矩大小和方向的自由调控。例如，通过改变电流的极性，便可改变力矩的符号。

② 面外力矩。

在典型隧道结结构中，面内力矩主导了自旋轨道力矩效应，其在全金属隧道结中更是最为重要的力矩来源。然而，与此伴生的还有另一种自旋力矩效应，被称为类场力矩（FLT）或面外力矩，来源于另一种自旋转移过程，该力矩的方向沿着 $\vec{M}_1$ 与 $\vec{M}_2$ 平面的垂直方向：

$$\left(\frac{\mathrm{d}\vec{m}_2}{\mathrm{d}t}\right)_{Out-of-plane} \propto -(\vec{m}_2 \times \vec{m}_1)\qquad(4.546)$$

在全金属自旋阀结构中，此面外力矩通常会被忽略，但该力矩大小有可能达到面内力矩的 30%。在 STT-MRAM 的写入操作过程中，该力矩会导致一些特殊的现象。

在外部力矩作用下的磁矩动力学响应可以利用 Landau-Lifshitz-Gilbert（LLG）动力学方程来描述。由于 STT 效应的影响，与之相关的面内力矩与面外力矩需要体现在 LLG 进

动方程中。

仍然以 $F_1/NM/F_2$ 三层结构为例进行说明,如图 4.73(a)与(b)所示,F_2 层的归一化磁化强度为 $\vec{m}_2$,并与等效(磁)场 $\vec{H}_{eff}$ 方向平行。其中,$\vec{H}_{eff}$ 为外加磁场、磁各向异性场、层间耦合场等的加和。当 $\vec{m}_2$ 稍微偏离其稳态平衡位置时,磁矩 $\vec{m}_2$ 开始围绕等效场 $\vec{H}_{eff}$ 进动,并满足如下关系式:

$$\left(\frac{d\vec{m}_2}{dt}\right)_{precession} = -\gamma_0 \vec{m}_2 \times \mu_0 \vec{H}_{eff} \tag{4.547}$$

其中,γ_0 为旋磁比,μ_0 为真空磁导率。对于实际的物理系统来说,磁矩进动过程也伴随着弛豫过程,最终磁矩的方向会与等效场的方向一致。而表征这一弛豫现象的参数为阻尼因子 α,而阻尼项也在磁矩上产生另一种力矩:

$$\left(\frac{d\vec{m}_2}{dt}\right)_{damping} = -\alpha \vec{m}_2 \times \frac{d\vec{m}_2}{dt} \tag{4.548}$$

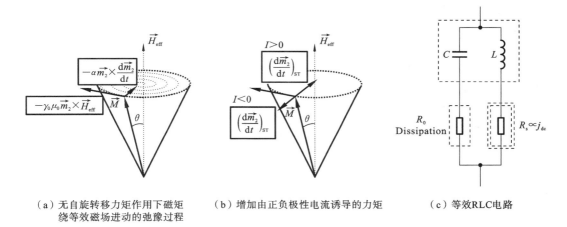

(a)无自旋转移力矩作用下磁矩绕等效磁场进动的弛豫过程　　(b)增加由正负极性电流诱导的力矩　　(c)等效RLC电路

图 4.73　自旋转移力矩对磁矩动力学的影响

如图 4.73(c)所示,STT 效应对磁矩动力学的影响可以通过经典的 RLC 谐振电路模型进行说明。如果该电路网络被初始化,并处于激发状态,则电路中的电流将表现出阻尼振荡的弛豫衰减过程。由于能量的耗散,若没有额外能量注入系统,最终弛豫过程会使得系统回归平衡状态。然而,该弛豫过程可以通过减小或增加阻尼因子实现对弛豫衰减率的控制,在RLC 谐振模型中,等效于增加正/负电阻。在磁矩进动的动力学过程中,则等效于引入正/负的自旋转移力矩 STT。

该简单近似模型可以方便我们理解自旋转移力矩对磁矩进动过程的贡献,即类似引入一个与自然阻尼方向相同的非保守力。通过控制 $\vec{M}_1$ 与 $\vec{M}_2$ 之间的相对位置关系,或者改变注入电流的极性,便可实现 STT 对阻尼因子的增强与减弱效果。

某些情况下可以实现系统等效阻尼由正阻尼变为零甚至负阻尼($R_s < -R_0$),此时其先前所对应的平衡位置不再稳定,极小的偏移都会被放大进而使得磁矩的振荡位置发生偏移。对于处于非稳态的局域磁矩,热扰动使得磁矩偏离平衡位置,而自旋转移力矩则放大该过程。此效应被应用于 STT-MRAM 的磁矩翻转过程中。

（4）新型磁存储原理。

自 1996 年起，随着自旋电子学研究的不断深入，发展出了各式的磁性随机存储器家族，尤其是基于 MgO 隧穿层的隧穿磁电阻及自旋转移力矩 STT 现象的各式存储器件。所有磁性随机存储器都是以磁性隧道结为基本单元的。

典型的磁性隧道结有两层铁磁层（厚度为 1～2.5 nm），由一层绝缘势垒层分隔开（厚度为 1～1.5 nm）。磁性隧道结的电阻与两层铁磁层的磁化强度矢量相对排列方向相关。该电阻在两层铁磁层磁化强度反平行排布的高阻态与平行排布的低阻态之间变化，高低电阻的差别即为隧穿磁电阻的大小。在磁性随机存储器应用中，其中一层磁性层的磁化强度被预先固定在特定的方向，为自旋电子提供一个参考方向。因此，该铁磁层也被称作参考层。另一层磁性层则被称为信息存储层，其磁化强度方向可以在两个稳态之间翻转：它的磁化强度与参考层的相对方向可以被设定为平行与反平行两种状态。如图 4.74 所示，磁性层的磁化方向可以是面内方向也可以是垂直于样品平面的方向，具体的朝向取决于特定的磁性材料选择。对于典型的边长小于 50 nm 的器件，更倾向于使用具有垂直各向异性的磁性隧道结，其更强的各向异性场使得器件信息读写过程的稳定性更强。然而，这样具有垂直磁性各向异性的器件相比于面内磁化的器件，在制备过程中将面临更大的挑战。

在磁性隧道结器件的使用过程中，通常会使用另一个串联晶体管作为控制磁性隧道结电流通路的开关。在读过程中，大小适中的电流被加载在磁性隧道结中（对应偏置电压为 0.1～0.2 V）。平行与反平行状态下电阻值的差异反映了信息存储层的磁化状态变化，因此，可以将存储的信息读出。如图 4.74 所示，不同的磁性随机存储器采用了不同的信息写入方法。

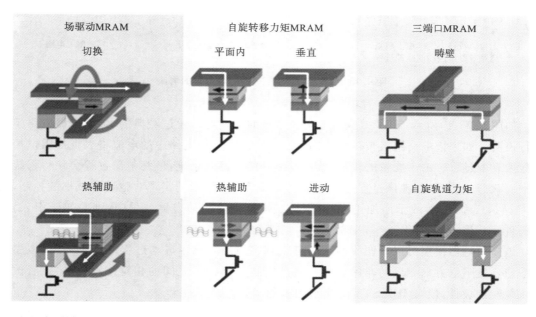

（a）采用外部磁场写入的MRAM　　（b）采用自旋转移力矩写入的MRAM　　（c）采用自旋轨道力矩或畴壁位移机制的三端口MRAM

图 4.74　各式磁性随机存储器示意图

在 1996 年至 2004 年期间,大量的研究聚焦于采用外部磁场实现磁性随机存储器的写入过程。直到 2004 年,自旋转移力矩翻转现象被发现之后,STT 被逐步用于磁性随机存储器件中。而在此之前,外部磁场是唯一已知的用于调控磁性纳米结构磁化状态的方法。外部磁场通常采用流经导线的脉冲电流来产生,而该导线被布设于磁性隧道结的上部或下部。利用该方式,Freescale 和 Everspin 公司于 2006 年成功实现了第一代磁性随机存储器的商业化产品。随后由 Crocus 公司采用热辅助技术进一步延伸了场写入的磁性随机存储器的应用。热辅助磁性随机存储器通过隧穿电流产生的热效应与瞬时单个脉冲磁场的共同作用,实现了选择性写操作。相比于传统的场写入磁性随机存储器,该方法实现了地磁场写入,以及同时写入多个比特位的操作,从而极大降低了磁记录单元写入过程的功耗。场写入磁性随机存储器以其较高的可靠性,已经被用于对可靠性、使用寿命、抗辐射性能要求较高的应用场景,如汽车与外层空间应用。然而,由于用于产生脉冲磁场的通电导线中存在电迁移现象,场写入技术磁性隧道结在器件尺寸缩放的过程中仅能缩小到 60 nm×120 nm 的极限尺度。另外,在场写入过程中,通电导线产生的磁场在空间范围内逐步减弱,局部磁场大小与场点到导线的距离之间呈现负相关关系。如此一来,临近的存储单元同样能够感受到较强的外部写入磁场,极有可能使得这些未选中单元中的磁状态发生翻转。在热辅助磁性随机存储器中,由于更小的写入磁场、不同的选择写入机制,其能够实现更小的器件与磁性单元尺寸。

自从巨磁阻效应金属自旋阀结构中首次利用自旋转移力矩 STT 实现磁性层翻转以来,在磁性随机存储器中使用自旋转移力矩的研究便得到了越来越多的关注,STT 写入机制具有更好的器件缩放特性,能够实现更小单元尺寸的存储单元结构设计。STT 写入机制使得所需电流大小与单元面积成正比,而对于传统的场写入机制,电流大小则随着单元面积减小而增大。另外,由于 STT 电流仅流经选通结构单元,因此具有优良的选择写入特性。目前,STT 机制的磁性随机存储器聚焦于垂直磁各向异性结构,相比于面内磁化的磁性层,垂直磁化的磁性随机存储器单元所需的写入电流能够得到极大的降低。

热辅助机制同样也能运用于 STT 写入机制中。在热辅助的 STT 磁性随机存储器应用中,STT 写入电流导致的焦耳热能够帮助信息记录层磁化强度矢量翻转过程。这样的设计能够解决通常信息存储技术存在的难题:需要在存储读写能力与信息保持力之间做折中处理。

第三种磁性随机存储器的实现方式如图 4.74(c)所示。三端口磁性随机存储器能够实现读写电流的不同路径,从而进一步提升存储单元的使用寿命及稳定性。上述磁性随机存储器设计为存储架构设计及逻辑器件应用提供了新的器件实现方案。

① 场写入磁性随机存储器(FIMS-MRAM)。

这部分将介绍 FIMS-MRAM 两种类型的场诱导磁状态翻转过程,分别为基于 Stoner-Wohlfarth 模型的磁性随机存储器及于 2006 年投入市场的 Toggle 机制磁性随机存储器。

Stoner-Wohlfarth 磁性随机存储器(SW-MRAM)是第一类基于磁性隧道结基本结构单元的磁性随机存储器。相关的研究工作极大地促进了 CMOS 工艺与磁性隧道结 MTJ 混合构架的早期发展,但由于其写入选择性与不尽如人意的器件尺寸缩放特性,最终并未实现产品化。

如图 4.75 所示,SW-MRAM 由一系列由 MTJ 构成的阵列组成,每个 MTJ 都与一个选通晶体管串联。每个 MTJ 被置于上下相互垂直放置的两组导线之间,通电导线产生磁场以实现对 MTJ 信息存储层磁状态的场诱导翻转过程。为实现对特定位置上 MTJ 结构单元的写操作过程,两个电流脉冲(白色箭头)同时被导入相互正交的"位线"与"字线"之中。这两个电流脉冲需要产生足够大的局域磁场对特定位置上的 MTJ 信息存储层磁化状态进行写操作,同时不会影响到同一"位线"或"字线"上其他存储单元上的磁信息状态。事实上,上述的其他存储单元能够感受到电流脉冲产生的等效静磁场,但不会同时感受到相互正交的静磁场作用,这些存储单元被称为"半选定"单元。

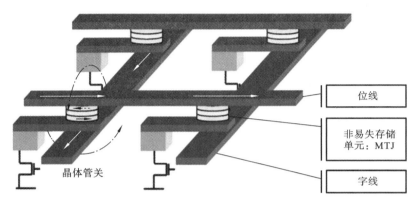

图 4.75　SW-MRAM 整列示意图

　　MTJ 被图形化,形成椭圆柱状结构,其中一层磁性层磁化方向被钉扎在椭圆柱状结构的面内长轴方向,即"参考层"(黑色箭头),另一层磁性层的磁化方向为相同的面内长轴方向,在两个稳态之间进行翻转与切换,即"信息存储层"(虚线箭头)。为激活左下角处的 MTJ 单元,两个电流脉冲(白色箭头)同时被导入相互正交的"位线"与"字线"之中。电流脉冲产生了相互垂直的磁场(点画线箭头)共同作用于该 MTJ 的信息存储层

　　在这些 SW-MRAM 中,写操作的可选择特性体现在两个相互正交的磁场上,其中一个磁场作用于磁化强度的易轴方向,另一个磁场作用于难轴方向。SW-MRAM 基于 Stoner-Wohlfarth 翻转机制,如图 4.76 所示,为单轴各向异性磁性纳米结构的磁矩翻转过程提供了定量评价机制。现对该原理进行说明,假设磁性纳米结构具有饱和磁化强度 M_s,其单轴各向异性能量密度为 K_u。假定该纳米结构足够小,因而其磁化强度在结构单元范围内均匀分布,并满足单一宏自旋的假设。

　　初始磁化方向沿易轴方向,将被翻转至相反方向。在易轴方向施加磁场 H_x,同时在难轴方向施加磁场 H_y 以实现上述翻转过程。大量实验证明,在该情况下,总的磁场矢量(H_x,H_y)必须落在 Stoner-Wohlfarth 星型线之外,并满足如下关系式:

$$H_x^{2/3} + H_y^{2/3} = \left(\frac{2K_u}{M_s}\right)^{2/3} \tag{4.549}$$

该关系式限定了 SW-MRAM 中写入磁场大小的最低要求。为避免了"半选定"单元的非受控翻转,易轴方向施加的磁场必须低于各向异性场 $H_k = (2K_u/M_s)$,否则该易轴方向磁场将改变相应"字线"下所有单元的信息状态。因此,考虑到 SW 星型线设定的下限,以及各向异性场设定的上限,便得到了 SW-MRAM 器件最佳的写操作窗口范围。但是,在实际使用过程中,还有其他几项因素限制了该写操作窗口。

　　a. 典型 100 nm×200 nm 大小的椭圆柱状 MTJ,由于磁化强度失真分布导致其对应的

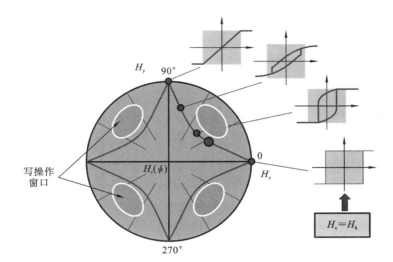

图 4.76　Stoner-Wohlfarth 星型线示意图

SW 星型线发生畸变。

　　b. 由 SW 星型线提供的评估标准事实上只在绝对零度下适用。对于实际器件应用中的室温环境,热激发过程能极大地干扰磁翻转过程,因而实际的写操作窗口与理论星型线之间存在较大差别。

　　c. 由于光刻工艺与图形化精度的限制,基本结构单元之间无可避免地存在着形状与几何尺寸上的差异,进而影响 MTJ 单元阵列中等效各向异性场的不均匀分布,每个 MTJ 所对应的 SW 星型线都各不相同。因此很难在 SW-MRAM 中找到统一合适的写操作窗口,仅仅对选定单元的磁状态进行写入操作而不影响其他存储单元状态的写入条件是不存在的。

　　然而幸运的是,来自 Freescale Techologies 公司的 Savtchenko 等人通过"Toggle"写入机制解决了上述问题。

　　Toggle MRAM 虽然也采用磁场作为写入手段,但其 MTJ 信息存储层及两路相互正交的脉冲磁场之间的时序关系与 SW-MRAM 有较大差异。MRAM 结构中,磁性层中的磁矩为面内磁化状态,MTJ 被图形化为椭圆柱状结构,单轴各向异性的易轴方向沿椭圆柱状结构的长轴方向。但在 Toggle MRAM 结构中,椭圆柱状结构被放置在与"位线"和"字线"呈45°的方向,以获得最优写入过程。Toggle MRAM 中的信息记录层为合成反铁磁结构,两层铁磁层中间插入适当厚度的钌金属层,通过引入反铁磁耦合机制实现两层铁磁层反铁磁耦合的反平行状态,并与易轴方向共线排布。

　　大小适中的磁场被加载在 Toggle MRAM 结构单元上,当该磁场小于"自旋-旋转场"时,MTJ 中的两层铁磁层沿着易轴方向反平行排列;而当该磁场超过"自旋-旋转场"时,MTJ 中的两层铁磁层则以磁场方向为对称轴,形成剪刀式的对称分布,如图 4.77 所示。该剪刀式构型被称作自旋-旋转构型。因而在低场下,该结构对外不显磁性,而当磁场大小超过自旋-旋转(磁)场时,该结构对外显现出净磁矩。

　　该自旋-旋转磁场 $H_{\text{spin-flop}}$ 的大小为

$$\mu_0 M_s H_{\text{spin-flop}} = 2 \sqrt{K_{\text{eff}} \left(\frac{A}{t} + K_{\text{eff}} \right)} \tag{4.550}$$

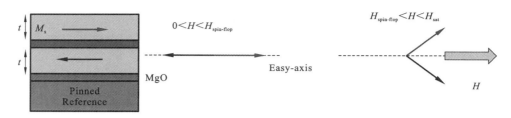

图 4.77 Toggle MRAM 合成反铁磁信息存储层的自旋-旋转转化过程

其中,M_s(A/m)为两层铁磁层的饱和磁化强度,t(m)为铁磁层厚度,K_{eff}(J/m³)为形状各向异性导致的等效各向异性能量密度,A(J/m²)为反铁磁结构中两层铁磁材料之间的反铁磁耦合强度。因此,该自旋-旋转场可以通过基本单元结构的高宽比设计来进行调控,进而确定了 K_{eff}、铁磁层厚度、合成反铁磁层中钌金属层的厚度。Toggle MRAM 中典型的自旋-旋转场的大小为 $\mu_0 H_{spin-flop}=5$ mT。Toggle 写入机制如图 4.78 所示。

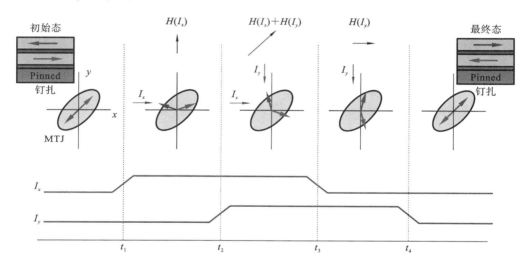

图 4.78 Toggle 写入机制操作时序示意图

在初始状态下,两层铁磁层之间沿单轴各向异性易轴方向呈现反平行排列状态。如图 4.78 所示,在 t_1 处,沿 x 导线通入电流从而产生 y 方向的磁场,该磁场大小通常为 7～10 mT,高于自旋-旋转场大小。两层铁磁层的磁化强度方向呈剪刀式对称排列。该磁场通过两步操作逐步实现 45°的面内偏转。在 t_2～t_3 之间同时在 x 导线与 y 导线上通入电流,随后在 t_3～t_4 之间,仅在 y 导线上通入电流。在上述时序控制下的写入过程中,自旋-旋转构型在外部磁场的作用下也同样实现了 45°的面内旋转。随后,y 导线上的电流归零。由于不再有外部磁场作用,磁性层的磁化方向重新回到沿易轴方向的反平行排布状态。在最终状态下,两层铁磁层的磁矩都实现了 180°的面内翻转。上述写入过程共耗时 10～20 ns。

为实现"字线"与"位线"中给定电流下的磁场最大化,以及更好地实现磁场局域化分布,"字线"与"位线"在与存储单元结构接触面的反面镀有一层软磁材料层,该软磁材料在电流产生的磁场作用下可以被极化,从而将磁场限定在信息存储层区域。通常情况下,电流产生的磁场能获得倍增效果。上述的 Toggle 写入机制使得无论信息存储层处于何种初始状态,都能够实现磁矩的面内 180°旋转过程。因此,有必要在写操作之前读取当前磁状态,以决定是否对该状态进行写操作。

如图 4.79 所示,Toggle 写入机制提供了比 SW 写入机制更宽的操作窗口。在 Toggle 写入机制下,翻转"半选定"结构单元的势垒高度较选定结构单元的翻转能量要高出数倍。正是基于上述的突出写入性能,使得 Everspin 公司于 2006 年首次发布 MRAM 的商业产品。

宏自旋模型

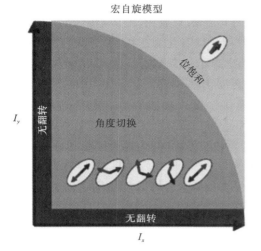

4 MBT芯片测试

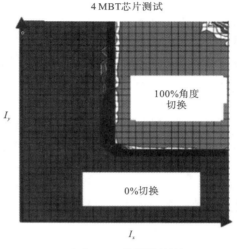

（a）宏自旋模型计算结果　　　　　　　　（b）4 MBT芯片测试结果

图 4.79　Toggle 写入机制操作窗口

Toggle MRAM 具有突出的性能特点,具备了闪存与静态随机存储器的诸多优秀特性。相比于闪存技术,Toggle MRAM 的信息存储非易失的特点使其信息保持力超过 10 年。Toggle MRAM 的读写周期为 35 ns 左右。同时它还能在极端温度环境下使用,分为商用级(0～70 ℃),工业级(−40～85 ℃),军工级(−40～105 ℃),以及车规级 AEC-Q100 一级(−40～125 ℃)。它出色的抗辐射性能使其在外层空间及宇航环境中具有极大的应用前景。Toggle MRAM 已经在众多的应用场景中投入使用:微控制系统、汽车工业、摩托车、卫星、飞机等。但是,由于需要相对较大的电流(～10 mA)以实现足够高的脉冲磁场,它的功耗依然较高。

② 自旋转移力矩 MRAM。

在自旋转移力矩的写入过程中,自旋极化电流在信息存储层的磁矩上产生自旋转移力矩,在电流密度足够大的情况下可以实现磁矩的翻转过程。对于高密度、高速读写操作,STT-MRAM 是 FIMS-MRAM 的一种较好的替代方案。因为无需用于产生写入磁场的通电导线,STT-MRAM 的基本单元相比于 FIMS-MRAM 来说具有更为简单的结构,仅仅包含 MTJ 及与之串联的选通晶体管。写入过程采用双极型脉冲电流。而读取过程同样采用低电流以防止在读取过程中错误写入。

可以通过向 MTJ 结构通入脉冲电流写入信息"0",电子由钉扎层流向信息存储层。可以通过向 MTJ 结构通入极性相反的脉冲电流写入信息"1"。由于该写入电流仅流经被选定存储单元,而没有对未选定单元误写入的风险,因此该方法能够很好地解决 SW-MRAM 写入选择性难题。STT 写入机制另一个重要的优势在尺寸缩减特性方面。事实上,假设信息存储层的厚度不变,STT 写入效率与电流密度成正比,因此对存储单元进行写操作所需的总电流与存储单元面积成正比。这样一来,STT 写入机制相比于 FIMS-MRAM 的场写入机制,在尺寸缩减特性方面体现出绝对的优势。但是,对于极小单元尺寸,该机制仍然存在着明显的热稳定性问题。对于面内磁化的 STT-MRAM,受限于尺寸缩减特性,其最小单元面积为 60 nm×150 nm,而对于垂直磁化的 STT-MRAM,该尺寸可以达到 20 nm 级。

当自旋极化电流流过磁性纳米结构单元,传导电子的自旋角动量与磁性纳米结构单元的磁矩之间会产生自旋转移力矩 STT。该力矩作用于局域化的磁矩,并倾向于实现对磁矩的平行与反平行状态的翻转过程。STT 的物理起源可以简单概括为:每个传导电子都具有自旋角动量 $\hbar/2$。考虑到电流具有有限的自旋极化率(典型值为 40%~80%),以及传导电子与局域磁矩相互作用的 STT 效率 η,因此每个极化自旋所具有的平均角动量大小为 $\eta(\hbar/2)$。在多层柱状结构中,单位时间垂直通过 MTJ 单位面积的电子数目为 J/e(J 为电流密度大小,e 为电子的电荷大小),因此通过单位面积的角动量大小为 $\eta(J/e)(\hbar/2)$。当自旋极化电流中的电子穿越磁性层约 1 nm 距离,电子的自旋方向将偏转到局域磁矩的平行方向。该过程与界面处的横向自旋角动量吸收过程相关。依据角动量守恒关系,该吸收过程将导致一个作用于局域磁矩的力矩,而该自旋转移力矩可表示为

$$\Gamma_{\mathrm{STT}} = -\gamma\eta\, \frac{J}{e}\, \frac{\hbar}{2}\, \frac{1}{\mu_0 M_s d}\, \hat{m}\times(\hat{m}\times\hat{p}) \tag{4.551}$$

其中,$\hat{m}$ 和 $\hat{p}$ 分别为磁性纳米结构磁矩方向和注入自旋极化方向的单位向量,d 为纳米结构的厚度,M_s 为磁性层的饱和磁化强度,γ 为旋磁比,μ_0 为真空磁导率。上述关系式由 Slonczewski 于 1996 年率先提出。此自旋转移力矩通常被称作 Slonczewski 力矩或面内力矩或类阻尼力矩。在磁性隧道结中,STT 还会导致第二种力矩,即类场力矩,其大小为类阻尼力矩大小的 10%~25%。在 STT-MRAM 的设计中通常忽略该类场力矩的贡献。

将 STT 考虑在内的磁性纳米结构磁矩动力学方程可以写为

$$\frac{\mathrm{d}\hat{m}}{\mathrm{d}t} = -\gamma(\hat{m}\times\hat{H}_{\mathrm{eff}}) + \alpha\left(\hat{m}\times\frac{\mathrm{d}\hat{m}}{\mathrm{d}t}\right) - \frac{\gamma\hbar}{2\mu_0 M_s d}\, \frac{\eta J}{e}\, \hat{m}\times(\hat{m}\times\hat{p}) \tag{4.552}$$

该表达式在 LLG 方程的基础上,引入 STT 项,第一项描述了磁矩在局域等效磁场下的进动过程,该等效场包括外加磁场、退磁场、各向异性场,以及 STT 诱导的类场力矩等效场;第二项描述了与磁耗散过程相关的阻尼项,若不考虑 STT 的影响,则磁矩将逐渐朝局域等效磁场方向偏转,最终与之共线;第三项即为 STT 的贡献,该项为非保守力矩。注入 STT-MRAM 的电流极性不同,会使得 STT 项表现出吸收或耗散能量的特性,意味着它既可以成为阻尼项也可以是反阻尼项。如果注入电流具有合适的极性及足够大的电流密度,STT 的反阻尼作用则可能超过本征的 Gilbert 阻尼项,进而导致 STT 诱导作用下的磁矩翻转过程或磁矩稳定的自振荡过程。STT 提供了一种调控磁性纳米结构磁矩的全新机制。STT 诱导的磁矩翻转过程为 MRAM 的写入过程提供了新的实现方法。STT 驱动的稳态磁振荡过程实现了 RF 电压的产生及频率可调 RF 振荡器的设计。

通过 STT 实现磁矩翻转过程首先在自旋阀结构中被验证。电流垂直穿过磁性多层膜结构,其中一层较厚的磁性层被用作极化电流的起偏器,而第二层磁性层则接受穿过第一层磁性层的自旋极化电流,并实现自身磁矩的翻转过程。在该金属自旋阀结构中,能够实现磁

矩翻转的电流密度大小在 2×10^7 A/cm^2 量级。若干年后,基于上述 STT 在自旋阀结构中的磁矩翻转研究工作,在低 RA(电阻与面积的乘积)的磁性隧道结中采用相同方式成功地实现了 STT 诱导的磁矩翻转过程。在该 MTJ 的应用中,所需的电流密度大小($2 \sim 6 \times 10^6$ A/cm^2)低于金属自旋阀结构实现磁矩翻转所需的电流密度大小。此后,采用 STT 写入机制的磁性隧道结 STT-MRAM 的应用逐渐成为研究与应用的热点。STT-MRAM 写入机制示意图如图 4.80 所示。STT 写入机制在 MRAM 应用中的优势体现在如下几个方面。

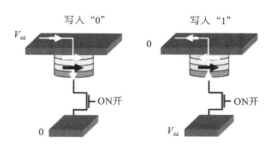

图 4.80　STT-MRAM 写入机制示意图
每个 STT-MRAM 单元都与一个选通晶体管串联

a. STT-MRAM 无须采用脉冲磁场形式进行写入操作。每个存储单元均采用流经该单元的写入电流直接进行写操作。因此,STT-MRAM 的基本存储单元较其他场写入 MRAM 结构更紧凑、集成密度更高,如图 4.81 所示。

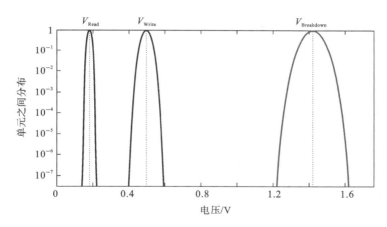

图 4.81　STT-MRAM 中三种电压的单元间特性分布规律(读,写,击穿电压)

b. 对选定存储单元进行写操作时,未与之串联的晶体管处于关断状态,而写入电流仅通过被选定存储单元,这样的写入机制相比于其他场写入机制的 MRAM 来说具备更为优异的可选择写入性能。

c. STT 写入操作过程中,磁矩翻转过程由临界电流密度 j_c 决定。当电流密度超过 j_c 时,信息存储层的磁矩开始发生翻转。总电流大小随着基本单元面积的减小而减小,因此具备较好的尺寸缩减特性。

我们对实现磁矩翻转的临界电流密度所对应的翻转电压做如下定义:

$$V_c^{P \to AP} = (RA)_P (V) j_c^{P \to AP} \text{ 和 } V_c^{AP \to P} = (RA)_{AP} (V) j_c^{AP \to P} \qquad (4.553)$$

其中,RA 为 MTJ 中对应磁状态下的电压依赖的电阻与面积的乘积。有趣的是,在 MTJ 中,由于平行状态下的 STT 效率低于反平行状态下的,使得 $j_c^{P \to AP}$ 比典型的 $j_c^{AP \to P}$ 高出一倍。平行态变换为反平行态,反平行态变换为平行态所对应的临界电压分别为 $V_c^{P \to AP}$ 和 $V_c^{AP \to P}$,在数值上较为接近,因为反平行态与平行态均对应较大的 RA。

③ 三端口 MRAM 器件。

STT-MRAM 以其具有的应用优势快速实现了产业化,并逐渐成为非易失性存储器中最为重要的存储器件。然而,STT-MRAM 在更高速的应用中,在使用寿命方面仍然存在先天不足。实际上,在常规 STT-MRAM 器件的每个写入过程中,隧穿势垒层通常会承受 0.5 V,10 ns 的电压脉冲。而典型的隧穿势垒层仅厚 1 nm,加载在氧化物势垒层上的电场强度在 10^9 V/m 的量级,已经接近势垒层的击穿电场极限。为解决该问题,三端口的 STT-MRAM 设计概念被提出。该设计将写入电流通路与读取电流通路区分开,使得写入电流不经过相对脆弱的隧穿势垒层,这样便能够有效地限制写入过程中所产生的电致应力对器件造成的不利影响。该理念同样开辟了存储器架构与逻辑器件应用的全新设计路径。

一种基于畴壁位移的三端口 MRAM 设计如图 4.82 所示:每个 MRAM 存储单元包含一个磁性隧道结及三个触点。其中一个触点在 MRAM 存储单元底部,通常会与一个选通晶体管器件相连。另外两个触点在 MRAM 存储单元顶部与信息存储层相连。一个触点由 Cu 层和磁性钉扎层构成,与信息存储层一起构成所谓的自旋阀堆垛结构。自旋阀结构中的钉扎层是用来产生极化电流并作用于 MRAM 的信息存储层从而实现其磁矩的翻转过程

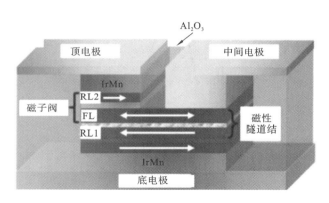

（a）MRAM基本存储单元示意图

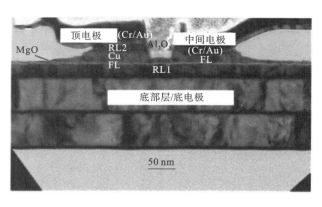

（b）透射电镜下的器件界面图

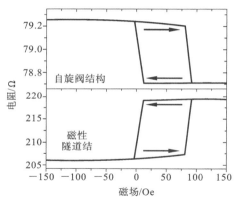

（c）不同磁场下自旋阀结构电阻变化及磁性隧道结电阻变化

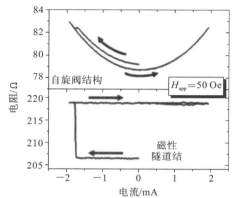

（d）电流作用下自旋阀结构电阻变化及磁性隧道结电阻变化

图 4.82　HGST 提出的三端口 MRAM 设计

的。该自旋阀堆垛结构与 MRAM 的顶电极相连。另一个触点与中部电极相连,为非磁性金属电极(如 Cu 或 Al)。对于常规的 MRAM 存储单元,向其中写入信息的过程,即为重新设定信息存储层磁矩的排列方向相对于参考层方向是平行的还是反平行的。整个写入信息的过程向顶电极与中部电极之间通入电流脉冲。电流的流动通路穿过顶部触点,进入信息存储层平面,最后流过中部触点由中部电极流出。

穿过顶部触点通过钉扎层,传导电子转变为自旋极化电子。它们对信息存储层施加自旋转移力矩,使其磁性膜成核并以磁畴的形式实现翻转。此时,信息存储层被划分为两块磁畴区域,触点下面的区域率先成核,另一个区域的磁矩保持在原有的方向。两块区域之间由磁畴壁分隔开。由于自旋转移力矩的作用,对该磁畴壁产生压力,并推动其运动,发生畴壁位移,最终实现完的磁矩翻转过程。通过上述机制,信息存储层的磁矩被翻转的同时,没有写入电流流经 MRAM 结构中的势垒层。

近年来,另一种全新概念的三端口存储器件设计被提出并被实验验证,即自旋轨道力矩-磁性随机存储器(SOT-MRAM)。写入电流沿具备结构反演对称破缺特性的磁性多层膜的面内方向流动,如 Pt/Co(0.6 nm)/AlO$_x$,在信息存储层上施加力矩,该力矩与自旋轨道耦合相关。在该力矩的作用下,磁矩翻转时间小于 500 ps,写入电流功耗为普通 STT-MRAM 所需功耗的十分之一。SOT-MRAM 最关键的优势在于其写入与读取电流的路径被完全区分开,因而能够天然解决 STT-MRAM 所面临的器件稳定性问题,理论上 SOT-MRAM 具有无限长的使用寿命。该设计概念适用于对信息存储密度要求不高的高速缓存应用场景。SOT-MRAM 未来的研究目标为,进一步降低写入电流大小以实现与晶体管输出的匹配设计,同时保持在电迁移阈值之下。

读取过程通常采用向顶电极到底电极之间通入读取电流的方式,测试隧道结的电阻以获得信息存储的状态。上述方法使得采用 SOT 写入方式避免了隧穿势垒层被电流不断损耗的过程,同时还能够保留 MTJ 大隧穿磁电阻的优势。该设计的优势是 STT-MRAM 所不具备的。而 SOT-MRAM 的劣势在于,相对复杂的三电极设计使得器件单元尺寸要大于相似的 STT-MRAM 器件的。

4.5.2　磁存储器的典型应用

1. 传统磁存储器的典型应用

(1)磁带。

磁带是一种常见的磁记录器件,用于录制和播放声音信号。在录音过程中,话筒中产生的音频电流被放大后进入磁头线圈,形成波动的磁场。同时,磁带上面附着一层磁性粉末,在录音时被磁化,从而将声音信号存储在磁带中。录音和放音过程是可逆的。在放音时,磁带上存储的磁场变化在放音磁头线圈中感应出电流。这些感应电流与之前记录下的磁信号密切相关,通过线圈生成音频电流,经放大传输到扬声器后变为声音信号。

(2)磁盘存储。

磁存储设备是一种常见的数据存储介质,其基于磁化和退磁金属薄片实现数据的存储和检索。在磁盘上覆着了一层磁性材料,例如铁氧体等,以形成存储介质。每个磁性粒子都具有自身的磁场,当粒子磁化方向一致时,会产生明显的磁场。通常情况下,这些磁极是杂

乱无章的,没有明显的磁极现象。

磁盘的存储介质由一系列同心圆组成,一个同心圆表示一个磁道,而全部同等半径的磁道构成一个柱面。沿着半径线把磁道分割成多份,即每一份为一个扇区,也是最小的磁盘存储单元。在读取信息时,系统通过定位磁道和扇区,将磁头放置到相应位置上,完成数据读取操作。在信息写入时,为磁头施加外加电压,改变磁场极性,记录下磁通变化区。磁盘一般涂覆有薄而坚硬的类金刚石碳涂层,以防止磁头划伤。读取数据时,系统输出对应的逻辑数据,通过电路将其转换成物理数据,定位对应的磁道和扇区,完成数据读取过程。磁头在读取数据时需要进行寻道操作,所谓寻道,即移动并定位到指定磁道,寻道消耗的时间为寻道时间。随后,磁盘运动,将目标扇区转移到磁头下,这个过程耗费的时间称为旋转时间。整个读取过程由寻道、旋转延迟和数据传输三个步骤组成,确保数据在磁盘和内存之间的实际传输顺利完成。

2. 新型磁存储器的典型应用

(1)巨磁电阻的主要应用。

GMR 材料具有重要的应用价值,在计算机和存储器件领域展现了巨大潜力。首先,利用 GMR 材料制造的高密度磁头可以显著提高硬盘的记录密度,从而突破了信息传输中的瓶颈,为高速数据传输提供了可能。其次,GMR 材料在计算机外部存储器中的应用已经实现了存储容量的突破性增长,这将为计算机内存技术带来革命性的影响。特别是,采用 GMR 材料制成的磁性随机存储器(MRAM)相较于传统 RAM 展现出诸多优势,如难易失、耐辐射、抗衰老和成本低等。这使得 MRAM 在计算机、电子通信及军事领域等方面具有广泛的应用前景。自 1988 年巨磁电阻效应被发现以来,经过仅仅数年的时间,就快速研究出了一系列具有深远影响的新磁电器件。

GMR 新器件的研究引发了众多国家的广泛重视,1995 年,美国物理学会将 GMR 效应列为该年凝聚态物理领域研究热点的第一位。这是因为 GMR 材料不仅具有良好的应用前景,而且将会带来巨大的经济效益。

① GMR 效应在计算机硬盘(HDD)中的应用。

HDD 作为计算机外部器件的首选装置,因存储量大、容积低、读写速度快和数据传输率高而备受青睐。20 世纪末,IBM 公司首次在 HDD 中采用了基于 GMR 效应的自旋阀结构读出磁头,实现了每平方英寸 10 亿位(1 Gb/in²)的 HDD 面密度世界纪录。随后,于 1995 年,IBM 再次刷新了世界纪录,将纪录提高到每平方英寸 30 亿位。这些成果说明了 GMR 磁头在提升 HDD 面密度方面的潜在动力。由于 GMR 技术的广泛使用,HDD 的面密度纪录不断刷新,到了 1996 年,HDD 的面密度记录已经达到每平方英寸 50 亿位(5 Gb/in²)。随后,2000 年实现了每平方英寸 100 亿位～200 亿位(10 Gb/in²～20 Gb/in²)的 HDD 面密度,进一步提高了存储容量。这些突破性进展为满足计算机网络和多媒体计算机发展的需求提供了重要支持,推动了 HDD 技术的不断创新和发展。

随着 HDD 面密度的迅速提高,单个信息位在记录媒体上所占的面积急剧缩小。以 1 Gb/in² 的面密度为例,每位所占面积已经接近 0.5 μm²。随着面积的缩小,单位信息的剩余磁通也会越来越弱,进一步导致用薄膜感应式(TFI)磁头读出的信号十分微小,无法确保 HDD 的准确性。所以,提升磁头的读出灵敏度至关重要。随着面密度的增加,磁头的读出灵敏度需求也在不断提高,以适应信息密度不断增加的存储需求。

图 4.83 所示的为 TFI 磁头和 MR 磁头的结构示意图。TFI 磁头和 MR 磁头在 HDD 中扮演着关键的角色。TFI 磁头采用电磁感应原理进行信息的记录和读取。在记录过程中,通过线圈的电流在磁芯前的间隙处生成记录磁场,用于磁化记录媒体以存储位信息。而在读取过程中,磁头磁芯通过线圈感应读出电压。TFI 磁头采用类似半导体集成电路制造工艺的薄膜材料制成,随着面密度的增加,其读出电压与线圈圈数和磁通变化率成正比。为了检测高密度位信息对应的微弱剩磁通,必须增加线圈圈数和硬盘的线速度。然而,增加线圈圈数会增加制造难度,引起磁头阻抗增加,对提高磁记录密度不利。此外,随着硬盘的小型化,线速度下降,读出信号的幅度变得更小,且设计上的限制会导致无法实现最佳的读写效率。

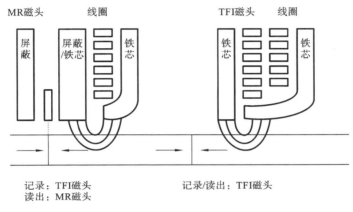

图 4.83　TFI 磁头和 MR 磁头的结构示意图

MR 磁头则是由 TFI 磁头和 MR 读出磁头组合而成的,TFI 磁头用于记录,无须增加线圈圈数,简化了工艺,提高了记录效率。MR 磁头用于读取,MR 元件处于读屏蔽之间,读取记录媒体上的剩余磁通,实现最佳的读出灵敏度。通过 MR 元件读取信号,利用 MR 材料的各向异性磁电阻效应检测剩磁场。当施加外磁场时,各向异性磁性材料的电阻率在不同方向上有所不同,利用这种差异可以检测剩磁场。当沿着平行于电流方向和垂直于电流方向施加外磁场时,各向异性磁性材料的电阻率 $\rho_{//}$ 和 $\rho_{\perp}$ 是不同的,通常用其变化率来评价各向异性磁电阻的大小,即

$$\Delta\rho/\rho_0 = (\rho_{//} - \rho_{\perp})/\rho_0 \tag{4.554}$$

其中,ρ_0 为理想退火状态的磁电阻率。常用的低场高灵敏度 AMR 材料是坡莫合金($Ni_{80}Fe_{20}$),其室温磁电阻变化率为 2.5%。当读电流流过 MR 元件时,记录媒体上的信息位剩磁场的作用,改变了元件的电阻值,产生了电压的变化(ΔV),即读出了记录媒体上存储的信息。

MR 磁头读取的电压大小取决于电流、电阻和电阻变化率,在相同条件下,MR 磁头的输出电压比 TFI 磁头的大约 3 倍,阻抗是 TFI 磁头的 1/5,且读出电压不受记录媒体运动速度的影响。因此,MR 磁头成为继 TFI 磁头之后的最佳选择,为 HDD 提供了更高的读出灵敏度和性能。

GMR 效应磁性多层膜在 HDD 磁头中的应用带来了革命性的变化。相比于传统的 MR 磁头,GMR 磁头利用 GMR 元件取代 AMR 元件,获得了更大的磁电阻变化率,克服了 MR

磁头的固有巴克豪森噪声,提高了磁头的灵敏度和可靠性。当前,低场 GMR SV 材料的磁电阻变化率已超过 7%,使得 GMR SV 磁头的读出电压比 MR 磁头的高出 3～5 倍,极大地提高了磁头的读出灵敏度,成为使计算机硬盘存储量跃升至 100 亿字节(100 GB)的关键技术。

如图 4.84 所示,GMR 磁头的结构包括反铁磁层、磁性钉扎层、非磁性(间隔)层和磁性自由层。当两个磁性层的磁化方向相反时,呈现高阻抗;相同时,呈现低阻抗。通过 Mott 模型解释,自旋电子穿过磁化方向相反的铁磁层时,遭受较强的散射,从而呈现高阻抗;而当磁化方向相同时,自旋电子散射较弱,呈低阻抗。当记录媒体上的信息位的剩磁场作用于自由层时,产生 0°～180° 的变化,引起 GMR 元件磁电阻的变化,从而读出了存储在记录媒体上的信息。自由层受外场作用改变磁化方向的过程是转动过程,克服了巴克豪森噪声,有利于改善磁头信噪比。

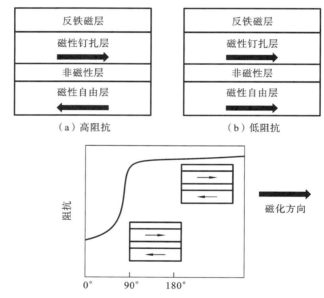

图 4.84　GMR SV 膜的结构和工作原理

除了 GMR SV 结构外,还有金属多层膜结构的 GMR。GMR SV 结构简单,易于制作,具有高读出灵敏度,原因是自由层和钉扎层之间呈弱耦合,材料的矫顽力低。每微米磁道的读出幅度可达 800～1000 μV。相比之下,金属多层膜 GMR 结构层间呈强磁性耦合,虽然磁电阻变换率高,但制作工艺复杂,目前不满足硬盘磁头的要求。因此,GMR SV 结构成为当前首选的低场金属多层膜 GMR 方案。

GMR SV 膜的结构和特性如图 4.85 所示。

HDD 作为外存储器,在容量、存取速度、数据传输率和位价格等方面具有巨大优势。其容量超过 100 GB,存取速度快于 10 ms,数据传输率高达 440 Mb/s,且位价格低于 0.1 美元/Mb,这些特点使得 HDD 在高速运算、网络服务和多媒体信息库方面发挥着不可替代的作用。随着新材料和新技术的不断涌现,HDD 技术正处于新的发展阶段,如隧道结巨磁电

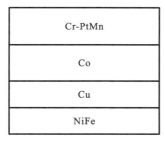

（a）断面结构

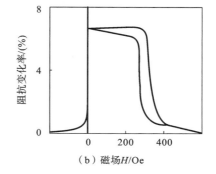

（b）磁场H/Oe

图 4.85　GMR SV 膜的结构和特性

阻效应引起了广泛关注。IBM 和富士通已成功制成磁电阻变化率为 22% 和 24% 的 TMR 材料,其结构如图 4.86 所示。TMR 材料的成功研发为硬盘技术的发展注入了新的动力,其成为外存储器市场最重要的材料之一。

② GMR 随机存储器（MRAM）。

DRAM 和 SRAM 是目前最常见的半导体动态存储器。每个 DRAM 芯片的容量可达 40 亿位（4 Gb/chip）,芯片面积约为 1000 mm²,每位所需面积为 0.34×0.68 μm^2（0.23 μm^2）。而每个 SRAM 芯片的容量为 400 万位（4 Mb/chip）,芯片面积为 12×11 mm²,每位所需面

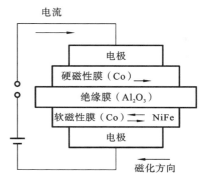

图 4.86　TMR 材料的结构

积为 3.04×4.2 μm^2（12.77 μm^2）,速度比 DRAM 快一个数量级,然而,此类存储器具有易失性,即断电时会失去数据,耐辐射性能也弱。对于半导体非易失性存储器,例如 $E^2 PROM$,其容量较小,为（512 K～1 M）字×（8～16）位,芯片面积为 29～86 mm²,耐辐射性能较弱且制作成本大。

为推动计算机发展,发展面积小、速度快、容量大且制作成本低的非易失性 RAM 至关重要。其中,早在 20 世纪 70 年代初就已有基于磁电阻效应构成的 MRAM 方案,局限于使用当时的 AMR 材料,其制作相对困难,且磁电阻变化率低,但 GMR 效应的出现促进了 MRAM 的发展,为其带来了新的动力。

MRAM 的结构与原理见图 4.87。MRAM 的结构与原理基于 GMR SV,通过反铁磁层和钉扎层记录"1"和"0"。在读出时,通过读出电流改变自由层方向,实现读出信号。当字线电流方向为正时,即电流方向由里向外,通电导线周围形成的圆磁场超过反铁磁层的矫顽力时,记录为"0";当字线电流方向为负时,即电流方向由外向里,此时反铁磁层的磁化方向反相,记录为"1"。而在读出时,通过读出电流改变自由层的磁化方向,从而产生不同的磁电阻效应,进而生成负或正的读出信号。经过 3 亿次读取后,信号仍然保持稳定,不会发生变化。

相比传统半导体 RAM,MRAM 有着更长的寿命、更低的成本、更强的抗辐射能力和存储数据非易失等诸多优势,且存储密度可实现最大化。随着 TMR 技术的不断发展,使用

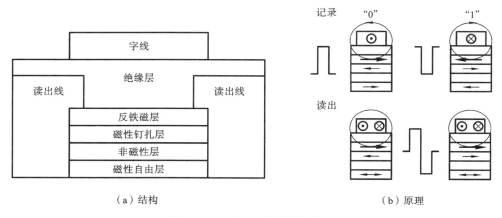

图 4.87 MRAM 的结构与原理

TMR 制作 MRAM 将获得更好的性能,这或许将给计算机存储领域带来一场革命。GMR RAM 和半导体 RAM 的比较见表 4.18。

表 4.18 GMR RAM 和半导体 RAM 的比较

存储器类型	半导体存储器	GMR 存储器
密度	结构复杂(10~20 集成掩模板), 最小单元面积为 $10\lambda^2$	结构简单(2~3 集成掩模板), 最小单元面积为 $4.48\lambda^2$
取数时间	100 ns(闪速存储器 E^2PROM)	2 ns(IBM)
非易失性	10 年(闪速存储器 E^2PROM)	永久

总之,要实现磁存储技术的革命性进步,必须从以下两个基本方面努力,一是研制均匀分布的非常细密的磁性材料,二是有足够小的磁头能够读写如此细小的磁颗粒,这是目前在磁存储技术领域上主要的研究方向。与磁存储技术相关的基础研究还包括盘面润滑物、磁头在磁介质表面运动的空气动力学、"0"码和"1"码在磁介质上的排列顺序、精密机械的构造、控制磁头和介质运动的电气和软件技术。

(2)基于自旋转移扭矩的 STT-MRAM 技术。

典型的 STT-MRAM 结构单元由一层钉扎层和一层磁性信息存储(记录)层构成,中间采用隧穿势垒层隔离开。MTJ 的信息存储层被设计为两种磁稳态,即采用平行或反平行于钉扎层的磁矩取向。通过选择适当的电流极性,产生自旋转移力矩使得磁矩偏离上述磁稳态,当自旋转移力矩足够大时便可实现对磁存储单元存储状态的改变。若电子由钉扎层流向信息记录层,则存储单元倾向于保持在平行排布状态。若电子由信息存储层流向钉扎层,则存储单元倾向于保持反平行状态。为实现信息存储层磁矩的翻转,电流密度需要超过某一个电流阈值,该阈值对应于磁性层本征 Gilbert 阻尼与 STT 诱导的反阻尼相互抵消的平衡位置。该电流阈值 J_c 可以通过计算等效阻尼为零时所对应的电流密度大小来得到。电流密度的表达形式还与磁性层是面内磁化还是面外磁化有关。Slonczewski 面内力矩作用下的临界电流密度可以通过求解 LLG 方程获得:

$$J_c = \frac{2\alpha e \mu_0 M_s t}{\hbar P_{\text{spin}}} H_{\text{eff}} \tag{4.555}$$

与之对应的电流大小为

$$I_c = \frac{2\alpha e\mu_0 M_s V}{\hbar P_{spin}} H_{eff} \tag{4.556}$$

其中，M_s 为饱和磁化强度，α 为 Gilbert 阻尼因子，t 为磁性层厚度，V 为体积，P_{spin} 为自旋极化率大小，H_{eff} 为等效磁场。其他的物理量包括：电子电荷 e，真空磁导率 μ_0，约化普朗克常数 $\hbar$。对于典型的自旋阀结构，该临界电流大小为 10^{11} A/m^2 左右，而对于磁性隧道结，则为 10^{10} A/cm^2 左右。

STT-MRAM 磁矩翻转所需电流大小与结构单元面积相关。随着结构尺寸的减小，其热稳定性能下降，需要提高磁各向异性场的大小以维持热稳定性因子在合理范围内。因此，热稳定性限制了临界电流的减小。

第5章 光电子器件

◀ 5.1 半导体激光器 ▶

5.1.1 概述

随着信息化社会的到来,高速率信息流的载入、传输、交换、处理及存储成为技术的关键,半导体光电子技术是这些核心技术的支柱之一,而半导体光电子器件(特别是半导体激光器)是心脏。半导体激光器又称为激光二极管(Laser Diode,LD),是指以半导体材料为工作物质的一类激光器。

半导体激光器的突出优点如下。

(1) 低功率低电流(2 V 电压下一般为 15 mA)直接抽运,可由传统的晶体管电路直接驱动。

(2) 可用高达 GHz 的频率直接进行电流调制,以获得高速调制的激光输出。

(3) 半导体激光器是直接的电子-光子转换器,因而它的转换效率很高。理论上,半导体激光器的内量子效率可接近 100%,实际上由于存在某些非辐射复合损失,其内量子效率要低很多,但仍可达到 70% 以上。

(4) 半导体激光器覆盖的波段范围最广。通过选用不同的半导体激光器有源材料或改变多元化合物半导体各组元的组分,可得到范围很广的激光波长以满足不同的需要。

(5) 在输出光束大小上与典型的硅基光纤相容,能调节输出光束的波长使其工作在这类光纤的低损耗、低色散区域。

(6) 半导体激光器的工作电压和电流与集成电路兼容,因而可以与之单片集成,形成集成光电子电路。

(7) 半导体激光器基于半导体的制造技术,适用于大批量生产。

(8) 半导体激光器的使用寿命最长,目前用于光纤通信的半导体激光器,工作寿命可达数十万乃至百万小时。

(9) 半导体激光器的体积小,容易组装进其他设备中,质量小,价格便宜。

半导体激光器的主要缺点是激光束发散角比较大,平行于 PN 结方向的发散角为几度到十几度,垂直于 PN 结方向的发散角为十几度到二十度(锁相阵列器件的发散角可以减小到 1°);其次,激光振荡的模式比较差。

最早进入实用的半导体激光器,其激光波长为 $0.83 \sim 0.85/\mu\mathrm{m}$。这对应于光纤损耗谱的第一个窗口,多模光纤的损耗可低于 2 dB/km。在 20 世纪 70 年代末期,在 1.3 对抗性波长处得到了损耗更小(0.4 dB/km)、色散系数接近于零的单模光纤,不久又开发出损耗更小的 L55bm 单模光纤窗口。早在 20 世纪 60 年代后期开始研究的长波长 InGaAsP/IaP 激光器也随着单模光纤的开发而进入实用系统。激光波长为 1.55 μm 的半导体激光器也很快达到实用化。

发展可见光($\lambda <$ 0.78 μm)半导体激光器的动力来自光盘、光复印和光信息技术的发展。因为晶片上的存储容量反比于激光波长,为提高信息存取密度,需使用波长尽可能短的激光源。最早使用的是波长 $\lambda =$ 632.8/2 μm 的氦氖激光器,但因其体积大和寿命有限,故 1582 年上市的 CD 唱机采用了波长为 780 nm 的半导体激光器。近几年来,波长更短(例如 $\lambda =$ 630 μm)的半导体激光器已成商品。体积小、价格低和寿命长的半导体激光器在光信息存储与处理领域占据了大部分市场。

20 世纪 80 年代初发展起来的用半导体激光器泵浦 Nd:YAG 等固体激光器的研究促进了大功率半导体激光器(包括阵列激光器)的发展。掺钕固体有源介质,如 Nd:YAG、Nd:YVO 等,在 808 nm 波长左右有较强的吸收峰,因此用体积小、激光波长为 808 nm 的半导体激光器代替通常的氙灯(脉冲)或氪灯(连续)来泵浦固体激光材料,可得到体积小、泵浦效率高的固体激光器。

随着掺稀土元素光纤放大器的发展,用作泵浦源的高功率半导体激光器又有了另一个重要的应用。例如,用波长为 580 nm 或 1480 nm,功率为数十毫瓦的半导体激光器泵浦掺铒光纤,可以得到高的增益系数,从而使光信号得到 30 dB 以上的增益。光纤放大器已在光纤通信中得到重要应用。

目前,半导体激光器已经是光纤通信、光纤传感、光盘记录存储、光互连、激光打印和印刷、激光分子光谱学,以及固体激光器泵浦、光纤放大器泵浦中不可替代的重要光源。此外,在光学测量、机器人与自动控制、医疗、原子和分子物理的基础研究等方面也有广泛应用。它已经是需要高效单色光源的光电子系统中不可缺少的光学器件。

5.1.2　半导体激光器的工作原理

半导体激光器形成激光的必要条件与其他激光器的相同,也须满足粒子数反转、谐振、阈值增益等条件,半导体中的电子与光子间的相互作用也有三个基本过程——受激吸收、自发辐射和受激辐射,但是这三类电子跃迁发生在半导体材料导带中的电子态和价带中的空穴之间,而不像原子、分子、离子激光器那样发生在两个确定的能级之间。半导体激光器的激光振荡模式与前面讨论的开放式光学谐振腔的振荡模式有很大的差别,半导体二极管激光器的光学谐振腔是介质波导腔,其振荡模式是介质波导模式。

1. 半导体激光器受激发光条件

(1) 电子在半导体能带之间的跃迁。

光子与半导体内部电子(或空穴)的相互作用主要表现为三个物理过程:自发辐射、受激吸收、受激辐射。首先讨论一下影响以上三种跃迁速率的因素。

因素一,跃迁初态电子占据的概率,跃迁终态电子空缺的概率。电子在半导体能带之间的跃迁,始于电子的占有态,终于电子的空态。因此,跃迁速率正比于与跃迁有关的初态电子占据的概率和终态未被电子占据的概率。

因素二，电子态密度。半导体中的电子跃迁不是发生在孤立的两个能级之间的，因此，对于某一特定能量的光子，可以使半导体能带中一定能量范围内的电子跃迁。即使是单色光，若光子与电子互作用的时间很短，则按量子力学测不准原理，跃迁所涉及的能量范围就会很宽。因此，有必要考虑单位能量间隔中参与跃迁的电子态密度。

电子在某一能带中的态密度取决于电子在该能带的有效质量和在能带中所具有的能量，它是依能量从低至高而分布的。导带和价带的电子态密度分别表示为

$$\rho_c = \frac{m_c (2m_c E_c)^{1/2}}{\pi^2 \hbar^3} \tag{5.1}$$

$$\rho_v = \frac{m_v [2m_v(-E_g - E_v)]^{1/2}}{\pi^2 \hbar^3} \tag{5.2}$$

这里需要注意，空穴是电子的空缺，因此价带的态密度仍可合理地称为电子态密度。

因素三，光子能量密度。半导体激光器的工作原理是基于光子与电子的相互作用的，因此，跃迁速率还应该正比于激励该过程的入射光子密度。单位体积、单位频率间隔内的光子能量密度为

$$\rho(h\nu) = \frac{8\pi n_R^3 h\nu^3}{c^3} \cdot \frac{1 + (\nu/n_R)(dn_R/d\nu)}{e^{h\nu/k_b T} - 1} \tag{5.3}$$

式中，$h\nu$ 为光子能量；ν 为光波频率；n_R 为材料折射率。

因素四，跃迁概率。包括受激吸收跃迁概率 B_{12}，受激辐射跃迁概率 B_{21}，自发辐射跃迁概率 A_{21}。这些参数是决定半导体材料吸收系数和增益的基本参量。

① 自发辐射跃迁。

导带内能量为 E_2 的电子向价带内一个能量为 $E_2 = (E_2 - h\nu)$ 的状态发生复合跃迁，辐射光子，这种过程属于自发辐射跃迁，会产生非相干光。单位体积、单位能量间隔内，自发辐射跃迁速率为

$$r_{21}(sp) = A_{21} f_c(E_2) \rho_c \rho_v [1 - f_v(E_1)] \tag{5.4}$$

总的自发辐射速率为

$$R_{sp} = -\left(\frac{dn_2}{dt}\right)_{sp} = r_{21}(sp) n_2 \tag{5.5}$$

式中，n_2 为处于高能级的电子数。

② 受激吸收跃迁。

在未加电场的平衡状态下，导带中的电子数远小于价带中的电子数，此时半导体对光子表现为显著的受激吸收。电子在能量为 $h\nu$ 的光子的作用下吸收其能量并由价带中的 E_1 能级跃迁到导带的 E_2 能级。单位体积、单位能量间隔内受激吸收跃迁速率为

$$r_{12}(st) = B_{12} f_v(E_1) \rho_v \rho_c [1 - f_c(E_2)] P(h\nu) \tag{5.6}$$

③ 受激辐射跃迁。

电子在能量为 $h\nu$ 的光子作用下由导带能级 E_2 跃迁到价带能级 $E_1 = E_2 - h\nu$ 上，同时发出能量为 $h\nu$ 的光子，这个过程为受激辐射跃迁，其辐射光子与激发光子属于同一模式。单位体积、单位能量间隔内受激辐射跃迁速率为

$$r_{21}(st) = B_{21} f_c(E_2) \rho_c \rho_v [1 - f_v(E_1)] P(h\nu) \tag{5.7}$$

（2）半导体激光器的粒子数反转条件。

在半导体有源介质中实现粒子数反转分布的条件是由伯纳德和杜拉福格首先在 1561 年推导出来的，因此称其为伯纳德-杜拉福格条件。

由爱因斯坦关系，有 $r_{12}=r_{21}$，如果忽略半导体激光器中本来就很小的自发辐射速率，要得到净的受激辐射光放大，必须有

$$r_{\text{net}}(\text{st})=r_{21}(\text{st})-r_{12}(\text{st})>0 \tag{5.8}$$

式中，$r_{\text{net}}(\text{st})$ 为净受激发射速率。将式(5.6)和式(5.7)代入式(5.8)，则有

$$f_{\text{c}}(E_2)>f_{\text{v}}(E_1) \tag{5.9}$$

由式(5.9)可见，半导体激光器的粒子数反转分布的条件是：在结区导带底（即上能级）被电子占据的概率，大于在价带顶（即下能级）被电子占据的概率。

考虑激光器工作在连续发光的动平衡状态，非平衡载流子的寿命足够长，在作用区，导带底电子的占据概率可以用 N 区的准费米能级来计算：

$$f_{\text{c}}(E_2)=\frac{1}{e^{\frac{E_2-E_{\text{F}}^-}{k_{\text{b}}T}}+1} \tag{5.10}$$

价带顶电子的占据概率可用 P 区的准费米能级来计算：

$$f_{\text{v}}(E_1)=\frac{1}{e^{\frac{E_1-E_{\text{F}}^+}{k_{\text{b}}T}}+1} \tag{5.11}$$

将式(5.10)和式(5.11)代入式(5.9)并化简，可得

$$E_{\text{F}}^--E_{\text{F}}^+>E_2-E_1\geqslant E_{\text{g}} \tag{5.12}$$

其中，考虑到带间跃迁的受激辐射需满足 $h\nu\geqslant E_{\text{g}}$。由此可见，在半导体 PN 结中实现导带底和价带顶电子数密度反转分布的条件是 N 区（电子）与 P 区（空穴）的准费米能级之差大于禁带宽度，也即电子和空穴的准费米能级分别进入导带和价带。这只有在 PN 结两边的 N 区和 P 区高掺杂才能做到，这同时也是半导体激光器和一般半导体器件的区别所在。双异质结半导体激光器可以利用异质结势垒很好地将注入的载流子限制在有源区中而得到高的非平衡电子浓度，无须高掺杂就可满足式(5.12)。

在 PN 结上加适当大的正向电压 V，使 $eV\approx E_{\text{F}}^--E_{\text{F}}^+>E_{\text{g}}$ 时，在 PN 结的作用区实现粒子数反转分布，若能量 $h\nu=E_2-E_1$ 满足式(5.12)的光子通过作用区，就可以实现光的受激辐射放大。

2. 半导体激光器有源介质的增益系数

当半导体有源介质中实现了粒子数反转时，该介质就具有正增益，可以使频率处在增益带宽范围内的光辐射得到放大。有源介质的增益系数可表示为

$$G(h\nu)=\frac{\Gamma n_{\text{R}}}{c}r_{\text{net}}(\text{st})=\frac{\Gamma n_{\text{R}}}{c}B_{21}\rho_{\text{c}}\rho_{\text{v}}[f_{\text{c}}(E_2)-f_{\text{v}}(E_1)]P(h\nu) \tag{5.13}$$

式中，Γ 为模场限制因子。如果 $f_{\text{c}}(E_2)<f_{\text{v}}(E_1)$，即未达到粒子数反转，增益系数为负值，有源介质处于损耗状态；当 $f_{\text{v}}(E_2)=f_{\text{c}}(E_1)$ 时，材料的损耗与增益刚好持平，此时注入的载流子浓度称为透明载流子浓度。只有当 $f_{\text{c}}(E_2)>f_{\text{v}}(E_1)$ 时，增益系数才为正值。因此，增益系数并非有源介质本身的属性，它是与半导体有源区的注入电流或注入载流子浓度相关的。

3. 阈值条件

激光器产生激光的前提条件除了粒子数反转分布之外，还需要满足阈值条件，即必须使

增益系数大于阈值。与其他激光器一样,半导体二极管激光器也包含一个光学谐振腔和有源介质。当光在腔中传播时,除受激辐射过程会经历各种损耗。只有当增益大于所要克服的损耗时,光才能被放大或维持振荡。

由激光器增益和损耗决定的阈值可表示为

$$G_{th} = \alpha_i + \alpha_{out} \qquad (5.14)$$

式中,G_{th} 为阈值增益;α_i 为内部损耗因子,主要体现衍射、自由载流子等引起的非本征吸收等各种半导体激光器谐振腔的内部损耗;α_{out} 是激光器的输出损耗因子,体现由端面部分反射系数 R_1、R_2 所引起的损耗。

长度为 L 的腔,初始强度为 I_0 的光在腔内一次往返后变为

$$I = I_0 R_1 R_2 e^{(G - \alpha_i) 2L} \qquad (5.15)$$

由此可得阈值增益系数为

$$G_{th} = \alpha_i + \frac{1}{2L} \ln \frac{1}{R_1 R_2} \qquad (5.16)$$

式中,输出损耗因子 $\alpha_{out} = \frac{1}{2L} \ln \frac{1}{R_1 R_2}$。半导体和空气界面处的功率反射系数 R 为

$$R = \left(\frac{n_R - 1}{n_R + 1} \right)^2 \qquad (5.17)$$

如果谐振腔两个镜面的功率反射系数等于上述界面处的反射系数,即 $R_1 = R_2 = R$,则式 (5.15) 可写为

$$G_{th} = \alpha_i + \frac{1}{L} \ln \frac{1}{R} \qquad (5.18)$$

式 (5.18) 的意义是,当激光器达到阈值时,光子从每单位长度介质所获得的增益必须足以抵消由于介质对光子的吸收、散射等造成的内部损耗和从腔端面输出的激光等引起的损耗。显然,尽量减少光子在介质内部的损耗,适当增加增益介质的长度和对非输出腔面镀以高反射膜,都能降低激光器的阈值增益。

除阈值增益外,激光器在阈值点所对应的其他参数,如注入电流、注入载流子浓度等,均可作为阈值条件。前面讨论了在半导体中实现粒子数反转,使其成为增益介质的条件,但是,半导体作用区的粒子数反转值通常难以确定,而粒子数的反转通常是靠外加注入电流来实现的,因此增益系数是随注入的工作电流变化的,因此阈值振荡条件也常用电流密度表示为

$$J_{th} = \left(\frac{G_{th}}{\beta} + J_0 \right) \frac{d}{\eta_i} \qquad (5.19)$$

式中,d 为电流方向有源区厚度;η_i 为辐射复合速率与总复合速率之比,称为内量子效率;而 β 和 J_0 是随温度变化的两个参量。表 5.1 给出了本征 GaAs 不同温度下的 β 和 J_0。

表 5.1 本征 GaAs 不同温度下的 β 和 J_0

T/K	80	160	250	300	350	400
$\beta/(cm \cdot A^{-1})$	0.160	0.080	0.057	0.044	0.035	0.036
$J_0/(A \cdot cm^{-2} \cdot \mu m^{-1})$	600	1600	3200	4100	5200	6200

4. 半导体激光器的速率方程及其稳态解

讨论半导体激光器的稳态、动态特性与器件各参数的关系时,可用速率方程进行描述。

速率方程建立了光子和载流子之间的相互作用联系。本节给出半导体激光器的耦合速率方程及其稳态解。对半导体激光器的动态特性进行分析时,也可以借助速率方程。

（1）速率方程。

为简化分析,更容易、简明地描述速率方程的物理意义,在给出速率方程时做了一些简化假设:① 忽略载流子的侧向扩散;② 认为是在理想的光腔中具有均匀的电子、光子分布和粒子数反转,电子和光子密度只是时间的函数;③ 忽略光子渗入有源区之外的损耗,即 $\Gamma=1$;④ 忽略非辐射复合的影响;⑤ 谐振腔内只有一个振荡模式。这时电子密度 n 和单个模内光子密度 s 随时间变化的耦合速率方程为

$$\frac{\mathrm{d}n}{\mathrm{d}t}=\frac{J}{ed}-\frac{n}{\tau_{\mathrm{sp}}}-R_{\mathrm{st}}s \tag{5.20}$$

$$\frac{\mathrm{d}s}{\mathrm{d}t}=R_{\mathrm{st}}s+\frac{n}{\tau_{\mathrm{sp}}}-\frac{s}{\tau_{\mathrm{ph}}} \tag{5.21}$$

式中,J 是注入电流密度;d 是有源区厚度;τ_{sp} 是电子的自发辐射复合寿命;τ_{ph} 是光子寿命;R_{st} 是受激辐射速率,它是增益系数与光的群速之积,在不考虑色散的情况下有

$$R_{\mathrm{st}}=\left(\frac{c}{n_{\mathrm{R}}}\right)G \tag{5.22}$$

从速率方程可以看出,引起有源区电子密度和光子密度变化的主要因素有三个:① 电流注入,注入电流增加了有源区的电子密度;② 自发辐射和受激复合过程,这两个过程使电子密度减少而使光子密度增加;③ 光子寿命有限,光子可能从谐振腔端面逸出或在腔内被吸收,从而减少光子密度。

（2）速率方程的稳态解。

电子密度和光子密度达到稳态值 $\bar{n}$ 和 $\bar{s}$ 时,有 $\dfrac{\mathrm{d}\bar{n}}{\mathrm{d}t}=0$,$\dfrac{\mathrm{d}\bar{s}}{\mathrm{d}t}=0$,此时速率方程式(5.21)和式(5.22)可分别写为

$$\frac{\mathrm{d}\bar{n}}{\mathrm{d}t}=\frac{J}{ed}-\frac{\bar{n}}{\tau_{\mathrm{sp}}}-R_{\mathrm{st}}\bar{s} \tag{5.23}$$

$$\frac{\mathrm{d}\bar{s}}{\mathrm{d}t}=R_{\mathrm{st}}\bar{s}+\frac{\bar{n}}{\tau_{\mathrm{sp}}}-\frac{\bar{s}}{\tau_{\mathrm{ph}}} \tag{5.24}$$

当 $J<J_{\mathrm{th}}$ 时,在阈值以下,$\bar{s}=0$,由式(5.23)可求得

$$J=\frac{ed\bar{n}}{\tau_{\mathrm{sp}}} \tag{5.25}$$

5. 半导体激光器有源区对载流子和光子的限制

半导体激光器结构的一个重要特点是要将受激辐射限制在其有源层中,这种限制作用通过选择形成 PN 结的材料和控制有源层结构来实现。对载流子和光子的限制效率越高,半导体激光器的效率也就越高。

根据形成的材料和结构,PN 结可分为同质结结构、单异质结结构、双异质结结构及量子阱结构。

1562 年最早研制成功的半导体激光器是同质结结构的,即在同一种衬底的不同区域分别掺入施主杂质和受主杂质,而形成 N 型区和 P 型区。其特点是,为产生明显的复合辐射所要求的电流密度很高,容易导致材料损伤。此外,电流方向结区厚度达数微米,为能提供

足够激励会产生多余而有害的热量,因而,同质结激光器只能在非常低的温度下工作,目前已很少用。

(1) 异质结半导体激光器。

为了制造室温下运转的半导体激光器,相关人员早在 1563 年就提出了异质结二极管激光器的设想,I. Hayashi 等人于 1570 年首次实现了 GaAs/AlGaAs 异质结激光器室温下的连续工作,之后,半导体激光器就大量采用异质结结构。双异质结的载流子限制效应是现代半导体激光器最重要的特征之一,双异质结的出现使得半导体激光器进入实用化。

① 异质结。

异质结是由不同材料的 P 型半导体和 N 型半导体构成的 PN 结,形成 PN 结的两种材料沿界面具有相近的结构,以保持晶格的连续性。但一般要求材料具有不同的禁带宽度和电子亲和势(导带底能量和电子真空能级之差),它们是决定结区能带结构及特性的主要因素。

最早实现在室温下连续工作的是 GaAs/$Al_x Ga_{1-x}$As 异质结激光器,图 5.1 所示的即为在 N 型 GaAs 衬底上形成的 GaAs/$Al_x Ga_{1-x}$As 异质结结构。在这种结构中,有源区厚度由 P 型 GaAs 层决定,在 $Al_x Ga_{1-x}$As 导带势垒作用下,只有 P 型 GaAs 层允许电流流过,也只有该层可发生激发和复合辐射。而 P 型 GaAs 层的厚度由制造者决定,可以只有 0.1～0.2 μm 或更小(量子阱情形)。这种结构称为单异质结。

为进一步改善载流子和光波场的约束效果,可采用双异质结(Double Heterojunction,DH)结构,如图 5.2 所示,其中,P 型 GaAs 激活区上、下分别为 P 型和 N 型 AlGaAs。与单异质结相比,双异质结可以阻挡空穴向 N 区的扩散,形成的波导进一步把激光束压缩在一个较狭窄的波导内,使光波传输损耗大大减小,从而使阈值电流进一步减小。典型情况下,室温双异质结阈值电流密度具有 $10^2 \sim 10^3$ A · cm^{-2} 的量级,而同质结的则具有 10^4 A · cm^{-2} 的量级。

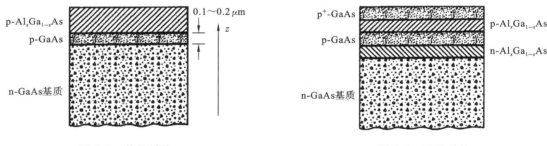

图 5.1　单异质结　　　　　　　　　　　图 5.2　双异质结

如图 5.3(a)所示,在这种简单的三层结构中,有源层的典型厚度为 0.1～0.2 μm。在这种 DH 结构中,对于在正向偏置下分别从 N 型和 P 型区域注入的电子和空穴,在横向(工向)存在一个势阱,如图 5.3(b)所示。该势阱将这些电子和空穴一起捕获并限制于此,由此增加了它们相互复合的概率。事实上,我们希望激光器内所有的注入载流子都在其有源区内复合来形成光子。如图 5.3(c)所示,带隙较窄的有源区的折射率通常要高于覆盖层的折射率,因此以 z 向为轴向构成一个横向的介质光波导,将光子限制在有源区内。图 5.3(d)所示的为所产生的横向光能量密度分布形状(与光子密度或电场振幅的平方成正比)。可见,双异质结能有效把载流子(电子和空穴)约束在有源区内,从而为有效进行光受激辐射放大提供有利的条件。

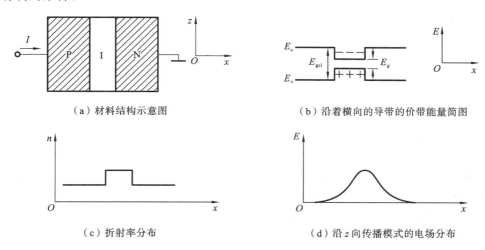

（a）材料结构示意图　　　　　　（b）沿着横向的导带的价带能量简图

（c）折射率分布　　　　　　　　（d）沿 z 向传播模式的电场分布

图 5.3　双异质结及其对载流子和光子的限制作用示意图

② 双异质结半导体激光器。

双异质结 AlGaAs/GaAs 激光器的典型结构如图 5.4 所示,其中,GaAs 薄层为有源区,它在 x 方向上的厚度为 $0.1\sim0.2~\mu m$。有源区上、下分别为厚度可在 $0.005\sim1~\mu m$ 范围内变化的 P 型和 N 型 AlGaAs 附加层,它们与 GaAs 形成双异质结。受激辐射的产生与光放大就是在 GaAs 有源区中进行的。激光器轴向或产生激光辐射的方向的典型长度为 $0.2\sim1~mm$,在这一长度上材料提供均匀增益。

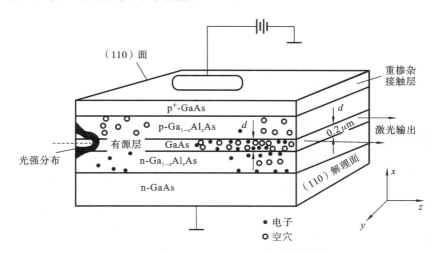

图 5.4　双异质结 AlGaAs/GaAs 激光器的典型结构

在半导体激光器内部,为避免热损伤和光能损耗,应尽量限制电子-空穴复合区,并将电流及光束约束在有源区内。双异质结成功地解决了在垂直于结平面方向对载流子和光子的限制问题。针对有源区的载流子和光子在结平面方向(y 向)的限制问题,通常用两种方法达到这一目的,即增益波导约束和折射率波导约束。这两种结构中,都只有 PN 结中部与解理面垂直的条形面积上有电流通过,因此称为条形结构。条形结构提供了平行于 PN 结方向的电流限制,从而大大降低了激光器的阈值电流,改善了热特性。

a. 增益波导结构。

增益波导激光器结构如图 5.5 所示,在侧面方向（y 向）有一对窄金属电极,长度一般为 $5 \sim 15 \ \mu m$,它决定了有源区的长度;在纵向方向,有源区由一对平行的部分反射镜面限制,并形成了激光器的谐振腔,反射镜面是沿半导体晶体的自然解理面切割形成的,反射率为 $0.3 \sim 0.32$。可以看到,P 型 AlGaAs 的上方只有中间一窄条与金属电极接触,其他区域则被氧化层与电极分开。因此,电流被限制在这一窄条中,光束也相应地被约束。有源区相当于 FP 谐振腔,光由受激辐射产生并在谐振腔内振荡,正如同在波导中一样。两个端面都有光输出,通常一个面用于耦合光纤或一些器件,如光隔离器或调制器等,另一个面用于监视并控制光功率。这种带有电极并由电极大小决定有源区范围的激光器称为增益波导激光器。由于这种结构是用高速质子流轰击条形电极以外的其余部分,增加其电阻率,从而将注入电流限制在未被轰击的条形之内的,因此该结构也称为质子轰击条形结构。由于增益波导没有可靠的折射率导向,侧向光场的漏出还是比较严重的,这不仅增加了谐振腔的损耗,而且不利于控制激光器的横模性质。

b. 折射率波导结构。

限制电流和光束的另一种器件是折射率波导激光器,如图 5.6 所示。其中,有源层仍采用 GaAs 材料,P 型 AlGaAs 在它的上面,并在中央区域形成隆起,再上面是氧化层。后者相对于 P 型材料具有较低的折射率,在两者界面处形成折射率垒,从而对激光横向有源层上方的扩展起到约束作用。这样,激光在波导膜中的传播由折射率垒的富度决定,也就是说,这种结构由具有较高折射率的有源区和环绕有源区周围的折射率较低的材料构成,形成波导结构,也称为隐埋条形结构。这种激光器对光的限制更强,使光的方向性更好,具有阈值电流低、输出光功率高、可靠性高等优点,而且能得到稳定的基横模特性,从而受到广泛的重视。

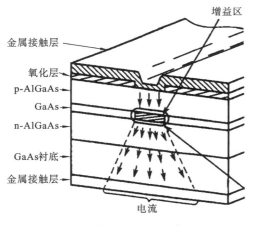

图 5.5　增益波导激光器结构

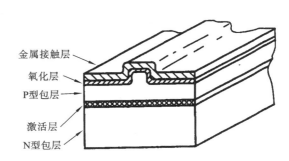

图 5.6　折射率波导激光器

（2）量子阱激光器。

如前所述的双异质结半导体激光器,其 PN 结中的有源层（有源区,激活区,激活层）厚度通常为 1 μm 左右,这时有源区内导带中的电子和价带中的空穴都可完全看成是自由的。量子阱半导体激光器是把一般双异质结激光器的有源层厚度(d)做成数十纳米以下的结构,即半导体双异质结中,中间夹层的窄带隙材料薄到可以和半导体中电子的德布罗意波长($\lambda_d = h/p \approx 50$ nm,或更小,如 10 nm)或电子平均自由程量级(约 50 nm)相比拟,此时它的量子效应变得明显起来,这时载流子,即电子和空穴,被限制在某一区域,因而称为量子阱结构。除了有源层厚度外,这种激光器在许多方面都与普通双异质结激光器相似。

量子阱结构由一个到几个非常薄的窄带隙半导体层和宽带隙半导体层交替组成。具有一个载流子势阱和两个势垒的量子阱激光器称为单量子阱(Single Quantum Well,SQW)LD,即带隙小的半导体极薄层被带隙大的半导体夹住的结构。该结构的导带和价带形成如图 5.7(a)所示的阱状电势,所以把薄膜区称为阱,夹着阱的层称为势垒。具有 n 个载流子势阱和($n+1$)个势垒量子阱的 LD 称为多量子阱(Multiple Quantum Well,MQW)LD,能带图见图 5.7(b)。把量子阱作为有源层就能实现量子阱激光器,图 5.8 所示的是各种量子阱结构。

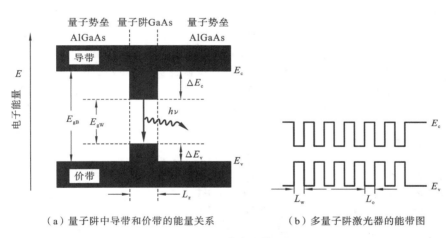

（a）量子阱中导带和价带的能量关系　　　（b）多量子阱激光器的能带图

图 5.7　量子阱的能带结构

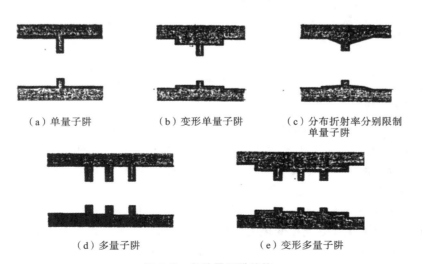

（a）单量子阱　　　（b）变形单量子阱　　　（c）分布折射率分别限制
　　　　　　　　　　　　　　　　　　　　　　　　单量子阱

（d）多量子阱　　　　　　　　（e）变形多量子阱

图 5.8　各种量子阱结构

量子阱可以相当有效地将载流子约束在很小的区域,而为了将光场也约束在一个相应小的范围内,则往往需要在有源层和包层之间增加导波层。在载流子和光场都具有很强约束的条件下,量子阱激光器可实现非常高的增益和低至 $0.5~\mathrm{mA/cm^2}$ 的阈值电流密度。

量子阱激光器通过量子限制效应减少了实现粒子数反转所需的载流子数目,所以阈值电流大大降低,仅为普通双异质结激光器的十分之一左右。此外,量子阱激光器的增益较高,线宽较窄,光相干性较好。量子阱半导体激光器调制带宽达数十吉赫兹。

量子阱结构已成为当代大多数高性能半导体光电子器件的典型结构。多量子阱结构可以用于 FP 型激光器中提高 FP 型激光器的性能,其也广泛应用于 DFB、DBR 激光器中,使这些激光器性能大大提高,主要表现在降低阈值电流、降低功耗、改善温度特性、使谱线宽度更窄、减小频率啁啾、改善动态单模特性、提高横模控制能力等方面。量子阱结构使垂直腔表面发射激光器成为现实。

量子阱可以是一维结构的,也可以是二维或三维结构的,具有一维量子阱结构的量子阱激光器称为常规量子阱激光器,目前在通信系统中所使用的量子阱激光器(包括单量子阱激光器和多量子阱激光器)都属于一维量子阱结构激光器。如果对载流子进一步限制,如在 10 nm× 10 nm 的 PN 结的 x 方向也制造出量子阱,则常规量子阱激光器就变成量子线激光器。如果更进一步,在 PN 结的 x 方向和 y 方向把波导区的尺寸都减小到电子的德布罗意波长的量级(如将载流子限制在边长为 12 nm 的立方体内),则量子阱激光器变成量子点或量子盒(Quantum Box,QB)激光器,这样的激光器具有非常低的阈值电流密度(约为几十安培每平方厘米)。图 5.9 示出了量子阱、量子线和量子盒激光器的结构。

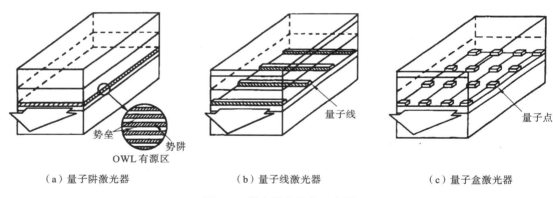

（a）量子阱激光器　　　　　　（b）量子线激光器　　　　　　（c）量子盒激光器

图 5.9　激光器的结构示意图

（3）光约束因子。

由半导体激光器的结构可以知道,它相当于一个多层介质波导谐振腔。与一般的介质波导不同的是,激光器不是无限长波导,而是波导谐振腔。半导体激光器的结构不同,所形成的介质波导谐振腔的物理模型也不同。考虑 FP 型激光器:对于宽面激光器,可以作为介质平板光波导来处理,条形激光器可作为矩形介质波导来求解;同质结平面条形激光器的有源区在垂直于结和平行于结的方向上折射率是连续变化的,异质结平面条形激光器仅在平行于结的方向上折射率才是连续变化的,而隐埋条形激光器的有源区可以认为是均匀的,折射率在有源区的边界上发生突变。因此,在分析激光器的模式时,应根据具体激光器的结构和边界条件,采用不同的物理模型来求解波动方程。

半导体双异质结激光器利用异质结的光波导效应将光场限制在有源区内,使光波沿有源层传播并由腔面输出。双异质结的有源层和相邻的两个包层之间存在折射率差是产生光波导效应的基础。因此,双异质结的三层结构就是一个典型的介质平板波导(或称平板折射率波导)结构,如图 5.10 所示。

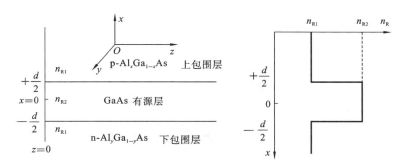

图 5.10　对称三层介质平板波导结构

半导体激光器介质波导腔与前面讨论过的开放式光腔(开腔)不同。对于开腔,在满足稳定性条件的情况下,光场被有效地约束在腔的轴线附近。一般情况下,腔镜面上的光斑半径远小于镜的横向尺寸,振荡模的体积远小于激活介质(有源区)的体积。这是通过反射镜的曲率半径与腔长的适当组合来实现的。但是,对于双异质结半导体激光器中的介质波导腔,总有一部分能量扩展到有源区以外,特别是在有源区厚度较小或有源区与包围层的折射率之差不太大时更是如此。光场不能完全约束在有源层内是所有半导体激光器的共同特点,这对激光器的输出特性,如振荡阈值、效率、输出功率等都有重要的影响。通常以一个称为光约束因子的量 Γ_m 来定量描述模指数(光场在有源区内零点的数目)为 m 的光场在有源层内约束的程度,它定义为有源区内 m 模的光能量(或光功率)与该模的总光能量(或光功率)之比,即

$$\Gamma_m = \frac{\int_{-d/2}^{d/2} E_y^2(x,y,z)\,\mathrm{d}x}{\int_{-\infty}^{\infty} E_y^2(x,y,z)\,\mathrm{d}x} \tag{5.26}$$

在对称三层介质波导的情况下,式(5.26)可以写成

$$\Gamma_m = \frac{\int_0^{d/2} E_{2y}^2(x,z,t)\,\mathrm{d}x}{\int_0^{d/2} E_{2y}^2(x,z,t)\,\mathrm{d}x + \int_{d/2}^{\infty} E_{1y}^2(x,z,t)\,\mathrm{d}x} \tag{5.27}$$

显然光约束因子总是小于 1。如果光场紧密地约束在有源层中,则光约束因子接近于 1;如果光场相当大一部分能量扩展到包围层中,则光约束因子远小于 1。

厚度 d 很大时,基模光约束因子趋近于 1,表明这时光场几乎全部约束在有源层内。

6. 半导体激光器的谐振腔结构

现代的半导体激光器采用各种不同的腔体结构。在气体和固体激光器中,由于没有侧向的波导结构,整个腔体由轴向镜面来确定。本节将着重讨论半导体激光器的轴向形状及相应的谐振腔结构。

（1）FP 腔半导体激光器。

图 5.11 所示的为普通 FP 腔双异质结激光器的结构简图。在 x 方向上，核心部分是以有源层为中心、两侧有限制层的双异质结三层平板波导结构。其下面是衬底和金属接触电极，上面是氧化层和金属接触电极。在有源区的侧向（y 向），形成增益波导或折射率波导结构对载流子进行限制。在轴向（z 向），两端衬底材料的解理面形成反射率为 0.3～0.32 的谐振腔端面反射镜，从而构成谐振腔，并在腔面上蒸镀抗反射膜或增透膜以改善腔面的光学性能。

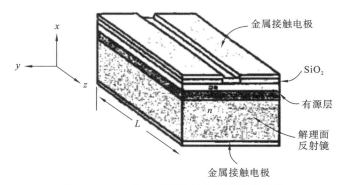

图 5.11　FP 腔双异质结激光器的结构简图

（2）分布反馈式半导体激光器与分布布拉格反射式半导体激光器。

普通结构的 FP 腔半导体激光器很难实现单波长或单纵模工作，即使在直流状态下能实现单纵模工作，但在高速调制下工作时，会发生光谱展宽。在用作光纤通信系统的光源时，由于光纤具有色散，光谱展宽会使光纤传输带宽减小，从而严重限制了信息传输速率。因此，研制在高速调制下仍能保持单纵模工作的激光器是十分重要的，这类激光器统称为动态单模（DSM）半导体激光器。实现动态单纵模工作的最有效的方法之一，就是在半导体激光器内部建立一个布拉格（Bragg）光栅，靠光的反馈来实现纵模选择。

分布反馈式半导体激光器（DFB-LD）与分布布拉格反射式半导体激光器（DBR-LD）是由内含的布拉格光栅来实现光的反馈的。它们激射时所需要的光反馈，不由激光器端面的集中反射提供，而是在整个腔长上靠光栅的分布反射提供的。光栅是由一个折射率（有时是增益）周期变化的阵列构成的。两者的结构简图见图 5.12。由图可见，在 DBR-LD 中，光栅区仅在两侧（或一侧），只用来作为反射器，在增益区内没有光栅，它是与反射器分开的。而在 DFB-LD 中，光栅分布在整个谐振腔中，所以称为分布反馈。此处的"分布"还有一个含义，就是与利用两个端面对光进行集中反馈的 FP 腔半导体激光器相对而言的。因为采用了内置布拉格光栅选择工作波长，所以 DFB-LD 和 DBR-LD 的谐振腔损耗有明显的波长依存

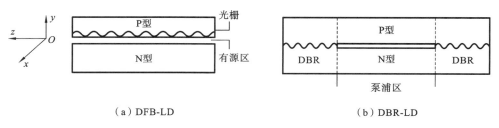

（a）DFB-LD　　　　　　　　　　　（b）DBR-LD

图 5.12　DFB-LD 和 DBR-LD 结构简图

性,这一点决定了它们在单色性和稳定性方面优于一般的 FP 腔 LD。

① 分布反馈式半导体激光器。

分布反馈的实现是基于布拉格衍射原理的,在一半导体晶体的表面上,做成周期性的波纹形状,如图 5.13(a)所示。设波纹的周期为 Λ,根据布拉格衍射原理,一束与界面成 θ 角的平面波入射时,它将被波纹所衍射,如图 5.13(b)所示。按布拉格衍射原理,衍射角 $\theta'=\theta$,入射波在界面 B、C 点反射后,光程差

$$\Delta l = BC - AC = 2n\Lambda\sin\theta' \tag{5.28}$$

式中,n 为材料等效折射率。若 Δl 是波长的整数倍,即

$$2\Lambda n\sin\theta' = m\lambda \tag{5.29}$$

反射波加强。

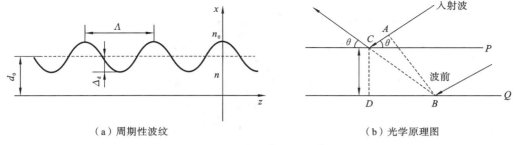

（a）周期性波纹   （b）光学原理图

图 5.13   分布反馈原理示意图

由于在介质内前向、后向传播的光波都可以认为有 $\theta'=\theta=90°$ 的关系,因而式(5.29)可改写为

$$2\Lambda = m\lambda/n \tag{5.30}$$

式中,n 为半导体介质的折射率。

式(5.30)表明,波纹光栅提供反馈的结果,使前向和后向两种光波得到了相互耦合,晶体表面波纹结构的作用,使光波在介质中能自左向右或自右向左来回反射,即实现了腔内的光反馈,起到了没有两端腔反射镜的谐振腔作用。

当介质实现了粒子数反转时,这种光波在来回反射中得到不断的加强,当增益满足阈值条件以后(即增益大于所有损耗),激光就出现了。这种光栅式的结构完全可以起到一个谐振腔的作用,它所发射的激光波长,完全由光栅的周期来决定。所以,可以通过改变光栅的周期来调整发射波长,甚至可以使 DFB-LD 在自发辐射的长波端或短波端附近激射。这一点,FP 型 LD 是不可能做到的,FP 型 LD 的发射波长只能位于自发辐射的中心频率附近。由此可见,DFB-LD 和 FP 型 LD 相比,其发射频率的选择范围很宽,可以在自发辐射频率范围内自由地选择发射波长。

在任何一种异质结激光器的有源层或邻近波导层上刻蚀所需的周期光栅,均可制成 DFB-LD。图 5.14 所示的为一个采用了 GaAs/GaAlAs 结构的分布反馈式激光器的示意图。波导层和有源层

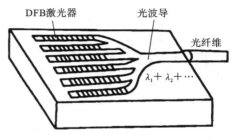

图 5.14   采用了 GaAs/GaAlAs 结构的分布反馈式激光器的示意图

都是 P 型 GaAs 层,反馈是通过 P 型 $Ga_{0.53}Al_{0.07}As$ 和 P 型 $Ga_{0.7}Al_{0.3}As$ 之间的波纹界面形成的,主折射率的不连续性导致波导的形成。

通过制作不同光栅周期的 DFB-LD 并通过一个光波导耦合便可输出多种不同波长的光,如图 5.15 所示。这样的多频道集成化的激光器在多频道高速数据传输中特别有用。此外,还可利用这种激光器来实现混频。

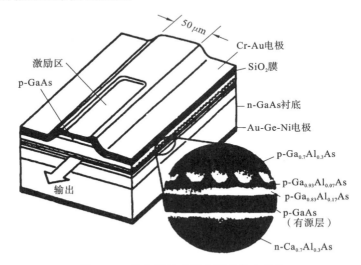

图 5.15 分布反馈式激光器的基本结构

目前 DFB-LD 已成为中长距离光纤通信应用的主要激光器,特别是在 $1.3~\mu m$ 和 $1.55~\mu m$ 光纤通信系统中。在光纤有线电视(CATV)传输系统中,DFB-LD 已成为不可替代的光源。

② 分布布拉格反射式半导体激光器。

尽管 DFB-LD 有很多优点,但由于 DFB-LD 中的波纹光栅是直接刻在有源区(激活区)上的,因此其光损耗大、发光效率低、工作寿命短,通常只能以脉冲方式工作。为改进这种不足,发展了分布布拉格反射式半导体激光器(DBR-LD)。图 5.16(a)所示的为 DBR-LD 的结构示意图,它和 DFB-LD 的差别在于它的周期性沟槽不在有源区波导层表面上,而是在有源波导层两外侧的无源波导上,将有源区与波纹光栅分开,这两个无源的周期波纹波导充当布拉格反射镜作用,在自发辐射光谱中,只有在布拉格频率附近的光波才能提供有效的反馈。有源波导的增益特性和无源周期波导的布拉格反射,使只有在布拉格频率附近的光波能满

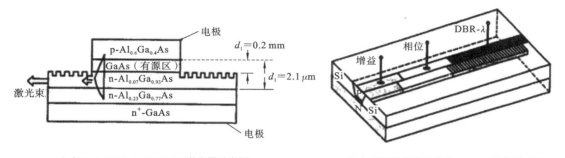

(a) GaAs/AlGaAs DBR-LD激光器示意图　　　(b) 可调谐单频三段式DBR-LD结构示意图

图 5.16　GaAs/AlGaAs DBR-LD 激光器示意图和可调谐单频三段式 DBR 结构示意图

足振荡条件,从而发射出激光。

由于将激活区与波纹光栅分开,因而布拉格激光器可减小损耗、提高发光效率、降低阈值电流,实现室温连续工作。

激光波长可调谐对于光网络和 WDM 非常重要,可调谐性能好可大大提高光网络的灵活性。DBR-LD 的潜在调谐性是其具有重要价值的主要原因之一。随着注入载流子浓度的变化,半导体材料的折射率会改变,这是调谐的最基本的物理基础。DBR-LD 可分为三个区:有源区(增益区)、相移区(相位区)和光栅区。如图 5.16(b)所示,可将 3 个独立的控制电极置于各区域之上。有源区提供增益,调节输出功率;相移区的作用是使谐振波长 λ_m 与布拉格波长 λ_b 一致,即满足相位条件 $\Phi_1 = \Phi_2 + 2m\pi$,其中,Φ 是光栅区的相位变化,或是增益区和相移区的相位变化;光栅区用来选出单纵模。通过在光栅区上施加控制电流或电压,可令光栅的中心波长移动。通过在相位区上施加电流或电压,相移区的折射率改变,从而改变谐振波长。因此,通过在光栅区和相位区上联合施加控制信号,可以实现较宽的波长调谐范围。由于有源区的载流子密度被锁定,该区内的电流变化对其折射率只有二阶影响,从而只能轻微地改变最终的模式波长。

波长可调谐 DBR-LD 的相关曲线如图 5.17 所示。λ_m 和 λ_b 分别通过相位区和光栅区的注入电流来调谐,输出功率通过改变增益区的注入电流来调节。具体来说,如果仅改变 λ_b,则只能得到不连续调谐并出现跳模;如果仅改变 λ_m,则只能在 λ_b 附近极小范围内得到周期性连续调谐,可避免跳模;如果同时改变 λ_m 和 λ_b,则有可能在较大范围内得到无跳模的连续调谐或有跳模的连续调谐(准连续调谐)。

图 5.17 波长可调谐 DBR-LD 的相关曲线

虽然半导体材料有着极宽的增益带宽,但光栅区内注入电流能引起的有效折射率最大变化范围限制了波长的调谐范围。布拉格光栅的中心波长 $\lambda_b = 2n_{DBR}\Lambda$,$\Delta\lambda_b$ 正比于光栅区有效折射率的变化 Δn_{DBR},因此最大调谐范围 $\Delta\lambda_b/\lambda_b$ 与 $\Delta n_{DBR}/n_{DBR}$ 相近。对于 InGaAsP/InP 材料系,这个值约为 1%。一般情况下,$\Delta\lambda_m$ 的最大值比 $\Delta\lambda_b$ 要小,因此连续调谐范围由 $\Delta\lambda_m$ 决定:

$$\frac{\Delta\lambda_m}{\lambda_m} = \frac{\Delta n_g L_g}{n_g(L_p + L_g)} + \frac{\Delta n_p L_p}{n_p(L_p + L_g)} \tag{5.31}$$

式中,n_g 和 n_p 分别是有源区和相移区的有效折射率,L_g 和 L_p 分别是两个区的长度。增益区和相移区的半导体材料几乎相同,可认为 $n_g = n_p$。由于增益区的载流子浓度几乎被固定在阈值以上,趋于饱和,因此式(5.31)中的第二项占优势。$\Delta n_p/n_p$ 的最大值约为 1%,但由于 $L_p(L_p + L_g)$ 的存在,连续调谐范围比 1% 要小。调谐范围随注入电流的增加而变大,但过大的电流注入产生的热效应会影响器件的正常工作,所以注入电流不宜过大。

大容量长距离传输的 DWDM 系统或城域网、接入网的大量采用,对 DFB-LD 和 DBR-LD 提出了更高的要求,如窄线宽、低啁啾、可调谐、波长可选择和集成光源。单片集成光源是包括 DFB 和 DBR 激光二极管在内的所有半导体激光光源的发展方向,它不仅保留了 DFB 或 DBR 激光器工作稳定的优点,而且避免了其他器件,如光波分复用器、EA 调制器、光放大器等单元的输出/输入光纤的损耗,同时还减少了各种单元器件的封装环节,降低了器件的价格。目前不仅可实现数十个单元 DFB 激光器的单片集成,而且还可实现多个信道 DFB 激光器和 EA 调制器和/或放大器等单元器件的单片集成。

（3）单频激光器。

对于高性能、低色散和间隔较小的光信道来说,激光发射必须限制在单模(或者说单频)状态。DFB 和 DBR 激光器常用于产生单一、固定的波长,谱线(谱宽)相当窄。此外,输出波长可精确调谐的单频激光器也正引起人们更多的兴趣,这种激光器可用于 WDM 系统中。图 5.18 示出了这三种单频激光器的光腔结构。

在 DFB 和 DBR 激光器中,光栅间隔是均匀的,因此它们仅将一窄波长范围的光反射回激光器的有源层,激光器的有源层只放大这一被选中的波长范围,产生非常窄的谱宽,即所谓的"单频",其波长取决于光栅的条纹间隔和半导体的折射率,如图 5.18(a)、图 5.18(b)所示。另一种产生单频激光的方法是通过附加一个或两个外部腔镜来延伸谐振腔,同时将波长选择元件也加到激光腔中。在图 5.18(c)所示的激光器中,调谐元件是衍射光栅,它相当于一个外部腔镜,能以与波长相关的角度反射光(通过在激光腔中插入一个棱镜或其他波长的选择器件也能得到同样效果,但使用衍射光栅更容易实现)。激光器芯片自身发射一定范围波长的光,但当光入射到光栅上时,大部分光以不同的角度被反射离开激光器芯片,只有一个范围非常窄的波长被反射回激光器芯片中,并得到进一步放大,这就使输出限制在"单频"状态。

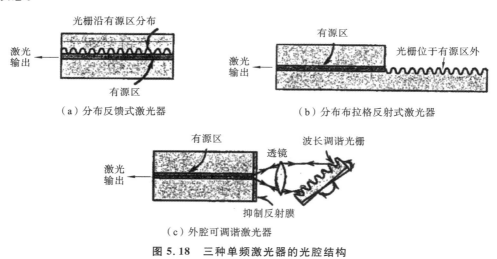

（a）分布反馈式激光器   （b）分布布拉格反射式激光器

（c）外腔可调谐激光器

图 5.18　三种单频激光器的光腔结构

（4）垂直腔表面发射半导体激光器。

随着并行光通信、大容量光存储、光计算与光互联等信息技术的迅速发展,迫切要求获得均匀一致的二维阵列激光束,以用来进行并行的光信息存储、传输、处理与控制。以解理腔为基础的半导体激光器不能进行二维甚至三维的集成,为此,提出了从垂直于衬底方向出光的面发射激光器。

从 20 世纪 70 年代末期发展起来的这种激光器越来越显示出它的优越性。

① VCSEL 的结构与特点。

普通半导体激光器从激活区侧面输出激光,而表面发射激光器与普通解理腔激光器的根本区别在于它的激光输出方向垂直于或倾斜于衬底(激活区平面)。在面发射激光器中,垂直腔表面发射激光器是最有前途的一种。所谓垂直腔是指激光腔的方向(光振荡方向)垂直于半导体芯片的衬底,有源层的厚度即为谐振腔长度。

VCSEL 是英文 Vertical Cavity Surface Emitting Laser(垂直腔表面发射激光器)首字母的缩写,形象地说,VCSEL 是一种电流和光束发射方向都与芯片表面垂直的激光器。图 5.19(a)所示的是 VCSEL 的结构原理图。与常规激光器一样,它的有源区位于两个限制层之间,并构成双异质结。在顶部镀有金属反射层以加强上部结构的光反馈作用,激光束可从透明衬底输出,也可从带有环形电极的顶部表面输出。

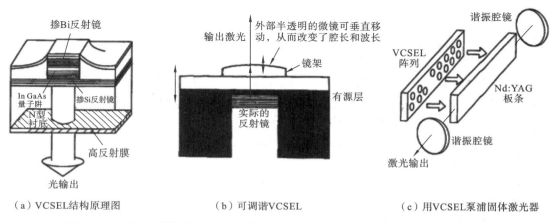

（a）VCSEL结构原理图　　　　（b）可调谐VCSEL　　　　（c）用VCSEL泵浦固体激光器

图 5.19　VCSEL 结构原理图、可调谐 VCSEL 与用 VCSEL 泵浦固体激光器示意图

构成谐振腔的两个反射镜不再是晶体的解理面,两块反射镜分别位于结层的上、下方,因而激光输出与结层垂直,这导致它与端面发射器件具有极不相同的特性。

两反射镜之一为全反镜,另一个为激光输出镜,但透过率也只有 1% 左右。VCSEL 的结构在细节上可以是多种多样的,但共同点是必须有一对具有高反射率的反射镜,原因是在发光方向增益介质非常短,只有高反射率才能使增益超过损耗,结果是其输出功率低于端面发射激光器的,一般为毫瓦量级。

VCSEL 当前的一个发展方向是波长可调谐。谐振波长与谐振腔的长度有关,然而改变腔长对边发射激光器的影响并不大,因为它们的腔长通常是几百微米,纵模间隔不到一个纳米。但是,由于 VCSEL 的腔可以做得非常小,因此改变腔长能显著调谐 VCSEL 的输出波长。对于腔长足够短的激光器而言,仅有单个纵模落在激光器的增益带宽内,这使得可调谐 VCSEL 成为可能。如图 5.19(b)所示,在这种结构中,通过一个可移动的微电机械系统器件把一个半透明的薄镜固定在 VCSEL 上面,VCSEL 镜的垂直移动改变了 VCSEL 腔中的谐振波长。实验室中已实现了 30 nm 以上的波长调谐。

表面发射结构便于制成二维阵列,VCSEL 可大规模集成在同一晶片上,目前可在 1 cm² 的芯片上集成上百万个 VCSEL 激光器,每一个激光器的直径只有几微米。如果阵列中的每个激光器可单独开关,则相当于很多独立的放大器,可被应用于光记忆、光计算机及光学数据存储等。此外,当阵列中的大量二极管激光器同时发射时,可产生很高(几十瓦)的功率输出,非常适合泵浦固体激光器。分段间隔层输出不同波长,可应用于波分多路传输。VCSEL 还可实现与其他光电子器件(如调制器、光开关)等的三维堆积集成,并且与大规模集成电路在工艺上具有兼容性,因此对光子集成和光电子集成都非常有利。

VCSEL 具有圆形截面,从而可较好地控制光束尺寸和发散度,有利于在局域网应用中与光纤匹配。VCSEL 对所有不同芯径的光纤(从单模光纤到 1 mm 左右的大口径光纤)都有好的模式匹配。

VCSEL 中谐振腔腔长很短,因而纵模间隔很大,易实现动态单纵模工作。VCSEL 不仅可以单纵模方式工作,也可以多纵模方式工作,这一特点十分重要,因为 VCSEL 主要应用于以多模光纤为传输媒介的局域网中。

VCSEL 是一种发光效率很高的器件。以 850 nm 波长的 VCSEL 为例,在 10 mA 驱动时可以获得高达 1.5 mW 的输出光功率。适当地使用 VCSEL,可更加容易地设计接收端,因为从 VCSEL 的输出端可得到更高的光功率,从而使得接收电路灵敏度的设计可以不必太严格,即使在高速光传输中有噪声干扰,仍可保证所需的信噪比。

VCSEL 的工作阈值极低,为 1 μA~1 mA,因此它的工作电流也不高,一般为 5~15 mA,这样低的工作电流可以由逻辑电路直接驱动,从而简化驱动电路的设计。

VCSEL 的工作速率很高,其速度极限大于 3 Gb/s。

VCSEL 具有高的温度稳定性,并且工作寿命长。

② VCSEL 的应用。

VCSEL 可作为光纤通信光源(1300 nm 和 1550 nm 波长)、光互联光源(580 mm 波长)及信息处理用光源。其主要的应用领域如下。

a. 吉比特局域网。吉比特局域网将是 VCSEL 的一个前途广阔的应用领域。在光纤吉比特以太网中,VCSEL(850 nm)主要用于工作在 250 m 距离范围内的多模光纤的光源。

b. 中心波长为 808 nm 的 VCSEL 阵列,很适合于泵浦板条固体激光器。这不但使 VCSEL 列阵与固体激光材料之间能高效率地耦合,同时由于其有均匀的远场特性,基横模工作有利于提高泵浦效率和泵浦的均匀性。这将成为发展高效率、高功率固体激光器的一种有效途径,如图 5.19(c)所示。

c. 用于光信息并行处理。在光计算或光交换中,使用二维 VCSEL。阵列不但能提高各信道的光学均匀性,同时也能简化整个处理系统。已经开始研究采用 VCSEL 阵列来形成 TB 存储器。此外,由于 VCSEL 的波长范围覆盖了从紫外到近红外波段,用 VCSEL 作为红、绿、蓝(R、G、B)三色光源,可用于照明器、显示器和激光打印机等领域。

7. 半导体激光器的特性

(1)阈值特性。

半导体激光器是一个阈值器件,它的工作状态随注入电流的不同而不同。当注入电流较小时,有源区不能实现粒子数反转,自发辐射占主导地位,激光器发射普通的荧光,其工作状态类似于一般的发光二极管。随着注入电流的加大,有源区实现了粒子数反转,受激辐射占主导地位,但当注入电流小于阈值电流时,谐振腔里的增益还不足以克服损耗,不能在腔内建立起一定模式的振荡,激光器发射的仅仅是较强的荧光,这种状态称为"超辐射"状态。只有当注入电流达到阈值以后,才能发射谱线尖锐、模式明确的激光。

阈值电流是半导体激光器最重要的参数之一。阈值电流是使半导体激光器产生受激辐射所需要的最小注入电流。图 5.20(a)所示的为半导体激光器输出的光功率(P)与正向注入电流(I)之间的关系,即所谓的 P-I 曲线;图 5.20(b)所示的为注入电流(I)与加在激光器两端的电压(V)之间的关系,即 I-V 曲线。从 P-I 曲线可看出,当注入电流小于阈值电流时,输出光功率随电流的增加变化较小;当电流超过阈值电流时,激光器输出的光功率随电流的增加而急剧上升。

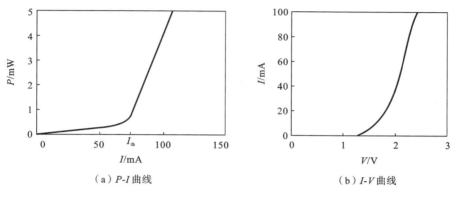

（a）P-I 曲线　　　　　　　　（b）I-V 曲线

图 5.20　LD 的 P-I 与 V-I 曲线

对于绝大多数半导体激光器,阈值电流在 5 mA 到 250 mA 之间。如图 5.20(b)所示,注入电流随激光器两端所加电压的增加而迅速增加,超过阈值以后,电压只要略微增加一点就可以使电流达到预定的工作点。

阈值电流与许多因素有关,采用双异质结结构对载流子和光场两者进行限制,可使半导体激光器的阈值电流大幅度降低。除此之外,器件的结构对阈值电流也有影响,由于阈值电流受温度的影响很大,合理地设计器件的结构形状可以改善器件的散热条件,从而降低阈值电流。激光器的阈值电流还和器件的工作寿命有关,器件使用久了以后,阈值电流会上升,因此,可由器件的阈值电流上升情况来判断激光器的老化情况。

另外,半导体激光器对温度敏感,其阈值电流随温度的升高而指数上升,长波长激光器受温度的影响比短波长激光器更厉害。阈值电流与温度的依赖关系可以用下面的经验公式近似来表示:

$$J_{th}(T) = J_{th}(T_r) \exp\left(\frac{T - T_r}{T_0}\right) \tag{5.32}$$

式中,$J_{th}(T)$ 为室温为 T_r 时的阈值电流密度;T_0 为表征半导体激光器的温度稳定性的物理参数,称为特征温度,由半导体激光器的材料和器件结构决定。特征温度 T_0 越高,阈值电流密度 $J_{th}(T)$ 随温度 T 的变化越小,激光器也就越稳定。在量子阱激光器中,由于量子阱结构注入载流子的限制,电流的泄漏大大减小,因而其温度稳定性好得多,特征温度 T_0 可以高达 150 K 以上,这也是量子阱激光器的优点之一。

（2）半导体激光器的转换效率。

半导体激光器的转换效率通常用"功率效率"和"量子效率"来度量。

① 功率效率。

这种效率表征加于激光器上的电能(或电功率)转换为输出的激光能量(或光功率)的效

率。功率效率的定义为

$$\eta_{\mathrm{p}} = \frac{激光器所发射的光功率}{激光器所消耗的电功率} = \frac{P_{\mathrm{out}}}{P_{\mathrm{in}}} = \frac{P_{\mathrm{out}}}{IV + I^2 r} \qquad (5.33)$$

式中，I 为工作电流，V 为激光器 PN 结正向电压降，r 为串联电阻（包括半导体材料的体电阻和电极接触电阻等）。

由式(5.33)可见，降低 r，特别是实现良好的具有低电阻率的电极接触是提高功率效率的关键。此外，改善管芯散热环境、降低工作温度也有利于功率效率的提高。对于一般的半导体激光器，并不测量这一功率效率，用户可以由半导体激光器制造厂家提供的 P-I 和 I-V 特性曲线分析激光器的质量。

② 量子效率。

量子效率是衡量半导体激光器能量转换效率的另一尺度。它又分内量子效率 η_{i}、外量子效率 η_{ex} 和微分量子效率 η_{D}。内量子效率定义为

$$\eta_{\mathrm{i}} = Q_{\mathrm{out}} / q_{\mathrm{in}} \qquad (5.34)$$

式中，Q_{out} 是有源区每秒发射的光子数目，q_{in} 是有源区每秒注入的电子-空穴对数。制造半导体激光器的材料为直接带隙的半导体材料，其中，导带和价带的跃迁过程没有声子参加，保持动量守恒，即复合过程为发射光子的辐射复合，从而使激光器有高的内量子效率。但是，由于原子缺陷（空位、错位）的存在及深能级杂质的引入，不可避免地会形成一些非辐射复合中心，这会降低器件的内量子效率。内量子效率是激光二极管一个尚未明确的量，根据大量测量结果来推断，在室温条件下，η_{i} 为 $0.6 \sim 0.7$。

考虑到一个注入载流子在有源区域内辐射复合的内量子效率，可将受激辐射所发射的功率写为

$$p_{\mathrm{e}} = \frac{(I - I_{\mathrm{t}}) \eta_{\mathrm{i}}}{e} h\nu \qquad (5.35)$$

其中，部分功率在激光谐振腔内被消耗掉了，而其余功率则通过一个端面反射镜耦合到腔外。根据式(5.35)，这两部分功率分别与内部损耗 a 和外部损耗 $(\ln(1/R))/L$ 成正比，于是可将输出功率表达为

$$p_{\mathrm{out}} = \frac{(I - I_{\mathrm{t}}) \eta_{\mathrm{i}} h\nu}{e} \frac{(1/L)\ln(1/R)}{a + (1/L)\ln(1/R)} \qquad (5.36)$$

外量子效率定义为

$$\eta_{\mathrm{ex}} = Q_{\mathrm{L}} / q_{\mathrm{in}} \qquad (5.37)$$

式中，Q_{L} 是激光器每秒发射出的光子数目。由定义可知，η_{ex} 考虑到有源区内产生的光子并不能全部发射出去，腔内产生的光子会遭受散射、衍射和吸收，以及存在反射镜端面损耗等。典型半导体激光器每个面的外量子效率是 $15\% \sim 20\%$，对于高质量的器件，可达 $30\% \sim 40\%$。

由于激光器是阈值器件，当 $I < I_{\mathrm{th}}$ 时，发射功率几乎为零，而当 $I > I_{\mathrm{th}}$ 时，输出功率随 I 线性增加，所以 η_{ex} 是电流参数，使用很不方便。因此，定义微分量子效率为

$$\eta_{\mathrm{D}} = \frac{(P_{\mathrm{out}} - P_{\mathrm{t}})/h\nu}{(I - I_{\mathrm{th}})e} \approx \frac{p_{\mathrm{out}}}{(I - I_{\mathrm{th}})V} \qquad (5.38)$$

式中，P_{t} 是激光器在阈值振荡时发射的光功率，I_{th} 是阈值振荡电流，实际上，η_{D} 是输出-输入曲线在阈值以上线性范围的斜率，故也称为斜率效率。η_{D} 可以用来直观地比较不同激光器之间性能的优劣。η_{D} 与电流 I 无关，仅仅是温度的函数，并且其对温度的变化也不甚敏感，

例如,对于 GaAs 激光器,绝对温度为 77 K 时,η_D 约为 50%,当绝对温度上升到 300 K 时,η_D 约为 30%。因此,实际上都采用外微分量子效率来表示某一温度下的器件转换效率。

（3）半导体激光器的输出模式。

从半导体激光器的结构可以知道,它相当于一个多层介质波导谐振腔,当注入电流大于阈值电流时,激光器呈一定的模式振荡。与一般的介质波导不同的是,激光器不是无限长的,其是波导谐振腔。在纵向,光场不是以行波的形式传输的,而是以驻波的形式振荡。因此,在分析激光器的模式时,与其他激光器一样,往往用横模表示谐振腔横截面上场分量的分布形式,用纵模表示在谐振腔方向上光波的振荡特性,即激光器发射的光谱的性质。

① 纵模与线宽。

a. 纵模。

激光器的纵模反映激光器的光谱性质。对于半导体激光器,当注入电流低于阈值时,发射光谱是导带和价带的自发辐射谱,谱线较宽;当激光器的注入电流高于阈值时,激光器的输出光谱呈现出以一个或几个模式的形式振荡,这种振荡称为激光器的纵模。

在半导体激光器的工作过程中,当电子和空穴到达结区并复合时,电子回到其在价带的位置,并释放出它处于导带时的激活能。这部分能量既可以通过碰撞弛豫（声子相互作用）转移给晶格,也可以以电磁辐射的方式向外界释放。在后一种情况下,发射光子的能量等于或近似等于半导体材料的禁带宽度 E_g,于是,辐射波长为

$$\lambda = \frac{hc}{E_g} \tag{5.39}$$

可见,只要给出带隙 E_g,即可得到波长 λ。

半导体激光器的腔长在典型情况下小于 1 mm。因而,纵模频率间隔可达 100 GHz 量级,相应的波长间隔约为 1 nm,是腔长范围在 $0.1 \sim 1$ m 的普通激光器的纵模间隔的 $100 \sim 1000$ 倍。然而激活介质的增益带宽约为数十纳米,因而有可能出现多纵模振荡。即使有些激光器连续工作时是单纵模的,但在高速调制下,由于载流子的瞬态效应,主模两旁的边模达到阈值增益会出现多纵模振荡,而对于传输速率高（如大于 622 Mb/s）的光纤通信系统,要求半导体激光器是单纵模的,因此,必须采用一定措施进行纵模的控制,从而得到单纵模激光器。

在实际应用中,半导体激光器的纵模还具有以下性质。

纵模数随注入电流而变。当激光器仅注入直流电流时,随注入电流的增加纵模数减少。一般来说,当注入电流刚达到阈值时,激光器呈多纵模振荡,注入电流增加,主模增益增加,而边模增益减小,振荡模数减少。有些激光器在高注入电流下呈现出单纵模振荡。

峰值波长随温度变化。半导体激光器的发射波长随结区温度变化而变化。当结区温度升高时,半导体材料的禁带宽度变窄,因而激光器发射光谱的峰值波长移向长波长。

b. 线宽。

和其他激光一样,半导体激光辐射也有一定线宽。产生线宽最基本的原因是电子-空穴的复合需要一定的时间,这类似于自由电子的自发辐射寿命。对大多数半导体激光器,上述辐射衰减寿命具有 10^{-5} s 的量级,相应的辐射跃迁速率为 10^{-5} s^{-1}。如果存在明显的碰撞,则衰减速率加快,固态材料中典型碰撞弛豫时间为 $10^{-14} \sim 10^{-13}$ s。此外,如果存在杂质,衰

减速率也会大大提高,这是应该尽量避免的,因而,在导体的生长过程中应尽量保持清洁,使不希望的杂质最少。

半导体激光器的线宽和它的驱动电流有密切关系,当驱动电流小于阈值电流时,半导体激光器发出的光是自发辐射引起的,线宽很宽,达 60 nm 左右;当驱动电流超过阈值电流以后,光谱宽度迅速变窄,至 2～3 nm 或更小;当驱动电流进一步增加时,输出光功率进一步集中到几个纵模之内。此外,半导体激光器的线宽与温度有关,温度升高时,线宽会增加。随着激光器的老化,其线宽也会变宽。

由于半导体激光器腔长短,腔面反射率低,因而其品质因数 Q 值低,并且有源区内载流子密度的变化引起的折射率变化增加了激光输出中相位的随机起伏(相位噪声),因此,半导体激光器的线宽比其他气体或固体激光器的宽得多。非特殊情况下,典型半导体激光器的线宽具有 10^{13} Hz 或 20 nm 的量级,可使器件工作在单模来获得窄线宽。

由于光纤有材料色散,即不同波长的光在其中传播的速度不同,因此,包含不同波长的一个光脉冲将展宽。为了减小这种因光波波长不同引起的脉冲展宽,用作光纤通信系统光源的半导体激光器线宽越窄越好,否则会限制光通信系统传输速率的提高。

多模激光器输出激光的光谱宽度是由它的输出功率频谱曲线决定的,测量输出功率频谱曲线的半峰值全宽度(FWHM)即为激光二极管的光谱宽度。单模激光二极管的光谱宽度则等于光谱线的半峰值全宽度。

② 横模与光束发散角。

a. 横模。

半导体激光器的横模表示垂直于谐振腔方向上的光场分布。激光器的横模决定了激光光束的空间分布,或者是空间几何位置上的光强分布,也称为半导体激光器的空间模式,如图 5.21(a)所示。通常把垂直于有源区方向的横模称为垂直横模,把平行于有源区方向的横模称为水平横模。

通常将半导体激光器输出的光场分布分别用近场与远场特性来描述,如图 5.21(b)所示。近场分布是激光器输出镜面上的光强分布,由激光器的横模决定;远场分布是指距离输出端面一定距离处所测量到的光强分布,不仅与激光器的横模有关,而且与光束的发散角有关。远场分布就是近场分布的傅里叶变换形式,即夫琅禾费衍射图样。

由于半导体激光器发光区几何尺寸的不对称,其光束的远场分布一般呈椭圆状,其长、短轴分别对应垂直于有源区的方向及平行于有源区的方向。由于有源层厚度很薄(约为 $0.15~\mu m$),因此垂直横模能够保证为单横模;而在水平方向,其宽度相对较宽,可能出现多水平横模。如果在这两个方向都能以基横模工作,则为理想的 TEM_{00} 模,此时光强峰值在光束中心且呈"单瓣"。这种光束的发散角最小,亮度最高,能与光纤有效地耦合,也能通过简单的光学系统聚焦到较小的光斑,这对激光器的许多应用是非常有利的。在许多应用中需用光学系统对半导体激光器这种非圆对称的远场光斑进行圆化处理。

在光纤通信系统中,激光束的空间分布直接影响到器件和光纤的耦合效率,因此,为提高光源和光纤的耦合效率,以及保持单纵模特性,通常希望激光器工作于基横模 TEM_{00} 振荡的情况。

b. 光束发散角。

由于半导体激光的光强分布(光斑形状)不对称,远场并非严格的高斯分布,因此在平行

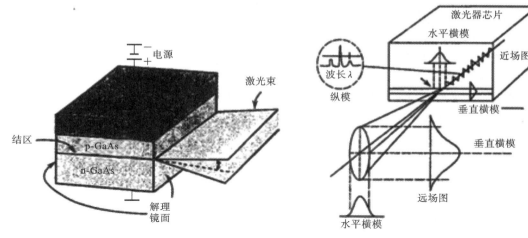

（a）半导体激光器的空间模式示意图　　　　　　（b）半导体激光器近场与远场图样

图 5.21　半导体激光器的空间模式示意图与半导体激光器近场与远场图样

于有源区方向和垂直于有源区方向的光束发散角也不相同。由于半导体激光器谐振腔厚度与辐射波长可比拟，因此中心层截面的作用类似于一个狭缝，它使光束受到衍射并发散，输出光束发散角很大。把平行于和垂直于有源区方向的光束发散角定义为半极值强度上的全角，分别用符号 $\theta_{//}$ 和 $\theta_{\perp}$ 表示，一般 LD 的 $\theta_{//}$ 和 $\theta_{\perp}$ 是不相等的。

半导体激光器在垂直于有源区方向（横向）的发散角 $\theta_{\perp}$ 可表示为

$$\theta_{\perp}=\frac{4.05(n_{R2}^{2}-n_{R1}^{2})d/\lambda}{1+[4.05(n_{R2}^{2}-n_{R1}^{2})/1.2](d/\lambda)^{2}} \tag{5.40}$$

式中：n_{R2} 和 d 分别为激光器有源层的折射率和厚度；n_{R1} 为限制层的折射率。当 d 很小时，可忽略式（5.40）分母中的第二项，则有

$$\theta_{\perp}=\frac{4.05(n_{R2}^{2}-n_{R1}^{2})d}{\lambda} \tag{5.41}$$

由式（5.41）可见，$\theta_{\perp}$ 随 d 的减小而减小，这可解释为随着 d 的减小，光场向两侧有源区扩展，等效于加厚了有源层，从而使 $\theta_{\perp}$ 随 d 减小。当有源层厚度能与波长相比拟，但仍工作在基横模时，可以忽略式（5.40）分母中的 1 而近似为

$$\theta_{\perp}\approx\frac{1.2d}{\lambda} \tag{5.42}$$

由于半导体激光器在平行于有源区方向（侧向）有较大的有源层宽度 ω，其发散角近似为

$$\theta_{//}=\frac{\lambda}{\omega} \tag{5.43}$$

侧向折射率波导与增益波导相比，有较小的 $\theta_{//}$。

由于半导体激光器的谐振腔反射镜很小，所以其激光束的方向性比其他典型的激光器的要差得多。由于有源区厚度与宽度差异很大，所以光束的水平方向和垂直方向发散角的差异也很大。通常，垂直于结平面方向的发散角 $\theta_{\perp}$ 达 30°～40°，平行于结平面的发散角 $\theta_{//}$ 较小，为 10°～20°，采取一定的措施，垂直方向的发散角能控制在 15°以内，水平方向的发散

角能控制在 5°以内。

由于半导体激光器的发散角很大,因此,在实际应用中往往需要使激光聚焦或准直,特别是对于光纤通信系统来说,光源的光束发散角是一个非常重要的参数,光束发散角越小,光源所发出的光越容易耦合进光纤,实际得到的有用光功率越大。可以通过外部光学系统来压缩半导体激光器的发散角以实现相对准直的光束,但这是以一定的光功率损耗为代价的,利用透镜将光聚焦到光纤上,能明显提高激光器的耦合效率,例如,将光纤的末端熔成一个小球,以形成一个球形透镜,可使耦合效率提高一倍。

(4) 动态特性。

半导体激光器最重要的特点之一在于能被交变信号直接调制。目前在光纤通信系统中,质量好的半导体激光器能完成 20 Gb/s 信号的直接调制。然而与工作在直流状态下的半导体激光器不同,在直接高速调制情况下会出现一些有害的效应,从而成为限制半导体激光器调制带宽能力的主要因素。

① 电光延迟时间。

激光输出与注入电脉冲之间存在一个时间延迟,称为电光延迟时间,一般为纳秒量级。当阶跃电流 $I(I > I_{th})$ 注入激光器时,有源区的自由电子密度 n 增加,即开始了有源区导带底电子的填充。有源区电子密度 n 的增加与时间呈指数关系,当 n 小于阈值电子密度 n_{th} 时,激光器并不激射,从而使输出光功率存在一段初始的延迟时间。

电光延迟过程发生在阈值以下,受激复合过程可以忽略,有源区载流子密度的速率方程可以写为

$$\frac{dn}{dt} = \frac{J}{ed} - \frac{n}{\tau_{sp}}$$

式中,n 为有源区中自由电子密度;J 为注入电流密度;e 为电子电荷;d 为有源区厚度;τ_{sp} 为自发复合的寿命。则

$$\int_0^{t_d} \frac{dt}{\tau_{sp}} = -\int_0^{n_{th}} \frac{\frac{dn}{\tau_{sp}}}{\frac{n}{\tau_{sp}} - \frac{J}{ed}}$$

可得

$$t_d = -\tau_{sp} \ln\left(\frac{J}{J - J_{th}}\right) \tag{5.44}$$

利用稳态关系可得

$$t_d = \tau_{sp} \ln \frac{J}{J - J_{th}} \tag{5.45}$$

式(5.45)说明,电光延迟时间与自发复合的寿命时间是同一数量级的,并随注入电流的加大而减小。

对激光器进行脉冲调制时,减小电光延迟时间的行之有效的方法是加直流预偏置电流。直流预偏置电流在脉冲到来之前已将有源区的电子密度提高到一定程度,从而使脉冲到来时,电光延迟时间大大减小,而且弛豫振荡现象也能得到一定程度的抑制。

设直流预偏置电流密度为 J_0,由于直流偏置电流预先注入,当脉冲电流到来时,有源区的电子密度已达到

$$n_0 = \frac{J_0 \tau_{\text{sp}}}{ed} \tag{5.46}$$

这时电光延迟时间为

$$t_{\text{d}} = -\tau \int_{n_0}^{n_{\text{th}}} \frac{\dfrac{1}{\tau_{\text{sp}}}}{\dfrac{n}{\tau_{\text{sp}}} - \dfrac{J}{ed}} \, \mathrm{d}n = -\tau_{\text{sp}} \ln\left(\frac{n}{\tau_{\text{sp}}} - \frac{J}{ed}\right)\Bigg|_{n_0}^{n_{\text{th}}} \tag{5.47}$$

式中，$J = J_0 + J_{\text{m}}$，J_{m} 为调制脉冲电流密度。利用稳态关系式，电光延迟时间可表示为

$$t_{\text{d}} = \tau_{\text{sp}} \ln \frac{J - J_0}{J - J_{\text{th}}} = \tau_{\text{sp}} \ln \frac{J_{\text{m}}}{J_{\text{m}} + J_0 - J_{\text{th}}} \tag{5.48}$$

可见，对激光器施加直流预偏置电流是缩短电光延迟时间、提高调制速率的重要途径。

② 弛豫振荡。

电流脉冲注入激光器以后，输出光脉冲表现出衰减式的振荡，即弛豫振荡。弛豫振荡的频率一般为几百 MHz 到 2 GHz。弛豫振荡是半导体激光器内部光电相互作用所表现出来的固有特性。

下面利用图 5.22 来定性说明半导体激光器产生弛豫振荡的原因。

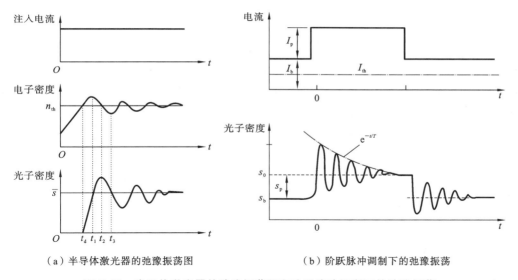

（a）半导体激光器的弛豫振荡图　　　　　（b）阶跃脉冲调制下的弛豫振荡

图 5.22　半导体激光器的弛豫振荡图和阶跃脉冲调制下的弛豫振荡

有源区电子密度达到阈值以后，激光器开始发出激光。但是，光子密度的增加有一个过程，只要光子密度还没有达到它的稳态值，电子密度将继续增加，造成导带中电子的超量填充。当 $t = t_1$ 时，光子密度达到稳态值 $\bar{s}$，电子密度达到最大值。

在 $t = t_1$ 以后，由于导带中有超量存储的电子，有源区里的光场也已经建立起来，因此受激辐射过程会迅速增加，光子密度迅速上升，同时电子密度开始下降。当 $t = t_2$ 时，光子密度达到峰值，而电子密度下降到阈值。

光子逸出腔外需要一定的时间（光子寿命为 τ_{ph}），在 $t = t_2$ 以后，有源区里的过量复合过程仍然持续一段时间，使电子密度继续下降到 n_{th} 之下，从而使光子密度也开始迅速下降。当 $t = t_3$ 时，电子密度下降到 n_{min}，受激辐射可能停止或减弱，于是重新开始了导带底电子的

填充过程。只是由于电子的存储效应,这一次电子填充时间比上次短,电子密度和光子密度的过冲也比上次小。这种衰减的振荡过程重复进行,直到输出光功率达到稳态值。

对于数字信息(以"0"或"1"编码)直接调制的半导体激光器,如电流突然上升到高电平(对应"1"码),则在电流脉冲前沿与被其激励的光之间会有一时延,同时所产生的光需经过一个弛豫过程才能达到稳态,这类似于电学中开关突然开启或关闭时出现的过渡过程。弛豫振荡在数吉赫脉冲调制下出现。当直流偏置在阈值以上时(即 $I_0 > I_{th}$,如 CATV 工作情况),弛豫振荡可发生在脉冲的上升沿和下降沿,如图 5.22(b)所示。在一般脉冲调制光通信中,LD 工作在 $I_0 < I_{th}$ 时,弛豫振荡仅出现脉冲的上升沿。

③ 自脉动现象。

在研究激光器的瞬态性质时,人们还发现某些激光器在某些注入电流下(即使在直流电流下也如此),输出光出现持续脉动现象。脉动频率大约在几百 MHz 到 2 GHz 的范围内,这种现象称为自脉动现象。自脉动现象作为一种高频干扰严重地威胁着激光器的高速脉冲调制的性能,因此,这种现象也称为高速调制中值得注意和值得研究的问题之一。

5.1.3　半导体激光器典型应用

半导体激光器是成熟较早、进展较快的一类激光器,由于它的波长范围宽,且制作简单、成本低、易于大量生产、体积小、重量轻、寿命长,因此,其发展快,应用范围广,目前品种数已超过 300 种。半导体激光器的最主要应用领域是 Gb 局域网,850 nm 波长的半导体激光器适用于 1 Gb。局域网,1300~1550 nm 波长的半导体激光器适用于 10 Gb 局域网。半导体激光器的应用范围覆盖了整个光电子学领域,已成为当今光电子科学的核心器件。1978年,半导体激光器开始应用于光纤通信系统,半导体激光器可以作为光纤通信的光源和指示器,以及可通过大规模集成电路平面工艺组成光电子系统。半导体激光器体积小、效率高,这类器件的发展一开始就和光通信技术紧密结合在一起,它在光通信、光变换、并行光波系统、光信息处理和光存储、光计算机外部设备的光耦合等方面有着重要用途。半导体激光器的问世极大地推动了信息光电子技术的发展,到如今,它是当前光通信领域中发展最快、最为重要的激光光纤通信的重要光源。半导体激光器与低损耗光纤对光纤通信产生了重大影响,并加速了它的发展。因此,可以说,没有半导体激光器的出现,就没有当今的光通信。半导体激光器的应用如图 5.23 所示。

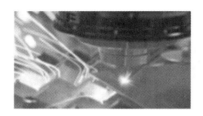  

(a)半导体激光器在工业中的应用　　(b)半导体激光器在光通信
　　　　　　　　　　　　　　　　　　　　　领域的应用　　　　　　(c)半导体激光器在医学
　　　　　　　　　　　　　　　　　　　　　　　　　　　　　　　　　领域的应用

图 5.23　半导体激光器的应用

◀ 5.2　光电探测器 ▶

5.2.1　概述

光电探测器的物理效应通常可分为两大类:光子效应和光热效应,部分效应的归类如表 5.2 和表 5.3 所示。

表 5.2　光子效应分类

效　　应		相应的探测器
外光电效应	光阴极发射光电子	光电管
	光电子倍增 打拿极倍增	光电倍增管
	通道电子倍增	像增强管
内光电效应	光电导(本征和非本征)	光导管或光敏电阻
	光电伏特	光电池
	PN 结和 PLN 结(零偏)	光电二极管
	PN 结和 PLN 结(反偏)	雪崩光电二极管
	雪崩肖特基势垒	肖特基势垒光电二极管
	光电磁效应	光电磁探测器
	光子牵引	光子牵引探测器

表 5.3　光热效应分类

效　　应	相应的探测器
测辐射热计	热敏电阻测辐射热计
负电阻温度系数	金属测辐射热计
正电阻温度系数	超导远红外探测器
温差电	热电偶、热电堆
热释电	热释电探测器
其他	高莱盒、液晶等

1. 光子效应和光热效应

在具体说明各种物理效应之前,首先说明一下光子效应和光热效应的物理实质有什么不同。

所谓光子效应,是指单个光子的性质对产生的光电子起直接作用的一类光电效应。探测器吸收光子后,直接引起原子或分子的内部电子状态的改变。光子能量的大小直接影响内部电子状态改变的大小。因为光子能量是 $h\nu$，h 是普朗克常数，ν 是光波频率，所以，光子效应就对光波频率表现出选择性，在光子直接与电子相互作用的情况下，其响应速度一般比较快。

光热效应和光子效应完全不同。探测器件吸收光辐射能量后，并不直接引起内部电子状态的改变，而是把吸收的光能变为晶格的热运动能量，引起探测器件温度上升，温度上升的结果又使探测器件的电学性质或其他物理性质发生变化。所以，光热效应与单光子能量 $h\nu$ 的大小没有直接关系。原则上，光热效应对光波频率没有选择性。只是在红外波段上，材料的光吸收率越高，光热效应也就越强烈，所以光热效应广泛用于红外线辐射探测。因为温度升高是热积累的作用，所以光热效应的响应速度一般比较慢，而且容易受环境温度变化的影响。值得注意的是，热释电效应与材料的温度变化率有关，其比其他光热效应的响应速度要快得多，并已获得日益广泛的应用。

2. 光电发射效应

在光照下，物体向表面以外的空间发射电子（即光电子）的现象称为光电发射效应。能产生光电发射效应的物体称为光电发射体，在光电管中又称为光阴极。

著名的爱因斯坦方程描述了该效应的物理原理和产生条件。爱因斯坦方程是

$$E_{\text{k}} = h\nu - E_{\varphi} \tag{5.49}$$

式中，$E_{\text{k}} = \dfrac{1}{2}mv^2$ 是电子离开发射体表面时的动能，m 是电子质量；v 是电子离开时的速度；$h\nu$ 是光子能量；E_{φ} 是光电发射体的功函数。该式的物理意义是：如果发射体内的电子所吸收的光子的能量 $h\nu$ 大于发射体的功函数 E_{φ} 的值，那么电子就能以相应的速度从发射体表面逸出。光电发射效应发生的条件为

$$\nu \geqslant \frac{E_{\varphi}}{h} \equiv \nu_{\text{c}} \tag{5.50}$$

用波长表示时有

$$\lambda \leqslant \frac{hc}{E_{\varphi}} \equiv \lambda_{\text{c}} \tag{5.51}$$

式中，大于和小于符号表示电子逸出表面的速度大于 0，等号则表示电子以零速度逸出，即静止在发射体表面上。这里 ν_{c} 和 λ_{c} 分别为产生光电发射的入射光波的截止频率和截止波长。注意到

$$h = 6.6 \times 10^{-34} \text{ J} \cdot \text{s} = 4.13 \times 10^{-15} \text{ eV} \cdot \text{s}$$
$$c = 3 \times 10^{14} \mu\text{m/s} = 3 \times 10^{17} \text{ nm/s}$$

则有

$$\lambda_{\text{c}}(\mu\text{m}) = \frac{1.24}{E_{\varphi}(\text{eV})}$$

或

$$\lambda_{\text{c}}(\text{nm}) = \frac{1240}{E_{\varphi}(\text{eV})} \tag{5.52}$$

可见，E_{φ} 小的发射体才能对波长较长的光辐射产生光电发射效应。

3. 光电导效应

光电导效应只发生在某些半导体材料中，金属没有光电导效应。在说明光电导效应之

前,先讨论一下半导体材料的电导概念。

　　金属之所以导电,是由于金属原子形成晶体时产生了大量的自由电子。自由电子浓度 n 是个常量,不受外界因素影响。半导体和金属的导电机制完全不同,当温度为 0 K 时,导电载流子浓度为 0。当温度为 0 K 以上时,由于热激发而不断产生热生载流子(电子和空穴),在扩散过程中它们又受到复合作用而消失。在热平衡下,单位时间内热生载流子的产生数目正好等于因复合而消失的热生载流子的数目。因此,在导带和满带中维持着一个热平衡的电子浓度 n 和空穴浓度 p,它们的平均寿命分别用 τ_n 和 τ_p 表示。无论何种半导体材料,下式恒成立,即

$$np = n_i^2 \tag{5.53}$$

式中,n_i 是相应温度下本征半导体中的本征热生载流子浓度。这说明,对于 N 型或 P 型半导体中的电子浓度和空穴浓度,一种浓度增大,另一种浓度会减小,但绝对不会减小到 0。

　　在外电场 E 的作用下,载流子产生漂移运动,漂移速度 v 和 E 之比定义为载流子迁移率 μ,即有

$$\mu_n = \frac{v_n}{E} = \frac{v_n l}{U} \ (\text{cm}^2/\text{V} \cdot \text{s}) \tag{5.54}$$

$$\mu_p = \frac{v_p}{E} = \frac{v_p l}{U} \ (\text{cm}^2/\text{V} \cdot \text{s})$$

式中,U 是外电压;l 是电压方向的半导体长度。载流子的漂移运动效果用半导体的电导率 σ 来描述,定义为

$$\sigma = en\mu_n + ep\mu_p \ (\Omega \cdot \text{cm})^{-1} \tag{5.55}$$

式中,e 是电子电荷量。如果半导体的截面积是 A,则其电导(亦称为热平衡暗电导)G 为

$$G = \sigma \frac{A}{l} \tag{5.56}$$

所以半导体的电阻 R_d(亦称暗电阻)为

$$R_d = \frac{l}{\sigma A} = \rho \frac{l}{A} \tag{5.57}$$

式中,ρ 是其电阻率($\Omega \cdot \text{cm}$)。

　　现在说明光电导的概念。参看图 5.24,光照射在外加电压的半导体上,如果光波长 λ 满足如下条件,即

$$\lambda(\mu\text{m}) \leqslant \lambda_c = \frac{1.24}{E_g(\text{eV})} (\text{本征}) = \frac{1.24}{E_i(\text{eV})} (\text{杂质}) \tag{5.58}$$

式中,E_g 是禁带宽度,E_i 是杂质能带宽度,那么光子将在其中激发出新的载流子(电子和空穴)。这就使半导体中的载流子浓度在原来平衡值上增加了 Δp 和 Δn。这个新增加的部分在半导体物理中称为非平衡载流子,在光电子学中称为光生载流子。显然 Δp 和 Δn 将使半导体的电导增加一个量 ΔG,称为光电导。对应本征半导体和杂质半导体就分别称为本征光电导和杂质光电导。

　　对于本征情况,如果光辐射每秒钟产生的电子-空穴对数为 N,则

$$\Delta n = \frac{N}{Al}\tau_n \tag{5.59}$$

$$\Delta p = \frac{N}{Al}\tau_p \tag{5.60}$$

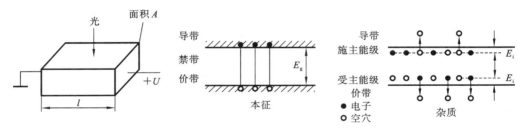

图 5.24　说明光电导用图

式中, Al 为半导体的总体积; τ_n 和 τ_p 为电子和空穴的平衡寿命。于是由式(5.56)有

$$\Delta G = \Delta\sigma \frac{A}{l} = e(\Delta n \mu_n + \Delta p \mu_p)\frac{A}{l} = \frac{eN}{l^2}(\mu_n\tau_n + \mu_p\tau_p)$$

式中, eN 表示光辐射每秒钟激发的电荷量。另一方面,增量 ΔG 将使外回路电流产生增量 Δi,即

$$\Delta i = U\Delta G = \frac{eNU}{l^2}(\mu_n\tau_n + \mu_p\tau_p) \tag{5.61}$$

式中, U 是外电压。由该式可见,电流增量 Δi 不等于每秒钟光激发的电荷量 eN,于是定义

$$M = \frac{\Delta i}{eN} = \frac{U}{l^2}(\mu_n\tau_n + \mu_p\tau_p) \tag{5.62}$$

式中, M 称为光电导的电流增益。以 N 型半导体为例,可以清楚地看出它的物理意义。式(5.62)为

$$M = \frac{U}{l^2}\mu_n\tau_n \tag{5.63}$$

并将式(5.54)代入上式,有

$$M = \frac{v_n}{l}\tau_n = \frac{\tau_n}{t_n} \tag{5.64}$$

式中, t_n 是电子在外电场作用下渡越半导体长度 l 所花费的时间,称为渡越时间。如果渡越时间 t_n 小于电子平均寿命(平衡寿命) τ_n,则 $M>1$,就有电流增益效果。

4. 光伏效应

如果光电导效应是半导体材料的体效应,那么光伏现象则是半导体材料的结效应。也就是说,实现光伏效应需要有内部电势垒,当照射光激发出电子-空穴对时,电势垒的内建电场将把电子-空穴对分开,从而在势垒两侧形成电荷堆积,形成光伏效应。

这个内部电势垒可以是 PN 结、PIN 结、肖特基势垒结、异质结等。这里主要讨论 PN 结的光伏效应,它不仅最简单,而且是基础。

PN 结的基本特征是它的电学不对称性,在结区有两个从 N 区指向 P 区的内建电场存在。热平衡下,多数载流子(N 区的电子和 P 区的空穴)与少数载流子的作用(N 区的空穴和 P 区的电子)由于内建电场的漂移而相抵消,没有净电流通过 PN 结。用电压表测量不出 PN 结两端有电压,称为零偏状态。如果 PN 结正向电压偏置(P 区接正,N 区接负),则有较大的正向电流流过 PN 结。如果 PN 结反向电压偏置(P 区接负,N 区接正),则有一很小的反向电流通过 PN 结,这个电流在反向击穿前几乎不变,称为反向饱和电流 I_{so}。PN 结的这种伏安特性如图 5.25 所示。图中还给出了 PN 结电阻随偏置电压的变化曲线。PN 结的伏

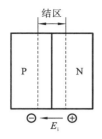 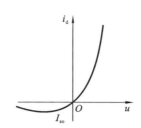 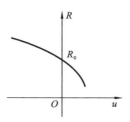

图 5.25　PN 结及其伏安特性

安特性为

$$i_d = I_{so}(e^{eu/kT} - 1) \tag{5.65}$$

式中，i_d 是暗(指无光照)电流；I_{so} 是反向饱和电流；指数因子中的 e 是电子电荷量；u 是偏置电压(正向偏置为正，反向偏置为负)；k 是玻耳兹曼常数；T 是热力学温度。

在零偏情况下，PN 结的电阻 R_0 为

$$R_0 = \frac{\mathrm{d}u}{\mathrm{d}i}\bigg|_{u=0} = \frac{kT}{eI_{so}} \tag{5.66}$$

此时 $i = 0$，所以 PN 结的开路电压为 0。

在零偏条件下，如果照射光的波长 λ 满足条件

$$\lambda(\mu m) = \frac{1.24}{E_i(\mathrm{eV})} \tag{5.67}$$

那么，无论光照 N 区还是 P 区，都会激发出光生电子-空穴对。如光照 P 区，由于 P 区的多数载流子是空穴，光照前热平衡空穴浓度本来就比较大，因此光生空穴对 P 区空穴浓度影响很小。相反，光生电子对 P 区的电子浓度影响很大，电子从表面(吸收光能多、光生电子多)向内侧扩散。如果 P 区的厚度小于电子扩散长度，那么大部分光生电子都能扩散进 PN 结，一进入 PN 结，就被内电场扫向 N 区。这样，光生电子-空穴对就被内电场分离开来，空穴留在 P 区，电子通过扩散流向 N 区。这时用电压表就能测量出开路电压 u_0，称此为光生伏特效应，又称光伏效应。如果用一个理想电流表接通 PN 结，则有电流 i_0 通过，称为短路光电流。显然

$$u_0 = R_0 i_0 \tag{5.68}$$

综上所述，光照零偏 PN 结产生开路电压的效应，称为光伏效应，这也是光电池的工作原理。

在光照反偏条件下工作时，观测到的光电信号是光电流，而不是光电压，这便是结型光电探测器的工作原理。从这个意义上说，反偏 PN 结在光照下好像是以光电导方式工作的，但实质上两者的工作原理是根本不同的。反偏 PN 结通常称为光电二极管。

5. 光电转换定律

大家已经知道，对于光电探测器而言，一边是光辐射量，另一边是光电流量。把光辐射量转换为光电流量的过程称为光电转换。光通量(即光功率)$P(t)$ 可以理解为光子流，光子能量 $h\nu$ 是光能量 E 的基本单元；光电流量是光生电荷 Q 的时变量；电子电荷 e 是光生电荷的基本单元。为此，有

$$P(t) = \frac{\mathrm{d}E}{\mathrm{d}t} = h\nu \frac{\mathrm{d}n_1}{\mathrm{d}t} \tag{5.69}$$

$$i(t) = \frac{\mathrm{d}Q}{\mathrm{d}t} = e \frac{\mathrm{d}n_2}{\mathrm{d}t} \tag{5.70}$$

式中,n_1 和 n_2 分别为光子数和电子数,式中所有变量都应理解为统计平均量。由基本物理观点可知,i 应该正比于 $P(t)$,写成等式时,引进一个比例系数 D,即

$$i(t) = DP(t) \tag{5.71}$$

式中,D 又称为探测器的光电转换因子。把式(5.69)和式(5.70)代入式(5.71),有

$$D = \frac{e}{h\nu}\eta \tag{5.72}$$

式中,

$$\eta = \frac{\mathrm{d}n_2}{\mathrm{d}t} \Big/ \frac{\mathrm{d}n_1}{\mathrm{d}t} \tag{5.73}$$

称为探测器的量子效率,它表示探测器接收的光子数和激发的电子数之比,它是表征探测器物理性质的函数。再把式(5.73)代回式(5.70),结合式(5.69),有

$$i(t) = \frac{e\eta}{h\nu}P(t) \tag{5.74}$$

这就是基本的光电转换定律。由此可知:① 光电探测器和入射功率有响应,响应量是光电流。因此,一个光子探测器可视为一个电流源。② 因为光功率正比于光电场的平方,故常常把光电探测器称为平方律探测器,或者说,光电探测器本质上是一个非线性器件。

6. 光电探测器的特性参数

光电探测器和其他器件一样,有一套根据实际需要而制定的特性(性能)参数,它是在不断总结各种光电探测器的共性基础上而给出的科学定义,这一套性能参数科学地反映了各种探测器的共性。依据这套参数,人们就可以评价探测器性能的优劣,比较不同探测器之间的差异,从而达到根据需要合理选择和正确使用光电探测器的目的。显然,了解各种性能参数的物理意义是十分重要的。

(1)积分灵敏度 R。

灵敏度也常称为响应度,它是光电探测器光电转换特性的量度。

光电流 i(或光电压 u)和入射光功率 P 之间的关系 $i = f(P)$ 称为探测器的光电特性。灵敏度定义为这个曲线的斜率,即

$$R_i = \frac{\mathrm{d}i}{\mathrm{d}P} = \frac{i}{P}(\text{线性区内})(\mathrm{A/W}) \tag{5.75}$$

$$R_u = \frac{\mathrm{d}u}{\mathrm{d}P} = \frac{u}{P}(\text{线性区内})(\mathrm{V/W}) \tag{5.76}$$

式中,R_i 和 R_u 分别称为电流灵敏度和电压灵敏度;i 和 u 均为用万用表测量的电流和电压有效值;式中的光功率 P 是指分布在某一光谱范围内的总功率。因此,这里的 R_i 和 R_u 又分别称为积分电流灵敏度和积分电压灵敏度。

(2)(相对)光谱灵敏度 R_λ。

如果把光功率 P 换成波长可变的光功率谱密度 P_λ,由于光电探测器的光谱选择性,在其他条件不变的情况下,光电流将是光波长的函数,记为 i_λ 或 u_λ,于是光谱灵敏度 P_λ 定

义为

$$R_\lambda = \frac{i_\lambda}{\mathrm{d}P_\lambda} \tag{5.77}$$

如果 R_λ 是常数，则相应的探测器称为无选择性探测器（如光热探测器）。光子探测器则是选择性探测器。式(5.77)的定义在测量上是困难的，通常给出的是相对光谱灵敏度 S_λ，定义为

$$S_\lambda = \frac{R_\lambda}{R_{\lambda m}} \tag{5.78}$$

式中，$R_{\lambda m}$ 是指 R_λ 的最大值，相应的波长称为峰值波长，S_λ 是无量纲的百分数，S_λ 随 λ 变化的曲线称为探测器的光谱灵敏度曲线。

R 和 R_λ 与 S_λ 的关系说明如下，为此，引入相对光谱功率密度函数 $f_{\lambda'}$，它的定义为

$$f_{\lambda'} = P_{\lambda'} / P_{\lambda'm} \tag{5.79}$$

把式(5.78)和式(5.79)代入式(5.75)，只要注意到 $\mathrm{d}P_{\lambda'} = P_{\lambda'}\mathrm{d}'$ 和 $\mathrm{d}i = i_\lambda \mathrm{d}'$，就有

$$\mathrm{d}i = S_\lambda R_{\lambda m} \cdot f_{\lambda'} P_{\lambda'm} \cdot \mathrm{d}' \cdot \mathrm{d}\lambda$$

积分，有

$$i = \int_0^\infty \mathrm{d}i = \left[\int_0^\infty S_\lambda R_{\lambda m} P_{\lambda'm} f_{\lambda'}\right]\mathrm{d}\lambda = R_{\lambda m}\mathrm{d}\lambda P_{\lambda'm} \frac{\int_0^\infty s_\lambda f_{\lambda'}\mathrm{d}'}{\int_0^\infty f_{\lambda'}\mathrm{d}'}\left[\int_0^\infty f_{\lambda'}\mathrm{d}'\right]$$

式中，

$$\int_0^\infty f_{\lambda'}\mathrm{d}' = \frac{1}{P_{\lambda'm}}\int_0^\infty P_{\lambda'}\mathrm{d}' = \frac{P}{P_{\lambda'm}}$$

并注意到 $R_{im} = R_{\lambda m}\mathrm{d}\lambda$，由此可得

$$R = \frac{i}{P} = R_{\lambda m}\mathrm{d}\lambda K = R_{im}K \tag{5.80}$$

式中，

$$K = \frac{\int_0^\infty s_\lambda f_{\lambda'}\mathrm{d}'}{\int_0^\infty f_{\lambda'}\mathrm{d}'} \tag{5.81}$$

称为光谱利用系数（光谱匹配系数），它表示入射光功率能被响应的百分比。把式(5.81)用图形（如图 5.26 所示）表示，就能明显看出光电探测器和入射光功率的光谱匹配是多么重要。

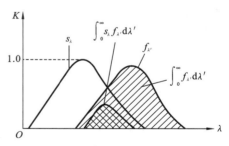

图 5.26 光谱匹配系数 K 的说明

（3）频率灵敏度 R_f。

如果入射光是强度调制的，则在其他条件不变的情况下，光电流 i_f 将随调制频率 f 的升高而下降，这时的灵敏度称为频率灵敏度 R_f，定义为

$$R_f = \frac{i_f}{P} \tag{5.82}$$

式中，i_f 是光电流时变函数的傅里叶变换，通常

$$i_f = \frac{i(f=0)}{\sqrt{1+(2\pi f\tau)^2}} \tag{5.83}$$

式中，τ 称为探测器的响应时间或时间常数，由材料、结构和外电路决定，把式(5.83)代入式(5.82)，得

$$R_{\mathrm{f}} = \frac{R_0}{\sqrt{1+(2\pi f\tau)^2}} \qquad (5.84)$$

这就是探测器的频率特性，R_{f} 随 f 升高而下降的速度与 τ 值的关系很大。一般规定，R_{f} 下降到 $0.707R_0$ 时的频率 f_{c} 称为探测器的截止响应频率或响应频率。由式(5.84)可知

$$f_{\mathrm{c}} = \frac{1}{2\pi\tau} \qquad (5.85)$$

当 $f < f_{\mathrm{c}}$ 时，认为光电流能线性再现光功率 P 的变化。

如果是脉冲形式的入射光，则常用响应时间来描述。对于突然光照，探测器的输出电流要经过一定时间才能上升到与这一辐射功率相对应的稳定值 i。当辐射突然降下，输出电流也需要经过一定时间才能下降到 0。一般而言，上升时间和下降时间相等，时间常数近似地由式(5.85)决定。

综上所述，光电流是光电压 u、光功率 P、光波长 λ、调制频率 f 的函数，即

$$i = F(u, P, \lambda, f) \qquad (5.86)$$

以 u, P, λ 为参量，$i = F(f)$ 的关系称为光电频率特性，相应的曲线称为频率特性曲线。同样，与 $i = F(P)$ 对应的曲线称为光电特性曲线，与 $i = F(f)$ 对应的曲线称为光谱特性曲线，而与 $i = F(u)$ 对应的曲线称为伏安特性曲线。当给出这些曲线时，灵敏度的值就可以由曲线求出，而且还可以利用这些曲线，尤其是伏安特性曲线来设计探测器的应用电路。这一点在实际应用中往往是十分重要的。

（4）量子效率 η。

如果说灵敏度 R 从宏观角度描述了光电探测器的光电、光谱及频率特性，那么量子效率 η 则是对同一个问题的微观-宏观描述，这里把量子效率和灵敏度联系起来，有

$$\eta = \frac{h\nu}{e}R_{\mathrm{i}} \qquad (5.87)$$

光谱量子效率为

$$\eta_\lambda = \frac{h\nu}{e\lambda}R_{\mathrm{i}\lambda} \qquad (5.88)$$

式中，c 是材料中的光速。可见，量子效率正比于灵敏度而反比于波长。

（5）通量阈 P_{th} 和噪声等效功率 NEP。

由灵敏度 R_{i} 的定义可见，如果 $P = 0$，应有 $i = 0$。实际情况是，当 $P = 0$ 时，光电探测器的输出电流并不为 0，这个电流称为暗电流或噪声电流，$i_{\mathrm{n}} = (\overline{i_{\mathrm{n}}^2})^{1/2}$，它是瞬时噪声电流的有效值。显然，这时灵敏度就已失去意义，必须定义一个新参量来描述光电探测器的这种特性。

用 P_{s} 和 P_{b} 分别表示信号光功率和背景光功率。可见，即使 P_{s} 和 P_{b} 都为 0，也会有噪声输出。噪声的存在限制了探测器探测微弱信号的能力。通常认为，如果信号光功率产生的信号光电流 i_{s} 等于噪声电流 i_{n}，那么就认为刚好能探测到光信号存在。依照这一判据，定义探测器的通量阈 P_{th} 为

$$P_{th} = \frac{i_n}{R_i} \tag{5.89}$$

例如,若 $R_i = 10~\mu A/\mu W$,$i_n = 0.01~\mu A$,则通量阈 $P_{th} = 0.001~\mu W$。也就是说,小于 $0.001~\mu W$ 的信号光功率不能被探测器探测到。所以,通量阈是探测器所能探测的最小信号光功率。

同一个问题,还有另一种更通用的表述方法,就是噪声等效功率 NEP,它定义为单位信噪比下的信号光功率。信噪比 SNR 定义为

$$SNR = \frac{i_s}{i_n} \quad (\text{电流信噪比})$$
$$SNR = \frac{u_s}{u_n} \quad (\text{电压信噪比}) \tag{5.90}$$

有

$$NEP = P_{th} = P_{sI(SNR)_i = 1} = P_{sI(SNR)_n = 1} \tag{5.91}$$

显然,NEP 越小,表明探测器探测微弱信号的能力越强。所以 NEP 是描述光电探测器探测能力的参数。

(6) 归一化探测度 D^*。

NEP 越小,探测器的探测能力越强,不符合人们“越大越好”的习惯,于是取 NEP 的倒数并定义为探测度 D,即

$$D = 1/NEP \tag{5.92}$$

这样,探测器的 D 值大就表明其探测能力强。

实际使用中,经常需要在同类型的不同探测器之间进行比较,发现“D 值大的探测器其探测能力一定好”的结论并不一定正确。究其原因,主要是探测器光敏面积 A 和测量带宽 Δf 对 D 值影响很大。探测器的噪声功率 $N \propto \Delta f$,所以 $i_n \propto (\Delta f)^{1/2}$,于是由 D 的定义知 $D \propto (\Delta f)^{-1/2}$。另一方面,探测器的噪声功率 $N \propto A$(注:通常认为探测器的噪声功率 N 是由光敏面 $A = nA_n$ 中每一单元面积 A_n 独立产生的噪声功率 N_n 之和,$N = nN_n = (A/A_n)N_n$,而 N_n/A_n 对同一类型探测器来说是个常数,于是 $N \propto A$,所以 $i_n \propto (A)^{1/2}$,又有 $D \propto (A)^{1/2}$。把两种因素一并考虑,$D \propto (A\Delta f)^{-1/2}$。为了消除这一影响,定义

$$D^* = D\sqrt{A\Delta f}(\text{cm} \cdot \text{Hz}^{1/2}/\text{W}) \tag{5.93}$$

并称其为归一化探测度。这时就可以说,D^* 大的探测器,其探测能力一定好。考虑到光谱的响应特性,一般给出 D^* 值时应注明响应波长 λ、光辐射调制频率 f 及测量带宽 Δf。

(7) 光电探测器的噪声。

依据噪声产生的物理原因,光电探测器的噪声可大致分为散粒噪声、电阻热噪声和低频噪声三类。

① 散粒噪声。

从本质上讲,光电探测器的光电转换过程是一个光电子计数的随机过程,由于随机起伏单元是电子电荷量 e,故称为散粒噪声,可以证明,散粒噪声功率谱

$$g(f) = eIM^2 \tag{5.94}$$

式中,I 是指流过探测器的平均电流,M 是探测器内增益。于是,散粒噪声电流 i_n 或散粒噪

声电压 u_n 为

$$I_n = \sqrt{\overline{i_n^2}} = \sqrt{2ei\Delta f M^2} \tag{5.95}$$

$$U_n = I_n R_L = \sqrt{2ei\Delta f R_L^2 M^2}$$

按照平均电流 I 产生的具体物理过程,有

$$I = I_d + I_b + I_s \tag{5.96}$$

式中,I_d 是热激发暗电流,I_b 和 I_s 分别为背景光电流和信号光电流,它们又分别称为暗电流噪声、背景噪声和信号光子噪声。

如果用背景光功率 P_b 和信号光功率 P_s 进行表示,则有

$$I_n = \left[Se\left(i_d + \frac{e\eta}{h\nu}P_b + \frac{e\eta}{h\nu}P_s \right) M^2 \Delta f \right]^{1/2} \tag{5.97}$$

式中,S 的取值与过程有关。$S=2$ 表示光电发射、光伏产生过程;$S=4$ 时,光电导包含产生、复合两个过程。$M=1$ 表示光伏过程;$M>1$ 表示光导、光电倍增、雪崩过程等。

② 电阻热噪声。

我们已经知道,光电探测器本质上可用一个电流源来等价,这就意味着探测器有一个等效电阻 R,电阻中自由电子的随机热(碰撞)运动将在电阻器两端产生随机起伏电压,称为热噪声。可以证明,电阻 R 的热噪声电流功率谱 $g(f)$ 为

$$g(f) = 2kT/R \tag{5.98}$$

于是

$$\overline{i_n^2} = 4kT\Delta f/R \tag{5.99}$$

相应的热噪声电压为

$$\overline{u_n^2} = R^2 \overline{i_n^2} = 4kTR\Delta f \tag{5.100}$$

有效噪声电压和有效噪声电流分别为

$$U_n = \sqrt{\overline{u_n^2}} = \sqrt{4kTR\Delta f} \tag{5.101}$$

$$I_n = \sqrt{\overline{i_n^2}} = \sqrt{4kT\Delta f/R} \tag{5.102}$$

一个电阻 R 在其噪声等效电路中,可以等效为电阻 R 与一个电压源 U_n 的串联,也可以等效为电阻 R 与一个电流源 I_n 的并联。

③ 低频噪声。

几乎在所有探测器中都存在这种噪声,它主要出现在大约 1 kHz 以下的低频频域,而且与光辐射的调制频率 f 成反比,故称其为低频率噪声或 $1/f$ 噪声。实验发现,探测器表面的工艺状态(缺陷或不均匀)对这种噪声的影响很大,所以有时也称其为表面噪声或过剩噪声。$1/f$ 噪声的经验公式为

$$\overline{i_n^2} = Ai^\alpha \Delta f/f^\beta \tag{5.103}$$

式中,A 为与探测器有关的比例系数,i 为流过探测器的总直流电流,$\alpha \approx 2$,$\beta \approx 1$,于是

$$I_n = \sqrt{Ai^2\Delta f/f} \tag{5.104}$$

一般来说,只要限制低频端的调制频率不低于 1 kHz,就可以防止这种噪声。

7. 其他参数

光电探测器还有一些其他特性参数,在使用时必须注意。例如光敏面积、探测器电阻和

电容等。正常情况下,参数不可超过相应的指标,否则会影响探测器的正常工作,甚至使探测器损坏。

5.2.2　光电导探测器(光敏电阻)的工作原理

利用光电导效应工作的探测器称为光电导探测器。光电导效应是半导体材料的一种体效应,无须形成 PN 结,故又常称光电导探测器为无结光电探测器。这种元件在光照下会改变自身的电阻率,光照越强,元件自身的电阻越小,因此常常又称其为光敏电阻(光敏电阻器)或光导管。本征型光敏电阻一般在室温下工作,适用于可见光和近红外辐射探测;非本征型光敏电阻通常必须在低温条件下工作,常用于中、远红外辐射探测。由于光敏电阻没有极性,只要把它当作电阻值随光照强度而变化的可变电阻器对待即可,因此在电子电路、仪器仪表、光电控制、计量分析、光电制导、激光外差探测等领域中获得了十分广泛的应用。

常用的光敏电阻材料有 CdS、CdSe、PbS 等。其中,CdS 是工业上应用得最多的,而 PbS 主要用于军事装备。

1. 光电转换原理

以非本征 N 型材料为例,分析模型如图 5.27(a)所示。图中,u 表示外加偏置电压,L、W、H 用于表示材料的尺寸,光功率 P 沿 x 方向均匀入射。现在来求上述条件下所产生的光电流 i。

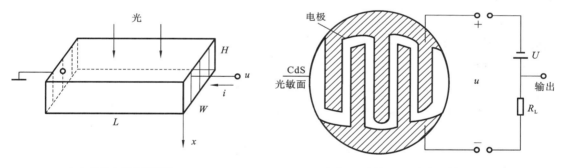

（a）光敏电阻分析模型　　　　（b）CdS光敏电阻的结构和偏置电路

图 5.27　光敏电阻分析模型与 CdS 光敏电阻的结构和偏置电路

如果光电导材料的吸收系数为 α,表面反射率为 R,那么光功率在材料内部沿 x 方向的变化规律为

$$P(x) = Pe^{-\alpha x}(1-R) \tag{5.105}$$

因为 $L \times W$ 面光照均匀,所以光生面电流密度 J 也沿 x 方向变化:

$$J = ev_n n(x) \tag{5.106}$$

式中,e 是电子电荷,$v_n = \mu_n u/L$ 是电子沿外电场方向的漂移速度,$n(x)$ 为电子在 x 处的体密度。

流过电极的总电流 i 为

$$i = \int_0^H JW \mathrm{d}x = ev_n W \int_0^H n(x) \mathrm{d}x \tag{5.107}$$

利用稳态下的电子产生率和复合率相等即可求出 $n(x)$。如果电子的平均寿命为 τ，那么电子的复合率为 $n(x)/\tau$；而电子的产生率等于单位面积、单位时间吸收的光子数乘以量子效率，即 $\alpha\eta P(x)h\nu WL$，于是

$$n(x)=\frac{\alpha\cdot(1-R)e\eta\cdot\tau_n\cdot Pe^{-\alpha x}}{h\nu\cdot WL} \tag{5.108}$$

把式(5.108)代入式(5.107)，有

$$i=\frac{e\eta'}{h\nu}M\cdot P \tag{5.109}$$

式中，

$$\eta'=\alpha\eta(1-R)\int_0^H e^{-\alpha x}\,dx \tag{5.110}$$

为有效量子效率；M 为电荷放大系数，亦称光电导体的光电流（内）增益。可把 M 解释为载流子平均寿命与载流子渡越时间之比。如果 $M>1$，则说明载流子已经渡越完毕，但载流子的平均寿命还未中止。这种现象可以这样解释：光生电子向正极运动，空穴向负极运动。可是空穴的移动可能被晶体缺陷和杂质形成的俘获中心陷阱所俘获。因此，当电子到达正极消失时，陷阱俘获的正电中心（空穴）仍留在体内，它又会将负电极的电子感应到半导体中来，被诱导进来的电子又在电场中运动到正极，如此循环直到正电中心消失。这就相当于放大了初始的光生电流。

CdS 光敏电阻的结构和偏置电路如图 5.27(b)所示。掺杂半导体薄膜沉积在绝缘基底上，然后在薄膜面上蒸镀 Au 或 In 等金属，形成梳状电极结构。这种排列使得间距很近（即 L 小，M 大）的电极之间，具有较大的光敏面积，从而获得高的灵敏度。为了防止潮湿对灵敏度的影响，整个管子采用密封结构。

2. 工作特性

光敏电阻的性能由其光谱响应特性、照度特性和伏安特性、时间响应特性、稳定特性和噪声特性等来表征。在实际应用中可以依据这些特性合理地选用光敏电阻。

（1）光谱响应特性。

光敏电阻对各种光的响应灵敏度随入射光的波长变化而变化的特性称为光谱响应特性。光谱响应特性通常用光谱响应曲线、光谱响应范围及峰值响应波长来描述。峰值响应波长取决于制造光敏电阻所用半导体材料的禁带宽度，其值可由下式估算：

$$\lambda_m=\frac{hc}{E_g}=\frac{1.24}{E_g}\times 10^3 \tag{5.111}$$

式中，λ_m 为峰值响应波长(nm)，E_g 为禁带宽度(eV)。峰值响应波长的光能把电子直接由价带激发到导带。在光电半导体中，杂质和晶格缺陷所形成的能级与导带间的禁带宽度比价带与导带间的主禁带宽要窄得多，因此波长比峰值响应波长长的光将把这些杂质能级中的电子激发到导带中去，从而使光敏电阻的光谱响应向长波方向有所扩展。另外，由于光敏电阻对波长短的光的吸收系数大，使得表面层附近形成很高的载流子浓度。这样一来，自由载流子在表面层附近复合的速度也快，从而使光敏电阻对波长短于峰值响应波长的光的响应灵敏度降低。综合这两种因素，光敏电阻具有一定响应范围的光谱响应特性。

利用半导体掺杂及用两种半导体材料按一定比例混合并烧结形成固溶体的技术，可使光敏电阻的光谱响应范围、峰值响应波长获得一定程度的改善，从而满足某种特殊需要。

图 5.28 给出了 CdS、CdSe、PbS 光敏电阻的典型光谱响应特性曲线。

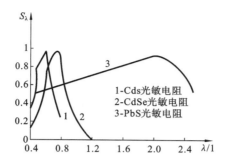

图 5.28 三种光敏电阻的光谱响应特性曲线

（2）照度特性和伏安特性。

CdS 的照度特性如图 5.29(a)所示,从图中可以看出明显的非线性特性。伏安特性如图 5.29(b)所示。

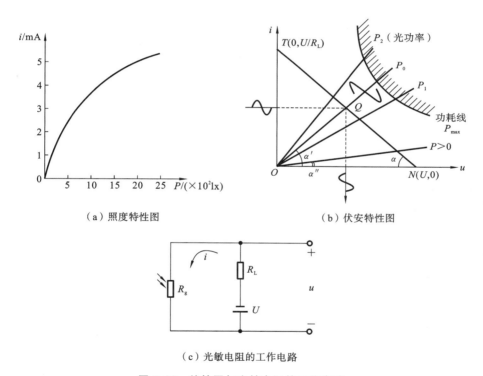

（a）照度特性图   （b）伏安特性图

（c）光敏电阻的工作电路

图 5.29 特性图与光敏电阻的工作电路

式(5.109)是理想情况下的光敏电阻的光电转换关系式,受许多实际因素的影响,光敏电阻(在一定偏压 u 下)的光照特性呈非线性关系,即

$$i = K u^{\beta} P^{\gamma} \qquad (5.112)$$

式中,K、β、γ 均为常数,K 与元件的材料、尺寸、形状及载流子寿命有关;电压指数 β 的值一般在 1.0～1.2 之间,在烧结体中主要受接触电阻等因素的影响;γ 是照度指数,由杂质的种类及数量决定,其值在 0.5～1.0 之间。在低偏压(几伏到几十伏)、弱光照(10^{-1}～10^3 lx)条

件下,通常可取 $\beta=1,\gamma=1$。于是式(5.112)变为

$$i=KuP$$

这样,无论是照度特性(i-P 关系)还是伏安特性(i-u 关系),都认为是线性特性。

图 5.29(b)中的三个角度 α、α' 和 α'' 分别为

$$\alpha=\arctan\frac{1}{R_L} \tag{5.113}$$

$$\alpha'=\arctan\frac{1}{R_g} \tag{5.114}$$

$$\alpha''=\arctan\frac{1}{R_d} \tag{5.115}$$

式中,R_L 是负载电阻;R_g 是工作点亮电阻;R_d 是暗电阻。

一般来说,光敏电阻的暗电阻在 10 MΩ 以上。光照后,电阻值显著降低,外回路电流明显变大,亮电阻和暗电阻之比在 $10^{-6}\sim10^{-2}$ 之间,这一比值越小,光敏电阻的灵敏度越高。

光敏电阻的工作电路如图 5.29(c)所示,从图中可知,光敏电阻两端的电压 u 为

$$u=U-iR_L \tag{5.116}$$

由负载电阻 R_L 决定的负载线为图 5.29(b)上的 NT 线。R_g 为 P_0 光照时的亮电阻。当光照发生变化时,R_g 变为 $R_g+\Delta R_g$,则电流 i 变为 $i+\Delta i$,这样有

$$i+\Delta i=\frac{U}{R_L+R_g+\Delta R_g} \tag{5.118}$$

$$i=\frac{U}{R_L+R_g} \tag{5.119}$$

把上面两式相减,并在分母中近似有 $R_L+R_g+\Delta R_g\approx R_L+R_g$,则

$$\Delta i=-\frac{U\Delta R_g}{(R_L+R_g)^2} \tag{5.120}$$

式中,负号表示 P 增大,R_g 减小($\Delta R_g<0$),Δi 增大。

电流的变化将引起电压的变化,即有

$$u+\Delta u=U-(i+\Delta i)R_L \tag{5.121}$$

把式(5.121)与式(5.116)相减,并利用式(5.120),有

$$\Delta u=-\Delta iR_L=\frac{U\Delta R_gR_L}{(R_L+R_g)^2} \tag{5.122}$$

由上式可见,输出电压 Δu 并不随负载电阻线性变化,要想使 Δu 最大,将式(5.120)对 R_L 求导,并令其等于 0,即可求出使 Δu 最大的条件为

$$R_L=R_g \tag{5.123}$$

R_g 是工作点 Q 处(如图 5.29(b)所示)的亮电阻。这种状态称为匹配工作状态。显然,当入射功率在较大的动态范围内变化时,要始终保持匹配工作是困难的,这是光敏电阻的不利因素之一。

在图 5.29(c)所示的电路中,省掉了极间电容 C_d,所以上述分析只适用于低频情况。当入射光功率变化频率较高时,在等效电路中一定不能省去 C_d。由前面讨论可知,为了得到较大的电流增益 M,总是设法减小材料尺寸 L,但这又使 C_d 增大,导致器件的时间常数增大,使响应频率减小。所以,一般来说,光敏电阻的响应频率比较低,响应时间较长,这也是它的不利因素之一。

下面讨论一下光敏电阻偏置电压 U 的选取原则问题。在一定光照下,有一固定电流 i 流过光敏电阻,这个电流将在 R_g 上产生热损耗功率 $iu = i^2 R_g$。每一光敏电阻都有额定的最大耗散功率 P_{max}(图 5.29(b)中的曲线),工作时如果超过这一值,光敏电阻将很快损坏。所以,光敏电阻工作在任何光照下都必须满足

$$i^2 R_g < P_{max} \qquad (5.124)$$

把式(5.119)代入式(5.124),就可以求出偏置电压 U 必须满足的条件,即

$$U < \left(\frac{P_{max}}{R_g}\right)^{1/2} \cdot (R_L + R_g) \qquad (5.125)$$

在匹配条件下,

$$U < (4 R_g P_{max})^{1/2} \qquad (5.126)$$

（3）时间响应特性。

光敏电阻受光照后或被遮光后,回路电流并不立即增大或减小,而是有一响应时间。图 5.30 所示的为光敏响应特性的测定电路及其示波器波形。光敏电阻的响应时间常数是由电流的上升时间 t_r 和衰减时间 t_f 表示的。图 5.30 中给出了 t_r 和 t_f 的定义。通常,CdS 光敏电阻的响应时间约为几十毫秒到几秒,CdSe 光敏电阻的响应时间约为 $10^{-3} \sim 10^{-2}$ s,PbS 光敏电阻的响应时间约为 10^{-4} s。

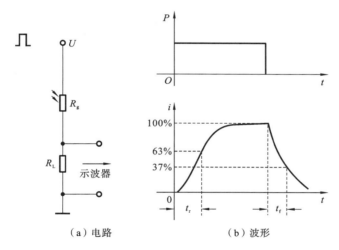

（a）电路　　　　（b）波形

图 5.30　光敏响应特性的测定电路及其示波器波形

值得注意的是,光敏电阻的响应时间与入射光的照度、所加电压、负载电阻及照度变化前电子所经历的时间(称为前历时间)等因素有关。一般来说,照度越强,响应时间越短;负载电阻越大,t_r 越短,t_f 越长;暗处放置时间越长,响应时间越长。实际应用中,可尽量提高使用照度、降低所加电压、施加适当偏置光照,使光敏电阻不是在完全黑暗的状态下开始受光照,以使光敏电阻的时间响应特性得到一定改善。

（4）稳定特性。

一般来说,光敏电阻的阻值随温度变化而变化的变化率,在弱光照和强光照时都较大,而中等光照时,则较小。例如,CdS 光敏电阻的温度系数在 10 lx 照度时约为 0;照度高于 10 lx 时,温度系数为正;照度低于 10 lx 时,温度系数反而为负;照度偏离 10 lx 越多,温度系数

越大。

另外,当环境温度在 0~60 ℃ 的范围内时,光敏电阻的响应速度几乎不变;而在低温环境下,光敏电阻的响应速度变慢。例如,光敏电阻在 −30 ℃ 时的响应时间约为 +20 ℃ 时的两倍。

最后,光敏电阻的允许功耗随着环境温度的升高而降低,这些特性都是在实际使用过程中应注意到的。

(5) 噪声特性。

光敏电阻的噪声主要是复合噪声、热噪声和 $1/f$ 噪声。总的方均噪声电流可写为

$$\overline{i_n^2} = 4eiM^2\Delta f \cdot \frac{1}{1+4\pi^2 f^2 \tau_e^2} + i^2 \cdot \frac{A\Delta f}{f} + \frac{4kT\Delta f}{R_L} \tag{5.127}$$

其有效值为

$$I_n = \left(4eiM^2\Delta f \cdot \frac{1}{1+4\pi^2 f^2 \tau_e^2} + i^2 \cdot \frac{A\Delta f}{f} + \frac{4kT\Delta f}{R_L}\right)^{1/2} \tag{5.128}$$

式中,$i = i_d + i_b + i_s$,τ_e 为载流子寿命,R_L 为探测器的等效电阻。

当 $f \ll 1/(2\pi\tau_e)$ 时,复合噪声项不再与频率有关;当 $f \gg 1/(2\pi\tau_e)$ 时,复合噪声明显减小,主要存在热噪声。当 $f > 1 \text{ kHz}$ 时,$1/f$ 噪声项中的比例系数 $A \approx 10^{-11}$,这一噪声项可以忽略不计,如图 5.31 所示。

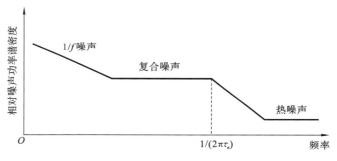

图 5.31　光敏电阻的噪声特性

3. 几种典型的光敏电阻器

(1) CdS 和 CdSe 光敏电阻器。

这是两种低造价的可见光光敏电阻器,它们的主要特点是具有高可靠性和长寿命,因而广泛应用于自动化技术和摄影机中的光计量。这两种器件的光电导增益比较高($10^3 \sim 10^4$),但响应时间比较长。

(2) PbS 光敏电阻器。

这是一种性能优良的近红外光敏电阻器,其波长响应范围在 $1 \sim 3 \text{ } \mu\text{m}$,峰值响应波长为 $2 \text{ } \mu\text{m}$,内阻(暗电阻)大约为 $1 \text{ M}\Omega$,响应时间约为 $200 \text{ } \mu\text{s}$,室温工作时能提供较大的电压输出,它广泛应用于遥感技术和各种武器的红外制导技术。

(3) InSb 光敏电阻器。

这也是一种良好的近红外光敏电阻器,它虽然能在室温下工作,但噪声较大。峰值响应波长为 $5 \text{ } \mu\text{m}$,它与 PbS 光敏电阻器的显著不同在于内阻低(大约为 $50 \text{ } \Omega$),而响应时间短,因

而适用于快速红外信号探测。

（4）$Hg_xCd_{1-x}Te$ 光敏电阻器。

这是一种化合物本征型光敏电阻器，它是由 HgTe 和 GdTe 两种材料混在一起的固溶体，其禁带宽度随组分 x 呈线性变化，当 $x=0.2$ 时，响应波长为 $8\sim14\ \mu m$。内阻低，电流内增益约为 500，可广泛应用于 $10.6\ \mu m$ 的 CO_2 激光探测。

几种光敏电阻器的典型特性如表 5.4 所示。

表 5.4　几种光敏电阻器的典型特性

种　　类	灵敏度/(A/lm)	响应时间/μs	光谱响应范围/μm
CdS	0.1(单晶) 50.0(多晶)	$10^3\sim10^6$	0.3～0.8(常温)
CdSe	50	$500\sim10^6$	0.5～0.8(常温)
PbS	在约 10^{-12} W 时，$S=N$	200	1～3(常温)
PbSe	在约 10^{-11} W 时，$S=N$	100	1～5(常温)，≈7(90 K)
PbTe	在约 10^{-12} W 时，$S=N$	10	≈4(常温)，≈5(90 K)
InSb	在约 10^{-11} W 时，$S=N$	0.4	5～7(常温,77 K)
Ge:Hg	—	30～1000	≈14(27 K)
Ge:Au	在约 10^{-13} W 时，$S=N$	10	≈10(77 K)
HgCdTe	—	<1	8～14(77 K)
PbSbTe	—	15×10^{-3}	11～20(77 K)
Ge	在约 10^{-13} W 时，$S=N$	10	—

注：$S=N$ 表示光敏电阻器外接负载中的信号等于内部噪声。

5.2.3　光伏探测器工作原理

在前文中已经讨论过 PN 结的光伏效应。利用 PN 结的光伏效应制作的光电探测器称为光伏探测器。与光电导探测器不同，光伏探测器的工作特性要复杂一些，通常有光电池和光电二极管之分。也就是说光伏探测器有着不同的工作模式。因此，在具体讨论光伏探测器的工作特性之前，首先必须弄清楚它的工作模式问题。

1. 光电转换原理

为了便于理解在后面将要引入的光伏探测器的等效电路，首先讨论一下光伏探测器的光电转换原理。

为了说明光功率与光电流的转换关系，设想光伏探测器两端被短路，并用一理想电流表记录光照下流过回路的电流，这个电流常常称为短路光电流。假定光生电子-空穴对在 PN 结的结区(即耗尽区)内产生，由于内电场 E_i 的作用，电子向 N 区漂移，空穴向 P 区漂移，被内电场分离的电子和空穴就在外回路中形成电流 i_{φ}。就光电流形成的过程而言，光伏探测器和光电导探测器有十分类似的情况。为此，可把讨论光电导探测器光电转换关系所导出

的式子改写为

$$i_\varphi = \int_0^L eM_n \frac{P}{h\nu} \cdot \eta\alpha(1-R)\mathrm{e}^{-\alpha x}\,\mathrm{d}x = \int_0^L Q\frac{P}{h\nu}\eta\alpha(1-R)\mathrm{e}^{-\alpha x}\,\mathrm{d}x \tag{5.129}$$

式中,$Q=eM_n$ 是光电导探测器中一个光生电子所贡献的总电荷量。

从式(5.129)可见,除了 Q 项外,光伏和光导的其他物理量都可以用一种形式描述。

在耗尽区中,x 处产生的光生电子-空穴对中,空穴向左漂移 x 距离到达 P 区,而电子向右漂移 $(L-x)$ 距离到达 N 区。电子和空穴在漂移运动时对外回路贡献各自的电流脉冲,若空穴和电子的漂移时间用 t_p 和 t_n 表示,则空穴和电子电流脉冲的强度分别为 e/t_p 和 e/t_n,它们所贡献的电荷量分别为

$$Q_p = ex/L \tag{5.130}$$

$$Q_n = e(L-x)/L \tag{5.131}$$

式中,L 是耗尽层宽度,式中假定空穴和电子的漂移速度恒定。因此,一个电子-空穴对所贡献的总电荷量为

$$Q = Q_p + Q_n = e \tag{5.132}$$

于是,有

$$i_\varphi = \frac{e\eta}{h\nu}P \tag{5.133}$$

由这个结果可知,光伏探测器的内电流增益等于 1,这是和光电导探测器明显不同的地方。

2. 光伏探测器的工作模式

现在可以说,一个光伏探测器可以等效为一个普通二极管和一个恒流源(光电流源)的并联,光伏探测器符号如图 5.32(a)所示,等效电路如图 5.32(b)所示。在零偏压时,称为光伏工作模式,如图 5.32(c)所示。当外回路采用反偏电压 U 时,如图 5.32(d)所示,即外加 P 端为负、N 端为正的电压时,称为光导工作模式。

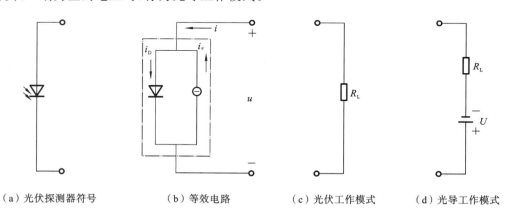

(a) 光伏探测器符号　　　　(b) 等效电路　　　　(c) 光伏工作模式　　　　(d) 光导工作模式

图 5.32　光伏探测器

普通二极管的伏安特性为

$$i_D = I_{so}\left(\exp\left(\frac{eu}{kT}\right)-1\right) \tag{5.134}$$

因此,光伏探测器的总伏安特性应为 i_D 和 i_φ 之和,考虑到两者的流动方向,有

$$i = i_D - i_\varphi = I_{so}\left(\exp\left(\frac{eu}{kT}\right) - 1\right) - i_\varphi \tag{5.135}$$

式中，i 是流过探测器的总电流；I_{so} 是二极管反向饱和电流；e 是电子电荷量；u 是探测器两端电压；k 是玻耳兹曼常数；T 是器件的热力学温度。

把式(5.135)中的 i 和 u 分别作为纵、横坐标画成曲线，就可得到光伏探测器的伏安特性曲线，如图 5.33 所示。由图可见，第一象限是正偏(压)状态，i_D 本来就很大，所以光电流 i_φ 不起重要作用，作为光电探测器，工作在这一区域没有意义。第三象限是反偏(压)状态，这时二极管中的电流为反向饱和电流，现在称为暗电流(对应于光功率 $P=0$)，该数值很小，这时的光电流是流过探测器的主要电流，对应于光导工作模式，通常把光导工作模式的光伏探测器称为二极管，因为它的外回路特性与光电导探测器的十分相似。在第四象限中，外偏压为 0，流过探测器的电流仍为反向光电流，随着光功率的不同，会出现明显的非线性，这时探测器的输出是通过负载电阻 R_L 上的电压或流过 R_L 上的电流来体现的，因此，该模式称为光伏工作模式，通常把光伏工作模式下的光伏探测器称为光电池。

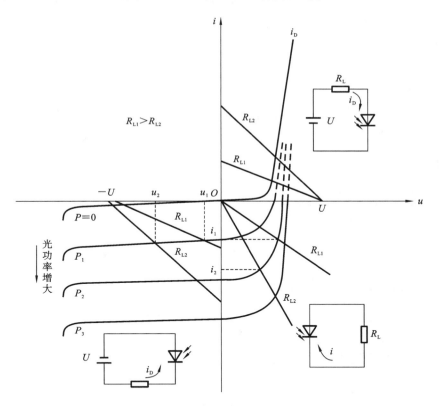

图 5.33　光伏探测器的伏安特性

光电池和光电二极管的工作特性有着明显的差别，详细情况在后文中专门讨论。

5.2.4　半导体光电二极管及三极管工作原理

以光导模式工作的结型光伏型探测器称为光电二极管，它在微弱、快速光信号探测方面有着非常重要的应用。为了提高它的工作性能,人们做出了大量的研究工作,出现了许多性能优良的新品种。概括起来,有硅光电二极管、PIN 硅光电二极管、雪崩光电二极管(APD)、肖特基势垒光电二极管、HgCdTe 光伏二极管、光子牵引探测器,以及光电三极管等。为了节省篇幅,一些共性的问题放在硅光电二极管中讨论,对于其他种类的光电二极管,着重介绍它们的原理和特点。

1. 硅光电二极管

制造一般光电二极管的材料几乎全部选用 Si 或 Ge 的单晶材料。由于硅器件较锗器件的暗电流温度系数小得多,加之制作硅器件采用的平面工艺使其管芯结构很容易精确控制,因此,硅光电二极管得到了广泛应用。

(1)结构及偏置电路。

硅光电二极管的两种典型结构如图 5.34 所示,其中,图(a)中采用了 N 型单晶硅和扩散工艺,称为 P^+N 结构,它的型号为 2CU 型;而图(b)中采用了 P 型单晶和磷扩散工艺,称为 N^+P 结构,它的型号为 2DU 型。光敏芯区外侧的 N^+ 环区称为保护环,其用于切断表面层漏电流,使暗电流明显减小。硅光电二极管一律采用反向电压偏置。有环极的光电二极管有三根引出线,通常把 N 侧电极称为前极,把 P 侧电极称为后极。环极接偏置电源的正极,如果不用环极,则把它断开,空着即可。

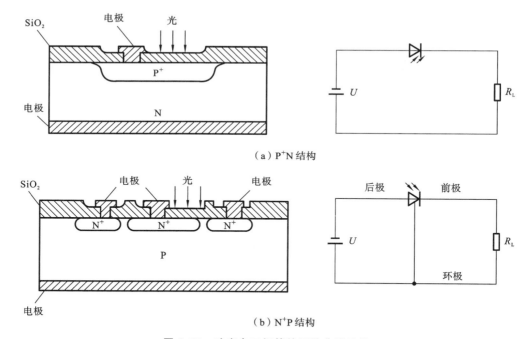

(a)P^+N 结构

(b)N^+P 结构

图 5.34 硅光电二极管的两种典型结构

硅光电二极管的封装形式有多种,常见的是金属外壳加入射窗口封装,入射窗口又有凸镜和平面镜(平镜)之分。凸镜有聚光作用,有利于提高灵敏度,而且由于聚焦位置与入射光方向有关,因此还能减小杂散背景光的干扰。其缺点是灵敏度随方向而变,这给对准和可靠性带来问题。采用平面镜窗口的硅光电二极管虽然没有对准问题,但易受杂散光干扰的影响。硅光电二极管的外形及灵敏度的方向性图示如图 5.35(a)、图 5.35(b)所示。

（2）光谱响应特性和光电灵敏度。

硅光电二极管具有一定的光谱响应范围。图 5.35（c）给出了硅光电二极管的光谱响应曲线。常温下，Si 材料的禁带宽度为 1.12 eV，峰值波长约为 0.5 μm，长波限约为 1.1 μm，由于入射波长越短，管芯表面的反射损失就越大，从而使实际管芯吸收的能量越少，这就产生了短波限问题。

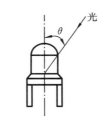

（a）硅光电二极管的外形

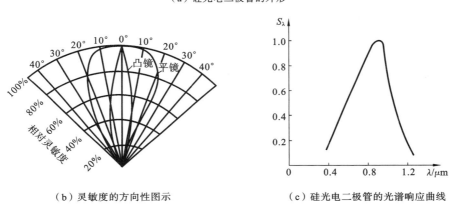

（b）灵敏度的方向性图示　　　　　（c）硅光电二极管的光谱响应曲线

图 5.35　硅光电二极管的外形、灵敏度的方向性图示，以及硅光电二极管的光谱响应曲线

硅光电二极管的短波限约为 0.4 μm。硅光电二极管的电流灵敏度主要取决于量子效率 η。

（3）光电变换的伏安特性分析。

大家已经知道，光电二极管是一种以光导模式工作的光伏探测器，因为光电二极管总是在反向偏压下工作，所以 $i_D = I_{so}$，I_{so} 和光电流 i_φ 都是反向电流。如图 5.36（a）所示，其中，弯曲点 M' 所对应的电压值 u' 称为屈膝电压。为了分析方便，经线性化处理后的特性曲线如图 5.36（b）所示。其中，Q 为直流工作点，g、g' 和 G_L 为各斜线与水平轴夹角的正切，其意义是：g 是光电二极管的内电导，其值等于管子内阻的倒数；g' 是光电二极管的临界电导，显然，如果光电二极管的内电导超过 g' 值，则表明光电二极管已进入饱和导通的工作状态；G_L 为负载电导，其值等于负载电阻值的倒数。

下面就光电二极管的直流负载线、缓变化光信号（功率）探测和交变光信号探测问题作进一步讨论。

① 直流负载线设计。

所谓直流负载线设计，就是在反偏压 G_L 及入射光功率 P 条件下，如何设计负载电阻的问题。

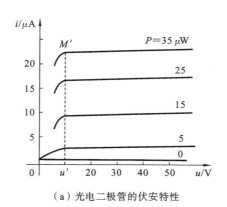 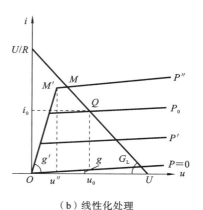

（a）光电二极管的伏安特性　　　　　　（b）线性化处理

图 5.36　光电二极管的相关曲线

从图 5.36 可以看出,流过光电二极管的电流由暗电流 i_D 及光电流 i_φ 组成,暗电流与偏压无关,光电流由光功率决定,于是有

$$i=i_D+i_\varphi=gu+sP \tag{5.136}$$

为了工作在线性区(即电流与光功率成正比),要求负载线与最大光功率线的交点 M 必须在 M' 点的右侧。对 M' 点可以写出

$$g'u'=gu'+sP'' \tag{5.137}$$

即

$$u'=\frac{sP''}{g'-g} \tag{5.138}$$

如果 M 点正好与 M' 点重合,则有

$$(U-u')G_L=g'u'$$

即

$$G_L=\frac{u'}{U-u'}g' \tag{5.139}$$

将式(5.138)代入式(5.139),得

$$G_L=\frac{sP''}{U\left(1-\dfrac{g}{g'}\right)-\dfrac{sP''}{g'}} \tag{5.140}$$

给定偏压 U 及光功率 P'',由相关手册查出 g、g' 和 s,即可由式(5.140)算出 $G_L=1/R_L$。当然,也可以先给定 G_L,再反过来求出 U。

② 缓变化光功率探测。

在缓变化光信号条件下,光电二极管的应用电路、等效电路和伏安特性曲线如图 5.37 所示。在保证输出光电流和入射光功率之间呈线性关系的条件下,以电压输出为例讨论如下。

如图 5.37(c)所示,最大负载电阻时的负载线通过 M' 点,就能保证输出特性的线性度。输出电压的幅值 u_H 为

$$u_H=u'-u'' \tag{5.141}$$

通过 H 点和 M' 点的电流特征关系,可以求出 u' 和 u'',再由式(5.141)求出 u_H,即

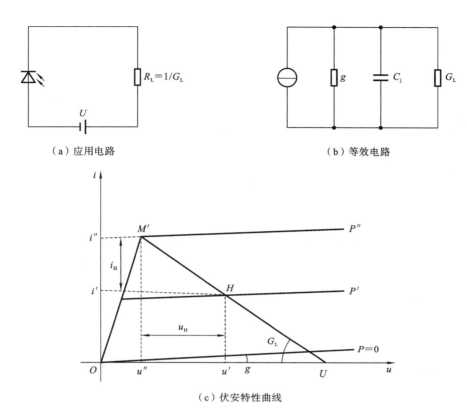

（a）应用电路　　　　　　　　　　　　　　　　（b）等效电路

（c）伏安特性曲线

图 5.37　缓变化光信号下的光电二极管特性

$$u_{\mathrm{H}} = \frac{s(P'' - P')}{g + G_{\mathrm{L}}} \tag{5.142}$$

输出功率为

$$P_{\mathrm{H}} = G_{\mathrm{L}} u_{\mathrm{H}}^2 \tag{5.143}$$

③ 交变光信号探测。

假定光功率做正弦脉动，即 $P = P_0 + P_{\mathrm{m}}\sin\omega t$。光电二极管的探测电路和工作伏安特性如图 5.38 所示。通常关心的问题有两个：第一，给定入射光功率时的最佳功率（最大功率）输出条件；第二，给定反偏电压 U 时的最佳功率输出（或称最佳输出功率）条件。下面分两种情况讨论。

第一种情况，给定入射光功率时的最佳功率输出条件。

如图 5.38（b）所示，在入射光功率 P''、P_0、P' 已知的情况下，为使光电二极管得到充分利用，交流负载线（斜率为 $G_{\mathrm{L}} + G_{\mathrm{p}}$）应通过 M' 点。图中阴影三角形（$\triangle QTN$）的面积表示 G_{p} 和 G_{L} 并联时所获得的功率值。显然，为了取得更大的功率，总是希望 $G_{\mathrm{p}} + G_{\mathrm{L}}$ 值小、U 值高。但是，欲在 G_{L} 上取得最大功率，又要求 G_{L} 比 G_{p} 大很多，这与要求 $G_{\mathrm{p}} + G_{\mathrm{L}}$ 小相矛盾。因此，$G_{\mathrm{L}} + G_{\mathrm{p}}$ 均存在取最佳值的问题。根据图 5.38（b），可直接写出

$$i'' = \overline{BK} + \overline{KM'} = gu'' + sP'' \tag{5.144}$$

$$i' = gu' + sP' \tag{5.145}$$

$$i_0 = gu_0 + sP_0 = (U - u_0)G_{\mathrm{L}} \tag{5.146}$$

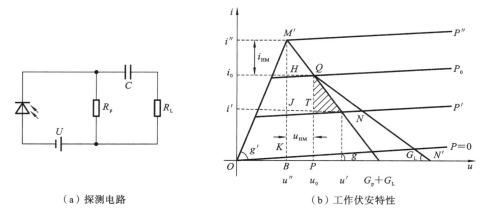

（a）探测电路　　　　　　　　（b）工作伏安特性

图 5.38　光电二极管的探测电路和工作伏安特性

由 $\triangle M'HQ$ 可以看出

$$i''-i_0=(G_L+G_p)(u_0-u'')\tag{5.147}$$

把式（5.144）和式（5.146）代入式（5.147），有

$$u_0=\frac{s(P''-P_0)}{G_p+G_L+g}+u''\tag{5.148}$$

由此式即可求出输出电压幅值 u_{HM}，即

$$u_{HM}=u_0-u''=\frac{s(P''-P_0)}{G_p+G_L+g}\tag{5.149}$$

输出功率为

$$P_H=\frac{1}{2}G_L u_{HM}^2=\frac{1}{2}G_L\left[\frac{s(P''-P_0)}{G_p+G_L+g}\right]^2\tag{5.150}$$

用 P_H 对 G_L 和 G_p 求偏微分，可导出取得最佳输出功率的条件为

$$\begin{cases}G_L=G_p+g\quad(\text{因}\dfrac{\partial P_H}{\partial G_L}=0\text{，输出功率最大})\\[2mm]G_p\text{ 取最小值}\quad(\text{因}\dfrac{\partial P_H}{\partial G_L}<0)\\[2mm]\text{在允许范围增大 }U\text{ 值}\end{cases}\tag{5.151}$$

在最佳输出功率条件 $[G_p+G_L+g=2(G_p+g)]$ 下，式（5.148）和式（5.149）表示的 u_0 值分别为

$$u_0=\frac{s(P''-P_0)}{2(G_p+g)}+u''\tag{5.152}$$

$$u_0=\frac{G_pU-sP_0}{g+G_p}\tag{5.153}$$

显然，在最佳输出功率条件下，由以上两式求出的 u_0 值相等。据此，联立求解以上两式可得

$$G_p=\frac{s(P''+P_0)+2gu''}{2(U-u'')}\tag{5.154}$$

这就是在给定入射光功率值时，求取最佳负载电导的基本公式。当然，如果先给出 G_p，

亦可由此式求出 U 值。

第二种情况,给定反偏电压 U 时的最佳功率输出条件。

现在已知 U 值,而光功率未知,利用图 5.38(b)亦可导出最佳输出功率条件。首先沿着 $OPTQ$ 的路径写出 i_0 的公式为

$$i_0 = g(u'' + 2u_{HM}) + sP' + (G_L + G_p)u_{HM} \tag{5.155}$$

再由 $\triangle QPN'$ 求出

$$i_0 = G_p[U - (u'' + u_{HM})] \tag{5.156}$$

联立以上两式得

$$u_{HM} = \frac{(U - u'')G_p - (sP' + gu'')}{2(G_p + g) + G_L} \tag{5.157}$$

因此,输出功率为

$$P_H = \frac{1}{2}G_L u_{HM}^2 = \frac{1}{2}G_L \left[\frac{(U - u'')G_p - (sP' + gu'')}{2(G_p + g) + G_L}\right]^2 \tag{5.158}$$

用 P_H 分别对 G_L 和 G_p 求偏微分,可得最佳输出功率条件为

$$\begin{cases} G_L = 2(G_p + g) \\ G_p \text{ 取值大些} \end{cases} \tag{5.159}$$

④ 频率响应特性。

硅光电二极管的频率特性是半导体光电器件中最好的,因此其特别适用于快速变化的光信号探测。下面稍详细地讨论一下这个问题。

光电二极管的频率响应特性主要由三个因素决定:一是光生载流子在耗尽层附近的扩散时间;二是光生载流子在耗尽层内的漂移时间;三是与负载电阻 R_L 并联的结电容 C_j 所决定的电路时间常数。

a. 扩散时间 τ_{dif}。

由半导体物理可知,扩散是个慢过程,扩散时间

$$\tau_{dif} = \frac{d^2}{2D_c} \tag{5.160}$$

式中,d 是扩散进行距离;D_c 是少数载流子的扩散系数。

以 P 型 Si 为例,电子扩散进行距离为 $5~\mu m$,扩散系数为 $3.4 \times 10^{-3}~m^2/s$。由式(5.160),$\tau_{dif} \approx 3.7 \times 10^{-9}~s$。作为高速响应来说,这是一个很可观的时间,因此在制造工艺上会尽量减小这个时间,一般把光敏面做得很薄。由于 Si 材料对光波的吸收与波长有明显关系,所以不同光波长产生的光生载流子的扩散时间变得与波长有关。在光谱响应范围内,长波长的吸收系数小,入射光可透过 PN 结而达到体内 N 区较深部位,它激发的光生载流子要扩散到 PN 结后才能形成光电流,这一扩散时间限制了对长波长光的频率响应。波长较短的光生载流子大部分产生在 PN 结内,没有体内扩散问题,因而频率响应要好得多。对硅光电二极管来说,由波长不同引起的响应时间可差 $10^2 \sim 10^3$ 倍。为了改善长波长的频率响应,出现了 PIN 硅光电二极管,这将在后面讨论。

b. 耗尽层内的漂移时间 τ_{dr}。

图 5.39 中,x_P 和 x_N 分别表示 P 区和 N 区内耗尽层宽度,则耗尽的总宽度为

$$W = x_P + x_N \tag{5.161}$$

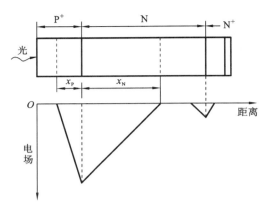

图 5.39　耗尽层的电场分布

$$x_P = \left(\frac{2\varepsilon U}{eN_a}\right)^{1/2} \qquad (5.162)$$

式中，ε 为材料介电常数；N_a 为材料中受主杂质浓度；U 为偏压。这里假定偏压 U 比零偏内结电压 U_0 高得多，而且该结是突变结。

为了充分吸收入射光辐射，总是希望 W 宽一些。一般都要求

$$W \geqslant \frac{1}{a_\lambda} \qquad (5.163)$$

式中，α_λ 是对应于波长 λ 的吸收系数，由于高电场存在，载流子的漂移速度趋于饱和，在实际情况中，这个条件都满足，因此可以把载流子的漂移速度用一个固定的饱和速度 v_{sat} 来估算，于是

$$\tau_{dr} = \frac{W}{v_{sat}} \qquad (5.164)$$

对于硅光电二极管，耗尽层中的电场取 2000 V/m，载流子饱和速度取 10^5 m/s，取 $W = 5\ \mu$m，则 $\tau_{dr} \approx 5 \times 10^{-11}$ s。

c. 电路时间常数。

由于结区储存电荷变化，光电二极管对外电路显示出一个与电压有关的结电容 C_j。对于突变结，有

$$C_j = \frac{A}{2}\left[\frac{2e\varepsilon}{U_0 - U}\left(\frac{N_d N_a}{N_d + N_a}\right)\right]^{1/2} \qquad (5.165)$$

式中，A 是结面积。如果假定 $|U| \geqslant U_0$（U 本身为负值），且对于 P$^+$N 结构，$N_a \gg N_d$，式 (5.165) 可以简化为

$$C_j = \frac{A}{2}(2e\varepsilon N_d)^{1/2}|U|^{-1/2} \qquad (5.166)$$

式中，$\varepsilon = \varepsilon_0 \varepsilon_r$。

对于实际使用来说，要想得到小的结电容，应尽可能地选取较高的反偏电压。

考虑到光电二极管的电容效应之后，它的高频等效电路如图 5.40 所示。图 5.40(a) 是比较完整的等效电路，R_d 是光电二极管的内阻，亦称暗电阻。由于反偏电压工作，所以光电二极管可等效为一个高内阻的电流源。R_a 是体电阻和电极接触电阻，一般很小。考虑到这些因素之后，工程计算的简化等效电路如图 5.40(b) 所示。

如果入射光功率 $P = P_0 + P_m \sin\omega t$，相应的光电流的交变分量 $i_\varphi = I_\varphi \sin\omega t$，则有

$$i_\varphi = i_c + i_L = -u\left(j\omega C_j + \frac{1}{R_L}\right) \qquad (5.167)$$

式中，负号是由电流和电压的方向相反所引起的。去掉负号，负载电阻 R_L 上的瞬时电压为

$$u = \frac{i_\varphi}{\dfrac{1}{R_L} + j\omega C_j} = \frac{i_\varphi R_L}{1 + j\omega R_L C_j} \qquad (5.168)$$

电压有效值为

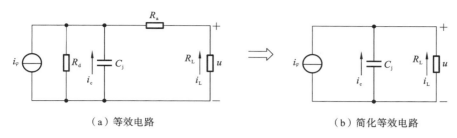

（a）等效电路　　　　　　　　　　　　（b）简化等效电路

图 5.40　光电二极管的高频等效电路

$$U = \sqrt{\overline{u^2}} = \sqrt{\overline{u\overline{u}}} = \frac{i_\varphi R_L}{1 + j\omega R_L^2 C_j^2} \tag{5.169}$$

可见，U 随频率升高而下降。当 U 下降到 $U/\sqrt{2} = 0.707U$ 时，定义 $\omega = \omega_c$，称为高频截止频率，于是

$$f_c = \frac{1}{2\pi R_L C_j} \tag{5.170}$$

通常又定义电路时间常数

$$\tau_c = 2.2 R_L C_j \tag{5.171}$$

所以

$$\tau_c = 0.35/f_c \tag{5.172}$$

从上述分析可见，载流子扩散时间和电路时间常数大约是相同数量级的，它们是决定光电二极管响应速度的主要因素。

⑤ 噪声特性。

由于光电二极管常常用于微弱光信号探测，因此了解它的噪声性能是十分必要的。图 5.41 所示的是硅光电二极管的噪声等效电路。对于高频应用，两个主要的噪声源是散粒噪声和电阻热噪声。

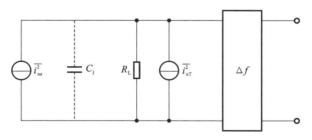

图 5.41　噪声等效电路

输出噪声电流的有效值为

$$I_n = \left[\overline{i_{ns}^2} + \overline{i_{nT}^2}\right]^{1/2} = \left[2e(i_a + i_b + i_d)\Delta f + \frac{4kT\Delta f}{R_L}\right]^{1/2} \tag{5.173}$$

相应的噪声电压为

$$U_n = I_n R_L = \left[2e(i_a + i_b + i_d)R_L^2 \Delta f + 4kTR_L \Delta f\right]^{1/2} \tag{5.174}$$

式中，i_a、i_b、i_d 分别是信号光电流、背景光电流和反向饱和暗电流的平均值。由上式可见，在

材料及制造工艺上应尽量减小 i_d 并合理选取负载电阻 R_L 是减小噪声的有效途径。

2. PIN 硅光电二极管

由前文的讨论可知,改善硅光电二极管频率响应特性的途径是设法减小载流子扩散时间和结电容。从这个思路出发,人们制成了一种在 P 区和 N 区之间相隔一本征层(I 层)的 PIN 硅光电二极管。

PIN 硅光电二极管的管芯结构及管内电场分布如图 5.42 所示。由图可见,本征层首先是个高电场区。这是因为,本征材料的电阻率很高,因此反偏电场主要集中在这一区域。高的电阻使暗电流明显减小。在这里产生的光生电子-空穴对将立即被电场分离,并做快速飘移运动。本征层的引入明显地增大了 P^+ 区的耗尽层厚度。这有利于缩短载流子的扩散过程。耗尽层的吸收系数明显减小了结电容 C_j,从而使电路时间常数减小。由于在光谱响应的长波区,Si 材料的吸收系数明显减小,所以耗尽层的加宽还有利于对长波区光辐射的吸收。这样,PIN 结构又提供了较大的灵敏体积,有利于量子效率的改善。

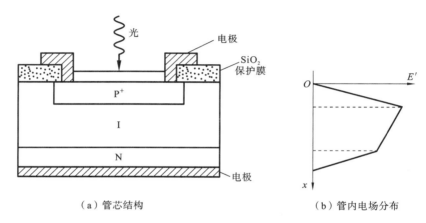

（a）管芯结构　　　　　　　　　　（b）管内电场分布

图 5.42　PIN 硅光电二极管的管芯结构及管内电场分布

性能良好的 PIN 硅光电二极管的扩散时间和漂移时间一般在 10^{-10} s 量级,相当于几千兆赫兹频率响应。因此,实际应用中决定硅光电二极管频率响应的主要因素是电路时间常数 τ_c。PIN 结构的结电容 C_j 一般可控制在 10 pF 量级,适当加大反偏电压,C_j 还要减小一些。因此,合理选择负载电阻 R_L 是实际应用中的重要问题。

PIN 硅光电二极管的上述优点,使它在光通信、光雷达及其他快速光电自动控制领域得到了非常广泛的应用。

3. 雪崩光电二极管(APD)

基于载流子雪崩效应,从而提供电流内增益的光电二极管称为雪崩光电二极管。由于雪崩效应的要求,雪崩二极管必须选用高纯度、高电阻率,而且均匀性非常好的 Si 或 Ge 单晶材料制造。一般光电二极管的反偏电压在几十伏以下,而雪崩光电二极管的反偏电压一般在几百伏量级。

Ge-APD 和 Si-APD 两种雪崩光电二极管的原理图如图 5.43 所示。图 5.43(a)所示的为 Ge-APD 的管芯,它采用 P^+N 结构,在 N 型 Ge 单晶衬底扩散 Zn 做成保护环,注入硼元素来形成 P^+P 层。图 5.43(b)所示的为 Si-APD 的管芯,它采用 N^+PNP^+ 结构,通过 B 离子注入形成 P 层,而后经 P 层浅扩散构成 N⁺ 层。两种 APD 管芯中都存在一个保护环,其目的在于提高雪崩击穿电压。通常耗尽区内的雪崩电场强度大于 10^5 V/cm 量级。

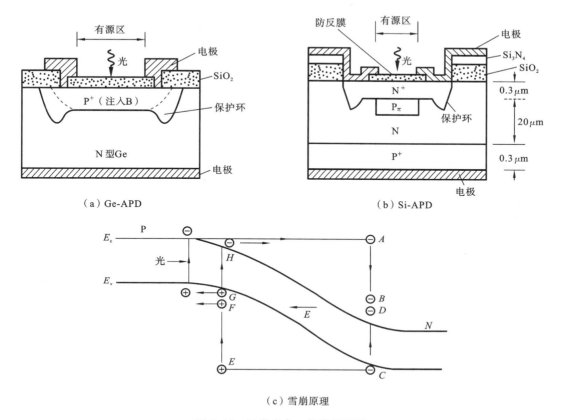

（a）Ge-APD　　（b）Si-APD

（c）雪崩原理

图 5.43　雪崩光电二极管原理图

雪崩原理如下:进入耗尽区内的光生电子被雪崩电场加速,获得很高的动能。在 A 处(如图 5.43(c)所示)与晶格上的原子发生冲击、碰撞而使原子电离,产生新的电子-空穴对。新空穴又被雪崩电场反向加速而获得很高的动能,在途中 E 处再次与晶格上的原子发生碰撞并使原子电离,产生出又一个新电子-空穴对。新生的电子又被雪崩电场反向加速,上述过程反复进行,使 PN 结内的电流急剧增大,这种现象称为雪崩效应。

除了增益特性和噪声特性外,雪崩光电二极管的其他特性和光电二极管的基本相似。工作电压与增益、噪声性能关系很大,为 100～200 V,倍增因子 M 和电压响应都有一个高台区。随着电压升高,M 明显增大,同时噪声变得明显起来,因此,实际应用中,精确控制并稳定工作电压是保证良好工作状态的最重要的条件。一般令 $M=100$ 左右,此时仍有良好的噪声性能。

雪崩光电二极管的噪声主要是散粒噪声和热噪声,噪声电流有效值可以改写为

$$I_n = \left[2e(i_a+i_b+i_d)M^2 F\Delta f + \frac{4kT\Delta f}{R_L} \right]^{1/2}$$

式中,

$$F = M\left[1 - \left(1-\frac{1}{r}\right)\left(\frac{M-1}{M}\right)^2 \right] \tag{5.175}$$

式中，F 是附加噪声因子，与光电倍增中的附加噪声因子意义相同；r 是电子和空穴电离概率之比。对于 Si 材料，$r \approx 50$；对于 Ge 材料，$r \approx 1$。这说明 Si 比 Ge 的噪声性能要好。

雪崩光电二极管在光纤通信、激光测距及光纤传感技术中有广泛应用。这是因为，对于高速信号来说，使用 PIN 光电二极管时，为保证好的频率特性，通常都把负载电阻取得很小，小的 R_L 输出的信号电压必然很小，因此，它对前置放大器的要求很高。雪崩光电二极管具有内增益，这大大降低了对前置放大器的要求。

4. 光电三极管

在光电二极管的基础上，为了获得内增益，另外一条途径是利用一般三极管的电流放大特性。这就是用 Ge 或 Si 单晶制造的 NPN 或 PNP 型光电三极管。NPN 型硅光电三极管的结构、使用电路及等效电路如图 5.44 所示。由图可见，b、e、c 分别表示光电三极管的基极、发射极和集电极，光敏面是基区。使用时，管子的基极开路，发射极和集电极之间所加的电压使基极与集电极之间的 PN 结（光电二极管）承受反向电压。光电三极管只引出集电极和发射极。

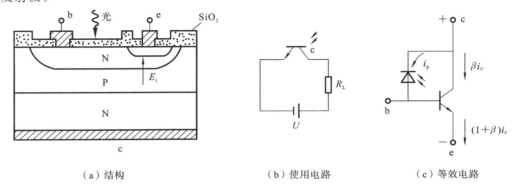

| （a）结构 | （b）使用电路 | （c）等效电路 |

图 5.44 NPN 型硅光电三极管的结构、使用电路及等效电路

如图 5.44 所示，基区和集电结区处于反向偏压状态，内电场 E 从集电结指向基区。光照基区，产生光电子-空穴对。光生电子在内电场作用下漂移到集电极，空穴留在基区，使基极与发射极间的电位升高（注意到空穴带正电荷）。根据一般三极管原理，基极电位升高，发射极便有大量电子经基极流向集电极，最后形成光电流。光照越强，由此形成的光电流越大。上述作用的等效电路如图 5.44(c) 所示。光电三极管等效于一只光电二极管与一只一般三极管的基极、集电极并联。集电极和基极间的光电二极管产生的光电流，输入到三极管的基极再得到放大。与一般三极管不同的是，集电极电流（光电流）由集电结上产生的 i_φ 控制。

一般光电三极管只引出 e、c 两个电极，因此体积小，可广泛应用于光电自动控制技术中。也有三个极同时引出的，常用于光信号和电信号的双重控制中，常用的基本电路如图 5.45 所示。其中，图 5.45(a) 相当于射极跟随器，有光照时，输出高电位；图 5.45(b) 相

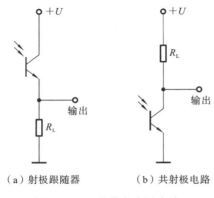

| （a）射极跟随器 | （b）共射极电路 |

图 5.45 两种基本应用电路

当于共射极电路,无光照时,输出高电位。

5.2.5　光热探测器工作原理

光能作用在热探测器之后,温度的升高会引起某种物理性质的变化,这种变化与吸收光辐射能量成一定的关系,利用这种光热效应做成的光热探测器在光电探测中也有重要地位,例如激光功率和能量的测量,都广泛使用热电和热释电探测器。尤其是热释电探测器,其工作时无须冷却亦无需偏压电源,既可以在室温下工作,也可以在高温下工作,结构简单,使用方便,从近紫外到远红外的宽广波段内有几乎均匀的光谱响应,在较宽的频率和温度范围内有较高的探测度,特别是作为 10.6 μm 激光探测器有着广阔的发展前景。

1. 热探测器的一般概念

在具体讨论热电和热释电探测器之前,我们先对热探测器进行一般的模型分析,从而建立起有关的物理概念。

热探测器的分析模型如图 5.46 所示。

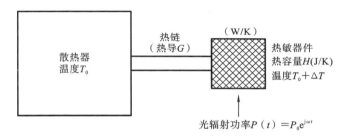

图 5.46　热探测器的分析模型

模型由三部分组成:热敏器件、热链(回路)和大热容量的散热器。热链回路以热导 G 在散热器和热敏器件之间传递热量,它们的热平衡温度为 T_0。当功率为 P 的光辐射照射热敏器件时,假定热敏器件吸收系数为 α,那么在 αt 时间内吸收的热量为 $\alpha P\delta t$,温度变为 $T_0+\Delta T$,同时热链回路造成的热损耗为 $G\Delta T\delta t$。于是,使热敏器件温度变化的热量方程为

$$H\delta(\Delta T)=P\delta t-G\Delta T\delta t$$

当 $\delta t \to 0$ 时,上式变为

$$H \frac{\mathrm{d}}{\mathrm{d}t}(\Delta T)+G\Delta T=\alpha P(t) \tag{5.176}$$

式中,H 是热敏器件的热容量。

如果假定 $P(t)=P_0\mathrm{e}^{\mathrm{j}\omega t}$,且在热平衡条件下,有

$$\Delta T(t)=\Delta T\mathrm{e}^{\mathrm{j}\omega t} \tag{5.177}$$

把式(5.177)代入式(5.176),则有

$$\Delta T(t)=\alpha P_0\mathrm{e}^{\mathrm{j}\omega t}/(G+\mathrm{j}\omega H) \tag{5.178}$$

$$|\Delta T|=\sqrt{\Delta T\overline{\Delta T}}=\frac{\alpha P_0}{G(1+\omega^2\tau_{\mathrm{H}}^2)^{1/2}} \tag{5.179}$$

如果用单位功率产生的温度变化表示热敏器件的灵敏度 R_T,则式(5.179)可改写为

$$R_T = \frac{|\Delta T|}{P_0} = \frac{\alpha}{\sqrt{G^2 + 4\pi^2 f^2 H^2}} = \frac{\alpha}{G} \frac{1}{\sqrt{1 + 4\pi^2 f^2 \tau_H^2}} \qquad (5.180)$$

式中,

$$\tau_H = H/G \qquad (5.181)$$

定义为热探测器的时间常数。由以上关系式可以看出,高的热灵敏度,要求有尽量小的 H 和 G。所以热探测器的热敏器件一般做成小面积的薄片形状(为减小 H),并采用尽量小的支架(以减小 G)。同时还可以看出,好的频率响应要求

$$f < 1/(2\pi \tau_H) \qquad (5.182)$$

在 H 已经很小的情况下,G 又不可能做得太小,因此 τ_H 变得较长,实际上,τ_H 值在毫秒至秒级之间。所以热探测器一般是慢响应探测器。

与光电探测器由于噪声影响而具有最小可探测功率的概念一样,热探测器也由于温度起伏而具有最小可探测功率。这个温度起伏来源于热敏器件与周围热链回路热交换过程的随机起伏。如果去掉热敏器件支架,只考虑由于热辐射而产生的热交换,可以估计一下理想热探测器的最小可探测功率。

由斯蒂芬-玻耳兹曼定律可知,温度为 T,面积为 A,发射率为 ε 的热探测器热敏器件向外辐射的总功率为

$$P = A\varepsilon\sigma T^4 \qquad (5.183)$$

式中,σ 为斯蒂芬-玻耳兹曼常数。当温度从 T 变为 $T + \Delta T$ 时,有

$$\Delta P = 4A\varepsilon\sigma T^3 \Delta T \qquad (5.184)$$

于是由于热辐射而造成的辐射热导为

$$G_R = \Delta P / \Delta T = 4A\varepsilon\sigma T^3 \qquad (5.185)$$

已经证明,在频带 Δf 中由辐射热导决定的热起伏功率(即热噪声功率)为

$$P_T = 4(4kT^2 G_R \Delta f)^{1/2} \qquad (5.186)$$

2. 热敏电阻

由 Mn、Ni、Co、Cu 的氧化物,或 Ge、Si、InSb 等半导体材料做成的电阻器,其阻值随温度而变化,称为热敏电阻。很显然,电阻的变化将引起回路电流或电压的变化。这样,回路电流或电压的变化量将反映温度的变化。电阻随温度变化的规律是

$$\Delta R = \alpha_T \Delta T R$$

式中,

$$\alpha_T = \Delta R / (R \Delta T) \qquad (5.187)$$

称为热敏电阻的温度系数。$\alpha_T > 0$ 称为正温度系数;$\alpha_T < 0$ 称为负温度系数,有

$$\Delta R = \alpha_T R \frac{\alpha P_0}{G \sqrt{1 + \omega^2 \tau_H^2}} \qquad (5.188)$$

5.2.6 直接探测器的工作原理

大家已经知道,光电探测器的基本功能就是把入射到探测器上的光功率转换为相应的光电流。即

$$i(t)=\frac{e\eta}{h\nu}P(t) \tag{5.189}$$

光电流 $i(t)$ 是光电探测器对入射光功率 $P(t)$ 的响应,当然,光电流随时间的变化也就反映了光功率随时间的变化。因此,只要待传递的信息表现为光功率的变化,利用光电探测器的这种直接光电转换功能就能实现信息的解调。这种探测方式通常称为直接探测。因为光电流实际上是相对于光功率的包络变化,所以直接探测方式也常常称为包络探测或非相干探测。

与无线电波一样,评价光探测系统性能的判据也是信噪比(SNR),它定义为信号功率和噪声功率之比。若信号功率用符号 S 表示,噪声功率用 N 表示,则

$$SNR=S/N$$

下面将以 SNR 作为系统性能的判据,分析直接探测系统的工作特性、作用原理及有关的一些基本问题。

假定入射信号光的电场 $e_s(t)=E_s\cos\omega_s t$ 是等幅正弦变化的,这里,ω_s 是光频率。因为光功率 $P_s(t)\propto e_s^2(t)$,所以光电探测器的光电转换定律为

$$i_s(t)=\alpha\overline{e_s^2(t)} \tag{5.190}$$

式中,$e_s^2(t)$ 上的短划线表示时间平均。光电探测器的响应时间远远大于光频变化周期,所以光电转换过程实际上是对光场变化的时间积分响应。把正弦变化的光电场代入,有

$$i_s=\frac{1}{2}\alpha E_s^2=\alpha P_s \tag{5.191}$$

式中,P_s 是入射信号光的平均功率。若探测器的负载电阻是 R_L,那么,光电探测器的电输出功率为

$$P_e=i_s^2 R_L=\alpha^2 R_L P_s^2 \tag{5.192}$$

5.2.7　光电探测器的典型应用

光电导探测器(光电探测器)是利用半导体材料的光电导效应制成的一种光探测器件。所谓光电导效应,是指由辐射引起被照射材料电导率改变的一种物理现象。光电导探测器在军事和国民经济的各个领域有广泛用途。在可见光或近红外波段主要用于射线测量和探测、工业自动控制、光度计量等;在红外波段主要用于导弹制导、红外热成像、红外遥感等方面。光电导体的另一应用是用它做摄像管靶面。为了避免光生载流子扩散引起的图像模糊,连续薄膜靶面都采用高阻多晶材料,如 PbS-PbO、Sb_2S_3 等。其他材料可采取镶嵌靶面的方法,整个靶面由约 10 万个单独探测器组成。

由于光电探测装备的成像分辨率高,提供的目标图像清晰,所以在军事领域有广泛用途,如用于被动探测装备,隐蔽性好,不容易被敌方探测;抗干扰性能好,在强电磁对抗环境中,雷达无法工作,光电探测设备可担负主要侦察任务;全天候性能好,在白天和黑夜都能实施侦察探测。

光电探测器在军事领域和火灾探测中的应用如图 5.47 所示。

光电导探测器在生活中也有广泛用途,目前当数光电感烟探测技术最为完善,该技术主要应用于火灾探测。光电感烟探测器由光源、光电元件和电子开关组成。利用光散射原理对火灾初期产生的烟雾进行探测,并及时发出报警信号。

（a）军事领域　　　　　　　　　（b）火灾探测

图 5.47　光电探测器在军事领域和火灾探测中的应用

◀ 5.3　液晶与 OLED 显示技术 ▶

5.3.1　概述

液晶是一种介于固体和液体间的物质的一种独特的中间相。虽然它的发现已有一个多世纪,但是在近 30 年来,它在基本理论和应用研究方面得到了迅速的发展,液晶显示器件已在显示市场上占据了一定的地位。当今,液晶的研究已发展成为包括多门学科的综合性研究领域,它不但需要化学、物理学的概念和技术,在某些情况下,还需要数学、生物学和一定的工程技术知识。当然,本章只是对液晶的基本物理性质进行简单介绍。

1. 液晶的概念

什么是液晶? 液晶是在自然界中出现的一种十分新奇的中间态,并由此引发了一个全新的研究领域。自然界是由各种各样不同的物质组成的。以前,人们熟知的是物质存在有 3 态:固态、液态和气态,而固态又可以分为晶态和非晶态。在晶态固体中,分子具有取向有序性和位置有序性,即所谓的长程有序。当然,这些分子在平衡位置处会发生少许振动,但平均说来,它们一直保持这种高度有序的排列状态,这样使得单个分子间的作用力叠加在一起,需要很大的外力才能破坏固体的这种有序结构,所以固体是坚硬的,其具有一定的形状,很难发生形变。当一晶态固体被加热时,一般说来,在熔点处它将转变成各向同性的液体。这种各向同性的液体不具有分子排列的长程有序。也就是说,分子不占据确定的位置,也不以特殊方式取向。液体没有固定形状,通常取容器的形状,其具有流动性。但是分子间的相互作用力还相当强,使得分子彼此间保持有一个特定的距离,所以液体具有恒定的密度,难以压缩。在更高的温度下,物质通常呈现气态,这时分子排列的有序性小于液态。分子间作用更小,分子做杂乱无章的运动,使它们最终扩散到整个容器。所以气体没有一定的形状,没有恒定的密度,易于压缩。

但是,情况并不总是这样。自然界中存在着某些物质,在温度上升的过程中,它并不直接地从晶态固体转变为各向同性的液体,而是在这两种状态之间取一种中间态。也就是说,在这个过程中,晶态固体中的分子位置有序和取向有序是通过一系列的相变过程而逐渐失去的。当物质失去取向有序而保留位置有序时,此物质称为塑性晶体。而当物质的位置有序失去而取向有序保留时,此物质称为液晶。一个具体的例子是在细胞膜中发现的十四酸胆甾醇酯,其在室温(20 ℃)下是固体。随着温度的升高,在 71 ℃ 时变成一种"浑浊"的液体,在温度达到 85 ℃ 时变成"澄清"的液体,在温度为 71~85 ℃ 的范围内,此物质即呈现液晶态。当然,必须明确的是,在液晶中,分子以和在液体中大致相同的方式自由地来回运动,它们的取向有序性也不像固体中那么严格和完美,而只是在自由运动中,每个分子沿着取向方向的运动时间比沿其他一些方向的多一些。或者说,对大量分子而言,存在一个平均的取向有序。如图 5.48 所示,液晶是一种中间态。它像液体一样具有一定的流动性,但又像晶体那样具有强的各向异性物理性质。这样,这种物质状态又可称为中介相。

(a)晶体　　　　　(b)液体　　　　　(c)液晶

图 5.48　长棒状分子的不同排列状态

除了上面所述的用改变温度的方法来获得液晶相外,液晶还可以通过溶解某些固态物质(如高脂肪酸的钠盐、钾盐等)到一定剂量的溶剂(如水)中而获得。随着溶液浓度的增加,溶液将从各向同性液体通过液晶相到达固体。这种类型的液晶称为溶致液晶。上述那些通过温度变化而得到的液晶则称为热致液晶。通常从固态晶体到各向同性液体之间不仅仅只存在一种中介相。

并非自然界中的所有化合物都存在液晶相,现在已知有好几千种有机化合物都可以形成液晶态。如果无倾向性地合成化合物,那么大约 200 个化合物中会出现一个液晶相。只有具备一定分子结构特点的物质在特定的外界条件下才能生成液晶相。其中,对物质的最基本要求是其分子在几何形状上必须是高度各向异性的。例如长棒状分子,其长宽比约为 4~8。分子的中心区域具有一定的刚性,而分子的两端则具有一定的柔软性。圆盘状分子或扁板块分子也有可能形成液晶态。这些物质还必须在一定的温度范围(热致液晶)或一定的浓度范围(溶致液晶)下才可形成液晶态。

2. 液晶的类型

根据形成液晶相的外部物理条件的不同,液晶通常有热致液晶和溶致液晶之分。当液晶相的转变是基于温度的变化时,这类液晶称为热致液晶。而当液晶相的转变是由在溶剂中组成分子的浓度的变化引起的时,这类液晶称为溶致液晶。

根据组成分子或分子集团的结构的不同,热致液晶又可以分成长棒状分子液晶和盘形分子液晶。长棒状分子液晶是最普遍最大量存在的液晶材料,它的组成分子的一个分子轴大大地长于其他两轴(长宽比为 4~8)。根据分子排列结构的不同,它们又被分成 3 种类型:

向列相液晶、胆甾相液晶和近晶相液晶。

　　向列相液晶是最简单的液晶相,它的分子具有长程的取向有序性而没有任何的长程位置有序性。也就是说,其分子倾向平行于某一从优方向排列,当然不是每个分子都严格地沿这个方向排列,见图5.49(a)。一般定义沿这个从优方向的单位矢量 n 为此处液晶的指向矢,用以描述液晶中分子的排列状态。由于向列相液晶具有镜像对称性,所以指向矢 n 和 $-n$ 是不可区分的,即指向矢没有头尾之分。均匀排列的向列相液晶样品具有光学单轴性和强的双折射性。近来,某些具有双轴性的向列相液晶已被发现,它是由长方形板块状分子组成的。这里不作详细叙述。

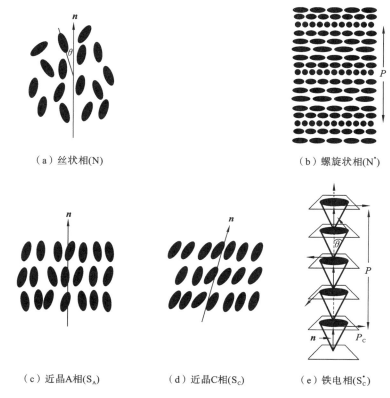

（a）丝状相(N)　　（b）螺旋状相(N`)

（c）近晶A相(S_A)　　（d）近晶C相(S_C)　　（e）铁电相(S_C`)

图5.49　长棒状分子液晶的类型和结构

　　如果组成液晶的分子是手征性的,即这种分子不具有反转对称性,或者说这种分子和它的镜像是不相同的,那么所形成的液晶相是胆甾相液晶。它的最突出的结构特点是指向矢在空间是围绕着一个垂直于指向矢的轴(螺旋轴)自发地旋转的,见图5.49(b)。此外,胆甾相液晶同样没有长程位置有序性,以及具有 n 和 $-n$ 的等同性。指向矢的旋转可以是右旋的也可以是左旋的,这取决于分子的结构。指向矢在空间旋转 2π 角度在螺旋轴上移动的距离称为螺距 P。螺距的大小又可随温度的改变而变化。胆甾相液晶也可以通过在一般的向列相液晶中加入一些手征性分子而形成。由于指向矢的螺旋状排列,胆甾相液晶具有一系列奇特的光学性质。例如,它具有对圆偏振光的选择反射;它还具有比一般光活性物质强上千倍的旋光性。这些性质使得胆甾相液晶有很强的应用价值,例如,利用它在不同温度下螺距的变化引起的颜色变化,可制成温度计。

近晶相液晶中,分子的质量中心是排列成层状结构的。在垂直于层的法线方向,分子具有位置有序性,而在每一层中,分子具有取向有序性,所以它比向列相更有序。对于一种给定的材料,近晶相往往出现在比向列相更低的温度区间。在近晶相液晶中,层间的吸引力比分子的横向相互作用力要弱,所以层间可以相当容易地相对滑动。根据每一层中分子的排列结构,可分为多种不同类型的近晶相液晶。人们最熟悉的是近晶 A 相,表示成 S_A,它的分子在每一层中呈倾向于垂直层的平面排列,而分子的位置在层中不具有长程位置有序性,见图 5.49(c)。它们仍保留着指向矢 n 和 $-n$ 的等同性及光学单轴性,光轴垂直于层的平面。

当温度由近晶 A 相时的进一步降低时,一般可能出现另一种近晶相——近晶 C 相,表示成 S_C,分子不具有长程位置有序性,它的分子排列不再垂直于层平面,而是和层的法线构成一定的角度 θ,见图 5.49(d),在这种情况下,由于分子短轴具有不同扰动模式下的两个特殊方向,一个垂直于由层法线和指向矢组成的平面,另一个在这个平面内,所以近晶 C 相具有光学双轴性。

当液晶是由手征性分子组成的时,则出现的会是一种具有螺旋铁电结构的 S_C 相,表示成 S_C^*。在 S_C^* 中,由于组成分子的镜像对称性的破缺,分子不仅仅只是和它的层的法线形成一个倾角,而且沿着层的法线方向围绕它作圆锥旋转,见图 5.49(e)。指向矢在圆锥上转一圈沿着层法线方向所通过的距离定义为螺距 P。螺距可以小至 300 nm,也可以大到任何实验室的样品尺寸。这时,由于在 S_C^* 相中存在的相对于由层法线和指向矢所组成的平面的镜像对称性的破缺,在 S_C^* 相中存在有垂直于上述平面的自发极化,所以 S_C^* 相是铁电相。

本章的重点是热致液晶中的长棒状分子液晶,而对其他类型的液晶不作更详细的讲解,而且鉴于篇幅所限,本章也仅详细讨论向列相液晶。

3. 液晶光学

作为一种有机介质并在一定条件下具有种种物理各向异性的液晶有着很多的应用,目前液晶最重要和最主要的应用仍然体现在光学方面,例如液晶平面显示器(Liquid Crystal Panel Display)、液晶空间光调制器(Liquid Crystal Spatial Light Modulator)等。所以,液晶光学是液晶的研究和应用中的一个最重要的学科领域之一。

(1) 向列相液晶中的双折射。

正如在液晶物理学中所述的,向列相液晶的各向异性使得在其中平行于指向矢偏振的光以一个折射率传播,而垂直于指向矢偏振的光则以另外一个折射率传播,所以向列相液晶在光泽上是(单轴)双折射的。

图 5.50(a)所示的为一种典型的向列相液晶的折射率,它描述了对于一种典型的向列相液晶,这两个折射率(对于同一个频率的光)是如何随温度和时间变化的。

这两个折射率的差 $\Delta n = n_{\parallel} - n_{\perp}$ 清楚地显示了序参数随着温度的上升而下降的这一事实。事实上,Δn 是跟随着序参数变化的,序参数变化如图 5.50(b)所示。

因为液晶具有双折射性,所以在液晶中沿着不同方向偏振的光会以不同的速度传播。因此,进入液晶的光的两个垂直分量随着在液晶间传播在相位上会渐渐偏离开来。这个熟知的光学相位延迟现象在液晶中是非常重要的。

设想一束光以其偏振方向与指向矢成 45° 的角度进入厚度为 d 的液晶样品,其真空波长为 λ_0。液晶的两个折射率是 $n_{\parallel}$ 和 $n_{\perp}$,线偏振光具有两个同相的分量,一个沿 x 轴偏振,一个沿 y 轴偏振。

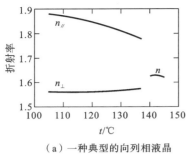

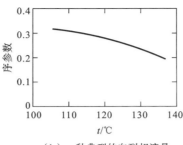

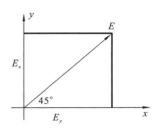

（a）一种典型的向列相液晶   （b）一种典型的向列相液晶   （c）入射光电场和液晶分子
　　　的折射率   的序参数   的指向矢

图 5.50　向列相液晶的相关图示

如图 5.50(c)所示，与 x 轴和 y 轴成 45°的线偏振光入射，指向矢沿 y 轴，则进入液晶的起始点($z=0$)处的电场分量是

$$E_x(z,t)=E_0\cos\omega t \tag{5.193}$$

$$E_y(z,t)=E_0\cos\omega t \tag{5.194}$$

在液晶中，这两个分量具有相同的频率，但不同位置处的光具有不同的波长，并以不同的速度在液晶中传播。在液晶中，$z=d$ 处的光的偏振状态可以写为

$$E_x(z,t)=E_0\cos(n_\perp k_0 d-\omega t) \tag{5.195}$$

$$E_y(z,t)=E_0\cos(n_{/\!/} k_0 d-\omega t) \tag{5.196}$$

或者

$$E_x(z,t)=E_0\cos(n_\perp k_0 d-\omega t) \tag{5.197}$$

$$E_y(z,t)=E_0\cos(n_\perp k_0 d-\omega t+\Delta n k_0 d) \tag{5.198}$$

因此，这两个分量以一个相位差 $\Delta n k_0 d$ 出射。一般来说，出射光是椭圆偏振的，其半长轴和半短轴各与 x 轴成 45°，而且在两个分量之间所具有的相位延迟是

$$\delta_R=-k_0(n_{/\!/}-n_\perp)d=\frac{2\pi}{\lambda_0}(n_\perp-n_{/\!/})d \tag{5.199}$$

要注意到，该相位延迟是随着波长的减小而增大的，可通过测量一个已知厚度的液晶样品的光学延迟来测量其双折射率。

显然，液晶样品的厚度是特别重要的，如果有 d 使得 $\delta=\pi/2$，就会得到如前所述的 1/4 光波。对于上述的入射线偏振光，将会得到一个输出的左旋圆偏振光。如果液晶样品的厚度使得 $\delta_R=-\pi$，就会得到一个 1/2 光波。这样出射光的两个分量的相位差是 180°，仍然会得到一个线偏振光，但是其偏振方向将垂直于原来的入射光的偏振方向。

当液晶被置于正交偏振器之间时，就可以很清楚地看出向列相液晶的双折射现象。通常不会有光从正交偏振器出射，因为从第一个偏振器出射的光完全被第二个偏振器所吸收。当然，在两个正交的偏振器之间插入各向同性物质并不会改变这种情况，因为通过一个各向同性物质传播的光并不改变它的偏振性。但是，如果在两个正交偏振器之间与液晶的指向矢成一个不等于 0°或 50°的角。在通过液晶之后，沿着指向矢偏振和垂直于指向矢偏振的两束偏振光分量便有了相位差，一般说来，光会呈椭圆偏振光出射。因为椭圆偏振光的电场在每一个周期里都恒定地旋转一周，所以在每个周期里它都两次平行于第二个偏振器的偏振轴。

因此,有些光将会从第二个偏振器出射,在正交偏振器之间插入向列相液晶一般来说将会使视场变亮。而在偏振器之间无液晶时,视场是暗的。

但是,存在两种情况,即使是有液晶插入两个正交偏振器之间,它们也仍然呈暗态。如果入射在向列相液晶上的偏振光具有平行于或垂直于指向矢的偏振方向,则所有的光在液晶中都沿着这一个方向偏振,所以就不需要去考虑与此方向成 50° 的光。因为只有这一个偏振存在,它以某一速度通过液晶而传播,并沿着同样的方向偏振出射,因此它就被第二个偏振器所消光。

显微镜下的液晶照片通常就是把样品置于正交偏振器之间而得到的。在样品中的不同处,指向矢通常指向不同的方向。指向矢取向与偏振器的轴成平行或垂直的区域是暗的,而指向矢与偏振器的轴成非 0° 或 50° 的角的区域则是亮的。

审视这些在偏振光显微镜下所得到的照片,还揭示了另外一个事实:有很多地方亮度会突然发生变化,表明指向矢的方向在此处也必须是突然改变的。这些线称为向错,表示这些地方的指向矢实际上是不确定的,因为在一个极小区域里,指向矢指向很多不同的地方。因此,这些向错就是缺陷。

（2）手征向列相液晶中的圆双折射。

手征向列相液晶,也就是胆甾相液晶,它的指向矢在空间上是围绕一个称为螺旋轴的直线而旋转的,如图 5.51 所示。

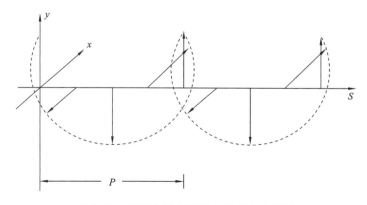

图 5.51　手征向列相液晶中的指向矢构型

现在考虑一个沿手征向列相液晶的螺旋轴（z 轴）传播并沿 x 轴偏振的光的情况。这束光必定跟液晶中的各部分都有相互作用。而这些部分的指向矢相对于光的偏振方向可以取任意的角度。事实上,在 xy 平面内,沿任何方向的线偏振光必定会跟液晶中的所有部分相互作用,其指向矢可以跟偏振轴取所有不同的角度。这就意味着,不论偏振轴的取向如何,沿 z 轴传播的线偏振光都具有相同的速度。因此,光的 x 分量所受到的相位延迟和其 y 分量所受到的相位延迟一样。因此,手征向列相液晶并不对沿其螺旋轴传播的光产生线性双折射。

但是,对于圆偏振光来说,情况就完全不一样了。这里有两种可能性:要么光的偏振和液晶的螺旋具有相同的手征方向（右旋或左旋）,要么具有相反的手征方向。如果液晶的螺旋轴是右旋的,那么右旋圆偏振光在穿过液晶时,液晶中的分子会以与光电场相同的方式旋转。相应地,左旋圆偏振光穿过液晶时,液晶中的分子会以与光电场相反的方式旋转。其结果则造成了这两种不同旋向的圆偏振光以不同的速度通过液晶传播,这就称为圆双折射。而圆偏振光的各向异性是以 n_R 和 n_L 的差值来表征的,它们分别是液晶对右旋圆偏振光和左旋圆偏振光的折射率。

（3）旋光性。

下面研究由手征向列相液晶的圆双折射所直接引起的一个现象。图 5.52 显示了一个右旋的和一个左旋的圆偏振光在空间某一点的时间演化。对每一个偏振光而言,其电场矢量是按相反方向转动的。图 5.52 也显示了具有相等速度的右旋和左旋圆偏振光的结合产生了线偏振光。

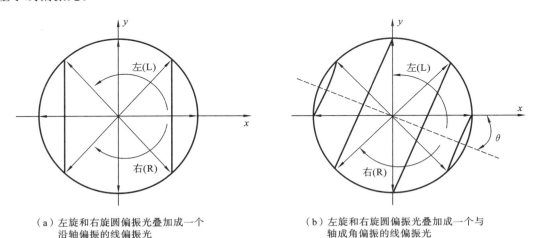

（a）左旋和右旋圆偏振光叠加成一个沿轴偏振的线偏振光

（b）左旋和右旋圆偏振光叠加成一个与轴成角偏振的线偏振光

图 5.52　左旋和右旋圆偏振光叠加成一个沿轴偏振的线偏振光,以及左旋和右旋圆偏振光叠加成一个与轴成角偏振的线偏振光

两个偏振光的电场矢量都是从沿 x 轴的方向开始转的,在一种情况下,电场矢量是顺时针转动的(右旋圆偏振光),而在另一种情况下,电场矢量逆时针转动(左旋圆偏振光)。这两个电场矢量的 y 分量是相互抵消的,而其 x 分量则叠加成一个沿 x 轴偏振的线偏振光。然而,在通过手征向列相液晶传播之后,这两个圆偏振光的相位互相分离。如图 5.52(b)所示,可以看到,左旋圆偏振光相对于右旋圆偏振光经受了一个相位延迟(因为 $n_R > n_L$),所以这两个分量的叠加已经不再是沿着 x 轴的线偏振光了。

正如图 5.52(a)所示,两个分量的和仍旧是一个线偏振光,但是偏振的方向已经沿顺时针的方向转开了一个角度。这个现象可以这样解释,沿 x 轴方向偏振的一个线偏振光(等同于一个右旋圆偏振光和一个等幅的左旋圆偏振光的叠加)进入液晶之后,其电场继续旋转,但是因为它们以不同的速度传播,一个会领先于另一个。因为 $n_L > n_R$,所以左旋圆偏振光传播得比右旋圆偏振光慢,那么在通过厚度为 d 的一个手征向列相液晶层后,右旋圆偏振光将先于左旋圆偏振光。因此,任何时刻出射的光是右旋圆偏振光与先行于它入射液晶的左旋圆偏振光的组合。因此,右旋圆偏振光比左旋圆偏振光有更多的时间旋转,所以处于一个较超前的角度。如图 5.52(b)所示,如果左旋圆偏振光沿 x 轴出射,而右旋圆偏振光则领先于 x 轴一个角度(2θ)。当光连续通过这一点时,两个偏振的电场继续旋转,但此刻是以完全相反的方式旋转。正如图中所示,现在两个电场在每时每刻都分别落在一个相对于 x 轴有一倾角(θ)的轴的相反两侧。因此,光定是沿着这个方向线偏振的,我们用旋光性来表征这一现象,它的量值是转过的角度除以厚度。典型的手征向列相液晶有相当高的旋光度,标准数值是 300°/mm。

现在来看一下旋光度取决于哪些参数。输入光可以看成是由两个电磁波 $E_R=(z,t)$ 和 $E_L=(z,t)$ 组成的,而且每一个都有 x 分量和 y 分量。

$$E_{Rx}(z,t)=E_0\cos(n_R k_0 z-\omega t) \tag{5.200}$$

$$E_{Ry}(z,t)=E_0\cos\left(n_R k_0 z-\omega t-\frac{\pi}{2}\right)=E_0\sin(n_R k_0 z-\omega t) \tag{5.201}$$

$$E_{Lx}(z,t)=E_0\cos(n_L k_0 z-\omega t) \tag{5.202}$$

$$E_{Ly}(z,t)=E_0\cos\left(n_L k_0 z-\omega t+\frac{\pi}{2}\right)=-E_0\sin(n_L k_0 z-\omega t) \tag{5.203}$$

要注意到,在 $z=0$ 处,电场的 y 分量相互抵消,则剩下的光只沿 x 轴偏振,光进入液晶并传播了距离 d 之后,所产生的 x 分量是两个余弦函数之和,而所产生的 y 分量则是两个正弦函数的差,即

$$\cos A+\cos B=2\cos\left(\frac{A+B}{2}\right)\cos\left(\frac{A-B}{2}\right) \tag{5.204}$$

$$\sin A-\sin B=2\cos\left(\frac{A+B}{2}\right)\sin\left(\frac{A-B}{2}\right) \tag{5.205}$$

则可以得到

$$E_x(z,t)=2E_0\cos\left[\frac{(n_R+n_L)k_0 d}{2}-\omega t\right]\cos\left[\frac{(n_R-n_L)k_0 d}{2}\right] \tag{5.206}$$

$$E_y(z,t)=2E_0\cos\left[\frac{(n_R+n_L)k_0 d}{2}-\omega t\right]\sin\left[\frac{(n_R-n_L)k_0 d}{2}\right] \tag{5.207}$$

在每一个分量中,第一个余弦函数含有相同的时间关系,而第二个则与时间无关。因此,沿 x 和 y 方向电场振荡的幅度分别是

$$E_{0x}=2E_0\cos\left[\frac{(n_R-n_L)k_0 d}{2}\right] \tag{5.208}$$

$$E_{0y}=2E_0\sin\left[\frac{(n_R-n_L)k_0 d}{2}\right] \tag{5.209}$$

但是,这些结果正是当电场矢量与 x 轴成一个 θ 角时所期望的,即

$$\theta=\left[\frac{(n_R-n_L)k_0 d}{2}\right]$$

因此,θ 给出了偏振在逆时针方向所转过的角度,因为按惯例,逆时针转动对应一个负的旋光度,所以旋光度的表达式是

$$\beta=-\frac{\theta}{d}=\frac{(n_L-n_R)k_0}{2}=\frac{\pi(n_L-n_R)}{\lambda_0}$$

因为光学延迟,旋光度会随着波长的减小而增加,并正比于左旋和右旋偏振光折射率之差。

(4) 相长干涉和选择反射。

正如所知,当电磁波通过某物质时,因为物质的所有部分都发射次波,所以除了与原始波长沿相同方向传播的波以外,其他的波往往都相互抵消。但是如果物质的电磁性质本身

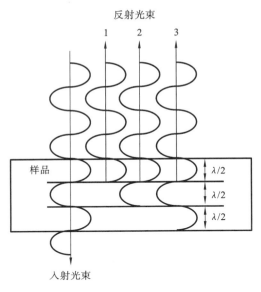

反射光束

样品

$\lambda/2$
$\lambda/2$
$\lambda/2$

入射光束

图 5.53　相长干涉的图示

是逐点而异的,那么情况就并非如此。此时,样品的不同部分所发射的波并不都是一样的,特别有意思的是这样一种情况,即每通过一段等于光的半个波长的距离时,物质的电磁性质就会重复,这将导致来自物质等价区域所发射的波在向后方向上叠加在一起,如图 5.53 所示。

　　等价区域为半个波长的距离,这使得每一个向后传播的波的电场从样品出射时是同相的,因此这些波是相互叠加的而不是相互抵消的,这种现象称为相长干涉,此时不仅会产生可观的透射电磁波,而且会产生可观的反射波。

　　当螺旋结构中的螺距等于液晶中光的波长时,相长干涉也会发生在手征向列相液晶中,这是因为螺旋结构在一段等于螺距一半的距离上自我重复。具有各种不同波长的光(例如白光)入射到手征向列相液晶上,其中大部分光将以某种旋光性而透射出去——除了那些在液晶中波长等于螺距的光,这种现象称为选择反射,因为只有一个波长被反射。如果这个波长落在可见光范围内,光就将具有一种特定的颜色。由此原因,手征向列相液晶在反射中常常呈现出明亮的色彩,具有完全由液晶的螺距所确定的颜色。

　　若有等量的右旋和左旋圆偏振光入射到手征向列相液晶上,检查一下被反射的有颜色的光就会发现,它或是右旋的或是左旋的圆偏振光,这取决于手征向列相的螺旋是右旋的还是左旋的。重复结构本身就是右旋的或左旋的,这便产生了一个附加效应,使得相长干涉只对一种偏振光起作用,而对另一种则不然。图 5.54 给出了一个类似于上面所设想的实验中的某些结果。可以注意到,仅一个非常窄范围波长内的波被反射,而且仅针对一种偏振光。

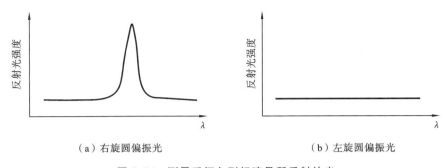

（a）右旋圆偏振光　　　　　　　　　　　　　　（b）左旋圆偏振光

图 5.54　测量手征向列相液晶所反射的光

　　在自然界中,选择反射的一个有趣的例子是某些甲虫的颜色。这些甲虫在表皮发育的某个阶段,会分泌一种液晶类物质。接着该物质变硬,其分子固定在手征向列相取向有序的位置上。螺旋的螺距决定了什么颜色的光被选择反射,而且正如所预期的,这些甲虫的外壳所反射的光是圆偏振的。

当然,相长干涉也可以在更一般的情况下加以讨论。手征向列相结构重复部分的反射情况如图 5.55 所示,此时光与螺旋轴成一个 θ 角,而不是沿着此螺旋轴,入射到手征向列相液晶上,并与螺旋轴成一个 φ 角而被反射。

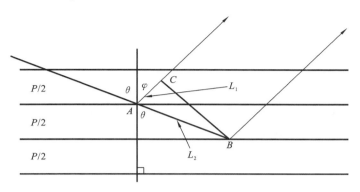

图 5.55 来自手征向列相结构重复部分的反射

如果手征向列相液晶的螺距是 P,那么每隔一个 $P/2$ 的距离反射就重复一次。如果路径的长度差等于 λ 的整数倍(此处 λ 是光在液晶中的波长),那么从液晶中每相隔 $P/2$ 的部分所发出的反射波就是同相的。

从图 5.55 中可以看出,有两个三角形以 L_2 作为斜边,其中一个三角形有一个角等于 θ,而另外一个三角形则有一个角等于 $\pi-(\theta+\varphi)$。因而,两个路径之间的长度差就是

$$L_2-L_1=L_2-[-L_2\cos(\theta+\varphi)]=\frac{P}{2\cos\theta}[1+\cos(\theta+\varphi)] \tag{5.210}$$

相长干涉的条件是

$$m\lambda=\frac{P}{2\cos\theta}[1+\cos(\varphi+\theta)] \tag{5.211}$$

此处,m 为一个大于零的整数。如果 $\theta=\varphi$(入射角等于反射角),则式(5.211)可简化为

$$m\lambda=P\cos\theta \tag{5.212}$$

5.3.2 常用液晶显示器的工作原理

1. 扭曲向列型液晶显示器 TN-LCD

(1) TN-LCD 盒结构。

图 5.56 所示的为一个无源 TN-LCD 盒的典型结构,它的最外侧是偏光片(偏振片),上下偏光片之间的偏光轴正交 $50°$,在偏光片下是已经过表面处理的带有定向膜和 ITO 膜的玻璃基板,上下基板分子排列方向正交 $50°$,在两块间隙 $5~\mu m$ 左右的上下玻璃形成的盒内充满正性向列相液晶。液晶盒不加电压时呈亮态,加电压后呈暗态。

(2) TN-LCD 盒实现显示的条件及光学性质。

在液晶盒的关态,从盒下表面出射的光为线偏振光,光在盒内扭曲旋光需满足的条件为

$$\Delta nd\gg(\varphi\lambda)/\pi \tag{5.213}$$

$$\Delta nd=\Delta n\cos\bar{\theta} \tag{5.214}$$

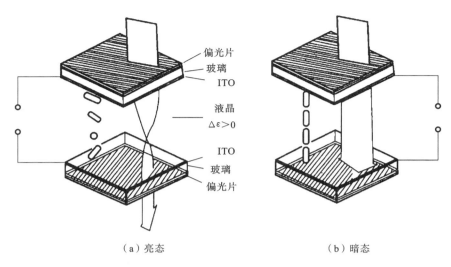

（a）亮态　　　　　　　　　　　（b）暗态

图 5.56　TN-LCD 盒的结构

式中，Δn 为液晶材料折射率各向异性值；$\bar{\theta}$ 为液晶分子倾角的平均值；d 为液晶层厚度；φ 为扭曲角。

TN 盒对应 $\varphi=50°$，$\bar{\theta}$ 为 $1°\sim2°$，进一步有

$$P\Delta n\gg\lambda \tag{5.215}$$

$$\Delta\varepsilon>0 \tag{5.216}$$

式中，P 为螺距。

式(5.215)被称为莫根条件，在莫根条件，即螺距与液晶材料折射率各向异性值 Δn 的乘积远远大于可见光波长的条件得到满足时，关态液晶盒内液晶分子形成的是一种扭曲结构，垂直入射的线偏振光的偏振面将顺着液晶分子的扭曲方向旋转，液晶分子长轴 $50°$ 扭曲导致了 $50°$ 的旋光，当对两块玻璃上的电极施加一定大小的电压后，会形成垂直于基板方向的电场，由于 $\Delta\varepsilon>0$，液晶分子将随电场方向排列，扭曲结构消失，导致旋光作用消失。当电压信号消失后，液晶分子受定向层表面锚定作用而恢复到原来的扭曲排列，这种电光效应被称为扭曲电场效应。在具有这种性质的液晶盒两端放置正交偏光片即可得到常白型 TN-LCD 器件。不加电时为亮态（白），加电时为偏光片正交的暗态，即所谓白底黑字。放置两块平行偏光片时，则为常黑型 TN-LCD，不加电压为黑，加电压为白，即所谓负性黑底白字。

除了"暗"、"亮"两种状态外，若采用合适的液晶和合适的电压，也可显示中间色调，即在全"亮"与全"暗"之间产生连续变化的灰度等级。

（3）TN-LCD 的视角特性。

液晶显示器从不同角度观察，其对比度存在差异，导致对比度视角依赖性的原因是液晶双折射的视角依赖性，TN-LCD 的视角特性如图 5.57 所示。

液晶的基本性质之一就是具有折射率各向异性，可用图 5.57 所示的折射率椭球来表示。平行于光轴（分子长轴）入射的线偏振光，偏振方向垂直于光轴，没有双折射，但偏离光轴面斜向入射的光将产生双折射，并随角度的增大而增大，由于双折射的存在，出射光将变

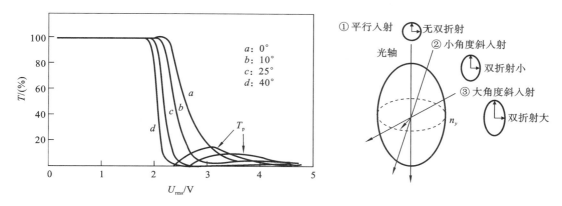

图 5.57　TN-LCD 的视角特性

成椭圆偏振光,在通过下偏光片时出现漏光现象,导致显示对比度降低。

2. 超扭曲液晶显示器 STN-LCD

（1）STN-LCD 盒结构。

STN-LCD 盒的结构如图 5.58 所示。

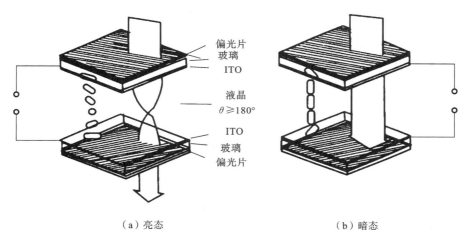

（a）亮态　　　　　　　　　（b）暗态

图 5.58　STN-LCD 盒的结构

与 TN-LCD 盒相比,STN-LCD 盒在结构上有以下几个主要区别。

① 具有大扭曲角(180°～270°):用以实现大容量显示所要求的陡锐电光特性。

② 具有高预倾角:扭曲角增大会引起条纹畸变,预倾角的增大可消除这个现象。

③ 偏光片光轴与分子长轴之间的夹角要特殊设置。

图 5.59 所示的为扭曲角与电光曲线的关系,从中可以看出,扭曲角越大,电光曲线越陡。

（2）STN-LCD 实现显示的条件。

① STN 模式的莫根条件。

STN 模式的莫根条件为

$$\frac{\Delta n d \cos^2 \bar{\theta}}{\lambda} \gg \left| \frac{\varphi}{\pi} \right| \tag{5.217}$$

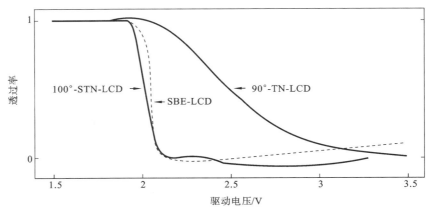

图 5.59 扭曲角与电光曲线的关系

式中，$\bar{\theta}$ 为扭曲层中的平均倾角（分子倾角）；φ 为扭曲角。

图 5.60 所示的为偏光片光轴及摩擦轴的相对位置示意图，通过偏光片入射到液晶盒的线偏振光被分解为平行于和垂直于分子长轴的寻常光和非寻常光。当满足莫根条件时，两者将以波导方式传播，但传播速度不同，在通过检偏振片时发生干涉，干涉强度取决于延迟量 Δnd、偏振光方位角（p_f、p_r）和扭曲角 φ 的组合。当三者最佳组合时，分子取向的微小变化将引起输出光的较大变化，呈现陡峭的阈值特性，得以实现大容量显示。

② STN-LCD 利用双折射现象来进行光调制。

正是由于 STN-LCD 是利用双折射现象来进行光调制实现显示的，所以在输出光中不可避免地会出现干涉色，在何种颜色下可获得好的视角特性和对比度特性，是选择 STN 器件时应重点考虑的。基于相关计算和实验结果，可选择显示特性好的模式，如图 5.61 所示。

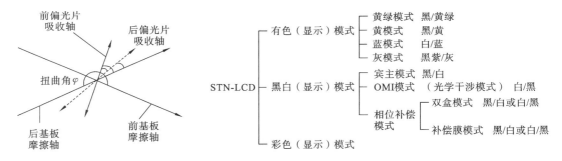

图 5.60 偏光片光轴及摩擦轴的
相对位置示意图

图 5.61 STN-LCD 的几种显示模式

STN 模式的光学分析与 TN 模式的相似，通常都使用广义几何光学近似和琼斯方法。

（3）STN-LCD 的光学性质。

① STN-LCD 关态的光学性质。

与 TN 模式相比，STN 盒的偏振片光轴与分子长轴方向有一个夹角，因此其光学特性不仅受延迟量 Δnd 的影响，还受偏光轴方位角的影响和扭曲角的影响。

STN-LCD 关态的光学性质对器件特性的影响较大，而 Δnd 和偏振光方位角（p_f、p_r）是影响因素中的主要因素。

给 Δnd 取定值，p_{f} 取不同值，得到 p_{r} 从 $0°\sim180°$ 变化的色相变化图；再变化 p_{f}，这样可以得出多组椭圆形的色相变化图，如图 5.62(a) 所示。色相变化图表明：a. 曲线都是环绕 W 区(无色区)的椭圆形轨迹，但所有椭圆长轴都指向色度图的黄区、绿区和紫蓝区，由于椭圆又扁又长，长轴两个端点远离 W 区，与 W 区形成很大反差。因而当 W 区呈黑色时，将与黄色相对应，当 W 区呈白色时，将与蓝色相对应，因此，对于 STN 模式，当选择背景颜色为蓝或黄时，可以得到好的显示特性。b. 当给定 Δnd 时，所有椭圆轨迹在绿色区都重合，说明不同的方位角在绿色区的色相变化是一样的，说明绿区对方位角的宽容度大。

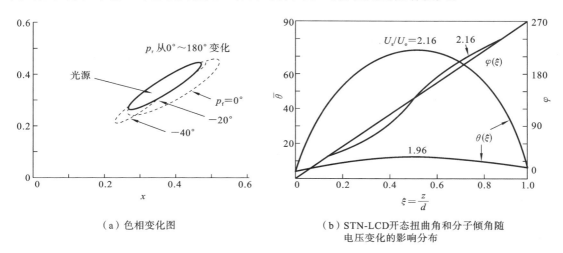

（a）色相变化图　　　（b）STN-LCD开态扭曲角和分子倾角随
电压变化的影响分布

图 5.62　色相变化图，以及 STN-LCD 开态扭曲角和分子倾角随电压变化的影响分布

② STN-LCD 开态的光学性质。

STN-LCD 开态扭曲角和分子倾角随电压变化的影响分布如图 5.62(b) 所示。STN-LCD 开态与 TN-LCD 开态相比，有两个不同点：a. 扭曲角随厚度分布变化受电压影响不大，即使在较高电压下，也接近线性分布；b. 电压小于阈值时，分子倾角几乎是一个恒定值，沿盒厚方向变化较小。

③ STN-LCD 盒的视角特性。

与 TN-LCD 盒相比，STN-LCD 盒的视角范围要宽得多，主要的原因是扭曲角增大，液晶分子的向量矢沿方位角的分布范围变宽，分子的有效表观长度随视角变化小；第二方面的原因是倾角大，等效双折射率小。

（4）STN-LCD 的有色模式。

STN-LCD 的模式可分为有色模式、黑白模式及彩色模式三大类(有色模式是最基础的模式)，常用的 STN-LCD 有色模式是黄绿模式、黄模式、蓝模式和灰模式，黄绿模式更多出现在 STN-LCD 发展初期。在这几种模式中，黄模式和灰模式属于正性模式，后者是将黄模式的前偏光片由中性灰色变换成紫色偏光片演变而来的。蓝模式是一种负性模式，与其他模式相比，其偏光片光轴的位置有所不同，此外，盒的一些参数也有所不同，如预倾角不同。

图 5.63 所示的为扭曲角为 240° 的 STN-LCD 盒对应的几种模式的情况。

（5）STN-LCD 的黑白化和彩色化。

STN-LCD 是采用双折射原理来工作的，背景带色，这不是理想的显示状态，随着技术的

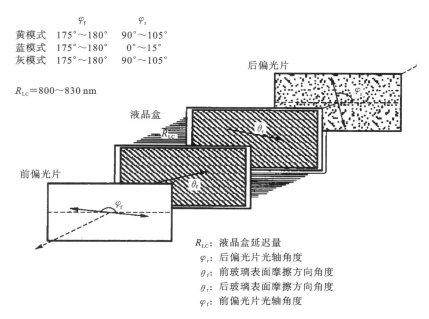

$$\begin{array}{ccc} & \varphi_f & \varphi_r \\ \text{黄模式} & 175°\sim180° & 90°\sim105° \\ \text{蓝模式} & 175°\sim180° & 0°\sim15° \\ \text{灰模式} & 175°\sim180° & 90°\sim105° \end{array}$$

$R_{LC} = 800\sim830\text{ nm}$

R_{LC}：液晶盒延迟量
φ_r：后偏光片光轴角度
θ_f：前玻璃表面摩擦方向角度
θ_r：后玻璃表面摩擦方向角度
φ_f：前偏光片光轴角度

图 5.63　扭曲角为 240°的 STN-LCD 盒对应的几种模式的情况

进步,STN-LCD 实现黑白和彩色显示已成为可能。现在,黑白 STN-LCD 和彩色 STN-LCD 已经在 STN 产品中占了很大比重。STN-LCD 实现黑白显示的 3 种方式为宾主方式、OMI 方式及相位补偿方式(其中包括膜补偿型的 FSTN-LCD 和双盒补偿型的 DSTN-LCD)。黑白显示用各种方式的比较见表 5.5。

表 5.5　黑白显示用各种方式的比较

方　　式	宾 主 方 式	OMI 方 式	相 位 补 偿 方 式
LCD 结构	1 层	1 层	1 层＋相位板
液晶材料	添加二色染料	$\Delta nd = 0.5\ \mu m$	也可用液晶作相位板
对比度(1/200 占空比)	15：1	8：1	＞20：1
视角	O	□	△
透过率	10	15	20
成本	O	O	△

注:□——优;O——良;△——差。

①　宾主方式。

宾主方式是在蓝模式的基础上在液晶中添加黑色二向色染料或黄色二向色染料,使其蓝背景变为黑背景来实现黑白显示的。由于添加了染料使透过率降低,因此其控制要点是提高透过率,需要对液晶盒厚、偏光片角度进行优化,在宾主方式中,为得到良好的中性显示,染料光谱与主液晶的光谱特性要匹配,同时 Δnd 应控制在 0.5 左右。

②　OMI 方式。

OMI 方式是在黄模式的基础上变化而来,Δnd 大约为 0.5,黄模式的非选态透过光谱在

$500 \sim 550$ nm 处有一个宽的干涉峰,通过将延迟量 Δnd 降低至 0.5 μm 左右可使得其向较短的波长平移,这一干涉峰可以呈现黑白显示,但透过率亮度损失较大。

STN 模式下各种色相图的椭圆轨迹图中的第二个结果也显示,椭圆轨迹在绿色区重合,随着 Δnd 由大到小变化,重合轨迹逐步移向 W 区,从而消除黄色背景。

③ 相位补偿方式。

光线通过 STN-LCD 盒时,其延迟量子 $\Delta \varphi = (\pi/r)(\Delta nd)$ 使入射的线偏振光变为椭圆偏振光,再通过检偏片发生干涉而呈现干涉色,如果将椭圆偏振光再转换成线偏振光,此干涉色即可消除。相位补偿方式通过外加补偿元件(液晶盒或膜)来补偿具有正单轴性液晶盒的相位差,使原来输出的椭圆偏振光变成不依赖于波长的线偏振光而实现背景色的消除,以得到黑白显示。

a. FSTN-LCD。

FSTN-LCD 实现黑白化是采用延迟的聚合物薄膜来实现补偿的,常用的方式有:上偏振片下使用一层补偿膜;上下偏振片下各使用一层补偿膜。使用二层补偿膜的 FSTN-LCD 更容易获得好的特性参数。二层补偿膜在一端的 FSTN-LCD 视角特性好一些,在二端的对比度特性好一些。

b. DSTN-LCD。

扭曲角为 $240°$ 的 DSTN-LCD 的结构如图 5.64 所示。

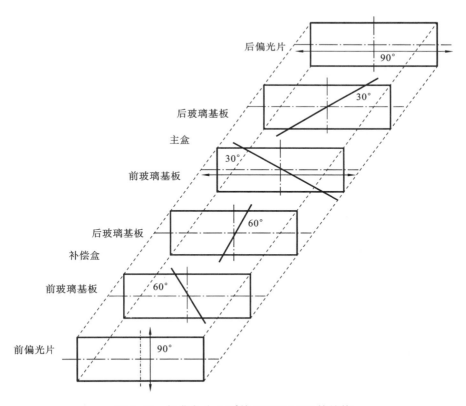

图 5.64 扭曲角为 $240°$ 的 DSTN-LCD 的结构

DSTN-LCD 补偿盒的参数必须满足下列条件:条件一,$T_w = -T_w$,扭曲角相等、方向相反;条件二,$(\Delta nd)' = (\Delta nd)$,相位差因子相等(但补偿盒的值应考虑为非选择态的 Δnd,而不是完全关态的 Δnd,其值一般要小一些,为 5%~10%);条件三,$\varphi' = \varphi_t + \varphi \pm \dfrac{\pi}{2}$,即两个盒相邻侧的液晶分子长轴正交设置。

在关态,条件一的反扭曲补偿了旋光性,条件三使从主盒出射的 e 光和 o 光进入补偿盒后正好倒转,由于条件二的存在,使综合的相位差值完全抵消,光变成 o 光。在开态,主盒的液晶分子沿电场方向排列,Δnd 相对关态时的值大幅度减小,由这个值决定的椭圆偏振光入射到补偿盒时,变成由 $\Delta n'd' - \Delta nd$ 的值决定的椭圆偏振光。如果综合的 $\Delta n'd' - \Delta nd$ 减小到 OMI 方式所要求的值,则输出光在 W 区,从而可实现高对比度的黑白显示。

由于 DSTN-LCD 采用盒进行补偿,而盒内 LCD 各项参数可以根据情况进行优化,因此可以得到好的显示效果,同时,由于两个盒内的液晶具有同样的色散性质,双折射率对温度的依赖关系相同,所以补偿效果不受波长和温度的变化而变化,另外,在关态,透过率低,DSTN-LCD 具有较高的对比度,彩色性能的实现性也较好(由于绿、蓝、红三色透过率比较匹配),这些特性是 DSTN-LCD 非常突出的优势,但对于双盒结构,在实际制作过程中,两个盒之间的参数总会存在误差,不可能达到完全理想的计算结果,同时制作工艺较复杂,视角较窄(视角依赖受两个盒影响)。但总体来讲,DSTN-LCD 的性能(尤其是高低温工作性能)要比 FSTN-LCD 的好。

(6) STN-LCD 的畴。

如果液晶材料自身的螺距为 P_c,而液晶盒两个基板表面扭曲要求的螺距为 P_s,当 P_c 与 P_s 不一致时,便会产生扭曲变形,这种变形程度可用 $(P_c - P_s)P_s$ 表示:当 $(P_c - P_s)P_s = 0$ 时,扭曲没有畴变,无畴;当 $(P_c - P_s)P_s > 0$ 时,出现欠扭曲畴变,呈现欠扭曲畴;当 $(P_c - P_s)P_s < 0$ 时,出现过扭曲畴变,呈现过扭曲畴。

欠扭曲畴和过扭曲畴对器件都是不利的。由于欠扭曲畴在排列检查时很容易被发现,所以容易引起人们的重视,但过扭曲畴的表征不是十分明显,易被人们忽略,下面主要讨论 STN-LCD 的过扭曲畴(条纹畴)问题。

有畴和无畴时透过率与电压的关系如图 5.65(a)所示,有畴导致电光曲线变缓。低预倾角、大 d/p 值和高扭曲角是导致产生这类畴的主要因素。条纹畴的条纹方向近似平行,如图 5.65(b)所示。

① 有畴区和无畴区边界理论值和实验值对比如图 5.65(c)所示。

② 预倾角对畴形成的影响。

预倾角和畴形成临界 d/p 值之间的关系如图 5.66(a)所示,高预倾角可以扩大无畴区的 d/p 取值范围,若陡度因子 r 变大,则多路能力会变弱,可通过选取大 K_{33}/K_{11} 和 K_{33}/K_{22} 来增强这个能力。

③ 扭曲角对畴形成的影响。

图 5.66(b)所示的为扭曲角对畴形成的影响,扭曲角越大,无畴的 d/p 范围越窄,预倾角为 0°,扭曲角为 270° 时,STN-LCD 盒不再有畴区。

3. TFT-LCD 的宽视角技术

与无源液晶显示器相比,有源液晶显示器在每个像素上串联了一个非线性开关元件,从

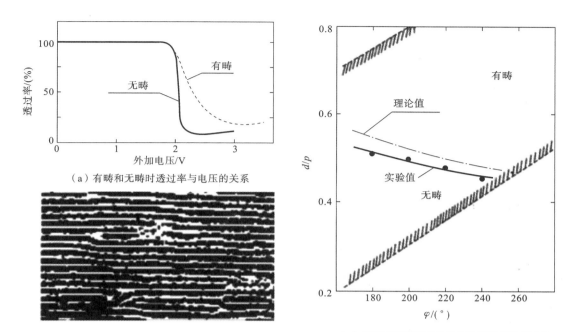

（a）有畴和无畴时透过率与电压的关系

（b）条纹畴的条纹图

（c）有畴区和无畴区边界理论值和实验值对比
（注：该实验盒对应的预倾角小于1°，采用ZLI-2253液晶）

**图 5.65　有畴和无畴时透过率与电压的关系、条纹畴的条纹图，以及有畴区
和无畴区边界理论值和实验值对比**

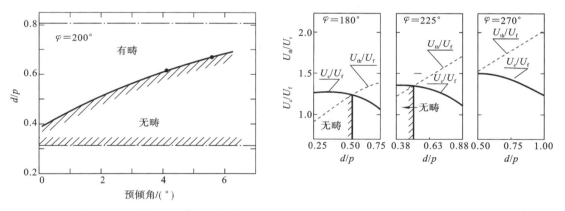

（a）预倾角和畴形成临界 d/p 值之间的关系
（注：该实验盒对应的扭曲角为200°，采用ZLI-2253液晶）

（b）扭曲角对畴形成的影响
（注：U_c 为畴形成临界电压，U_{th} 为胆甾-向列相变电压，
U_f 为0°预倾角无扭曲层Freede-ricksz转变电压）

图 5.66　预倾角和畴形成临界 d/p 值之间的关系，以及扭曲角对畴形成的影响

而形成一种准静态驱动的方式，得以实现高对比度显示。

　　根据非线性元件的种类，有源矩阵方式分为二端子型 AM 方式（二极管）、三端子型 AM
方式（晶体管）及 PA 方式，如图 5.67 所示。

　　TN 型 TFT-LCD 在液晶模式上并没有特别的地方，它遵守 TN 工作模式的特性（可参见前
面章节内容），有关 TFT-LCD 的工艺及器件结构的知识可参见本书其他章节，本节只重点介绍

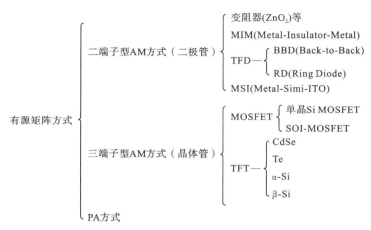

图 5.67　有源矩阵方式

AM-LCD 增加了非线性开关元件所带来的差异及 TFT-LCD 常用到的几种宽视角技术。

（1）TFT-LCD 盒结构。

有源矩阵显示方式的液晶显示器结构如图 5.68 所示，一块带有三端子元件阵列和像素电极阵列的基板与另一块带有彩色滤光片和公共电极的基板保持一定间隙叠在一起，并在其中充满液晶，盒的上下基板都进行了分子排列所需的表面处理，在透射型 TFT-LCD 中，还将有上下两块偏振片和背光源。

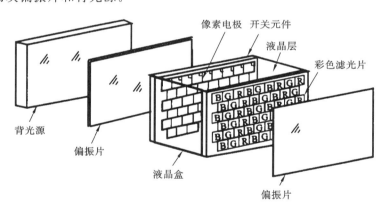

图 5.68　有源矩阵显示方式的液晶显示器结构

（2）TFT-LCD 有源方式的构成与驱动原理。

在三端子 TFT-LCD 方式中，扫描线和信号线都设置在同一个端子元件基板上，扫描线与该行上所有 TFT 的栅极相连，而信号线与该列所有 TFT 的源极相连。

图 5.69 所示的为一个像素单位的等效电路。

在以行顺序（扫描）驱动方式选通某行时，则该行上所有开关元件同时被行脉冲闭合，变成低阻（R_{on}）导通状态，与行扫描同步的列信号（信号电极）通过已导通的 TFT 对存储电容和液晶盒充电，信号电压被记录在像素电容（液晶盒电容）和存储电容上。当行选结束后，开关元件被断开（处于高阻 R_{off} 状态），被记录的信号电压将被保持并持续驱动像素液晶，直到下一个行扫描到来。因此，在 TFT-LCD 的驱动中，扫描电压只做 TFT 元件开关电压之用，

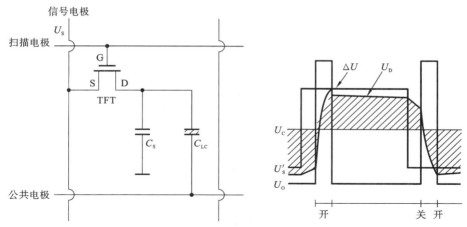

图 5.69　一个像素单位的等效电路图

而驱动液晶的电压信号是通过导通的三端子元件对像素电容充电后在像素电极和公共电极之间产生的电压差 U_{LC}，U_{LC} 的大小取决于信号电极电压 U_S 和公用电极电压 U_C，这种驱动方式类同于静态驱动。

由于增加了一个 TFT 开关元件，使得每个像素在自身选择时间以外处于电信号切断的孤立状态，不受其他行选择信号的影响，解决了行间串扰问题，得以实现高清晰度显示，同时，由于被记录在像素电容和存储电容上的电荷不能逃逸，因而其具有电压保持的准静态驱动功能，也可实现高亮度显示，这种电压保持性也提高了液晶驱动电压的有效值及液晶的响应速度。由于每个像素显示驱动具有独立性，各像素可以独立设定信号电压，使得很容易采用电压调节方式来实现灰度显示。

（3）TFT-LCD 宽视角技术。

近几年，随着 TFT-LCD 在电视等家电产品上进行应用，视角问题被提到重要的位置，各种新技术的诞生使 LCD 视角的扩展成为可能。LCD 宽视角技术的分类如图 5.70 所示。

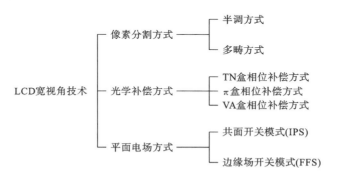

图 5.70　LCD 宽视角技术的分类

① 像素分割方式。

a. 半调方式。

半调方式也称中间灰度方式，它把像素分割成两部分，子像素 2 与电容串联后再与子像素 1 并联，其等效电路及原理示意图如图 5.71 所示。

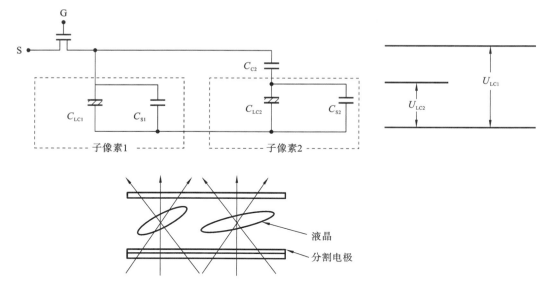

图 5.71　半调方式的等效电路及原理示意图

这种方式使得在同一外加电压下两个子像素上的驱动电压不同而导致两部分液晶分子排列的倾角不同,使得在某个角度观察时可看到不同的分子表观长度,从而使视角变化时的变化量减小,从而实现视角的增大。

b. 多畴方式。

多畴方式也将一个像素分成多个区域,采用不同的排列处理方式使液晶分子具有对称取向,在光学上得到互补,从而实现视角的增大。

多畴方式是通过将一个像素分割成不同区域取向来实现的,方法有以下几种:Ⅰ.二层膜法,在低倾角无机取向膜上涂以高预倾角有机取向膜,之后用光刻方法去掉部分区域上的有机膜,再经过一次摩擦,即可得到两个区域的不同排列;Ⅱ.一层膜二次摩擦法,用光刻法先将经摩擦后的取向膜掩蔽一部分后再摩擦一次,之后去除光致抗蚀剂,由此得到不同的排列区域。还可采用无定形 TN 技术和光取向技术,前者将液晶升温到各向同性之后注入盒内,再将温度降至室温,液晶被分割成数 μm 大小的微小区域,呈现对称性很好的视角特性,而后者则是将感光单体注入空盒中,给像素周边照射 UV 光,使单体聚合硬化,LC 按同心圆状取向,得到宽的视角。图 5.72 所示的为无定形 TN 技术与光取向技术的宽视角原理图。

② 光学补偿方式。

a. TN 盒相位补偿方式。

TN 盒相位补偿方式采用光学上为负轴性的补偿膜来消除光学上为正轴性的液晶双折射性,如果在不同视角上的 $\Delta n'd' = \Delta nd = 0$,则得到视角的大幅提高,一般是在盒的上下侧各使用一块补偿膜。图 5.73 所示的为 TN 盒相位补偿方式的结构原理。

b. π 盒相位补偿方式。

π 盒光学补偿方式也称为 OCB 方式。OCB 盒的结构如图 5.74 所示。

在 π 盒的上端有一个双轴补偿膜,可以在 $U > U_{th}$ 和 $U < U_{th}$ 两种情况下消除相位延迟,而不像 TN 盒相位补偿方式那样只在选择态有一个好的补偿,要想得到更好的补偿特性,应

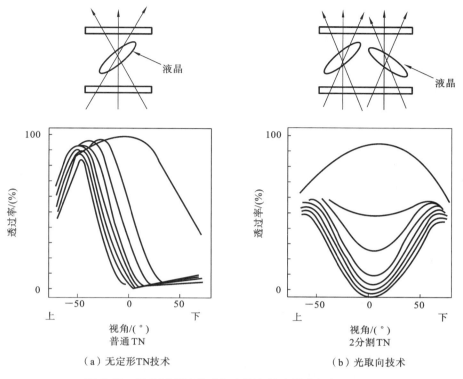

图 5.72　无定形 TN 技术与光取向技术的宽视角原理图

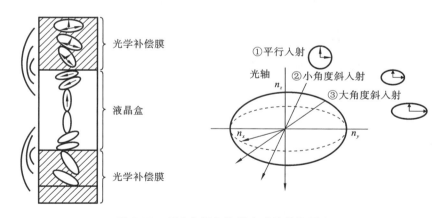

图 5.73　TN 盒相位补偿方式的结构原理

在 $U < U_{th}$ 时用 y 轴,在 $U > U_{th}$ 时用 z 轴来补偿由视角引起的双折射变化。

　　c. VA 盒相位补偿方式。

　　VA 方式是电控双折射方式中的一种,采用 NN 型液晶和略有倾斜的垂直排列方式,其电光曲线陡峭,垂直入射的对比度高,但视角窄,存在干涉色。

　　图 5.75 所示的是 VA 盒相位补偿方式的结构原理图,在这种盒上采用两片双轴性补偿膜正交贴于盒的两侧进行光学补偿即可消除干涉色,并获得宽的视角特性。

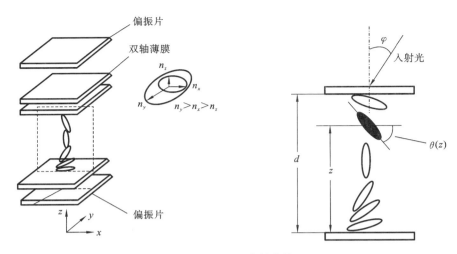

图 5.74 OCB 盒的结构

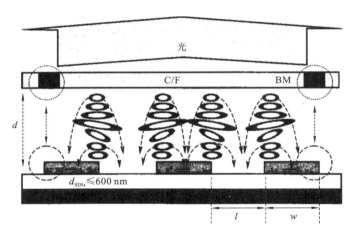

图 5.75 VA 盒相位补偿方式的结构原理图

③ 平面电场方式。

a. 共面开关模式。

共面开关(In Plane Switching,IPS)模式结构及实现宽视角的原理如图 5.76 所示。IPS 模式使用 N 型液晶(Δε＜0)(也有采用 NP 型 LC 的),盒基板表面做沿面排列处理,梳状数字电极和公共电极用来产生横向电场,以改变液晶分子的光轴在平行于基板平面内的方位角,控制透光率,在 IPS 结构中,上下偏光片正交放置。

在关态,由于入射端偏振片的偏光轴平行于液晶分子指向矢,入射线偏振光不会旋转;所以可以得到很好的黑态和宽的视角,而在开态,由于梳状数字电极和公共电极之间的横向电场作用及液晶的 ΔS＜0,液晶分子转向电场垂直方向,其扭曲角是分子指向矢与入射偏振光轴的夹角,构成双折射条件,出现相延迟,输出椭圆偏振光,一部分光从检偏片(检偏器)光轴漏出,变成明态,其透过率随扭曲角增大而增大,φ＝45°时为最大。

在开态,液晶分子在盒厚方向没有倾角,所以液晶分子的表观长度的视角相依性较小,

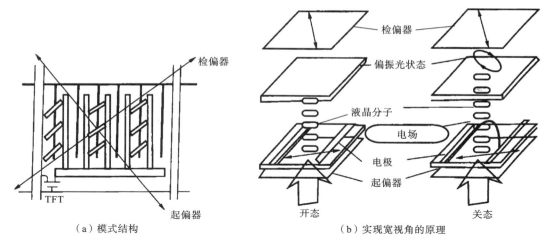

| （a）模式结构 | （b）实现宽视角的原理 |

图 5.76 共面开关模式结构及实现宽视角的原理

从而实现了宽视角,IPS 模式是目前 TFT-LCD 实现宽视角效果最好的模式之一。

b. 边缘场开关模式。

边缘场开关(Fringe Field Switching,FFS)技术与 IPS 技术一样采用液晶分子平行旋转、单侧电极的结构,基本原理与 IPS 相同。不过 FFS 将 IPS 的金属电极改为透明的 ITO 电极,并缩小了电极自身宽度,这些改进措施明显地提高了开口率,其面板透光率比 IPS 技术的高出 2 倍以上。第三代 FFS(AFFS)技术通过对液晶进行优化,在正型液晶上获得了负型液晶 50% 左右的光效率,兼顾了响应时间和透光率两个特性,另外,AFFS 对楔形电极进行修改,使之具备自动抑制光泄漏的能力,进一步提高了透光率。相比 IPS 技术,AFFS 技术在透光率、亮度/对比度指标上有了更大的优势,响应时间也降低到较理想的水准。

5.3.3 薄膜晶体管液晶显示器工作原理

1. 概述

有源矩阵液晶显示(Active Matrix LCD,AMLCD)在每个液晶像素上配置一个二端或三端有源器件,这样每个像素的控制都是相互独立的,从而去除了像素间的交叉效应,实现了高质量图像显示。

有源矩阵液晶显示器根据其中采用的有源器件的不同可以分为三端的晶体管驱动的和二端的非线性元件驱动的两大类,详细分类如图 5.77 所示。

通常在显示矩阵中使用的晶体管均为电压控制型的场效应晶体管(FET),这类器件中的电流是由外加电压引起的电场控制的。利用了晶体管的三端有源驱动方式的器件主要包括单晶硅金属-氧化物-半导体场效应晶体管(MOSFET)和薄膜场效应晶体管(TFT,简称薄膜晶体管)两种。

TFT 通常是指用半导体薄膜材料制成的绝缘栅场效应晶体管。这种器件通常由半导体薄膜和与其一侧表面相接触的绝缘层组成的,具有栅(电)极、源(电)极和漏(电)极。TFT 使用的半导体材料主要有非晶硅、多晶硅和化合物半导体等。其中,利用非晶硅材料制成的

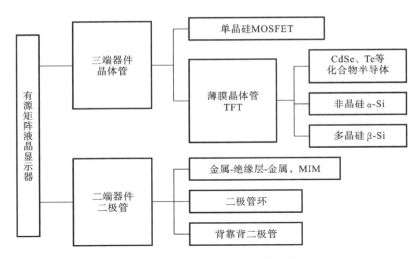

图 5.77　有源矩阵液晶显示器的分类

非晶硅薄膜晶体管(α-SiTFT)由于具有制作容易、基板玻璃成本低、能够满足有源矩阵液晶驱动的要求、开/关态电流比大、可靠性高及容易大面积化等一系列优点而受到广泛应用,成为了 TFT-LCD 中的主流器件。

　　图 5.78 所示的为 TFT 有源矩阵的结构示意图,它由显示矩阵和外围专用的扫描和数据驱动电路构成。显示矩阵和驱动电路封装在一起形成一个模块,称为液晶显示模块(LCM)。控制 TFT 栅极的为扫描线(电极),扫描线与该行上所有 TFT 的栅极相连;控制 TFT 源极的为信号线(电极),信号线与该列上所有的 TFT 的源极相连。TFT 的漏极与液晶像素单元的一端相连,液晶像素单元的另一端接在一起形成公共电极。液晶像素单元可等效为一个电容。通常在 FFT 的漏极接一存储电容,以起到图像显示信号的辅助存储作用,提高像素单元的存储能力。

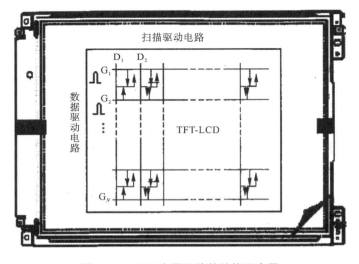

图 5.78　TFT 有源矩阵的结构示意图

在扫描电极上加一系列互不交叠的扫描信号,即逐行在 TFT 的栅极上加正偏压,使该行的 TFT 同时导通,TFT 由高阻态转变为低阻态;与此同时把对应行上所要显示的图像信号送到各个信号电极上,于是图像信号便通过该行上开启的 TFT 对应行的液晶像素充电,实现液晶显示,图像信号被传送到与导通 TFT 相连的各相应像素电容和存储电容上后,信号电压将被存储在像素电容和存储电容上。当行扫描信号结束后,TFT 随即关断,被存储的信号电压将被保持并持续驱动像素液晶,直到下帧扫描信号再次到来。而其他未选中行的 TFT 始终处于关断状态,图像信号对其中像素上的电压没有影响。这样逐行重复便可显示出一帧图像。由于扫描信号互不交叠,在任一时刻,有且只有一行 TFT 被扫描而开启,其他行的 TFT 都处于关态,所显示的图像信号只会影响该行的显示内容,不会影响其他行的。由上述的结构和显示过程可见,扫描信号只加在 TFT 的栅上,通过控制 TFT 的导通,可起到寻址显示像素单元的作用;而驱动液晶显示的图像信号电压是通过导通的 TFT 对像素电容和存储电容充电后,存储在这两个电容上的,在像素电极和公共电极之间形成的电位差的大小决定了驱动液晶显示的电压的大小。于是,采用 TFT 作有源矩阵驱动,可以实现寻址的开关电压和显示的驱动电压之间的分离,消除串扰,从而可达到开关器件的开关特性和液晶像素的电光特性的最佳组合,获得高质量显示。由上述显示结构和原理可见,高质量的显示要求 TFT 的开态电流尽可能高,而 TFT 的关态电流则又尽可能低。

目前主流的 TFT 面板技术有非晶硅技术和低温多晶硅技术。低温多晶硅 TFT 技术相对可以节约成本,提高性能,但 LTPS 技术尚不成熟,产品集中在小屏幕,而且产品良率低,目前它的成本优势尚无从谈起。所以与低温多晶硅 TFT 技术相比,α-Si 技术仍是主流技术。

2. 薄膜晶体管有源矩阵液晶显示结构与原理

TETAMLCD 显示器及显示面板是整个液晶显示的核心,通常称为液晶显示模块 LCM,其中包含用 TET 阵列基板和彩色滤色膜基板将液晶封装起来的显示屏、连接件、PCB 线路板、背光源等的一体化组件。

TETAMLCD 使液晶显示器进入了高分辨、高像质、真彩色显示的新阶段,所有的显示器中都毫无例外地采用了 TFT 有源矩阵。

（1）TFTAMLCD 屏的结构。

和普通的液晶显示器件一样,TFT 有源矩阵液晶显示屏(即液晶盒)也是在两块玻璃之间封入液晶材料构成的,而且 TFTAMLCD 中采用的是普通的扭曲向列(TN)型液晶。如图 5.79 所示,两块玻璃分别是下基板制备有 TFT 阵列的玻璃基板和上基板制备有彩色膜和遮光层(黑矩阵)的玻璃基板。在下基板上制备有作为像素开关的 TFT 用的透明像素电极、存储电容、控制 TFT 栅极的栅线(行线)等。在上基板上制备 RGB 3 色的彩色滤色膜和遮光用的黑矩阵,并在其上制备透明的公共电极。在两片玻璃基板的内侧制备取向层,使液晶分子定向排列,以达到显示要求。两片玻璃之间灌注液晶材料,并通过封框胶黏接,同时起到密封的作用。显示屏上下两片玻璃间的间隙决定了液晶的厚度,一般为几微米。此外,需要在基板上均匀散布一些衬垫。另外,为了将上基板的公共电极引到下基板以便和外围的集成电路相连,还需要在上、下两片玻璃之间采用银点胶制备连接点。在上下两片玻璃基板的外侧分别贴有偏振片。通常偏振片采用高分子材料,其特殊的材料性质决定了只允许沿某一特定方向振动的光通过,而振动的光将被全部或部分阻挡,这样自然光通过偏振片以

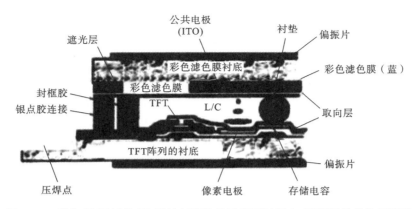

图 5.79　彩色 TFTAMLCD 屏的剖面结构示意图以及上、下基板的结构示意图

后,便形成了偏振,同样,当偏振光透过偏振片时,如果偏振光的振动方向与偏振片的透射方向平行,就可以几乎不受阻挡地通过,这时偏振片是透明的;但是如果偏振光的振动方向与偏振片的透射方向相垂直,则光受到阻挡,几乎完全不能通过,偏振片就成了不透明的了。这样,配合上液晶材料的旋光性,便可实现显示。

上、下基板的结构示意图如图 5.80 所示。非晶硅 TFT 的栅线和信号线需要与外部的驱动集成电路和 PCB 电路板相连,TFT 阵列基板应略大,并在 TFT 玻璃基板的边缘制备有压焊点,以便和集成电路及 PCB 板相连。

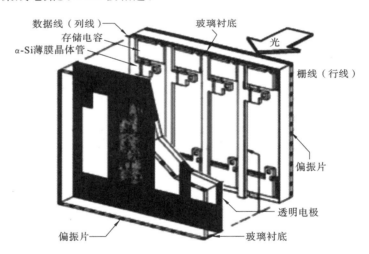

图 5.80　上、下基板的结构示意图

图 5.81 所示的为 TFT 阵列驱动的 LCD 的等效电路。当与 TFT 栅极相连的行线 X_i 加高电平脉冲时,连接在 X_i 上的 TFT 全部被选通,图像信号经缓冲器同步加在与 TFT 源极相连的引线 $Y_1 \sim Y_m$ 上,经选通的 TFT 将信号电荷加在液晶像素上。X_i 每帧被选通一次,$Y_1 \sim Y_m$ 每行都要被选通。通常液晶像素可以等效为一电容,其一端与 TFT 的漏极相连,另一端与制备有彩色滤色膜的上基板上的公共电极相连。当 TFT 栅极被扫描选通时,栅极上加一正高压脉冲 U_G,TFT 导通,若此时源极有信号 U 输入,则导通的 TFT 提供开态电流 I_{on} 对液晶像素充电,液晶像素即加上了信号电压 U_{LD},该电压的大小对应于所显示的内

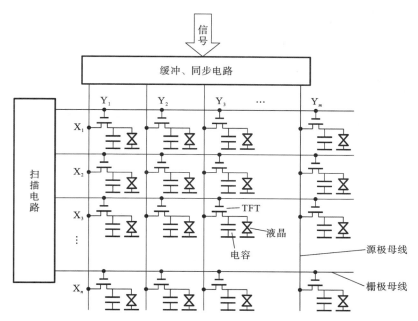

图 5.81　TFT 矩阵驱动的 LCD 的等效电路

容。同时,为了增加信号的存储时间,还对液晶像素并联上一个存储电容。正高压脉冲结束之后,X_i 上为 0 或低电平,包括液晶像素电容和存储电容在内的等效电容 C_{LD} 上的电荷将保持一帧的时间,直至下一帧再次被选通后新的 U_{LD} 到来,C_{LD} 上的电荷才改变。由此,逐行选通 TFT,使 X_i 依次加正的高电平脉冲,这样逐行重复便可显示出一帧图像。由于扫描信号互不交叠,在任一时刻,有且只有一行的 TFT 被扫描选通而开启,其他行的 TFT 都处于关态,所显示的图像信号只会影响该行的显示内容,不会影响其他行,从而消除了串扰。

　　TFT 有源矩阵液晶屏的每一像素点均需配置一薄膜晶体管作为开关元件,在通电时要具有充分的导通能力,以保障在进行横向扫描的时间框架内,能够为液晶像素电容及其保持电容进行完全的充电作业;反之,在截断电流时,该薄膜晶体管所漏出的电流必须微小到可以让像素电容上的图像信息在整个帧周期中保持几乎不变形的稳定状态。

　　(2) TFT 的结构与特性。

　　① TFT 的结构。

　　薄膜晶体管通常是指用半导体薄膜材料制成的绝缘栅场效应晶体管。这种器件是具有栅极(用 G 表示)、源极(用 S 表示)和漏极(用 D 表示)的三端器件。其中与半导体直接形成欧姆接触的两个电极分别称为源极和漏极,被限制在源极和漏极之间的导电区域称为沟道,通常源极和漏极间的距离,即沟道的长度用 L 表示,一般在微米量级,其宽度用 W 表示;与绝缘层接触并隔着绝缘层与源电极和漏电极间的沟道正对的极称为栅极。

　　正常工作时,在源漏电极间加的偏压称为源漏电压 U_{DS},相应的电流称为源漏电流 I_{DS},也称为沟道电流,其大小由沟道中的反向载流子的密度和载流子的漂移速度决定。作为一种场效应晶体管,TFT 的工作原理和 MOSFET 的非常类似,其也拥有靠栅极控制的金属-绝缘层-半导体(MIS)结构,可形成导电沟道,其沟道的产生与消失及沟道中反型层载流子的多少都是由栅压决定的,并在源漏电压的调制下形成源漏电流。

从结构上看，TFT 可分为叠层结构型的和平面结构型的，如图 5.82 所示。其中，叠层结构型的栅极和源极、漏极是不共平面的。和 MOSFET 一样，TFT 也可以分别按 N 沟道模式和 P 沟道模式工作，但在实际应用中，往往都采用 N 沟道模式。

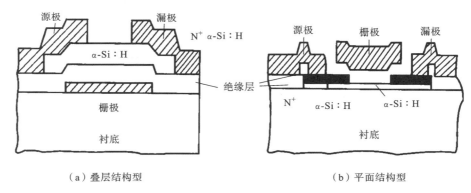

（a）叠层结构型　　　　　　　　　　　　（b）平面结构型

图 5.82　TFT 的结构

根据半导体薄膜材料的不同，薄膜晶体管可以分为非晶硅薄膜晶体管、多晶硅薄膜晶体管、碳化硅薄膜晶体管等。

② TFT 的直流特性。

在正常工作条件下，TFT 源漏电压使源极和漏极两个 PN 结反向偏置，对于 N 沟道 TFT，通常源极接地，漏极接正电压，$U_{DS}>0$。若在栅极上加的偏压 $U_{DS}<U_T$，没有形成导电沟道，则源极和漏极之间只有很小的反向 PN 结泄漏电流，TFT 处于截止状态。当 $U_{DS}\geqslant U_T$ 时，形成由电子构成的反型导电沟道，沟道把源极和漏极连通起来，在源漏电压的作用下，有电子自源极向漏极流动，形成自漏极流向源极的电流。因此，可以将 TFT 作为开关，由于反型层电荷强烈依赖于栅压，便可以利用栅压控制沟道电流的大小。

图 5.83 所示的为不同 U_{DS} 下，TFT 沟道中的导电情形，这对应着 TFT 的不同工作区域。

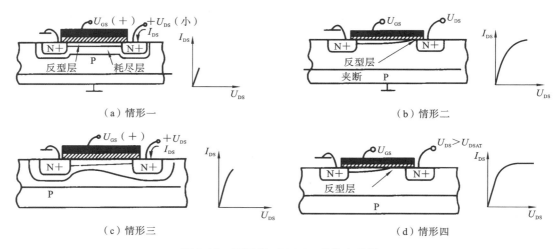

（a）情形一　　　　　　　　　　　　（b）情形二

（c）情形三　　　　　　　　　　　　（d）情形四

图 5.83　不同 U_{DS} 下 TFT 的输出特性

形成反型沟道后,当 U_{DS} 较小时,如图 5.83(a)所示,沟道电位变化较小,整个沟道厚度的变化不大,源漏电流 I_{DS} 随源漏电压的变化而线性变化,此区域称为线性区。随着 U_{DS} 的增大,源漏电流随源漏电压的变化逐渐偏离线性,如图 5.83(b)所示, U_{DS} 越大, I_{DS}-U_{GS} 曲线与线性关系的偏离越大,当 $U_{DS}=U_{DSAT}=U_{GS}-U_T$ 时,漏极附近不再存在反型层,这时沟道在漏极附近被夹断,如图 5.83(c)所示,由于在夹断区无法形成反型层,可动载流子数目很少,因此夹断区成为一个由耗尽层构成的高阻区。在夹断点与漏极之间沿平行于沟道方向的电场很强,能够把从沟道中流过来的载流子拉向漏极。沟道被夹断后,若 U_{DS} 继续增加,所增加的电压主要降在夹断点到漏极之间的高阻区,如图 5.83(d)所示,这时源漏电流基本不随源漏电压增加,因此称该区为饱和区,这时的源漏电流称为饱和电流。实际上,由于 $U_{DS}>U_{GS}-U_T$,以后,由于夹断点会稍微向源极方向移动, I_{DS} 随 U_{DS} 的增加而略有增加。

　　通常采用器件的直流特性曲线来描述 TFT 的性能参数。如图 5.84(a)所示,固定源漏电压 U_{DS} ,可测量出源漏电流 I_{DS} 随栅电压(栅压) U_{GS} 的变化关系曲线,它反映了栅极对源漏沟道电流的调控能力。

　　非晶硅 TFT 的输出特性曲线如图 5.84(b)所示,若固定栅电压 U_{GS} ,可测量出源漏电流 I_{DS} 与源漏电压 U_{DS} 的关系曲线,对于不同的 U_{GS} ,可得到一组这样的曲线,该组曲线称为 TFT 的输出特性曲线,它反映了源漏电压对源漏沟道电流的调控能力。

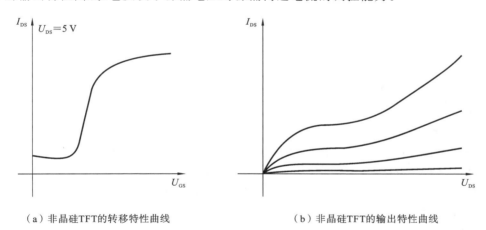

（a）非晶硅TFT的转移特性曲线　　　　　　　　（b）非晶硅TFT的输出特性曲线

图 5.84　非晶硅 TFT 的转移特性曲线与非晶硅 TFT 的输出特性曲线

由于在非晶硅和多晶硅材料中存在着大量的缺陷,因此,那些适用于电路模拟的精确解析模型通常不易建立,为了简化,经常沿用单晶硅 MOSFET 的模型,有

线性区:

$$I_{DS}=\mu_{eff}C_g \frac{W}{L}\left[(U_{GS}-U_T)U_{DS}-\frac{1}{2}U_{DS}^2\right] \quad U_{DS}<U_{GS}-U_T \tag{5.218}$$

饱和区:

$$I_{DS}=\mu_{eff}C_g \frac{W}{L}\frac{(U_{GS}-U_T)^2}{2} \quad U_{DS}\geqslant U_{GS}-U_T \tag{5.219}$$

式中, I_{DS} 为源漏电流; W 为 TFT 的沟道宽度; L 为 TFT 的沟道长度; μ_{eff} 为等效载流子迁移率; $C_g=\dfrac{\varepsilon_{0x}\varepsilon_0}{T_{0x}}$ 为单位面积的栅绝缘层电容; U_{DS} 为源漏偏压; U_{GS} 为栅压; U_T 为 TFT 的阈值电

压；T_{0x} 为栅绝缘层的厚度（一般为 3～100 nm）；ε_{0x} 为栅绝缘材料的介电常数。

虽然非晶硅 TFT、多晶硅 TFT 和单晶硅 MOSFET 同属于场效应晶体管，但是由于它们结构上的差异，TFT 的特性与单晶硅 MOSFET 的特性相比还是有较大的差别的。首先在结构上，TFT 是在绝缘衬底上制备的，于是 TFT 没有衬底电极，是一种三端器件，这与有栅、源、漏和衬底电极的四端器件 MOSFET 是有区别的。由于没有衬底电极，相应的在器件特性上会存在浮体效应。浮体效应又称为翘曲效应，是没有衬底接触的薄膜器件特有的效应。由于器件的体区处于悬浮状态，高能载流子碰撞电离产生的电荷无法迅速移走，从而出现浮体效应，使得输出特性曲线出现畸变。

再者，非晶硅、多晶硅薄膜材料的特性和单晶硅的不同也使 TFT 的特性与单晶硅 MOSFET 的存在差异。非晶硅的迁移率很低，通常小于 1 cm²/(V·s)，并且在禁带中存在大量的缺陷态，致使 α-SiTFT 的开态电流很小，阈值电压高。表 5.6 列出了显示器件中非晶硅 TFT、低温多晶硅 TFT 和 MOSFET 的特性对比。

表 5.6 显示器件中晶体管的特性对比

晶体管类型	非晶硅 TFT	低温多晶硅 TFT	MOSFET
晶体结构	短程有序、掺氢	晶粒间界	完整的晶格
阈值电压	1 V	1.2 V	0.7 V
载流子迁移率	0.5～1 cm²/(V·s)	>100 cm²/(V·s)	>250 cm²/(V·s)
工作电压	15～25 V	15～25 V	3.5 V
光刻数目	4～5 次	约 5 次	22～24 次
栅氧化层厚度	300 nm	80～150 nm	7.8 nm

③ 非晶硅 TFT 的结构与特点。

非晶硅薄膜具有短程有序、长程无序的特性。通常非晶态半导体和相应的晶态半导体具有类似的基本能带结构，如导带、价带和带隙。非晶态半导体中载流子的电导具有与相应晶态半导体不同的一些特点：第一，非晶态半导体存在扩展态、带尾定域态、带隙中的缺陷态，这些状态中的电子都可能对电导有贡献；第二，非晶态半导体中的费米能级通常是"钉扎"在带隙中的，基本上不随温度变化；第三，非晶硅的迁移率比单晶硅的低 2～3 个数量级；第四，非晶硅的光吸收边有很长的拖尾，和单晶硅的光吸收边很陡不同，其原因在于非晶硅中含有大量的隙态密度。

和单晶硅具有确定的禁带宽度不同，非晶硅的禁带宽度随着制备工艺的不同而变化，一般为 1.5～1.8 eV。由于在非晶硅薄膜中存在着大量的悬挂键等缺陷态，费米能级会发生"钉扎效应"，于是一般的掺杂无法改变非晶硅薄膜的导电类型。在非晶硅薄膜中掺入氢，可以使非晶硅中大量的悬挂键饱和，从而使缺陷态密度大幅度降低，为实现掺杂提供条件。利用硅烷（SiH₄）辉光放电法制备的非晶硅薄膜中含有大量的氢，可以实现非晶硅的掺杂，从而能够在很大范围内控制非晶硅薄膜的导电性质。通常，在非晶硅中掺入氢的过程称为氢化，所获得的薄膜称为氢化非晶硅（α-Si：H）。目前在非晶硅 TFT 有源矩阵液晶显示中所用的非晶硅均是氢化非晶硅，这样可以实现掺杂，而且可使电子迁移率提高到约 1 cm²/(V·s)。

通常非晶硅 TFT 多采用叠层结构。这类叠层结构一般由栅电极、栅绝缘层、非晶硅沟道层和源漏欧姆接触层构成,一般分为顶栅结构和倒栅结构两大类,如图 5.85 所示。其中,顶栅结构中,栅极在远离玻璃衬底的最上面,整个非晶硅沟道层都暴露在背光源的照射下;而倒栅结构的栅电极位于紧挨着玻璃的最底层,能够起到遮光的作用,遮挡住背光源对非晶硅沟道层的照射。

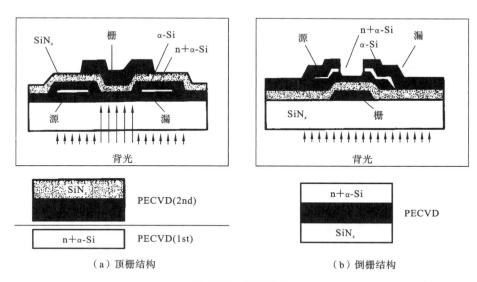

（a）顶栅结构　　　　　　　　　　　（b）倒栅结构

图 5.85　叠层结构

对于非晶硅 TFT,其器件特性除了和载流子迁移率相关外,还和半导体与栅绝缘层之间的界面态密度密切相关,界面质量越差,界面态密度便越大,器件的特性也越差。绝缘层和半导体之间的界面特性在不同的制备工艺下差异很大,在非晶硅 TFT 中,栅绝缘层一般采用氮化硅（Si_3N_4）,通常先制备非晶硅薄膜再制备氮化硅的结果是器件界面态密度很高,器件性能很差,而在氮化硅上淀积非晶硅薄膜将使界面特性改善,因此,倒栅结构的迁移率要比顶栅结构的高约 30%。目前,在非晶硅 TFT 有源矩阵液晶显示中,均采用倒栅结构的非晶硅 TFT。

5.3.4　有机发光二极管的工作原理

有机发光二极管显示器（Organic Light Emitting Diode Displays,OLED）,或称有机发光显示器,或称有机电致发光显示器,是自 20 世纪中期发展起来的一种新型显示技术,其原理是通过正负载流子注入有机半导体薄膜后复合发光。有机电致发光现象在 1536 年就被发现,但直到 1587 年柯达公司推出了 OLED 双层器件,OLED 才作为一种可商业化和性能优异的平板显示技术而引起人们的重视。与液晶显示器相比,OLED 具有全固态、主动发光、高亮度、高对比度、超薄、低成本、低功耗、快速响应、宽视角、工作温度范围宽、易于柔性显示等诸多优点。近年来,在强大的应用背景推动下,OLED 技术取得了迅猛的发展,在诸如发光亮度、发光效率、使用寿命等方面均已达到实际应用的要求。

1. 有机发光二极管的显示原理

OLED 器件的结构和发光原理如图 5.86 所示。OLED 属于载流子双注入型发光器件,其发光机理为:在外界电压的驱动下,由电极注入的电子和空穴在有机材料中复合而释放出能量,并将能量传递给有机发光物质的分子,后者受到激发,从基态跃迁到激发态,当受激分子从激发态回到基态时辐射跃迁而产生发光现象。发光过程通常由以下5个阶段完成。

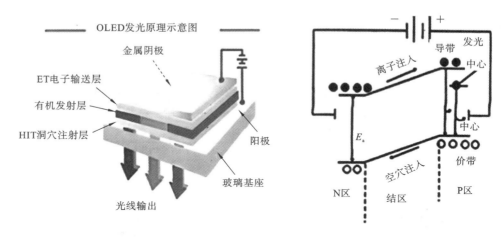

图 5.86　OLED 器件的结构和发光原理

(1) 在外加电场的作用下载流子的注入:电子和空穴分别从阴极和阳极向夹在电极之间的有机功能薄膜注入。

(2) 载流子的迁移:注入的电子和空穴分别从电子输送层和空穴输送层向发光层迁移。

(3) 载流子的复合:电子和空穴复合产生激子。

(4) 激子的迁移:激子在电场作用下迁移,能量传递给发光分子,并激发电子从基态跃迁到激发态。

(5) 电致发光:激发态能量通过辐射跃迁产生光子,并释放出能量。

2. 有机发光二极管的显示材料

(1) 有机电致发光材料的特点和分类。

众所周知,有机材料比无机材料丰富得多,所以当有机电致发光兴起的时候,新型有机电致发光材料也层出不穷,这为高性能材料的选择和全色发光的实现打下了良好的基础。

用于 OLED 的材料有许多基本的性能要求。在操作性方面,首先要求有好的成膜性,以降低缺陷形成的概率。其次要有好的耐热性,确保在使用过程中,材料在长时间较高温度的操作环境下不致变质。另外,高的玻璃化转变温度也是必要的,以保证材料的无定性薄膜的稳定性。在光电特性方面的要求是,材料要具有适当的电离能和电子亲和能,以降低载流子传输的势垒。高的载流子传输速度则可以减小器件的响应时间。分子受激发和发光的效率越高,电能的损耗就会越小。色纯度、光化学稳定性和电化学稳定性等也是重要的性能指标。

简单说来,可用于电致发光的有机材料应该具备以下特性。

① 在可见光区域内具有较高的荧光量子效率或良好的半导体特性,即能有效地传导电子或空穴。

② 具有高质量的成膜特性。

③ 具有良好的稳定性(包括热、光和电)和机械加工性能。

（2）小分子有机电致发光材料。

在有机电致发光材料中,有机小分子材料占据着极其重要的地位。按照材料在器件中所承担的功能类别来分,小分子有机电致发光材料又可分为空穴传输材料、电子传输材料及发光材料等。此外,近年来还出现了一些其他功能的材料,如为了改善有机材料与电极之间的界面势垒,增强载流子的注入而引入的载流子注入材料,包括空穴注入材料和电子注入材料,有时也称这类材料为缓冲层材料。由于它们在器件中所承担的功能不同,所以对它们有着不同的物性要求。

① 空穴传输材料。

这类材料在分子结构上表现为富电子体系,具有较强的电子给予能力（易氧化）。自从1987 年第一个高性能的电致发光器件被报道以来,空穴传输层的作用便受到了极大的重视,以三苯胺衍生物和一些聚合物为代表的空穴传输材料,在近十年中获得了极大的发展。研究分析表明,空穴传输材料的不稳定性限制了器件寿命的进一步提高,这一点在小分子器件中表现尤为显著。材料稳定性的一个最重要的参数就是玻璃化转变温度（t_g）。因此,大多数关于空穴传输材料的研究,是以提高玻璃化转变温度为目标而展开的。

② 电子传输材料。

现在采用的器件结构中,电子传输层与发光层大多是合并的,因此专门用于电子传输的有机材料目前还不多。这类材料在分子结构上表现为缺电子体系,具有较强的电子接收能力,可以形成较为稳定的负离子。优秀的电子传输材料应具备如下特性:较高的电子迁移率,有利于电子传输;相对较高的电子亲和能,有利于电子注入;相对较大的电离能,有利于阻挡空穴;高于发光层的激发能量;不能与发光层形成激基复合物;良好的成膜性和热稳定性。

③ 发光材料。

发光材料是器件中最终承担发光功能的物质,它对器件性能的影响是显而易见的,发光材料的发光效率、发光色度、发光寿命都直接影响着器件的性能。早期,人们把是否具有高荧光量子效率作为选择发光材料的标准,认为高荧光量子效率预示了高电致发光效率。但近来的研究表明,荧光效率高的物质并不一定是很好的电致发光材料。在选择材料时,除考虑能否获得较高的电致发光效率和亮度外,良好的成膜特性、良好的热稳定性和化学稳定性也是需要考虑的重要因素。

发光材料大致有两种:一种是具有一定的载流子传输性,在有机发光二极管器件中可以单独成层的主体发光材料;另一种是不具有载流子传输性,只能以掺杂方式使用的发光染料。按照分子结构,不同发光材料大致又可分为金属络合物发光材料和有机小分子发光材料等。

a. 金属络合物发光材料。

金属络合物的性质介于有机物与无机物之间,其既有有机物的荧光量子效率高的优点,又有无机物的稳定性好的特点,因此被认为是最具有应用前景的一类发光材料。用于电致发光的金属络合物必须具有可分离性、热稳定性、很高的固态荧光量子效率、易真空蒸镀成膜等特性,同时其应具备一定的电子传输能力。按照发光机制的不同,用于 OLED 的金属络合物发光材料又可分为配体发光型络合物和中心离子发光型络合物。

b. 有机小分子发光材料。

在白光材料方面,目前并没有商品化的单一材料,白光材料都是由蓝光及黄光材料组合而成的,由于白光是组合光,在不同电压下驱动时蓝光与黄光的表现不尽相同,而且材料的寿命也不相同,因此色坐标会有一些变化。如何提高白光器件的综合性能是目前的一个研究热点。

c. 三重态发光材料。

对于有机电致发光器件来说,器件的荧光量子效率是各种因素的综合反映,也是衡量器件品质的一个重要指标。对于上述荧光材料,即单重态发光材料来说,它只能利用形成的单重态激子,因此利用了单重态发光材料的有机电致发光器件的内量子效率最高为 25%。而对于三重态发光材料来说,它能利用形成的所有激子,因此,利用了三重态发光材料的有机电致发光器件的内量子效率理论上可以达到 100%,是单重态发光材料的 4 倍。可见,采用三重态发光材料可以大幅度提高有机电致发光器件的内量子效率。但是,三重态发光材料和器件的研究仍存在一些问题:首先是室温磷光材料较少,材料的选择范围不大,尤其是蓝色发光材料更少;其次,由于存在三重态-三重态湮灭,同时磷光寿命长,易使发光饱和,因此,在高电流密度下,磷光器件的效率下降很快,与单重态发光器件相比,三重态发光器件的寿命仍需提高。

④ 其他小分子材料。

对于小分子 OLED 材料而言,除载流子传输材料和发光材料外,还有一些重要的辅助材料,例如电极修饰材料和阻挡层材料。这些材料的引入可以显著提高器件的亮度、效率及稳定性,这对高性能器件的制备起着至关重要的作用。

a. 电极修饰材料。

电极修饰的目的一般是降低电极与有机材料的界面势垒,有利于载流子的注入,因此电极修饰材料又称载流子注入材料,有空穴注入材料和电子注入材料之分。对阴极修饰最成功的例子是 LiF,LiF 的引入可以显著提高电子注入效率。

b. 阻挡层材料。

有机材料的载流子传输能力较无机材料的弱很多,现在比较成熟的三芳胺类空穴传输材料的空穴迁移率可达 $10^{-4} \sim 10^{-2}$ $cm^2 \cdot V^{-1} \cdot s^{-1}$。而最常用的电子传输材料 Alq_3 的电子迁移率只有 $10^{-5} cm^2 \cdot V^{-1} \cdot s^{-1}$。由于空穴传输材料的空穴迁移率一般比电子传输材料 Alq_3 的电子迁移率要大一个数量级以上,所以在经典的多层 OLED 器件中,载流子传输不平衡,从而会导致大量的无效复合,使器件的效率较低。为平衡载流子的传输,有两条途径:其一是开发具有更高电子迁移率的电子传输材料;其二是引入空穴阻挡层,阻止空穴载流子的传输。

(3)聚合物电致发光材料。

聚合物具有很好的电、热稳定性和机械加工性能,发光亮度和效率均很高,发光波长易于调节,可以实现各种颜色的发光。聚合物发光二极管件制备方法简单、灵活,易实现大面积显示,特别是近几年出现的薄膜全色显示,引起了研究者的极大兴趣。目前这一领域的研究非常活跃,日本、美国、英国等正在加速其产业化的进程。

用作发光材料的聚合物材料同样应具备以下条件:在可见光区域具有较高的荧光量子效率;具有良好的半导体性能,能够有效地传导电子或空穴;具有良好的成膜性能;具有良好的稳定性和机械加工性。

作为全固化的显示器件(无论是小分子还是聚合物),OLED 最大的优越性在于能够实现柔性显示。如与塑料晶体管技术相结合,可以制成电子报刊、墙纸电视、可穿戴的显示器等产品,这淋漓尽致地展现出了有机半导体技术的魅力。

（4）有机发光二极管器件的制备工艺。

有机发光二极管器件的制备是一个系统工程,含有多项关键技术。器件的发光效率和稳定性、器件的成品率乃至器件的成本等都要受到工艺技术的控制,有机发光二极管工艺技术的发展对其产业化进程至关重要。有机发光二极管制备工艺技术按聚合物和小分子材料不同可分为小分子有机发光二极管（OLED）工艺技术和聚合物发光二极管（PLED）工艺技术两大类,小分子 OLED 通常用蒸镀方法或干法制备,PLED 一般用溶液方法或湿法制备。对于 PLED,目前备受人们关注的工艺技术是喷墨打印技术,该技术在近几年来取得了较大的进展,但要实现产业化还存在一定的困难,本节不讨论喷墨打印技术等相关 PLED 工艺技术,本节重点论述小分子 OLED 工艺技术。

图 5.87 所示的为有机发光二极管的制备工艺流程图。OLED 的制备过程中,ITO 图形的光刻等工艺流程与 LCD 有类似的地方,因此本节不对全部的工艺流程进行介绍,本节重点论述 OLED 制备过程中的关键工艺技术,其中包括阴极隔离柱技术、有机薄膜或金属电极的制备、彩色化技术,以及与工艺技术密切相关的 OLED 器件的寿命和稳定性等。

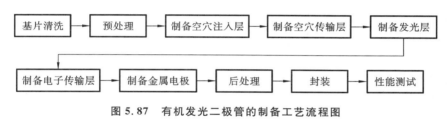

图 5.87　有机发光二极管的制备工艺流程图

① 阴极隔离柱技术。

根据基板的构成,OLED 分为无源矩阵和有源矩阵,有源矩阵将在后面的章节中介绍。无源矩阵是由不带薄膜晶体管的简单基板构成的。虽然无源矩阵在高分辨和彩色化方面存在许多问题,但由于无源矩阵具有设备投资低和工艺成本低等特点,无源矩阵的 OLED 产品仍然有一定的市场,所以人们投入了相当多的精力对无源矩阵 OLED 的高分辨和彩色化技术进行了研究和开发。

为了实现无源矩阵 OLED 的高分辨和彩色化,更好地解决阴极模板分辨率低和器件成品率低等问题,人们在研究中引入了阴极隔离柱结构。即在器件制备过程中不使用金属模板,而是在蒸镀有机薄膜和金属阴极之前,在基板上制备绝缘的间壁。最终实现将器件的不同像素隔开,实现像素阵列。

在隔离柱的制备过程中,绝缘无机材料（如氮化硅、碳化硅、氧化硅）、有机聚合物材料（如 PI、聚四氟乙烯）和光刻胶（如 KPR、KOR、KMER、KTFR）等都被广泛采用。

图 5.88 所示的为倒梯形隔离柱结构,它是一种比较合理的隔离柱结构。在这种结构中使用了绝缘缓冲层来解决同一像素间的短路问题,同时使用倒梯形隔离柱来解决相邻像素间的短路问题。由于倒立结构的存在,可以比较好地发挥隔离柱的遮蔽效果,从而有利于实现批量生产。

制作隔离柱的基本方法如下。

首先,在透明基片上旋涂第一层光敏型有机绝缘材料,膜厚为 $0.5\sim5\ \mu\mathrm{m}$,一般为光敏

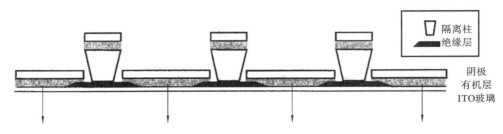

图 5.88　倒梯形隔离柱结构

型 PI、前烘后曝光。曝光图形为网状结构或条状结构,线条的宽度由显示分辨率即像素之间的间隔所决定,显影后线宽为 $10\sim501\ \mu m$,再进行后烘。

　　然后,在有机绝缘材料上旋涂第二层光敏型有机绝缘材料,膜厚为 $0.5\sim5\ \mu m$。前烘后对第二层有机绝缘材料进行曝光,曝光图形为直线条,显影后的线宽为 $5\sim45\ \mu m$。

　　② 有机薄膜或金属电极的制备。

　　小分子 OLED 器件通常采用真空蒸镀法制备有机薄膜和金属电极。其具体操作是在真空中加热蒸发容器中待形成薄膜的原材料,使其原子或分子从表面气化逸出,形成蒸汽流,入射到固体衬底或基片的表面形成固态薄膜。

　　蒸镀包括以下 3 个基本过程。

　　首先,加热蒸发过程。包括由凝聚相转变为气相(固相或液相→气相)的相变过程。实验过程中,有机材料在受热的时候,一般要经过熔化过程,然后再蒸发出去。也有的材料由于熔点较高,往往不经过液相而直接升华。

　　其次,飞行过程。气化原子或分子在蒸发源与基片之间的输送过程,即这些粒子在环境气氛中的飞行过程。飞行过程中与真空室内残余气体分子发生碰撞的次数与蒸发源到基片之间的距离有关。

　　最后,沉积过程。蒸发原子或分子在基片表面上的沉积过程,包括蒸气凝聚、成核、核生长、形成连续薄膜等阶段。由于基片的温度远低于蒸发源温度,因此,沉积物分子在基片表面将直接发生从气相到固相的相变过程。

　　实验过程中发现,真空度对薄膜的质量有很大的影响。如果真空度太低,有机分子将与大量空气分子碰撞,使膜层受到严重污染,甚至被氧化烧毁;而此条件下沉积的金属往往没有光泽,表面粗糙,得不到均匀连续的薄膜。

　　事实上,真空蒸发是在一定压强的残余气体中进行的。真空室内存在着两种粒子,一种是蒸发物质的原子或分子,另一种是残余气体分子。这些残余气体分子会对薄膜的形成过程乃至薄膜的性质产生影响。因此,要获得高纯度的薄膜,就必须要求残余气体的压强非常低。理论计算表明,为了保证镀膜质量,当蒸发源到基片的距离为 25 cm 时,必须保证压强低于 3×10^{-3} Pa。

　　真空室内的残余气体一般含氧、氮、水汽、污染气体等。对于大多数真空系统而言,水汽是残余气体的主要组分。水汽可与金属发生反应生成氧化物而释放出氢气。

　　在蒸镀过程中,蒸发速率和膜厚是最重要的两个参数。蒸发速率除与蒸发物质的分子量、绝对温度和蒸发物质在温度 T 时的饱和蒸气压有关外,还与材料自身的表面清洁度有关。特别是蒸发源温度变化对蒸发速率影响极大。蒸发速率 G 随温度 T 的变化关系为

$$\frac{\mathrm{d}G}{G} = \left(\frac{B}{T} - \frac{1}{2}\right)\frac{\mathrm{d}T}{T} \tag{5.220}$$

式中,B 为常数。对于金属,B/T 通常为 $20\sim30$,即

$$\frac{\mathrm{d}G}{G} = (20\sim30)\frac{\mathrm{d}T}{T} \tag{5.221}$$

因此,在进行蒸发时,蒸发源温度的微小变化即可引起蒸发速率发生很大变化。而沉积速率的不同会极大地影响器件的性能。

真空室中一般会安装基于石英晶体振荡法的动态膜厚监测仪,用于有机发光二极管的制备过程中对厚度和蒸发速率的动态控制。

③ 彩色化技术。

小分子 OLED 器件实现彩色化的方式与聚合物器件的不同。聚合物器件通常采用喷墨打印法制备全彩色器件,虽然目前还存在一些技术问题,但因其成本低廉、工艺简单等优点,无疑将成为未来大面积平板显示技术的一个发展方向。本节重点介绍小分子 OLED 器件彩色化技术。

目前在小分子 OLED 全彩显示技术方面,实现彩色化的方法有光色转换法、彩色滤光薄膜法、独立发光材料法等,工艺方式有 3 种,如图 5.89 所示。

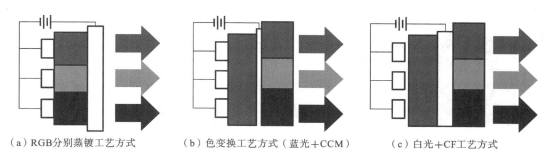

（a）RGB分别蒸镀工艺方式　　　（b）色变换工艺方式（蓝光＋CCM）　　　（c）白光＋CF工艺方式

图 5.89　OLED 实现彩色化的 3 种工艺方式

表 5.7 所示的是 OLED 实现彩色化的 3 种工艺方式之间的比较。

表 5.7　OLED 实现彩色化的 3 种工艺方式之间的比较

比较项目	RGB 分别蒸镀工艺方式	色变换工艺方式（蓝光＋CCM）	白光＋CF 工艺方式
发光方式	以红绿蓝 3 色为独立发光材料进行发光	以蓝光加上转换薄膜进行发光	以白光发光材料加上彩色滤光片进行发光
发光效率	优	可	差
精细度	平	佳	佳
优点	对比度佳	高效率、广视角	与液晶使用的材料相同
技术关键	金属模板问题,RGB 的色纯度及发光效率和稳定性	蓝光材料的发光效率及稳定性、红光的转换效率	与色纯度匹配的白光材料

④ OLED 器件的寿命和稳定性。

OLED 器件的寿命和稳定性是制约其迅速产业化的一个关键因素,解决 OLED 器件的

寿命和稳定性问题是一个系统工程问题,需要从多个环节进行调控。

a. 控制 ITO 薄膜质量和选择合适的清洗方法。

ITO 玻璃的选择:阳极界面漏电流和器件串绕等现象与 ITO 薄膜的质量密切相关,直接影响器件的寿命和稳定性,必须严格控制 ITO 薄膜的质量。其中有 ITO 薄膜的平整度、结晶性、晶粒大小、晶界特性、表层碳和氧含量及能级大小等。

ITO 辅助电极的制备:当制备高分辨显示屏时,ITO 线条过细,需要加入金属辅助电极,加入金属辅助电极可以使电阻降低,易于进行驱动电路的连接,提高发光区均匀性和稳定性。在制备辅助电极时,要考虑方阻(方向电阻)大小、光透过率、界面结合特性、图案刻蚀特性等。

ITO 的清洗工艺:ITO 表面的污染物直接影响器件的效率、寿命和稳定性。ITO 刻蚀溶液的 pH 值、清洗和烘干的时间和温度、UV 清洗和等离子体清洗的参数等要进行系统的优化。

b. 选择好隔离柱制备条件。

隔离柱制备过程中,光刻胶、清洗液、漂洗条件、烘干温度和时间等对 ITO 和器件寿命影响较大,优化隔离柱制备条件是提高产品稳定性和寿命的关键。

c. 选择好稳定性 OLED 材料。

目前 t_g 温度较低的空穴传输材料是一个关键因素。电子传输材料的电子迁移率较低等因素会直接和间接影响器件的寿命。选择合适的掺杂材料可以有效提高器件的效率和寿命。

d. 优化器件结构。

e. 优化封装条件。

3. 新型有机发光二极管显示技术

有机发光二极管显示技术在显示领域具有光明的应用前景,被看作是极富有竞争力的未来平板显示技术。十几年来,有机电致发光的研究得到了飞速的发展,如今,无论以有机小分子还是以聚合物为发光材料的电致发光器件现在都已经达到初步的产业化水平。产业化的发展对 OLED 技术不断提出新的要求,新型 OLED 技术也应运而生。

从发光材料和器件结构考虑,新型 OLED 技术主要包括透明 OLED、表面发射 OLED、多光子发射 OLED 等;从器件的制备技术角度出发,除了常规真空蒸镀和旋涂制备技术外,在 OLED 丝网印刷制备技术、喷墨打印制备技术上也不断有新的突破;从应用领域角度考虑,基于柔性 OLED、微显示 OLED 技术的相关研究也开始成为研究的热点。

(1) 透明 OLED 技术。

经典的 OLED 器件都采用透明导电的 ITO 作为阳极,不透明的金属层作为阴极。而 OLED 中采用的发光材料在可见光区都有很高的透过率,因此只要采用透明的阴极就可以实现透明的 OLED 器件。

Bulovic V 等发明的最早的透明 OLED 器件采用了 ITO/TPD/Alq/Mg:Ag(10 nm)/ITO(400 nm)结构。10 nm 金属电极对可见光吸收很少,再制备一层透明导电膜 ITO 辅助导电,制备的器件可见光透过率约为 70%。但因为制备 ITO 导电膜必须采用溅射工艺,溅射中辉光对有机层的破坏很大,只能降低溅射速率(0.005 nm/s),而且器件成品率也很低。Parthasarathy 等的研究表明加入一层能够承受辉光照射的有机物作为保护层(如 CuPc),可以增大 ITO 溅射速率,提高成品率,而且器件可见光透过率也有很大的提高。Ymamori 等采用 Ni(acac)₂ 作为有机保护层和电子注入层,器件的可见光透过率接近 50%。Hung 等在溅射保护有机层中引入活泼金属 Li,因 Li 扩散到有机层中形成 N 掺杂,有效地降低了电子注入势垒,从而使得透明 OLED 器件的驱动特性与常规器件相媲美。Parthasarathy 等采用了 BCP/Li/ITO 复合电极,因为 BCP 在可见光区几乎没有吸收(CuPc 在红光区有吸收),器件可见光透过率接近 50%,器件外量子效率也进一步提高。

透明的 OLED 器件结构的引入,拓展了 OLED 的应用范围。透明 OLED 可以用在镜片、车窗上,在通电后发光,而在不通电时透明,这充分显示出 OLED 技术的艺术性与实用性。

(2) 叠层 OLED 和多光子发射 OLED。

透明的 OLED 器件结构的引入,使得人们可以设计叠层式 OLED 器件,在同一位置制备红绿蓝三色器件,一种叠层式结构的 OLED 器件如图 5.90 所示。

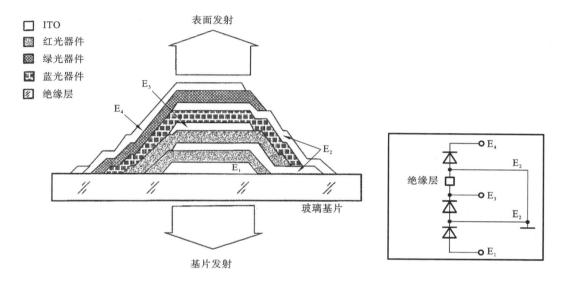

图 5.90　叠层全彩色 OLED

在此基础上,日本的城户教授提出了多光子发射 OLED,即将多个透明的 OLED 通过电荷生成层(CGL)串联起来,各器件不能独立控制。多光子发射 OLED 的最大优点是可以在低电流下得到高亮度的光,从而提高器件的寿命。而该技术的关键是透明的"电荷生成层"的设计。

城户教授最早采用的电荷生成层是 ITO,但 ITO 需要溅射,且水平方向电阻小,易造成器件的串绕。此后,能蒸镀成膜的电荷生成层被相继开发出来。柯达公司的 Liao 等人发现,采用 N 型和 P 型掺杂的有机叠层也能实现同样的功能,这就进一步提高了电荷生成层的透过率,水平方向的电阻也大大减小。

多光子发射 OLED 在照明和大面积 OLED 电视方面有望得到应用。

(3) 表面发射 OLED。

表面发射 OLED 器件结构,即从与底板相反的方向获取光,是一项令人瞩目的可提高 OLED 面板亮度的技术。在 TFT 阵列驱动的 OLED 器件中,若采用常规的器件结构,OLED 面板发光层的光只能从驱动该面板的 TFT 主板上设置的开口部射出。特别是对于需要实现高分辨率的便携显示产品而言,透出面板外的光仅为发光层发出的光的 10%～30%,大部分光都被浪费了。如采用表面发射结构,从透明的器件表面获取光,则能大幅度提高开口率。

透明 OLED 器件中所用的透明阴极技术可以用于表面发射 OLED 器件中。通常的表面发射 OLED 器件中,都必须采用透明导电材料 ITO 降低阴极的电阻,而 Hung 等发明了一种新的透明阴极结构:Li(0.3 nm)/Al(0.3 nm)/Ag(0.2 nm)折射率匹配层。Li/Al 层能实现很好的电子注入功能,Ag 层起到降低电阻的作用,折射率匹配层通过材料和厚度的匹配,可以使得阴极透光率超过 75%。折射率匹配层材料的选择范围很广,甚至可以是真空蒸镀的有机材料,对 5 寸以下的小尺寸器件甚至可以不必再采用溅射工艺制备 ITO 层,使得透明阴极的制备工艺更加简单。

不过,对于大面积的 OLED 显示器,必须引入 TCO(透明导电氧化物)。为了减少溅射对有机层的损坏,人们开发出面型的溅射靶,在一定程度上解决了这一问题。此外,无定形的氧化铟锌(IZO)相对于传统的透明导电材料 ITO 在表面发射的 OLED 器件中有望得到更广泛的应用。

对于表面发射的 OLED 而言,因阴极反射率、阴极透过率均较低,因此更容易形成有效的微腔共振结构。所以,通过膜厚控制,可以调控表面发射 OLED 的发光效率和色纯度,人们充分利用了这一特点,将其应用在高性能的 OLED 显示器上。

用倒置结构也能实现表面发射 OLED 器件。Bulovic 等发明的倒置结构为 Si/Mg:Ag/Alq/TPD/PTCDA/ITO。PTCDA 起到空穴注入层的作用,但由于该器件的性能与经典结构的 OLED 器件相比仍有较大的差距,相关研究进展不大。

(4)喷墨打印制备 OLED。

聚合物 OLED 器件的制备过程中,聚合物薄膜的制备通常采用旋涂的方法。旋涂的优点是能实现大面积均匀成膜,但缺点是无法控制成膜区域,因此只能制备单色器件,另外,旋涂对聚合物溶液的利用率也很低,仅有 1% 的溶液沉积于基片上,55% 的溶液都在旋涂过程中被浪费了。而采用喷墨打印技术,不仅可以制备彩色器件,而且对溶液的利用率也提高到 58%。这项技术发明的时间并不长,但发展很快。

与旋涂选用的聚合物溶液不同,喷墨打印技术要求选用与之相匹配的聚合物溶液,在选择高性能聚合物材料的同时,还必须对溶剂进行优化。溶剂的选择非常重要,因为这影响到打印后形成膜层的形貌,进而影响到器件的效率和寿命等性能。喷墨打印中选用的聚合物溶液必须不能堵塞喷嘴;聚合物溶液必须有适当的黏度和表面能;还要考虑墨滴能浸润基片表面,保证烘干后成膜均一、平整。旋涂中常用的易挥发的甲苯、二甲苯等溶剂就能满足喷墨打印的要求,需要采用高沸点的溶剂,如三甲苯、四甲苯,或采用混合溶剂。

喷墨打印制备彩色器件示意图如图 5.91(a)所示。Hebner 等在喷墨打印制备 OLED 器件方面作出了开创性的工作,他们采用普通的喷墨打印机在导电层 ITO 之间喷上聚合物发光层,再蒸镀阴极材料。喷墨头喷出的墨点难以形成均匀、连续的膜,器件制备成功率很低,与采用相同材料用旋涂工艺制膜的器件相比,其驱动电压更高,效率更低。YangYang 发明了混合-喷墨打印技术,把旋涂和喷墨打印结合起来,制备多层器件,利用旋涂生成的均匀膜作为缓冲层,减小了针孔等缺陷的影响。

喷墨打印制备显示器件对打印技术提出了挑战,如喷嘴能喷出更加精细的墨点,喷出墨点能够精确定位,保证墨点的均匀性和重复性,保证墨滴干燥后能形成平整的表面等。在提高喷墨打印机精度的同时,采用 PI 隔离柱进行限位,结合适当的表面处理工艺,实现定位,也能提高喷墨打印的精度。

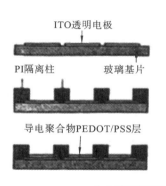

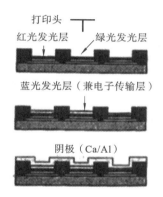

（a）喷墨打印制备彩色器件示意图

（b）爱普生公司利用喷墨打印技术制备的40英寸OLED面板

图 5.91　喷墨打印制备彩色器件示意图与爱普生公司利用喷墨打印技术制备的 40 英寸 OLED 面板

喷墨打印技术被认为是最适用于制备大面积 OLED 显示面板的技术。各大公司都纷纷研发喷墨打印制备 OLED 的技术。EPSON 公司利用喷墨打印技术，研制出 40 英寸的 OLED 电视，显示出了喷墨打印技术的巨大潜力。图 5.90（b）所示的为爱普生公司利用喷墨打印技术制备的 40 英寸 OLED 面板。

更引人注目的是，喷墨打印还能同 TFT 集成电路制备结合起来，Sirringhaus H 等人用喷墨打印技术制备了沟道仅为 5 μm 的全聚合物 FET。最近，精工爱普生公司利用喷墨技术成功地开发出了新型超微布线技术，利用这种技术可以绘出线宽及线距均为 500 nm 的金属布线，这充分展现了这一技术的发展潜力。如果上述喷墨技术进一步发展，半导体元件的生产设备有可能会大幅度缩小体积并节省能源，批量生产也有可能成为现实。

（5）柔性电致发光器件。

作为全固化的显示器件（无论是小分子还是聚合物），OLED 的最大优越性在于能够实现柔性显示器件，如与塑料晶体管技术相结合，可以制成人们梦寐以求的电子报刊、墙纸电视、可穿戴的显示器等产品，淋漓尽致地展现出有机半导体技术的魅力。

柔性 OLED 器件与普通 OLED 器件的不同之处仅仅在于基片，但对于软屏器件而言，基片是影响其效率和寿命的主要原因。软屏采用的塑料基片与玻璃基片相比，有以下缺点。

① 塑料基片的平整性通常比玻璃基片的要差，基片表面的突起会给膜层结构带来缺陷，引起器件损坏。塑料基片的水氧透过率远远高于玻璃基片的，而水、氧是造成器件迅速老化的主要因素。即使是在食品包装等领域应用的带水氧阻隔层的薄膜，其水氧透过率也与 OLED 器件的要求相差甚远。可以做一个简单的估算，Mg 的原子量是 24，密度是 1.74 g/cm^3，如果 OLED 器件中的活泼金属 Mg 层的厚度为 50 nm，则该器件含 Mg 量为 3.6×10^{-7} mol/cm^2。只需要约 6.4×10^{-6} g 的水就能与之完全反应。要使得 Mg 被完全破坏的时间为一年，则封装层必须使得水渗透率小于 1.5×10^{-4} g/m^2/天。而实际上器件中的阴极只要有 10% 被氧化，形成的不发光区域就非常明显，即使忽略水氧对有机层的破坏作用，水氧阻隔层的透过率也应小于 10^{-5} g/m^2/天。

② 由于塑料基片的玻璃化温度较低，只能采用低温沉积的 ITO 导电膜，而低温 ITO 性能与高温退火处理的 ITO 性能差别很大，电阻率较高，透明度较差，最为严重的是低温 ITO 与 PET 基片之间的附着力不好，普通的环氧胶可能造成（玻璃基片器件通常用环氧胶粘贴

封装壳层)ITO 剥落;塑料基片中,常用 PET 基片与 ITO 的热膨胀系数相反,在温度升高时,PET 基片收缩,而 ITO 导电膜(导电层)膨胀,导致 ITO 剥落。电流较大时,器件工作产生的焦耳热可能导致 ITO(导电层)剥落。为此,人们对塑料基片进行了改性,改善塑料基片的表面平整度,增加其水氧阻隔性能。聚合物交替多层膜(PML)技术被认为是行之有效的一项改善塑料基片性能的技术,并被用于制备软屏 OLED 器件的基片。PML 是在真空状态下用于制备聚合物、陶瓷类材料的交替多层膜,其结构如图 5.92(a)所示。其中,聚合物层作为柔性的缓冲层,起到使表面平整均一的作用。采用的聚合物材料通常是室温下为液态的聚合物单体,如丙烯酸类单体,蒸镀到基片表面后因为表面张力作用形成非常平整的膜层,再通过紫外光照射使之聚合固化,形成聚丙烯酸酯膜层。采用的陶瓷材料通常是氧/氮化硅、氧/氮化铝等,水氧透过率极低,而且在可见光区透明。研究表明,PML 改性后的基片表面非常平整,而且水氧阻隔性能可以与玻璃相媲美。PML 交替多层结构的引入也改善了基片与透明导电膜的结合力,从而提高了 OLED 器件的性能。PML 技术还可以用于 OLED器件的封装。美国普林斯顿大学的研究人员将 PML 技术用于基片改性和 OLED 器件的封装,使得柔性电致发光器件的寿命提高到 2000 小时以上。

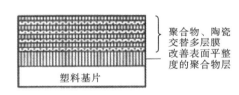

聚合物、陶瓷
交替多层膜
改善表面平整
度的聚合物层

塑料基片

(a)PML结构示意图　　　　　　　　　　　(b)柔性OLED器件

图 5.92　PML 结构示意图,以及柔性 OLED 器件

在低温下制备高电导率的透明导电膜也是软屏 OLED 研究中必须解决的问题。Zhu F R 等采用还原性氛围(Ar、H_2 作为溅射氛围)在低温下得到了电导率为 4.66×10^{-4} Ω/cm,可见光透过率超过 86% 的 ITO 导电膜。Kim H 等采用脉冲激光沉积法制备了 ITO导电膜,电导率为 7×10^{-4} Ω/cm,可见光透过率超过 87%,已接近常规经高温处理的 ITO导电膜的性能。导电聚合物,如掺杂导电的 PANI/CSC、PEDOT/PSS 等在室温下就可以大面积涂敷,成本很低,而且作为 OLED 器件透明阳极导电材料,其比 ITO 具有更好的柔性,但主要的问题是电阻值太大,目前德国 Agfa 公司已推出基于导电聚合物 PEDOT 的透明导电基片产品,可用在对器件柔性有特殊要求的场合。

图 5.92(b)所示的为清华大学制备的柔性 OLED 器件。在柔性 OLED 器件的研究和开发方面,清华大学主要研究了柔性基片界面处理和有机无机交替多层薄厚膜复合封装技术,在柔性 OLED 器件界面结合力和封装寿命等方面取得了良好的效果。

(6)微显示 OLED。

微显示器与大面积平板显示器一样,能提供大量的信息,且它的便携性和方便性更佳。

新兴的微显示器较现行的微显示器具有更好的彩色品质和更大的视角,应用领域正在不断扩展。目前涌现出几种新的显示技术被人们用于微显示器,如硅基液晶(LCoS)和硅基有机发光二极管(OLEDoS)等显示技术。

基于 LCoS 和 OLEDoS 的微显示器都能集成控制电子线路,使得显示器成本降低、体积减小。与 LCoS 相比,OLEDoS 是主动发光的,不需要备有背光源,使得微显示器能耗降低。

OLEDoS 的发光近似于 Lambertian 发射,不存在视角问题,显示器的状态将与眼睛的位置和转动无关,而众所周知,LCD 的亮度和对比度会随着角度变化而变化。另外,OLEDoS 器件的响应速度为数十微秒,比液晶显示的响应速度高 3 个数量级,更适用于实现高速刷新的视频图像。

基于 OLEDoS 的微显示器具有大视角、高响应速度、低成本,以及低压驱动等特性,这使得 OLEDoS 成为理想的微显示器技术。

基于硅基板的 OLED 可用于头盔等便携式设备,随着 OLED 亮度和寿命的不断提高,OLEDoS 还可以用于迷你投影仪。

5.3.5　液晶与 OLED 显示的典型应用

液晶显示器(LCD)经历了四代产品,目前第 2～4 代产品并存,它们各自有不同的应用领域。

LCD 有着广泛的用途,如平面电视机、笔记本电脑、公共场所的显示板、机顶盒用监视器、PC/TV 用监视器、信息家电、网络终端、电子图书、仪器仪表等应用,如图 5.93 所示。

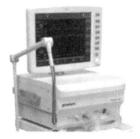

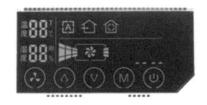

（a）在医疗领域的应用　　　　（b）在电子产品领域的应用　　　　（c）在消防领域的应用

（d）在商业领域的应用　　　　（e）在电子产品领域的应用　　　　（f）在交通领域的应用

图 5.93　OLED 的应用

在商业领域当中,POS 机、复印机、ATM 机中都可以安装小尺寸的 OLED 屏幕,由于 OLED 屏幕可弯曲、轻薄、抗衰性能强,其既美观又实用。大屏幕可以用作商务宣传屏,也可以用作车站、机场等广告投放屏,这是因为 OLED 屏视角广、亮度高、色彩鲜艳,视觉效果比 LCD 屏好很多。

电子产品领域中,OLED 应用最为广泛的领域就是智能手机,其次是笔记本、显示屏、电视、平板、数码相机等领域,由于 OLED 显示屏色彩更加浓艳,并且可以对色彩进行调教(不同显示模式),因此在实际应用中非常广泛,特别是当今的曲面电视,广受群众的好评。对于 VR 技术,用 LCD 屏观看 VR 设备会有非常严重的拖影,但在 OLED 屏幕中会好很多。

在交通领域中,OLED 主要用于轮船、飞机仪表、GPS、可视电话、车载显示屏等,并且以小尺寸为主,这些领域主要注重 OLED 广视角性能,即使不直视也能够清楚看到屏幕内容,LCD 则不行。

第6章 | 新型电子器件

◀ 6.1 概　　述 ▶

计算机和通信技术已经渗透现代生活的各个领域,其发展以微电子学为基础。摩尔定律自诞生以来,一直指导着微电子领域的发展。摩尔定律指的是集成电路上的晶体管数量每两年左右就会增加一倍,换言之,芯片的性能也会翻一倍。然而,随着集成电路所容纳的器件数量越来越多,摩尔定律逐渐放缓。虽然,目前硅基工艺已经突破了 3 nm 工艺节点,但其有效栅极长度仍停留在十几纳米水平。这是由于随着器件尺寸逐渐缩小,量子效应逐渐显著,因此需要探寻新的材料体系。而常见的纳米材料,如 0D 量子点、1D 纳米线、2D 材料,因物理尺寸本身就处于纳米尺度而受到广泛关注。如今,基于纳米材料的各种纳电子器件纷纷涌现,被广泛应用于各种领域,如传感器、处理器和存储器等。

◀ 6.2 纳电子器件 ▶

6.2.1 量子点材料与器件

量子点(QD)是一种将三维空间维度尺寸减小到纳米级的半导体材料,也被称为零维(0D)材料。由于电子被局限在与其德布罗意波长相当的区域内运动,量子点出现离散能级,如图 6.1 所示。随着量子点尺寸减小,有效禁带宽度增加,导致吸收和发射谱蓝移,穿过禁带激发的电子与剩余的价带空穴间产生强烈的相互作用,在库仑引力和自旋交换耦合的作用下,产生强约束的电子-空穴对,即激子。在高激发水平下,量子点中多个激子的邻近作用会影响其电学和光学特性,使量子点材料具有广泛可调的光吸收、纯色的明亮发射等独特性质。因此,量子点器件被广泛应用于显示器、激光器、传感器、非易失性存储器、热电器件和量子计算等领域中。

1. 基于量子点的发光二极管

由于离散的能带结构,量子点在室温下具有低于 50 nm 的发射半峰宽,可以满足下一代显示器高颜色纯度的需求,如图 6.2(a)所示。为了获取显示器所需的红、绿、蓝三种光,提出了三种典型结构。第一种方法以 InGaN 蓝色发光二极管(LED)为背光单元,量子点在蓝光的驱动下可以发射红光或绿光。通过这种方法可以在滤色器过滤颜色的过程中改善色域,

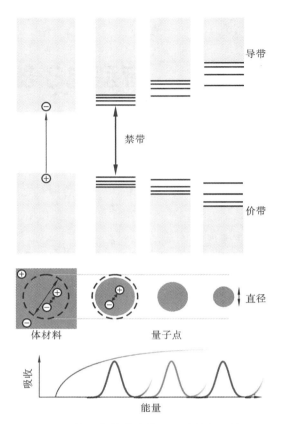

图 6.1　量子点能带结构随尺寸的变化情况

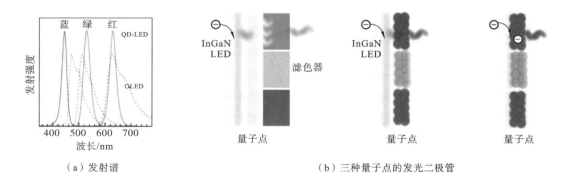

（a）发射谱　　　　　　　　　　（b）三种量子点的发光二极管

图 6.2　量子点 LED 的基本特性及器件结构

减少光损失。另一种方法是量子点作为光活性材料,通过吸收 InGaN 蓝色发光二极管发射的短波长蓝光,重新发射长波长的红光、绿光和蓝光。这种方法不必使用滤色器,消除了颜色串扰;同时,可减少设备堆叠的层数,提高视角,提高光输出效率和器件效率。或者,将量子点作为外加偏置电压直接驱动的有源电致发光材料,通过电路寻址控制量子点发射红、绿、蓝三种光。这种方法可以减小屏幕厚度、增强动态范围、改善黑色渲染、增大视角和提高帧速率。与有机发光二极管相比,基于量子点的发光二极管提供了更窄的发射半峰宽和更高的颜色纯度。图 6.2(b) 展示了三种结构。

LED 的一个重要特性是外量子效率（EQE），即发射光子数与注入电子数之比。然而，在俄歇复合期间，电子-空穴复合能量转移到其他载流子上，而不是用于光子发射，导致外量子效率降低。由于量子点的能带结构与组分相关，通过"阶梯状"的能带结构，抑制俄歇复合，使红光和绿光的外量子效率超过 20%，蓝光的外量子效率超过 18%，接近常规半导体发光的极限。

2. 基于量子点的激光器

激光作为一种相干光源，被广泛应用于光通信、片上互连、数字投影系统和量子信息技术等领域。激光产生的必要条件是粒子数反转和光学增益大于损耗。粒子数反转指的是用于发射跃迁的高能量粒子数超过低能量粒子数。由于量子点具有双重简并电子和空穴带边状态，当每个量子点的平均电子-空穴对数量大于等于 2 时，记为 $N_{eh} \geqslant 2$，粒子数反转明显，粒子数反转过程示意图如图 6.3(a) 所示。

为了实现高光学增益，量子点中必须包含两个或多个激子。然而，非辐射俄歇复合的存在使激光阈值急剧提高，严重影响了激光的产生。例如，对于激子寿命小于 100 ps 的量子点，其激光阈值高达 10^5 W/cm^2。为了抑制俄歇复合，提出了双轴应变技术。通过在硒化镉（CdSe）量子点外壳选择性生长不对称的硫化镉（CdS）对量子点施加强双轴应变，增强量子点价带的能级分裂，将激光阈值降低至 10^3 W/cm^2。量子点价带的能级分裂如图 6.3(b) 所示。目前，基于量子点的激光器仍然处于探索阶段，但是，其创纪录的低激光阈值和高达 220℃ 的高工作温度，使其成为未来硅基光子学、通信和数据中心的重要组成部分。

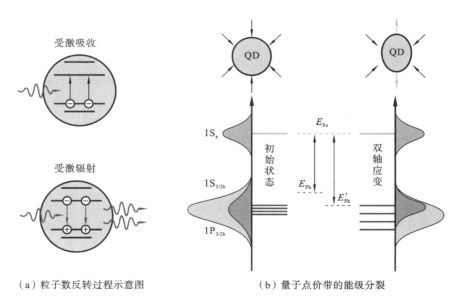

（a）粒子数反转过程示意图　　（b）量子点价带的能级分裂

图 6.3　量子点激光器工作原理

3. 基于量子点的量子光源

量子点易于小型化，具有可扩展性，这使用于量子计算机和量子通信的量子点技术越来越受到关注。量子点可以发射高保真度的单光子，在量子光源方向很有吸引力。

高质量光学谐振腔中的量子点可以作为单光子源。经过定制的光或电脉冲激发后,量子点将发射仅一个光子,这称为反聚束,反聚束过程示意图如图 6.4(a)所示。反聚束可以通过二阶相关函数 $g^{(2)}(\tau)$ 表征,如图 6.4(b)所示,该函数表示同时检测到两个光子的概率。理想情况下,$g^{(2)}(\tau=0)=0$。目前,In(Ga)As/GaAs 量子点材料可以将 $g^{(2)}(\tau=0)$ 抑制到小于 10^{-4}。单光子源通常在低温下工作,但实际量子集成电路系统需要在室温或更高温度下工作。嵌入 GaN/AlGaN 纳米线的 GaN 量子点由于具有大于 60 meV 的大双激子结合能,可以在 350 K 下实现单光子发射。

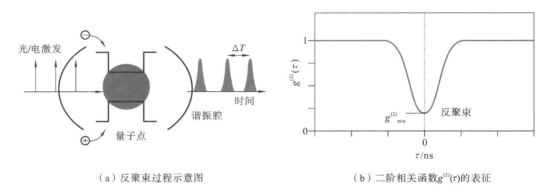

（a）反聚束过程示意图　　　　　　　　　　（b）二阶相关函数$g^{(2)}(\tau)$的表征

图 6.4　单光子源工作原理

将量子点应用于量子光源仍然存在一些问题,尽管量子点量子位的相干特性优于高维半导体的,但到目前为止,其远远落后于原子或缺陷中心系统的。对于自组装量子点中的光学活性激子,相干时间可以长达纳秒;而对于光学非活性激子,相干时间达到微秒。

4. 基于量子点的红外传感器

量子点具有宽光谱可调和良好的光生载流子迁移率等独特性质,这使其成为红外传感器的有力竞争者。最早的量子点红外传感器由硫化铅(PbS)量子点薄膜组成,在短波红外(SWIR)波段具有与Ⅲ-Ⅴ族红外探测器相当的高光电导率和比探测率,但是暗电流较高且时间响应在毫秒级。但是,通过对量子点表面化学改性,可以有效降低暗电流,提高响应速度,如图 6.5(a)所示。随着航空航天、气体和健康监测等领域的不断发展,对中波红外(MWIR)探测的需求越来越高。然而,随着半导体带隙的减小,暗电流和噪声不断增加。传统的中红外探测器选择碲镉汞(HgCdTe)和锑化铟(InSb)等材料,它们通常在 77 K 的低温下工作。而基于量子点的红外探测器在室温下即可完成中波红外探测。同时,利用量子点能带结构与量子点尺寸相关的特性,实现了对短波红外和中波红外的多光谱红外探测,如图6.5(b)所示。这展现出量子点红外探测器的巨大应用潜力。

5. 基于量子点的太阳能电池

早期,量子点作为染料敏化太阳能电池中有机染料的替代品,通过氧化还原反应获得电子-空穴对,并使用电解质促进电荷输运。然而,量子点的少数载流子扩散长度短于使光吸收最大化所需的长度,导致吸收-提取折中。为了实现更高性能,量子点中的缺陷需要进一步减少,来增加载流子寿命和迁移率,同时可以避免准费米能级和开路电压的钉扎。可依靠小金属卤化物的配体交换,改善量子点耦合、防止氧化并降低缺陷密度。在肖特基结构中,

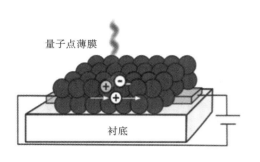

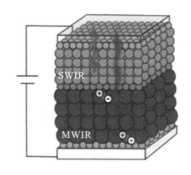

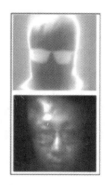

（a）量子点表面化学改性　　　　　　　（b）短波红外和中波红外的多光谱红外探测

图 6.5　量子点红外探测器结构示意

使用功函数较大的透明导电氧化物，如氧化铟锡（ITO），与 P 型量子点薄膜形成欧姆接触。而另一个电极使用具有低功函数的金属（如铝或镁）构建肖特基结构来提取电子并排斥空穴，如图 6.6（a）所示。由于耗尽区内建电场促进光生载流子分离，导致内量子效率超过 80%。然而，在耗尽区之外的准电荷中性区，少数载流子扩散长度为 10～100 nm。这使得器件有源层一旦超过这个阈值，便无法实现有效的载流子提取，因此内量子效率下降。

耗尽异质结构有效解决了肖特基结构面临的问题。耗尽异质结构使用大带隙、低功函数的电子受体材料与量子点薄膜构建异质结，实现光生载流子分离，达到了 6% 的单结 PCE，如图 6.6（b）所示。通过将吸收可见光的量子点薄膜置于吸收红外波段的量子点薄膜顶部，拓展太阳能电池的光谱吸收范围，这种结构被称为串联结构，如图 6.6（c）所示。在串联结构的基础上进一步发展，可以在顶部电池区域和底部电池区域之间加入一层中间层，它将来自顶部电池的空穴电流和来自底部电池的电子电流在中间层复合，增加太阳能电池的开路电压而不引入损耗。量子调谐结构在量子点薄膜的导带中产生内置梯度，增强准电荷中性区域的电子提取，从而在工作电压下实现高工作电流，如图 6.6（d）所示。

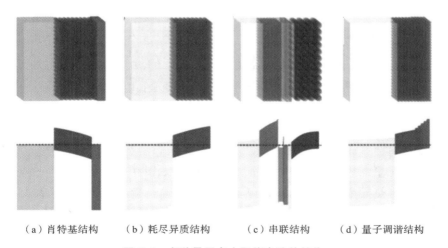

（a）肖特基结构　　（b）耗尽异质结构　　（c）串联结构　　（d）量子调谐结构

图 6.6　多种量子点太阳能电池的结构

6. 基于量子点的非易失性存储器

随着信息的爆发式增长,非易失性存储器在半导体市场发挥着重要作用。浮栅晶体管是一种典型的非易失性存储器。传统的浮栅晶体管通过被介质层包围的浮栅存储电荷,介质层为存储操作提供隧道势垒,同时防止电荷损失。然而,传统的浮栅晶体管进一步缩小尺寸需要更薄的介质层,这会导致泄漏电流增加、存储的信息丢失的风险变大。为了应对这一挑战,通过设计量子点的核壳组分和表面配体,使量子点充当浮栅层。其中,具有Ⅰ型能带结构的 ZnSe 核避免了被捕获电荷的自发恢复。ZnS 量子点壳层和表面配体作为介电层,阻止 ZnSe 核中电荷的自发转移,并允许在外加电场下进行电荷隧穿。图 6.7(a)演示了量子点浮栅存储器的电荷俘获、保持和去俘获过程:在写入偏压作用下,电荷从沟道转移到量子点;撤去偏压,电荷存储在量子点中;在擦除偏压的作用下,电荷从量子点转移到沟道。

在新兴的非易失性存储器中,相变存储器(PCM)是一种很有前途的技术。与传统的硅基浮栅晶体管相比,相变存储器的读取和写入速度更快,耐用性更佳。图 6.7(b)演示了 GeTe 量子点相变存储器工作原理:用电压脉冲对存储单元进行局部加热,以达到材料的结晶点或熔点,使材料在非晶态和晶态之间转换,且冷却至室温后存储状态仍保持不变。

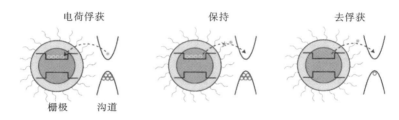

(a)量子点浮栅存储器的电荷俘获、保持和去俘获过程

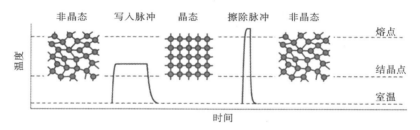

(b)GeTe量子点相变存储器工作原理

图 6.7 量子点非易失性存储器原理图

7. 基于量子点的热电器件

由于大量废热会排放到环境中,因此热能收集在能源生态系统中发挥着重要作用。热电材料的性能由无量纲热电品质因数表征,$ZT = S^2 \sigma T / \kappa$,其中,$S$、$\sigma$、$T$ 和 κ 分别是塞贝克系数、电导率、温度和热导率。由于电子和声子都能够传输热量,材料的热导率 κ 可以写成电子热导率 κ_e 和声子热导率 κ_l 的总和,即 $\kappa = \kappa_e + \kappa_l$。其中,电子热导率与电子电导率成正比。对于块状单晶材料,由于电子和声子对晶格的对称性和化学性质的共同依赖性,声子热导率与电子热导率相关。然而,纳米结构材料可以减轻这种约束,独立优化电子和声子热导率,从而使量子点成为热电器件的有希望的候选者。

量子点的热传输由量子点-配体界面处的界面声子振动散射和量子点超晶格的声子输运组成,如图 6.8(a)所示。通过减小量子点的尺寸可以实现高量子点-配体界面密度,对声子平均自由程施加限制,并将热传输限制在界面散射的时间尺度内。超晶格的声子能带结构可以通过量子点的大小、周期性排列,以及粒子间的机械相互作用来定制。这有助于降低声子群速度和声子带隙,阻碍量子点的热传输。此外,量子点的电子电导率可通过很多方法调节。这使得量子点的热导率可以调节,并且通常比室温下的块状半导体的低几个数量级,热导率随量子点尺寸的变化关系如图 6.8(b)所示。

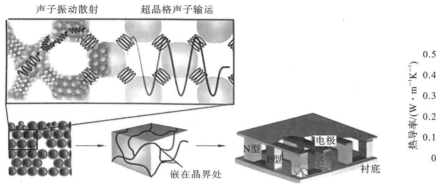

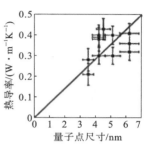

（a）量子点-配体界面处的界面声子振动散射和量子点超晶格的声子输运　　（b）热导率随量子点尺寸的变化关系

图 6.8　基于量子点的热电器件

　　在多晶材料中,声子热导率与声子平均自由程成正比,受缺陷中心、晶界和界面处的声子散射及其他声子的影响。将量子点嵌入热电材料晶界处作为声子的散射位点可以有效降低声子热导率。通过使用与载流子的平均自由程大小相当(通常为数十纳米)的量子点,可以使热导率减小几个数量级。

6.2.2　半导体纳米线材料与器件

　　半导体纳米线(NW)是一类新型半导体,其典型横截面直径为 1~100 nm,长度可为数百纳米到毫米不等。2001 年,使用原位高温透射电子显微镜首次直接观察到纳米线的生长。在接下来的二十年里,纳米线的研究迅速演变为一个庞大的、跨学科的研究前沿,诞生了大量光电子学器件。

　　由于其固有与带隙相关的光学跃迁,半导体纳米线对于产生光学信号至关重要。直接带隙纳米线(如 Ⅱ-Ⅵ 和 Ⅲ-Ⅴ 化合物)因其高效的发光特性最早被研究。随后,由于其在从近红外(氮化铟)到紫外(氮化镓)波长范围内的带隙可调性,氮化物纳米线得到了发展。但是,这些纳米线需要苛刻的生长条件,新出现的卤化物基钙钛矿纳米线通过溶液加工表现出优异的光学特性,例如具有高发射/吸收效率。

　　迄今为止,已经合成了广泛的半导体纳米线,它们具有与块状单晶材料相当甚至更好的电子性能。例如,对于 N 型 Si 纳米线,已实现 900 cm² /(V·s)的载流子迁移率值,而对于 P

型 GaAs 纳米线,载流子迁移率可达 2250 $cm^2/(V \cdot s)$。

作为第三代半导体的代表,如 ZnO 纳米线,其因具有沿垂直于 c 轴的不对称结构而具有压电特性。沿 ZnO 纳米线的 c 轴施加应力时,阴阳离子电荷中心发生相对位移,形成偶极矩,在宏观上表现为沿应力方向的电位分布,这种电位就是所谓的压电电位。当施加外部机械形变时,材料中产生的压电势能驱动电子在外部电路负载中流动,这是纳米发电机的基本机制。

1. 基于纳米线的激光器

2001 年,基于纳米线的激光器第一次被演示,使用 ZnO 纳米线阵列在室温下制备了紫外纳米激光器,如图 6.9 所示。然而,阵列中每个 ZnO 纳米线的结构分散,例如直径从 20 nm 到 150 nm 不等,长度从 2 μm 到 10 μm 变化。为了进一步验证可以充当法布里-珀罗腔的纳米线结构,发射光谱需要从单个纳米线获得,这就要求激光发射需要纳米线满足波导限制的最小直径。

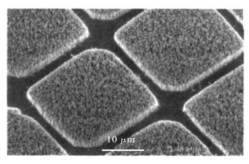

（a）俯视图

（b）侧视图

图 6.9 ZnO 纳米线阵列的俯视图和侧视图

在首次演示基于 ZnO 纳米线的纳米激光器之后,很快展示了其他基于半导体纳米线的激光器,包括氮化镓(GaN)、硒化镉(CdSe)、硫化镉(CdS)、砷化镓(GaAs)、铟镓砷(InGaAs)等。在这些研究中,仅在有限的波长范围内实现了对发射波长的调整。然而,最有效的方法是通过控制合金成分来调整发射材料的带隙。通过控制合金成分的方法对纳米线中的 CdSe 和 CdS 进行空间分级,允许激光波长在 500～700 nm 之间调整,实现了来自单个衬底的可调谐激光。更有趣的是,通过控制合金成分的方法,可以从单个 ZnCdSSe 半导体纳米片结构中同时发出红色、绿色和蓝色激光,首次允许从单个半导体材料发出白色激光。这种全色激光器或白色激光器可以在激光照明和激光显示器中找到许多潜在的应用。此外,对纳米线的结构进行合理设计,也可以对发射波长进行调整。多量子阱核壳结构纳米线 $(InGaN/GaN)_n$ 可以在 365～494 nm 的宽波长范围内产生激光。这种耦合到光学腔的可调谐纳米级增益介质对于开发小型激光器至关重要。

除了传统的 II-V 和 III-V 族半导体化合物之外,ABX_3 结构卤化物钙钛矿最近因其独特的光-物质相互作用,如高吸收或发射效率、长扩散长度和低陷阱密度,而受到广泛关注。单晶有机-无机混合甲基卤化铅(MAPbX$_3$)钙钛矿纳米线首先在室温下演示了激光特性。其只需要简单地改变卤化物盐的比例,便可实现高质量光学材料合成和广泛的可调谐发射波长。因此,这种简单合成方法允许使用聚合物模板获得大规模 MAPbX₃ 纳米线阵列。尽管 MAPbX₃ 钙钛矿纳米线显示出优异的激光特性,但其环境不稳定性是一个关键问题。一种解决方案是,将甲脒(FA)用于卤化物钙钛矿纳米线的合成,合成后的 FAPbX₃ 纳米线在室温下表现出优异的可调谐发射波长,并显著提高了环境稳定性。进一步,使用铯(Cs)元素代替有机成分(MA 或 FA),合成全无机卤化物钙钛矿。与有机-无机混合钙钛矿纳米线激光器相比,单晶 CsPbBr₃ 纳米线表现出更低的激光阈值和更优秀的稳定性。

2. 基于纳米线的场效应晶体管

随着硅基场效应晶体管(FET)的持续小型化,短沟道效应愈发显著。由于纳米线具有独特的几何形状,其可以有效抑制短沟道效应。因此,在国际半导体技术路线图中,纳米线场效应晶体管被视为未来纳米尺度场效应晶体管的强有力竞争者。本节汇总了 8 种典型的纳米线场效应晶体管,包括增强型场效应晶体管、无结型场效应晶体管、隧穿型场效应晶体管、肖特基结型场效应晶体管、可重构型场效应晶体管、负电容型场效应晶体管、量子阱型场效应晶体管、单电子型场效应晶体管,并给出了开/关态能带变化和对应的输出及转移特性曲线,如图 6.10 所示。

(1)增强型场效应晶体管是经典的场效应晶体管结构之一。以 n 型 FET 为例,源极/沟道/漏极区域掺杂情况为 n⁺/p/n⁺。通过施加栅极可以使半导体沟道表面的载流子积累、耗尽或反型。当反型的载流子浓度超过掺杂产生的载流子浓度时,器件导通。从体金属氧化物半导体场效应晶体管(MOSFET)到鳍式场效应晶体管(FinFET),这种晶体管的通断模式已被微电子行业广泛使用。顺应这一发展趋势,增强型纳米线晶体管也被开发出来。

(2)与传统的场效应晶体管不同,无结型纳米线场效应晶体管由一个单独的、均匀的且高度掺杂的半导体区域构成,该区域包含沟道、源极和漏极区域。实现这种无结型纳米线场效应晶体管的关键是栅极需要在关态下完全耗尽导电沟道,因此,该结构静态功耗更低,这对低功率电路具有重要意义。与传统的纳米线场效应晶体管相比,无结型纳米线场效应晶体管具有几个优势:无结型纳米线场效应晶体管中的载流子在关态和开态下均向纳米线中心分布,这可以减少载流子与介电层之间的相互作用;在无结型纳米线场效应晶体管工作期间,由于加在介电层上的栅极电场较低,允许使用超薄且高效的介电层进行选通。

(3)隧穿型纳米线场效应晶体管的源极和漏极下方的半导体区域被简并掺杂,而沟道处于本征状态。以 n 型器件为例,从关态到开态时,通过施加栅极电压使沟道能带向下移动,直到沟道的导带下降到具有源极的费米能级以下。在这种情况下,源极价带的空穴通过带间隧穿到沟道导带中,器件导通。与传统的场效应晶体管不同,这种带间隧道的高能带通行为会导致更低的亚阈值摆幅。隧穿场效应晶体管的导通电流由带间隧穿的概率决定。为了提高隧穿概率,隧穿势垒的宽度应该足够薄。这就要求晶体管中的源极-沟道结尽可能尖锐,需要在制造过程中准确控制掺杂注入和掺杂剂扩散。此外,高效的栅极控制对于实现突变的异质界面也是必要的,这需要超薄的高 k 栅介质。此外,通过使用具有小隧穿质量和小带隙的沟道半导体(如 InAs 纳米线),可以显著改善导通电流。在大多数隧穿场效应晶体管中,漏极-沟道的带间隧穿可能导致泄漏电流。为了减少关态下的泄漏电流,漏极和沟道之间的边界通过几种方法改善,如两者之间插入轻掺杂漏极、漏极处使用渐变结以保证在关态

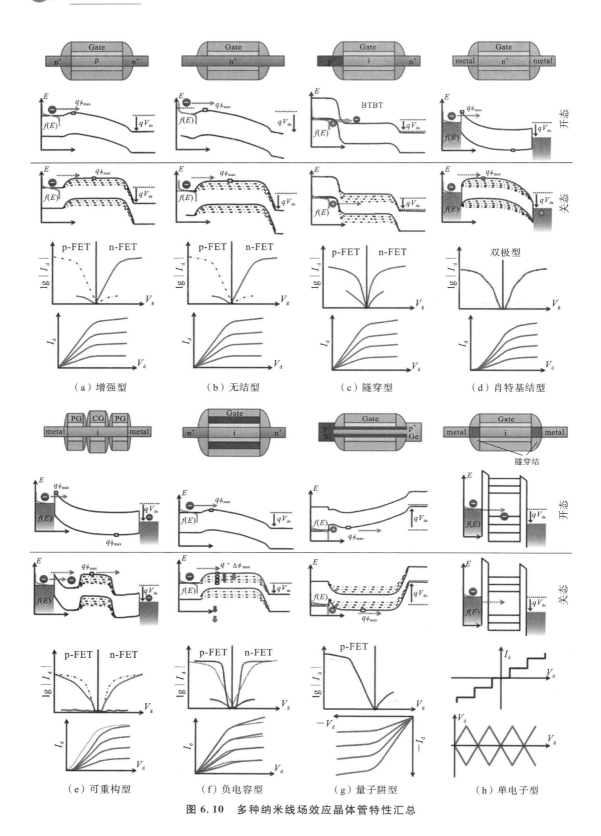

（a）增强型　　　（b）无结型　　　（c）隧穿型　　　（d）肖特基结型

（e）可重构型　　　（f）负电容型　　　（g）量子阱型　　　（h）单电子型

图 6.10　多种纳米线场效应晶体管特性汇总

有足够厚的隧穿长度。

（4）当纳米线场效应晶体管的源漏区域被金属电极代替时，可以实现肖特基结型纳米线场效应晶体管。对于肖特基结型纳米线场效应晶体管的制备，可以使用金属电极与半导体纳米线直接接触。但是，通过这种方法，肖特基结区会与栅极调控区分隔，导致晶体管调制能力下降。一种解决方案是在金属-半导体接触处实现半导体纳米线的金属化，即使用金属纳米线作为源漏电极，这种金属-半导体纳米线异质结构产生了穿过纳米线横截面的纳米级结区，并且可以对平坦度和锐度进行控制。

（5）将多个栅极引入肖特基结型纳米线场效应晶体管，可以构建具有多种操作状态的可重构型纳米线场效应晶体管所示。通过施加局部栅极电压，可以过滤掉不需要的载流子，实现单极 p 型或 n 型输运。与传统使用分离的 p 型和 n 型 FET 器件构建互补逻辑电路不同，可重构型纳米线场效应晶体管通过将 p 型和 n 型场效应晶体管集成到单个纳米线器件中，灵活地重新配置器件极性，进一步降低硬件复杂性。

（6）在纳米线场效应晶体管的高 k 栅介质上堆叠一层铁电体，可以将负差分电容引入晶体管，并放大沟道上的栅极电位，这种结构被称为负电容型纳米线场效应晶体管。铁电电容等于栅极电容时，沟道上的栅极电位放大作用最大，而这种放大沟道栅极电位作用会突破传统场效应晶体管的亚阈值摆幅极限。但是铁电层的引入会导致器件滞后问题，这需要合理设计器件的电容匹配和栅极堆叠结构。

（7）由平面Ⅲ-Ⅴ族化合物半导体异质结构（例如 GaAs/AlGaAs）中的二维电子气（2DEG）可知，高迁移率量子阱可以在两种材料之间的异质界面处形成。通过使用具有这种量子阱特性的径向纳米线异质结构，可以构建量子阱型纳米线场效应晶体管。在氮化物、磷化物和砷化物的三角形纳米线中，可以在导带处产生二维电子气，从而实现高电子迁移率的量子阱型纳米线场效应晶体管。通过使用硼掺杂的锗作为纳米线芯，外延生长的硅作为纳米线壳，合成了外延径向纳米线异质结构，其具有径向量子阱。由于这种纳米线中的栅极氧化物界面移动到周围的硅上，锗纳米线核被硅纳米线壳很好地钝化。同时，由于声子散射的抑制，这种纳米线中的空穴平均自由程在室温下可以达到 540 nm，并且可以在低温下观察到弹道空穴输运。

（8）当具有足够小电容（C_i）的半导体纳米线通过绝缘隧道结耦合到电极时，可以构建单电子型纳米线场效应晶体管。一个电子对纳米线的充电能量由 $E_c = e^2/2C_i$ 定义。当电容 C_i 小到足以使充电能量 E_c 超过某一值时，可以将纳米线沟道充电精确控制到单电子水平。当施加偏压时，源极中的电子可以隧穿过源极-沟道结进入半导体沟道，然后沿着沟道穿过沟道-漏极结到达漏极，从而实现电流从源极流向漏极。如果这个过程足够快，并且一次给通道充一个电子，那么沟道上的额外电荷是单个电子电荷的整数倍。

3. 基于纳米线的压电器件

压电电子学是半导体特性和压电特性的耦合。因此，应该综合考虑半导体物理学和压电理论中，半导体材料或结中载流子的静态传输特性、动态传输特性和压电方程。基于纳米线的压电晶体管是一种经典的压电器件，具有简单的金属-纳米线-金属结构，例如 Ag-ZnO-Ag 或 Pt-ZnO-Pt，其压缩和拉伸示意如图 6.11 所示。其基本机制是通过向 ZnO 纳米线施加应变，通过压电电荷改变局部接触势垒，从而调节金属-半导体界面处的载流子输运。这种结构与传统的 CMOS 有以下区别：首先，由于压电效应的存在，传统的外部栅极电压被内部压电电位代替,因此不再需要栅极,换句话说,压电晶体管只有两端:源极和漏极。其次,金属-半导体界面处的调控替代了传统的半导体沟道调制,这种非线性效应导致开/关比非常高。

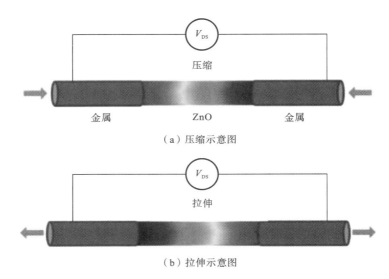

（a）压缩示意图

（b）拉伸示意图

图 6.11　纳米线压电晶体管

当 ZnO 纳米线器件处于应变状态时,有两种效应可以调整载流子输运过程。一种是压阻效应,当半导体纳米线受到外部应变时,其带隙、载流子密度和导带中的状态密度等被改变。压阻效应是纳米线两端的对称效应,没有极化,不能用来实现晶体管。另一种是来自晶体内部极化的压电效应,它是不对称的。通常,负压电电位会增加 n 型半导体的局部接触势垒高度,因此金属可能会将肖特基接触变为"绝缘体"接触,并将欧姆接触变为肖特基接触。相反,正压电电位可以降低势垒高度,从而可能将肖特基结变为欧姆接触。更重要的是,压电电位的极化方向可以简单地通过将压缩应变变为拉伸应变来反转。因此,通过改变施加到纳米线器件的外部应变的方向,可以将压电器件从漏极控制切换到源极控制。

6.2.3　二维材料与器件

二维(2D)材料是一类厚度只有一个或几个原子层,横向尺寸从数百纳米到几厘米不等的新兴纳米材料。二维材料的原子通过紧密的共价键或离子键在平面内排列形成原子层,而这些原子层通过沿垂直于二维平面的弱范德华相互作用键合在一起。通过破坏这种弱的层间相互作用,使块状晶体剥离成孤立的单层或少层二维材料成为可能。如今已经发现了大量的二维材料,包括石墨烯(Graphene)、过渡金属硫化物(TMDs)、氮化硼(BN)、黑磷(b-P)、钙钛矿等,图 6.12 展示了几种典型二维材料的晶格结构。二维材料独特的物理结构使其表现出优异的光电子特性,如强光相互作用、高载流子迁移率、表面无悬挂键等。因此,二维材料被广泛应用于光电探测器、太阳能电池、场效应晶体管、非易失性存储器等领域。

1. 基于二维材料的光电探测器

光电探测器是一种将光信号转换为电信号的器件。高性能光电探测器在我们日常生活

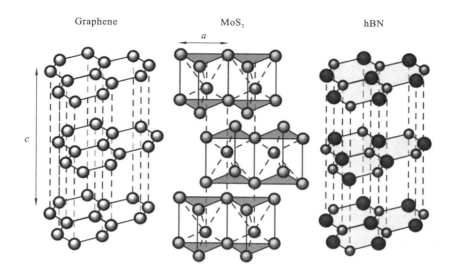

图 6.12　几种典型二维材料的晶格结构

的诸多领域发挥着重要作用,包括光电显示、成像、环境监测、光通信、军事领域等。传统的 3D 薄膜光电探测器由于具有高性能和易于大规模生产,多年来一直主导着商业光电探测器市场。如 Si 光电探测器和 InGaAs 光电探测器在室温的可见光和近红外(NIR)范围内工作,基于 HgCdTe 和 InSb 的高性能中波红外和长波红外光电探测器需要在液氮温度(77 K)下工作。由于不同二维材料具有不同的带隙,可以在室温下实现从太赫兹(THz)、红外(IR)、可见(Visible)到紫外(UV)的宽谱响应,如图 6.13 所示。此外,二维材料会与光发生强烈相互作用。对于厚度只有 0.67 nm 的单层 MoS_2,它对光的吸收量高达 10%。并且,与块状形式相比,二维材料中的载流子数量要少得多,可以将暗电流抑制在相对较低的水平。因此,与传统的薄膜材料相比,二维材料在光电探测器领域是一种有竞争力的材料。

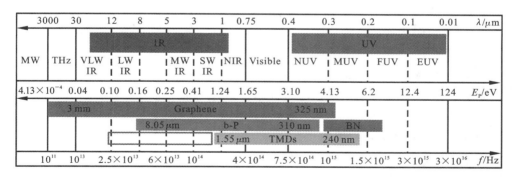

图 6.13　二维材料的宽谱响应

光电探测器的关键在于将入射光转换为电信号。这里简要介绍两种光电流产生机制:光电导效应和光伏效应,如图 6.14 所示。对于光伏效应,光生电子-空穴对被 P-N 结或肖特基结的内建电场分离,光电流的方向仅取决于内建电场的方向,光伏效应能带结构示意图及光伏效应曲线如图 6.14(a)所示。这些器件在黑暗和光照下的输出曲线是非线性的,具有整流特性。在光照下,当光子能量大于带隙时,光生电子-空穴对被吸收的光子激发并被内建电场分离,从而形成短路电流。如果器件开路,光生电子-空穴对将在器件两端累积,导致开路电压。由于内建电场的存在,光电导型光电探测器通常在零偏压或反向偏压下工作,在这种情况下可以获得低暗电流和良好的量子效率。在光电导效应中,光生载流子引起半导体的载流子浓度增加,导致半导体电阻降低,同时,光生载流子被偏压 V_{DS} 分开,从而形成光电流,光电导效应能带结构示意图如图 6.14(b)所示。在黑暗条件下,有限的载流子被 V_{DS} 驱动形成小的暗电流流过器件。在光照下,当光子能量大于带隙时,半导体吸收的光子产生电子-空穴对,这些电子-空穴对被偏压 V_{DS} 分离和驱动,从而产生大于暗电流的光电流。因此,净光电流可以表示为光电流与暗电流的差。特别是在没有施加偏置电压的情况下,不能产生光电导效应的光电流,这与光伏效应有很大的不同。

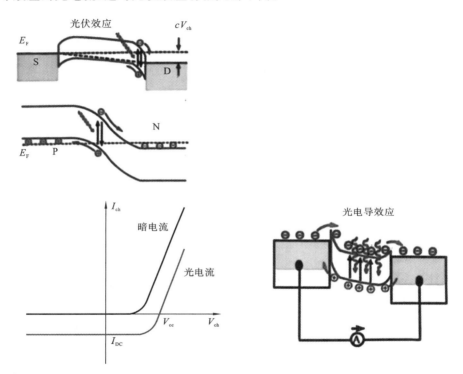

（a）光伏效应能带结构示意图及光伏效应曲线　　　（b）光电导效应能带结构示意图

图 6.14　两种光电流产生机制

2. 基于二维材料的太阳能电池

光伏(PV)领域见证了混合有机-无机卤化物钙钛矿的迅速崛起。作为提供高效和廉价太阳能的竞争者,在不到十年的时间里,钙钛矿已经主导了学术和工业光伏研究,其太阳能到电能的功率转换效率（PCE）已经超过 23%。3D 钙钛矿具有出色的电学和光学特性,如强的光吸收和长的载流子扩散长度,这使其广泛用于光伏器件。尽管性能优异,但 3D 钙钛矿的商业潜力仍然受到质疑,因为它们在实际操作条件下的稳定性相对较差,目前在户外只能使用几个月。低维钙钛矿,特别是二维钙钛矿,由于其高环境稳定性而引起人们的强烈兴趣。二维钙钛矿的通式是 $R_2A_{n-1}B_nX_{3n+1}$,其中,R 是无机层之间的大体积有机阳离子,A 为有机阳离子,B 为金属阳离子,X 是卤化物,n 为无机层的数量,图 6.15 给出了 2D 钙钛矿的

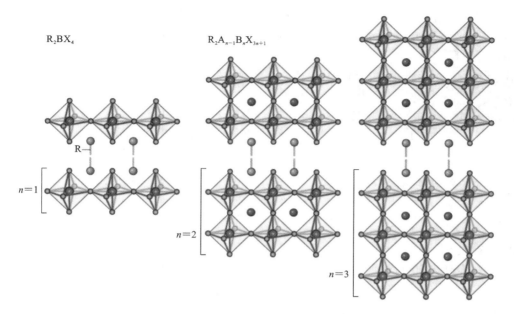

R_2BX_4　　　　　$R_2A_{n-1}B_nX_{3n+1}$

R

$n=1$

$n=2$

$n=3$

图 6.15　2D 钙钛矿的晶格结构

晶格结构。

3D 和 2D 钙钛矿具有截然不同的光电特性。首先,2D 钙钛矿由于带隙较大而具有较窄的吸收。此外,与 3D 钙钛矿不同,2D 钙钛矿在室温下具有高达数百 meV 的大激子结合能。大的结合能来自有机层和无机层的介电常数的不匹配。因此,激子结合能随着 n 的增加而逐渐降低。当 $n \leqslant 2$ 时,由于量子限制效应,钙钛矿表现出强烈的激子行为。此外,$n \leqslant 2$ 的钙钛矿还具有窄吸收和高激子结合能,这会导致相当大的电势损失,使其不适用于光伏应用。相比之下,当 $n \geqslant 3$ 时,钙钛矿具有低激子结合能、较小的带隙,因此其在可见光区域具有很强的光吸收,适用于太阳能到电能的转换。

尽管空气稳定性更强,但 2D 钙钛矿太阳能电池的性能相对较差。目前,已提出将 2D 钙钛矿与 3D 钙钛矿结合一起作为克服钙钛矿太阳能电池稳定性问题并保持优异性能的方法。这种方法的目的是将 3D 钙钛矿的高效率与 2D 钙钛矿的卓越稳定性相结合,同时保持两相的结构完整性,如图 6.16 所示。

3. 基于二维材料的场效应晶体管

随着晶体管尺寸缩放接近极限,需要解决两个物理限制。一方面,为了保证有效的栅极控制,沟道材料的厚度正在接近量子极限。另一方面,由于超薄电介质泄漏电流的存在,电源电压的缩放停滞不前,需要具有新机制的器件来进一步降低电源电压。

无悬空键的晶格和容易获得的单层(厚度低于 1 nm)为二维材料提供了尺寸缩放的潜力。利用绝缘体上硅技术,可以实现非常薄的硅沟道晶体管。然而,当沟道厚度低于 3 nm 时,硅晶体管的迁移率会迅速下降。2D 材料则表现出乐观的结果,即使沟道厚度小于 1 nm,n 型和 p 型材料均显示出良好的迁移率。同时,受应变硅技术启发,应变 MoS_2 晶体管也显示出显著的性能增强。在所有材料中,石墨烯显示出最高的迁移率,但其零带隙导致石墨烯

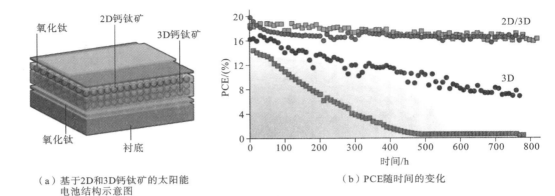

（a）基于2D和3D钙钛矿的太阳能
电池结构示意图

（b）PCE随时间的变化

图 6.16　2D/3D 钙钛矿太阳能电池

晶体管的电流开/关比非常低。凭借丰富的电子能带结构，TMDs 类（包括 MoS_2、WSe_2、WS_2）材料表现出良好的迁移率和电流开/关比，有利于开发特征尺寸小于 5 nm 的晶体管。通过使用碳纳米管（直径约 1 nm）作为栅极，成功制造了 1 nm 栅极长度的 MoS_2 晶体管，其具有约 65 mVdec^{-1} 的接近理想的亚阈值摆幅（SS）和约 10^6 的开关比，证明了二维材料在 5 nm 以下晶体管中的优越性。

　　对于电源电压的降低，需要提出新的器件结构来克服亚阈值摆幅的限制，例如隧穿场效应晶体管（TFET）、负电容场效应晶体管（NCFET）和狄拉克源场效应晶体管（DSFET）。然而，低 SS 器件的驱动电流并不令人满意。通过引入具有原子级厚度的二维材料，SS 和驱动电流都有显著提高。图 6.17 展示了基于 2D 材料的低 SS 器件，涵盖 TFET、NCFET 和 DSFET（基于 2D Dirac 材料的新技术）。在 TFET 中，器件机制是带间隧穿过程。对于 NCFET，铁电负电容会放大栅极电压，这意味着沟道材料上的电压偏置可以大于电源电压。DSFET 应用了一种新技术，它利用石墨烯的狄拉克点来提供"冷电子"，通过石墨烯/沟道界面处的 "冷电子"发射保证了低 SS 和大驱动电流。

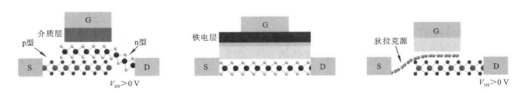

图 6.17　2D 材料的低 SS 器件，涵盖 TFET、NCFET 和 DSFET

4. 基于二维材料的非易失性存储器

　　从 50 年前开发出第一批固态存储器以来，由于制造工艺的不断进步，存储器已经发展到纳米级。2D 材料具有原子级平坦，且具有高柔韧性和透明度等独特的化学和物理特性，这对于开发集成到可穿戴系统中的信息存储设备是非常理想的。随着消费电子产品向物联网及数据中心应用迈进，低成本、轻量级、可穿戴非易失性存储器（NVM）设备的市场规模预计将在接下来的几年内爆发式增长，这为庞大的 2D 材料家族提供了大量机会。距 2D 材料发现仅 4 年后，众多研究人员已经开始探索 2D 材料在非易失性存储器中的使用，如图 6.18 所示。

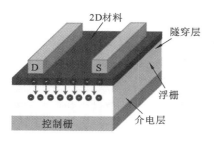

（a）浮栅场效应晶体管示意图

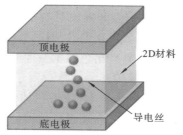

（b）阻变随机存取存储器示意图

（c）自旋转移矩磁隧道结示意图

图 6.18　基于 2D 材料的非易失性存储器

闪存的基本单元是浮栅场效应晶体管。浮栅嵌入介电层内,并通过由电介质构成的隧穿层与晶体管沟道隔开,如图 6.18(a)所示。存储在器件内的信息("0"或"1")取决于浮栅中积累的电荷量,这决定了晶体管的阈值电压。由于浮栅完全被绝缘材料包围,因此即使在没有控制栅压的情况下,电荷也可以保持很长时间(>10 年)。自从 2D 材料被应用于闪存之后,单层石墨烯常作为浮栅场效应晶体管中的浮栅材料。单层石墨烯沿面外电导率比沿面内电导率大约 100 倍,有助于抑制阻碍闪存垂直缩放的有害泄漏电流。同时,单层石墨烯也被用作闪存中的控制栅极,最大限度地减少了影响存储单元耐久性和保持力的有害机械应力,克服了高 k 栅介质与金属栅极堆叠的可靠性问题。

阻变随机存取存储器通常采用金属-绝缘体-金属(MIM)结构,通过在二维绝缘体内构建导电丝控制器件的开关,如图 6.18(b)所示。在施加 SET 电压后,器件从高电阻状态(HRS)切换到低电阻状态(LRS),也称置"1"过程。置"0"过程是指器件两端施加 RESET 电压,将器件从低电阻状态切换到高电阻状态。存储数据的读取通常采用一个很小的电压脉冲,其不会破坏器件的电阻状态,是一种非破坏性读取。与闪存相比,阻变随机存取存储器单元结构简单,单元面积小,存储密度提升潜力巨大。但是,阻变随机存取存储器面临高SET 电压的问题。利用二维材料的原子级厚度可以降低功耗。例如,通过使用 2D 氮化硼作为金属-绝缘体-金属结构中的绝缘层,可在待机模式下实现 0.1 fW 的超低功耗。

在自旋电子器件中,信息由自旋而不是电荷承载,由此开发出众多新奇架构,基于自旋转移矩磁隧道结(STT-MTJ)的非易失性存储器就是其中的一种,如图 6.18(c)所示。自旋转移矩磁存储器主要基于磁隧道结(MTJ)。写入操作使用自旋转移力矩机制,即通过驱动自旋极化来引导磁化反转,而读取操作基于结上的隧穿磁阻。自旋转移矩磁存储器具有零待机功耗,以及具有长耐久性和高密度,但其面临延迟高、良率差和可靠性差的问题,难以满足当前市场的需求。2D 材料因其独特的物理结构为解决上述问题开辟了新的路径。尽管2D 材料异质结中的层间相互作用较弱,但通过层间耦合,石墨烯中平行和垂直自旋取向的行为发生显著变化,使各向异性自旋弛豫提高几个数量级。

◀ 6.3　柔性电子器件 ▶

柔性电子器件自诞生以来,已经渗透到智能电子设备的诸多领域,包括人造电子皮肤、柔性传感器、健康监测器、可植入设备等。同时,对柔性电子器件更高性能的需求,也对其产生了巨大的挑战。下一代柔性电子应开发出具有优异的机械形变能力和易集成功能的器件,以满足多样化的市场需求。这要求我们必须探索新的材料和方法,以突破传统方法的限制。具体而言,柔性功能材料除了具有出色的机械性能,以适应大应变/应力或几何形变外,还应探索能量产生、能量存储、信号传感等功能。对于大多数电子产品而言,能量存储是不可或缺的组成部分。在能源设备中结合柔性、可拉伸性和可压缩性将给器件便携性带来极大提升。受人体皮肤自发修复特性启发,赋予柔性器件在受损时的自修复能力,来增强其耐磨性。环境传感能力是众多柔性电子器件最广泛应用的功能之一,它也来源于普遍存在的自然信号,如湿度、pH 值等。对于柔性电子而言,将各种强大功能(包括自供电、储能、传感、机械形变等)进行功能集成,可以满足人机交互、软机器人、医疗设备等更复杂的应用。

6.3.1　有机柔性材料与器件

1977 年发现的高导电性聚乙炔揭开了有机电子学的序幕。因其固有的轻质、柔软和分子剪裁可调节的特性,有机柔性电子器件受到了学术界和工业界的广泛关注。为了开发高性能有机柔性器件,需要在以下四个方面进行探索:有机柔性材料、结构工程、机械应变特性和加工技术。

基于小分子和聚合物的有机共轭半导体的出现,使得开发各种柔性有机电子器件的活性层成为可能。此外,纳米材料、生物材料、铁电聚合物和热电材料也是制备柔性电子器件的候选材料。半透明金属网状电极、纸基电极、石墨烯电极、具有导电填料的聚合物复合材料电极等表现出高透明度、高导电性和良好的机械柔顺性。这些材料的电极特别适用于在多种软质基材上制造,包括塑料(如聚对苯二甲酸乙二醇酯(PET)、聚 2,6-萘二甲酸乙二醇酯(PEN)、聚对二甲苯)、聚对苯二甲酸乙二醇酯二甲基硅氧烷(PDMS)、聚酰亚胺(PI)、纸张和纺织品纤维等。此外,柔性器件在不良环境甚至恶劣条件下的稳定性和使用寿命对于商业化也至关重要。大多数有机半导体材料易受某些条件的影响,例如水、氧气、化学品和光等。除了优化分子设计和材料合成技术之外,一种有效方法是采用封装层来保护器件免受外在环境的影响。为此,PDMS、PI 等也作为柔性电子产品中常用的有机封装材料。

结构工程是通过引入柔性互连(例如,弧形、蛇形或网状互连)和预应力弹性体图案(例如,波浪形、弯曲形、褶皱形、方形、金字塔形)来提高机械形变容限的常用策略。其主要关注于柔性电极和基板的设计,通过将柔性材料直接转移或印刷在这些柔性基板上,来吸收比柔性材料固有临界应变更大的应变。除了巧妙的器件设计和精确的形态控制外,结构工程还可以提高器件形变容限和寿命。

外部机械刺激下的稳定性是有机柔性电子的基础。重要的机械性能包括刚度、强度、韧性、阻尼和抗疲劳性。对于高级应用,还考虑了透明度、可生物降解性、自我修复性和自供电。柔性器件的测试和评估包括静态和动态条件下的机械形变能力。静态模式包括弯曲、折叠、扭曲和拉伸,而动态模式是指重复/循环的机械刺激。临界应变定义为由于机械损坏或功能故障(例如电气故障)而发生设备故障的曲率半径。通常,脆性形变超出临界应变后会导致器件完全失效,而韧性材料在超过临界应变后也表现出不可逆形变。因此,柔性电子器件需要可逆应变在百分之几范围内的弹性形变。

连续加工技术是生产柔性电子器件的关键问题之一。目前，旋转浇铸只能适用于沉积小面积器件(实验室规模，通常约 1 cm²)的均匀薄膜。为此，可以采用涂层和印刷两种溶液处理方法，它们均与有机柔性电子的低温、大批量、高通量生产具有良好的兼容性。涂层技术是一种非接触式技术，因此消除了粒子污染。典型的涂层方法包括刮刀(或棒)涂层法、槽模涂层法和喷涂法。印刷方法包括喷墨法、丝网法和凹版印刷法，重要的印刷参数包括分辨率、准确性、大面积均匀性、油墨与印刷组件的兼容性、目标基材的润湿性、产量。在有机电路的实际生产中，需要特别关注与制造工艺相关的有机材料的化学稳定性。例如，使用易蒸发的有机溶剂或酸性/碱性溶液会增加有机成分污染的可能性，这可能会导致材料质量和器件性能的变化。通过交联或侧链工程可以增强有机半导体的耐溶剂性。

1. 有机发光二极管

有机发光二极管(OLED)是一种通过电流驱动柔性有机材料发光的二极管，根据有机材料发光特性的不同，可以分为荧光 OLED、磷光 OLED(PHOLED)和热激活延迟荧光(TADF)OLED。第一代 OLED 基于小分子荧光材料，其在电流效率、外量子效率和工作寿命等方面具有显著优势。荧光 OLED 的主要缺点是激子利用率低，只有 25% 的激子被用于发光。为了同时利用单重态和三重态激子，将 Cu、Ir、Pt 等重金属原子引入分子以增强自旋轨道耦合，并高效地发射磷光。另一种利用三重态激子的方法是使用热激活延迟荧光材料，其单重态和三重态激子之间的差异很小，那么可以将三重态激子高效地变回单重态激子。PHOLED 和 TADF OLED 都可以实现最高 100% 的内量子效率。然而，这两种类型的三重态激子密度都很高，器件中激子猝灭严重，导致在高电流密度下效率明显下降。将有机发光材料掺杂到具有更高三重态能级的咔唑和三苯胺衍生物等材料中已被证明是实现具有高发射效率 OLED 的更优方法。

随着显示器逐渐转向大尺寸、柔性和可穿戴性发展，基于聚合物发光材料的 OLED(PLED)由于适合大面积加工而备受关注。聚合物发光材料的一个特点是可以通过添加功能单元将所需的功能引入聚合物链中，不仅可以实现红色、绿色和蓝色发射，甚至还能实现白色发射。因此，PLED 可以在没有复杂多层结构的情况下很好地发挥作用。通常，聚合物发光材料可分为两类：具有离域 π 电子的共轭聚合物和非共轭聚合物。

对于显示和照明应用，需要其中一个电极是透明的，以使产生的光逸出。其中，具有高功函数的 ITO 是最受欢迎的阳极材料，阴极材料通常是具有较低功函数的金属，例如 Ag、Al、Mg 或 Ca。从柔性 OLED 的角度来看，技术挑战之一是找到一种高导电和透明的电极材料，同时还能承受较大应变。

PET、PEN、PI 和 PDMS 是开发柔性 OLED 基板的有利候选者。然而，基板的受控和有序弹性难以实现。为了克服这一障碍，基于基板结构工程将 OLED 薄膜黏附到具有有序弯曲的预应变弹性基板上，如图 6.19 所示。通过使用飞秒(fs)激光在弹性基板表面烧蚀并制造一维周期性类光栅结构。然后，将剥离的 OLED 薄膜转移并附着到预拉伸的弹性基板上。释放应变后，OLED 会显示出与基板结构相同的周期。

对于薄的聚合物柔性基板，一个常见的缺点是，由于密度低，它们在水分和氧气环境中存在渗透性问题。此外，当将器件暴露在环境条件下时，阴极中预先存在的缺陷会导致局部降解，最终导致暗点的出现。因此，保护柔性 OLED 免受底部和顶部退化的柔性和高透明度封装至关重要。目前，大多数 OLED 被封装在玻璃中。尽管它具有出色的不渗透性，但刚

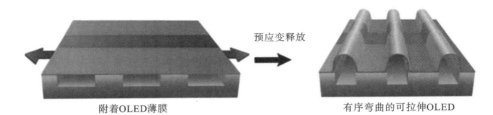

| 附着OLED薄膜 | 有序弯曲的可拉伸OLED |

图 6.19　可拉伸 OLED

性玻璃抑制了器件柔性。目前,无机/有机杂化材料被认为是柔性 OLED 最有效的材料之一。

2. 有机光伏器件

为了实现人类社会的可持续发展,全球能源危机已成为最突出的世界性问题。太阳能是一种无限的、清洁的、随时可用的能源。光伏(PV)技术收集太阳能并将其转化为电能,是缓解全球能源危机的一种有前途的方法。有机光伏(OPV)技术凭借成本低、机械灵活性高和易于溶液加工制造等优点,成为近二十年来发展迅速的光伏技术之一。

P3HT 的高结晶度和相对较高的空穴迁移率,使其在 2000 年代成为 OPV 的标准供体材料。此外,[6,6]-苯基-C61-丁酸甲酯(PCBM)是最重要的富勒烯衍生物之一,其至今仍是一种广泛使用的受体材料。尽管第一个制造的 P3HT∶PCBM 基电池在 2002 年的功率转换效率(PCE)仅为 2.8%,但仅在 7 年后的 2009 年,基于 P3HT∶PCBM 的 OPV 的最高 PCE 提高了 6.5%。然而,P3HT 的窄带吸收特性抑制了 OPV 性能的进一步提升。为了解决这一瓶颈,一系列新的 PBDTTT 半导体聚合物被发明出来,即众所周知的 PTB 系列,它们具有 500~750 nm 的宽紫外-可见吸收光谱和相对低的带隙。之后,基于交替的 BDT 和 TT 单元骨架合成了许多共轭聚合物供体,其中,基于 PBDTTT 的聚合物是一类用于实现高性能 OPV 的很有前途的材料。

最近,使用 N 型半导体聚合物代替富勒烯作为受体材料的全聚合物 OPV 受到广泛关注。与基于富勒烯的 OPV 相比,全聚合物太阳能电池具有许多优势:① 半导体聚合物在可见光范围内具有高吸收系数,而富勒烯的吸收有限;② 聚合物的能级很容易调节,这可以促进供体/受体界面的电荷分离;③ 全聚合物器件制造成本低,热稳定性好。然而,迄今为止,由低带隙共轭聚合物组成的全聚合物太阳能电池的 PCE 仅为 5%~6%。因此,迫切需要开发新型半导体聚合物来提高全聚合物太阳能电池的效率。通过使用 PNDIS-HD∶PBDTT-FTTE 作为活性层材料,在室温下通过简单的薄膜老化过程控制聚合物共混薄膜的自组织速率,实现了 7.7% 的高 PCE。随着新型共轭聚合物供体的发展,共轭聚合物主链上的氟取代被证明是降低 HOMO 能级以获得更高性能的有效方法。以含氟共聚物 J51 为供体,低带隙聚合物 N2200 为受体,J51∶N2200 全聚合物 OPV 实现了创纪录的 8.27% 的 PCE。

与传统的硅太阳能电池相比,柔性 OPV 的一个优势是它们可以集成到建筑物和汽车的窗户中。这要求 OPV 拥有两个柔性透明电极。目前,OPV 通常在涂有 ITO 电极的刚性玻璃基板上制造。但是,成本高、透明度差,以及 ITO 薄膜需要高温结晶的复杂制造工艺,使得 ITO 并非柔性 OPV 的理想电极。此外,ITO 会缓慢地将氧和铟释放到太阳能电池的缓冲层和活性层中,这会导致器件性能下降。因此,有必要开发其他高导电透明电极来替代

ITO。一个有希望的候选者是 PEDOT：PSS,它是一种聚合物,由于其独特的性质,如高透明度、高导电性和易于加工,其被广泛应用于许多常规 OPV 中。PEDOT：PSS 是由两种离聚物 PEDOT(聚阳离子)和 PSS(聚阴离子)混合而成的水溶液。根据 PEDOT 和 PSS 的比例,沉积的 PEDOT：PSS 薄膜呈现出不同的电导率。尽管基于透明 PEDOT：PSS 阳极的 OPV 已显示出在柔性器件中的应用潜力,但 PEDOT：PSS 的高酸度(pH 约 1)和吸湿性会导致 PEDOT：PSS 电极界面的不稳定,将 H_2O 引入 OPV 的有源层,会导致器件性能下降。为了解决这个问题,碳基材料,例如石墨烯和碳纳米管(CNT),由于其优异的柔韧性、高透明度、高导电性和高化学稳定性,正在作为柔性 OPV 电极进行深入研究,如图 6.20 所示。此外,高导电金属纳米线或薄膜,尤其是银纳米线,也被认为是制造柔性透明 OPV 的良好候选者。

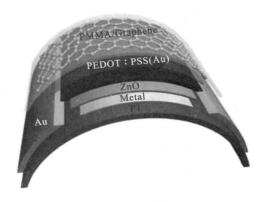

图 6.20 具有石墨烯阳极的柔性 OPV

3. 有机薄膜晶体管

有机薄膜晶体管(OTFT)是有机电子的基本单元,常被用于传感器、存储器和放大器中。典型的 OTFT 是由有机半导体(OSC)层、栅极介电层和三个电极(源极、漏极和栅极)组成的三端电子器件,如图 6.21 所示。通过施加栅极电压可以切换两种电流状态,即具有高沟道电流的开启状态和具有低沟道电流的关闭状态。与传统的硅 CMOS 晶体管相比,OTFT 可以在低加工温度下直接制造到各种柔性基板上。

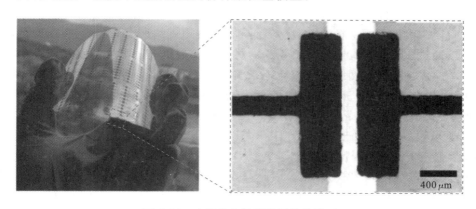

图 6.21 大规模有机薄膜晶体管阵列

高迁移率 OSC 是柔性 OTFT 的核心材料,其载流子迁移率取决于共轭框架下的化学结构和 OSC 中的分子间(或链间)π-轨道重叠。常见的 P 型小分子 OSC 包括并五苯、红荧烯等,空穴迁移率达 $1\sim10\ cm^2 \cdot V^{-1} \cdot s^{-1}$,n 型小分子 OSC 的电子迁移率已达 0.5 $cm^2 \cdot V^{-1} \cdot s^{-1}$。聚合物 OSC 的关键性能指标是低温加工性能和机械柔韧性。目前,迁移率最高的聚合物 OSC 主要是空穴迁移率超过 $1\ cm^2 \cdot V^{-1} \cdot s^{-1}$ 的供体-受体(D-A)型共

聚物。

柔性 OTFT 的性能还取决于电介质的特性及半导体和电介质之间的界面兼容性,光滑且疏水的电介质-半导体界面对于半导体生长、电荷传输和器件稳定性至关重要。传统的无机电介质很脆弱,通常需要苛刻的真空沉积技术或高温工艺。各种无定形聚合物绝缘体已被用作软栅极电介质。其中,非极性($k < 3.5$)聚合物可用于 N 型和 P 型 OTFT,典型例子有 CYTOP、PS、PI 和 PMMA。极性($k > 5$)聚合物可用于 P 型 OTFT,例如 PVA。低工作电压对于柔性电子皮肤和可穿戴设备至关重要。通常,需要低厚度的高 k 电介质来降低工作电压。此外,除了原始聚合物之外,控制不同的聚合物成分以形成双层或复合电介质可用于增强半导体层和电介质层之间的机械兼容性和黏附能。

通过使用合适功函数的电极材料,可以获得具有低接触电阻的 OTFT。贵金属或氧化物电极由于其高杨氏模量而不适用于柔性器件。常见的柔性电极包括导电聚合物、功能化金属纳米结构、碳基材料和印刷柔性 OTFT 的油墨。

6.3.2 柔性纳米材料与器件

1. 1D 柔性纳米材料与器件

生产柔性电子产品的重要要求之一是开发柔性和可拉伸电极。具有优异导电性的常规导电材料,例如金、铜、铝和氧化铟锡(ITO),常被用作各种电子产品的电极。然而,由于它们的脆性,导致它们很难在柔性电子产品中使用。因此,正在开发各种用于柔性电子产品的导电材料,其中一种新材料是一维纳米材料。

一维纳米材料包括金属纳米线、金属纳米纤维和碳纳米管(CNT)。由于其独特的高纵横比,它们具有高导电性和优异的机械形变能力。但是当发生形变时,裂纹优先在晶界或其他缺陷处产生。由于此类裂纹会抑制电荷传输,从而导致电阻急剧增加,因此尽可能地减少裂纹非常重要。由于导电材料的纵横比降低了形成导电网络所需的临界密度,因此,一维纳米材料可以通过使用比零维纳米材料更少的材料来实现更高的电导率。基于这些特征,可以通过在单层水平的导电网络中形成空隙来实现高透明度。因此,基于一维纳米材料的导电网络本质上具有极好的机械鲁棒性,并且可以为柔性和透明电子产品的应用提供导电性和透明度。

金属纳米线是直径小于 100 nm 且纵横比大于 100 的一维纳米材料,包括银纳米线(Ag NW)、铜纳米线(Cu NW)等。基于 Ag NW 的渗透网络具有优异的机械形变能力和大于 85% 的透射率,如图 6.22(a)所示。因此,其可作为替代传统 ITO 的柔性透明电极材料。在单个纳米线中,电子会通过单晶纳米线,因此单个 Ag NW 具有非常低的电阻。但由于结晶度不匹配,结处的电阻高达几千欧姆。一种解决方案是合成非常长的 Ag NW,降低结电阻,来提高 Ag NW 薄膜的导电性。另一个问题是,由于基板上涂覆的 Ag NW 造成的粗糙表面,会降低电子设备的性能,为了在降低表面粗糙度的同时提高机械性能,可以将 Ag NW 嵌入弹性聚合物基板。由于 Ag NW 的优异性能,已经将它们用于柔性电子产品的研究。通过将 Ag NW 嵌入 PDMS 制造了可拉伸光电探测器,即使在以 80% 的应变拉伸 50 次循环后,这些器件仍保持其原始特性,如图 6.22(b)所示。

一维纳米材料的高纵横比是实现高导电性的关键。通过开发金属纳米槽可以进一步提

（a）Ag NW

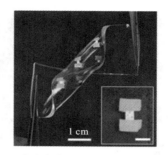
（b）拉伸50次循环后的器件

图 6.22　Ag NW 及其应用

高纵横比。为了制造金属纳米槽,使用静电纺丝工艺生成基于超长聚合物纳米纤维的牺牲网,然后在网上沉积金属,最后选择性地去除聚合物纳米纤维。将金属纳米槽转移到纸上而制成的导电纸在被弄皱和重新铺展后仍保持其导电性。然而,这些金属纳米槽需要多个处理步骤,大规模制造存在局限。最近,为了消除纳米槽网络的缺点,通过在柔性薄膜上静电纺丝银纳米颗粒悬浮液制造了超长银纳米纤维（Ag NF）。即使在以 70 μm 的曲率半径弯曲后,基于 Ag NF 的柔性透明电极的电阻变化也可以忽略不计。尽管金属一维纳米材料具有优异的机械性能,可用于各种类型的柔性电子产品,但它们的化学和热稳定性较低,因此需要额外的钝化层才能长期使用。

碳纳米管是碳的同素异形体,是一种典型的一维纳米材料。根据层数不同,碳纳米管分为单壁碳纳米管（SWCNT）和多壁碳纳米管（MWCNT）。CNT 具有优异的载流子迁移率、机械强度和化学稳定性,常被用作柔性电子的可拉伸电极。虽然已经开发了多种制造方法,包括喷涂法和化学气相沉积法,但是碳纳米管的选择性大规模生产仍然困难。其次,由于 CNT 的不均匀性,器件可能不会出现稳定的性能,这使得它们难以在商业设备中使用。

2. 2D 柔性纳米材料与器件

用于改善柔性电子设备柔性的最典型方法是减小材料的厚度。因此,具有一层或几层原子的二维纳米材料具有很大优势。石墨烯是由一层碳原子组成的碳同素异形体,具有优异的机械性能,适用于柔性电子产品。由于石墨烯具有很强的原子键合力和机械柔韧性,因此其具有出色的杨氏模量。根据对石墨烯力学性能的研究,无缺陷石墨烯的杨氏模量高达 1 TPa,断裂强度为 130 GPa。除了出色的机械性能外,石墨烯还具有良好的光学性能,即在可见光范围内的透射率约为 97%。因此,石墨烯可以作为代替 ITO 的柔性和透明电极。此外,石墨烯作为一种二维纳米材料,可以通过 CVD 等工艺大面积生产,使用传统的自上而下制造技术制造器件。由于这些优势,石墨烯已被广泛研究用于各种柔性电子设备中。通过将离子凝胶印刷在石墨烯沟道上作为栅极介电层,制备了可拉伸石墨烯场效应晶体管（FET）,如图 6.23（a）所示。由于石墨烯和离子凝胶（Ion gel）具有优异的柔韧性和可拉伸性,将它们用于制作 FET 阵列时,该阵列可以安装在不寻常的基板上,例如橡胶气球,如图 6.23（b）所示。

与石墨烯不同,过渡金属硫化物（TMD）具有带隙,可以开发高性能的柔性晶体管器件。

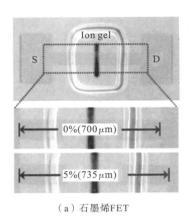

（a）石墨烯FET

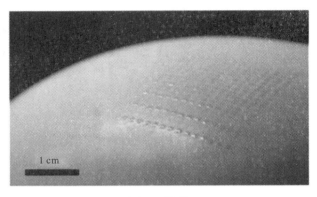

（b）FET阵列

图 6.23　可拉伸石墨烯场效应晶体管及阵列

通过使用二硫化钼（MoS_2）作为沟道，石墨烯和 h-BN 分别充当栅极和介电层，构建柔性二硫化钼场效应晶体管，如图 6.24 所示。将器件置于聚合物基板（聚萘二甲酸乙二醇酯）上，其表现出高灵活性，承受了 1.5％ 的弯曲应变后依旧可以保持原有性能。

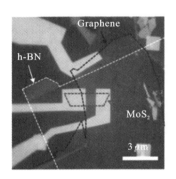

图 6.24　柔性二硫化钼场效应晶体管

3. 1D/2D 柔性纳米材料与器件

　　一维纳米材料可以提高结构的可拉伸性，二维纳米材料通过占据空白区域增强导电性。通过彼此协作，可以提高器件性能。由于石墨烯和碳纳米管具有优异的导电性和高的比表面积，它们可用于开发柔性储能设备。超级电容器因其柔韧性、快速充电/放电特性、出色的稳定性和长期可靠性而有望用于柔性电子产品。双层超级电容器将电荷以静电方式存储在电极/电解质界面，存储的电荷量取决于能被电解质离子接近的电极材料的有效表面积。因此，制造了基于还原氧化石墨烯（rGO）/ 碳纳米管（CNT）的超级电容器，如图 6.25 所示。在混合结构中，还原氧化石墨烯层之间的 CNT 阻止了还原氧化石墨烯层的直接堆叠，因此增加了结构的比表面积。此外，还有效形成了还原氧化石墨烯层的导电通路，提高了结构的抗拉强度，即使在 180°弯曲状态下也具有稳定的电容特性。

　　透明的高性能导体对于太阳能电池、液晶显示器和有机 LED 等各种光电应用至关重要。随着人们对柔性和可拉伸光电子学的兴趣迅速增加，需要新型柔性、可拉伸和透明导体来代替传统的 ITO。将 Ag NW 和氧化石墨烯（GO）混合可以用于制备透明电极。在混合

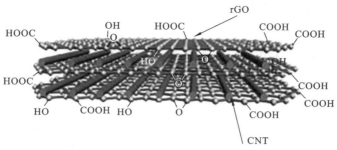

图 6.25　柔性超级电容器

导体中,Ag NW 由氧化石墨烯包裹。因此,Ag NW 的结电阻可以显著降低,使混合导体在不进行热处理的情况下降低薄膜电阻。并且,混合导体在 130% 的拉伸应变循环期间也表现出稳定性。

◀ 6.4　神经形态器件 ▶

　　人脑是一个非凡的计算系统,只需要消耗 20 W 功耗就能驱动超过 10^{11} 个神经元和 10^{15} 个突触。基于神经科学的发展和超大规模集成(VLSI)的出现,人们提出了受神经启发的计算芯片来模拟神经元突触结构和大脑的某些工作机制。神经形态硬件需要三个层次的物理模型:① 单个人工神经元和突触;② 人工神经元和突触组成的网络;③ 学习规则和训练方法。从历史上看,对哺乳动物大脑的早期研究为人工神经元的出现打下了物理基础。简而言之,神经元的细胞体收集并汇总树突中突触提供的电荷,直到总电荷达到阈值,之后神经元沿着轴突发射一个尖峰。产生的尖峰被传递到通过突触连接的其他神经元,这些神经元可以根据突触权重加强或抑制信号。后来,神经科学的研究焦点转移到神经元群体的学习、认知和行为等更高层次的概念上,由此产生的模型成为人工神经网络(ANN)的基础。

　　在过去的二十年里,由于计算能力的提高、大数据的广泛使用和训练方法的突破,人工神经网络取得了重大进展,其广泛应用于医疗保健、安全、机器人、物联网和环境科学等多个领域。最初,人工神经网络通常是使用传统的冯诺依曼计算架构实现的,在这种架构中,物理上独立的逻辑和内存单元之间的数据传输会导致处理瓶颈和不必要的功耗。受人脑中的超链接性和并行处理的启发,使用人工神经形态器件来模拟神经元和突触可以显著降低功耗。如今,基于硅基互补金属氧化物半导体(CMOS)技术的神经形态计算已经取得重大突破,如英特尔公司的 Loihi 2 芯片拥有 100 万个神经元和 1.2 亿个突触。然而,基于 CMOS 技术的神经形态芯片往往使用易失性随机存取存储器(RAM),这会带来额外的能量消耗。因此,人们在研究非易失性存储器(NVM)作为神经形态计算基础上投入了大量精力。已经出现了几种 NVM 技术,例如相变存储器(PCM)、电阻随机存取存储器(RRAM)。

　　最简单的神经元可以由电容器制成,该电容器将突触电流与泄漏电流相加,使人工神经元进入静息状态。由于电容器在芯片中占用较大面积,更高效的神经元模型被开发出来,其使用包括施密特触发器、求和放大器和比较器在内的晶体管电路来实现尖峰行为。如今,基于简单结构的人工突触越来越受到关注。一种典型的突触器件是垂直忆阻器,具有较小的尺寸,支持 3D 堆叠存储器,并可将计算和存储结合在一起。最早的忆阻器通过电阻随机存取存储器进行演示,其通过导电细丝的形成和断裂来实现高低阻态的切换,如图 6.26(a)所示。在顶电极施加正电压,缺陷会以较高的密度集中并向底电极迁移,导致器件向低阻态(LRS)转变。施加负电压会导致缺陷迁移到顶电极,从而使导电细丝断开,器件向高阻态(HRS)转变,如图 6.26(b)所示。此外,相变存储器也常被用于构建突触器件。在相变存储器中,相变材料通常是硫族化物,例如 $Ge_2Sb_2Te_5$,通过控制相变材料晶态/非晶态的切换实现低阻态和高阻态的相互转换,如图 6.26(c)所示。从非晶态开始,施加长时低幅值的电压脉冲,使相变材料在焦耳热的作用下,从非晶态转变为晶态,器件从高阻态转变为低阻态;而施加短时高幅值的电压脉冲会导致局部熔化,使相变材料非晶化,器件从低阻态转变为高阻态,如图 6.26(d)所示。人工突触和神经元与人工神经网络的集成已在许多架构中实现,包括深度神经网络、脉冲神经网络、循环神经网络和卷积神经网络。混合 CMOS 忆阻器芯片还通过片上和片外训练方法实现了有监督学习和无监督学习。

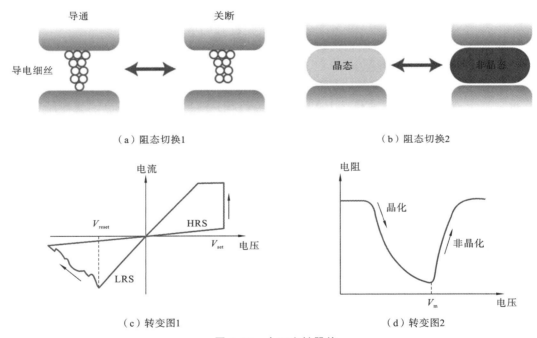

图 6.26 人工突触器件

6.4.1 神经形态纳米材料与器件

基于块体材料(例如过渡金属氧化物)的传统忆阻器依赖于自上而下的光刻,由于器件性能对原子级缺陷的强烈依赖性,因此对神经形态功能的可调性有限。相比之下,新兴的低维纳米材料对缺陷工程和界面化学表现出前所未有的控制,这些恰好是突触行为的基础。低维纳米材料还具有很多优异性质,针对低维纳米材料的神经形态研究日趋广泛。

1. 0D 神经形态纳米材料与器件

0D 纳米材料的光学特性非常适合在光子系统中实现神经形态功能。由于光子传播没有与电子电路中的导线相同的空间和功率密度限制,光子器件能够实现并行通信和超链接。然而,其依然受到两个问题的阻碍。首先,虽然线性介质是光通信的首选,但也需要非线性介质来实现信号增益。其次,使用纯光信号开发有效的存储组件一直具有挑战性。因此,可以采用光电混合系统,其中,存储器在电子学中实现,而通信在光子学中实现。另一方面,0D半导体量子点(QD)表现出尺寸相关的分离能级,而 0D 金属纳米粒子表现出尺寸可调的等离子体响应,可被用于实现局部增益。InAs/InGaAs 量子点的锁模激光器模拟了兴奋性和抑制性突触反应,进一步,使用 GaAs/AlGaAs 异质衬底上生长的 InAs 量子点实现了电光敏忆阻器,其中,电导或光脉冲可用于调节电导。

通过将量子点和金属纳米粒子嵌入有机或无机基质中也可以实现 RRAM。例如,如图 6.27(a)所示,将黑磷量子点夹在 PMMA 双层中实现的 RRAM 具有高达 10^7 的开关比,其中,量子点被用于电荷捕获和释放,这有助于导电细丝的形成和破裂。此外,将 Ag 纳米粒子掺入 SiO_xN_y,利用 Ag 纳米粒子在不同偏压下的重组和分散,实现了导电细丝的形成和破裂,这模拟了生物突触中 Ca^{2+} 离子的流出和流入。0D 神经形态器件示意图如图 6.27(b)所示。

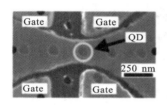 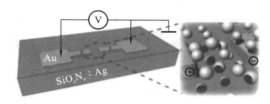

（a）微观形貌图　　　　　　　　　　（b）器件示意图

图 6.27　0D 神经形态器件

2. 1D 神经形态纳米材料与器件

由于管状的轴突对于生物系统中的超链接至关重要,而一维纳米材料与轴突具有拓扑相似性,因此,人们对于将一维纳米材料应用于神经形态的兴趣日益浓厚。研究最广泛的一维纳米材料之一是碳纳米管(CNT),它是一种卷起的石墨圆柱体,具有金属或半导体特性。凭借高载流子迁移率和易于缩放特性,半导体单壁 CNT 已被用于数字逻辑,特别是超短沟道(即亚 5 nm 节点)中。突触功能也被 CNT 晶体管纳入考虑。然而,由于在实现 CNT 的晶圆级组装和对齐方面存在挑战,基于 CNT 的忆阻器很少见,人们更多基于 CNT 薄膜晶体管(TFT)进行探索。突触晶体管已经在 CNT 的对齐阵列和随机网络中进行了演示。这些器件中的基本物理机制包括来自浮栅的静电调制、氧化物电介质中的电荷俘获等。与 CNT 突触晶体管相比,CNT TFT 有两个好处。首先,由 CNT 大曲率产生的高局部电场有助于克服激活能,从而将电荷俘获在更深的能级中,如图 6.28(a)所示。其次,由于 CNT TFT 可以被掺杂成 P 型或 N 型,通过制造互补反相器,允许将相关时序信息转换为脉冲幅度,这简化了脉冲时序相关可塑性(STDP)的实现。此外,CNT 还可以用于 3D 集成芯片,器件外观形貌图如图 6.28(b)所示。通过使用 CNT 电路取代传统的硅基集成电路和传感器,使用片上非易失性 RRAM 代替基于 DRAM 的片外存储器,层与层之间通过密集的金属线通孔连接。相比于传统封装和芯片堆叠方案,该方法将密度提高 1000 倍,同时大大提高了层与层之间的数据通信带宽,解决了通信瓶颈问题。由于 CNT 对气体的敏感特性,该芯片在感知到气体的同时,还能对气体类型进行分类,实现了初步的神经形态功能。

半导体纳米线是另一大类一维纳米材料。利用具有不对称电极的纳米线也可以实现非易失性存储功能,如图 6.28(c)所示。当向 Ag 电极施加正电压时,会发生阳极溶解,Ag^+ 离子在外加电场的作用下开始沿纳米线向 Pt 电极迁移。结果,在金属离子的还原和结晶后,电极之间形成了导电细丝,使器件处于低电阻状态。此外,有机核-鞘(PEO-P3HT)纳米线不仅可以模仿生物神经纤维的形态,而且还具有类似于生物离子通道的学习机制,如图 6.28(d)所示。突触前尖峰有助于电解质离子扩散到 PEO 鞘中,然后这些离子缓慢扩散回来,导致短期增强。更长时间的尖峰会驱动离子更深入地渗透到 P3HT 核中,从而最大限度地减少反向扩散,只需 10 fJ 的极低能量就能实现长期增强。

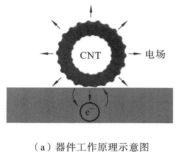

(a) 器件工作原理示意图

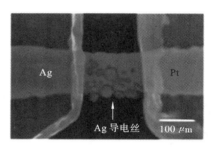

(b) 器件外观形貌图

(c) 非易失性存储功能示意图

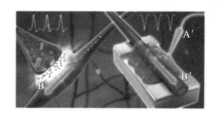

(d) 类似于生物离子通道的学习机制示意图

图 6.28　1D 神经形态器件

3. 2D 神经形态纳米材料与器件

过去十几年中对二维材料的研究为多种技术奠定了基础,将二维材料引入神经形态计算后,越来越多的器件被开发出来。利用二维材料的超薄特性,开发了一系列垂直忆阻器,如图 6.29(a)所示。将单层过渡金属二硫属化物(TMD)夹在顶电极(TE)和底电极(BE)之间可以制备厚度小于 1 nm 的超薄垂直忆阻器。其可以在 50 GHz 的高频条件下工作,并实现了 10^4 的高开关比。在相关工作中,夹在石墨烯层之间的少层 MoS_2 忆阻器显示出比传统金属氧化物忆阻器(200 ℃)更高的工作温度(340 ℃)。将这些忆阻器放于原位扫描透射电子显微镜下观察,发现在器件导通状态下硫空位的密度增加,而在器件关闭状态下其被氧离子填充,这表明点缺陷在器件开关过程中发挥核心作用。另一方面,由于铜离子扩散,夹在 Cu 和 Au 电极之间的双层 MoS_2 忆阻器表现出了低开关电压(约 0.2 V)。使用 Cu 或 Ag 电极的少层六方氮化硼(h-BN)垂直忆阻器也展示了类似的特性。通过电子显微镜等方式证

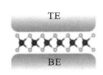

（a）垂直忆阻器

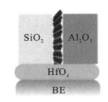

（b）石墨烯横向边缘接触忆阻器

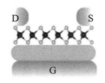

（c）可扩展的半导体晶体管阵列

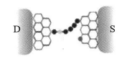

（d）原子开关

图 6.29 2D 神经形态器件

实,金属离子通过点缺陷扩散使忆阻器高低阻值发生切换。

将 2D 材料应用于横向器件实现了额外的神经形态功能。例如,在基于石墨烯的突触晶体管,STDP 的极性可以由栅极电压控制。此外,基于氧化石墨烯的横向器件显示出非过零的滞后电流-电压特性。这种行为可归因于残余 H^+ 和 SO_4^{2-} 离子。由于氧化石墨烯具有离子输运的能力,其可以充当突触晶体管的固态离子导体。类似地,石墨烯通过点缺陷的面外离子渗透也被用于控制阳离子忆阻器中导电细丝的尺寸。基于这种特性,实现了石墨烯横向边缘接触忆阻器,如图 6.29(b)所示。

具有晶体管选通结构的忆阻器可以通过最小化相邻单元的寄生电流来放宽对器件均匀性的要求,但是,忆阻器和晶体管的存在不仅会对集成密度产生负面影响,而且它们的制备步骤通常不兼容。因此,将晶体管和忆阻器的特性组合到单个器件很有必要,即得到忆阻晶体管。最近,在沟道具有单独晶界的单层 MoS_2 器件中观察到栅极可调忆阻开关特性。然而,这些器件的开关特性在很大程度上取决于晶界,这可能会限制大规模制备的均匀性。因此,随后在多晶 MoS_2 中实现了可扩展的半导体晶体管阵列,如图 6.29(c)所示,其晶粒尺寸远小于沟道面,从而使单个晶界几何形状的影响在器件级别上得到平均。

在 2D 材料中也发现了其他一些新颖的概念,如原子开关,如图 6.29(d)所示。在低电压脉冲下,纳米间隙中形成碳原子链,器件处于低阻态;随后施加高电压脉冲,在焦耳热的作用下,碳原子链破裂,器件处于高阻态。

6.4.2 神经形态有机材料与器件

有机电子材料价格低廉,可以使用喷墨打印等低成本制造工艺,并且它们的化学、电子和机械性能可以通过化学合成来定制。有机材料的这种独特性质可以提供新颖的阻态切换机制,这些机制的随机性较小,同时保持低操作能量和大动态范围。可实现高训练和推理精度。因此,有机电子材料最近已被用于各种神经形态器件中,并且还被提议用于与生物学相关的应用,从而为高效和适应性强的脑机接口开辟道路。

与无机忆阻器件类似,有机忆阻器件在传统上也是为非易失性存储器开发的,通常采用金属-绝缘体-金属结构,表现出两种稳定的、可切换的电导状态。目前已经开发出多种有机忆阻材料,包括聚合物、小分子,以及铁电材料。有机电子材料中的电阻转换机制与无机材料中的类似。上文已经对此进行了详细介绍,在这里,主要介绍有机忆阻器件的独特性质。一种方法是,利用电解质的氧化还原反应实现对器件电导的调制。在图 6.30(a)中,施加偏置电压后,在固体电解质和聚合物中都会发生氧化还原反应,从而导致电导改变。在图 6.30 (b)中,栅极电压驱动离子从电解质进入聚合物,从而改变其氧化还原状态和电导率。电解质可以采用液体或固体,其从有机膜中注入或提取离子,进而改变后者的掺杂(氧化还原)状态。这种概念最早在 1991 年被提出,通过电子和离子在垂直方向流动,可以将有机材料与固体电解质的电导率调整超过三个数量级。后续在基于液体电解质的器件中实现了两个稳定的电导状态,在低电导状态和高电导状态之间具有 10^5 的开/关比。

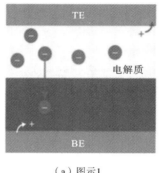

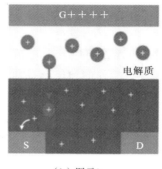
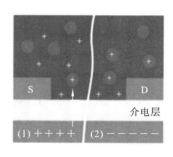

（a）图示1　　　　　　　　　（b）图示2　　　　　　　　　（c）图示3

图 6.30　有机神经形态器件

另一种方法是基于电荷俘获的有机场效应晶体管实现神经形态功能。将金属或非金属纳米颗粒嵌入有机半导体,如并五苯或聚甲基丙烯酸甲酯,令其充当纳米电容器进行电荷存储。图 6.30(c)展示了调控过程。首先,在栅极上加高电位将电荷移动到有机薄膜的纳米颗粒上;然后,在栅极上加较低电位打开沟道,而薄膜中的电荷量决定了导通的阈值电位。需要注意的是,由于纳米颗粒位于有机材料内部而不是被介电层包裹,因此该机制不同于传统的浮栅晶体管和浮栅有机存储器件。由于其提供了相对较大的沟道电阻和较长的状态保持时间(约 10^5 秒),基于电荷捕获的有机场效应晶体管很有前景。然而,器件沟道较小时只能容纳数量有限的纳米颗粒,这可能会限制密集器件阵列中的器件性能。因此,它是否可以按比例缩小,同时保持足够低的运行噪声,还有待观察。

在大脑中,神经元之间的交流本质上是动态的,并且发生在不同的时间尺度上,从几毫秒到几个月不等。交流强度的变化取决于突触活动的历史,这也被称为突触可塑性。短期可塑性调制有益于大脑中的各种计算功能,而长期可塑性效应归因于学习和记忆。这两种功能都已在有机神经形态器件中得到报道。

短期可塑性主要用于模拟突触功能,例如短期突触可塑性(STDP)、峰值速率依赖性可塑性和短期到长期可塑性。旨在模仿这些特定突触功能的器件通常被称为"人工突触"。这些器件除了帮助我们了解大脑内部的过程和动力学外,还有助于激发神经网络。与真正的突触一样,人工突触的电导与先前施加的脉冲历史相关。一般情况下,人工神经元基于泄漏积分点火模型。当该模型的输入信号积分达到阈值后,会向下一层神经元发出信号。因此,通过控制哪些信号传递到下一层神经网络可以实现类似于生物神经元的功能。

STDP 有助于调节突触内两个神经元之间的信号强度,因此被广泛认为是生物神经网络中的基本机制之一。该过程基于到达突触的突触前和突触后脉冲之间的时间差异。脉冲之间的时间差越短,突触权重就越高。迄今为止,已经通过有机氧化还原反应器件和电荷捕获有机场效应晶体管器件对 STDP 进行了演示。与误差反向传播相比,STDP 是一种局部学习机制。然而,为了高效的片上学习,必须在局部 STDP 学习规则旁边开发一个全局学习架构,也就是说,必须开发显示"长期记忆"的人工突触器件。

对于基于硬件的人工神经网络和相关的矩阵向量乘法,通常需要较长的状态保留时间和稳定性。这可以通过反氧化还原反应器件来实现。在该器件中,固体电解质中的阳离子可以吸收一个电子,而在聚合物一侧,一个电子被去除,从而生成一个空穴。该器件本质上可以被视为具有两个氧化还原系统和空间电荷移动的电化学电池。然而,两端器件的缺点是顶部和底部电极之间的任何脉冲,无论是写入还是读取,都会通过整个氧化还原系统,导致器件仍然缺乏高稳定性。为了解决这个问题,提出使用三端器件,将读取和写入电路分开,从而增强器件稳定性。

目前,越来越多的有机神经形态器件的大规模集成被报道出来。通过将三层基于铜掺杂聚合物的有机忆阻器堆叠起来,构成 3D 非易失性存储器阵列,可以实现单边连接、长期增强/抑制、尖峰时间依赖的可塑性学习等功能。除了大型 3D 阵列外,还报道了几种功能有机神经形态电路。由两个或三个有机神经形态器件组成的单层感知器,可以通过监督学习对输入进行分类。感知器通过将输入信号求和并将其映射到输出信号来模拟生物神经元功能。此外,有机材料的生物相容性使得有机忆阻阵列非常适合与生物交互。

尽管在有机神经形态器件的集成方面取得了一些进展,但在大规模可编程和功能性神经形态阵列实现之前仍有几个挑战需要解决。尽管实现生物神经元功能的激活函数已被有机场效应晶体管模拟,但尚未完全确定如何在具有多个隐藏层的大规模阵列中实现该功能。此外,通过基于交叉开关阵列的寄生电流和电压是常见问题,需要通过材料内部的整流行为或额外集成其他电路来解决。

参考文献

［1］李绪益. 微波技术与微波电路［M］. 广州：华南理工大学出版社，2007.

［2］李绍纯，耿永娟，张启龙，等. 水基流延制备 $Li_{1.075} Nb_{0.625} Ti_{0.45} O_3$ 微波介质陶瓷基片［J］. 人工晶体学报，2011.

［3］周洪庆，刘敏，王晓钧. 微波复合介质基片的频率温度特性研究［J］. 微波学报，2001，17(3)：77-80.

［4］章锦泰，许赛卿，周东祥，等. 微波介质材料与器件的发展［J］. 电子元件与材料，2004，23(6)：6-9.

［5］刘学观，郭辉萍. 微波技术与天线［M］. 西安：西安电子科技大学出版社，2012.

［6］宋旭，吴国安，汤清华，等. 微波介质材料与器件的现状与发展［J］. 舰船电子工程，2007，27(2)：51-54.

［7］卢芳云，李俊玲，赵鹏铎，等. 动载实验中压电晶体应力量计的设计与应用［J］. 力学学报，2015，46(6)：834-842.

［8］郭书生，李锋. 基于光学微环谐振器的低频水下声压测量方法［J］. 江苏科技大学学报（自然科学版），2018，32(1)：88-92.

［9］Maxwell A，Huang S W，Ling T，et al. Polymer microring resonators for high-frequency ultrasound detection and imaging［J］. IEEE Journal of Selected Topics in Quantum Electronics，2008，14(1)：191-197.

［10］任艳，宋牟平. 基于硅基微环谐振器交叉相位调制效应的非归零信号到归零信号光调制格式转换［J］. 光学学报，2013，33(7)：0706002.

［11］Lundstrom M. Moore's law forever？［J］. Science，2003.

［12］陈明. 声表面波传感器［M］. 西安：西北工业大学出版社，1997.

［13］潘峰. 声表面波材料与器件［M］. 北京：科学出版社，2012.

［14］Lindsay R B. On waves propagated along the plane surface of an elastic solid［J］. Men of Physics Lord Rayleigh-the Man & His Work，1970：155-163.

［15］武以立. 声表面波原理及其在电子技术中的应用［M］. 北京：国防工业出版社，1983.

［16］王景山，刘天飞. 声表面波器件模拟与仿真［M］. 北京：国防工业出版社，2002.

［17］Pierce J R. Coupling of modes of propagation［J］. Journal of Applied Physics，1954，25(2)：179-183.

［18］Dong-Pei，Chen，Haus，et al. Analysis of metal-strip saw gratings and transducers［J］. Sonics & Ultrasonics IEEE Transactions on，1985.

［19］Tobolka，G. Mixed Matrix Representation of SAW Transducers［J］. IEEE Transactions on Sonics and Ultrasonics，1979，26(6)：426-427.

［20］ Hashimoto K Y，Omori T，Yamaguchi M．Recent progress in modelling and simulation technologies of shear horizontal type surface acoustic wave devices［J］．Chiba University Symposium，2001.

［21］ Blotekjaer K．Acoustic surface waves in piezoelectric materials with periodic metallic strips on the substrate［J］．IEEE Transactions Electron Devices，1973.

［22］ Collin R E．Field theory of guided waves［J］．Physics Today，1961，14(9)：50-51.

［23］ Maines，J D，Paige，et al．Surface-acoustic-wave devices for signal processing applications［J］．Proceedings of the IEEE，1976，64(5)：639-652.

［24］ Yamaguchi M，Hashimoto K Y，Tanno M，et al．Effects of diffraction on frequency response of bulkacoustic-wave-beam filters［J］．Electronics Letters，2007，20(7)：275-277.

［25］ Hashimoto K Y，Yamaguchi M．Delta function model analysis of SSBW spurious responses in SAW devices［J］．Electronics and Communications in Japan，1993.

［26］ Morgan D P，Lewis B，Metcalfe J G．Fundamental charge distributions for surface-wave interdigital transducer analysis［J］．Electronics Letters，2007，15(19)：583-585.

［27］ Milsom，R F，Reilly．Analysis of generation and detection of surface and bulk acoustic waves by interdigital transducers［J］．IEEE Transactions on Sonics and Ultrasonics，1977.

［28］ Ingebrigtsen，K A．Surface waves in piezoelectrics［J］．Journal of Applied Physics，1969，40(7)：2681-2686.

［29］ 刘惠芬．超声去脂原理和高效换能器的设计［J］．应用声学，2001，20(6)：41-44.

［30］ 尚志远．压电超声换能器的性能分析及应用领域［J］．压电与声光，1994，16(1)：29-33.

［31］ COUTTE J，DUBUS B，DEBUSJ C，et al．Design，production and testing of PMN-PT electrostrictive transducers［J］．Ultrasonics，2002，40：883-888.

［32］ 罗为．基于 FEM/BEM 方法的无线无源阻抗负载 SAW 传感器模拟与设计［D］．武汉：华中科技大学，2009.

［33］ 张超，岑方杰，肖文荣，等．铁电陶瓷的电卡效应及其应用［J］．硅酸盐学报，2022，50(3)：1-19.

［34］ Zhang C，Du Q．High electrocaloric effect in barium titanate-sodium niobate ceramics with core-shell grain assembly［J］．Journal of Materiomics，2020，6：18-627.

［35］ Shi J，Han D．Electrocaloric cooling materials and devices for zero-global-warming potential，high-efficiency refrigeration［J］．Joule，2019，3：1200-1225.

［36］ Zhang G，Li Q．Ferroelectric polymer nanocomposites for room-temperature electrocaloric refrigeration［J］．Advanced Materials，2015，27，1450-1454.

［37］ Li W，Jafri H M．The strong electrocaloric effect in molecular ferroelectric $ImClO_4$ with ultrahigh electrocaloric strength［J］．Journal of Materials Chemistry A，2020，8：16189.

［38］ Neese B，Chu B．Large electrocaloric effect in ferroelectric polymers near room temperature［J］．Science，2008，321(5890)：821-823.

[39] Mischenko A S，Zhang Q. Giant electrocaloric effect in thin-film PbZr（0.95）Ti（0.05）O3[J]. Science，2006，311(5765):1270-1271.

[40] Zhang G Z，Zhang X. Colossal room-temperature electrocaloric effect in ferroelectric polymer nanocomposites using nanostructured barium strontium titanates[J]. ACS Nano，2015，9(7):7164-7174.

[41] Meng Y，Pu J，Pei Q. Electrocaloric cooling over high device temperature span[J]. Joule，2021，5:780-793.

[42] 马调调. 微波介质陶瓷材料应用现状及其研究方向[J]. 陶瓷，2019:13-23.

[43] 新友,高春华. 电子元器件机器材料概论[M]. 北京:化学工业出版社,2009.

[44] 周东祥,龚树萍. PTC 材料及应用[M]. 武汉:华中理工大学出版社,1990.

[45] 王巍,冯世娟,罗元. 现代电子材料及元器件[M]. 北京:科学出版社,2012.

[46] 刘刚. 半导体器件:电力、敏感、光子、微波器件[M]. 北京:电子工业出版社,2000.

[47] 李新,魏广芬,吕品. 半导体传感器原理及应用[M]. 北京:清华大学出版社,2018.

[48] 靳炜. $BaTiO_3$ 基 PTC 陶瓷的制备与热敏电阻性能[D]. 哈尔滨:哈尔滨工业大学,2018.

[49] 赵方舟. 钛酸钡系正温度系数热敏电阻无铅化研究及性能优化[D]. 西安:西安电子科技大学,2016.

[50] 张兆刚. V_2O_3 系 PTC 陶瓷材料的研究进展[J]. 稀有金属,2011,35(4):581-586.

[51] 刘燕儒. 高温 NTC 热敏电阻的研究[D]. 西安:西安电子科技大学,2015.

[52] 陈浩. 低电阻率高 B 值 NTC 热敏电阻制备及稳定性研究[D]. 武汉:华中科技大学,2021.

[53] 秦小干. Ni-Mn-O 系负温度系数热敏电阻材料的制备及其性能研究[D]. 宁夏:宁夏大学,2016.

[54] 孙健. VO_2 在 V-P-Fe 系 CTR 的相变偏移分析[J]. 南京师范大学学报,2009,9(2):5-7.

[55] 马殿飞. Ag/SiNWs 肖特基二极管温敏特性的研究[D]. 上海:华东师范大学,2011.

[56] 刘培举. 高精度集成温度传感器的研究与设计[D]. 天津:天津理工大学,2021.

[57] 王振林,李盛涛. 氧化锌压敏陶瓷制造及应用[M]. 北京:科学出版社,2009.

[58] 孙以材,刘玉岭,孟庆浩. 压力传感器的设计制造与应用[M]. 北京:冶金工业出版社,2000.

[59] 刘恩科,朱秉升,罗晋升. 半导体物理学[M]. 北京:电子工业出版社,2017.

[60] 周杏鹏. 传感器与检测技术[M]. 北京:清华大学出版社,2010.

[61] 何道清. 传感器与传感器技术[M]. 北京:科学出版社,2014.

[62] Marian K. Kazimierczuk. 高频磁性器件[M]. 钟智勇,唐晓莉,张怀武,译. 北京:电子工业出版社,2012.

[63] Hurley W G，Wolfle W H. 应用于电力电子技术的变压器和电感——理论、设计与应用[M]. 朱春波,徐德鸿,张龙龙,等译. 北京:机械工业出版社,2014.

[64] 张旭苹. 信息存储技术[M]. 北京:电子工业出版社,2001.

[65] 黄德修. 半导体光电子学[M]. 2 版. 北京:电子工业出版社,2013.

［66］姚建铨，于意仲.光电子技术［M］.北京：高等教育出版社，2006.

［67］黄德修，刘雪峰.半导体激光器及其应用［M］.北京：国防工业出版社，1999.

［68］黄德修，张新亮，黄黎蓉.半导体光放大器及其应用［M］.北京：科学出版社，2012.

［69］［日］白藤纯嗣.半导体物理基础［M］.黄振岗，王茂增，译.北京：高等教育出版社，1983.

［70］Coleman J J，Young J D，Garg A. Semiconductor Quantum Dot Lasers：A Tutorial ［J］. Journal of Lightwave Technology，2011，29(4)：499-510.

［71］Siming Chen，Wei Li，Jiang Wu，et al. 2016. 21 Electrically pumped continuous-wave Ⅲ-Ⅴ quantum dot lasers on silicon［J］. Nature Photonics，2016，10：307-312.

［72］Moritz Brehm and Martyna Grydlik. Site-controlled and advanced epitaxial Ge Si quantum dots fabrication properties and applications［J］. Nanotechnology，2017.

［73］杨国权.激光原理［M］.北京：中央民族学院出版社，1998.

［74］俞宽新，江铁良，赵启大.激光原理与激光技术［M］.北京：北京工业大学出版社，1998.

［75］陈钰清.王静环.激光原理［M］.杭州：浙江大学出版社，1992.

［76］赵家璧.激光原理及应用［M］.北京：电子工业出版社，2004.

［77］杨齐民，钟丽云，吕晓旭.激光原理与激光器件［M］.昆明：云南大学出版社，2003.

［78］施善定，黄嘉华，李秀娥.液晶与显示［M］.上海：华东化工学院出版社，1993.

［79］李维提，郭强.液晶显示技术（液晶显示应用丛书）［M］.北京：电子工业出版社，2000.

［80］彭国贤.显示技术与显示器件［M］.北京：人民邮电出版社，1981.

［81］［美］K.特拉克顿.显示电子学［M］.时光，译.北京：人民邮电出版社，1981.

［82］向世明，倪国强.光电子成像器件原理［M］.北京：国防工业出版社，1999.

［83］刘永智.液晶显示技术［M］.成都：电子科技大学出版社，2003.

［84］秦积荣.光电检测原理及应用（上册）［M］.北京：国防工业出版社，1985.

［85］刘贤德.CCD及其应用原理［M］.武汉：华中科技大学出版社，1990.

［86］袁祥辉.固体图像传感器及其应用［M］.重庆：重庆大学出版社，1992.

［87］王清正.胡渝，林崇杰.光电探测技术［M］.北京：电子工业出版社，1994.

［88］卢春生.光电探测技术及应用［M］.北京：机械工业出版社，1992.

［89］安毓英.光电子技术［M］.北京：电子工业出版社，2003.

［90］Li J S，Tang Y，Li Z T，et al. Toward 200 lumens per watt of quantum-dot white-light-emitting diodes by reducing reabsorption loss［J］. ACS nano，2020，15(1)：550-562.

［91］Fan F，Voznyy O，Sabatini R P，et al. Continuous-wave lasing in colloidal quantum dot solids enabled by facet-selective epitaxy［J］. Nature，2017，544(7648)：75-79.

［92］Sargent E H. Colloidal quantum dot solar cells［J］. Nature photonics，2012，6(3)：133-135.

［93］García de Arquer F P，Talapin D V，Klimov V I，et al. Semiconductor quantum dots：Technological progress and future challenges［J］. Science，2021，373(6555).

［94］Yan C，Wen J，Lin P，et al. A tunneling dielectric layer free floating gate nonvolatile memory employing type-Ⅰ core-shell quantum dots as discrete charge-trapping/tunneling centers［J］. Small，2019，15(1)：1804156.

[95] Liu M, Yazdani N, Yarema M, et al. Colloidal quantum dot electronics[J]. Nature Electronics, 2021, 4(8): 548-558.

[96] Garnett E, Mai L, Yang P. Introduction: 1D nanomaterials/nanowires[J]. Chemical reviews, 2019, 119(15): 8955-8957.

[97] Hicks L D, Dresselhaus M S. Effect of quantum-well structures on the thermoelectric figure of merit[J]. Physical Review B, 1993, 47(19): 12727.

[98] Quan L N, Kang J, Ning C Z, et al. Nanowires for photonics[J]. Chemical reviews, 2019, 119(15): 9153-9169.

[99] Fan F, Turkdogan S, Liu Z, et al. A monolithic white laser[J]. Nature nanotechnology, 2015, 10(9): 796-803.

[100] Jia C, Lin Z, Huang Y, et al. Nanowire electronics: from nanoscale to macroscale [J]. Chemical reviews, 2019, 119(15): 9074-9135.

[101] Pan C, Zhai J, Wang Z L. Piezotronics and piezo-phototronics of third generation semiconductor nanowires[J]. Chemical reviews, 2019, 119(15): 9303-9359.

[102] Chang C, Chen W, Chen Y, et al. Recent progress on two-dimensional materials [J]. Acta Physico-chimica Sinica, 2021, 37(12): 2108017.

[103] Long M, Wang P, Fang H, et al. Progress, challenges, and opportunities for 2D material based photodetectors [J]. Advanced Functional Materials, 2019, 29 (19): 1803807.

[104] Dai C, Liu Y, Wei D. Two-dimensional field-effect transistor sensors: the road toward commercialization[J]. Chemical Reviews, 2022.

[105] Grancini G, Nazeeruddin M K. Dimensional tailoring of hybrid perovskites for photovoltaics[J]. Nature Reviews Materials, 2019, 4(1): 4-22.

[106] Liu C, Chen H, Wang S, et al. Two-dimensional materials for next-generation computing technologies[J]. Nature Nanotechnology, 2020, 15(7): 545-557.

[107] Bertolazzi S, Bondavalli P, Roche S, et al. Nonvolatile memories based on graphene and related 2D materials[J]. Advanced materials, 2019, 31(10): 1806663.

[108] Heng W, Solomon S, Gao W. Flexible electronics and devices as human-machine interfaces for medical robotics[J]. Advanced Materials, 2022, 34(16): 2107902.

[109] Gao W, Ota H, Kiriya D, et al. Flexible electronics toward wearable sensing[J]. Accounts of chemical research, 2019, 52(3): 523-533.

[110] Wang X, Liu Z, Zhang T. Flexible sensing electronics for wearable/attachable health monitoring[J]. Small, 2017, 13(25): 1602790.

[111] Wang P, Hu M, Wang H, et al. The evolution of flexible electronics: from nature, beyond nature, and to nature[J]. Advanced Science, 2020, 7(20): 2001116.

[112] Ling H, Liu S, Zheng Z, et al. Organic flexible electronics[J]. Small Methods, 2018, 2(10): 1800070.

[113] Park J, Hwang J C, Kim G G, et al. Flexible electronics based on one - dimensional and two-dimensional hybrid nanomaterials[J]. InfoMat, 2020, 2(1): 33-56.

[114] Tang X, Wu K, Qi X, et al. Screen printing of silver and carbon nanotube composite inks for flexible and reliable organic integrated devices[J]. ACS Applied Nano Materials, 2022, 5(4): 4801-4811.

[115] Sun F, Lu Q, Feng S, et al. Flexible artificial sensory systems based on neuromorphic devices[J]. ACS nano, 2021, 15(3): 3875-3899.

[116] Zhu J, Zhang T, Yang Y, et al. A comprehensive review on emerging artificial neuromorphic devices[J]. Applied Physics Reviews, 2020, 7(1): 011312.

[117] Sangwan V K, Hersam M C. Neuromorphic nanoelectronic materials[J]. Nature nanotechnology, 2020, 15(7): 517-528.

[118] van De Burgt Y, Melianas A, Keene S T, et al. Organic electronics for neuromorphic computing[J]. Nature Electronics, 2018, 1(7): 386-397.

[119] Sebastian A, Le Gallo M, Khaddam-Aljameh R, et al. Memory devices and applications for in-memory computing[J]. Nature nanotechnology, 2020, 15(7): 529-544.

[120] Marković D, Mizrahi A, Querlioz D, et al. Physics for neuromorphic computing[J]. Nature Reviews Physics, 2020, 2(9): 499-510.

[121] Ielmini D, Wong H S P. In-memory computing with resistive switching devices[J]. Nature electronics, 2018, 1(6): 333-343.

[122] Waldrop M M. The chips are down for Moore's law[J]. Nature News, 2016, 530 (7589): 144.